CASSINI
ON
COMPOSITAE

COLLECTED FROM THE

DICTIONNAIRE DES SCIENCES NATURELLES

CASSINI ON COMPOSITAE

COLLECTED FROM THE

DICTIONNAIRE DES SCIENCES NATURELLES

AND ARRANGED WITH

AN INTRODUCTION AND AN INDEX BY

ROBERT M. KING AND HELEN W. DAWSON

VOLUME TWO

New York

ORIOLE EDITIONS

1975

THE WORK OF HENRI CASSINI ON COMPOSITAE,
CONTRIBUTED TO THE DICTIONNAIRE DES SCIENCES NATURELLES
FROM 1816 TO 1830, WITH AN INTRODUCTION BY ROBERT M. KING
OF THE DEPARTMENT OF BOTANY, SMITHSONIAN INSTITUTION
PUBLISHED IN 1975 IN THREE VOLUMES BY ORIOLE EDITIONS, INC.

LIBRARY OF CONGRESS CATALOG CARD NUMBER: 74-31527
ISBN 0-88211-080-2

PRINTED IN THE UNITED STATES OF AMERICA
by SENTRY PRESS, NEW YORK, N. Y. 10013

LAMPOURDE, *Xanthium.* (*Bot.*) [*Corymbifères anomales*, Juss. = *Monoécie pentandrie*, Linn.] Ce genre de plantes appartient à l'ordre des synanthérées, et à la tribu naturelle des ambrosiées. Voici ses caractères, tels que nous les avons observés sur des individus vivans de *xanthium strumarium*, *orientale* et *spinosum*. 25:195

Calathides unisexuelles, monoïques.

Calathide mâle: subglobuleuse, équaliflore, multiflore, régulariflore. Péricline à peu près égal aux fleurs, orbiculaire, irrégulier; formé de squames libres, unisériées, inégales, appliquées, oblongues ou linéaires-subulées, foliacées. Clinanthe cylindracé, garni de squamelles un peu supérieures aux fleurs, foliacées, linéaires-subulées, quelquefois cochléariformes su- 25:196
périeurement et terminées par un crochet corné, spinescent. Faux-ovaires absolument nuls. Corolles verdâtres, membraneuses, en forme de figue, parsemées de gros et longs poils coniques, charnus, articulés, et de petits poils capités; à cinq nervures bifurquées au-dessous des cinq incisions; à divisions courtes, semi-ovales, rapprochées par les bords en préfleuraison, très-peu divergentes en fleuraison. Etamines à filets nullement adhérens à la corolle, si ce n'est peut-être à sa base, mais monadelphes ou entre-greffés en un tube; à anthères parfaitement libres, pourvues d'un appendice apicilaire. Style articulé par sa base, et portant sur son sommet deux stigmatophores plus ou moins complètement entre-greffés.

Calathide femelle : oblongue, uniflore, apétaliflore. Péricline supérieur à l'ovaire, inférieur aux stigmatophores, oblong, plécolépide; formé de squames nombreuses, entre-greffées, inégales, multisériées, imbriquées, coriaces, chaque squame ayant sa partie supérieure libre, appendiciforme, cylindrique, charnue, terminée par un crochet incourbe, corné, spinescent. Clinanthe ponctiforme, inappendiculé. Ovaire ordinairement ovale et obcomprimé, glabre, lisse, à dix nervures, convexe sur la face extérieure, plan sur l'intérieure, un peu aminci au sommet en un col gros et court, inaigretté, quelquefois aigretté accidentellement, irrégulièrement et variablement; ovule et graine de synanthérée. Corolle nulle. Style tantôt parfaitement continu avec le sommet de l'ovaire, tantôt un peu articulé sur lui ; très-court, sur-

25:196 monté de deux stigmatophores continus avec son sommet, très-longs, laminés, linéaires, étrécis de bas en haut, divergens, arqués irrégulièrement en dehors, bordés sur les deux côtés par deux gros bourrelets stigmatiques, demi-cylindriques, fortement papillés, confluens ensemble au sommet, les deux bourrelets d'un stigmatophore confluens aussi par la base avec ceux de l'autre stigmatophore. = Capitule quelquefois involucré, toujours composé de deux calathides réunies par leurs périclines qui sont entre-greffés depuis la base jusqu'à quelque distance du sommet, lequel reste libre.

On connoît jusqu'à présent cinq espèces de *xanthium* : nous en décrirons deux qui se trouvent aux environs de Paris.

25:197 Lampourde glouteron; *Xanthium strumarium*, Linn. C'est une plante herbacée, annuelle; à racine fibreuse; à tige haute d'environ deux pieds, dressée, rameuse, anguleuse, dépourvue d'épines; à feuilles alternes, longuement pétiolées, presque arrondies, cordiformes, dentées, sinuées, un peu lobées, pubescentes, scabres, trinervées à la base; les calathides mâles sont disposées en épis courts, axillaires et terminaux; les capitules femelles sont rapprochés en groupes dans les aisselles des feuilles qui sont au bas des épis. Cette plante habite les lieux incultes, et fleurit en juillet; elle porte les noms vulgaires de petit glouteron et de petite bardane; le nom latin de *strumarium* donné à cette espèce, semble indiquer qu'on l'a crue propre à guérir les écrouelles. M. Kunth rapporte à la même espèce une plante trouvée au Mexique, et plus petite dans toutes ses parties. Ainsi le *xanthium strumarium* seroit du petit nombre des espèces communes à l'Europe et à l'Amérique équinoxiale. Mais il faut remarquer que les crochets dont les capitules femelles sont armés ont bien pu favoriser le transport de cette plante d'Europe en Amérique; car nous possédons un capitule de *xanthium* trouvé dans un ballot de marchandises venant d'Amérique.

Lampourde épineuse; *Xanthium spinosum*, Linn. Plante herbacée, annuelle; à tige haute d'environ un pied et demi, cannelée, très-rameuse; à feuilles alternes, oblongues, étrécies à la base en forme de pétiole, découpées en trois lobes pointus dont les deux latéraux sont beaucoup plus courts, vertes en dessus, blanchâtres en dessous; chaque feuille accompagnée

à sa base de deux longues épines nées sur la tige, et divisées 25:197
en trois branches de couleur jaune; la disposition des calathides mâles et des capitules femelles est la même que dans l'espèce précédente. Celle-ci habite également les lieux incultes et fleurit un peu plus tard que l'autre; elle est moins commune, surtout aux environs de Paris.

Le *xanthium orientale* de Linnæus, qui a été trouvé en France, dans les vignes du bas Languedoc, est remarquable par la grandeur de ses capitules femelles, et il offre d'ailleurs plusieurs caractères qui le distinguent suffisamment du *xanthium strumarium* auquel il ressemble beaucoup. M. Decandolle doute qu'il habite les contrées orientales, et il pense que la plante du
Canada rapportée à cette espèce est différente. Le *xanthium* 25:198
echinatum de Murray, dont la patrie est inconnue, se distingue par ses capitules femelles, dont les crochets sont garnis d'épines à leur base. Enfin, le *xanthium catharticum* de M. Kunth, trouvé en Amérique, près de Quito, ressemble au *xanthium spinosum*, dont il se distingue par ses feuilles pinnatifides. Nous ne parlons pas ici du *xanthium fruticosum* de Linnæus fils, qui appartient au genre *Franseria.*

Le nom générique de *xanthium*, dérivé d'un mot grec qui signifie roux, blond ou jaune, a été appliqué par Dioscoride à la première espèce du genre, parce que, selon lui, les capitules femelles de cette plante, broyés et renfermés dans un vase de terre, ont la propriété de rendre les cheveux blonds, Tournefort, qui connoissoit les *xanthium strumarium*, *orientale*, *spinosum*, a tracé assez exactement les principaux caractères apparens et matériels de ce genre. Linnæus a donné une description générique moins superficielle et plus détaillée, mais peu intelligible en plusieurs points, et dans laquelle nous remarquons trois erreurs : 1.° il dit que le péricline de la calathide mâle est imbriqué; 2.° il considère l'enveloppe du capitule femelle comme un involucre composé de deux folioles opposées, trilobées, entourées d'aiguillons crochus adhérens à l'ovaire; 3.° il semble attribuer à chaque fleur deux styles simples, distincts jusqu'à la base. Cependant, cette remarque de Linnæus, *Difficilè intelligitur fructus xanthii, antequàm notus sit ambrosiæ*, ne semble-t-elle pas indiquer qu'il avoit eu quelque idée analogue à notre système, suivant lequel le ca-

25:198 pitule femelle du *xanthium* est composé de deux calathides
uniflores réunies par leurs périclines entre-greffés? Mais nous
ne comprenons pas ce qu'il a voulu dire, lorsqu'en parlant
du *xanthium spinosum*, il s'est exprimé ainsi : *Spinæ trifurcatæ
sunt stipulæ, quarum altera fit fructus.*

Il est inutile de faire mention des botanistes qui, depuis
Linnæus, ont décrit les caractères génériques du *xanthium*,
avec plus ou moins d'exactitude et plus ou moins de détails,
mais qui n'ont pas pénétré au-delà des apparences extérieures,
et se sont contentés d'exposer superficiellement les principales
anomalies qu'offre ce singulier genre, sans chercher à les expli-
quer, ni à les ramener par voie d'analogie au type ordinaire.
25:199 M. Richard est le seul qui doive être cité avant nous, pour
quelques observations sur le *xanthium strumarium*, consignées
dans un Mémoire de M. de Jussieu sur les synanthérées, pu-
blié en 1806, dans le tome VIII des Annales du Muséum d'His-
toire naturelle. Cet habile observateur a remarqué que les filets
des étamines étoient réunis en un tube et insérés à la base de la
corolle; et il a trouvé sur chaque ovaire, autour de la base
du style, la trace de trois appendices très-petits et à peine
visibles, qui sont, selon lui, les divisions d'un calice faisant
corps avec l'ovaire. La monadelphie des étamines, remarquée
par Richard, paroît avoir été aperçue avant lui par Linnæus,
qui avoit dit *Filamenta quinque in cylindrum tubulosum*, et qui
cependant n'avoit point classé le *xanthium* dans sa monoécie
monadelphie.

Dans notre premier Mémoire sur les synanthérées, lu à l'Institut le 6 avril 1812, nous avons décrit très-minutieusement les styles féminin et masculin des *xanthium strumarium*, *orientale*, *spinosum;* et cette description étoit bien propre à établir l'analogie des *xanthium* avec les autres synanthérées, sous le rapport de la structure du style. Dans notre second Mémoire, lu à l'Institut le 12 juillet 1813, nous avons reconnu l'affinité des *xanthium* avec les *artemisia*, sous le rapport de la structure des étamines. Nous avions indiqué, dans ce Mémoire, d'une manière indirecte, la singulière disposition des nervures de la corolle chez les synanthérées. M. Robert Brown, qui observoit en même temps que nous cette disposition très-remarquable, annonça, en 1814, dans ses *General Remarks*, que ce

caractère important se retrouvoit dans le *xanthium*. Dans notre 25:199
troisième Mémoire, lu à l'Institut le 19 décembre 1814, époque à laquelle nous ne connoissions point encore les observations très-récentes de M. Brown sur la corolle des synanthérées, nous avons amplement développé ce que nous n'avions qu'indiqué dans notre second Mémoire; et, en décrivant la corolle des *xanthium* et autres plantes analogues, nous avons établi leur affinité avec les synanthérées, sous ce nouveau rapport. Dans notre quatrième Mémoire, lu à l'Académie des Sciences, le 11 novembre 1816, nous avons complété la démonstration de ces affinités, en décrivant l'ovaire, et en observant que nous avions souvent trouvé sur quelques ovaires du *xanthium*
strumarium, une aigrette semi-avortée, épigyne, composée de 25:200
squamellules paléiformes, accompagnées quelquefois d'une étamine épigyne. Nous avons parlé aussi, dans ce Mémoire, de l'albumen très-mince, qui existe, selon nous, dans toutes les graines des synanthérées, et que nous avons remarqué notamment dans celle du *xanthium spinosum*. Dans notre cinquième Mémoire, publié dans le Journal de Physique de février et mars 1818, nous avons dit que le *xanthium* avoit un capitule composé de deux calathides uniflores, entre-greffées par leurs péricliues, et que chacun de ces péricliues étoit formé de squames plurisériées et entre-greffées. Enfin, dans notre sixième Mémoire, publié dans le Journal de Physique de février et mars 1819, nous avons présenté le résumé de nos observations éparses dans les cinq Mémoires précédens. Cependant, M. Kunth, dans le quatrième volume de ses *Nova Genera et Species plantarum*, publié en 1820, paroît considérer le capitule femelle des *xanthium* comme une simple calathide biflore, ayant deux péricliues : l'extérieur polyphylle; l'intérieur monophylle, clos, divisé en deux loges, et hérissé d'aiguillons. Remarquez que ce que M. Kunth regarde comme le péricline extérieur d'une calathide biflore, est, selon nous, l'involucre du capitule composé de deux calathides uniflores; que ce qu'il regarde comme le péricline intérieur monophylle et biloculaire d'une calathide biflore, est, selon nous, formé par la greffe de deux péricliues appartenant aux deux calathides dont se compose le capitule; et que les aiguillons qui garnissent, selon lui, la surface de son péricline monophylle,

25:200 sont pour nous les extrémités libres de squames nombreuses, plurisériées, imbriquées, entre-greffées inférieurement, formant nos deux périclines réunis; car, suivant notre système, chaque fleur femelle de *xanthium* a un péricline qui seroît exactement semblable à celui du *lappa*, si, dans celui-ci, les squames, au lieu d'être complètement libres, étoient entre-greffées inférieurement, libres supérieurement.

La classification du genre *Xanthium* présente un problème non moins intéressant que celui qui concerne la structure propre à ce singulier genre. Tournefort n'avoit pas hésité à le placer avec l'*ambrosia*, au commencement de la série des synanthérées, auprès du *micropus* et du *carduus*. Vaillant paroît avoir
25:201 senti la difficulté du problème, et l'avoir résolu dans le même sens que plusieurs botanistes modernes, car nous ne trouvons point le *xanthium* ni l'*ambrosia* parmi les genres qu'il admet dans les synanthérées. Linnæus, dans son système sexuel, éloigne le *xanthium* et l'*ambrosia* de la syngénésie, pour les reléguer dans la monoécie pentandrie avec quelques autres synanthérées. Le même botaniste, dans ses Ordres naturels, a formé, sous le titre de *nucamentaceæ*, un groupe composé des genres *Xanthium*, *Ambrosia*, *Parthenium*, *Iva*, *Micropus*, *Artemisia*, et il a d'abord placé ce groupe auprès des amentacées, assez loin de celui qui comprend les autres synanthérées; mais ensuite, il a considéré comme une section des synanthérées, ses nucamentacées, auxquelles il a ajouté plusieurs genres. Adanson, en 1763, divisant l'ordre des synanthérées en dix sections, en fit une, sous le titre d'ambrosies, composée des deux genres *Ambrosia* et *Xanthium*, et placée entre la section des immortelles, qui se termine par le genre *Iva*, et celle des tanaisies, qui commence par le genre *Absinthium*. Ce botaniste donne pour caractère à sa section des ambrosies, d'avoir les calathides unisexuelles, dont les mâles sont disposées en épi aux extrémités des branches, et les femelles rapprochées en groupes dans les aisselles des feuilles qui sont au bas des épis. M. de Jussieu, en 1789, dans ses *Genera plantarum*, a rangé les *ambrosia* et *xanthium* dans la dernière section de ses corymbifères, intitulée Corymbifères anomales, et caractérisée par les anthères libres et les calathides unisexuelles : mais il a en même temps énoncé l'opinion que les corolles des fleurs mâles étoient

peut-être de vrais calices, et qu'ainsi ces deux genres pour- 25:201
roient appartenir à l'ordre des urticées, et y être placés auprès du genre *Cannabis*. Gærtner a rangé les *ambrosia* et *xanthium* parmi les synanthérées, auprès des *seriphium* et *stæbe*. Necker les a interposés entre le *tanacetum* et le *clibadium*. Mœnch rejette le *xanthium* entre le *juglans* et le *ricinus*, bien loin des synanthérées. Ventenat, en attribuant les *ambrosia* et *xanthium* à l'ordre des urticées, s'est trop hâté de convertir en certitude le doute prudent de M. de Jussieu ; et il a été imité en ce point par MM. de Lamarck, Mirbel, Desfontaines, Decandolle. Cette opinion n'a point séduit M. Richard, qui a cru que les *ambrosia* et *xanthium* devoient former un ordre distinct, voi-
sin des synanthérées. Ce botaniste attribue les deux genres 25:202
dont il s'agit et le genre *Iva* à la monoécie monadelphie du système sexuel, ce qui n'est point exact à l'égard de l'*ambrosia* et de l'*iva*. Dans notre premier Mémoire sur les synanthérées, nous avons rapporté à cet ordre naturel les *xanthium* et *ambrosia*, mais sans les classer dans aucune de nos tribus, parce que nous étions alors incertain sur la place qu'ils devoient occuper. Dans notre second Mémoire, nous avons annoncé que les *xanthium*, *ambrosia*, *iva*, *gymnostyles* nous sembloient devoir constituer, sous le nom d'ambrosiées, une tribu particulière, qui seroit placée dans l'ordre des synanthérées, entre la tribu des anthémidées et celle des tussilaginées. Dans l'intervalle de temps écoulé entre notre second et notre troisième Mémoire, M. R. Brown a déclaré que les *ambrosia* et *xanthium* appartenoient à l'ordre des synanthérées. Dans notre troisième Mémoire et dans les suivans, en admettant définitivement, à l'exemple d'Adanson, dans l'ordre des synanthérées, une tribu des ambrosiées, nous avons interposé cette tribu entre celle des hélianthées et celle des anthémidées, et nous l'avons composée des quatre genres *Xanthium*, *Franseria*, *Ambrosia*, *Iva*. Remarquez que l'attribution de l'*iva* au groupe des ambrosiées ne permet pas de conserver à cette tribu les caractères qu'Adanson lui avoit assignés ; et que nous ne sommes point d'accord avec ce botaniste sur les caractères, la composition et le placement de ce petit groupe naturel. M. Kunth attribue nos ambrosiées aux hélianthées, en les plaçant entre le *melampodium* et l'*unxia*.

25:202 Nous avions positivement déclaré, dans notre sixième Mémoire, publié avant le travail de M. Kunth, que nos ambrosiées, qui ont une affinité bien remarquable avec certaines anthémidées, telles que l'*artemisia*, ne se rapprochoient pas moins de nos hélianthées-millériées, auxquelles nous aurions pu les réunir; mais que nous avions mieux aimé restreindre qu'étendre la tribu des hélianthées, qui a le défaut d'être trop nombreuse, trop diversifiée, et d'avoir en conséquence des caractères trop vagues. On voit, d'après cela, que nos idées sur la classification des genres dont il s'agit ne s'éloignent presque pas de celles de M. Kunth.

Les genres *Echinops*, *Gundelia*, *Xanthium*, *Franseria*, *Am-*
25:203 *brosia* offrent dans leur structure des particularités fort extraordinaires, et dont l'explication est embarrassante. Nous avons déjà exposé dans ce Dictionnaire (tome XVII, pag. 364; tome XX, pag. 94 et 362) nos systèmes sur le *franseria*, sur le *gundelia*, et sur l'*echinops*. Nous devons dire ici quelques mots de l'*ambrosia*, pour appuyer le système développé dans le présent article sur le *xanthium*. Voici comment nous avons décrit les calathides femelles de l'*ambrosia trifida*, dans le Journal de Physique de juillet 1819, pag. 31. Plusieurs calathides uniflores, féminiflores, sessiles, parfaitement libres, sont rapprochées en une sorte de capitule, sur un calathiphore irrégulier, petit, plan, glabre, et elles sont accompagnées par des bractées; chaque calathide uniflore a un péricline formé de squames disposées sur deux rangs, et entre-greffées à l'exception du sommet, qui reste libre et a la forme d'une petite corne; les squames du rang extérieur sont au nombre de cinq, et beaucoup plus courtes que celles du rang intérieur qui sont au nombre de deux; chaque péricline enveloppe étroitement et complètement une seule fleur femelle dépourvue de corolle, et formée d'un ovaire inaigretté, surmonté d'un style divisé en deux longues branches qui sortent par l'orifice du péricline; le clinanthe de chaque calathide est ponctiforme et inappendiculé. Si notre manière de considérer la calathide femelle de l'*ambrosia* est bien fondée, il est évident qu'en greffant ensemble par leurs périclines deux calathides d'*ambrosia*, on obtiendra le capitule du *xanthium*; et c'est ainsi que Linnæus a pu dire : *Difficilè intelligitur fructus xanthii*, *antequàm*

notus sit ambrosiæ. Cependant, nous n'avons pas dissimulé, 25:203
dans le même Journal, pag. 30, que les observations ingénieuses de MM. Lagasca et R. Brown, sur le *melampodium*, et surtout l'analogie très-remarquable du *xanthium* et du *centrospermum*, sous le rapport des enveloppes des fleurs femelles, nous faisoient concevoir des doutes sur la solidité de notre propre système. Si donc il étoit bien démontré que les aiguillons crochus de l'enveloppe du *xanthium* ne sont point les extrémités de plusieurs squames analogues à celles du *lappa*, mais de simples excroissances spiniformes analogues à celles du *centrospermum*, il faudroit renoncer à notre premier système; et nous en proposerions un autre, suivant lequel le *xanthium* au-
roit, au lieu d'un capitule composé de deux calathides uni- 25:204
flores greffées par leurs périclines, une simple calathide biflore, pourvue d'un péricline formé de deux squames enveloppantes, bifides au sommet, greffées chacune par ses bords, et de plus greffées ensemble. Ce second système paroît se rapprocher de celui que Linnæus a indiqué d'une manière peu intelligible, en disant que l'enveloppe des fleurs femelles est un involucre biflore, composé de deux folioles opposées, trilobées, entourées d'aiguillons crochus adhérens à l'ovaire. On pourroit encore concevoir un troisième système intermédiaire entre les deux autres, en donnant à chaque fleur femelle un péricline de deux squames entre-greffées par les bords, et en greffant ensemble deux de ces périclines uniflores. La découverte future de quelque nouveau genre voisin, décidera probablement lequel de ces trois systèmes mérite d'obtenir la préférence : mais, en attendant, nous croyons pouvoir soutenir le premier, que nous avons suivi dans la description des caractères génériques.

Cette description, déjà très-prolixe, l'auroit été beaucoup trop, si nous y avions admis en détail toutes nos observations : mais nous croyons utile d'en exposer ici quelques unes, afin de compléter la connoissance exacte de la structure propre au *xanthium*.

Le style masculin est quelquefois divisé au sommet plus ou moins profondément, en deux lobes égaux ou inégaux, plus ou moins divergens, hérissés de collecteurs papilliformes sur leur face extérieure, et paroissant bordés de larges bourrelets stig-

25:204 matiques sur la face intérieure. D'autres fois, le sommet de ce
style est indivis ; mais on observe sur un côté de sa partie su-
périeure un sillon longitudinal bordé de bourrelets stigma-
tiques, et il y a quelques collecteurs papilliformes épars vers
le sommet, du côté opposé au sillon. Enfin, le même style est
quelquefois bilobé au sommet, et en outre pourvu d'un sillon
unilatéral. Tout cela prouve que le style masculin du *xanthium*
a deux stigmatophores entre-greffés plus ou moins complète-
ment. Dans le *xanthium orientale*, la base du style féminin n'est
presque jamais articulée sur l'ovaire, mais parfaitement con-
tinue avec son sommet ; et l'on n'y trouve aucun vestige, au-
cun rudiment d'aigrette ni de corolle. Mais, dans le *xanthium*
25:205 *strumarium*, la base du style est presque toujours articulée sur
le sommet de l'ovaire, qui offre ordinairement une sorte de
bourrelet ou de cicatrice annulaire paroissant indiquer le
rudiment basilaire d'une production épigyne. Souvent ce
bourrelet se développe en une véritable aigrette composée de
deux, trois, quatre ou cinq squamellules paléiformes, iné-
gales, irrégulières, longues, étroites, linéaires, arrondies au
sommet, vertes, un peu charnues, foliacées ou membraneuses,
et qui sont quelquefois comme plumeuses, ou hérissées sur les
bords de longs poils coniques articulés; nous avons une seule
fois trouvé une fleur bien remarquable, en ce que le sommet de
l'ovaire portoit non seulement deux squamellules d'aigrette,
mais encore une étamine insérée sur le même rang que les
squamellules, et située du côté opposé. Souvent l'aigrette n'a
qu'une seule squamellule, et on trouve de l'autre côté un pe-
tit rebord denticulé. Dans le *xanthium spinosum*, l'ovaire est
ordinairement terminé au sommet par une sorte de troncature
souvent oblique et irrégulière, munie d'un très-petit rebord
souvent oblitéré d'un côté; cette troncature terminale porte
la base du style, qui paroît articulée du côté où le rebord est sen-
sible, et continue du côté où ce rebord est oblitéré. Les filets
des étamines ne nous ont point offert assez clairement l'articu-
lation qui feroit distinguer un article anthérifère bien mani-
feste : cependant, la partie supérieure qui représente cet ar-
ticle est épaissie, globuleuse, striée, un peu différente de la
partie inférieure du filet; l'appendice apicilaire de l'anthère
est demi-lancéolé, ou presque ovale, charnu, quelquefois très-

petit; les appendices basilaires sont nuls ou presque nuls, 25:205
courts, un peu pointus, pollinifères; la greffe qui réunit en
un tube les filets des étamines, ne nous a pas toujours paru
bien solide, ni même bien constante, dans le *xanthium orien-
tale;* le pollen est un peu verdâtre. Il n'y a point de nectaire à la
base du style féminin, ni même du style masculin. La corolle
peut être considérée comme un limbe privé de tube, ce qui ex-
pliqueroit pourquoi les filets des étamines n'y adhèrent point;
les cinq nervures de cette corolle se bifurquent bien au-des-
sous de la base des cinq incisions, et leurs branches sont intra-
marginales, c'est-à-dire, un peu éloignées des bords des divi-
sions de la corolle. La graine est attachée au fond du péricarpe;
la radicule de l'embryon est inférieure, cylindrique, obtuse, 25:206
longue, épaisse, charnue; les deux cotylédons sont épais, char-
nus, demi-cylindriques; la plumule est apparente; nous avons
trouvé dans cette graine, comme dans celle de beaucoup
d'autres synanthérées, une sorte d'albumen membraneux.
L'ovule est cylindracé, porté par un funicule qui s'insère laté-
ralement au-dessus de sa base, et se divise en cinq branches
qui rampent d'abord de ce côté, puis divergent et se ramifient
de manière à entourer la partie supérieure de l'ovule. Dans le
xanthium orientale, chaque capitule femelle, composé de deux
calathides uniflores entre-greffées, nous a paru être entouré
d'un involucre formé de bractées unisériées, linéaires-subulées,
foliacées. En admettant, suivant notre système, que chaque
fleur femelle de *xanthium* a un péricline composé de squames
nombreuses, imbriquées, entre-greffées, libres au sommet, il
faut remarquer que la rangée intérieure des squames de ce
péricline uniflore n'est formée que par deux squames, comme
dans l'*ambrosia*, et que ces deux squames, plus longues que
toutes les autres, sont inégales entre elles. Dans le *xanthium
spinosum*, le clinanthe des calathides mâles est garni de squa-
melles foliacées, linéaires inférieurement, cochléariformes
supérieurement, et terminées par un crochet corné, spines-
cent. N'y a-t-il pas une analogie manifeste entre ces squa-
melles et ce que nous considérons comme les squames du péri-
cline de la calathide femelle? Cette analogie semble confirmer
notre système, malgré les objections qu'on peut lui opposer.
En effet, concevez une calathide mâle de *xanthium spinosum*,

25:206 dont toutes les fleurs seroient avortées, à l'exception d'une seule située au centre, et greffez ensemble toutes les squamelles de cette calathide, en laissant leurs extrémités libres, comme dans le *gorteria personata;* vous obtiendrez une calathide qui ne différera de la calathide femelle uniflore, que par les organes constitutifs de la fleur proprement dite. Cette greffe que nous supposons n'est pas une hypothèse purement gratuite ; car un capitule de *franseria artemisioides* nous a offert une squame presque détachée.

Maintenant comparons ensemble les quatre genres *Xanthium*, *Franseria*, *Ambrosia*, *Iva*, dont se compose la tribu des ambrosiées, et qui ont entre eux beaucoup d'analogie par le
25:207 port. Les calathides sont disposées en épi ou en grappe, dans les quatre genres; mais elles sont unisexuelles dans les *xanthium*, *franseria*, *ambrosia;* bisexuelles, à disque masculiflore et à couronne féminiflore, dans l'*iva*. La calathide mâle des *xanthium*, *franseria*, *ambrosia*, et le disque de l'*iva*, sont multiflores, réguliflores. La calathide femelle des *xanthium*, *franseria*, *ambrosia*, est uniflore; la couronne de l'*iva* est pauciflore. Le péricline est formé de squames unisériées ou subunisériées, dans la calathide mâle des trois premiers genres, et dans la calathide bisexuelle du quatrième : mais les squames sont libres dans les *xanthium*, *iva;* entre-greffées dans les *franseria*, *ambrosia*. Le péricline de la calathide femelle des trois premiers genres est formé de squames plurisériées et entre-greffées : mais, dans l'*ambrosia*, les squames ne sont disposées que sur deux rangs, et la partie libre de chaque squame se réduit à une petite corne en forme de bosse ou de tubercule; tandis que, dans les deux autres genres, les squames sont disposées sur plus de deux rangs, et prolongées chacune en un appendice libre, crochu, spinescent. Dans l'*ambrosia*, chaque calathide femelle est parfaitement libre; mais dans le *xanthium*, deux calathides uniflores sont réunies par leurs périclines entre-greffés, à l'exception de la partie supérieure qui reste libre, en sorte que chacun des deux péricles a un orifice distinct; dans le *franseria*, il y a ordinairement deux, trois, ou quatre calathides uniflores, entièrement confondues en un seul corps par leurs péricles qui sont entre-greffés d'un bout à l'autre, et la partie des péricles par laquelle ils sont entre-

greffés est oblitérée et réduite à une lame mince qui s'évanouit 25:207
avant d'atteindre le sommet, en sorte que le capitule n'a extérieurement qu'un seul orifice commun aux deux, trois ou quatre calathides dont il est composé. Le clinanthe de la calathide mâle des *xanthium*, *franseria*, et de la calathide bisexuelle de l'*iva*, est garni de squamelles linéaires; celui de la calathide mâle de l'*ambrosia* ne porte que quelques poils. La fleur femelle est à peu près semblable dans les quatre genres, si ce n'est qu'il y a une corolle tubuleuse, courte, dans le genre *Iva*, et peut-être aussi dans une espèce d'*ambrosia* décrite par M. Kunth, tandis que cette petite corolle manque absolument dans les autres plantes de la tribu. La fleur mâle offre les différences
suivantes : Il y a, dans l'*iva*, un rudiment de faux-ovaire, qui 25:208
est nul ou presque nul dans les trois autres genres; le style est simple, tronqué au sommet, et sa troncature est bordée de collecteurs filiformes, dans les *franseria*, *ambrosia*, *iva;* il est plus ou moins fendu, irrégulièrement et variablement, et ses collecteurs sont épars vers le sommet, dans le *xanthium;* mais le style de l'*iva* est souvent fendu comme celui du *xanthium;* la corolle, pourvue d'un tube dans l'*iva*, en paroît dépourvue dans les autres genres; ceux-ci ont les étamines non adhérentes à la corolle, ou adhérentes seulement à sa base, tandis que les filets des étamines de l'*iva* sont adhérens à la moitié inférieure du tube de la corolle; les filets sont plus ou moins entre-greffés dans les *xanthium*, *franseria*, mais ils sont libres entre eux dans l'*ambrosia* et l'*iva*.

Il résulte de cette analyse comparative des quatre genres, que l'*iva* fait nécessairement partie de la tribu des ambrosiées, mais que cette tribu doit être divisée en deux sections : la première, intitulée Ambrosiées-prototypes, et caractérisée par les calathides unisexuelles, se compose des trois genres *Xanthium*, *Franseria*, *Ambrosia;* la seconde, intitulée Ambrosiées-ivées, et caractérisée par les calathides bisexuelles, comprend le genre *Iva*, et peut-être aussi le *Clibadium*, qui n'est pas encore suffisamment connu.

Pour ne pas trop alonger cette dissertation, nous renvoyons à nos articles Ambrosiacées, tom. II, Suppl. pag. 9; Clibadion, tom. IX, pag. 395; Franserie, tom. XVII, pag. 364; Ambrosiées, tom. XX, pag. 371; Ive, tom. XXIV, pag. 43. On y trou-

25:208 vera le complément des notions qu'on peut désirer acquérir sur le sujet dont il s'agit. (H. Cass.)

25:210 LAMPSANE, *Lampsana*. (*Bot.*) [*Chicoracées*, Juss. = *Syngénésie polygamie égale*, Linn.] Ce genre de plantes appartient a l'ordre des synanthérées, à la tribu naturelle des lactucées, et à notre section des lactucées-crépidées. Voici ses caractères, que nous avons observés sur des individus vivans de *lampsana communis*, *crispa* et *glandulifera*, et sur un échantillon sec de *lampsana fœtida*.

Calathide incouronnée, radiatiforme, pluriflore, fissiflore, androgyniflore. Péricline subcampanulé, inférieur aux fleurs; formé de huit squames égales, unisériées, appliquées, oblongues, foliacées, uninervées, accompagnées a la base de quelques squamules surnuméraires, appliquées, ovales. Clinanthe plan et nu. Ovaires obvoïdes-oblongs, un peu comprimés, glabres, lisses, striés, inaigrettés. Corolle à tube parsemé de petits poils.

On connoît quatre ou cinq espèces de *lampsana*: nous décrirons ici celle qu'on trouve aux environs de Paris, et une autre qui est cultivée au Jardin du Roi.

Lampsane commune; *Lampsana communis*, Linn. C'est une plante herbacée, annuelle, haute de deux a trois pieds, tantôt presque glabre, tantôt un peu pubescente; à racine rameuse, fibreuse; à tige dressée, ferme, simple inférieurement, ramifiée supérieurement en panicule, cylindrique, striée, garnie dans le bas de feuilles alternes; les inférieures, longues de deux à quatre pouces, sont comme pétiolées, lyrées vers la base, ou profondément découpées en trois ou cinq lobes, dont le terminal est très-grand, ovale ou arrondi, un peu denté ou anguleux; les feuilles supérieures sont moins grandes, ovales-lancéolées, pointues, moins découpées; les calathides, composées d'un petit nombre de fleurs jaunes, con-
25:211 tenues dans un péricline glabre, anguleux, long de deux ou trois lignes, sont nombreuses, petites, paniculées ou corymbées, et solitaires au sommet de rameaux pédonculiformes, grêles, glabres, pourvus à leur base de bractées linéaires-lancéolées, aiguës. Cette plante, très-commune dans les lieux incultes, et surtout dans les lieux cultivés, fleurit pendant tout l'été; on la nomme vulgairement herbe aux mammelles,

parce que, dit-on, son suc guérit les gerçures qui surviennent 25:211
aux seins des nourrices; elle est considérée comme émolliente et comme propre à calmer les douleurs inflammatoires, étant bouillie et appliquée en cataplasme; à Constantinople, on la mange crue en salade. Il paroît que les anciens en faisoient le même usage, sans estimer beaucoup cet aliment, et que de là vient le proverbe *Lapsanià vivere*, faire maigre chère. On distingue, sous le nom de *lampsana communis crispa*, une variété remarquable par ses feuilles inférieures à bords ondulés ou crépus, et doublement dentés, c'est-à-dire, dont les découpures sont elles-mêmes découpées : c'est peut-être une espèce différente, comme le croit Willdenow, qui a remarqué qu'elle se reproduisoit constamment par ses graines, sans jamais perdre son caractère distinctif. Quant aux variétés fondées sur la pubescence plus ou moins manifeste, elles ne méritent guère d'être notées.

Lampsane glandulifere : *Lampsana glandulifera*, H. Cass.; *Lampsana lyrata*, Willd., *Enum.* Plante herbacée, haute de trois pieds, à racine vivace; tiges dressées, flexueuses, anguleuses, produisant dès la base de longues branches alternes comme les feuilles, qui sont grandes, ovales-aiguës, pubescentes, grossièrement dentées, ou plutôt sinuées sur les bords; les supérieures sessiles; les inférieures portées sur une sorte de pétiole ailé, à ailes prolongées en grandes dents demi-lancéolées; calathides multiflores, disposées en corymbe à l'extrémité des tiges et des rameaux; pédoncules hérissés de poils glanduleux ou capités qui existent aussi sur la carène dorsale des squames du péricline; fleurs jaunes, disposées sur plusieurs rangs concentriques, dans chaque calathide; clinanthe quelquefois pourvu d'une ou plusieurs squamelles. Nous avons fait cette description sur un individu vivant cultivé au Jardin du Roi. Cette espèce, qui habite les bords de la mer Caspienne,
se distingue principalement par les poils glandulifères qui 25:212
garnissent ses pédoncules et ses péricliņes, et non par la forme lyrée de ses feuilles, caractère qui lui est commun avec l'espèce précédente.

Le nom générique de *lampsana*, ou *lapsana*, se trouve dans les ouvrages de Dioscoride et de Pline, et paroît dérivé d'un mot grec qui signifie purger ou évacuer, sans doute à cause

25:212 de la propriété laxative attribuée au *lampsana communis*, qu'on suppose avoir été désigné sous ce nom par ces anciens auteurs. Les caractères de ce genre, assez mal tracés par Tournefort, ont été ensuite mieux décrits par Vaillant. Tournefort n'y admettoit qu'une seule espèce, qui est le *lampsana communis*, et il attribuoit à son genre *Dens-leonis* le *lampsana fœtida*, que Vaillant rapporte à son genre *Taraxaconastrum*, et dont Micheli a fait un genre particulier, sous le nom de *leontodontoides*, que Necker paroît avoir voulu reproduire sous celui d'*aposeris*. Linnæus, qui a modifié fort inutilement le nom générique employé par Tournefort et Vaillant, a décrit très-exactement les caractères de ce genre, si ce n'est qu'il a cru devoir admettre l'existence d'une aigrette dans certains cas. C'est par suite de cette erreur qu'il a pendant quelque temps attribué les *hedypnois* au genre *Lampsana*, et qu'il y a toujours maintenu le *zacintha*; il y comprenoit aussi les *rhagadiolus*; et il attribuoit, comme Vaillant, le *lampsana fœtida* au genre *Hyoseris*. Adanson, Haller, Scopoli, Allioni, Gærtner ont reconnu que cette plante appartenoit au genre *Lampsana*, dans lequel Adanson comprend aussi les *rhagadiolus*. Haller, Allioni, Lamarck, Decandolle et Willdenow attribuent au genre *Lampsana* l'*hyoseris minima* de Linnæus, dont Gærtner a fait son genre *Arnoseris*.

Nous adoptons les genres *Rhagadiolus* et *Zacintha* de Tournefort, et le genre *Arnoseris* de Gærtner; et nous réunissons au *lampsana* le *leontodontoides* de Micheli, quoique nous ne l'ayons étudié que sur un échantillon sec en mauvais état, et dépourvu de fruits mûrs. Nous y avons reconnu tous les principaux caractères génériques du *lampsana* : cependant, nous avons remarqué que la base du limbe de la corolle étoit garnie sur le côté intérieur, de longs poils charnus; et il nous a paru que quelques ovaires étoient amincis au sommet en forme de col
25:213 très-gros et très-court. Ces deux circonstances jointes à la différence du port, nous laissent quelques doutes. En attendant qu'ils soient éclaircis, nous admettons dans le genre *Lampsana* : 1.° le *lampsana communis*, et sa variété *crispa*, qui est peut-être une espèce distincte; 2.° le *lampsana glandulifera*; 3.° le *lampsana virgata* de M. Desfontaines, que nous n'avons point observé; 4.° avec quelque doute, le *lamp-*

sana fœtida, remarquable par son port semblable à celui du 25:213
pissenlit. Le *lampsana glandulifera* nous a offert une particularité qui mérite d'être notée : Son clinanthe porte très-souvent, vers le milieu ou près des bords, une, deux, trois, quatre, cinq ou six squamelles plus longues que les fruits, linéaires-subulées, vertes, membraneuses, analogues aux squames du péricline. C'est un nouvel exemple des variations accidentelles que peuvent subir les caractères génériques auxquels on accorde le plus de confiance. Les botanistes modernes qui voudroient exclure des caractères génériques la radiation de la calathide, sous le prétexte qu'elle est sujette à des variations accidentelles, n'ont pas remarqué, sans doute, que tous les autres caractères génériques sont à peu près dans le même cas. Le genre *Lampsana*, que nous attribuons à la section des crépidées, quoique son fruit, privé d'aigrette, ne soit point aminci vers le haut, est fixé dans ce groupe par son affinité avec le *rhagadiolus* et le *zacintha* : mais il a aussi de l'affinité avec les derniers genres de la section des lactucées-prototypes, après laquelle il est immédiatement placé. Sa classification naturelle paroît donc être convenablement établie. (Voyez notre article Lactucées.) Dans notre Mémoire sur les différens modes de la dissémination chez les Synanthérées, publié dans le Bulletin des Sciences de 1821, pag. 92, nous avons remarqué que le mode de dissémination propre au *lampsana* paroissoit être un des moins parfaits. A l'époque de la maturité des fruits, qui sont sans aigrette, il ne survient aucun changement, ni dans la disposition du péricline, ni dans la direction de son support qui le maintient dressé vers le ciel. Ainsi, quand les fruits se sont détachés spontanément du clinanthe par l'effet de la dessiccation, il n'y a qu'une secousse accidentelle produite par un coup de vent assez violent, ou par tout autre moteur, qui puisse opérer la dissémination ; et si cette secousse
n'a pas lieu, les fruits doivent attendre, pour tomber, la des- 25:214
truction totale ou partielle de la plante qui les porte.

L'article Arnosère de ce Dictionnaire (tom. III, pag. 135) ayant été fait par un autre rédacteur, et dans d'autres vues que les nôtres, nous jugeons à propos de présenter ici nos observations sur cette plante, que plusieurs botanistes ont cru pouvoir attribuer au genre *Lampsana*. Voici les caractères

25:214 génériques que nous avons observés sur un échantillon sec d'*arnoseris*.

Calathide incouronnée, radiatiforme, multiflore, fissiflore, androgyniflore. Péricline formé d'environ douze squames égales, subunisériées, entre-greffées à la base, appliquées, oblongues-lancéolées, un peu concaves, coriaces, munies d'une nervure très-saillante en dehors; quelques squamules surnuméraires irrégulièrement disposées autour de la base du péricline. Clinanthe plan, alvéolé surtout vers la circonférence. Fruits courts, obovoïdes, subpentagones, amincis à la base, tronqués au sommet, très-glabres, munis de dix côtes longitudinales, dont cinq plus saillantes alternes avec les cinq autres; bourrelet apicilaire un peu saillant en dessus et simulant une très-petite aigrette stéphanoïde. Fruits extérieurs obcomprimés, incourbés, enchâssés par la base dans une alvéole adhérente au péricline.

En comparant notre description générique de l'*arnoseris* avec celle de Gærtner, on trouve quelques différences qui nous font conjecturer que la plante observée par nous est d'une autre espèce que la sienne : en effet, cet observateur exact n'a point remarqué les squamules surnuméraires du péricline, ni la greffe qui réunit les squames à la base, ni les alvéoles du clinanthe. Quoi qu'il en soit, il est indubitable que l'*arnoseris* est un genre bien distinct du *lampsana*, et tellement distinct, que, selon nous, il n'appartient pas à la même section naturelle, mais à celle des hiéraciées, dans laquelle il est fixé par la forme de son fruit, et où nous l'avons placé entre le *krigia* et l'*hispidella*, qui ont aussi le péricline plécolépide. (H. Cass.)

25:218 LAMYRE, *Lamyra*. (*Bot.*) [*Cinarocéphales*, Juss. = *Syngénésie polygamie égale*, Linn.] Ce genre de plantes, que nous
25:219 avons proposé, dans le Bulletin des Sciences de novembre 1818 (pag. 168), appartient à l'ordre des synanthérées et à notre tribu naturelle des carduinées, dans laquelle il est voisin du *cirsium*, dont il peut être considéré comme un sous-genre. Voici les caractères du *lamyra*, observés par nous sur toutes les espèces que nous lui attribuons, à l'exception du *lamyra? pinnatifida*, que nous n'avons pas vu, et que nous présentons comme une espèce douteuse.

Calathide incouronnée, équaliflore, pluriflore, subrégulariflore, androgyniflore. Péricline ovoïde, inférieur aux fleurs (en faisant abstraction des appendices); formé de squames régulièrement imbriquées, appliquées : les extérieures et les intermédiaires oblongues ou ovales, coriaces, uninervées, surmontées d'un appendice très-long sur les squames intermédiaires, moins long sur les extérieures, étalé ou réfléchi, simple, subulé, droit, roide, spinescent, ayant à sa base interne une protubérance calleuse, subéreuse, charnue, ou fongueuse, plus ou moins saillante; les intérieures oblongues-subulées, inappendiculées, presque membraneuses. Clinanthe épais, charnu, convexe, garni de fimbrilles très-nombreuses, libres, inégales, longues, subulées ou filiformes-laminées, membraneuses. Fruits épais, obovoïdes-subglobuleux, presque point comprimés, glabres, très-lisses, absolument dépourvus de cotes, de nervures et d'angles; péricarpe très-épais et charnu pendant la fleuraison, devenant dur et moins épais à l'époque de la maturité; aréole basilaire large, orbiculaire, point oblique; bourrelet apicilaire nul; aigrette longue, blanche, composée de squamellules nombreuses, plurisériées, à peu près égales, filiformes-laminées, point épaissies au sommet, longuement et finement barbées, adhérentes à un anneau caduc. Corolles presque régulières, ou à peine obringentes, à divisions longues, étroites, linéaires. Etamines à filet hispide ou papillé; à anthère pourvue d'un long appendice apicilaire linéaire-aigu, et de deux appendices basilaires longs, subulés, membraneux, laciniés. Style surmonté de deux stigmatophores courts, entre-greffés. 25:219

Nous connoissons sept ou huit espèces de *lamyra*, qui méritent d'être décrites ici, parce que ce sont les plus remarquables de tous les chardons. Elles se distinguent des autres
par un port qui leur est propre. Ce sont des plantes herba- 25:220
cées, annuelles, bisannuelles, ou vivaces, rarement un peu ligneuses à la base, et qui habitent les deux régions désignées par M. Decandolle sous les noms de Méditerranéenne et d'Orientale.

Lamyre a épines ternées : *Lamyra triacantha*, H. Cass.; *Carduus casabonæ*, Linn., *Sp. pl.*, edit. 3, pag. 1153. C'est une plante herbacée, bisannuelle, dont la tige haute de deux à

25:220 trois pieds, dressée, droite, simple, cylindrique, cannelée,
presque glabre, un peu blanchâtre ou rougeâtre, est garnie
d'un bout à l'autre de feuilles sessiles, oblongues-lancéolées,
pointues, très-entières, planes, fermes, lisses et d'un vert
foncé en dessus, couvertes en dessous d'un coton très-dense,
blanc ou roussâtre ; leurs bords sont armés d'épines ternées,
très-aiguës, jaunâtres ; les calathides, composées de fleurs
purpurines, sont presque sessiles, solitaires et rapprochées au
sommet de la tige et dans les aisselles des feuilles supérieures,
et elles forment ensemble une sorte d'épi terminal. Cette belle
plante habite l'Europe australe, et se trouve en France, aux
îles d'Hyères.

Lamyre a feuilles ondulées : *Lamyra undulata*, H. Cass. ; *Carduus hispanicus*, Lamk., Encycl., tom. 1, pag. 701. Une racine longue, épaisse, ligneuse, probablement vivace, portant autour de son sommet les débris persistans des anciennes feuilles, produit une tige simple, haute de douze à quinze pouces, épaisse, très-dure, comme ligneuse, striée, cotonneuse, blanchâtre, très-garnie de feuilles d'un bout à l'autre ; ces feuilles, un peu moins longues et plus larges que celles de l'espèce précédente, sont sessiles, lancéolées, très-ondulées, très-lisses en dessus, cotonneuses et blanches en dessous, munies sur les bords d'épines fortes et très-longues, presque solitaires ou un peu séparées à la base ; les calathides, portées chacune sur un pédoncule épais, long d'un pouce, sont grosses, peu nombreuses, disposées en un petit corymbe terminal ; leur péricline est horriblement épineux. Cette seconde espèce, qui ressemble beaucoup à la première, mais qui en est bien-distincte, a été trouvée en Espagne, et elle étoit connue de Barrelier, de Tournefort et de Vaillant ; M. de Lamarck
en a donné une bonne description, que nous avons vérifiée,
25:221 dans l'herbier de M. de Jussieu, sur l'échantillon observé
par l'auteur.

Lamyre a épines géminées : *Lamyra diacantha*, H. Cass. ; *Carduus diacantha*, Labill., *Icon. pl. Syr. rar.*, dec. 2, pag. 7, tab. 3 ; *Cnicus afer*, Willd., *Sp. pl.* Plante annuelle ou bisannuelle, à tige haute de deux pieds, droite, simple, striée, tomenteuse ; feuilles sessiles, lancéolées, un peu sinuées sur les bords, qui sont réfléchis et munis d'épines géminées, rarement ternées ou solitaires, inégales, divergentes, jaunâtres; leur face inférieure est tomenteuse et blanchâtre; la supérieure glabre, à l'exception des nervures; calathides peu nombreuses, disposées à peu près en corymbe, et portées chacune sur un pédoncule tantôt nu, tantôt pourvu d'une ou deux petites feuilles; corolles violettes. M. Labillardière a trouvé cette plante en Syrie, sur le mont Liban. Jacquin a décrit plus tard, sous le nom de *carduus afer*, une plante trouvée en Barbarie, et que Willdenow considère comme une variété de la première, dont elle diffère seulement par ses feuilles un peu plus profondément sinuées, formant des lobes échancrés et armés de deux épines; il seroit possible que ce fût une espèce distincte, qu'il faudroit nommer *lamyra lobata*. 25:221

Lamyre a feuilles étroites : *Lamyra angustifolia*, H. Cass.; *Cnicus echinocephalus*, Willd., *Sp. pl.* Tige haute de six pouces, dressée, presque simple, cylindrique, striée, tomenteuse, blanche, très-garnie de feuilles très-rapprochées, alternes, sessiles, longues de cinq pouces, très-étroites, linéaires, pinnatifides, uninervées, coriaces; leur face supérieure est glabre, verte, luisante; l'inférieure est tomenteuse et blanche, à l'exception de la nervure qui est glabre; les bords sont roulés en dessous; les divisions, longues d'environ cinq lignes, sont distantes, divergentes, simples, linéaires-subulées, spinescentes au sommet; l'échantillon que nous décrivons offre deux calathides solitaires, terminales, hautes d'un pouce et demi ou deux pouces, épaisses, composées de fleurs purpurines. Nous avons fait cette description sur un échantillon sec de l'herbier de M. Jussieu, recueilli sur le Caucase, et envoyé de Moscou par M. Fischer. Willdenow attribue à cette espèce une racine vivace.

Lamyre a feuilles pinnatifides : *Lamyra? pinnatifida*, H. Cass.; *Cirsium horridum*, Lag., *Gen. et Sp. pl.*, pag. 24. Plante herbacée, garnie de poils aranéeux; racine vivace; tige dressée; feuilles semi-amplexicaules, épineuses, très-profondément pinnatifides, à divisions lancéolées, subulées, entières; environ trois calathides, à corolles blanches, à péricline armé d'épines longues et fortes. M. Lagasca, qui a trouvé cette plante en Espagne, dans le royaume de Grenade, l'a décrite ou caractérisée trop superficiellement dans l'ouvrage cité, en 25:222

25:222 sorte que nous n'y trouvons pas les renseignemens qui nous seroient nécessaires pour attribuer avec certitude cette espèce à notre *lamyra*. Ce n'est donc qu'avec doute que nous la rapportons à ce genre ou sous-genre : cependant, nous avons tout lieu de croire que cette attribution n'est pas fautive, et qu'elle sera confirmée par la suite.

Lamyre stipulée : *Lamyra stipulacea*, H. Cass.; *Carduus stellatus*, Linn., *Sp. pl.*, edit. 3, pag. 1153. Plante herbacée, haute d'un pied; tige dressée, rameuse, subtomenteuse, grisâtre; feuilles sessiles, longues de quatre pouces et demi, larges de sept lignes, linéaires, aiguës, entières, uninervées, à peine pubescentes en dessus, tomenteuses et blanches en dessous, accompagnées chacune à la base de deux ou quatre épines imitant des stipules; les calathides, hautes de huit lignes, et composées de six à douze fleurs purpurines, sont terminales et accompagnées de feuilles à leur base. Nous avons fait cette description sur un individu vivant cultivé au Jardin du Roi. Cette espèce est annuelle, et se trouve aux environs de Nice; on croit qu'elle habite aussi le Levant.

Lamyre a tige ailée; *Lamyra alata*, H. Cass. Une souche radicale, probablement vivace, produit plusieurs tiges herbacées, hautes d'environ deux pieds et demi, dressées, droites, presque simples, grisâtres et subtomenteuses inférieurement, vertes et presque glabres supérieurement, ailées par la décurrence des feuilles, dont elles sont garnies d'un bout à l'autre; ces feuilles sont rapprochées, alternes, décurrentes sur la tige, étalées horizontalement, longues de trois pouces et demi, larges d'environ un pouce, oblongues-lancéolées, aiguës au sommet, un peu roides, subcoriaces, très-ondulées sur les bords, qui sont un peu roulés en dessous, et régulièrement découpés en larges dents ou lobes alternativement élevés et abais-
25:223 sés, terminés chacun par une épine grêle; la face supérieure des feuilles est presque glabre, vert-foncé, luisante, à nervures pâles ou un peu blanchâtres; l'inférieure est grisâtre, presque tomenteuse; les feuilles supérieures sont petites; il y a au sommet de la tige une calathide terminale, et une calathide latérale très-rapprochée de la terminale et presque sessile; les autres calathides sont portées par des rameaux simples, pédonculiformes, longs d'environ un pouce, un peu tomen-

teux et blanchâtres, pourvus de quelques petites feuilles ou 25:223
bractées; ces rameaux pédonculiformes naissent solitairement
dans les aisselles de toutes les feuilles de la moitié supérieure
de la tige; chacun d'eux porte une calathide terminale, et
souvent aussi une calathide latérale; les calathides sont grosses,
hautes d'un pouce; leur péricline est pourvu de quelques flocons
de longs poils frisés, aranéeux; les squames intérieures sont
rouges au sommet; les corolles sont de la même couleur. Nous
avons fait cette description sur un individu vivant, cultivé au
Jardin du Roi, où il est étiqueté *Cnicus rectus*, Ténore, et où
on le dit bisannuel et originaire de la Calabre. Ne pourroit-on
pas rapporter à cette espèce ou à la suivante le *Polyacantha
sylvatica alato caule* de Vaillant, qui cite des synonymes de
Barrelier et de Triumfetti, appliqués par Linnæus au *Carduus
pycnocephalus*? La figure de Barrelier étant très-petite, et
n'étant accompagnée d'aucune description, il nous semble im-
possible de déterminer avec assurance la plante qu'elle repré-
sente.

Lamyre glabriuscule; *Lamyra glabella*, H. Cass. Plante her-
bacée, presque glabre; tige longue de neuf pouces (dans
l'échantillon incomplet que nous décrivons), dressée, ra-
meuse, striée, glabre, ailée par la décurrence des feuilles,
à ailes étroites, linéaires, épineuses; feuilles alternes, décur-
rentes, longues de quatre pouces et demi, larges d'environ
un pouce, oblongues-lancéolées, irrégulièrement et inégale-
ment sinuées-dentées, à dents prolongées en une épine; les
deux faces vertes: la supérieure glabre; l'inférieure parsemée
de poils couchés, aranéeux; calathides hautes d'environ huit
lignes, solitaires au sommet de la tige et de rameaux axil-
laires, pédonculiformes, simples, longs d'environ neuf lignes;
appendices du péricline garnis, sur leur face intérieure ou supé-
rieure, d'un duvet de poils frisés. Nous avons fait cette descrip- 25:224
tion sur un échantillon sec, innommé, recueilli près Salerne,
dans les bois des environs de la Cava, et donné à M. de Jus-
sieu par M. Passy, en 1811. Cette plante a beaucoup d'affinité
avec l'espèce précédente, qui est du même pays, et l'on pour-
roit croire qu'elle n'en est qu'une variété; mais elle nous paroît
suffisamment distincte par plusieurs différences, et notam-
ment parce que la face inférieure de ses feuilles est verte et

25:224 presque glabre.

Tournefort classoit les *lamyra* dans son genre *Carduus*, très-mal caractérisé, distingué de son *cirsium* par un faux caractère, et offrant un mélange incohérent de plantes appartenant à divers genres. Vaillant, dont nous ne cessons d'admirer l'exactitude trop méconnue et peu imitée par ses successeurs, a trouvé le vrai caractère distinctif des *carduus* et des *cirsium;* et il a fait un genre *Polyacantha*, dont la première partie correspond exactement à notre *lamyra :* il le caractérise par la forme sphéroïde ou turbinée de ses fruits, et il le place entre le *cynara* distingué par ses fruits à quatre pans, et le *cirsium* distingué par ses fruits oblongs. Vaillant rapporte à ce genre six espèces: les trois premières sont nos *lamyra stipulacea*, *triacantha*, *undulata;* la quatrième est peut-être notre *lamyra alata*, ou notre *lamyra glabella;* la cinquième est le *carduus syriacus* de Linnæus, dont nous faisons un genre ou sous-genre distinct, nommé *notobasis;* la sixième est probablement une variété de la précédente, ou bien une seconde espèce de *notobasis.* Linnæus a compris dans son genre *carduus*, le *polyacantha* de Vaillant, que les botanistes modernes rapportent au *cirsium* justement rétabli par eux. Nous n'avions fait aucune attention au *polyacantha* de Vaillant, lorsque nous avons publié notre genre *Lamyra.* Ayant ensuite reconnu la concordance partielle de ces deux genres, nous avons néanmoins pensé que le nouveau nom générique devoit être préféré à l'ancien, 1.° parce que le seul caractère distinctif indiqué par Vaillant est insuffisant, et que, selon nous, le véritable auteur d'un genre n'est pas toujours celui qui l'a nommé le premier, mais plutôt celui qui le premier l'a bien caractérisé et bien composé; 2.° parce que le *polyacantha* étant, suivant nous, un mélange de deux genres distincts, ne correspond
25:225 qu'en partie à notre *lamyra;* 3.° parce que le nom de *polyacantha* semble être plutôt un adjectif qu'un substantif, et qu'il peut s'appliquer à tous les autres genres de chardons, composés, comme celui-ci, de plantes épineuses, tandis que le nom insignifiant de *lamyra* n'a aucun de ces inconvéniens.

Les botanistes ont coutume de distribuer les chardons en deux groupes, suivant que leurs feuilles sont ou ne sont pas décurrentes sur la tige. Il n'y a rien de moins naturel que cette

division ; et l'on a pu remarquer que deux de nos huit espèces 25:225
de *lamyra* offroient des feuilles décurrentes, tandis que les six autres espèces dont elles sont inséparables, n'ont point ce caractère. Le *lamyra stipulacea* semble être intermédiaire entre les espèces à feuilles non décurrentes et les espèces à feuilles décurrentes. Il faut diviser les chardons, d'après la structure générale de l'aigrette, en deux genres primaires, nommés *carduus* et *cirsium*, et subdiviser chacun d'eux en plusieurs genres secondaires fondés sur des caractères plus importans que ceux qui peuvent être fournis par les feuilles ou par la couleur des fleurs. Nous en admettons six dans le *cirsium*, et nous les nommons *cirsium*, *lophiolepis*, *picnomon*, *lamyra*, *notobasis*, *ptilostemon*. Dans le *cirsium*, les appendices des squames du péricline sont courts, droits, et non bordés d'épines; dans le *lophiolepis*, qui a pour type le *cnicus ciliatus*, Willd., et qui reçoit plusieurs autres espèces également remarquables, les appendices du péricline sont longs, arqués en dehors, et bordés de petites épines; dans le *picnomon* d'Adanson, ou *acarna* de Vaillant, que leurs successeurs ont très-mal à propos supprimé, les squames du péricline sont surmontées d'un appendice droit, long, étroit, linéaire, coriace, muni de longues épines au sommet et sur les côtés; dans le *lamyra*, les appendices sont longs, simples, droits, et munis à leur base interne d'une callosité qui les force à se diriger en dehors; dans le *notobasis*, qui a pour type le *carduus syriacus*, Linn., l'aréole basilaire du fruit est très-longue, très-étroite, linéaire, en forme de sillon, et située sur le côté extérieur de la base de ce fruit, qui se trouve ainsi presque renversé ou couché en arrière sur le clinanthe auquel il adhère par le dos; singulier caractère que nous n'avons retrouvé chez aucune autre synanthérée; dans le *ptilostemon*, qui a pour type la *ser-*
ratula chamæpeuce, Linn., les squames du péricline sont pres- 25:226
que dépourvues d'appendice, et pas sensiblement épineuses au sommet, et les filets des étamines sont élégamment plumeux, à longs poils doubles, régulièrement disposés. Nous négligeons d'indiquer, dans cet aperçu général de nos six genres ou sous-genres, beaucoup d'autres caractères qui fortifient ceux que nous citons: mais nous devons insister davantage sur ceux du *lamyra*. La callosité située à la base interne des appen-

25:226 dices du péricline; les fruits subglobuleux, lisses, arrondis, sans bourrelet apicilaire, à péricarpe très-épais pendant la fleuraison, dur à la maturité; leur aréole basilaire large, orbiculaire, point oblique; l'aigrette blanche, de squamellules à peu près égales, point épaissies au sommet; les corolles presque régulières; tous ces caractères concourent à établir solidement le genre *Lamyra*, et à le distinguer des cinq autres.

Le style du *lamyra stipulacea* est remarquable en ce que ses deux stigmatophores, qui semblent être demi-avortés, ne sont point articulés sur leur support, et ne portent que quelques collecteurs piliformes épars. Dans cette même espèce, la nervure des squames du péricline forme sur le dos de leur partie supérieure une sorte de glande épaisse, alongée, linéaire; caractère que nous avons également observé chez le *notobasis*, ainsi que chez la plupart des vrais *cirsium*, et dont l'absence peut servir à distinguer certaines espèces appartenant à ce dernier sous-genre.

Notre genre *Echenais*, dont nous avons décrit une seule espèce dans ce Dictionnaire (tom. XIV, pag. 171), a beaucoup d'affinité avec ceux dont il est question dans le présent article. Nous profitons de cette occasion, pour décrire une seconde espèce que nous avons mieux étudiée, et pour compléter et rectifier par cette description l'article concernant ce genre.

Echenais nutans, H. Cass. (Bull. des Sc., janv. 1820, pag. 4.) Plante herbacée. Tige haute de trois pieds, dressée, droite, épaisse, cylindrique, munie de côtes, et un peu laineuse; divisée supérieurement en rameaux, qui forment par leur ensemble une sorte de panicule corymbiforme, irrégulière. Feuilles alternes, rapprochées; étalées horizontalement, longues de huit
25:227 pouces, larges d'environ deux pouces, sessiles, demi-amplexicaules, oblongues-lancéolées; à base un peu décurrente, dilatée, échancrée; à bords découpés par des sinus en lobes bifides, dont une division est élevée, l'autre abaissée, chacune terminée par une longue épine; des épines plus petites, éparses, garnissent les bords de la feuille, dont la face inférieure est tomenteuse, blanchâtre, et la supérieure parsemée de quelques poils longs, mous, couchés. Calathides solitaires

au sommet de rameaux simples, comme paniculés au haut de 25:227
la plante, garnis de petites feuilles, droits en préfleuraison, et arqués avec rigidité en demi-cercle, durant la fleuraison, de sorte que les calathides regardent la terre. Chaque calathide, longue et large de douze à quinze lignes; péricline entouré à sa base de bractées, ou feuilles florales, très-inégales et dissemblables, formant une sorte d'involucre irrégulier; corolles blanc-jaunâtres; organes sexuels irritables.

Calathide incouronnée, équaliflore, multiflore, obringentiflore, androgyniflore. Péricline un peu inférieur aux fleurs, campaniforme, composé de squames très-nombreuses, régulièrement imbriquées, appliquées, coriaces; les extérieures très-courtes, surmontées d'un très-long appendice inappliqué, foliacé, linéaire, terminé par une grande épine, et bordé d'épines plus petites; les intermédiaires oblongues, surmontées d'un appendice plus court, étalé, foliacé, ovale, terminé par une longue épine, et muni d'une bordure scarieuse, laciniée; les intérieures très-longues, surmontées d'un appendice radiant, scarieux, blanc, ovale-acuminé, spinescent au sommet, lacinié sur les bords. Clinanthe d'abord planiuscule, puis convexe, épais, charnu, garni de fimbrilles très-nombreuses, libres, longues, inégales, filiformes. Ovaires oblongs, comprimés bilatéralement, glabres, surmontés d'un plateau; aigrette longue, composée de squamellules nombreuses, plurisériées, inégales, filiformes, hérissées de longues barbes capillaires. Corolles très-obringentes. Etamines à filet hérissé de poils courts, à anthère pourvue d'un appendice apicilaire aigu, et de deux appendices basilaires oblongs, membraneux, découpés à l'extrémité. Styles surmontés de deux stigmatophores entre-greffés.

Nous avons observé cette belle plante au Jardin du Roi,
où elle étoit innommée, et où elle fleurissoit en juin 1819. 25:228
Nous ignorons son origine. (H. Cass.)

LAPEIROUSIE, *Lapeirousia*. (*Bot.*) [*Corymbifères*, Juss. = 25:251
Syngénésie polygamie frustranée, Linn.] Ce genre de plantes, établi par Thunberg, en 1800, dans la seconde partie de son *Prodromus plantarum capensium*, appartient à l'ordre des synanthérées, et probablement à notre tribu naturelle des inulées, section des inulées-gnaphaliées, dans laquelle nous l'avons

placé avec doute, entre le *rosenia* et le *leysera*. Voici les caractères génériques du *lapeirousia*, tels que nous pouvons les deviner avec plus ou moins de vraisemblance, d'après les descriptions beaucoup trop incomplètes, obscures, et peut-être peu exactes de Linnæus fils et de Thunberg.

Calathide discoïde : disque pluriflore, régulariflore, androgyniflore ; couronne unisériée, liguliflore, neutriflore, non radiante. Péricline supérieur aux fleurs, formé de squames plurisériées, imbriquées, scarieuses supérieurement; les intérieures surmontées d'un grand appendice étalé, radiant, lancéolé, scarieux. Clinanthe plan, garni de papilles. Fruits pourvus d'une aigrette stéphanoïde, très-courte, mince, annulaire.

On ne connoît jusqu'à présent qu'une seule espèce de ce genre.

Lapeirousie de Thunberg : *Lapeirousia Thunbergii; Lapeirousia calycina*, Thunb., *Prodr. pl. cap.; Relhania calycina*, Lhérit., *Sert. angl.; Osmites calycina*, Linn. fils, *Suppl. pl.*, pag. 380. C'est un arbuste à tige dressée, à rameaux un peu pubescens, naissant de l'extrémité de la tige ou de celle des branches plus anciennes; les feuilles sont éparses, dressées, étroites, lancéolées, nues ou un peu pubescentes, munies de plusieurs nervures saillantes en dessous, et formant des stries en dessus; les calathides, composées de fleurs jaunes, sont terminales, solitaires, sessiles.

Cette plante, découverte par Thunberg au cap de Bonne-Espérance, fut communiquée par lui à Linnæus fils, qui la décrivit sous le nom d'*Osmites calycina*. Mais la nudité du clinanthe, la non radiation de la couronne, la structure du péricline et la forme de l'aigrette, prouvent évidemment que ce n'est point un *osmites*. Lhéritier a cru pouvoir attribuer cette plante à son genre *Relhania*, dont elle diffère considérablement par son clinanthe presque nu, par son aigrette presque nulle, et par sa couronne neutriflore et non radiante. C'est pourquoi Thunberg en a fait un genre distinct, qu'il a dédié à l'auteur de la Flore des Pyrénées. Malheureusement, il l'a caractérisé avec une excessive concision, trop familière aux élèves de l'école linnéenne, et bien préjudiciable aux progrès de la science. Nous ne pouvons donc point assigner avec certitude la place que ce genre doit occuper dans notre classification

naturelle. Cependant nous sommes convaincu que, si le *lapei-* 25:252
rousia n'est point une anthémidée, c'est sans doute une inulée-gnaphaliée, voisine des *relhania*, *rosenia*, *leysera*, *leptophytus*, *longchampia*. (Voyez notre article Inulées.) Le nom spécifique de *calycina*, que Linnæus fils, Lhéritier et Thunberg ont appliqué au *lapeirousia*, n'est point adopté par nous, parce qu'ayant pour objet d'exprimer que le péricline de cette plante est remarquable, il suppose que le péricline est un calice. Cette opinion généralement admise autrefois, et dont Adanson a le premier reconnu la fausseté, n'est plus tolérable aujourd'hui, et les botanistes exacts doivent réformer impitoyablement toute expression qui tendroit à la perpétuer. (H. Cass.)

LAPPA. (*Bot.*) C'est le nom latin du genre Bardane, qui a 25:256
été décrit dans ce Dictionnaire, tom. IV, pag. 59; mais, cet 25:257
article n'ayant pas été rédigé par nous, il est peut-être à propos d'exposer ici nos propres observations sur le genre dont il s'agit. Voici donc comme nous décrivons les caractères génériques du *lappa*.

Calathide incouronnée, équaliflore, multiflore, régulariflore, androgyniflore. Péricline à peu près égal aux fleurs, ovoïde-subglobuleux; formé de squames imbriquées, appliquées, coriaces, oblongues, surmontées d'un appendice étalé, très-long, subulé, se terminant par une épine cornée, incourbe. Clinanthe épais, charnu, planiuscule, garni de fimbrilles nombreuses, longues, inégales, libres, roides, subulées, laminées. Ovaires oblongs, comprimés bilatéralement, glabres, munis de rides transversales ondulées; aréole basilaire presque point oblique; bourrelets basilaire et apicilaire nuls; aigrette courte, composée de squamellules plurisériées, nombreuses, inégales, libres, caduques, filiformes, roides, barbellulées. Corolles parfaitement régulières, à incisions également profondes, à tube muni de dix nervures qui se prolongent dans la partie indivise du limbe. Etamines à filet papillé; à anthère pourvue d'un appendice apicilaire, prolongé au sommet en une languette presque filiforme, et de deux appendices basilaires très-longs, subulés. Styles surmontés de deux stigmatophores entre-greffés complètement dans leur tiers inférieur, complètement libres, divergens et arqués en dehors dans les deux tiers supérieurs.

25:257 Le genre *Lappa* fait partie de notre tribu naturelle des carduinées, dans laquelle il est peut-être voisin du *serratula*, quoiqu'il en diffère beaucoup, ainsi que de tout autre genre. Le *lappa* est remarquable par sa corolle parfaitement régulière, point obringente, à dix nervures au lieu de cinq; par la forme de l'appendice apicilaire de l'anthère; par ses stigmatophores complètement libres et divergens, à l'exception de leur partie basilaire; enfin par son aigrette, dont les squamellules, barbellulées d'un bout à l'autre, sur toute leur surface, sont entièrement filiformes et un peu amincies vers les deux extrémités, et dont les squamellules intérieures sont plus courtes que les intermédiaires. Nous avons fait voir, dans notre article Lampourde, que chaque fleur femelle de *xanthium* a un péricline
25:258 qui seroit exactement semblable à celui du *lappa*, si dans celui-ci les squames, au lieu d'être complètement libres, étoient entre-greffées inférieurement, libres supérieurement.

Quelques observations que nous avons faites sur le *lappa tomentosa* méritent de trouver place ici, parce qu'elles confirment certains points de notre doctrine.

La feuille est presque glabre en dessus, tomenteuse en dessous. La nervure médiaire et quelques unes des nervures latérales se prolongent au-delà des bords en une pointe tuberculeuse, cartilagineuse, courte, droite, obtuse. A mesure que la feuille est plus élevée, elle est plus étroite, les tubercules pointus disparoissent totalement sur les bords latéraux, mais le tubercule terminal, formé par la continuation ou le prolongement de la nervure médiaire, s'alonge sensiblement, se durcit et se recourbe un peu en dessus à son extrémité; en même temps, le pétiole se raccourcit, sans jamais devenir nul, et les nervures secondaires ou latérales, devenant moins nombreuses et moins divergentes, finissent par se réduire à deux parallèles à la nervure médiaire et convergentes aux deux bouts.

Les squames du péricline sont des bractées ou petites feuilles vertes, épaisses, dures, coriaces, subulées, traversées d'un bout à l'autre par une grosse nervure qui se prolonge à son extrémité en une longue pointe dont le sommet se recourbe en dessus et forme un crochet. La partie inférieure et plus large de la squame offre deux nervures fines, secondaires, latérales, parallèles à la nervure médiaire. Enfin la face intérieure ou supérieure de la squame est glabre, tandis que la face extérieure ou inférieure est velue. 25:258

En comparant cette description des squames du péricline avec celle des feuilles supérieures de la plante, on ne peut méconnoître l'analogie de ces deux sortes d'organes, et il devient évident que les squames sont des feuilles modifiées.

Les squames intérieures du péricline, qui entourent immédiatement les fleurs extérieures, diffèrent des autres en ce que leur partie supérieure acquiert la couleur rouge de ces fleurs, que le crochet se convertit en une membrane lancéolée, rouge, scarieuse, et, ce qui est bien remarquable, que leurs bords et leur face extérieure se hérissent d'aspérités en forme de petites pointes roides dirigées vers le haut.

Les squamellules de l'aigrette sont des filets cylindriques, 25:259
nombreux, disposés sur plusieurs rangs contigus autour du sommet de l'ovaire; ils sont blancs, pointus au sommet, garnis sur toute leur surface d'aspérités en forme de petites pointes roides, dirigées de bas en haut. Les squames intérieures du péricline, qui sont garnies en partie de semblables aspérités, établissent l'analogie entre les squamellules de l'aigrette et les squames du péricline, qui sont analogues aux feuilles. Il y a donc une analogie incontestable entre les feuilles, les squames du péricline, et les squamellules de l'aigrette. Mais cette analogie ne s'étend point, selon nous, jusqu'aux fimbrilles du clinanthe; car, en admettant cette analogie, les fimbrilles seroient, comme les squamelles, intermédiaires par leur nature aussi bien que par leur position, entre les squames intérieures du péricline et les squamellules de l'aigrette; elles devroient donc être garnies de petites pointes, tandis qu'elles n'offrent aucune aspérité. Ce motif n'est pas à beaucoup près le seul qui nous a déterminé à distinguer les fimbrilles et les squamelles, et à les considérer comme deux sortes d'appendices de natures très-différentes. (Voyez nos articles Composées, tom. X, pag. 146, et Fimbrilles, tom. XVII, pag. 56.)

En coupant verticalement par le milieu une calathide de *lappa*, on observe que la partie corticale de son support est employée à la formation du péricline, et que la partie médullaire est employée à la formation du clinanthe; le corps ligneux semble seulement séparer le clinanthe du péricline, mais un

25:259 examen plus attentif fait découvrir qu'il jette réellement des
ramifications dans le péricline et dans le clinanthe. Il ne faut
pas oublier que toute calathide est, comme nous l'avons dit
(tom. X, pag. 151), un épi simple, extrêmement court; cette
considération est plus propre à faire concevoir des idées justes
sur la distribution de l'écorce, de la moelle, et des fibres
interposées, que l'observation même qui, dans ce cas, est
insuffisante, à cause de l'imperfection de nos sens et de nos
instrumens, de la complication, du rapprochement et de l'exi-
guité des parties observées.

L'aigrette du *lappa* ne naît point du bord même du sommet
de l'ovaire, mais en dedans d'un rebord épais, arrondi, élevé,
formé par une saillie de la circonférence. La base commune
25:260 des squamellules de l'aigrette est une petite lame annulaire,
persistante, et qui paroît denticulée après leur chute. Ces
squamellules sont inégales, les extérieures et les intérieures
étant plus courtes que les intermédiaires. L'aréole apicilaire
de l'ovaire est large, plane, orbiculaire; elle ne porte point
de plateau, mais seulement un nectaire jaune, en forme de
godet. Quoique la corolle soit articulée sur l'ovaire, elle se
rompt au-dessus de sa base qui persiste sur le fruit avec le
nectaire et la base du style. L'ovaire est prismatique, à cinq
faces irrégulièrement inégales. Le jeune péricarpe est formé
de deux couches : l'extérieure charnue, cartilagineuse, trans-
parente, ridée en dehors; l'intérieure blanche, médullaire,
celluleuse, lisse en dedans. A la maturité, la couche exté-
rieure se réduit à une peau sèche, et la couche intérieure
devient une boîte cornée, presque pierreuse comme les
noyaux; ainsi ce péricarpe est une sorte de drupe sec. La
boîte osseuse est entièrement close au sommet, et elle n'est
ouverte à la base que par un trou qui a sans doute pour objet
de faciliter l'éruption de la radicule dans l'acte de la ger-
mination. Une coupe longitudinale nous a fait voir que l'axe du
style étoit occupé par un gros vaisseau cylindrique, qui pé-
nètre dans le centre du sommet de l'ovaire, et traverse l'épais-
seur du péricarpe. L'aréole basilaire de l'ovaire est large,
plane, orbiculaire, point oblique; elle adhère immédiatement
et par toute sa surface au clinanthe; elle offre les traces de
cinq ou dix vaisseaux, disposés en cercle, et peut-être sur

deux rangs concentriques, entre le centre et la circonférence 25:260
de cette aréole. Ces vaisseaux paroissent entrer directement dans le péricarpe, et il y a en outre un vaisseau central plus gros, qui traverse l'axe du placenta, pour en sortir sous la forme de funicule. Le placenta est peu élevé : c'est une masse purement cellulaire, dont la base est l'aréole basilaire de l'ovaire, et dont le sommet est le fond de la cavité de cet ovaire. Nous avons aperçu assez distinctement deux vaisseaux correspondant aux deux côtés extérieur et intérieur de l'ovaire ; ils partoient des bords de l'aréole basilaire, entroient dans le placenta, en se courbant comme s'ils venoient d'en haut, et s'élevoient à travers le placenta, parallèlement à son axe, jusqu'à son sommet, où ils convergeoient pour entrer dans
le funicule. Ne seroit-ce point les conducteurs de la féconda- 25:261
tion ? Nous avons cru les voir remonter un peu le long du péricarpe. Si l'on coupe une tranche mince sous l'aréole apicilaire de l'ovaire, on voit les traces de beaucoup de vaisseaux disposés sur deux rangs concentriques.

Le funicule, ou cordon ombilical, est court, épais, parfaitement continu au placenta, formé du tissu cellulaire de ce placenta et de la réunion des deux vaisseaux conducteurs avec le vaisseau central du placenta. L'ovule est parfaitement continu au funicule, et semble être un épanouissement de son tissu cellulaire entouré par le vaisseau de ce funicule. C'est une masse continue de tissu cellulaire, dont la partie intérieure est un peu gélatineuse, et qui offre près de sa superficie le vaisseau provenant du funicule. L'ovule remplit entièrement la cavité de l'ovaire.

La graine observée avant sa maturité se dégage facilement du péricarpe. Elle est alors blanche, lisse, obovale, comprimée. Le funicule s'insère dans une échancrure basilaire, latérale et oblique de la graine ; et il se prolonge sous la forme d'un gros vaisseau simple, non ramifié, qui monte le long de l'arête correspondante à l'échancrure, et descend le long de l'autre arête de la graine, jusque près de la base.

La graine mûre remplit entièrement la cavité du fruit. Son enveloppe se colle contre la paroi interne du péricarpe, et s'en isole très-difficilement. Cette enveloppe nous a paru double : l'extérieure épaisse et charnue; l'intérieure en forme

25:261 de pellicule, et constituant une sorte d'albumen ou périsperme extrêmement mince.

L'embryon est blanc, formé de petites cellules rondes, et composé, 1.° de deux cotylédons alongés, larges, épais, obovales, laminés, plans en dedans, convexes en dehors, charnus; 2.° d'une radicule parfaitement continue avec les cotylédons, obconique, obtuse, un peu comprimée dans le sens des cotylédons, longue comme le tiers des cotylédons; 3.° d'une plumule ponctiforme, située à la base des cotylédons.

Les détails anatomiques que nous venons d'exposer, ont pour but de suppléer au silence que nous avions gardé sur cette matière, dans notre article Composées. Plusieurs autres synanthérées de diverses tribus ont été aussi l'objet de nos
25:262 travaux anatomiques. Mais l'extrême difficulté de ces sortes de recherches ne nous a pas encore permis de parvenir a des résultats généraux solidement établis. Il faut donc se borner, quant à présent, à des observations particulières exactes, qui pourront un jour servir de matériaux pour une étude anatomique plus étendue et plus approfondie, et qui, en attendant, peuvent détruire des systèmes erronés, fondés sur un examen trop superficiel.

Cela nous engage à offrir dans ce même article d'autres observations du même genre sur le *carlina vulgaris*, sur le *scorzonera hispanioa*, sur l'*helianthus annuus*, et sur les *arctotis*, afin qu'on puisse les comparer avec celles qu'on vient de lire et qui concernent le *lappa tomentosa*.

L'ovaire du *carlina vulgaris* n'a point de pédicellule. Son aréole basilaire est assez petite, plane, orbiculaire, point oblique, elle adhère au clinanthe par toute sa surface, et elle est entourée d'un très-petit rebord arrondi, à peine saillant, formé par le corps de l'ovaire. Celui-ci est un peu alongé, cylindrique, arrondi à la base, presque point épaissi de bas en haut, tout hérissé de très-longues soies dressées, appliquées, flexueuses, roides, point articulées, ordinairement fourchues ou échancrées au sommet, chacune d'elles paroissant composée de deux poils collés ensemble. Il y a un petit bourrelet apicilaire annulaire, arrondi, glabre, cartilagineux, presque corné, qui porte l'aigrette sur son bord intérieur. L'aréole apicilaire n'est point recouverte d'un plateau, mais elle porte un petit nectaire jaunâtre, en forme de barillet un peu excavé. 25:262

L'aigrette, beaucoup plus longue que l'ovaire, est composée de dix squamellules unisériées, à peu près égales, semi-articulées sur le bourrelet apicilaire, contiguës, et pour la plupart entre-greffées à la base. Chaque squamellule a sa partie inférieure simple, laminée, linéaire, très-large, épaisse, presque cornée, glabre, portant sur ses bords quelques barbes filiformes, très-longues; sa partie supérieure est divisée en deux ou trois branches deux ou trois fois plus étroites que leur tronc, étrécies de bas en haut, pointues au sommet; ces branches sont hérissées sur les deux côtés de barbes inégalement espacées, irrégulièrement disposées, étalées, droites, très-longues, très-fines, incolores, cylindriques, amincies de bas en haut, non articulées. Chacune de ces barbes est un 25:263
rameau ou une lanière de la branche qui la porte. Chacune des dix squamellules doit être considérée comme composée de deux ou trois squamellules entre-greffées inférieurement, libres supérieurement.

L'aréole basilaire offre, près de ses bords, les traces de cinq vaisseaux qui passent directement dans le péricarpe pour y former cinq nervures. Le placenta est très-peu élevé; son axe nous a paru quelquefois traversé par un faisceau large et peu apparent; le plus souvent nous n'avons aperçu aucune trace du vaisseau central qui sembleroit devoir exister pour se rendre dans le funicule. Mais nous avons vu très-distinctement un vaisseau rampant le long de la paroi interne du péricarpe, se courber près de la surface supérieure du placenta, y plonger, et remonter dans le funicule; c'est, sans doute, un conducteur de la fécondation, qui est peut-être le prolongement descendant d'un vaisseau que nous avons observé dans l'axe du style. Le péricarpe, avant la maturité, est une membrane blanche, un peu épaisse, charnue, cellulaire, munie de cinq vaisseaux, et n'ayant rien qui annonce la présence d'un endocarpe. Le péricarpe mûr est verdâtre, tacheté de brun, réduit à l'état d'une simple membrane demi-transparente, sèche, fort peu épaisse, cellulaire, avec cinq nervures peu apparentes. Le fruit mûr est plus gros que l'ovaire, et presque double en longueur. L'aigrette roussâtre, étalée et arquée en dehors, se détache facilement, mais en empor-

25:263 tant avec elle une calotte dont elle est inséparable, qui forme le dôme du péricarpe, et dont les bords constituent le bourrelet apicilaire; l'enlèvement de cette calotte laisse la graine à découvert.

L'ovule remplit tout l'intérieur de l'ovaire, pendant la préfleuraison et pendant la fleuraison. Le funicule est un peu long, cylindrique, charnu; il s'insère à côté et au-dessus de la pointe basilaire de l'ovule, qui paroît être une masse continue de tissu cellulaire charnu, presque gélatineux dans l'axe. La graine mûre remplit le péricarpe; elle est obovoïde, point comprimée, verdâtre-plombée. Son enveloppe, qui paroît être simple, est verdâtre, semi-opaque, cellulaire, assez épaisse; elle contient un vaisseau ou filet simple, qui part
25:264 du funicule, monte d'un côté jusqu'au sommet de la graine, et redescend de l'autre côté jusque près de la base; la situation de ce vaisseau, relativement à l'embryon, est sans doute variable, car nous l'avons vu correspondre au milieu des cotylédons. L'enveloppe de la graine se colle ordinairement à la paroi interne du péricarpe, et s'en détache difficilement, à moins qu'on ne trempe le fruit dans l'eau tiède. Elle nous a quelquefois paru formée de deux pellicules entre lesquelles rampe le vaisseau émané du funicule; ce qui n'empêche pas que cette enveloppe soit simple, c'est-à-dire unique, puisqu'elle couvre immédiatement l'embryon, et qu'il n'y a point de membrane albumineuse interposée.

L'embryon est gris-plombé, d'une substance très-compacte; ses cotylédons sont courts, larges, très-épais, peu laminés, presque semi-cylindriques, arrondis au sommet, parfaitement continus à la radicule; celle-ci est au moins aussi longue que les cotylédons, épaisse, cylindrique supérieurement, obconique inférieurement; la plumule, située au centre du sommet de la radicule, à la base des cotylédons, est extrêmement petite, et de forme conique.

L'ovaire du *scorzonera hispanica* est un peu plus long pendant la fleuraison qu'il ne l'étoit pendant la préfleuraison, et il s'alonge beaucoup pendant la maturation. Un pédicellule assez long, épais, cylindracé, très-roide, un peu charnu et fibreux, blanc-verdâtre, s'insère au centre de l'aréole basilaire qui est large, plane, orbiculaire, entourée d'un petit rebord arrondi,

formé par une saillie du corps de l'ovaire. Ce corps est alongé, 25:264
cylindrique, blanc-verdâtre, glabre, pourvu de dix côtes,
dont cinq grosses alternant avec cinq petites; les sillons qui
les séparent s'arrêtent près de la base et du sommet. Il n'y a
point de bourrelet apicilaire distinct, mais seulement un
épaississement cartilagineux de couleur verte. Les bords du
sommet du corps de l'ovaire donnent naissance à l'aigrette,
composée de squamellules toutes contiguës entre elles, mais
disposées sur deux rangs concentriques. Celles de la rangée
extérieure sont à peu près égales, trois fois longues comme
l'ovaire, semi-articulées sur lui, charnues, laminées inférieu-
rement, convexes en dehors, planes en dedans, devenant fili-
formes et capillaires supérieurement, hérissées presque dès
la base de barbes très-longues, extrêmement fines, flexueuses, 25:265
emmêlées, qui paroissent naître des bords et de la face exté-
rieure. La rangée intérieure est composée de squamellules à
peu près égales et semblables aux extérieures, à l'exception de
cinq régulièrement espacées, et presque doubles des autres en
longueur et en grosseur. Ces cinq grandes squamellules ont,
comme les autres, leur moitié inférieure laminée et barbée;
mais leur moitié supérieure, cylindrique, amincie de bas en
haut, est dépourvue de barbes, et garnie tout autour de bar-
bellules spinuliformes, épaisses, coniques, aiguës, dirigées en
haut; on observe aussi des barbellules sur le haut de la partie
barbée; la partie supérieure est nue, c'est-à-dire dépourvue de
barbes et de barbellules. L'aréole apicilaire de l'ovaire est cou-
verte, en dedans de l'aigrette, par un plateau absolument ana-
logue à celui de beaucoup de carduinées; ce plateau est court,
cylindrique, charnu, blanc; il offre les traces des cinq vais-
seaux de la corolle, et il porte en dedans de la corolle un nec-
taire charnu, jaunâtre, en forme de godet, ou de barillet
excavé, denticulé.

Le fruit en mûrissant s'accroît considérablement, surtout en longueur, de sorte qu'il devient plus long que l'aigrette. Son sommet devient hérissé de longs poils articulés, flexueux, emmêlés. Ses côtes longitudinales deviennent munies de rides transversales qui forment des espèces de tubercules.

Le faisceau vasculaire ou fibreux du pédicellule se prolonge dans l'axe du placenta qui est assez élevé et celluleux; ce

25:265 faisceau est composé de cinq fibres ou vaisseaux, qui commencent à diverger un peu, presque dès la base du placenta, mais qui ne s'écartent manifestement qu'au sommet du placenta, où les cinq vaisseaux se séparent pour se distribuer dans le péricarpe. Ces cinq vaisseaux vont se rendre directement, sans se ramifier, au sommet de l'ovaire, où ils se rapprochent un peu en s'éloignant de la surface externe, pour entrer séparément dans le plateau, et de là dans la corolle et les étamines. Les côtes longitudinales du péricarpe cessent près du sommet et près de la base, parce que les fibres ou vaisseaux sont éloignés de la surface aux deux extrémités.

Le péricarpe est formé de trois couches : l'extérieure est une écorce lignifiée; l'intérieure est une moelle mince, fugace,
25:266 très-lâche, fongueuse, divisée en filamens, et qui bien certainement n'est point revêtue de cet épiderme ou membrane pariétale interne, que M. Richard nomme endocarpe, et qu'il prétend exister dans tous les fruits. Il est vrai que la paroi interne du péricarpe mûr paroît souvent être revêtue d'une membrane lisse : mais c'est une fausse apparence résultant de ce que l'enveloppe extérieure de la graine adhère dans ce cas au péricarpe, et se détache de l'enveloppe intérieure. La couche moyenne ou intermédiaire du péricarpe est une sorte de tube pentagone, ligneux, composé de cinq lames ou plaques larges, linéaires, ligneuses, extrêmement compactes, presque réunies par les bords; chacune de ces cinq lames contient un des cinq vaisseaux que nous avons décrits. Le jeune péricarpe encore succulent n'offre, au lieu des cinq lames, que cinq filets, qui, dans le fruit mûr, produisent cinq larges plaques ligneuses, en lignifiant le tissu qui les avoisine.

Indépendamment des cinq vaisseaux ou filets fibreux que nous avons observés, et qui montent dans le péricarpe, puis dans les autres parties de la fleur, pour nourrir tous ces organes, il doit y en avoir un sixième qui monte du placenta dans le funicule, pour nourrir l'ovule, et un ou deux autres qui descendent du style vers le funicule pour conduire le fluide spermatique du pollen. Mais nous n'avons pas pu découvrir et isoler ces vaisseaux, dont nous supposons l'existence. Il nous a paru que, vers le milieu du placenta, les cinq filets fibreux produisoient des ramifications externes, qui se portoient dans

l'écorce du péricarpe. Nous avons cru aussi nous apercevoir 25:266
que nos cinq filets, avant d'entrer dans le plateau, produisoient des ramifications internes qui se rendoient dans l'axe de ce plateau, du nectaire et du style. Enfin, les cinq filets nous ont semblé envoyer d'autres ramifications dans l'aigrette, et surtout dans les cinq grandes squamellules. L'aigrette nous a paru procéder de la partie corticale du péricarpe.

L'ovule n'occupe souvent que la partie inférieure de l'ovaire. Il n'offre qu'une masse continue de tissu cellulaire charnu, dont l'axe est presque mucilagineux ou gélatineux. La graine mûre s'étend d'un bout à l'autre du fruit; elle est cylindracée, amincie en pointe aux deux extrémités, surtout au sommet. Le funicule est très-court, très-gros, informe; il s'insère sur
un coté de la graine, mais très-près de sa pointe basilaire. L'en- 25:267
veloppe de la graine paroît être un peu épaisse, coriace, cartilagineuse ou presque charnue, un peu opaque, grisâtre; mais elle est réellement composée de deux enveloppes bien distinctes : l'extérieure contient un gros vaisseau simple, non ramifié, qui part du funicule, rampe sur un côté jusqu'au sommet, et redescend du côté opposé jusque près de la base de la graine; nous avons remarqué que ce vaisseau correspondoit tantôt au dos des cotylédons, et tantôt à leurs bords; l'enveloppe intérieure est un véritable albumen ou périsperme, nullement adhérent à l'enveloppe extérieure ni à l'embryon, mais enveloppant entièrement celui-ci, et formé d'une membrane mince, cartilagineuse, qui, étant mouillée, devient charnue et un peu opaque.

L'embryon est d'un gris plombé; sa substance est formée de petites cellules rondes. Les cotylédons sont semi-cylindriques, amincis de bas en haut, très-épais, charnus, compactes; chacun d'eux contient trois vaisseaux; le sens de la direction de la face des cotylédons, relativement à la calathide, paroît être variable. La radicule, longue comme la moitié des cotylédons, auxquels elle est parfaitement continue, est cylindrique supérieurement, obconique inférieurement; on aperçoit dans son intérieur le rudiment ou linéament primitif du corps ligneux futur. La plumule n'est point apparente à la base des cotylédons; mais elle se trouve au milieu de la hauteur de la radicule, dans son axe, et la moitié supérieure de la radicule est

25:267 fendue intérieurement pour livrer passage à la plumule; nous pensons que cette partie de la radicule qui surmonte la plumule, doit être attribuée aux cotylédons qui seroient entregreffés inférieurement.

L'ovaire de l'*helianthus annuus* n'est point supporté par un pédicellule. Son aréole basilaire forme une échancrure oblique, latérale, située sur le côté intérieur, large, ovale, transverse, adhérente au clinanthe par toute sa surface, et entourée d'un très-petit rebord formé par le corps de l'ovaire; cette aréole est cellulaire et n'offre qu'un seul gros vaisseau très-excentrique, situé du côté de la base rationnelle de l'ovaire. Le corps de l'ovaire est très-alongé, obovoïde, manifestement comprimé sur deux faces latérales convexes, blanc pendant
25:268 la fleuraison, gris à la maturité, n'offrant à sa surface ni nervures, ni sillons, ni cannelures, mais tout hérissé de poils dressés, courts, minces, cylindriques, non articulés, un peu obtus, et le plus souvent un peu fourchus à l'extrémité. Le sommet de l'ovaire est large, arrondi, glabre; le centre de ce sommet est occupé par l'aréole apicilaire, qui est petite, presque orbiculaire, plane, entourée d'un très-petit rebord arrondi, point distinct du corps de l'ovaire, mais glabre comme le petit rebord de l'aréole basilaire. Celui de l'aréole apicilaire donne naissance, de son bord extérieur, aux deux squamellules de l'aigrette, qui sont très-distantes l'une de l'autre, et situées sur deux points opposés correspondans aux deux arêtes du corps de l'ovaire. Ces deux squamellules sont paléiformes, articulées, caduques, n'adhérant que par un point de leur base; chacune d'elles est ovale inférieurement, demi-lancéolée supérieurement, irrégulièrement denticulée sur les bords, convexe extérieurement, concave intérieurement, membraneuse, incolore, transparente, munie d'une grosse nervure médiaire longitudinale, charnue, saillante en dehors, un peu prolongée au sommet en forme d'arête subtriquètre et comme spinulée ou barbellulée sur les trois angles. L'aréole apicilaire de l'ovaire porte un petit nectaire blanc, cylindrique, creux.

L'aréole basilaire n'offre en apparence qu'un seul filet fibreux, qui n'est point la souche des vaisseaux du péricarpe, mais qui passe tout entier dans le support de l'ovule. Le péri-

carpe contient deux gros vaisseaux longitudinaux, correspon- 25:268
dans aux deux côtés extérieur et intérieur, et une trentaine environ de petits vaisseaux parallèles correspondans aux deux faces latérales. Tous ces vaisseaux grands et petits naissent sans aucun doute près des bords de l'aréole basilaire, quoiqu'on ne les y voie pas, parce qu'ils sont en général peu apparens. Au sommet de l'ovaire, on ne voit plus sur le bord intérieur de l'aréole apicilaire que les traces de cinq gros vaisseaux, égaux, bien distincts, également espacés, qui se continuent dans la corolle et dans les étamines. Les nervures des deux squamellules de l'aigrette tirent leur origine des deux gros vaisseaux du péricarpe. Une coupe transversale, pratiquée un peu au-dessous de l'aréole apicilaire, fait voir une large
trace centrale, qui indique peut-être l'origine du style. Enfin, 25:269
nous avons cru apercevoir dans le placenta, indépendamment du filet central, plusieurs vaisseaux qui semblent partir de l'aréole basilaire, et se joindre au funicule, vers le milieu de la hauteur du placenta ; seroient-ce les conducteurs de la fécondation ? Le péricarpe est épais, cellulaire, d'un tissu serré, charnu et presque cartilagineux extérieurement, lâche et fongueux ou spongieux intérieurement. Les vaisseaux se trouvent dans la partie fongueuse, tout près de la partie charnue. Il y a un épiderme extérieur bien distinct, mais point d'épiderme intérieur. On reconnoît facilement que l'ovaire est une masse cellulaire pleine, dans la base de laquelle l'ovule se forme. La couleur grise, que prend le fruit en mûrissant, est due à une multitude de points bruns ou noirs, situés très-près les uns des autres sous l'épiderme où ils forment une couche ; ces points sont des cellules alongées, interrompues, pleines de suc propre. La partie extérieure charnue ou cartilagineuse du péricarpe devient dure, sèche et ligneuse à la maturité; elle est comme divisée en une multitude de prismes, par des sortes de prolongemens de la substance fongueuse, ou du moins par des prolongemens moins compactes.

L'ovule n'occupe que la partie inférieure de la cavité de l'ovaire. Le vaisseau ou filet fibreux, dont on voit la trace sur l'aréole basilaire, traverse de bas en haut l'axe du placenta, et s'élève au-dessus de lui pour former le funicule, qui est très-court, très-gros, cylindracé, un peu informe, et qui s'insère sur

25:269 le côté extérieur de l'ovule, auprès de sa pointe basilaire. A l'endroit où le funicule sort du placenta, nous observons une sorte de nœud ou de coude, formé par ce funicule, et qui indique sans doute le lieu où aboutissent les conducteurs de la fécondation, dont nous n'avons pas pu suivre la trace. L'ovule est une masse pleine, continue, cellulaire, ayant près de sa surface des vaisseaux qui seront décrits ci-après; la partie inférieure de l'axe de l'ovule est mucilagineuse, et c'est là sans doute que se forme l'embryon, qui, en croissant, absorbe tout ce tissu cellulaire, à l'exception de la partie extérieure qui se réduit à l'état membraneux, et devient l'enveloppe de la graine.

La graine mûre remplit toute la capacité du fruit: elle est
25:270 blanche, lisse, obovale, comprimée sur deux faces correspondantes à celles du fruit. Un gros vaisseau émané du funicule s'élève en rampant sur le côté extérieur de la graine, et redescend en rampant sur le côté opposé presque jusqu'à la pointe basilaire; ce vaisseau produit vers le sommet deux ou trois rameaux simples, alternes, qui descendent presque jusqu'à la base de la graine en rampant sur ses deux faces. Le vaisseau et ses rameaux appartiennent à l'enveloppe de la graine, qui paroît n'être qu'une membrane simple, très-mince, très-transparente, entièrement épidermiforme, composée d'une seule couche de cellules à peu près rondes.

L'embryon a deux cotylédons correspondans aux deux faces de la graine, ovales, larges, épais, charnus, blancs, convexes sur la face extérieure, plans sur la face intérieure. On ne distingue point du tout leurs organes élémentaires, ce qui prouve que les cellules dont ils sont formés sont remplies de fécule. La radicule parfaitement continue aux cotylédons, est grosse, obconique, obtuse; c'est une masse continue, entièrement formée de petites cellules rondes; mais on observe déjà sur sa coupe transversale, un cercle qui indique le rudiment du corps ligneux et la séparation future de deux tissus cellulaires, l'un extérieur formant l'écorce, l'autre intérieur formant la moelle. La plumule naît sur le centre du sommet de la radicule, et s'élève entre les bases des deux cotylédons; elle est très-petite, conique, et offre déjà les rudimens de deux feuilles, dont l'une, plus grande, recouvre l'autre en partie, ce qui annonce que ces deux premières feuilles seront alternes. 25:270

Nous avons étudié anatomiquement l'ovaire de plusieurs espèces d'*arctotis;* mais, pour abréger, nous supprimerons ici tous les détails descriptifs étrangers au seul point important sur lequel nous voulons fixer l'attention du lecteur. Cet ovaire offre une face intérieure, c'est-à-dire, regardant le centre de la calathide, et une face extérieure, c'est-à-dire, regardant la circonférence de la calathide. La face intérieure est garnie de poils et dépourvue de côtes; la face extérieure est presque glabre et pourvue de cinq côtes plus ou moins saillantes en dehors. La coupe transversale de l'ovaire fait voir que son ovule est très-excentrique, et situé près de la face intérieure velue et privée de côtes. On reconnoît aussi que deux des cinq
côtes sont éloignées des trois autres, et qu'elles occupent les 25:271
deux bords qui séparent la face intérieure de la face extérieure, en sorte qu'elles n'appartiennent pas plus à l'une qu'à l'autre de ces deux faces; mais les trois autres côtes, beaucoup plus fortes et plus saillantes, occupent le milieu de la face extérieure, où elles sont très-rapprochées, et séparées seulement par deux sillons très-étroits et très-profonds. Celle du milieu est plus étroite; les deux autres sont larges, et paroissent être deux loges pleines de parenchyme au lieu d'ovules; en sorte que l'ovaire des véritables *arctotis* semble avoir trois loges, dont une seule, bien conformée, contient un ovule, et les deux autres, stériles par l'avortement de leurs ovules, sont remplies de parenchyme.

Supposons que ces trois loges soient toutes égales, semblables, bien conformées et contenant chacune un ovule, nous aurions alors un ovaire de forme très-régulière, qui offriroit extérieurement trois côtes ou nervures correspondantes aux trois cloisons.

Si nous supposons au contraire que les deux loges stériles avortent complètement, nous aurons l'ovaire de l'*arctotheca repens*, qui offre une face intérieure dépourvue de côtes, et une face extérieure munie de cinq côtes, toutes également réduites à l'état de simples filets cylindriques imitant des nervures saillantes.

Il importoit de comparer le singulier ovaire des *arctotis* avec celui de quelque plante où cet organe a trois loges mono-

25:271 spermes. Les valérianées nous parurent parfaitement propres à cette comparaison, parce qu'elles sont assez voisines des synanthérées, et que leur ovaire toujours indéhiscent est tantôt uniloculaire, tantôt à trois loges dont deux sont stériles.

L'ovaire du *centranthus ruber* offre cinq côtes sur la face extérieure, et une seule côte sur la face intérieure. Il est uniloculaire et uniovulé; mais on peut supposer qu'il est construit sur le type d'un ovaire triloculaire, triovulé, dont deux loges et deux ovules sont constamment avortés dès l'origine; ce qui expliqueroit la disposition irrégulière des côtes, celles qui sont rapprochées sur la même face paroissant représenter les deux parties avortées. En effet, cet ovaire a six côtes, dont trois semblent devoir correspondre aux trois cloisons, et les
25:272 trois autres aux milieux des trois loges. Malgré quelques différences, l'ovaire du *centranthus* est, selon nous, comparable à celui de l'*arctotheca*.

L'ovaire du *valeriana tuberosa* est aplati sur deux faces: l'une glabre, portant une seule côte médiaire; l'autre un peu velue, portant trois côtes. Deux autres côtes forment les deux arêtes latérales séparant les deux faces. Chacune des six côtes contient un vaisseau.

L'ovaire du *valeriana officinalis* ne diffère du précédent que parce qu'il est tout glabre.

L'ovaire du *fedia cornucopiæ* paroît être comprimé sur deux faces latérales: l'une plane et glabre; l'autre convexe et poilue. La coupe transversale fait voir qu'une grande loge contenant un ovule correspond à la côte médiaire de la face convexe et poilue, et que deux petites loges privées d'ovules correspondent aux deux côtés de la face plane et glabre. L'analogie avec les *arctotis* est ici de la plus parfaite évidence.

L'ovaire du *valerianella olitoria* est triloculaire, et muni de six nervures, dont trois correspondent aux trois cloisons, et trois aux milieux des trois loges. Cet ovaire est irrégulier, parce que la loge dorsale, qui seule contient un ovule, est la plus petite; les deux autres sont grandes, mais vides, et comme repliées l'une vers l'autre, de manière à former entre elles, par leur rapprochement, un sillon ou rainure, ce qui représente très-bien la disposition des deux loges stériles de l'ovaire des *arctotis*.

Les observations qu'on vient de lire démontrent suffisamment quatre propositions que nous avons avancées il y a long-temps, que quelques botanistes se sont appropriées depuis sans nous citer, et que d'autres ont rejetées comme absurdes : 1.° L'ovaire des arctotidées est très-analogue à celui des valérianées ; 2.° l'ovaire des *arctotis* a trois loges, dont deux sont demi-avortées par suite de l'avortement complet de leurs ovules ; 3.° l'ovaire des synanthérées a pour type régulier un ovaire triloculaire, triovulé, et non point un ovaire biloculaire, comme le prétend M. R. Brown dans ses Observations sur les Composées (Voyez, dans le Journal de Physique de mai 1818, la cinquième observation de ce botaniste, et une note de nous sur cette observation.) ; 4.° l'irrégularité de l'ovaire des synanthérées résulte de l'avortement de deux des trois loges, lequel avortement a lieu sur le côté de l'ovaire qui regarde le péricline. 25:272 25:273

La crainte de trop alonger cet article nous empêche de présenter ici d'autres considérations importantes sur la nature et les rapports des organes floraux des synanthérées, et principalement de l'ovaire. On trouvera ces considérations dans notre Mémoire sur une monstruosisé de *Cirsium tricephalodes*, publié dans le Journal de Physique de décembre 1819. (H. Cass.)

LAPSANA. (*Bot.*) Voyez Lampsana. (J.) — Voyez Lampsane. (H. Cass.) 25:276

LASIOPE, *Lasiopus*. (*Bot.*) [*Corymbifères*, Juss. = *Syngénésie polygamie superflue*, Linn.] Ce genre de plantes, que nous avons proposé, dans le Bulletin des Sciences de septembre 1817, appartient à l'ordre des synanthérées, et à notre tribu naturelle des mutisiées, dans laquelle nous le plaçons immédiatement auprès du *chaptalia*. Voici les caractères génériques du *lasiopus*. 25:298

Calathide bicouronnée, discoïde-radiée : disque multiflore, équaliflore, labiatiflore, androgyniflore ; couronne intérieure non radiante, subunisériée, ambiguïflore, féminiflore ; couronne extérieure radiante, unisériée, biliguliflore, féminiflore. Péricline supérieur aux fleurs du disque ; formé de squames paucisériées, irrégulièrement imbriquées, lancéolées, foliacées. Clinanthe plan, absolument nu, ponctué. Ovaires cylindracés, hispides ; aigrette composée de squamellules nom- 25:299

25:299 breuses, filiformes, épaisses, très-barbellulées. Styles de mutisiée. Anthères munies de longs appendices apicilaires comme tronqués au sommet, et de longs appendices basilaires subulés. Corolles du disque à lèvre extérieure tridentée, à lèvre intérieure bifide; quelques unes subrégulières, occupant le centre du disque. Fleurs de la couronne intérieure à corolle ambiguë, variable; et tantôt pourvues, tantôt dépourvues de fausses étamines. Fleurs de la couronne extérieure dépourvues de fausses étamines; à languette extérieure très-longue, largement linéaire, aiguë et à peine tridentée au sommet; à languette intérieure beaucoup plus petite, sublinéaire, indivise inférieurement, divisée supérieurement en deux lanières.

Nous ne connoissons jusqu'à présent qu'une seule espèce de ce genre.

Lasiope ambigu; *Lasiopus ambiguus*, H. Cass., Bull. des Sc., septembre 1817, pag. 152. Collet de la racine hérissé de poils laineux; feuilles radicales longues d'un pouce et demi, courtement pétiolées, elliptiques, obtuses, légèrement sinuées à rebours, glabres et vertes en dessus, tomenteuses et blanches en dessous; hampe ou pédoncule radical long de trois à quatre pouces, grêle, nu, laineux, terminé par une grande calathide à disque jaune et à couronne orangée. Nous avons étudié cette plante, dans l'un des herbiers de M. de Jussieu, sur un échantillon recueilli par Sonnerat, probablement au cap de Bonne-Espérance, et nommé avec doute *arnica crocea;* mais cette étiquette est fausse, s'il est vrai, comme le dit M. de Lamarck, que l'*arnica crocea* de Linnæus ait les feuilles longuement pétiolées, glabres sur les deux faces, et les hampes glabres, pourvues d'écailles. Dans notre article Gerbérie, tom. XVIII, pag. 459, nous avons attribué l'*arnica crocea* au genre *Gerberia;* mais nous n'avons point vu cette plante, et il seroit possible que ce fût une seconde espèce du genre *Lasiopus*. Cependant Linnæus dit que la couronne radiante est
25:300 pourvue d'étamines, ce qui s'accorde beaucoup mieux avec les caractères du *gerberia* qu'avec ceux du *lasiopus*.

Le genre *Lasiopus* est remarquable par la diversité des corolles de la calathide. Celles qui occupent le milieu du disque sont presque régulières, à peine labiées, les cinq incisions étant peu inégales. Les autres corolles du disque sont au con traire profondément labiées, à lèvre extérieure tridentée, lèvre intérieure plus étroite et très-profondément bifide. Les fleurs de la couronne intérieure non radiante sont intermédiaires par leur structure comme par leur situation, entre les fleurs du disque et celles de la couronne extérieure : en effet, elles sont tantôt complètement privées d'étamines, tantôt pourvues de rudimens d'étamines semi-avortées ; et leur corolle imite plus ou moins tantôt celles de la couronne extérieure, tantôt celles du disque. Enfin les fleurs de la couronne extérieure, toujours privées de rudimens d'étamines, ont une corolle à deux languettes, l'extérieure très-longue, radiante, à peine tridentée, l'intérieure petite et bifide. Il y a donc du centre à la circonférence de la calathide une série continue de nuances graduées, qui a quelque analogie avec la disposition radiatiforme propre aux nassauviées, et qui confirme l'affinité des deux tribus. Le style du *lasiopus*, parfaitement analogue à celui des autres mutisiées, est divisé au sommet en deux languettes extrêmement courtes, semi-orbiculaires. 25:300

Le genre *Lasiopus* est très-voisin du *chaptalia*, mais il en est suffisamment distinct : il en diffère notamment par les corolles des fleurs femelles, qui sont biligulées, c'est-à-dire à deux languettes, dans le *lasiopus*, tandis qu'elles sont simplement ligulées dans le *chaptalia*. (Voyez notre article CHAPTALIE, tom. VIII, pag. 161.)

Le nom de *lasiopus*, composé de deux mots grecs, qui signifient pied velu, fait allusion au collet de la racine et à la hampe, qui sont hérissés de poils laineux. (H. CASS.)

LASIOPOGE, *Lasiopogon*. (*Bot.*) [*Corymbifères*, Juss. = *Syngénésie polygamie superflue*, Linn.] Ce genre de plantes, que nous avons proposé, dans le Bulletin des Sciences de mai 1818, pag. 75, appartient à l'ordre des synanthérées, à notre tribu naturelle des inulées, et à la section des inulées-gnaphaliées, dans laquelle nous l'avons placé entre les deux genres *Gnaphalium* et *Ifloga*. Il présente les caractères suivans. 25:302

Calathide discoïde : disque pauciflore, régulariflore, androgyniflore ; couronne plurisériée, multiflore, tubuliflore, féminiflore. Péricline supérieur aux fleurs, formé de squames subunisériées, à peu près égales, appliquées, linéaires, subcoriaces, munies d'une bordure membraneuse, et d'un appen-

25:302 dice inappliqué, subradiant, oblong, très-obtus, très glabre, très-mince, demi-transparent, membraneux, scarieux, luisant, coloré, doré, roussâtre. Quelques bractées foliiformes entourent le péricline, et forment une sorte d'involucre ou de péricline extérieur. Clinanthe plan, inappendiculé, fovéolé. Ovaires obovoïdes-oblongs, un peu comprimés, très-glabres; aigrette longue comme la corolle, caduque, blanche, composée d'environ douze squamellules unisériées, contiguës, égales, libres, filiformes, barbées d'un bout à l'autre, à barbes longissimes, capillaires. Corolles de la couronne longues comme celles du disque, tubuleuses, grêles, comme tronquées au sommet. Corolles du disque à quatre ou cinq dents très-petites.

Nous ne connoissons qu'une espèce de ce genre.

Lasiopoge laineux : *Lasiopogon lanatum*, H. Cass.; *Gnaphalium muscoides*, Desf., *Fl. Atl.*, tom. 2, pag. 267, tab. 231. C'est une plante herbacée, toute couverte de longs poils laineux; la tige, longue de deux pouces, dans l'échantillon incomplet que nous décrivons, est grêle, filiforme, cylindrique, rameuse supérieurement, paniculée, garnie de feuilles; celles-ci sont alternes, sessiles, longues de deux lignes, larges de moins d'une demi-ligne, linéaires-spatulées, obtuses, très-entières, laineuses sur les deux faces; les calathides sont les unes solitaires au sommet de petits rameaux pédonculiformes, les autres rapprochées irrégulièrement en groupes de deux, trois, ou beaucoup plus, au sommet de la tige et de ses ramifica-
25:303 tions; chaque calathide est haute d'environ une ligne; son péricline est accompagné de quelques bractées foliiformes; les appendices de ce péricline sont glabres, scarieux, roussâtres; les corolles nous paroissent être jaunâtres, à sommet rougeâtre. Nous avons fait cette description spécifique et celle des caractères génériques sur un échantillon sec de l'herbier de M. Desfontaines, qui l'a recueilli dans le royaume de Tunis.

Ce botaniste attribue la plante dont il s'agit au genre *Gnaphalium*, avec lequel elle a sans doute beaucoup d'affinité, mais dont elle diffère pourtant par plusieurs caractères génériques, notamment par l'aigrette très-plumeuse, ce qui nous a décidé à en faire un genre distinct, et à le nommer *Lasiopogon*. Ce nom, composé de deux mots grecs, qui signifient barbe velue, exprime que les soies formant l'aigrette sont elles-mêmes hérissées de longs poils. Le *lasiopogon* a de l'affinité avec notre genre *Ifloga*, qui en diffère beaucoup cependant par les fleurs de la couronne privées d'aigrette, et accompagnées de squamelles, ainsi que par d'autres caractères qu'il est inutile de rappeler ici. Enfin le *lasiopogon* semble se rapprocher par ses caractères de notre genre *Facelis*, dont il diffère toutefois par le péricline radiant, coloré, non imbriqué, par les ovaires glabres, et par l'aigrette caduque, composée de squamellules libres, qui ne s'élèvent jamais plus haut que la corolle. (Voyez nos articles Facélide, tom. XVI, pag. 104; Gnaphale, tom. XIX, pag. 115; Ifloge et Inulées, tom. XXIII.) 25:303

Les bractées foliiformes qui entourent le péricline du *lasiopogon*, paroissent avoir été considérées comme des squames extérieures appartenant à ce péricline: mais il nous semble plus convenable de les considérer comme des bractées, formant autour du vrai péricline une sorte d'involucre ou de péricline extérieur. M. Desfontaines attribue aux appendices du péricline une couleur jaune pâle: nous les avons trouvés constamment roussâtres. Willdenow attribue à ces mêmes appendices une forme aiguë: nous les avons trouvés constamment très-obtus, ayant leur sommet arrondi, tronqué, ou échancré. (H. Cass.)

LASIORRHIZA. (*Bot.*) Voyez notre article Chabræa; 25:304
tom. VIII, pag. 46. (H. Cass.)

LASIOSPERME, *Lasiospermum*. (*Bot.*) [*Corymbifères*, Juss. 25:304
= *Syngénésie polygamie superflue*, Linn.] Ce genre de plantes, établi, en 1816, par M. Lagasca, dans ses *Genera et Species plantarum*, appartient à l'ordre des synanthérées, et à notre tribu naturelle des anthémidées, dans laquelle il est voisin du genre *Anacyclus*, dont il diffère par ses fruits hérissés de très-longues soies. Voici les caractères génériques du *lasiospermum*, tels que nous les avons observés sur des calathides sèches en mauvais état.

Calathide discoïde: disque multiflore, régulariflore, androgyniflore; couronne unisériée, liguliflore, féminiflore, nullement radiante. Péricline hémisphérique, à peu près égal aux fleurs; formé de squames régulièrement imbriquées, appliquées, ovales ou oblongues, très-obtuses, coriaces, pourvues d'une large bordure membraneuse. Clinanthe planiuscule,

25:304 garni de squamelles inférieures aux fleurs, oblongues-lancéolées, membraneuses, diaphanes, uninervées. Fruits subglobuleux, tout hérissés de très longs poils; aigrette nulle. Corolles de la couronne à tube court, articulé sur l'ovaire, et à languette variable de forme et de grandeur, mais ne dépassant jamais les stigmatophores. Corolles du disque à cinq divisions.

M. Lagasca n'a indiqué qu'une seule espèce de ce genre.

Lasiosperme pédonculé : *Lasiospermum pedunculare*, Lag., *Gen. et Sp. pl.*, pag. 31; *Santolina eriosperma*, Pers., *Syn. pl.*, *pars* 2, pag. 407. C'est une plante herbacée, toute glabre extérieurement, haute de plus d'un pied, à tige rameuse; ses feuilles, longues d'environ deux pouces et demi, sont alternes,
25:305 sessiles, un peu charnues, d'un vert pâle, linéaires, bipinnées, à lanières longues, étroites, linéaires, très-entières, terminées chacune par une pointe blanchâtre; les calathides, larges d'environ quatre à cinq lignes, et composées de fleurs jaunes, sont solitaires au sommet de la tige et des rameaux, dont la partie supérieure est nue et en forme de long pédoncule. Nous avons fait cette description spécifique, et celle des caractères génériques, sur un échantillon sec de l'herbier de M. Desfontaines. Cette plante habite certaines montagnes de l'Italie; M. Lagasca dit qu'elle est vivace, et qu'elle fleurit, la première année, pendant l'été et l'automne, et les années suivantes, depuis le commencement du printemps jusqu'au mois de juillet.

Il paroît que le genre *Lasiospermum* de M. Lagasca avoit été inscrit sous ce nom, en 1805, dans l'*Elenchus Horti regii Matritensis*. Nous ignorons si ce Catalogue a été imprimé et publié: mais il n'offroit probablement qu'une simple liste de noms génériques et spécifiques, sans aucune description ni indication des caractères. Ainsi l'établissement du genre dont il s'agit ne doit dater que de l'année 1816. Un autre genre a été proposé, sous le même nom, en 1812, par M. Fischer, dans la seconde édition du Catalogue du Jardin de Gorenki; mais ce botaniste n'a publié que le nom du genre sans le décrire ni indiquer ses caractères: c'est pourquoi nous jugeons que le nom de *lasiospermum*, qui signifie graine velue, doit être conservé au genre de M. Lagasca, et que le genre de M. Fischer doit recevoir un autre nom. (Voyez notre article Lasiospore.)

En examinant trois calathides sèches de *lasiospermum*, dont 25:305
la première étoit en état de préfleuraison, dont la seconde étoit en partie préfleurie, et en partie fleurie, et dont la troisième contenoit des fruits presque mûrs, il nous a paru que le très-jeune ovaire étoit parfaitement glabre, qu'il devenoit ensuite pubescent, et qu'enfin ses poils acquéroient une longueur prodigieuse, à mesure qu'il avançoit en âge.

Nous avons analysé, il y a fort long-temps, une calathide vivante de *lasiospermum*, cueillie sur un individu cultivé au Jardin du Roi. Mais nous avons probablement négligé dans ce temps-là de faire une description complète de ses caractères génériques, car nous ne retrouvons, dans le recueil manuscrit de nos anciennes observations, que la description de l'ovaire. 25:306

Cet ovaire est court, tronqué à la base et au sommet, point comprimé, obovoïde, paroissant avoir quatre faces séparées par quatre côtes longitudinales grosses et arrondies; sa surface est hérissée de soies extrêmement longues, flexueuses, emmêlées; son aréole basilaire est large, orbiculaire, entourée d'un petit rebord formé par une saillie du corps de l'ovaire; l'aréole apicilaire est large, orbiculaire, un peu concave, entourée d'un rebord ou bourrelet vert, charnu, irrégulier, arrondi, formé par une saillie du corps de l'ovaire; il n'y a point d'aigrette. Chaque ovaire est supporté par un gros tubercule charnu, vert, celluleux, qui est une protubérance du clinanthe, et qui adhère à toute la surface de l'aréole basilaire, tellement que cette aréole semble être presque continue avec le support dont il s'agit. Ce support est un stipe analogue à celui qu'on observe sous chaque ovaire du *cotula*. (H. Cass.)

LASIOSPORE, *Lasiospora*. (*Bot.*) [*Chicoracées*, Juss. = *Syngénésie polygamie égale*, Linn.] Ce genre de plantes appartient 25:306
à l'ordre des synanthérées, à la tribu naturelle des lactucées et à notre section des lactucées-scorzonérées, dans laquelle nous l'avons placé entre le genre *Scorzonera* et le genre *Gelasia*. Voici les caractères génériques du *lasiospora*, tels que nous les avons observés sur des individus vivans et secs de *lasiospora angustifolia* et de *lasiospora ensifolia*.

Calathide incouronnée, radiatiforme, multiflore, fissiflore, androgyniflore. Péricline subcylindracé ou subcampanulé, inférieur aux fleurs extérieures, supérieur aux fleurs centrales;

25:306 formé de squames subbisériées, appliquées : les extérieures courtes, ovales-lancéolées, coriaces, à partie supérieure souvent appendiciforme et subulée; les intérieures longues, oblongues-lancéolées, carénées sur le dos, membraneuses sur les bords. Clinanthe plan, fovéolé, absolument nu. Fruits pédicellulés, oblongs, cylindracés, non collifères, munis de côtes longitudinales, hérissés d'un bout à l'autre de très-longs poils laineux, simples, appliqués: aigrette composée de squamellules nombreuses, très-inégales, plurisériées, filiformes, barbées et barbellulées. Corolles glabriuscules.

On connoit quatre espèces de ce genre.

Lasiospore a feuilles étroites : *Lasiospora angustifolia*, H.Cass.;
25:307 *Lasiospermum angustifolium*, Fisch., Catal. du Jard. de Gor.,
1812; *Scorzonera eriosperma*, Marsch., *Fl. Taur. Cauc.* C'est une plante herbacée, haute d'environ quinze à dix-huit pouces; à racine vivace, produisant des tiges presque dressées, flexueuses, un peu glauques; leur partie inférieure est simple, épaisse, cylindrique, striée, laineuse ou pubescente et grisâtre, garnie de feuilles; leur partie supérieure est très-ramifiée en panicule, presque entièrement dépourvue de feuilles, et glabre ou presque glabre; les feuilles sont alternes, étalées, sessiles, demi-amplexicaules, longues d'environ quatre à cinq pouces, larges à la base de trois à quatre lignes, étrécies de bas en haut, subulées au sommet, très-entières, plurinervées, d'un vert glauque, tantôt glabres, tantôt plus ou moins garnies sur les deux faces de longs poils mous, laineux, épars, caducs, munies sur les bords de quelques petites aspérités ou denticules rares; les calathides, larges d'environ un pouce, et composées de fleurs jaunes, sont solitaires au sommet de la tige et des rameaux, qui sont longs, simples, dressés, pédonculiformes; leur péricline est glabriuscule ou un peu laineux; les corolles sont profondément découpées au sommet en cinq lanières linéaires. Nous avons fait cette description sur un individu vivant cultivé au Jardin du Roi, et sur un échantillon sec envoyé par M. Fischer à M. de Jussieu. Cette lasiospore habite le Caucase, où elle fleurit durant l'été; on la trouve sur les terrains exposés au soleil et couverts de gazon. Il ne faut pas la confondre, comme quelques botanistes, avec la lasiospore velue qui croît en France.

Lasiospore a feuilles en glaive : *Lasiospora ensifolia*, H. Cass. ; 25:307
Lasiospermum ensifolium, Fisch., Catal. du Jard. de Gor., 1812 ;
Scorzonera ensifolia, Marsch., *Fl. Taur. Cauc.* Plante herba-
cée, à racine vivace ; tige haute d'environ un pied, dressée,
laineuse à sa base, garnie de feuilles d'un bout à l'autre ;
feuilles amplexicaules, ensiformes, nerveuses, glabriuscules,
terminées par une très-longue pointe filiforme, étalée ; cala-
thides terminales ; quelques unes latérales, portées sur des
pédoncules feuillés, qui naissent dans les aisselles des feuilles
supérieures ; péricline tout couvert d'une laine épaisse, rous-
sâtre, et formé de squames mucronées ; corolles jaunes. Cette
description est calquée sur celle de M. Marschall, qui a trouvé
la plante dont il s'agit fleurissant en mai et juin sur les sables 25:308
mobiles du désert, entre le Caucase et la mer Caspienne, et
sur les bords du Wolga, dans les environs de Sarepta. Nous
avons observé, dans l'herbier de M. de Jussieu, un échantil-
lon de cette espèce envoyé par M. Fischer ; et, en le compa-
rant avec celui de l'espèce précédente, nous avons remarqué
que celle-ci différoit de l'autre par ses feuilles plus larges,
par ses calathides plus grandes, par sa tige garnie de feuilles
presque jusqu'au sommet, et par ses rameaux pédonculiformes
plus courts : mais nous avons reconnu que la structure du
péricline et celle du fruit et de l'aigrette, étoient semblables
dans les deux espèces, qui, par conséquent, sont bien congé-
nères.

Lasiospore velue : *Lasiospora hirsuta*, H. Cass. ; *Lasiospermum ? hirsutum*, Fisch., Catal. du Jard. de Gor., 1812 ; *Scorzonera hirsuta*, Decand., Fl. Fr., tom. IV, pag. 60. Une racine vivace, et dont le collet est entouré de fibres redressées, produit plusieurs tiges herbacées, simples, hautes de huit à seize pouces, cylindriques, hérissées de poils, et garnies de feuilles ; celles-ci sont linéaires, courbées en gouttière, un peu nerveuses, calleuses et comme tronquées à leur extrémité, hérissées de poils ; chaque tige porte une seule calathide terminale, composée de fleurs jaunes ; son péricline est presque entièrement glabre, et formé de squames oblongues ; les fruits sont couverts sur toute leur surface d'un duvet laineux. Cette description est empruntée à M. Decandolle, qui dit que la plante croît dans les lieux pierreux et stériles du Languedoc, et

25:308 qu'il y a une variété à tige glabre, et à feuilles glabres en dessous. N'ayant point vu cette troisième espèce, que quelques botanistes ont mal à propos confondue avec la première, nous ignorons si son péricline offre le même caractère générique que celui des autres lasiospores.

Lasiospore crétoise : *Lasiospora cretica*, H. Cass.; *Scorzonera cretica*, Willd.; *Scorzonera cretica*, *angustifolia*, *semine tomentoso*, *candidissimo*, Tourn., *Coroll.*, pag. 36. Cette plante, trouvée par Tournefort, dans l'île de Crete, ou de Candie, a une racine vivace, épaisse comme le doigt, produisant plusieurs tiges herbacées, ascendantes, courtes; chaque tige, divisée à sa base en deux ou trois rameaux, porte une feuille
25:309 courte, située au point où elle se ramifie; et sa partie supérieure est nue, ou garnie seulement de quelques écailles éparses; les feuilles radicales sont longues comme les tiges, linéaires, planes, nerveuses, ciliées principalement vers la base; les squames extérieures du péricline sont très-courtes, pubescentes, membraneuses sur les bords; les squames intérieures sont alongées et membraneuses; les fruits sont tomenteux. Nous n'avons point vu cette espèce, que nous décrivons d'après Willdenow.

Dans la seconde édition du Catalogue du Jardin des Plantes de M. le comte de Razoumoffsky, à Gorenki, imprimée à Moscou, et publiée en 1812, par M. Fischer, on trouve un genre *Lasiospermum* comprenant les trois premières des quatre espèces décrites ci-dessus : mais ce genre n'y est indiqué que par son nom, et l'auteur n'en a donné aucune description et n'a publié nulle part les caractères sur lesquels il le fonde. Il est vrai que le caractère principal se trouve indiqué par la signification du nom générique, et que la citation de trois espèces facilite beaucoup la découverte des caractères du genre. Aussi nous n'aurions pas hésité à conserver intact le nom générique imposé par M. Fischer, si ce même nom n'avoit pas été donné à un autre genre par M. Lagasca. (Voyez notre article Lasiosperme.) Mais, comme il falloit absolument changer, ou au moins modifier le nom de l'un des deux genres, nous avons dû faire subir cette modification à celui dont les caracteres n'avoient point encore été publiés. M. Lagasca a publié les caractères de son *lasiospermum* en 1816, et il paroit

qu'en 1805, il avoit publié ce nom générique dans un catalogue. 25:309
Le nom de *lasiospora*, que nous donnons au genre de M. Fis-
cher, a la même signification que celui qu'il remplace, et
dont il ne diffère qu'autant qu'il est nécessaire pour que l'œil
ou l'oreille ne le confonde point avec le nom du genre de
M. Lagasca.

Le genre *Lasiospora* est exactement intermédiaire entre le
genre *Scorzonera* et le genre *Gelasia*. (Voyez notre article Lac-
tucées.) Il diffère de l'un et de l'autre par ses fruits tout cou-
verts de longs poils; il diffère en outre du *scorzonera* par son
péricline, qui est bisérié comme dans le *gelasia;* tandis qu'il
diffère du *gelasia* par son aigrette, qui est plumeuse comme
dans le *scorzonera*. Ainsi les caractères essentiellement distinc- 25:310
tifs du *lasiospora* sont : 1.° les fruits tout couverts de longs poils ;
2.° le péricline double, ou formé de squames disposées sur
deux rangs, l'extérieur court, l'intérieur long ; 3°. l'aigrette
plumeuse.

Nous avons observé une plante qui ressemble beaucoup à notre *gelasia villosa*, mais dont l'aigrette est très-plumeuse ; elle diffère des *lasiospora* par le fruit dépourvu de poils, et des vraies *scorzonera* par le péricline bisérié. Cette plante est peut-être la *scorzonera stricta* de M. Marschall (*Fl. Taur. Cauc.*, tom. III), ou bien le *tragopogon calyculatus* de Jacquin, qui est devenu le *geropogon calyculatum;* mais il est plus vraisemblable que la plante de Jacquin n'a point l'aigrette vraiment plumeuse, qu'elle appartient par conséquent au genre *Gelasia*, et même qu'elle ne diffère pas spécifiquement du *gelasia villosa*. La plante que nous avons observée seroit-elle seulement une variété de ce *gelasia villosa*, qui auroit l'aigrette tantôt simple, tantôt plumeuse ? Nous répugnons beaucoup à le croire, quoique cela ne soit point impossible. Si la structure de l'aigrette varie dans ces plantes, notre genre *Gelasia* ne se distinguera plus du *scorzonera* que par le péricline bisérié, et du *lasiospora* que par le fruit glabre. Si au contraire la structure de l'aigrette est invariable, il faudra faire un nouveau genre ou sous-genre, différent du *gelasia* par l'aigrette plumeuse, du *lasiospora* par le fruit glabre, du *scorzonera* par le péricline bisérié. (H. Cass.)

25:321 LAUNAYE, *Launæa*. (*Bot.*) [*Chicoracées*, Juss. = *Syngénésie polygamie égale*, Linn.] Ce nouveau genre de plantes, que nous proposons, appartient à l'ordre des synanthérées, à la tribu naturelle des lactucées, et à notre section des lactucées-prototypes, dans laquelle nous l'avons placé entre les deux genres *Picridium* et *Sonchus*. (Voyez notre article LACTUCÉES.) Le *launæa* nous a offert les caractères génériques suivans.

Calathide incouronnée, radiatiforme, multiflore, fissiflore, androgyniflore. Péricline inférieur aux fleurs, formé de squames régulièrement imbriquées, appliquées, foliacées, membraneuses sur les bords, les extérieures ovales, les intérieures oblongues, les unes et les autres obtuses au sommet. Clinanthe plan, inappendiculé. Fruits (non encore mûrs) très-alongés, probablement cylindracés, munis de quelques nervures, point sensiblement amincis vers le haut, pourvus d'un bourrelet apicilaire pubescent; aigrette longue, composée de squamellules très-nombreuses, plurisériées, inégales, filiformes, grêles, à partie inférieure presque nue, à partie supérieure médiocrement barbellulée. Corolles entièrement glabres, à tube grêle, à limbe large. Stigmatophores noirâtres.

Nous ne connoissons qu'une espèce de ce genre.

LAUNAYE A FEUILLES DE PAQUERETTE; *Launæa bellidifolia*, H. Cass. C'est une plante herbacée, entièrement glabre. Sa tige est couchée horizontalement, simple, très-longue, grêle, cylindrique, striée, pourvue de nœuds ou d'articulations très-éloignées les unes des autres. Chacun de ces nœuds porte deux petites feuilles squamiformes, exactement opposées l'une à l'autre. Dans l'aisselle de l'une de ces petites feuilles, naît un rudiment de rameau non développé, portant une rosette
25:322 d'environ cinq feuilles très-inégales, et immédiatement rapprochées à la base, en sorte qu'elles semblent partir du même point. Ces feuilles, analogues à celles du *bellis perennis*, sont longues d'environ un à deux pouces, larges de quatre à six lignes, et spatulées; leur partie inférieure est linéaire, pétioliforme; la supérieure est ovale ou obovale, irrégulièrement bordée de crénelures ou petites dents inégales; chaque feuille est munie d'une nervure médiaire ramifiée sur les deux côtés, à rameaux subdivisés en réseau. L'aisselle de l'autre petite feuille, ou bractée squamiforme, du nœud,

donne naissance à un rameau pédonculiforme, simple, grêle, 25:322
long de quatre à cinq lignes, garni de bractées alternes, squamiformes, et terminé par une calathide composée de douze ou treize fleurs à corolle jaune.

Nous avons étudié les caractères génériques et spécifiques de cette singulière lactucée, sur un échantillon sec, recueilli par Commerson dans l'île de Madagascar, et conservé dans l'herbier de M. de Jussieu, où il est attribué avec doute au genre *Scorzonera*, quoique son aigrette ne soit point du tout plumeuse.

Cette plante offre plusieurs particularités remarquables, et donne lieu à des doutes qui ne pourront être levés que par l'examen d'un échantillon plus complet et en meilleur état que celui qui a été observé par nous. Nous n'avons aperçu aucune racine sous les nœuds ni sous les entre-nœuds de la partie que nous considérons comme une tige, mais qui n'est peut-être qu'une branche, et qui a de l'analogie avec les coulans du fraisier: ainsi le port général de la plante ne nous est pas connu; et il n'est pas prouvé que cette tige ou branche soit couchée horizontalement sur la terre, quoique cela soit très-vraisemblable. Les deux petites feuilles squamiformes de chaque nœud nous ont paru être exactement opposées l'une à l'autre, ce qui peut paroître fort extraordinaire chez une lactucée : mais l'étonnement diminuera, si l'on remarque que l'une de ces feuilles est située à la base d'un pédoncule, que l'*urospermum Dalechampii* a trois feuilles verticillées au bas de chaque pédoncule, et que plusieurs lactucées, telles que quelques *sonchus* et quelques *hieracium*, ont des pédoncules disposés en ombelle, c'est-à-dire verticillés, et par conséquent opposés. Il est
bien probable que les véritables feuilles du *launœa* sont alternes, 25:323
mais celles qui composent les rosettes nées sur les nœuds, sont trop rapprochées pour nous permettre de distinguer clairement leur disposition. Nous regrettons surtout de ne point avoir trouvé de fruits mûrs : car il en résulte que les caractères essentiellement distinctifs de ce nouveau genre ne sont pas encore bien solidement établis, et que, ses affinités n'étant pas très-évidentes, sa place naturelle dans la tribu des lactucées n'est peut-être pas fixée irrévocablement telle que nous l'avons assignée. L'ovaire est-il ovale et aplati comme dans

25:323 les *sonchus* et *lactuca?* ou bien est-il cylindracé, et devient-il ensuite tétragone en acquérant quatre côtes, comme dans le *picridium?* Ce qui est certain, c'est qu'après la fleuraison, l'ovaire s'alonge considérablement, et l'ovule n'occupe que sa partie inférieure, en sorte que la partie supérieure a quelque analogie avec un col, mais elle est à peu près de la même épaisseur que la partie inférieure ovulifère, et elle n'est point du tout articulée sur elle. Cet ovaire nous a paru muni d'environ quatre à cinq nervures. L'aigrette ne semble pas être d'un blanc aussi pur, ni d'une consistance aussi molle, que dans les vraies lactucées-prototypes. La corolle, remarquable par la largeur de son limbe, est dépourvue des poils qui existent ordinairement dans cette section. Malgré ces anomalies et notre incertitude sur la véritable forme du fruit, nous sommes persuadé que, quant à présent, le *launæa* ne peut être placé nulle part plus convenablement qu'entre le *picridium* et le *sonchus*, dans la section des lactucées-prototypes. Mais son port ne ressemble à celui d'aucune lactucée.

Nous avons dédié ce nouveau genre à la mémoire de feu Mordant de Launay, auteur estimable du Bon Jardinier et de l'Herbier général de l'amateur. (H. Cass.)

25:360 LAVÉNIE, *Adenostemma.* (*Bot.*) [*Corymbifères*, Juss. = *Syngénésie polygamie égale*, Linn.] Ce genre de plantes appartient
25:361 à l'ordre des synanthérées, et à notre tribu naturelle des eupatoriées. Voici ses caractères, tels que nous les avons observés sur des échantillons secs de plusieurs espèces.

Calathide incouronnée, équaliflore, multiflore, régulariflore, androgyniflore. Péricline inférieur aux fleurs, formé de squames subunisériées, à peu près égales, appliquées, oblongues, arrondies au sommet, subspatulées, foliacées. Clinanthe plan, inappendiculé. Ovaires obovoïdes-alongés, subpentagones, ou trigones par l'oblitération de deux angles, glabres, pourvus d'un pied semi-articulé; aigrette composée de trois à cinq squamellules, à peu près égales, courtes, filiformes-laminées, épaisses, coriaces, élargies à la base, arrondies et comme spatulées au sommet, qui forme une glande d'où sort une substance visqueuse. Corolles à limbe très-velu extérieurement sous les lobes. Styles d'eupatoriée, à base glabre, à stigmatophores élargis au sommet et colorés comme

la corolle. 25:361
Nous attribuons au genre *Adenostemma* les cinq espèces sui-
vantes, qui sont des plantes éparses en divers lieux de la zone
torride, à tige herbacée, à feuilles opposées, pétiolées, in-
divises, dentées, triplinervées, à corolles blanchâtres, à cala-
thides pédonculées, lâchement et irrégulièrement corymbées
ou paniculées au sommet de la tige.
Lavénie visqueuse : *Adenostemma viscosa*, Forst., *Char. gen.
pl.; Lavenia erecta*, Swartz, *Nov. Gen. et Sp. pl.*, pag. 112; *Fl.
Ind. occid.*, tom. III; *Verbesina lavenia*, Linn., *Sp. pl.*, edit. 3,
pag. 1271. C'est une plante herbacée, dont la tige haute de
deux pieds, est dressée, cylindrique, pubescente, un peu
rude; les feuilles sont opposées, à pétiole long de trois pouces,
lindrique, étalé, à limbe long de six pouces, ovale, aigu,
ridé, rude, denté en scie, à dents alternativement plus grandes
et plus petites, et toutes terminées par une petite dent; les cala-
thides sont disposées en une panicule corymbée, terminale,
dressée, grande d'un demi-pied, à pédoncules cylindriques,
poilus; chaque calathide est portée sur un pédicelle très-court,
pourvu à sa base d'une petite bractée linéaire, verdâtre; le
péricline, hémisphérique, est formé de squames égales, ob-
longues-linéaires, pubescentes, visqueuses, longues comme la
moitié du pédicelle; les divisions de la corolle sont étalées et
barbues en dessus; les stigmatophores sont blancs; les fruits 25:362
sont cylindriques, longs, noirs, visqueux, papuleux, surmon-
tés d'une aigrette de trois squamellules; le clinanthe est pla-
niuscule. Nous avons extrait cette description spécifique d'un
manuscrit de Jean-Reinold Forster, qui nous a été communi-
qué par M. de Jussieu, et qui est intitulé : *Descriptiones plan-
tarum quas in itinere ad maris australis terras suscepto collegit,
descripsit et delineavit J. R. Forster, opus inceptum mense augusto
anni* 1772. Un échantillon sec, recueilli par Commerson dans
l'Ile-de-France, nous a offert les caractères suivans : Tige her-
bacée, haute de plus de quinze pouces, dressée, rameuse, un
peu scabre; feuilles opposées, pétiolées, longues d'environ
quatre pouces, larges de près de deux pouces, à limbe ovale-
lancéolé, décurrent sur le pétiole, grossièrement denté en
scie ou largement crénelé, triplinervé, glabre; calathides
subglobuleuses, de deux à trois lignes de diamètre, disposées

25:362 en une panicule corymbiforme, lâche, terminale, à ramifications pubescentes; corolles blanches, ou peut-être jaunâtres; péricline formé de squames subunisériées, à peu près égales, subspatulées; ovaires glabres, subpentagones; aigrette composée de trois à cinq squamellules. Cette plante habite les îles de la Société et celles de la mer des Indes.

Lavénie de Swartz : *Adenostemma Swartzii*, H. Cass.; *Lavenia decumbens*, Swartz, *Nov. Gen. et Sp. pl.*, pag. 112; *Fl. Ind. occid.*, tom. III; *Cotula verbesina*, Linn., *Sp. pl.*, edit. 3, pag. 1258. Cette plante herbacée, annuelle, habite les lieux un peu humides et ombragés de la Jamaïque, où elle fleurit en été; ses racines sont filiformes; sa tige, longue d'un pied, presque simple, cylindrique, pubescente, a sa partie inférieure couchée, un peu genouillée, produisant des racines, et sa partie supérieure redressée; les feuilles sont opposées, à pétiole court, semi-amplexicaule, à limbe cordiforme, rarement ovale, anguleux à la base, un peu obtus au sommet, denté en scie, trinervé, hispidule, quelquefois glabre; les calathides, composées de quinze à vingt fleurs blanchâtres, sont portées sur des pédoncules terminaux, un peu longs, divisés en pédicelles monocalathides; le péricline est ovoïde, formé de squames à peu près égales, ovales-lancéolées, pubescentes; les corolles sont velues et glanduleuses extérieurement; les anthères sont
25:363 foiblement cohérentes; les fruits sont presque trigones; leur aigrette est composée de trois, rarement de quatre squamellules inégales; le clinanthe est un peu convexe. N'ayant point vu cette plante, nous empruntons à Swartz la description qu'on vient de lire : mais nous avons dû changer le nom spécifique, qui exprimoit le contraire de ce que l'auteur a sans doute voulu dire; car la tige décombante est celle dont la partie inférieure est dressée et la supérieure couchée.

Lavénie brésilienne : *Adenostemma brasiliana*, H. Cass.; *Verbesina brasiliana*, Pers., *Syn. plant.*, pars 2, pag. 472. La tige est herbacée, haute de dix pouces (dans l'échantillon incomplet que nous décrivons), dressée, rameuse, parsemée de petits poils glutineux; les feuilles sont opposées; leur pétiole est long de quinze lignes, pourvu de poils glutineux, et sa partie supérieure est bordée par la décurrence du limbe; le limbe est long de deux pouces, large de deux pouces et demi, tripli-

nervé, glabre, inégalement denté en scie, obtus au sommet, 25:363
cordiforme à la base qui néanmoins se prolonge en forme de coin sur le pétiole; les calathides, globuleuses, ont deux lignes de diamètre, et sont disposées en une panicule corymbiforme, terminale, large, très-lâche, irrégulière; les corolles sont blanches ou peut-être jaunâtres, et leur limbe est très-velu extérieurement sous les lobes; les ovaires sont trigones, et leur aigrette est composée de trois squamellules; le péricline est formé de squames égales, unisériées. Nous avons fait cette description sur un échantillon sec, recueilli dans le Brésil, et envoyé en 1790, par Vandelli, à M. de Jussieu.

Lavénie a feuilles larges; *Adenostemma platyphylla*, H. Cass. Tige herbacée, haute de plus d'un pied (dans l'échantillon incomplet que nous décrivons), dressée, rameuse, cylindrique, striée, parsemée de poils glutineux; feuilles opposées, longues de huit pouces, y compris le pétiole, larges de quatre pouces, glabres; pétiole long, bordé par la décurrence du limbe; limbe ovale, subdeltoïde ou rhomboïdal, cunéiforme à sa base, grossièrement denté ou crénelé sur les bords, triplinervé; calathides peu nombreuses, subglobuleuses, de trois lignes de diamètre, disposées en une panicule terminale, corymbiforme, très-lâche, à ramifications très-divergentes, les dernières longues, grêles, nues, pédonculiformes; corolles
blanches. Nous avons décrit cette espèce sur un échantillon 25:364
sec, recueilli au Pérou par Joseph de Jussieu.

Lavénie teinturienne: *Adenostemma tinctoria*, H. Cass.; *Spilanthus tinctorius*, Lour., *Flor. Cochinch.* (édit. 2), tom. II, pag. 590. La racine est rampante; la tige est herbacée, longue de trois pieds, diffuse, presque couchée, cylindrique; les feuilles sont opposées, lancéolées, inégalement dentées en scie, entièrement glabres, d'un vert gai, succulentes, sans nervures; les pédoncules sont terminaux, et chacun d'eux porte plusieurs calathides, composées de fleurs bleuâtres ou blanchâtres; le péricline est hémisphérique, formé de squames égales, probablement subunisériées, obtuses, foliacées; toutes les fleurs de la calathide sont hermaphrodites et régulières; le clinanthe est convexe et nu; l'aigrette de chaque fruit est composée de trois arêtes capitées. Nous n'avons point vu cette plante, dont la description est empruntée à Loureiro. Ce botaniste dit

25:364 qu'elle est cultivée à la Chine et à la Cochinchine, parce que ses feuilles étant broyées donnent une excellente teinture bleue, aussi belle que celle de l'indigotier, et plus facile à préparer. Il est bien évident que cette plante n'est point un *spilanthus*, puisque le clinanthe est nu ; et il nous paroît presque indubitable que c'est une *adenostemma.*

La première espèce avoit été attribuée par Vaillant à son genre *Eupatoriophalacron*, qui étoit pourtant caractérisé par le clinanthe squamellifère et les ovaires privés d'aigrette. Linnæus n'a pas mieux fait, en rapportant cette plante au genre *Verbesina.* Mais les Forster l'ont avec raison considérée comme le type d'un nouveau genre, qu'ils ont publié en 1776, sous le nom très-convenable d'*adenostemma*, et qu'ils ont fort bien caractérisé. Cependant, en 1788, Swartz, ayant reconnu que la seconde espèce, mal à propos attribuée par Linnæus au genre *Cotula*, appartenoit au genre *Adenostemma*, s'est permis d'effacer le nom générique imposé par les inventeurs de ce genre, et de lui substituer celui de *lavenia*, sous le prétexte que Solander l'avoit ainsi nommé. Mais les travaux botaniques de Solander n'ayant point été publiés par la voie de l'impression, il est évident que le prétexte de Swartz est fort injuste : ce qui n'a pas empêché Schreber, et après lui tous les autres botanistes, de consacrer par leur assentiment cette injustice de Swartz,
25:365 à laquelle nous résistons. C'est pourquoi nous restituons le nom d'*adenostemma* au genre dont il s'agit, et cependant, pour nous conformer à l'usage, nous le plaçons dans ce Dictionnaire, sous le titre françois de Lavénie. La troisième espèce, dont M. Persoon a tracé les principaux caractères spécifiques, mais dont il n'a pas sans doute observé les caractères génériques, étoit attribuée par lui au genre *Verbesina;* la quatrième espèce n'a été publiée nulle part; la cinquième enfin, imparfaitement décrite par Loureiro, étoit rapportée au genre *Spilanthus.*

Swartz paroîtroit avoir senti les véritables affinités naturelles du genre *Adenostemma*, en le plaçant entre l'*eupatorium* et l'*ageratum*, si ce n'étoit pas dans la série artificielle du système sexuel de Linnæus qu'il lui assigne cette place, et s'il n'ajoutoit pas aussitôt que, dans la méthode naturelle, ce genre doit être placé entre le *verbesina* et le *siegesbeckia.* M. de

Jussieu n'a pas été mieux inspiré, lorsqu'il l'a placé entre le *cotula* et le *struchium*. Il est indubitable que l'*adenostemma* fait partie de notre tribu naturelle des eupatoriées, dans laquelle il est voisin du genre *Sclerolepis*, que nous avons proposé dans le Bulletin des Sciences de décembre 1816, pag. 198, et qui a pour type le *sparganophorus verticillatus* de Michaux. En effet, ce genre *Sclerolepis* offre les caractères suivans : 25:365

Calathide incouronnée, équaliflore, multiflore, régulariflore, androgyniflore. Péricline à peu près égal aux fleurs, formé de squames bisériées, à peu près égales, lancéolées-acuminées, foliacées. Clinanthe conoïdal, inappendiculé. Ovaires alongés, grêles, pentagones; aigrette composée de cinq squamellules unisériées, égales, un peu entre-greffées à la base, paléiformes, oblongues, comme tronquées au sommet, épaisses, cornées. Styles d'eupatoriée.

En comparant ces caractères génériques du *sclerolepis* avec ceux de l'*adenostemma*, il est facile de reconnoître les ressemblances et les différences qui existent entre les deux genres dont il s'agit.

Le nom d'*adenostemma*, composé de deux mots grecs, qui signifient couronne de glandes, exprime parfaitement bien la nature très-singulière de l'aigrette propre à ce genre, et qu'on ne retrouve chez aucune autre synanthérée. (H. Cass.)

LÉACHIE, *Leachia*. (*Bot.*) [*Corymbifères*, Juss. = *Syngénésie polygamie frustranée*, Linn.] Ce genre de plantes, que nous dédions au savant naturaliste, M. Leach, l'un des rédacteurs de ce Dictionnaire, appartient à l'ordre des synanthérées, à la tribu naturelle des hélianthées, et à notre section des hélianthées-coréopsidées. Voici les caractères du genre *Leachia*, tels que nous les avons observés sur deux des trois espèces que nous lui attribuons. 25:388

Calathide radiée : disque multiflore, régulariflore, androgyniflore; couronne unisériée, octoflore, liguliflore, neutriflore. Péricline double : l'extérieur un peu plus court, involucriforme, étalé, plécolépide, formé de squames subunisériées, à peu près égales, entre-greffées à la base, ovales-oblongues ou lancéolées, obtuses, coriaces-foliacées; l'intérieur, ou vrai péricline, supérieur aux fleurs du disque, campanulé, plécolépide, formé de squames égales, subunisériées, entre-greffées

25:388 à la base, appliquées, larges, ovales-lancéolées, colorées, rayées, coriaces à la base, membraneuses sur les bords. Clinanthe hémisphérique, garni de squamelles supérieures aux fleurs, longues, étroites, linéaires, élargies à la base, obtuses au sommet, membraneuses, colorées. Ovaires obcomprimés, obovoïdes, arqués en dedans, glabres; surmontés d'une aigrette de deux squamellules rudimentaires, opposées, latérales, continues à l'ovaire, très-courtes, larges, épaisses, informes, charnues, irrégulièrement barbellulées, à barbellules dirigées de bas en haut. Fruits mûrs très-obcomprimés, arrondis, presque orbiculaires, arqués en dedans, pourvus sur chaque côté d'une bordure cartilagineuse irrégulièrement découpée, qui s'est développée depuis la fleuraison; face extérieure du fruit, lisse; face intérieure parsemée de petits tubercules, et portant à la base et au sommet une grosse tubérosité charnue; la petite aigrette tout-à fait évanouie. Fleurs de la couronne à faux ovaire long, inovulé, à style nul, à languette grande, large, cunéiforme, comme tronquée au sommet qui est découpé en plus de trois dents grandes et inégales.

Léachie lancéolée: *Leachia lanceolata*, H. Cass.; *Coreopsis lanceolata*, Linn., *Sp. pl.*, edit. 3, p. 1283. C'est une plante
25:389 herbacée, à tiges dressées, hautes de près de trois pieds, cylindriques, striées, glabres ou un peu pubescentes; les feuilles sont opposées, presque sessiles, connées à la base, longues de trois pouces et demi, larges d'un pouce, lancéolées, toutes indivises, simples, très-entières, épaisses, un peu coriaces, d'un vert foncé en dessus, plus pâles en dessous, un peu scabres sur les bords, un peu ciliées à la base; les calathides, larges d'un à deux pouces, et composées de fleurs jaunes un peu odorantes, sont solitaires au sommet de longs pédoncules terminaux, nus, grêles et roides. Cette espèce est, dit-on, bisannuelle, et habite la Caroline. Nous avons fait sa description sur un individu vivant, cultivé au Jardin du Roi, où il fleurissoit au mois d'août; aucune de ses feuilles n'étoit divisée en trois folioles, comme dans la léachie tréflée.

Léachie a feuilles épaisses; *Leachia crassifolia*, H. Cass.; *Coreopsis crassifolia*, Pers., *Syn. pl.*, pars 2, pag. 478. Cette espèce, que nous n'avons point vue, habite le même pays que la précédente, dont, suivant Michaux, elle ne seroit qu'une variété. Cependant elle en diffère par sa racine vivace, et par ses feuilles obovales-oblongues et pubescentes. 25:389

Léachie tréflée : *Leachia trifoliata*, H. Cass.; *Coreopsoides lanceolata*, Mœnch, *Methodus*, pag. 594; *Coreopsis auriculata*, Linn., *Sp. pl.*, edit. 3, p. 1282. Plante herbacée, glabre; tige dressée, haute de deux pieds, rameuse, striée; feuilles opposées, connées, inégales et dissemblables : les unes plus petites, presque sessiles, très-simples, très-entières, lancéolées; les autres plus grandes, à pétiole laminé, linéaire, et à limbe divisé en trois folioles lancéolées, très-entières, dont celle du milieu est la plus grande; calathides larges de vingt lignes, solitaires au sommet de longs rameaux pédonculiformes, terminaux, simples et nus; disque et couronne jaunes. Cette espèce est vivace, et habite les montagnes de la Virginie et de la Caroline. Nous l'avons décrite sur un individu vivant, cultivé au Jardin du Roi, où il fleurissoit en septembre.

Les léachies sont de belles plantes qui méritent d'autant plus d'orner nos grands parterres, qu'elles sont assez rustiques, vivent en pleine terre, et s'accommodent de presque tous les terrains. Il est bon cependant de les garantir durant l'hiver des fortes gelées et de la trop grande humidité.

Ces plantes étoient attribuées par Linnæus à son genre *Coreopsis*, dont notre *leachia lanceolata* paroît même avoir été le premier type. Mœnch a formé de l'une d'elles son genre *Coreopsoides*, qu'il a mal caractérisé, et qu'il n'a distingué du *coreopsis* que par la forme des fruits. Ce botaniste nous paroît aussi avoir pris le *coreopsis auriculata* de Linnæus pour le *coreopsis lanceolata* du même auteur. Malgré tout cela, nous aurions conservé au genre dont il s'agit le nom que Mœnch lui avoit donné, si tous les botanistes modernes ne respectoient pas l'arrêt bien ou mal fondé, par lequel Linnæus a proscrit les noms génériques terminés en *oides*. 25:390

Le genre *Leachia*, bien distinct de tout autre, est immédiatement voisin du *coreopsis*, dont il diffère : 1.° par les caractères remarquables de ses fruits; 2.° par ses deux péricliines qui sont l'un et l'autre plécolépides, c'est-à-dire formés de squames entre-greffées à la base; 3.° par les languettes de sa couronne, lesquelles sont cunéiformes, et très-larges au sommet qui est comme tronqué et multidenté; 4.° par son clinanthe hémis-

25:390 phérique. Il est impossible de confondre le *leachia* avec le *cosmos*, qui en diffère par la forme de ses fruits et par leur aigrette barbellée à rebours. On pourroit croire que le *leachia* se rapproche davantage du *georgina* ou *dahlia*, auquel les botanistes attribuent un péricline plécolépide : mais nous avons démontré (tom. XVIII, pag. 441) que ce prétendu caractère du péricline des *georgina* est absolument faux, que les trois différences par lesquelles on distingue génériquement le *georgina* du *coreopsis* n'existent point, et que le *georgina* n'est réellement qu'une espèce très-notable du genre *Coreopsis*. Il n'y auroit qu'un moyen légitime de conserver le genre *Georgina*: ce seroit de restituer à nos *leachia* le nom générique de *coreopsis* qui leur demeureroit exclusivement affecté ; et de consacrer le nom de *georgina* à notre genre *Coreopsis*, composé de plusieurs espèces que les botanistes ont attribuées les unes au genre *Coreopsis*, les autres au genre *Georgina*.

Le genre *Chrysanthellum* appartient, comme le *leachia*, au groupe naturel des hélianthées-coréopsidées. Nous l'avons fort mal décrit dans ce Dictionnaire (tom. IX, pag. 150), parce qu'à l'époque où nous avons rédigé l'article qui le concerne, nous n'avions point encore observé ce genre. Mais, depuis, nous
25:391 avons soigneusement étudié deux espèces de *chrysanthellum*, ce qui nous procure le moyen de profiter de l'occasion qui se présente pour rectifier et compléter l'article imparfait dont il s'agit.

Il nous paroît indispensable de modifier un peu la terminaison du nom de ce genre, qui ne diffère pas assez de celui du *chrysanthemum* ; en conséquence, nous proposons de nommer *chrysanthellina* le genre qui nous a offert les caractères suivans.

Calathide courtement radiée : disque pauciflore, réguliflore, androgyni-masculiflore ; couronne subunisériée, liguliflore, féminiflore. Péricline double : l'extérieur souvent peu distinct de l'intérieur, mais plus court, formé d'environ cinq squames unisériées, distantes, à peu près égales, appliquées, oblongues, étroites, vertes, membraneuses sur les bords ; l'intérieur un peu supérieur aux fleurs du disque et subcampanulé, formé d'environ dix squames uni-bisériées, à peu près égales, appliquées, très-larges, oblongues, colorées, rayées, membraneuses sur les bords. Clinanthe plan, garni de squamelles à peu près égales aux fleurs, étroites, linéaires, planes, plurinervées, colorées, submembraneuses. Fruits extérieurs oblongs, subcylindracés, épaissis de bas en haut, striés longitudinalement, comme tronqués au sommet, qui est surmonté d'un gros col très-court, inaigretté, occupant le centre de la troncature. Fruits intermédiaires oblongs, obcomprimés, munis sur chaque côté d'une bordure épaisse, cartilagineuse, un peu sinuée, privés de col et d'aigrette, mais surmontés à droite et à gauche de deux petites bosses plus ou moins manifestes qui produisent une échancrure au milieu. Fruits du centre stériles, longs, grêles, linéaires, membraneux. Corolles de la couronne à tube très-court, à languette oblongue, munie de deux grosses nervures, et bilobée au sommet. Corolles du disque à tube court, à limbe long, large, cylindracé, à quatre ou cinq divisions courtes. Stigmatophores longs, hispides. 25:391

Chrysanthellina fasciculata, H. Cass. Plante herbacée, glabre, inodore; tiges entièrement couchées sur la terre, mais sans radication, droites, peu rameuses, longues d'environ sept pouces, épaisses, roides, cylindriques, striées, un peu rougeâtres; feuilles alternes, un peu épaisses, surtout sur les bords, vertes en dessus, glauques en dessous, ponctuées, à nervures très-réticulées, le milieu des mailles transparent et comme sans parenchyme; les feuilles radicales longues de plus de trois pouces, larges de plus d'un pouce; composées d'un pétiole long, demi-cylindrique, canaliculé, strié, un peu bordé; et d'un limbe très-profondément pinnatifide, à cinq divisions, les deux inférieures opposées et très-éloignées des trois autres qui sont un peu confluentes; chaque division oblongue-lancéolée, obovale ou cunéiforme, plus ou moins profondément découpée sur les bords de sa partie supérieure en lobes ou dents oblongues, surmontées chacune d'une petite pointe blanche; les feuilles caulinaires semblables aux radicales, mais plus petites; l'extrémité de chaque tige porte une sorte de faisceau composé: 1.° de deux ou trois feuilles opposées ou verticillées, 2.° d'un ou plusieurs rameaux nés entre les feuilles, 3.° d'un ou plusieurs pédoncules nés entre les rameaux, striés, longs de quinze lignes, ordinairement pourvus d'une bractée linéaire, et terminés par une calathide haute de deux lignes, composée 25:392

25:392 de fleurs jaunes; corolles du disque à quatre divisions; anthères brunes. Nous avons fait cette description sur un individu vivant, cultivé au Jardin du Roi, où il fleurissoit au mois d'août, et où il avoit été reçu sous le nom d'*eclipta aurea*; nous ignorons son origine.

Chrysanthellina gracilis, H. Cass. Plante herbacée, glabre; tige grêle, striée, rameuse; feuilles alternes, longues d'environ dix lignes, larges d'environ trois lignes, variables, la plupart oblongues-lancéolées, étrécies inférieurement en pétiole, plus ou moins profondément dentées, lobées, ou presque pinnatifides, à sinus un peu arrondis, à lobes étroits, oblongs, très-entiers, arrondis au sommet qui est surmonté d'une petite pointe; la face inférieure blanchâtre, les nervures réticulées d'une manière remarquable, les bords circonscrits par une sorte de nervure; calathides hautes d'une ligne et demie, solitaires au sommet de la tige et de rameaux très-longs, grêles, pédonculiformes, presque nus, ou pourvus seulement d'une petite feuille linéaire, bractéiforme; corolles jaunes; celles du disque à cinq divisions. Nous avons fait cette description sur un échantillon sec, incomplet et en mauvais état.

Chrysanthellina Swartzii, H. Cass.; *Verbesina mutica*, Swartz,
25:393 *Obs. Bot.*, pag. 314; *Chrysanthellum procumbens*, Pers., *Syn. pl.*, pars 2, pag. 471. Cette plante, que nous n'avons point vue, mais qui a été soigneusement décrite par Swartz, dans ses *Observationes Botanicæ*, nous paroit être une espèce distincte des deux précédentes. (H. Cass.)

25:394 LÉBÉTINE, *Lebetina*. (*Bot.*) [*Corymbifères*, Juss. = *Syngénésie polygamie superflue*, Linn.] Ce nouveau genre de plantes, que nous proposons, appartient à l'ordre des synanthérées, et à notre tribu naturelle des tagétinées, dans laquelle il est voisin des genres *Bœbera* ou *Dyssodia*, *Clomenocoma* et *Hymenatherum*. Voici les caractères génériques du *lebetina*.

Calathide courtement radiée : disque multiflore, obringentiflore, androgyniflore; couronne unisériée, duodécimflore, liguliflore, fémininflore. Péricline double ou involucré : péricline extérieur, ou involucre, un peu plus court que l'intérieur, composé d'environ douze bractées subunisériées, à peu près égales, dressées, linéaires-subulées, pinnatifides, portant une glande oblongue sur la nervure, vers le milieu de la hau-

teur, à divisions subulées, terminées par une sorte d'épine molle; péricline intérieur, ou vrai péricline, un peu inférieur aux fleurs du disque, subcylindracé, un peu élargi de bas en haut, plécolépide, formé d'environ vingt squames unisériées, égales, entre-greffées inférieurement, libres supérieurement, appliquées, subcoriaces, à partie inférieure oblongue, greffée par ses bords avec les squames voisines, à partie supérieure libre, lancéolée, pourvue de quelques glandes larges, elliptiques, et munie sur le dos, au-dessous du sommet, d'une protubérance corniforme. Clinanthe hémisphérique ou conoïdal, 25:394
alvéolé, à cloisons prolongées en fimbrilles peu nombreuses, courtes, épaisses, charnues, subulées. Ovaires longs, subcylindracés, striés, parsemés de poils très-courts; aigrette double: l'extérieure courte, composée d'environ dix squamellules unisériées, égales, paléiformes, oblongues-spatulées; l'intérieure longue, composée d'environ dix squamellules unisériées, à partie inférieure plus courte, paléiforme, cunéiforme, à partie supérieure divisée irrégulièrement en lanières nombreuses, inégales, filiformes, barbellulées. Corolles de la couronne à tube long, à languette elliptique, entière, multinervée. Corolles du disque obringentes, à cinq divisions, surmontées chacune d'une grosse corne comprimée; les deux incisions formant la division extérieure, beaucoup plus profondes que les trois autres. Styles de tagétinée. 25:395

Nous ne pouvons jusqu'à présent attribuer avec certitude à ce genre que l'espèce suivante.

Lébétine grillée; *Lebetina cancellata*, H. Cass. C'est une plante herbacée, glabre, à odeur de *tagetes*. Sa tige, haute d'environ deux pieds, est dressée, rameuse, anguleuse. Les feuilles sont éparses, alternes, sessiles, inégales, longues d'environ seize lignes, larges d'environ huit lignes, un peu glauques, analogues à celles du seneçon, profondément pinnatifides, comme lyrées, à divisions oblongues, profondément dentées, chaque dent surmontée d'un très-long poil blanc; les divisions supérieures sont graduellement plus grandes que les inférieures, et la division terminale est élargie de bas en haut; la côte moyenne de la feuille, très-saillante en dessous en forme de carène, est plane et un peu pubescente en dessus; il y a une large glande elliptique, transparente, à la base de chaque

25:395 sinus, et une au sommet de chaque division. Les calathides sont solitaires au sommet de la tige et des rameaux, dont la partie supérieure, imitant un pédoncule feuillé, est longue, simple, dressée, garnie de très-petites feuilles bractéiformes; celles-ci sont courtes, étroites, linéaires-subulées, pinnatifides, comme pectinées, portant une glande oblongue sur la nervure, vers le milieu de la hauteur, à lanières linéaires-subulées, prolongées au sommet en un gros et long poil blanc. Chaque calathide a six lignes de hauteur et autant de largeur; les corolles sont jaunes; le péricline extérieur involucriforme, composé de
25:396 bractées semblables à celles qui garnissent le pédoncule, est assez analogue à l'involucre de l'*atractylis cancellata*, et imite comme lui une sorte de grillage; les squames du péricline intérieur atteignent tout au plus le sommet du tube des corolles radiantes, et les bords de leur partie apicilaire sont un peu membraneux et un peu frangés; la couronne est composée de douze fleurs, dont la languette est étalée horizontalement, un peu arquée, longue de près de deux lignes, large de plus d'une demi-ligne.

Nous avons fait cette description spécifique, et celle des caractères génériques, sur un individu vivant, cultivé au Jardin du Roi, où il étoit innommé, et où il fleurissoit en août et septembre; nous ignorons son origine.

M. Lagasca, qui a fait une étude spéciale du genre *Dyssodia*, lui attribue pour caractères (*Gen. et Sp. pl.*, pag. 29), deux péri-clines composés chacun de huit pièces libres, et une aigrette de squamellules divisées en plusieurs lanières sétacées, denticulées. On ne peut donc pas rapporter à ce genre notre plante, qui a le péricline extérieur composé d'au moins douze bractées, le péricline intérieur composé d'au moins vingt squames entregreffées en leur moitié inférieure, et deux aigrettes, dont l'extérieure, beaucoup plus courte, est composée de squamellules paléiformes indivises. Mais pour comparer plus exactement les deux genres *Dyssodia* et *Lebetina*, nous allons décrire les caractères génériques que nous avons observés sur un échantillon sec du *dyssodia chrysanthemoides*, Lag., qui est le type du genre *Dyssodia* ou *Bæbera*.

Calathide courtement radiée: disque pluriflore, régulariflore, androgyniflore; couronne unisériée, pauciflore, liguli-

flore, féminiflore. Péricline double : l'extérieur plus court, 25:396
involucriforme, composé de huit bractées unisériées, à peu près égales, probablement inappliquées, linéaires-oblongues, foliacées, uninervées, glandulifères, bordées de poils ; péricline intérieur égal aux fleurs du disque, subcylindracé, formé de huit squames unisériées, égales, libres d'un bout à l'autre, ou entre-greffées seulement tout près de la base, appliquées, larges, ovales-oblongues, coriaces, glandulifères, à bords membraneux. Clinanthe plan, fovéolé. Ovaires oblongs, très-hispides ; aigrette simple, formée d'environ douze squamel-
lules unisériées, semblables, laminées-paléiformes, linéaires, 25:397
ayant leur partie supérieure et les deux côtés de leur partie inférieure irrégulièrement divisés en plusieurs lanières inégales, filiformes, barbellulées. Corolles de la couronne à languette courte, large, tridentée. Corolles du disque régulières ou subrégulières, à cinq divisions courtes, sans corne, formées par des incisions peu profondes, égales ou à peu près égales. Styles de tagétinée, à stigmatophores libres.

En comparant nos descriptions génériques du *lebetina* et du *dyssodia*, on reconnoît entre ces deux genres les différences suivantes : 1.° Le péricline extérieur du *lebetina* est composé d'environ douze bractées pinnatifides ; celui du *dyssodia* est composé de huit bractées entières ; 2.° le péricline intérieur du *lebetina* est formé d'environ vingt squames étroites, entre-greffées depuis la base jusqu'à peu près la moitié de leur hauteur, et portant une corne dorsale sous-apicilaire ; celui du *dyssodia* est formé de huit squames larges, libres d'un bout à l'autre, ou entre-greffées seulement tout près de la base, et dépourvues de corne ; 3.° le clinanthe du *lebetina* est hémisphérique ou conoïdal ; celui du *dyssodia* est plan ; 4.° l'aigrette du *lebetina* est double, et l'extérieure beaucoup plus courte est composée de squamellules paléiformes, indivises, très-différentes de celles qui composent l'aigrette intérieure ; le *dyssodia* n'a qu'une aigrette simple, unisériée, analogue à l'aigrette intérieure du *lebetina*, et composée de squamellules égales et uniformes ; 5.° les corolles du disque du *lebetina* sont obringentes, comme celles des carduinées, c'est-à-dire que les deux incisions formant la division extérieure sont beaucoup plus profondes que les trois autres, et chaque division est surmontée

25:397 d'une corne; les corolles du disque, chez le *dyssodia*, sont régulières ou subrégulières, c'est-à-dire à incisions égales ou à peu près égales, et il n'y a point de corne au sommet de chaque division.

Les genres *Clomenocoma* et *Hymenatherum* s'éloignant davantage du *lebetina*, il est inutile que nous les comparions avec lui; d'autant plus que le lecteur pourra, s'il le désire, faire lui-même facilement cette comparaison, en recourant à nos articles Clomenocoma, tom. IX, pag. 416, et Hyménathère, tom. XXII, pag. 313.

25:398 Les *dyssodia porophylla*, *coccinea*, et *Cavanillesii*, de M. Lagasca, paroissent avoir plus ou moins d'affinité avec notre plante; et ces trois espèces, que nous n'avons point vues, appartiennent peut-être au genre *Lebetina*.

Suivant M. Kunth (*Nov. Gen. et Sp. pl.*, edit. in-4.°, tom. IV, p. 198), la *dyssodia porophylla*, qu'il nomme *bæbera porophyllum*, a le péricline composé de pièces nombreuses, dont les extérieures sont pinnatifides-ciliées, et l'aigrette composée de vingt squamellules; ce qui s'accorde bien avec les caractères du *lebetina*; mais il ajoute que ces vingt squamellules sont toutes égales, uniformes, longues, à trois divisions subdivisées en lanières piliformes. M. Lagasca attribue au *dyssodia porophylla* une couronne composée de languettes qui dépassent à peine le péricline, et même il admet une variété privée de couronne. Notre plante est bien plus manifestement radiée : car les squames du péricline intérieur atteignent tout au plus le sommet du tube des corolles radiantes, dont la languette est étalée horizontalement et longue de près de deux lignes.

La *dyssodia coccinea* ressemble beaucoup, selon M. Lagasca, à la *dyssodia porophylla*; mais les languettes de la couronne surpassent le péricline, comme chez la *lebetina*. Cependant le nom spécifique de *coccinea* indique que les fleurs sont d'une couleur écarlate, ce qui suffit pour prouver que notre plante à fleurs jaunes n'est point celle de M. Lagasca.

Enfin, la *dyssodia Cavanillesii* semble se rapprocher du genre *Lebetina*, par la structure de son aigrette, que M. Lagasca dit être double : l'extérieure courte, composée de cinq à sept squamellules paléiformes, petites, tronquées; l'intérieure longue, composée de cinq à sept squamellules alternes avec les exté-

rieures, lancéolées-subulées, et ordinairement divisées en trois lanières sétacées. Les botanistes qui avoient fait de cette espèce un genre, nommé tantôt *Willdenowia*, tantôt *Schlechtendalia*, tantôt *Adenophyllum*, lui attribuoient pour caractères, les corolles du disque à six, sept ou huit divisions, et les styles à trois stigmatophores. Quoique nous n'eussions point vu cette plante, nous ne craignîmes pas de dire, dans notre article Adenophyllum (tom. I, Suppl., pag. 58) : « Les trois 25:398
« branches du style et les six à huit lobes de la corolle ne
« doivent être attribués qu'à une monstruosité, que nous avons
« observée quelquefois chez les *tagetes* et les *zinnia*: ces nombres 25:399
« insolites ne sont donc pas des caractères. » Notre assertion fondée seulement alors sur les lois de l'analogie, s'est trouvée depuis confirmée par les observations de M. Lagasca, qui a vu, sur un échantillon provenant d'un individu cultivé, les corolles du disque à six, sept ou huit divisions, et les styles à trois stigmatophores; et sur des échantillons apportés du Mexique, toutes les corolles du disque à cinq divisions, et les styles constamment à deux stigmatophores.

Les remarques précédentes prouvent que notre *lebetina cancellata* est une plante bien distincte des *Dyssodia porophylla*, *coccinea* et *Cavanillesii.* Mais les descriptions incomplètes, superficielles et peu concordantes, que les botanistes ont faites des caractères génériques de ces trois dernières, sont insuffisantes pour nous décider à les attribuer au genre *Dyssodia*, ou au genre *Lebetina*, ou à les considérer comme formant un genre distinct de l'un et de l'autre, et intermédiaire entre les deux.

Le nom générique de *lebetina*, dérivé du mot latin *lebes*, qui signifie chaudron, fait allusion à la forme du péricline intérieur, qui n'imite pas mal un vase de cette sorte.

Il y a une analogie assez remarquable entre le péricline intérieur et la corolle staminée du *lebetina*: l'un et l'autre semblent en apparence formés d'une seule pièce tubuleuse qui seroit divisée supérieurement en plusieurs lanières portant chacune une corne dorsale sous-apicilaire; et comme il est indubitable que ce péricline est formé de plusieurs pièces entre-greffées inférieurement, analogues à des bractées, et par conséquent à des feuilles, il est bien probable que la corolle dite monopétale est réellement composée de cinq pétales entre-greffés

25:399 inférieurement, libres supérieurement, et que ces pétales sont analogues à des squames, à des bractées, à des feuilles. (H. Cass.)

25:420 LEIBNITZIE, *Leibnitzia*. (*Bot.*) [*Corymbifères*, Juss. = *Syngénésie polygamie superflue*, Linn.] Ce nouveau genre de plantes, que nous proposons, appartient à l'ordre des synanthérées, et à notre tribu naturelle des mutisiées, dans laquelle il est voisin du genre *Leria*. Voici les caractères génériques du *leibnitzia*, tels que nous les avons observés sur des individus vivans de *leibnitzia cryptogama*.

Calathide quasi-radiée : disque multiflore, labiatiflore, androgyniflore ; couronne subunisériée, biliguliflore, féminiflore. Péricline ovoïde, supérieur aux fleurs, et les cachant entièrement ; formé de squames plurisériées, très-inégales, imbriquées, appliquées, intradilatées, étroites, oblongues-lancéolées, nullement appendiculées, épaisses, coriaces, carénées, à carène arrondie, membraneuses sur les bords, obtuses et colorées au sommet. Clinanthe large, plan, profondément fovéolé, inappendiculé. Fruits pédicellulés, alongés, oblongs, amincis aux deux bouts, comprimés ou obcomprimés, hispidules, à partie supérieure formant un large col vide, peu distinct extérieurement de la partie inférieure séminifère ; aigrette longue, supérieure à la corolle, grisâtre, composée de squamellules très-nombreuses, très-inégales, filiformes, fines, à peine barbellulées. Corolles de la couronne privées de fausses étamines ; à tube long ; à languette extérieure plus courte que la moitié du tube, oblongue, dressée, tridentée au sommet ; à languette intérieure très-courte, comme rudimentaire, divisée jusqu'à sa base en deux lobes. Corolles du disque cylindriques, longues comme le tube des corolles de la couronne ; à limbe étroit, point distinct du tube ; à lèvre extérieure tridentée ; à lèvre intérieure divisée en deux jusqu'à sa base. Anthères pourvues d'appendices apicilaires linéaires-aigus, et d'appendices basilaires subulés. Styles de mutisiée.

Nous attribuons au genre *Leibnitzia* les deux espèces suivantes.

25:421 Léibnitzie cryptogame : *Leibnitzia cryptogama*, H. Cass.; *Tussilago anandria femina*, Willd., *Sp. pl.*, tom. 3, part. 3 (*excludo hermaphroditam*); *Tussilago anandria*, Linn., *Sp. pl.*, edit. 3,

p. 1213 (*excludo varietatem β*); *Tussilago scapo unifloro, calice clauso*, Gmel., *Fl. Sib.*, tom. 2, tab. 68, fig. 1; *Tussilago anandria*, Linn., *Hort. Ups.*, tab. 3, fig. 1; *Tussilaginis species*, Tursen, *Amœn. acad.; Anandria*, Siegesbeck. C'est une plante 25:421
herbacée, dont la racine produit immédiatement des feuilles et des hampes. Les feuilles sont variables de forme et de grandeur, longues d'environ trois à cinq pouces, y compris le pétiole, larges d'environ dix à quinze lignes, les unes lyrées, les autres non lyrées; leur pétiole, tantôt presque aussi long que le limbe, et tantôt beaucoup plus court, est demi-cylindrique, élargi et membraneux à sa base, tantôt nu sur ses bords, tantôt bordé en sa partie supérieure de quelques lobes arrondis, inégaux, qui se confondent avec le limbe et rendent la feuille lyrée; le limbe, tantôt confondu par sa base avec la partie supérieure du pétiole, tantôt bien distinct du pétiole, est ovale, oblong, ou lancéolé, pointu au sommet, souvent comme tronqué ou presque échancré à la base; tantôt bordé surtout en sa partie inférieure, de sinus très-inégaux, ordinairement peu profonds, séparés par de petites dents tuberculiformes, quelquefois un peu dirigées en arrière; tantôt ayant la partie supérieure un peu sinuée, et la partie inférieure divisée sur les côtés en quelques lobes courts, larges, arrondis ou un peu anguleux, entiers; ces feuilles sont un peu épaisses; leur nervure médiaire est saillante sur les deux faces; la supérieure est d'un vert glauque ou cendré, et tantôt glabre ou glabriuscule, tantôt légèrement laineuse comme la face inférieure qui est plus pâle ou blanchâtre. Les hampes sont hautes d'environ dix pouces, très-simples, dressées, droites, roides, cylindriques, dilatées au sommet, un peu laineuses ou subtomenteuses, blanchâtres, garnies de petites feuilles ou bractées squamiformes, appliquées, longues, étroites, linéaires-subulées. Les calathides, solitaires au sommet des hampes, sont dressées, et hautes d'environ six lignes, sans compter les aigrettes qui sortent par le sommet entr'ouvert du péricline, et le dépassent d'environ deux lignes; le péricline est glabriuscule, et ses squames sont rougeâtres au sommet; les corolles, entièrement
cachées par les aigrettes qui s'élèvent beaucoup plus haut, et 25:422
par le péricline qui est fermé sur elles, sont blanchâtres, souvent un peu rosées au sommet.

25:422 Nous avons fait cette description spécifique, et celle des caractères génériques, sur un individu vivant, cultivé en pleine terre et en plein air au Jardin du Roi, où il fleurissoit en juin et en septembre. Cette singulière plante habite la Sibérie, et croît abondamment dans les champs montueux aux environs de Jenisek; elle est vivace par sa racine.

Leibnitzie phénogame: *Leibnitzia phœnogama*, H. Cass.; *Tussilago lyrata*, Willd., *Sp. pl.*, tom. 3, part. 3; *Tussilago anandria var.* β, Linn., *Sp. pl.*, edit. 3, p. 1213; *Tussilago scapo unifloro, calyce subaperto*, Gmel., *Fl. Sib.*, tom. 2, pag. 143, tab. 67, fig. 2; *Tussilago bellidiastrum*, Linn., *Hort. Ups.*, pag. 259, tab. 3, fig. 2. La racine est composée de fibres nombreuses, longues, épaisses, blanches. Les feuilles sont radicales; à pétiole long d'un pouce ou d'un pouce et demi, épais, laineux; à limbe long de plus d'un pouce, large de six à douze lignes, épais, ferme, pointu au sommet, quelquefois denté sur les bords, le plus souvent sinué, et pourvu à sa base de deux, trois ou quatre petits appendices qui le rendent lyré; la face inférieure est laineuse et blanchâtre; la supérieure est d'un vert gai ou glauque, et parsemée de quelques poils laineux. La hampe, longue de deux à cinq pouces, et couverte d'une laine blanche, est ordinairement tout-à-fait dépourvue de bractées. La calathide qui termine cette hampe, est très-rarement épanouie; son péricline est oblong, un peu ouvert, parsemé d'une laine blanche, et formé de squames imbriquées, rougeâtres au sommet; la couronne est composée de douze fleurs, le disque en contient un beaucoup plus grand nombre; toutes les corolles sont blanches, à sommet rougeâtre; les anthères sont jaunâtres.

Cette seconde espèce, que nous n'avons point vue, et que nous décrivons d'après Gmelin, a été trouvée en Sibérie, sur des terrains montueux, aux environs d'Irkutsk et d'Okotsk. Elle ressemble beaucoup à la première par ses feuilles et son péricline, mais elle en diffère par sa hampe toujours peu élevée, rarement pourvue de quelques bractées, et par ses fleurs très-visibles en dehors du péricline.

25:423 Siegesbeck, qui fut pendant quelque temps directeur du Jardin de Botanique à Pétersbourg, publia, en 1737, un livre où il combat la théorie des sexes chez les végétaux, et où il pré-

tend prouver que les graines acquièrent toute leur perfection 25:423
sans être fécondées par les anthères. Ce botaniste paroît être le premier qui ait observé notre *leibnitzia cryptogama;* il n'y aperçut point les étamines; et, pour signaler cette prétendue privation des organes mâles, de laquelle il tiroit argument en faveur de son système antisexuel, il nomma la plante dont il s'agit *anandria.*

C'est en effet sous ce nom que des graines de ce curieux végétal furent envoyées à Upsal par des botanistes russes. Il y fleurit en 1745, et Tursen, l'un des disciples de Linnæus, s'empressa de l'observer et de le décrire, sous les auspices du maître, dans une dissertation qui fait partie des *Amœnitates academicæ.* Tursen trouve dans chaque fleur du disque, cinq étamines parfaites, dont l'existence avoit été niée par Siegesbeck: mais, remarquant que le péricline est entièrement clos durant la fleuraison, et supposant que l'action immédiate de l'air agité sur les étamines, est en général nécessaire pour transporter le pollen sur les pistils, il imagine que, dans le cas particulier dont il s'agit, le même résultat s'obtient par les secousses que le vent imprime à la calathide, sans pénétrer dans son intérieur. Ce botaniste pense que l'*anandria* ne pourroit être distingué génériquement du *tussilago* que par le péricline fermé sur les fleurs épanouies; et ce caractère étant, selon lui, insuffisant, il en conclut que l'*anandria* n'est qu'une espèce du genre *Tussilago.*

Trois ans après la dissertation de Tursen, Linnæus inséra dans l'*Hortus Upsaliensis*, de nouvelles observations sur l'*anandria.* S'il faut l'en croire, le même individu qui, végétant en plein air, se présente sous la forme de notre *leibnitzia cryptogama*, ayant la hampe haute de près d'un pied, et le péricline globuleux constamment fermé sur les fleurs, comme dans le figuier, offre les caractères de notre *leibnitzia phœnogama*, s'il est planté dans un vase, ou dans un terrain plus sec, exposé au soleil. Alors la plante devient plus petite; ses feuilles sont plus tomenteuses, et un peu lyrées; la hampe est plus courte, et sans bractées; le péricline est cylindrique; la calathide épanouie, 25:424
et imitant celle du *bellis*, offre une couronne radiante, à languettes trifides, aussi longues que le péricline. Cependant, les deux plantes semblent distinguées spécifiquement, l'une

25:424 par le nom de *tussilago anandria*, l'autre par celui de *tussilago bellidiastrum*, sur la planche de l'*Hortus Upsaliensis*, où elles sont assez grossièrement figurées l'une auprès de l'autre. Ailleurs, Linnæus dit que, chaque année, la même racine produit, au commencement du printemps, la hampe et la calathide du *leibnitzia phænogama*, et durant l'été, la hampe et la calathide du *leibnitzia cryptogama*. Enfin, il dit autre part, que la même plante vivant en pleine terre, produit en été la calathide à fleurs cachées dans le péricline fermé sur elles; et que, placée dans un vase à une exposition plus chaude, elle produit une calathide plus précoce, épanouie en dehors, à couronne radiante, composée de languettes trifides.

Un an après la publication de l'*Hortus Upsaliensis*, Gmelin considéra comme deux espèces distinctes, les deux plantes réduites par Linnæus à l'état de simples variétés d'une seule et même espèce. L'auteur de la Flore de Sibérie remarque que Linnæus s'est trompé en assignant à la plante cryptogame une habitation humide et ombragée, et à la plante phénogame une habitation plus chaude et plus sèche; ce qui lui a fait croire que la variation prétendue étoit causée par cette différence d'habitations. L'une et l'autre, dit Gmelin, habitent les lieux exposés au soleil : mais la plante phénogame croît dans un terrain plus humide, ce qui est précisément l'inverse de la supposition de Linnæus. Gmelin affirme en outre avoir placé dans un vase, et à une exposition plus chaude, la plante cryptogame, et n'avoir obtenu d'elle par ce procédé que la hampe élevée, bractéifère, et les petites fleurs occultes, qu'elle produit quand on l'expose en pleine terre et à l'air libre. Enfin, Gmelin observe que les deux plantes ne se trouvent jamais ensemble, et qu'elles habitent des contrées différentes de la Sibérie, ce qui seroit extraordinaire si elles appartenoient à la même espèce.

Willdenow, préférant sans doute les observations de Gmelin à celles de Linnæus, a distingué spécifiquement les deux plantes, en nommant l'espèce cryptogame *tussilago anandria*, et l'espèce phénogame *tussilago lyrata*. Cependant il semble
25:425 attribuer à la première espèce la métamorphose décrite par Linnæus; car il dit que cette plante offre, dans les lieux froids, le péricline fermé et la calathide non radiée; et, dans

les lieux chauds, la calathide radiée épanouie en dehors. Le même botaniste, croyant que cette première espèce étoit polygame-dioïque, a considéré comme l'individu femelle notre *leibnitzia cryptogama*, et comme l'individu hermaphrodite le *Tussilago scapo imbricato unifloro, foliis ovatis oblongis ex sinuato-dentatis* de Gmelin. 25:425

Le 12 juin 1822, on nous fit remarquer, au Jardin du Roi, une plante vivante dont le nom étoit ignoré, et que nous reconnûmes bientôt pour être l'*anandria* de Siegesbeck, que nous n'avions point encore vue. Empressé, comme on peut le croire, d'étudier une plante aussi intéressante, nous l'observâmes dès lors avec tout le soin dont nous sommes capable, et nous l'avons observée de nouveau le 11 septembre de la même année.

Voici les résultats de nos observations.

L'*anandria* offre tous les caractères propres à notre tribu naturelle des mutisiées. (Voyez tom. XX, pag. 379.) Elle appartient donc indubitablement à cette tribu, qui se trouve ainsi disséminée en proportions inégales, dans l'Amérique méridionale, dans l'Afrique, dans l'Amérique septentrionale, et dans la Sibérie; tandis que notre tribu des nassauviées semble etre confinée dans l'Amérique méridionale. Ainsi, l'on doit rectifier une assertion reproduite par M. Decandolle, dans le savant article Géographie botanique dont il a enrichi ce Dictionnaire, et où il affirme (tom. XVIII, pag. 412) que les labiatiflores sont toutes de l'Amérique méridionale.

Le placement de l'*anandria* dans la tribu des mutisiées est une chose importante, parce qu'elle confirme pleinement l'affinité que nous avons signalée depuis long-temps entre cette tribu et celle des tussilaginées, et qui nous a déterminé à les ranger l'une auprès de l'autre, malgré les motifs qui militoient en faveur de l'affinité des mutisiées avec les lactucées.

Puisque l'*anandria* est de la tribu des mutisiées, elle ne peut pas appartenir au genre *Tussilago*, qui est de la tribu des tussilaginées. D'ailleurs l'*anandria* diffère génériquement du *tussilago*, par ses fleurs du disque qui sont hermaphrodites et labiées, par son péricline formé de squames imbriquées, par ses fruits collifères, et par ses anthères pourvues d'appendices basilaires subulés. 25:426

25:426 Le genre *Leria* est, dans la tribu des mutisiées, celui dont l'*anandria* se rapproche le plus (1) : mais le *leria* diffère de notre plante, 1.° en ce que sa calathide a deux couronnes féminiflores, l'extérieure subunisériée, radiante, l'intérieure plurisériée, non radiante; 2.° en ce que ses corolles radiantes n'ont point la petite languette intérieure de l'*anandria;* 3.° en ce que le col de son fruit, au lieu d'être court et gros, est au contraire très-long et très-grêle. L'*anandria* est donc un genre distinct : mais convient-il de lui conserver ce nom ?

On sait que le nom d'*anandria*, qui exprime la privation d'organes mâles, fut donné par Siegesbeck à la plante dont il s'agit, parce qu'il la croyoit dépourvue d'étamines, et merveilleusement propre à prouver son système antisexuel. Nos premières observations sur cette plante furent favorables à l'opinion de Siegesbeck, que quelques botanistes ont renouvelée récemment, mais que nous ne partageons pas. Les étamines de l'*anandria* nous parurent être petites, imparfaites, et dépourvues de pollen ; cependant chaque fruit contenoit une graine à embryon très-bien conformé; et l'exacte clôture du péricline durant la fleuraison, ne nous permettoit pas de croire que la fécondation eût pu être opérée par du pollen émané de quelque plante voisine.

Une nouvelle espèce d'eupatoire, que nous observâmes bientôt après au Jardin du Roi, et que nous avons décrite dans le Bulletin des Sciences de 1822 (pag. 143), sous le nom d'*eupatorium microstemon*, parut nous offrir le même phénomène que l'*anandria*. Nous crûmes que cet eupatoire étoit dioïque, et que l'individu observé étoit femelle. L'imperfection apparente des anthères dans toutes les fleurs épanouies, et la petitesse des corolles qui ne dépassoient point le péricline, étoient bien propres à nous induire en erreur. Chaque fruit

---

(1) Nous connoissons un autre genre de mutisiées, qui se rapproche encore davantage de l'ANANDRIA; mais nous n'en parlons pas ici, parce que nous n'avons point encore publié ce nouveau genre intermédiaire entre l'ANANDRIA et le LERIA.

cependant nous offroit une graine bien constituée; et la situation de la plante dans le jardin n'admettoit pas la supposition que les pistils de notre eupatoire eussent été fécondés par les étamines de quelque autre espèce du même genre. Déjà nous étions persuadé que l'organe femelle de cet eupatoire étoit fertile, ainsi que celui de l'*anandria*, sans le concours de l'organe mâle. Mais pour constater encore mieux cet étonnant phénomène, nous voulûmes ouvrir quelques fleurs en état de préfleuraison. Cette épreuve infaillible fit évanouir à l'instant toutes nos illusions. En effet, nous reconnûmes que les anthères, quoique très-petites, contenoient, durant la préfleuraison, beaucoup de pollen, qui étoit emporté par les stigmatophores, lorsque ceux-ci traversoient le tube anthéral, et qu'aussitôt après l'épanouissement de la corolle, ces anthères étoient réduites à de petites membranes sèches, et ressembloient alors à des rudimens d'étamines avortées. 25:427

Averti par cet exemple de n'admettre qu'avec beaucoup de circonspection les observations qui semblent contraires à la théorie de la génération sexuelle chez les végétaux, nous cherchâmes avec empressement des fleurs d'*anandria* en état de préfleuraison, afin de les soumettre à la même épreuve qui nous avoit si bien réussi à l'égard de notre eupatoire. Malheureusement il étoit trop tard, et nous n'avons pu trouver que des fleurs déjà fleuries. Cependant, leurs étamines que nous avons plus soigneusement examinées que la première fois, nous ont paru être très-analogues à celles de notre *eupatorium microstemon* observées au même âge; elles nous ont offert, malgré leur petitesse et leur dessèchement, tous les caractères propres aux étamines bien conformées, à l'exception de la présence du pollen; et même nous avons cru voir dans plusieurs anthères quelques grains de pollen qui y étoient restés par hasard.

Bien que nos observations sur ce point soient encore incomplètes, et que celles de Tursen n'aient pas été peut-être assez soigneusement faites, il est infiniment probable que l'*anandria* est pourvue d'organes mâles propres à féconder les organes femelles. Mais en admettant qu'il pût y avoir encore quelque doute, il n'en faudroit pas moins proscrire le nom d'*anandria*, qui suppose que l'absence des organes mâles est

25:428 parfaitement démontrée. D'ailleurs il n'a jamais été employé comme nom générique, parce qu'aucun botaniste, avant nous, n'avoit vu dans la plante dont il s'agit le type d'un genre distinct du *tussilago*.

Le grand Léibnitz, qui n'étoit étranger à aucune partie des connoissances humaines, s'intéressoit à la botanique, ainsi que le prouve la fameuse lettre qui lui fut écrite par Burckard en 1702, et qui paroît contenir le germe du système sexuel des végétaux. C'est pourquoi nous avons osé décorer du nom de l'illustre philosophe une humble plante dépourvue de tout agrément, privée même de l'ornement le plus commun des végétaux, et très-méprisable aux yeux du vulgaire, mais plus intéressante pour le naturaliste que bien des plantes douées de formes élégantes, de vives couleurs et de doux parfums. Le nom générique de *leibnitzia* peut rappeler que la plante qui le porte a été le sujet d'une controverse sur la théorie dont Burckard avoit entretenu Léibnitz.

Willdenow paroît avoir cru, comme Siegesbeck, que notre *leibnitzia cryptogama* étoit privée d'étamines, car il a considéré cette plante comme l'individu femelle d'une espece polygame-dioïque. Siegesbeck étoit plus conséquent; car, s'il est vrai que la plante en question n'ait point d'organes mâles, il est certain que ses organes femelles sont féconds par eux-mêmes, et sans aucun secours étranger; l'exacte clôture du péricline durant la fleuraison, ne permet pas qu'aucune molécule, émanée des organes mâles d'une autre plante, puisse s'introduire dans l'intérieur de la calathide, et atteindre les organes femelles de celle-ci, comme Willdenow le prétend sans doute. Pour admettre son hypothèse, il faudroit supposer qu'il y a une sorte de caprification, et que le pollen est enlevé aux anthères de l'individu mâle ou hermaphrodite par des insectes qui le déposent ensuite sur les stigmates de l'individu femelle, en s'insinuant entre les squames de son péricline, et pénétrant ainsi dans la calathide. Cette supposition, que Willdenow n'indique point du tout, mais qui est indispensable à son système, seroit cependant très-gratuite, n'étant fondée sur aucune observation. Nous opposons à Willdenow un second argument: c'est que la plante qu'il prend pour l'individu hermaphrodite, n'appartient pas au même genre, ni à la même tribu, que celle

qu'il considère comme l'individu femelle de même espèce. 25:429
Cela nous a paru très-évident en lisant attentivement, dans l'ouvrage de Gmelin, la description du *tussilago anandria hermaphrodita* de Willdenow, et en examinant la figure qui se rapporte à cette description. La description et la figure s'accordent pour attribuer à cette plante un péricline de squames unisériées, comme dans les vrais *tussilago*, et non point imbriquées, comme dans les *leibnitzia*. Aussi Gmelin n'a pas même indiqué qu'il eût trouvé la moindre analogie entre les deux plantes rapportées depuis à la même espèce par Willdenow; et nous ne doutons pas que celle en question n'appartienne au genre *Tussilago*, restreint dans les limites que nous lui assignons.

Willdenow nous semble avoir commis une autre erreur, qui double la confusion, et qui résulte encore d'une inconséquence. Il admet que l'*anandria* subit une métamorphose à peu près semblable à celle que Linnæus a décrite; et cependant il reconnoît comme une espèce distincte la plante produite, suivant Linnæus, par cette métamorphose. On peut remarquer une autre contradiction de Willdenow, qui paroît attribuer tantôt à la différence des sexes, tantôt à celle des habitations, la variation qu'il signale, et qui est sans doute imaginaire.

La *leibnitzia phænogama*, que nous n'avons point vue, et dont il n'existe point à notre connoissance de bonne figure ni de description suffisante, est-elle, comme Linnæus l'affirme, une simple variation accidentelle de la *leibnitzia cryptogama?* ou bien, est-ce une espèce distincte, comme le pensent Gmelin et Willdenow? et en admettant l'opinion de ceux-ci, pouvons-nous avec confiance attribuer cette plante au genre *Leibnitzia?*

Quoique Linnæus allègue à l'appui de son assertion, des observations et des expériences positives, constantes, multipliées, et dont la conséquence, si elles étoient exactes, seroit incontestable, nous avouons que les observations et les expériences contraires, présentées avec moins d'assurance par Gmelin, nous persuadent cependant davantage, et que nous soupçonnons Linnæus d'avoir commis une erreur. Nous lisons dans la dissertation de Tursen : *Duplici modo herba in horto*

25:430 *crevit, et in vase intrà hybernaculum asservata, et sub dio liberiori auræ et frigori exposita; aperto sub cælo tardiùs verùm copiosiùs effloreseit.* Voilà bien l'expérience de Linnæus, mais dont le résultat n'a été qu'une fleuraison plus ou moins précoce et plus ou moins abondante : car Tursen, très-exact et très-minutieux dans sa description, n'auroit pas manqué de mentionner la singulière métamorphose de la hampe et de la calathide, si elle eût eu lieu dans cette expérience; mais il n'en dit pas un seul mot: il décrit au contraire la hampe comme étant longue d'un pied et garnie de bractées, le péricline comme étant toujours exactement fermé sur les fleurs, et il considère cette clôture du péricline durant la fleuraison comme le caractère essentiellement distinctif de l'*anandria*. Nous n'avons point fait l'expérience dont il s'agit; mais nous avons observé un individu vivant dans un terrain sec et découvert, exposé sans abri à toute l'ardeur du soleil, et fleurissant le 12 juin et le 11 septembre 1822. Si l'on se rappelle l'excessive chaleur et la constante sécheresse qui ont régné surtout à la première époque, on pensera que la hampe auroit dû être courte et nue, et que le péricline auroit dû s'ouvrir pour laisser épanouir les fleurs en dehors, si l'observation de Linnæus étoit exacte; et cependant nous n'avons rien vu de semblable.

Nous croyons donc que la *leibnitzia phœnogama* est une espèce distincte; mais Willdenow, se fondant apparemment sur la comparaison des deux mauvaises figures qui se trouvent dans l'*Hortus Upsaliensis*, a eu tort de considérer la forme lyrée des feuilles comme un des principaux caractères qui distinguent cette espèce-ci de l'autre. Gmelin, qui nous paroît avoir très-bien observé ces plantes, dit que les deux espèces se ressemblent par la forme des feuilles qui sont lyrées chez l'une et l'autre; et la *leibnitzia cryptogama* nous a offert des feuilles les unes lyrées, les autres non lyrées, sur la même racine.

Nous croyons aussi que la plante que nous n'avons point vue, est congénère de celle que nous avons observée. Cependant, nous connoissons mal les caractères génériques du *leibnitzia phœnogama*, parce que les descriptions de Gmelin et de Linnæus sont insuffisantes, peu concordantes, obscures sur quelques points, et probablement inexactes sur quelques autres.

Ces deux botanistes ont observé et décrit la même plante, car Linnæus, en terminant sa description, dans l'*Hortus Upsaliensis*, dit: *Ejusmodi plantam et florem etiam inter siccas in Sibiriâ collectas misit Gmelinus;* et Gmelin paroît n'avoir aucun doute sur l'identité de sa plante avec celle que Linnæus avoit décrite dans l'*Hortus Upsaliensis*. Mais la calathide est très-rarement épanouie, selon Gmelin, tandis que, suivant Linnæus, elle imite celle du *bellis*, et offre une couronne à languettes aussi longues que le péricline; Linnæus dit que ces languettes sont profondément trifides, et Gmelin ne parle pas de ce caractère remarquable; les corolles du disque seroient nombreuses, tubuleuses et quadrifides selon Gmelin, peu nombreuses, campanulées et quinquéfides selon Linnæus; Gmelin dit que les pistils de la couronne ont deux cornes, tandis que Linnæus leur attribue un stigmate simple, en même temps qu'il accorde un stigmate bifide aux fleurs du disque. Ni l'un ni l'autre n'a mentionné les caractères les plus importans: ainsi nous ignorons, d'après leurs descriptions, si les corolles du disque sont divisées en deux lèvres, si les corolles de la couronne ont deux languettes, si les fruits sont terminés par un col court et gros, si les anthères ont des appendices basilaires, si les styles sont conformes à ceux des mutisiées, si le disque est vraiment androgyniflore. Mais il faut remarquer que les caractères importans que nous venons de rappeler avoient été méconnus ou négligés par tous les botanistes qui ont décrit la première espèce: il est donc bien possible que ces mêmes caractères existent dans la seconde espèce, quoique les botanistes ne les indiquent pas. Cependant, suivant Linnæus, chez la seconde espèce, les corolles du disque sont campanulées, à cinq divisions recourbées; ce qui s'accorderoit beaucoup mieux avec les caractères des tussilaginées qu'avec ceux des mutisiées. Le même auteur dit que les corolles de la couronne sont souvent divisées jusqu'à la base en quatre lanières égales, linéaires, ce qui seroit fort singulier. 25:431

Les appendices basilaires des anthères du *leibnitzia cryptogama*, sont courts si on les compare à ceux des autres mutisiées; mais ils sont à peu près comme ceux des inulées, et par conséquent ils sont longs comparativement à ceux de la plupart des synanthérées, et surtout des tussilaginées. Les appen-

25:432 dices apicilaires sont assez longs. L'embryon de cette plante est couvert de deux enveloppes bien distinctes, faisant partie de la graine, et dont l'intérieure est un véritable albumen semblable à celui que nous avons trouvé chez plusieurs autres synanthérées. Les pistils de la couronne sont souvent stériles pour la plupart, parce que, sans doute, leur fécondation par les étamines du disque s'opère difficilement.

Nous croyons devoir ajouter ici la description de la nouvelle espèce d'eupatoire qui nous a offert quelques rapports physiologiques avec la *leibnitzia cryptogama*.

Eupatorium microstemon, H. Cass. Plante herbacée, inodore, haute de plus d'un pied. Tige dressée, un peu pubescente, très-rameuse, à rameaux étalés. Feuilles opposées, glabriuscules, un peu scabres, à pétiole long de neuf lignes, à limbe long de quinze lignes, large de douze lignes, subdeltoïde, cunéiforme à la base, qui est trinervée, aigu au sommet, arrondi sur les deux angles latéraux, denté-crénelé sur les bords. Calathides très-nombreuses, longues de deux lignes, imitant celles des *ageratum*, disposées au sommet de la tige et des branches, en grandes panicules corymbiformes, irrégulières, étalées. Corolles d'abord blanches, devenant ensuite verdâtres.

Calathide oblongue, incouronnée, équaliflore, multiflore, régulariflore, androgyniflore. Péricline égal aux fleurs, cylindracé; formé de squames imbriquées, appliquées, subfoliacées, membraneuses sur les bords, acuminées, les extérieures lancéolées, les intérieures oblongues, arrondies au sommet. Clinanthe planiuscule et nu. Fruits pédicellulés, oblongs, ordinairement pentagones, à angles hispidules, pourvus d'un bourrelet basilaire et d'un bourrelet apicilaire; aigrette composée de squamellules filiformes, à peine barbellulées. Corolles à cinq divisions. Base du style, glabre. Anthères extrêmement petites, pleines de pollen durant la préfleuraison, réduites à de petites membranes sèches aussitôt après l'épanouissement de la corolle, et ressemblant alors à des rudimens d'étamines avortées.

Nous avons observé cette plante sur un individu vivant, cultivé au Jardin du Roi, où il étoit innommé, et où il fleurissoit en août. Nous ignorons son origine. (H. Cass.)

LEIGHIE, *Leighia.* (*Bot.*) [*Corymbifères*, Juss. = *Syngénésie polygamie frustranée*, Linn.] C'est un sous-genre, que nous proposons d'établir dans le genre *Helianthus;* il appartient par conséquent à l'ordre des synanthérées, à la tribu naturelle des hélianthées, et à notre section des hélianthées-prototypes. Voici ses caractères, tels que nous les avons observés sur la *Leighia elegans*. 25:435

Calathide radiée: disque multiflore, réguliflore, androgyniflore; couronne unisériée, liguliflore, neutriflore. Péricline turbiné, supérieur aux fleurs du disque; formé de squames nombreuses, régulièrement imbriquées, appliquées, oblongues, coriaces, surmontées d'un grand appendice foliacé, très-étalé, foliiforme, lancéolé, uninervé. Clinanthe très-convexe, ou conoïdal, peu élevé, garni de squamelles inférieures aux fleurs, embrassantes, lancéolées, membraneuses-foliacées. Fruits oblongs, comprimés bilatéralement, hispidules; aigrette non interrompue, point caduque, composée de plusieurs squamellules unisériées, contiguës: l'extérieure et l'intérieure beaucoup plus longues, triquètres-filiformes, barbellulées; les latérales beaucoup plus courtes, inégales, dissemblables, irrégulières, paléiformes-laminées, oblongues ou lancéolées, dentées au sommet. Fleurs de la couronne à faux ovaire long, grêle, aigretté, à style nul, à languette bilobée au sommet.

Leighie élégante: *Leighia elegans*, H. Cass.; *An? Helianthus squarrosus*, Kunth, *Nov. Gen. et Sp. pl.*, tom. IV (édit. in-4°), p. 222, tab. 377; *An? Helianthus linearis*, Cavan. Tige herbacée, haute de quatre pieds, peu épaisse, cylindrique, dressée, ramifiée supérieurement en panicule, scabre, munie de poils roides, appliqués, et garnie de feuilles. Celles-ci sont alternes, éparses, sessiles ou presque sessiles, très-étalées, longues d'un à deux pouces, larges d'une ligne et demie ou deux lignes, linéaires, aiguës, très-entières, à bords courbés en dessous; les deux faces munies de poils qui les rendent très-scabres; une nervure longitudinale, et des nervures transversales formant des sillons en dessus. Les calathides, larges d'un pouce, et composées de fleurs jaunes, sont nombreuses, comme paniculées, solitaires

25:436 au sommet de la tige et des rameaux, dont la partie supérieure presque dégarnie de feuilles, est longue, simple, grêle, roide, pédonculiforme; le péricline est formé de squames régulièrement imbriquées, appliquées, surmontées chacune d'un grand appendice très-étalé, analogue aux feuilles. Nous avons fait cette description spécifique et celle des caractères génériques, sur un individu vivant, cultivé au Jardin du Roi, où il fleurit en août, et où il est étiqueté tantôt *Helianthus linearis*, et tantôt *Helianthus angustifolius*. Nous croyons que c'est l'*Helianthus linearis* de Cavanilles, auquel on attribue cependant une tige ligneuse; et il n'est guère douteux que c'est l'*Helianthus squarrosus* de M. Kunth, qui est herbacé, à racine vivace, et qui habite le Mexique.

Leighie bicolore : *Leighia bicolor*, H. Cass.; *Helianthus angustifolius*, Linn., *Sp. pl.*, edit. 3, p. 1279; Mich., *Fl. Bor. Amer.* Cette plante de la Virginie a une racine vivace, produisant des tiges herbacées, hautes d'un pied et demi, grêles, rougeâtres; les feuilles sont opposées ou alternes, très-longues, très-étroites, linéaires, acuminées, entières, scabres, à bords réfléchis en dessous, à face inférieure pâle; chaque tige porte ordinairement une seule calathide, à disque brun, convexe, et à couronne d'un beau jaune, composée de languettes échancrées à leur sommet. Nous n'avons point vu cette seconde espèce, que nous attribuons cependant à notre sous-genre *Leighia*, à cause de sa très-grande affinité avec la première.

Leighie a petites feuilles : *Leighia microphylla*, H. Cass.; *Helianthus microphyllus*, Kunth, *Nov. Gen. et Sp. pl.*, tom. IV (édit. in-4.°), pag. 220, tab. 375. C'est un arbuste haut de deux pieds, très-rameux, à feuilles alternes, rapprochées, presque sessiles, longues de quatre à cinq lignes, oblongues, obtuses, très-entières, à bords roulés en dessous, un peu épaisses, coriaces, roides, scabres et grisâtres en dessus, tomenteuses et blanches en dessous; les calathides, grandes comme celles du *bellis perennis*, et composées de fleurs jaunes, sont penchées, et solitaires à l'extrémité de petits rameaux, dont la partie supérieure est pédonculiforme et arquée. Cette troisième espèce, que nous n'avons pas vue, a été trouvée au Pérou par MM. de Humboldt et Bonpland. Quoique sa description par M. Kunth n'énonce point les caractères propres au *leighia*, la figure dessinée par M. Turpin, nous persuade qu'elle appartient réellement à ce sous-genre. 25:437

Nous avons divisé le genre *Helianthus* en trois sous-genres, nommés *Helianthus*, *Harpalium*, *Leighia*, et caractérisés par la structure de l'aigrette et par celle du péricline. (Voyez nos articles HARPALION et HÉLIANTHE, tom. XX, pag. 299 et 351.) Dans le sous-genre *Helianthus*, l'aigrette est composée de deux squamellules opposées, paléiformes, articulées, caduques; et le péricline, supérieur aux fleurs du disque, est formé de squames paucisériées, irrégulièrement obimbriquées, presque entièrement inappliquées, foliacées. Dans le sous-genre *Harpalium*, l'aigrette est composée de plusieurs squamellules unisériées, paléiformes, caduques, dont deux grandes opposées, et les autres petites; et le péricline, inférieur aux fleurs du disque, est hémisphérique, et formé de squames régulièrement imbriquées, entièrement appliquées, coriaces, inappendiculées. Dans le sous-genre *Leighia*, l'aigrette est composée de plusieurs squamellules unisériées, persistantes, dont deux grandes, opposées, triquètres-filiformes, et les autres petites, paléiformes; et le péricline, supérieur aux fleurs du disque, est formé de squames régulièrement imbriquées, appliquées, surmontées chacune d'un grand appendice très-étalé, analogue aux feuilles.

Nos deux sous-genres *Leighia* et *Harpalium* ont beaucoup d'affinité avec le genre *Viguiera* de M. Kunth, qui en diffère seulement par le péricline de squames unisériées, et par le clinanthe conique, élevé. L'*helianthus parviflorus* du même auteur, dont le péricline paroît être fort analogue à celui du *viguiera*, mais dont l'aigrette et le clinanthe paroissent conformes à ceux des vrais *helianthus*, ne pourroit-il pas constituer un sous-genre particulier?

Le nom générique de *leighia*, qui rappelle l'auteur d'une histoire naturelle de quelques parties de l'Angleterre, avoit été substitué fort arbitrairement par Scopoli à celui de *kahiria*, qui doit lui-même être supprimé, puisque le genre qu'il désigne avoit été nommé plus anciennement *ethulia*.

Dans notre article HARPALION (tom. XX, pag. 299), nous n'avons attribué à ce sous-genre qu'une seule espèce, nommée

25:438 *harpalium rigidum*. Nous croyons pouvoir y ajouter les deux espèces suivantes :

1.° *Harpalium truxillense*, H. Cass. ; *Helianthus truxillensis*, Kunth, *Nov. Gen. et Sp. pl.*, tom. IV, pag. 223 (édit. in-4.°). Il diffère de notre *harpalium rigidum*, par ses feuilles alternes, longues de deux pouces; ses calathides grandes comme celles de l'*inula britanica;* les squames de son péricline lancéolées, aiguës; les squamelles du clinanthe lancéolées, aiguës, scarieuses; les ovaires glabres; les languettes de la couronne larges de deux lignes.

2.° *Harpalium aureum*, H. Cass.; *Helianthus aureus*, Kunth, *Nov. Gen. et Sp. pl.*, tom. IV, pag. 224 (édit. in-4.°). Celui-ci diffère de l'*harpalium rigidum*, par ses rameaux anguleux, velus; ses feuilles alternes, pétiolées, vertes et poilues en dessus, laineuses et blanches en dessous; la couronne de la calathide de couleur orangée; les squames du péricline aiguës, hérissées de poils; les squamelles du clinanthe scarieuses. (H. Cass.)

25:466 LEONTODON. (*Bot.*) Voyez Liondent. (H. Cass.)

25:466 LÉONTONYX, *Leontonyx*. (*Bot.*) [*Corymbifères*, Juss. = *Syngénésie polygamie égale? superflue? séparée?* Linn.] Ce nouveau genre de plantes, que nous avons déjà indiqué, dans l'article Inulées (tom. XXIII, pag. 563), appartient à l'ordre des synanthérées, à notre tribu naturelle des inulées, et à la section des inulées-gnaphaliées, dans laquelle nous l'avons placé auprès du genre *Leontopodium*.

Voici les caractères génériques du *leontonyx:*

Calathide oblongue, subincouronnée, équaliflore, multiflore, régulariflore, androgyniflore; offrant à la circonférence deux, trois ou quatre fleurs femelles, à corolle plus grêle, tubuleuse. Péricline oblong, supérieur aux fleurs; formé de squames paucisériées, imbriquées, appliquées, oblongues-lancéolées, coriaces-membraneuses, à partie supérieure appendiciforme, oblongue-subulée, arquée en dehors, roide, épaisse, coriace. Clinanthe plan, inappendiculé. Ovaires cylindriques, papillés; aigrette longue, composée de squamellules nombreuses, égales, filiformes, à partie inférieure capillaire, presque inappendiculée, à partie supérieure épaissie et barbellulée, paroissant formée de barbelles entre-greffées. = Ca-

pitule irrégulier, composé de calathides nombreuses, sessiles 25:466
ou presque sessiles sur un calathiphore dépourvu de bractées; entouré d'un involucre de bractées foliiformes.

Léontonyx cotonneuse : *Leontonyx tomentosa*, H. Cass.; *Gnaphalium squarrosum*, Linn., *Sp. pl.*, edit. 3, pag. 1197. C'est une plante entièrement tomenteuse; à tige herbacée, rameuse; à feuilles alternes, sessiles, amplexicaules, oblongues, très-entières, longues de huit lignes, larges de trois lignes; à capitules terminaux, arrondis. Chaque capitule, large de neuf lignes, haut de cinq lignes, est irrégulier, et composé d'environ quinze calathides, qui paroissent être les unes sessiles, les autres courtement pédonculées; le calathiphore est irrrégulier, et ne porte 25:467
point de bractées interposées entre les calathides; l'involucre qui entoure le capitule, et qui n'est peut-être qu'unilatéral, est composé de bractées foliiformes, oblongues, obtuses, tomenteuses. Chaque calathide est haute de trois lignes, et contient environ vingt fleurs hermaphrodites, avec environ trois fleurs femelles marginales; les corolles sont jaunes; le péricline est laineux extérieurement sur sa partie inférieure, mais sa partie supérieure est très-glabre, roussâtre, jaunâtre, grisâtre ou blanchâtre; les squames extérieures sont peu ou point recourbées au sommet. Nous avons fait cette description spécifique, et celle des caractères génériques, sur un échantillon sec, incomplet et en mauvais état, qui se trouve dans l'herbier de M. de Jussieu.

Cette plante est, dit-on, vivace par sa racine, et habite le cap de Bonne-Espérance. Linnæus, qui l'a décrite exactement en peu de mots, dit que ses tiges sont ascendantes, simples, hautes de près d'un pied, et ses feuilles obtuses, linguiformes. Suivant lui, les appendices du péricline sont blancs ou pourpres; mais le *Gnaphalium latiore folio æthiopicum, flore roseo, calyculis spinosis*, de Plukenet, que Linnæus admet comme synonyme, n'est-il pas une espèce distincte, ou plutôt ne pourroit-on pas le rapporter à l'espèce suivante?

Léontonyx colorée : *Leontonyx colorata*, H. Cass.; *Gnaphalium tinctum*, Thunb., Willd., Pers. Plante du cap de Bonne-Espérance, herbacée, rameuse, diffuse, à feuilles obovales, velues, à calathides terminales, agglomérées, à périclines formés de squames dont les extérieures sont laineuses, et les intérieures nues, à sommet réfléchi et teint d'une couleur rouge. N'ayant

25:467 point vu cette seconde espèce, ce n'est qu'avec doute que nous l'attribuons à notre genre *Leontonyx ;* mais elle lui appartient très-probablement, et se confond peut-être avec la plante de Plukenet citée plus haut.

Nous aurions pu hasarder encore de rapporter au même genre quelques autres espèces décrites par les botanistes sous le titre de *gnaphalium*, et qui nous semblent être des *leontonyx ;* mais il est trop téméraire de transférer ainsi d'un genre dans un autre des plantes qu'on n'a pas vues soi-même, et qu'on ne connoît que par des descriptions insuffisantes ou des figures médiocres.

25:468 Le genre *Leontonyx* est bien distinct de tous ceux auxquels on peut le comparer. Le *leontopodium* est, selon nous, celui dont il se rapproche le plus : mais ces deux genres diffèrent par le disque androgyniflore chez le *leontonyx*, masculiflore chez le *leontopodium ;* par la couronne féminiflore presque nulle chez le *leontonyx*, très-manifeste chez le *leontopodium ;* par les squames du péricline pourvues, chez le *leontonyx*, d'une sorte d'appendice en forme de crochet, et d'une large bordure scarieuse chez le *leontopodium*. Le *leontonyx* sembleroit avoir quelque affinité, par la nature des squames de son péricline, avec le *syncarpha*, qui en diffère d'ailleurs par son clinanthe hérissé d'appendices, et par son aigrette plumeuse. On ne peut plus confondre le *leontonyx* avec le *gnaphalium*, si l'on admet les caractères limitatifs que nous avons assignés à ce dernier genre (tom. XIX, pag. 119) : en effet, les vrais *gnaphalium* ont le disque petit, pauciflore, et la couronne large, multisériée, multiflore, tandis que la calathide du *leontonyx* est presque dépourvue de couronne ; le péricline des *gnaphalium* est égal aux fleurs, et formé de squames appliquées, scarieuses en tout ou partie ; celui du *leontonyx* est supérieur aux fleurs, et formé de squames dont la partie supérieure, arquée en dehors, forme un crochet roide, épais, coriace ; l'aigrette des *gnaphalium* est composée de squamellules capillaires, celle du *leontonyx* est composée de squamellules épaissies supérieurement. Enfin, en comparant les caractères du *leontonyx* avec ceux que nous avons attribués aux *helichrysum* (tom. XX, p. 450), on reconnoît que ces deux genres diffèrent principalement par les caractères du péricline, et surtout par la nature des appendices des squames qui le composent. 25:468

Le *leontonyx* a quelque rapport avec notre *helichrysum dubium*, en ce que chez l'un et l'autre, la calathide est presque incouronnée; mais ces deux plantes, très-dissemblables d'ailleurs par le port, diffèrent trop par le péricline pour être considérées comme congénères. En décrivant l'*helichrysum dubium* (tom. XX, pag. 453), nous pensions que cette plante étoit nouvelle pour les botanistes; mais nous avons reconnu depuis, qu'elle avoit été décrite, avant nous, par M. Labillardière, dans le *Novæ Hollandiæ plantarum Specimen*, sous le nom de *Chrysocoma squamata*. Néanmoins, elle doit conserver le nom d'*helichrysum dubium*; car, bien qu'elle s'écarte un peu des 25:469
vrais *helichrysum*, elle ne peut être placée nulle part plus convenablement que dans ce genre, et surtout il faut bien se garder de la laisser dans le genre *Chrysocoma*, qui n'est pas de la même tribu naturelle.

Nous profitons de cette occasion pour avertir le lecteur que, depuis la rédaction de notre article Hélichryse (tom. XX, pag. 449), nous avons senti la nécessité de modifier un peu les caractères génériques décrits dans cet article, afin de les rendre exactement applicables à toutes les espèces qu'il convient d'attribuer à ce genre. On reconnoîtra, comme nous, cette nécessité, en comparant ces caractères qui nous avoient été fournis par les *helichrysum orientale* et *stœchas*, avec ceux qui nous ont été offerts plus récemment par l'*helichrysum fœtidum*, et dont voici la description :

Helichrysum fœtidum, H. Cass.; *Gnaphalium fœtidum*, Linn. Calathide discoïde : disque très-large, multiflore, régulariflore, androgyniflore; couronne très-étroite, paucisériée, multiflore, ambiguïflore, féminiflore. Péricline supérieur aux fleurs, formé de squames imbriquées, appliquées, coriaces, membraneuses sur les bords, surmontées d'un grand appendice inappliqué, ovale-lancéolé, scarieux, jaune. Clinanthe plan, fovéolé, inappendiculé. Ovaires oblongs, cylindriques, glabres; aigrette longue, caduque, composée de squamellules unisériées, libres, égales, filiformes, barbellulées, paroissant formées au sommet de barbelles entre-greffées. Fleurs de la couronne privées d'étamines, et pourvues d'une corolle qui ressemble à celles du disque, si ce n'est que son limbe, à quatre ou cinq divisions, est,

25:469 au-dessous des incisions, conforme au tube et point élargi.

Il résulte de cette description que la couronne des vrais *helichrysum* n'est pas toujours, comme nous l'avions supposé, unisériée, pauciflore, puisque ici nous la trouvons paucisériée, multiflore; mais elle est toujours étroite, comparativement à la largeur du disque, et toujours elle est composée de corolles presque semblables à celles du disque. Dans les vrais *gnaphalium*, au contraire, la couronne est multisériée, large comparativement au disque, et composée de corolles filiformes. Ainsi la différence entre ces deux genres, que nous avions fondée sur les proportions du disque et de la couronne, et sur la forme
25:470 des corolles de la couronne, ne cesse pas d'être exacte; seulement il faut accorder au genre *Helichrysum* une couronne étroite, unisériée ou paucisériée, au lieu de le restreindre exclusivement à une couronne unisériée, comme nous avions fait d'abord.

C'est peut-être ici le cas de nous expliquer, en peu de mots, sur les détails multipliés et minutieux qu'on peut nous reprocher d'accumuler, outre mesure, dans presque toutes nos descriptions génériques. Nous ne sommes pas assez dépourvu d'expérience et de bon sens pour ignorer que la plupart de ces détails descriptifs ne sont presque jamais exactement applicables qu'à l'espèce unique, ou au petit nombre d'espèces, que nous avons observées dans chaque genre; et nous savons très-bien qu'il faudra, par la suite, élaguer le plus souvent une grande partie de ces détails, ou modifier les caractères trop restrictifs qu'ils expriment, quand il s'agira d'appliquer nos descriptions génériques à un plus grand nombre d'espèces. Mais, en attendant, ces détails, si puérils aux yeux de ceux qui ne voient dans la botanique qu'une science de mots destinée à enseigner les noms des plantes, peuvent intéresser beaucoup ceux qui ont la simplicité de croire que la botanique est l'histoire naturelle des végétaux, et qu'elle remplit d'autant mieux son objet, qu'elle offre des notions plus exactes et plus complètes des êtres dont elle trace l'histoire et la description. Le mystère des affinités naturelles, par exemple, ne se dévoile nulle part d'une manière plus manifeste que dans ces minutieux détails, négligés avant nous, et repoussés encore aujourd'hui par les botanistes avec un superbe dédain. Au surplus, nous disons de

la prolixité de nos descriptions génériques, ce que nous avons 25:470
dit ailleurs de la multiplicité de nos genres : c'est qu'en pareille matière, il est beaucoup plus facile de retrancher que d'ajouter; car, pour retrancher, il suffit d'un trait de plume que tout le monde sait faire, tandis que pour ajouter, il faut se donner la peine, que peu de gens veulent prendre, d'observer soigneusement la nature et de décrire exactement tout ce qu'elle présente à nos yeux. Le botaniste qui entreprendra quelque jour un nouveau travail général sur les synanthérées, et qui, plus indulgent que les autres, ne jugera pas nos essais tout-à-fait indignes de lui servir de matériaux, devra sans doute effacer beaucoup de détails dans nos descriptions génériques, et 25:471
supprimer un grand nombre de nos genres ou sous-genres; mais s'il est sincère, il avouera que parmi les matériaux fournis par nous, ceux qu'il rejette en définitive lui ont été d'abord presque aussi utiles que ceux qu'il conserve. L'architecte qui construit un édifice, finit par détruire l'échafaudage qui a servi à sa construction : mais cet échafaudage n'étoit-il pas indispensable ?

Le nom générique de *leontonyx*, composé de deux mots grecs qui signifient ongle de lion, fait allusion à la forme des squames du péricline, et indique en même temps l'affinité de ce genre avec le *leontopodium*, ou pied de lion.

Il nous semble assez difficile de décider si le *leontonyx* doit être attribué préférablement à la polygamie égale, superflue, ou séparée, de la syngénésie linnéenne : c'est un nouvel exemple que les classifications artificielles, privées des nombreux avantages de la classification naturelle, ne sont pourtant pas exemptes du seul inconvénient grave qu'on puisse reprocher à celle-ci, et qui consiste en ce que les limites séparant les groupes dont elle se compose, ne peuvent être tracées avec une exactitude suffisante pour exclure tous les doutes (H. Cass.)

LÉONTOPHTHALME, *Leontophthalmum*. (*Bot.*) [*Corymbi-* 25:471
fères, Juss. = *Syngénésie polygamie superflue*, Linn.] Ce genre de plantes, établi par Willdenow, appartient à l'ordre des synanthérées, à la tribu des hélianthées, et à notre section naturelle des hélianthées-héléniées. Voici ses caractères, que nous n'avons pas observés, mais que nous empruntons à M. Kunth.

25:471 Calathide radiée : disque multiflore, régulariflore, andro-
25:472 gyniflore; couronne unisériée, liguliflore, fémininiflore. Péricline involucré, hémisphérique, formé de squames imbriquées, presque égales, oblongues, arrondies au sommet, scarieuses, striées; involucre composé d'environ quatre bractées inégales, foliiformes, étalées. Clinanthe planiuscule, garni de squamelles très-inférieures aux fleurs, lancéolées, carénées, scarieuses, glabres, uninervées, bi-tri-quadrifides. Ovaires oblongs, glabres; aigrette persistante, un peu inférieure à la corolle, composée de squamellules nombreuses, égales, laminées, linéaires-subulées, scarieuses, blanchâtres, subuninervées. Corolles de la couronne à languette cunéiforme-oblongue, multinervée, comme tronquée au sommet qui est trilobé. Corolles du disque glabres, à tube court, à limbe infundibuliforme-cylindracé, à cinq divisions courtes.

On ne connoît jusqu'à présent qu'une seule espèce de ce genre.

Léontophthalme péruvien; *Leontophthalmum peruvianum*, Kunth, *Nov. Gen. et Sp. pl.*, tom. IV, pag. 296 (edit. in-4°), tab. 409. C'est un arbuste à rameaux cylindriques, velus; ses feuilles, longues de deux pouces, larges d'un pouce, sont opposées, courtement pétiolées, ovales ou elliptiques, dentées en scie, coriaces, pubescentes en dessus, velues en dessous, à nervures réticulées; les calathides grandes comme celles de l'*helenium autumnale*, et composées de fleurs jaunes, sont solitaires au sommet de pédoncules terminaux, longs de trois à cinq pouces, cylindriques, laineux; les bractées de l'involucre, dont deux plus longues surpassent le péricline, sont analogues aux feuilles, oblongues-spatulées, aiguës, étrécies à la base, crénelées, coriaces, pubescentes en dessus, velues en dessous, à nervures réticulées; les squames du péricline sont glabres; les languettes de la couronne, au nombre de vingt-cinq, sont longues de cinq lignes, et munies de dix nervures orangées. Cette plante a été découverte par MM. de Humboldt et Bonpland, au Pérou, dans des lieux tempérés.

Il paroît que M. de Humboldt ayant communiqué à Willdenow plusieurs synanthérées remarquables de sa riche collection, celui-ci reconnut que quelques unes d'entre elles devoient constituer de nouveaux genres, auxquels il donna

des noms et des caractères, qui ont été publiés par lui, en 25:472
1807, dans les Mémoires de la Société des naturalistes de 25:473
Berlin. Le *leontophthalmum* est un de ces genres établis par Willdenow, qui rapproche celui ci du *galinsoga*, et l'en distingue par le péricline involucré, en ajoutant que la plante qui est le type de ce genre a l'apparence d'un *buphthalmum*. Les caractères génériques tracés par Willdenow, sont si incomplets, si superficiels, et souvent si peu exacts, que nous répugnons à le considérer comme l'auteur des genres dont il s'agit, lesquels n'ont été réellement bien connus que treize ans plus tard, lorsque l'habile botaniste, M. Kunth, les a décrits de nouveau avec le talent qu'on lui connoît. Le *leontophthalmum* est placé par M. Kunth, entre le *calea* et l'*actinea*, parmi les hélianthées.

Nous attribuons, sans hésiter, le genre *Leontophthalmum* à notre section naturelle des hélianthées-héléniées, dont on trouve, tom. XX, pag. 347, les caractères distinctifs, suivis de la liste des vingt-six genres admis par nous dans cette section. Le genre *caleacte* de M. R. Brown, qui en fait partie, est sans doute un de ceux près desquels le *leontophthalmum* doit être immédiatement rangé. (H. Cass.)

LÉONTOPODE, *Leontopodium*. (*Bot.*) [*Corymbifères*, Juss. = 25:473
Syngénésie polygamie nécessaire, Linn.] Ce genre de plantes appartient à l'ordre des synanthérées, à notre tribu naturelle des inulées, et à la section des inulées-gnaphaliées. Voici les caractères que nous proposons de lui assigner.

Calathide subglobuleuse, discoïde : disque multiflore ou pauciflore, régulariflore, masculiflore; couronne unisériée ou plurisériée, tubuliflore, féminiflore. Péricline subhémisphérique, presqu'égal aux fleurs; formé de squames paucisériées, inégales, imbriquées, appliquées, ovales-oblongues, coriaces, laineuses extérieurement, glabres intérieurement, pourvues d'une large bordure appendiciforme, glabre sur les deux faces, scarieuse, brune ou noirâtre, irrégulièrement découpée. Clinanthe hémisphérique, profondément alvéolé, à cloisons charnues, tronquées au sommet. *Fleurs du disque*: Faux ovaire privé d'ovule, grêle, oblong, subcylindracé, un peu pubescent, pourvu d'un bourrelet basilaire; aigrette longue, composée de squamellules nombreuses, unisériées, à peu près égales,

25:473 25:474 entre-greffées à la base, filiformes, barbellulées, à partie supérieure tantôt point épaissie, tantôt épaissie et paroissant formée de barbelles entre-greffées; corolle à cinq divisions; étamines ayant l'article anthérifère long, l'appendice apicilaire de l'anthère obtus, les appendices basilaires longs, subulés; style simple, cylindrique, à partie supérieure garnie de collecteurs papilliformes, à sommet arrondi, ordinairement très-entier. *Fleurs de la couronne* : Ovaire oblong, cylindracé, ou obovoïde et comprimé, pubescent, pourvu d'un petit bourrelet basilaire; aigrette longue, caduque, composée de squamellules nombreuses, unisériées, à peu près égales, entregreffées à la base, filiformes, barbellulées, non épaissies supérieurement; corolle longue, grêle, tubuleuse, terminée par trois ou quatre dents inégales. = Calathides disposées en ombelle capituliforme: la calathide centrale sessile, à disque multiflore, à couronne unisériée; les calathides extérieures courtement pédonculées, à disque pauciflore, à couronne plurisériée.

Léontopode des Alpes : *Leontopodium alpinum*, H. Cass.; *Filago leontopodium*, Linn., *Sp. pl.*, edit. 3, p. 1312; *Antennaria leontopodium*, Gærtn., *de Fruct. et Sem. pl.*, vol. II, p. 410, tab. 167, fig. D; *Gnaphalium leontopodium*, Pers., *Syn. pl.*, pars 2, p. 422. C'est une plante herbacée, haute de quatre pouces, médiocrement tomenteuse sur toutes ses parties; ses tiges sont dressées, simples, cylindriques, garnies de feuilles; celles-ci sont alternes, sessiles, semi-amplexicaules, longues d'un pouce et demi, oblongues-lancéolées, très-entières, uninervées; les feuilles radicales, longues de plus de trois pouces, ont leur partie inférieure étrécie en forme de pétiole. Le sommet de la tige porte une ombelle capituliforme, composée d'environ neuf calathides; la calathide centrale, qui fleurit la première, est sessile, dépourvue de bractées, subglobuleuse, à péricline subhémisphérique, composé de squames un peu inégales, irrégulièrement bisériées, à couronne de fleurs femelles unisériées, contiguës; les calathides extérieures, qui fleurissent plus tard, sont élevées chacune sur un pédoncule court, lequel porte au sommet, sur le côté extérieur, un involucelle dimidié, composé de trois bractées foliiformes, dont la médiaire est très-grande, et les deux latérales très-petites; tous ces involucelles extérieurs offrent par leur rapprochement la fausse apparence d'un seul involucre général complet, qui entoureroit la base des rayons de l'ombelle, mais qui n'existe pas réellement; le péricline des calathides extérieures est composé de squames vraiment imbriquées, disposées sur trois ou quatre rangs concentriques, et les fleurs femelles de leur couronne sont disposées au moins sur trois rangs. Toutes les corolles masculines et féminines, de la calathide centrale et des calathides extérieures, sont d'une couleur verte plus ou moins prononcée. Les squamellules de l'aigrette masculine ne sont pas sensiblement épaissies vers le haut, en sorte qu'il n'y a point de différence entre les aigrettes du disque et celles de la couronne; les ovaires sont cylindracés; les corolles de la couronne sont terminées par trois dents. Nous avons fait cette description spécifique, sur un individu vivant, cultivé au Jardin du Roi, où il fleurissoit au mois de mai. Cette plante, annuelle, suivant M. Decandolle, vivace, selon M. Loiseleur-Deslongchamps, habite les pâturages pierreux et ombragés des Alpes et des Pyrénées, où elle fleurit, dit-on, en juillet et août.

25:474
25:475

Léontopode de Sibérie : *Leontopodium sibiricum*, H. Cass.; *Gnaphalium leontopodioides*, Pers., *Syn. pl.*, pars 2, pag. 422. Cette seconde espèce, long-temps confondue avec la première, en a été distinguée parce qu'elle est plus tomenteuse, que son ombelle capituliforme n'est composée que d'environ trois calathides, entourées de trois bractées linéaires-lancéolées, et que ses aigrettes sont plus grandes et plus fortes; elle habite la Sibérie, aux environs du lac Baïkal.

Nous ne rechercherons point si le *leontopodion* des anciens est notre *leontopodium alpinum*, ou si c'est le *micropus erectus*. Nos *leontopodium* étoient attribués au genre *Filago*, par Tournefort, Linnæus, M. de Jussieu; et au genre *Gnaphalium*, par M. de Lamarck, Willdenow, Jacquin, M. Decandolle. En 1791, Gærtner proposa un genre *Antennaria* caractérisé par le péricline arrondi, de squames imbriquées, scarieuses, obtuses, inégales, la calathide composée de fleurs hermaphrodites et de fleurs femelles entremêlées, le clinanthe creusé de fossettes à bords denticulés, l'aigrette capillaire pénicillée au sommet. Il admit dans ce genre les *gnaphalium dioicum* et *alpinum* de

25:475 Linnæus, nos *leontopodium*, et les *gnaphalium seriphioides*,
25:476 *mucronatum* et *muricatum* décrits par Bergius. En 1807, M. Persoon forma dans le genre *Gnaphalium* un sous-genre *Leontopodium* caractérisé par les calathides involucrées, les péricliines enveloppés d'une laine épaisse, les corolles quinquéfides, l'aigrette pénicillée ou pileuse; et il admit dans ce sous-genre, outre nos deux *leontopodium*, les *gnaphalium oculus-cati*, *lycopodium*, *arnicoides*. M. R. Brown, en 1817, a proposé de distribuer les *antennaria* de Gærtner en trois genres nommés *antennaria*, *leontopodium* et *metalasia*. Cet habile botaniste a, en même temps, tracé les caractères de l'*antennaria* et du *metalasia*: mais il a négligé de caractériser le *leontopodium*, et il s'est contenté de dire que ce genre, composé des *gnaphalium leontopodium* et *leontopodioides*, tient le milieu entre l'*antennaria* et le *gnaphalium*, et qu'il se distingue de l'un et de l'autre par des caractères suffisans. (Voyez le Journal de Physique de juillet 1818, pag. 15.) Dans le Bulletin des Sciences de septembre 1819 (pag. 141), nous avons publié un Examen analytique du genre *Filago* de Linnæus: ce mémoire contient, entre autres choses, la description des caractères génériques du *leontopodinm*, tels que nous les avions observés sur un échantillon sec de l'herbier de M. de Jussieu. Depuis cette époque, nous avons étudié un individu vivant, cultivé au Jardin du Roi; et la description générique exposée dans le présent article résulte de la combinaison de nos observations sur la plante sèche et sur la plante vivante, que nous croyons appartenir à deux espèces distinctes.

Les botanistes qui ont observé, avant nous, le *leontopodium*, ne sont pas d'accord entre eux, ni avec nous. Linnæus (*Sp. pl.*, pag. 1312) remarque que les caractères génériques de cette plante ne sont pas entièrement conformes à ceux des *filago* ni des *micropus*. Suivant lui, la calathide terminale est composée uniquement de fleurs mâles, et elle est accompagnée de trois calathides plus petites, à disque masculiflore, et à couronne féminiflore. Nous lisons dans le *Genera plantarum* de M. de Jussieu (pag. 179), que, selon Scopoli, la calathide centrale est composée de fleurs hermaphrodites à corolle quinquéfide, et les calathides extérieures sont composées de fleurs femelles à corolle quadrifide, et de fleurs neutres sé-

parées par des squamelles. Gærtner attribue généralement et 25:476
sans exception, au *filago leontopodium* de Linnæus, des aigrettes 25:477
pénicillées-plumeuses, et il paroît croire que la calathide est composée de fleurs hermaphrodites et de fleurs femelles, entremêlées confusément. M. Decandolle, dans la Flore Françoise (tom. IV, pag. 158), suppose que la calathide intérieure est composée de fleurs toutes hermaphrodites, et que les calathides extérieures sont plus petites, et composées de fleurs unisexuelles, les unes mâles et les autres femelles, mélangées sans ordre.

On peut remarquer quelques légères différences entre la description générique que nous avons proposée en 1819, et celle que nous présentons aujourd'hui. Ces différences résultent sans doute de ce que la plante que nous avions observée d'abord, et celle que nous avons observée récemment, ne sont pas de la même espèce. Chez la première (1), qui est probablement le *leontopodium sibiricum*, nous avons remarqué une différence notable entre les aigrettes du disque, dont les squamellules sont épaissies en la partie supérieure, qui semble formée de barbelles entre-greffées, et les aigrettes de la couronne, dont les squamellules ne sont point épaissies supérieurement; l'ombelle de cette même plante nous a paru être entourée à sa base d'un involucre général, indépendant des involucelles dimidiés situés au sommet des pédoncules monocalathides, et formés chacun d'une ou deux bractées. Chez l'autre plante, qui est notre *leontopodium alpinum*, nous n'avons point trouvé de différence entre les aigrettes du disque et celles de la couronne, parce que les squamellules de l'aigrette masculine ne sont pas sensiblement épaissies vers le haut; et nous avons reconnu qu'il n'y avoit réellement pas d'involucre autour de la base de l'ombelle, mais seulement des involucelles au sommet de ses rayons.

Dans notre tableau de la tribu des inulées (tom. XXIII,

---

(1) C'est sans doute celle qui a été observée par Gærtner, et dont il a pu dire que les aigrettes étoient pénicillées-plumeuses; mais il auroit dû restreindre ce caractère aux aigrettes du disque. La plante dont nous parlons a ses fruits obovoïdes, comprimés, les aigrettes grandes et fortes, les corolles jaunes, celles de la couronne à quatre dents alongées, inégales.

25:478 pag. 563), nous avons placé le genre *Leontopodium* immédiatement après le *leontonyx*, à la fin de la section des inulées-gnaphaliées, laquelle est suivie par celle des inulées-prototypes, qui commence par le *filago*. En effet, le *leontopodium* doit se trouver sur la limite des deux sections, car il participe de l'une et de l'autre, ayant le péricline scarieux comme les inulées gnaphaliées, et les stigmatophores arrondis au sommet comme les inulées-prototypes. On peut voir, dans notre article Leontonyx, les rapports qui existent entre ce genre et le *leontopodium*, ainsi que les différences qui les distinguent. Quant au genre *Filago*, dont le vrai type est pour nous le *filago pygmæa*, il offre, dès le premier coup d'œil, une ressemblance frappante avec le *leontopodium*, par la disposition des calathides rapprochées en capitule terminal, et entourées d'un involucre; il y a, entre autres, un rapport assez remarquable, c'est que, chez le *filago*, la calathide centrale du capitule est plus grande que les latérales. Cependant, les deux genres que nous comparons diffèrent considérablement l'un de l'autre par le péricline, le clinanthe et l'aigrette. (Voyez notre article Filage, tom. XVII, pag. 2.) Mais ces deux genres, quoique placés par nous dans deux sections différentes, se trouvent immédiatement rapprochés sur la limite commune des deux sections, et forment ensemble la nuance indécise par laquelle on passe insensiblement de l'une à l'autre. Ceux qui sont familiers avec les principes et les procédés de la classification naturelle, ne blâmeront point ces dispositions. Ils ne nous reprocheront pas non plus d'avoir rangé le *leontopodium*, dont les calathides sont disposées en ombelle, dans un groupe caractérisé par les calathides rassemblées en capitule; et peut-être devineront-ils que si nous avons placé le genre *Leontopodium* à peu de distance du *richea*, c'est que nous avons observé dans celui-ci un rapport très-remarquable avec l'autre, et qui consiste en ce que, chez le *richea*, chaque calathide du capitule est élevée sur un pédoncule portant au sommet une bractée située sur le côté extérieur, et le rapprochement des bractées qui appartiennent aux calathides extérieures du capitule, offre la fausse apparence d'un involucre qui entoureroit la base de ce capitule. (Voyez notre article Craspédie, tom. XI, pag. 355.)

Les considérations qui précèdent et le système de distribution adopté par nous pour la section des inulées-gnaphaliées, ne nous ont point permis de suivre les vues de M. R. Brown, qui paroît persuadé que le *leontopodium* doit être placé immédiatement entre l'*antennaria* et le *gnaphalium*. Mais nous ne blâmons point cette disposition, parce que, dans un groupe aussi naturel que celui des gnaphaliées, les affinités diverses se croisent en tout sens de telle manière que chaque genre devroit, s'il étoit possible, toucher immédiatement tous les autres par quelques points. 25:479

Pour abréger cet article, nous nous abstenons de noter les différences qui distinguent le genre *Leontopodium* de ceux avec lesquels il a été confondu, et de quelques autres auxquels on peut le comparer.

La différence de composition qui existe entre la calathide centrale et les calathides extérieures du *leontopodium*, est, quoique peu considérable, une particularité intéressante et dont il y a peu d'exemples. Il est digne de remarque que, dans l'ombelle capituliforme, composée de plusieurs calathides, comme dans la calathide composée de plusieurs fleurs, le sexe masculin domine au centre, et le sexe féminin à la circonférence. La véritable disposition des calathides et des bractées du *leontopodium*, qui avoit été méconnue par les botanistes, mérite aussi quelque attention, en ce qu'elle semble nous révéler l'origine des capitules réguliers et de leurs involucres; car en comparant cette disposition avec celle que nous avons pareillement observée dans le *richea*, il est difficile de ne pas croire qu'un capitule régulier est une ombelle à rayons excessivement courts, et que l'involucre de ce capitule est l'assemblage des bractées situées au sommet des rayons extérieurs (1). Remarquez que la calathide centrale de l'ombelle du *leontopodium* fleurit la première, ce qui est conforme à la

(1) Le Gnephosis peut cependant faire naître quelque doute sur la situation des bractées : car, dans cette plante, il nous a paru qu'elles naissoient, non au sommet, mais à la base des pédicelles, ou plutôt sur leur axe commun, et qu'elles étoient greffées avec ces pédicelles. Voyez notre article Gnéphoside, tom. XIX, pag. 127. Lorsqu'un pédoncule est excessivement court, il est souvent difficile de reconnoître si la bractée qui l'accompagne est née sur lui-même ou sur l'axe qui le porte. Le plus ha-

25:480 loi reconnue par M. R. Brown dans l'ordre d'épanouissement propre aux capitules proprement dits. La couleur verte des corolles du *leontopodium alpinum* est encore une chose assez notable, mais qui n'est pas à beaucoup près sans exemple chez les synanthérées.

M. Persoon a rapporté cinq espèces au genre *Leontopodium*, considéré par lui comme un sous-genre. Nous n'en admettons que deux, comme M. Brown, parce que les trois autres, que nous n'avons pas vues, ne sont pas assez bien décrites pour être attribuées avec confiance au genre dont il s'agit.

Il seroit trop long de discuter les observations inexactes faites par les botanistes sur le *leontopodium*. Bornons-nous à relever une de leurs erreurs, parce que celle-ci a été commise non seulement à l'égard du *leontopodium*, mais encore à l'égard de quelques autres genres de synanthérées. Cette erreur consiste à croire que les fleurs pourvues d'étamines et celles qui en sont privées se trouvent mêlées ensemble confusément dans la calathide. Nous disons d'abord que cela n'est pas vrai; et nous osons ajouter que cela est presque impossible, parce que ce prétendu mélange, dont nous ne connoissons pas un seul exemple, seroit contraire à la loi physiologique dont nous avons parlé plus haut, et en vertu de laquelle le sexe masculin domine au centre de la calathide et s'affoiblit vers la cir-

---

bile peut s'y tromper, s'il n'y apporte pas la plus grande attention, et surtout s'il a l'esprit préoccupé de quelque idée systématique. Ainsi, M. Turpin, dans son Mémoire sur l'Inflorescence des graminées, prétend que, chez le LOLIUM PERENNE, la bractée nommée communément glume univalve, naît immédiatement sur l'axe même de l'épi, et que l'axe de l'épillet naît dans l'aisselle de cette bractée. Cette considération sur laquelle l'auteur a beaucoup insisté, et qu'il a présentée comme l'exemple le plus frappant des applications de son principe fondamental, est pourtant, selon nous, une erreur de fait. Nous ne craignons pas d'affirmer que chez les LOLIUM PERENNE et TEMULENTUM, que nous avons soigneusement examinés, la bractée dont il s'agit n'appartient point à l'axe de l'épi, mais à l'axe de l'épillet. La preuve de cette assertion et les conséquences qui en résultent se trouvent exposées dans notre second Mémoire sur la graminologie, que nous espérons bientôt publier pour faire suite au premier Mémoire inséré dans le Journal de Physique de novembre et décembre 1820.

conférence, tandis qu'au contraire le sexe féminin domine à 25:481
la circonférence et s'affoiblit vers le centre.

Le nom de *leontopodium* est composé de deux mots grecs qui signifient pied de lion. (H. Cass.)

Lepachys. (*Bot.*) Le Journal de Physique d'août 1819 26:1
contient un Mémoire de M. Rafinesque, intitulé Prodrome des nouveaux genres de plantes observés en 1817 et 1818, dans l'intérieur des Etats-Unis d'Amérique; et dans ce Mémoire nous trouvons un genre *Lepachys*, décrit de la manière suivante :

« Périanthe double, chacun 8-phylle. Phoranthe oblong, « paléacé. Paillettes à base concave, trifides, lobe du milieu « épais, trigone, tronqué, tomenteux. Calice entier, mem- « braneux. Fleurons tubuleux, 5-dentés; cinq étamines « courtes, stigmate bifide. Rayons neutres environ huit- « bidentés. Semences obovées, comprimées, lisses, entières. « Type *lepachys pinnatifida*, qui est la *rudbeckia pinnata* « des auteurs. »

Nous avons copié très-servilement le texte même de M. Rafinesque, parce que nous avons rarement le bonheur de bien comprendre ses expressions, et qu'en traduisant son langage dans le nôtre nous risquerions de commettre des erreurs. Par exemple, ici, nous avouons ne pas comprendre ce que c'est que le *calice entier*, *membraneux*, et les *semences entières*.

Dans la *Florula Ludoviciana* du même auteur, publiée en
1817, c'est-à-dire, deux ans avant le Prodrome dont il s'agit, 26:2
nous voyons qu'à cette époque M. Rafinesque nommoit autrement son genre *Lepachys*; car il disoit alors que toutes les espèces de *rudbeckia* ayant les semences nues, comme la *rudbeckia pinnata* et autres, devoient former son genre *Obelisteca*. Mais dans les *Annals of nature* (1er numéro de l'année 1820), il paroît que ce botaniste conserve l'*obelisteca* et le *lepachys*, et il semble ne plus attribuer des semences nues au *lepachys*. Nous laissons à d'autres le soin de concilier ces contradictions, si elles sont moins réelles qu'apparentes. Au reste, ce ne seroit pas le seul exemple des changemens successifs que M. Rafinesque fait subir à ses propres genres, et qui contribuent avec d'autres causes à les rendre fort énigmatiques.

26:2 Il peut être utile de décrire ici les caractères génériques que nous avons observés sur un individu vivant de *rudbeckia pinnata*, cultivé au Jardin du Roi.

Calathide radiée : disque multiflore, régulariflore, androgyniflore; couronne unisériée, liguliflore, neutriflore. Péricline supérieur aux fleurs du disque; formé de squames paucisériées, à peu près égales, diffuses, inappliquées, linéaires-subulées, foliacées. Clinanthe cylindrique, très-élevé; garni de squamelles inférieures aux fleurs, demi-embrassantes, élargies de bas en haut, arrondies et voûtées supérieurement, bordées sur chaque côté par un gros vaisseau plein de suc propre. *Fleurs du disque :* Ovaire obovale, comprimé, glabre, lisse, absolument privé d'aigrette; corolle à tube nul ou presque nul. *Fleurs de la couronne :* Faux ovaire stérile; style nul; des rudimens d'étamines avortées; corolle à tube très-court, à languette très-longue, bi-tridentée au sommet.

M. Rafinesque ayant dit, dans la *Florula Ludoviciana*, qu'il falloit rapporter à son genre *Ratibida* toutes les espèces de *rudbeckia* à périanthe simple, c'est-à-dire, à péricline unisérié, comme la *rudbeckia columnaris* de Pursh, nous ajoutons la description des caractères génériques que nous avons observés sur une plante vivante, cultivée au Jardin du Roi, où elle étoit étiquetée *rudbeckia amplexicaulis*.

Calathide radiée : disque multiflore, régulariflore, androgyniflore; couronne unisériée, liguliflore, neutriflore. Péricline orbiculaire, supérieur aux fleurs du disque; formé
26:3 de squames unisériées, à peu près égales, linéaires-aiguës, foliacées. Clinanthe cylindrique, élevé; garni de squamelles inférieures aux fleurs, demi embrassantes, élargies de bas en haut, voûtées, arrondies et apiculées au sommet, bordées sur chaque côté par un vaisseau plein de suc propre. *Fleurs du disque :* Ovaire oblong, un peu comprimé, subtétragone-arrondi, glabre, lisse, privé d'aigrette; corolle à tube assez long. *Fleurs de la couronne :* Faux ovaire privé d'ovule; style nul; corolle à tube très-court, à languette large, elliptique, tridentée au sommet.

En comparant cette seconde description générique avec la première, on ne trouve qu'une seule différence notable, c'est que le péricline est paucisérié dans la première plante, et unisérié dans la seconde, en sorte que cette dernière sembleroit devoir appartenir au genre *Ratibida* de M. Rafinesque, tandis que l'autre est son *lepachys*. Mais il est évident pour nous que les deux plantes sont congénères, et qu'il faut attribuer au genre qui les réunit un péricline unisérié ou paucisérié. 26:3

Nous pensons que le genre *Rudbeckia* peut être divisé en deux sous-genres : l'un, nommé *rudbeckia*, seroit caractérisé par la présence d'une petite aigrette stéphanoïde; l'autre nommé, si l'on veut, *lepachys* ou *obelisteca*, mais qu'il seroit mieux d'appeler *obeliscotheca* ou *obeliscaria*, différeroit de l'autre par l'absence de l'aigrette. (H. Cass.)

LÉPICAUNE, *Catonia*. (*Bot.*) [*Chicoracées*, Juss. = *Syngénésie polygamie égale*, Linn.] Ce genre de plantes appartient à 26:8
l'ordre des synanthérées, à la tribu des lactucées, et à notre section naturelle des lactucées-crépidées, dans laquelle nous l'avons placé entre les deux genres *Barkhausia* et *Crepis*. Voici
les caractères que nous proposons d'assigner au genre *Catonia*, 26:9
et que nous avons observés sur la *catonia blattarioides*.

Calathide incouronnée, radiatiforme, multiflore, fissiflore, androgyniflore. Péricline inférieur aux fleurs extérieures, double : l'extérieur égal à l'intérieur, formé de squames égales, subunisériées, inappliquées, dressées, un peu arquées en dedans, oblongues, étroites, presque linéaires, aiguës, foliacées, uninervées, presque carénées, garnies de longs poils charnus sur la nervure et sur les bords; l'intérieur formé de squames égales, unisériées, appliquées, oblongues, obtuses au sommet, subfoliacées, un peu membraneuses sur les bords, carénées, très-épaissies en dehors à la base, hérissées sur la carène de longs poils charnus très-nombreux. Clinanthe plan, garni de courtes fimbrilles piliformes. Ovaires longs, minces, subcylindracés ou subtétragones, nullement amincis à la base, très peu amincis de bas en haut, privés de col, glabres, lisses, rayés longitudinalement, pourvus d'un bourrelet apicilaire; aigrette longue, blanche, composée de squamellules nombreuses, inégales, filiformes, grêles, très-peu barbellulées. Corolles glabres.

Lépicaune a feuilles de blattaire : *Catonia blattarioides*, H. Cass.; *Lepicaune multicaulis*, Lapeyr., Hist. abr. des Pl. des Pyr., pag. 478; *Catonia sagittata*, Mœnch, *Methodus*, p. 536;

26:9 *Hieracium blattaroides*, Linn., *Sp. pl.*, edit. 3, p. 1129; Decand., Fl. Fr., tom. IV, pag. 33. C'est une plante herbacée, à tiges hautes d'un pied et demi, dressées, rameuses, anguleuses, presque glabres ou garnies de quelques poils épars; les feuilles, longues d'environ quatre pouces, larges d'environ un pouce et demi, sont alternes, sessiles, embrassantes, lancéolées, sagittées à la base, inégalement et irrégulièrement dentées sur les bords, un peu poilues en dessus, très-poilues en dessous, vertes des deux côtés; les feuilles supérieures graduellement plus petites; les calathides, larges de quinze lignes, et composées de fleurs d'un beau jaune, sont paniculées en haut de chaque tige; mais chacune de ces calathides est solitaire au sommet d'un pédoncule axillaire, long de deux pouces, poilu, aphylle ou garni seulement de quelques petites feuilles. Nous avons fait cette description spécifique, et celle des caractères génériques, sur un individu vivant, cultivé au Jardin du
26:10 Roi, où il fleurissoit au mois de juin. Cette plante, vivace par sa racine, habite les prairies pierreuses des Alpes et des Pyrénées, où elle fleurit en juin et juillet.

Les *catonia* sont attribués par la plupart des botanistes au genre *Hieracium*, et par quelques uns au genre *Crepis*. Mœnch, en 1794, a proposé, dans sa *Methodus plantas describendi*, de faire pour ces plantes un genre particulier, dédié à Caton, auteur d'un traité d'agriculture. Le *catonia* placé par Mœnch entre le *Crepis* et le *Picris*, est, selon lui, caractérisé par le péricline oblong, double, l'intérieur à folioles lancéolées-linéaires, aiguës, un peu squarreuses, l'extérieur à folioles très-lâches, presque égales, les fruits oblongs, anguleux, lisses, l'aigrette persistante. L'auteur admet dans ce genre les *hieracium blattarioides* et *amplexicaule* de Linnæus, qu'il nomme *catonia sagittata* et *cordifolia*, et il remarque que ces deux plantes diffèrent des *hieracium* par le clinanthe et la figure du péricline, et des *crepis* par la figure du péricline et l'aigrette persistante. M. de Lapeyrouse, en 1813, dans son Histoire abrégée des plantes des Pyrénées, a reproduit, sous le nom de *lepicaune*, le genre *Catonia* de Mœnch, dont sans doute il ignoroit l'existence. Le nouveau nom générique est composé de deux mots grecs, qui signifient écailles lâches. L'auteur place le genre dont il s'agit entre l'*hieracium* et le *crepis*, et il lui

attribue pour caractères, le péricline formé de squames lâches, 26:10
larges, un peu carénées, les fruits acuminés aux deux bouts et striés, l'aigrette très-blanche, soyeuse, plus longue que le fruit et que le péricline. Aux deux espèces admises par Mœnch dans le *catonia*, M. de Lapeyrouse en adjoint sept autres, en sorte qu'il compte neuf espèces de *lepicaune*, savoir : 1.° *lepicaune balsamea*, qui est l'*hieracium amplexicaule* de Linnæus ; 2.° *lepicaune intybacea*, qui l'*hieracium albidum* de Villars ; 3.° *lepicaune grandiflora*, qui est l'*hieracium grandiflorum* d'Allioni ; 4.° *lepicaune multicaulis*, qui est l'*hieracium blattarioides* de Linnæus; 5.° *lepicaune turbinata; 6.° lepicaune spinulosa; 7.° lepicaune prunellæfolia*, qui est l'*hieracium prunellæfolium* de Gouan ; 8.° *lepicaune albida*, qui est le *crepis albida* de Villars ; 9.° *lepicaune tomentosa*, que M. Decandolle soupçonne d'être une variété du *senecio doronicum*.

Nous avons soigneusement observé les *hieracium blattarioides*, *grandiflorum*, *amplexicaule* (1), ainsi que le *crepis albida*; 26:11
nous les avons comparés à plusieurs espèces des genres *Hieracium* et *Crepis*, et nous avons obtenu les résultats suivans.

Les *hieracium blattarioides* et *grandiflorum* sont parfaitement congénères; ils ont la plus grande affinité avec les *crepis*; ils appartiennent à la section naturelle des lactucées-crépidées; ils n'ont point d'affinité avec les *hieracium*, qui appartiennent à une autre section. (Voyez notre article Lactucées.) L'*hieracium amplexicaule* n'est point congénère des deux autres ; il n'a point d'affinité avec les *crepis;* il n'appartient point à la section des crépidées, mais à celle des hiéraciées, et il ne peut pas être séparé du genre *Hieracium*. Le *crepis albida* est un *barkhausia*.

L'*hieracium blattarioides* est le véritable type du genre *Catonia*, qui doit conserver ce nom, puisque celui de *lepicaune* est beaucoup plus moderne. Le seul caractère qui puisse distinguer ce genre du *crepis*, consiste en ce que le péricline extérieur est aussi long que le péricline intérieur, et que les squames dont il est composé sont égales entre elles, disposées sur un seul

(1) Les trois plantes que nous désignons ainsi, sont bien certainement identiques avec celles qui se trouvent décrites sous les mêmes noms, dans la Flore Françoise de M. Decandolle.

26:11 rang circulaire, dressées, un peu arquées en dedans. Le *crepis sibirica* (2) et même le *crepis biennis* offrent une disposition presque semblable, en sorte que nous étions fort tenté d'attribuer ces deux plantes au genre *Catonia;* et il n'est pas douteux qu'elles forment une nuance intermédiaire entre les vrais *catonia* et les vrais *crepis*. On pourroit donc très-bien, à l'aide de cette nuance, fondre ensemble les deux genres, en supprimant le *catonia;* et si on le conserve, ce ne doit être qu'à titre de sous-genre du *crepis*. Mais il faut bien se garder de le réunir, comme on a coutume de faire, au genre *Hieracium*, qui a le péricline imbriqué, les ovaires un peu amincis à la base, tronqués au sommet, l'aigrette roussâtre, de squamellules peu nombreuses, subunisériées, fortes, roides, cassantes, très-barbellulées. L'*hie-*

(2) Si Willdenow et Persoon avoient eu quelque égard pour les affinités naturelles, ils ne se seroient point avisés de transférer le CREPIS SIBIRICA dans le genre HIERACIUM.

26:12 *racium amplexicaule*, adjoint mal à propos par Mœnch et Lapeyrouse, au *catonia* ou *lepicaune*, nous a offert tous ces caractères du genre *Hieracium*. Il est vrai que les squames extérieures de son péricline sont inappliquées : mais nous avons reconnu que ce caractère n'a aucune importance chez les *hieracium*, et ne peut servir tout au plus qu'à distinguer des espèces, parce que les squames du péricline sont appliquées, demi-appliquées, ou inappliquées, chez des espèces évidemment inséparables. C'est pourquoi il est impossible d'adopter le genre *Hieracioides* de Mœnch, composé des *hieracium sabaudum* et *umbellatum*, et distingué de l'*hieracium* par le péricline squarreux.

Le *crepis albida* de Villars, dont M. de Lapeyrouse fait un *lepicaune* ou *catonia*, est rapporté par M. Decandolle au genre *Picridium*. Les caractères génériques de cette plante paroissent avoir été fort mal étudiés jusqu'à présent, et ils présentent quelques difficultés, qui rendent assez problématique la détermination du genre auquel il convient d'attribuer la plante dont il s'agit. Nous croyons donc faire une chose utile, en décrivant ici les caractères génériques de cette plante, tels que nous les avons observés sur un individu vivant, cultivé au Jardin du Roi.

Barkhausia albida, H. Cass. (*Crepis albida*, Vill.) Calathide incouronnée, radiatiforme, multiflore, fissiflore, androgyniflore. Péricline campanulé, inférieur aux fleurs extérieures, double : l'extérieur formé de squames longues, inégales, plurisériées, comme imbriquées, presque entièrement appliquées, ovales-lancéolées ; l'intérieur plus long, formé de squames égales, unisériées, appliquées, oblongues-lancéolées. Clinanthe plan, alvéolé, à cloisons épaisses, charnues, dentées, bordées de poils courts. Ovaires oblongs, alongés, subcylindracés, striés ; fruits mûrs cylindracés, striés, surmontés d'un col presque aussi épais que la partie inférieure séminifère, et d'autant plus long qu'il appartient à un fruit plus voisin du centre de la calathide ; aigrette longue, blanche, composée de squamellules nombreuses, inégales, plurisériées, filiformes, menues, barbellulées. Corolles glabres. 26:12

Il est bien clair, d'après cette description, que notre plante ne peut pas être un *picridium*. Il est moins évident que ce n'est ni un *crepis*, ni un *catonia*, mais un *barkhausia*. Les caractères 26:13
ambigus, équivoques, du péricline et du fruit, peuvent inspirer des doutes à cet égard. Au premier aperçu, le péricline paroit imbriqué, parce que les squames formant la rangée intérieure sont entourées d'autres squames longues, inégales, disposées sur plusieurs rangs, presque entièrement appliquées, et d'autant plus longues qu'elles sont moins extérieures. Ce péricline, très-analogue à celui du *crepis sibirica*, est comme lui intermédiaire entre le péricline imbriqué et le péricline double ou accompagné de squames surnuméraires, et il prouve qu'en certains cas, ces deux sortes de péricIines peuvent se confondre par des nuances. Mais l'analogie, à laquelle il faut recourir dans les cas douteux, démontre qu'ici, de même que chez toutes les autres crépidées, on doit considérer la rangée intérieure des squames comme formant un péricline intérieur, et toutes les autres squames comme des squames surnuméraires ou formant un péricline extérieur. La structure du fruit n'est guère moins ambiguë que celle du péricline, parce que le col formé par le prolongement de sa partie supérieure est presque aussi épais que la partie inférieure séminifère, d'où il résulte que ce col est peu distinct et peu reconnoissable extérieurement. Mais son existence n'en est pas moins certaine, et en

26:13 conséquence nous attribuons la plante dont il s'agit au genre *Barkhausia* ou *Hostia*. (Voyez notre article Hostie, tom. XXI, pag. 442.) La *barkhausia albida*, offrant un mélange des caractères propres au *barkhausia*, à l'*hostia*, au *catonia*, au *crepis*, est un exemple de ces espèces qui forment la nuance entre les genres voisins, qui déconcertent toutes les définitions génériques les mieux combinées, et qui prouvent que les genres, comme tous les autres groupes improprement dits naturels, sont réellement artificiels, et se réduisent à des abstractions créées par l'esprit de l'homme. Il faudroit avoir bien peu de philosophie pour en conclure qu'il faut renoncer à faire des genres, ou qu'il faut en faire le moins possible, et que les groupes dits naturels ne sont pas préférables aux groupes dits artificiels. Il est plus philosophique d'en conclure qu'un genre n'est pas nécessairement mauvais, par cela seul qu'il peut se confondre avec d'autres genres au moyen de certaines espèces ambiguës; car il n'y a presque pas de genres qui ne soient dans
26:14 ce cas-là; il faudroit donc les supprimer tous, c'est-à-dire, rendre impraticable l'étude des êtres naturels.

Les caractères équivoques du péricline, chez le *barkhausia albida* et le *crepis sibirica*, nous fournissent l'occasion de proposer quelques idées nouvelles sur la structure du péricline des synanthérées.

Selon nous, l'état naturel ou ordinaire de ce péricline est d'être imbriqué, c'est-à-dire, composé de squames disposées sur plusieurs rangées circulaires concentriques, immédiatement contiguës, et dont les bases, rapprochées jusqu'au contact, couvrent, sans aucun intervalle ni interruption, toute la surface de la partie inférieure ou extérieure du clinanthe. La coupe longitudinale d'une calathide de centaurée est très-propre à bien faire concevoir cette disposition. Maintenant, supposez que toutes les squames de ce péricline imbriqué avortent complétement, à l'exception de celles qui forment la rangée intérieure, vous aurez le péricline unisérié, dont notre *emilia flammea*, figurée dans l'Atlas de ce Dictionnaire, offre un exemple où l'on voit bien clairement que la partie extérieure ou inférieure du clinanthe est nue. Enfin, supposez un péricline imbriqué, dont vous laisserez subsister la rangée la plus intérieure, ainsi qu'une ou quelques unes des rangées exté-

rieures, mais dont vous ferez avorter complétement les ran- 26:14
gées intermédiaires ; vous obtiendrez de cette manière le péricline double ou accompagné de squamules surnuméraires, tel que celui des seneçons, jacobées, cacalies, etc., où l'on peut remarquer, sur la face extérieure ou inférieure du clinanthe, un intervalle nu, entre le péricline et les squamules surnuméraires. Remarquez qu'il n'y a aucune différence essentielle entre le péricline double et le péricline accompagné de squamules surnuméraires nous disons le péricline double, quand les squames extérieures sont grandes et disposées de manière à former un ensemble plus ou moins symétrique et régulier, comme dans le *catonia;* nous disons le péricline accompagné de squamules surnuméraires, quand les squames extérieures sont petites et disposées sans aucune symétrie ni régularité, comme dans le seneçon. Il y a au contraire une différence essentielle entre le péricline bisérié et le péricline double ou accompagné de squamules; car le péricline bisérié n'est autre
chose qu'un péricline imbriqué réduit à deux rangées de 26:15
squames immédiatement contiguës, et par conséquent il ne doit y avoir aucun intervalle à la base entre ces deux rangées, cet intervalle ne pouvant résulter, suivant notre hypothèse, que de l'avortement d'une ou plusieurs rangées intermédiaires. Nous ne parlons point ici de la distinction entre le péricline extérieur et l'involucre, parce que nous l'avons déjà clairement établie, tom. X, pag. 150. Il résulte de notre théorie que pour reconnoître, dans les cas douteux, si un péricline est imbriqué ou s'il est double, il faut couper la calathide longitudinalement, suivant son axe, et observer s'il n'y a pas le moindre intervalle à la base, entre l'origine de la rangée intérieure des squames et l'origine des autres rangées, auquel cas le péricline est imbriqué ; ou bien, au contraire, s'il y a un intervalle quelconque, auquel cas le péricline est double. (H. Cass.)

LÉPIDAPLE, *Lepidaploa.* (*Bot.*) [*Corymbifères*, Juss. = *Syn-* 26:16
génésie polygamie égale, Linn.] C'est un sous-genre que nous avons proposé dans le Bulletin des Sciences d'avril 1817 (pag. 66); il appartient à l'ordre des synanthérées, à notre tribu naturelle des vernoniées, et au genre *Vernonia.* Voici ses caractères.

26:16 Calathide incouronnée, équaliflore, multiflore, régulariflore, androgyniflore. Péricline formé de squames régulièrement imbriquées, appliquées, subcoriaces, lancéolées, acuminées et presque spinescentes au sommet; les intérieures étrécies de bas en haut, terminées en pointe, nullement élargies, arrondies, ni colorées au sommet. Clinanthe plan, fovéolé. Ovaires cylindracés, striés, velus, pourvus d'un bourrelet basilaire cartilagineux; aigrette double : l'extérieure courte, composée de squamellules unisériées, plus ou moins laminées, linéaires ou subulées; l'intérieure longue, composée de squamellules filiformes, barbellulées.

Lépidaple scorpionne : *Lepidaploa scorpioides*, H. Cass.; *Vernonia scorpioides*, Pers., *Syn. pl.*, pars 2, pag. 404. Cette espèce est remarquable par ses épis imitant la queue de scorpion. L'axe de l'épi est un rameau pédonculiforme, simple, dénué de feuilles et de bractées, grêle, velu, roulé en crosse vers le sommet; les calathides, presque immédiatement rapprochées les unes des autres, et absolument sessiles, sont disposées sur une seule rangée longitudinale, et elles sont toutes situées sur le côté convexe de leur support commun. Le péricline est velu, parsemé de glandes; ses squames extérieures sont ovales et un peu plus larges que les intérieures; le clinanthe est alvéolé, à cloisons membraneuses, découpées en lanières subulées; les aigrettes sont blanches, les corolles purpurines. Nous avons observé cette plante dans l'herbier de M. Desfontaines.

Lépidaple a épis feuillés : *Lepidaploa phyllostachya*, H. Cass.; *Vernonia arborescens*, Pers., *Syn. pl.*, pars 2, pag. 404. Les ca-
26:17 lathides sont disposées d'une manière analogue à celle qui a lieu dans l'espèce précédente; l'axe de l'épi est simple, grêle, velu, arqué, et il porte un seul rang de calathides sessiles sur son côté convexe : mais ces calathides sont écartées les unes des autres, et chacune d'elles est accompagnée d'une petite feuille presque sessile, ovale, très-entière, à face inférieure extrêmement velue, presque tomenteuse ou laineuse, à face supérieure parsemée de poils supportés chacun par un petit tubercule glanduliforme; chaque calathide est haute de trois lignes; les corolles sèches nous paroissent être jaunes; elles sont longues, grêles, droites, à limbe pas distinct du tube

et divisé profondément en lanières linéaires; le péricline est 26:17
glabre, cylindracé, presque égal aux fleurs, et ses squames sont intradilatées, c'est-à-dire que les intérieures sont notablement plus larges que les extérieures; les aigrettes sont roussâtres ou grisâtres. Nous avons observé cette plante dans les herbiers de M. de Jussieu, sur des échantillons recueillis dans l'île de Porto-Rico.

Lépidaple aristée : *Lepidaploa aristata*, H. Cass. Ses feuilles sont pétiolées, lancéolées, apiculées ou terminées au sommet par une pointe remarquable; leurs bords sont irréguliers, un peu sinués, munis de quelques dents spinuliformes; leur face supérieure est parsemée de longs poils à base glanduliforme; l'inférieure, d'un vert pâle, est parsemée de longs poils et de petites glandes jaunes brillantes. Les calathides sont disposées en épis composés, irréguliers; elles sont toutes dirigées d'un même côté de l'axe commun qui les porte; mais elles sont rassemblées en paquets de deux ou trois, les unes sessiles, les autres courtement pédonculées, et accompagnées de quelques feuilles inégales; le péricline est vert, très-pubescent, et ses squames extérieures surtout se prolongent au sommet en une longue arête subulée, presque filiforme, roide; les aigrettes sont blanches. Nous avons observé cette espèce dans l'herbier de M. Desfontaines, où elle est étiquetée *conyza arborescens*; mais elle est fort distincte de la précédente.

Lépidaple a tige blanche : *Lepidaploa albicaulis*, H. Cass.; *Vernonia albicaulis*, Pers., *Syn. pl.*, pars 2, pag. 404. Les feuilles sont pétiolées, ovales, obtuses, très-entières, minces, parsemées sur les deux faces de glandes et de petits poils; le
péricline, très-inférieur aux fleurs, est velu, blanchâtre, 26:18
comme tomenteux; les aigrettes sont blanches; les corolles purpurines, très-profondément divisées en cinq lanières très-longues, très-étroites, linéaires. Nous avons observé cette plante dans l'herbier de M. de Jussieu, sur un échantillon recueilli dans l'île de Saint-Thomas.

Lépidaple lancéolée : *Lepidaploa lanceolata*, H. Cass.; *An? Vernonia longifolia*, Pers., *Syn. pl.*, pars 2, pag. 404. Tige droite, tomenteuse; feuilles alternes, courtement pétiolées, longues de trois pouces, larges d'un pouce, lancéolées, très-entières, parsemées sur les deux faces de petites glandes et de

26:18 poils fins et courts; calathides en corymbe, terminant la tige et les branches. Chaque calathide est multiflore, haute de trois à quatre lignes, à corolles jaunes, très-profondément divisées en cinq lanières longues, étroites, linéaires, glanduleuses au sommet; le péricline est très-inférieur aux fleurs, arrondi, velu, formé de squames intradilatées; les ovaires sont très-velus; l'aigrette extérieure est blanchâtre, l'intérieure grisâtre. Nous avons observé cette espèce sur un échantillon innommé de l'herbier de M. Desfontaines.

Lépidaple blanchatre : *Lepidaploa canescens*, H. Cass.; *Vernonia canescens*, Kunth, *Nov. Gen. et Sp. pl.*, tom. IV, pag. 35 (edit. in-4°), tab. 317. Cette plante, trouvée au Pérou par MM. de Humboldt et Bonpland, est herbacée ou ligneuse, volubile; à feuilles oblongues-lancéolées, acuminées, étrécies à la base, très-entières, un peu ridées, roides, pubescentes en dessus, poilues, soyeuses et blanchâtres en dessous; à calathides disposées à peu près unilatéralement en épis terminaux et axillaires, à corolles violettes.

Lépidaple a feuilles de buis; *Lepidaploa buxifolia*, H. Cass. Arbuste rameux, presque entièrement glabre; rameaux plus ou moins tortueux, cylindriques, un peu anguleux, un peu pubescens et grisâtres; feuilles alternes, très-courtement pétiolées, longues de six lignes, larges de quatre lignes, obovales, très-entières, roides, coriaces, glabres, lisses et luisantes en dessus, parsemées en dessous de petites glandes et de petits poils; calathides presque sessiles, rapprochées à l'extrémité des rameaux. Chaque calathide est haute d'environ cinq lignes, et composée d'au moins dix fleurs, à corolle rouge, grande, ayant
26:18 les divisions longues. Le péricline turbiné, très-inférieur aux fleurs et aux aigrettes, est formé de squames régulièrement imbriquées, appliquées, coriaces, glabres, parsemées de glandes sur le dos de leur partie supérieure; les squames extérieures ovales, un peu obtuses; les intérieures lancéolées. Il y a immédiatement sous la base du péricline, un assemblage d'écailles courtes, arrondies, imbriquées, couvrant la sommité pédonculiforme du rameau qui porte la calathide. Le clinanthe est petit, plan et nu. Les ovaires sont cylindracés, cannelés, glabres, parsemés de glandes, pourvus d'un bourrelet basilaire cartilagineux; leur aigrette est roussâtre, double:

l'extérieure courte, peu distincte, composée de squamellules 26:19
inégales, filiformes-laminées, subulées, denticulées; l'intérieure longue, de squamellules filiformes, épaisses, très-barbellulées. Nous avons observé cette plante dans l'herbier de M. Desfontaines, sur un échantillon innommé, recueilli dans l'île de Saint-Domingue; elle s'éloigne un peu des *lepidaploa*, pour se rapprocher des *gymnanthemum*, et est intermédiaire entre ces deux genres.

Nous avions fort mal défini, dans le Bulletin des Sciences d'avril 1817 (pag. 66), les sous-genres *Vernonia* et *Lepidaploa*, en attribuant au premier le péricline formé de squames surmontées d'un appendice subulé, spinescent au sommet; et au second les squames non appendiculées. Le véritable caractère distinctif consiste en ce que, dans le sous-genre *Vernonia*, comprenant les *vernonia noveboracensis*, *prœalta*, etc., les squames intérieures du péricline ont le sommet large, arrondi, coloré; tandis que, dans le sous-genre *Lepidaploa*, les squames intérieures du péricline ont le sommet étréci, subulé, nullement coloré. Dans ces deux premiers sous-genres, l'aigrette intérieure est composée de squamellules inégales, mais filiformes, cylindracées, point laminées, barbellulées tout autour, et fort différentes de celles de l'aigrette intérieure, qui sont toujours beaucoup plus courtes, laminées et dentées sur les bords. L'*Ascaricida*, qui est un troisième sous-genre, ayant pour type la *vernonia anthelmintica*, a l'aigrette intérieure composée de squamellules très-inégales, bisériées, laminées, linéaires, barbellulées sur les deux bords et sur la face extérieure convexe, et le péricline formé de squames régulièrement im-
briquées, appliquées, oblongues, surmontées d'un appendice 26:20
très-distinct, foliacé, largement linéaire, subspathulé, très-long sur les squames extérieures, presque nul sur les intérieures, et fort différent de l'appendice subulé, spinescent, plus ou moins long, qui existe chez quelques espèces des deux autres sous-genres. On pourroit encore, si l'on vouloit, considérer comme de simples sous-genres du *vernonia*, nos genres *Distephanus*, *Gymnanthemum*, *Centrapalus*, *Centratherum*.

Ce dernier, que nous avions d'abord proposé dans le Bulletin des Sciences de février 1817 (pag. 31), et que nous avons bientôt

26:20 après plus amplement décrit dans le tome VII de ce Dictionnaire, publié en mai 1817, a été reproduit beaucoup plus tard par M. Kunth, sous le nom d'*ampherephis*, dans le 4e volume de ses *Nova Genera et Species plantarum*, publié en 1820. M. Kunth prétend (pag. 308, édit. in-4°) qu'il avoit anciennement écrit avec du crayon le nom générique d'*ampherephis*, dans l'herbier de M. de Jussieu, sur l'étiquette de la plante à laquelle nous avons donné le nom générique de *centratherum*. Nous affirmons sur notre honneur, qu'à l'époque où nous avons étudié cette plante dans l'herbier de M. de Jussieu, et même à l'époque où nous avons publié sa description en la proposant comme un nouveau genre, elle n'étoit accompagnée que d'une seule étiquette, qui ne portoit aucun autre nom que celui de *jacea panamensis*.

Des vingt espèces de *vernonia* décrites par M. Kunth, dans l'ouvrage que nous venons de citer, il n'en est guère plus que sept qui nous semblent, d'après les descriptions, devoir appartenir à notre sous-genre *Vernonia*: ce sont celles nommées par ce botaniste *serratuloides*, *rubricaulis*, *suaveolens*, *floribunda*, *affinis*, *baccharoides*, *odoratissima*, auxquelles il faut peut-être ajouter l'*elæagnoides*. Celles que M. Kunth a désignées par les noms de *gracilis*, *Tournefortioides*, *canescens*, *geminata*, *mollis*, *pellita*, *micrantha*, *frangulæfolia*, sont pour nous des *lepidaploa* presque indubitables. La *vernonia triflosculosa* du même auteur est bien certainement notre *gymnanthemum congestum*, décrit dans ce Dictionnaire, tom. XX, pag. 110, et qui, ayant l'aigrette composée de squamellules toutes filiformes, ne peut appartenir au *vernonia*, mais bien au *gymnanthemum*.

26:21 Les espèces offrant un caractère précisément inverse de celui qui est propre aux *gymnanthemum*, c'est-à-dire, ayant l'aigrette composée de squamellules toutes laminées, ne peuvent pas non plus être attribuées avec exactitude au *vernonia*, mais bien à l'*ascaricida*, au *distephanus*, ou à l'*achyrocoma*. Ce dernier sous-genre, que nous n'avions point encore publié, a pour type une plante, dont un échantillon sec en très-mauvais état, nous a été donné par Palisot de Beauvois, et dont voici la description.

Achyrocoma tomentosa, H. Cass. Plante herbacée. Tige droite, rameuse, épaisse, striée, tomenteuse. Feuilles alternes, presque

sessiles, longues de plus de trois pouces, larges d'environ un 26:21
pouce, oblongues ou lancéolées, étrécies vers la base qui est
presque pétioliforme, tantôt aiguës, tantôt obtuses au sommet,
dentées en scie sur les bords, à face inférieure extrêmement
tomenteuse et roussâtre, à face supérieure glabre, mais parois-
sant avoir été, dans le premier âge, munie d'un duvet laineux,
blanchâtre, caduc. Calathides pédonculées, à pédoncule long,
grêle, cylindrique, tomenteux, pourvu d'une bractée squami-
forme. Chaque calathide composée d'environ dix-sept fleurs.
Péricline en partie tomenteux ou laineux, formé de squames
régulièrement imbriquées, appliquées, coriaces, interdilatées,
parsemées de glandes vers le sommet: les extérieures étroites,
lancéolées; les intermédiaires larges, ovales, à sommet arrondi,
un peu scarieux, roussâtre; les intérieures oblongues, arrondies
au sommet. Clinanthe plan, absolument nu. Ovaires oblongs,
cylindracés, striés, velus, pourvus d'un très-petit bourrelet
basilaire; aigrette roussâtre, luisante, composée de squamel-
lules plurisériées, nombreuses, très-inégales, toutes laminées,
linéaires, presque membraneuses, lisses sur les deux faces, fine-
ment denticulées en scie sur les deux bords, et paroissant munies
d'une nervure médiaire peu manifeste, les extérieures plus
courtes, étrécies et subulées vers le sommet, les intérieures plus
longues, à sommet un peu élargi et presque arrondi. Corolles
à divisions couvertes de glandes au sommet. Nous n'avons pas
pu reconnoître leur couleur altérée par la dessiccation : il nous
est également impossible de décrire la disposition des cala-
thides, qui sont détachées de leur support dans notre échan-
tillon incomplet et brisé. Palisot de Beauvois croyoit, sans pou-
voir l'affirmer, que cet échantillon avoit été recueilli dans 26:22
l'Amérique septentrionale.

Si l'on compare les caractères génériques de l'*achyrocoma*,
avec ceux du *distephanus*, décrits dans le tome XIII de ce Dic-
tionnaire (pag. 361), on reconnoîtra qu'indépendamment de
quelques différences dans la structure du péricline, dont les
squames sont appendiculées chez le *distephanus*, inappendi-
culées chez l'*achyrocoma*, et dans le clinanthe hérissé de papilles
chez l'un, absolument nu chez l'autre, il existe des différences
plus notables dans les aigrettes des deux plantes. Celle du
distephanus est vraiment double, composée de squamellules co-

26:22 riaces, très-régulièrement disposées, et en nombre déterminé, les extérieures larges, les intérieures longuement barbellulées. L'aigrette de l'*achyrocoma* n'est point, à proprement parler, double, ses squamellules étant très-inégales et disposées sur plusieurs rangs, sans symétrie ni régularité; elles sont en nombre indéfini, presque membraneuses, les extérieures étroites, les intérieures finement denticulées en scie et uninervées. L'*achyrocoma* diffère très-peu de l'*ascaricida* par l'aigrette; mais il s'en distingue bien suffisamment par le péricline.

Dans notre Mémoire sur une monstruosité de *cirsium tricephalodes*, inséré dans le Journal de Physique de décembre 1819, nous avons démontré (pag. 411) l'analogie qui existe entre l'aigrette et le péricline, sous le rapport de la structure. Nous ne craignons donc pas d'appliquer à l'aigrette la théorie que nous avons exposée, dans notre article Lépicaune, sur la structure du péricline. Ainsi, nous disons que l'état naturel ou ordinaire de l'aigrette est d'être imbriquée, c'est-à-dire composée de squamellules disposées sur plusieurs rangs circulaires concentriques. L'aigrette de beaucoup de centaurées offre cette disposition de la manière la plus manifeste. Cela posé, l'aigrette unisériée résulteroit de l'avortement de toutes les squamellules, à l'exception de celles formant la rangée intérieure; et l'aigrette double seroit celle dont la rangée intérieure et l'extérieure subsisteroient seules, tandis que la rangée intermédiaire seroit complétement avortée. Remarquez que, dans l'aigrette imbriquée, comme dans le péricline imbriqué, il y a presque toujours une différence plus ou moins sensible, mais graduelle, entre les squamellules des diverses rangées, sous le rapport de leur longueur
26:23 et de leur largeur. Quant à la longueur, les extérieures sont les plus courtes, les intérieures sont les plus longues, et les intermédiaires sont d'une longueur moyenne : cette disposition très-habituelle constitue ce que nous nommons l'imbrication régulière. Quant à la largeur, on peut observer trois dispositions différentes, selon que les squames du péricline, ou les squamellules de l'aigrette, sont plus larges dans la rangée extérieure, ou dans une rangée intermédiaire, ou dans la rangée intérieure. C'est ce que nous exprimons en disant que les squames ou les squamellules sont extradilatées, ou interdilatées, ou intradilatées. Ces remarques donnent le moyen de distinguer bien net-

tement l'aigrette double de l'aigrette imbriquée, et de résoudre les difficultés que présentent certains cas douteux. 26:23
En effet, puisqu'il y a une différence graduelle de longueur et de largeur entre les squamellules des diverses rangées composant une aigrette régulièrement imbriquée, il s'ensuit que si les rangées intermédiaires viennent à manquer, ce qui constitue l'aigrette double, on observera une différence non pas graduelle ou nuancée, mais brusque, subite, bien tranchée, entre les squamellules extérieures et les intérieures. Si, au contraire, la différence entre les extérieures et les intérieures ne se manifeste que par une suite non interrompue de nuances, on ne peut pas admettre que l'aigrette soit double, ce qui supposeroit qu'il y manque les squamellules de degrés intermédiaires; mais il faut dire que cette aigrette est bisériée ou imbriquée, selon qu'elle est composée de deux ou d'un plus grand nombre de rangées concentriques. En appliquant ces principes aux genres ou sous-genres dont il a été traité dans cet article, on reconnoît facilement que l'aigrette est double chez les *vernonia*, *lepidaploa*, *distephanus*, et qu'elle est imbriquée chez les *gymnanthemum*, *achyrocoma*, *ascaricida*.

Nous avons remarqué que les calathides, composant l'épi du *lepidaploa scorpioides*, et celui du *lepidaploa phyllostachya*, s'épanouissoient très-régulièrement l'une après l'autre, de bas en haut, c'est-à-dire, en commençant par la plus inférieure. Cela est contraire à la loi de M. R. Brown, sur l'ordre d'épanouissement des épis composés : car chaque calathide étant un épi simple, l'épi de nos deux *lepidaploa*, qui est formé de la
réunion de plusieurs calathides, est un épi composé, et par 26:24
conséquent cet épi devroit, selon la loi de M. Brown, suivre un ordre d'épanouissement absolument inverse de celui que nous avons observé sur ces plantes. Dans notre premier Mémoire sur la Graminologie, publié dans le Journal de Physique de novembre et décembre 1820, nous avons osé dire (page 423): *En botanique, la seule règle sans exception, est qu'il n'y a point de règle sans exceptions.* Ce principe ainsi énoncé a beaucoup scandalisé certains botanistes, et pourtant il se trouve confirmé à chaque instant par toutes nos observations. (H. Cass.)

26:36 LEPIDOPHORUM. (*Bot.*) Necker distribue les *anthemis* de Linnæus en trois genres, qu'il nomme *lepidophorum*, *anthemis*, *chamæmelum*. Il attribue au premier le péricline globuleux, les fruits tous fertiles, anguleux, et pourvus d'une aigrette composée de quatre squamellules paléiformes. Nous ne devinons pas quelles sont les espèces linnéennes d'*anthemis* qui ont pu lui offrir ces caractères. (H. Cass.)

26:36 LÉPIDOPHYLLE, *Lepidophyllum*. (*Bot.*) [*Corymbifères*, Juss. = *Syngénésie polygamie superflue*, Linn.] Ce genre de plantes, que nous avons proposé, dans le Bulletin des Sciences de décembre 1816 (pag. 199), appartient à l'ordre des synanthérées, et à notre tribu naturelle des astérées, dans laquelle il est voisin des genres *Brachyris*, *Gutierrezia*, *Pteronia*. (Voyez notre article Gutierreze, tom. XX, pag. 100.) Le genre *Lepidophyllum* nous a offert les caractères suivans.

Calathide oblongue, cylindracée, courtement radiée : disque pauciflore (4-6), régulariflore, androgyniflore; couronne irrégulière, unisériée, interrompue, pauciflore (2-3),
26:37 liguliflore, féminiflore. Péricline oblong, subcylindracé, inférieur aux fleurs du disque; formé de squames imbriquées, appliquées, les extérieures ovales, les intérieures oblongues, toutes larges, très-obtuses ou arrondies au sommet, coriaces, à bords latéraux membraneux, un peu ciliés ou frangés. Clinanthe petit, plan, nu. Ovaires oblongs, striés, glabriuscules; aigrette longue, irrégulière, composée de squamellules multisériées, très-nombreuses, très-inégales, dissemblables, laminées, larges, linéaires, membraneuses, frangées sur les bords. Corolles de la couronne, à languette souvent irrégulière. Corolles du disque, à cinq divisions oblongues, munies de nervures surnuméraires. Styles d'astérée.

Nous ne connoissons jusqu'à présent qu'une seule espèce de *lepidophyllum*.

Lépidophylle faux-cyprès : *Lepidophyllum cupressiforme*, H. Cass.; *Baccharis cupressiformis*, Pers., *Syn. pl.*, pars 2, pag. 425; *Conyza cupressiformis*, Lamk., Encycl.; *Athanasia? cupressiformis*, Commers., *Inéd.* C'est un arbuste entièrement glabre; sa tige est ligneuse, épaisse, cylindrique, raboteuse, rameuse; ses rameaux sont très-rapprochés, dressés, tout couverts de feuilles d'un bout à l'autre; les feuilles sont opposées,

rapprochées, comme imbriquées, disposées sur quatre rangées 26:37
longitudinales; chaque feuille, longue de moins d'une ligne,
est sessile, ovale-oblongue, arrondie au sommet, très-épaisse,
coriace-charnue, et paroît, sur l'échantillon sec que nous dé-
crivons, avoir été enduite d'une résine jaune; sa face inférieure
est très-convexe; la supérieure, qui est appliquée contre la
tige ou la feuille d'au-dessus, est comme concave par la
saillie de ses bords; les calathides, longues de trois à quatre
lignes, et composées de fleurs jaunes, sont solitaires et ses-
siles au sommet des rameaux couverts de feuilles jusqu'à la
base du péricline; le disque contient quatre, cinq ou six
fleurs, et la couronne en a deux ou trois; les corolles sont
analogues à celles des *solidago*. Nous avons fait cette descrip-
tion spécifique, et celle des caractères génériques, sur un
échantillon sec de l'herbier de Commerson, faisant partie de
celui de M. de Jussieu.

Commerson, dans une courte description manuscrite de
cette espèce, qu'il rapportoit avec doute au genre *Athanasia*,
dit que c'est un sous-arbrisseau, de deux à trois pieds, tou- 26:38
jours vert; que le péricline est à peu près quarré, parce que
ses squames sont disposées sur quatre rangs, comme les
feuilles; que la calathide n'est point du tout radiée, mais
flosculeuse, et composée ordinairement de cinq ou six fleurs;
que toute la plante est couverte d'une substance visqueuse,
résineuse, luisante, fort tenace, et d'une odeur balsamique.
Ce naturaliste voyageur nous apprend qu'il a trouvé l'arbuste
dont il s'agit, sur les collines voisines de la baie Boucaut, à la
côte des Patagons.

Nous affirmons, malgré l'assertion contraire de Commerson,
que la calathide du *lepidophyllum* est radiée, et nous ajoutons
que ses feuilles sont opposées, ce qui n'avoit point été aperçu
jusqu'ici. Cette plante remarquable, fort mal attribuée avant
nous à l'*athanasia*, au *conyza*, au *baccharis*, devoit constituer
un genre particulier, que nous avons nommé *lepidophyllum*,
pour exprimer que les feuilles ressemblent à des écailles.
Notre genre a, il est vrai, beaucoup d'affinité naturelle avec le
baccharis, qui est, comme lui, de la tribu des astérées; mais il
n'en a point du tout avec l'*athanasia*, qui appartient à la tribu
des anthémidées, ni avec le *conyza*, qui appartient à celle des

26:38 inulées.

Quelques botanistes voudront peut-être réunir en un seul et même genre notre *lepidophyllum* et le *brachyris* de M. Nuttal, quoique, selon nous, ils diffèrent assez pour être distingués génériquement. Dans ce cas, il sera juste de conserver le premier de ces deux noms génériques, et de supprimer le second, car le *lepidophyllum* a été publié à Paris en 1816, et le *brachyris* a été publié à Philadelphie en 1818. (H. Cass.)

26:49 LÉPISCLINE, *Lepiscline*. (*Bot.*) [*Corymbifères*, Juss. = *Syngénésie polygamie égale*, Linn.] Ce genre de plantes, que nous avons proposé, dans le Bulletin des Sciences de février 1818 (pag. 31), appartient à l'ordre des synanthérées, à notre tribu naturelle des inulées, et à la section des inulées-gnaphaliées, dans laquelle nous l'avons placé entre les deux genres *Ixodia* et *Anaxeton*. Voici les caractères du genre *Lepiscline*.

Calathide oblongue, subincouronnée, équaliflore, pluriflore, régulariflore, androgyniflore; offrant très-souvent à la circonférence une ou deux fleurs femelles à corolle plus grêle. Péricline ovoïde-cylindracé, à peu près égal aux fleurs; formé de squames imbriquées, appliquées, les extérieures ovales, scarieuses, les intérieures ayant la partie inférieure oblongue, coriace, et la partie supérieure appendiciforme, dressée, oblongue, arrondie, concave, scarieuse, colorée. Clinanthe petit, plan, garni d'appendices irréguliers, supérieurs aux ovaires, squamelliformes, oblongs, larges, obtus, tronqués ou dentés au sommet. Ovaires oblongs, glabres, pourvus d'un bourrelet basilaire; aigrette composée de squamellules égales, unisériées, contiguës, libres, caduques, filiformes, à partie inférieure très-barbellulée, à partie supérieure presque nue et point épaissie. Corolles à cinq divisions. Anthères munies d'appendices basilaires longs, filiformes-subulés. Styles d'inulée-gnaphaliée.

Lépiscline en cyme: *Lepiscline cymosa*, H. Cass.; *Gnaphalium cymosum*, Linn., *Sp. pl.*, edit. 3, pag. 1195; Pers., *Syn. pl.*,
26:50 pars 2, pag. 418. C'est un arbuste haut de deux à cinq pieds, à tiges ligneuses, rameuses; ses rameaux sont cylindriques, plus ou moins tomenteux, blanchâtres, très-garnis de feuilles; celles-ci sont rapprochées, alternes, étalées, sessiles, semi-amplexicaules, paroissant un peu décurrentes, longues de

six à douze lignes, larges d'environ deux lignes, oblongues-lancéolées, trinervées, un peu coriaces, à bords très-entiers, à sommet terminé par une petite pointe roide, à face supérieure glabre et verte, à face inférieure plus ou moins tomenteuse et blanchâtre; la partie supérieure des rameaux est garnie de feuilles moins rapprochées et plus petites, et leur sommet porte une cyme, ou fausse ombelle corymbée, arrondie, composée de calathides très-nombreuses; tous les rayons de cette cyme naissent à peu près du même point, puis se divisent et se subdivisent irrégulièrement en plusieurs pédoncules; la base de la cyme est entourée d'une sorte d'involucre, formé par environ cinq petites feuilles verticillées, inégales, lancéolées; et il y a de petites bractées lancéolées à la base des ramifications de la cyme; chaque calathide est haute de près de deux lignes, et composée de huit ou dix fleurs, dont quelquefois une ou deux sont des fleurs femelles; le péricline est inférieur aux fleurs, et d'un jaune doré; les corolles sont vertes à la base, rougeâtres en leur partie moyenne, jaunes au sommet. 26:50

Nous avons fait cette description spécifique et celle des caractères génériques sur deux individus vivans, cultivés au Jardin du Roi. Ils avoient l'un et l'autre la tige parfaitement ligneuse, et l'un d'eux s'élevoit à près de cinq pieds. Cependant Linnæus attribue expressément à cette plante la tige herbacée.

La lépiscline en cyme habite le cap de Bonne-Espérance.

Lépiscline a feuilles nues : *Lepiscline? nudifolia*, H. Cass.; *Gnaphalium nudifolium*, Linn., *Sp. pl.*, edit. 3, p. 1196; Berg., *Descr. pl. ex. cap. B. Sp.*, pag. 247; *Anaxeton nudifolium*, Gærtn., *De fruct. et sem. pl.*, vol. 2, pag. 407. Plante herbacée, du cap de Bonne-Espérance, à racine vivace; ses feuilles radicales sont lancéolées-ovales, trinervées, nullement tomenteuses, mais tout-à-fait nues, scabres sur les bords, munies de veines réticulées; la tige est simple, haute d'un pied; sa partie inférieure est pourvue de feuilles plus petites que les radicales, 26:51 et plus lancéolées; sa partie supérieure est nue; les calathides forment un corymbe composé; leur péricline est d'un jaune doré; le clinanthe est, suivant Bergius, garni d'appendices lancéolés, comme échancrés, scarieux, un peu plus longs que

26:51 les ovaires. Nous n'avons point vu cette seconde espèce, que nous attribuons avec quelque doute à notre genre *Lepiscline*, parce que Linnæus dit qu'elle a le clinanthe nu.

Nous avons lieu de croire que l'on confond, sous le nom de *gnaphalium cymosum*, plusieurs espèces de *lepiscline*. En effet, nous avons remarqué, dans l'herbier de M. de Jussieu, deux échantillons qui nous ont paru différer notablement l'un de l'autre. L'un a les calathides épaisses, longues d'une ligne, composées chacune de douze à quinze fleurs, dont deux sont ordinairement femelles, le péricline égal ou même un peu supérieur aux fleurs, et d'un jaune doré très-foncé. L'autre a les calathides minces, longues de deux lignes, composées chacune de cinq fleurs, dont une est ordinairement femelle, le péricline presque égal ou un peu inférieur aux fleurs, et d'un jaune très-pâle. Les deux individus vivans que nous avons observés, nous ont offert aussi quelques différences assez notables.

On peut nous demander pourquoi, dans notre tableau des inulées-gnaphaliées (tom. XXIII, pag. 560), le genre *Lepiscline* ne se trouve point compris dans le petit groupe des gnaphaliées à clinanthe squamellifère. Nous répondons que les appendices, garnissant le clinanthe du *lepiscline*, ne sont point, malgré les apparences, de véritables squamelles, c'est-à-dire, des bractées analogues aux squames du péricline, et dont chacune accompagne extérieurement une fleur. (Voyez tom. X, p. 146.) Les appendices en question sont analogues à ceux de nos *edmondia* (tom. XIV, pag. 252), et à ceux des *leysera* et *leptophytus*, que nous nommons paléoles, car leur concavité est souvent tournée en dehors. Il ne seroit point inexact de considérer le clinanthe du *lepiscline* comme étant très-profondément alvéolé, les cloisons des alvéoles s'élevant plus haut que les ovaires, et se trouvant presque entièrement disjointes.

Comme on pourroit nous reprocher d'avoir reproduit, sous le nom de *lepiscline*, un genre établi long-temps avant nous par
26:52 Gærtner, sous le nom d'*anaxeton*, nous devons donner là-dessus quelques explications.

Gærtner attribue à son genre *Anaxeton* le clinanthe velu, ou paléacé au moins vers la circonférence; et il présente comme type de ce genre le *gnaphalium fœtidum* de Linnæus, en avouant

que cette plante n'appartient pourtant pas au genre *Anaxeton*, 26:52
mais qu'elle lui en a offert par hasard les caractères, sur un
individu affecté d'une sorte de monstruosité accidentelle, et
dont le clinanthe étoit parsemé, vers la circonférence, de
quelques paillettes linéaires. Il nous semble que cette manière
d'établir un nouveau genre, est très-bizarre et peu digne de
l'illustre auteur. Quoi qu'il en soit, Gærtner admet dans son
genre *Anaxeton*, à la suite du faux type de ce genre, trois
espèces qu'il n'a point vues, et dont les caractères génériques,
qu'il emprunte à Bergius, lui paroissent plus ou moins dou-
teux. La première (*anaxeton arboreum*) a le clinanthe laineux;
la seconde (*anaxeton crispum*) a le clinanthe nu, à l'exception
de ses bords qui portent des squamelles analogues aux squames
intérieures du péricline, et son aigrette est crépue; la troi-
sième (*anaxeton nudifolium*) a, selon Bergius, le clinanthe
garni de paillettes lancéolées, presque échancrées, scarieuses,
un peu plus longues que les ovaires; mais Gærtner observe
que Linnæus attribue expressément à cette plante le clinanthe
nu. Des quatre *anaxeton* de Gærtner, il faut nécessairement
exclure le premier, puisqu'il est évidemment et de son aveu,
étranger à ce genre. Les trois autres doivent, selon nous,
d'après les caractères qu'on leur attribue, appartenir indubi-
tablement à trois genres différens; et il nous semble parfaite-
ment convenable, sous tous les rapports, de conserver le nom
générique d'*anaxeton* au premier (*anaxeton arboreum*), qui
deviendroit ainsi le vrai type d'un genre nommé *anaxeton*, et
caractérisé par la calathide composée de cinq fleurs hermaphro-
dites, le péricline petit, presque turbiné, le clinanthe laineux,
l'aigrette composée de squamellules peu nombreuses, fili-
formes. L'*anaxeton crispum* de Gærtner, qui n'est assurément
congénère ni du précédent ni du suivant, deviendra sans
doute par la suite, le type d'un genre particulier, lorsque ses
caractères génériques auront été mieux étudiés. Enfin, l'*ana-
xeton nudifolium*, dont Gærtner avoit fait la dernière espèce
de son genre, comme étant à ses yeux la plus douteuse, devient, 26:53
avec peu de doute, la seconde espèce de notre genre *Lepiscline*,
malgré l'observation de Linnæus, qui nous inspire moins de
confiance que celle de Bergius.

C'est en considérant l'*anaxeton arboreum* comme le type du

26:53 genre *Anaxeton*, que nous avons placé ce genre entre le *lepiscline* et l'*edmondia*, dans la sixième division des gnaphaliées. Mais il faudroit sans doute le placer dans la cinquième division, caractérisée par le clinanthe vraiment squamellifère, si l'on se décidoit à prendre l'*anaxeton crispum* pour type du genre. Nous faisons cette remarque, parce que Necker ayant publié, en même temps que Gærtner, un genre qui paroît avoir pour type l'*anaxeton arboreum*, on jugera peut-être plus convenable de choisir l'*anaxeton crispum* pour le véritable type du genre *Anaxeton*. Dans ce dernier cas, les quatre *anaxeton* de Gærtner se trouveroient employés de la manière suivante : 1.° l'*anaxeton fœtidum* est notre *helichrysum fœtidum*, décrit dans l'article Leontonyx; 2.° l'*anaxeton arboreum* seroit le type du genre *Argyranthus* de Necker, qu'il faudroit adopter sous ce nom, en le limitant et le caractérisant avec plus d'exactitude; 3.° l'*anaxeton crispum* deviendroit le type du genre *Anaxeton* de Gærtner; 4. l'*anaxeton nudifolium* est une espèce douteuse de notre genre *Lepiscline*, lequel genre a pour type le *gnaphalium cymosum*.

Le nom générique de *lepiscline* est composé de deux mots grecs qui signifient écaille et lit, parce que le clinanthe, ou le lit des fleurs, est écailleux, c'est-à-dire, garni d'appendices imitant des écailles. (H. Cass.)

26:64 LEPTÉRANTHE, *Lepteranthus*. (*Bot.*) [*Cinarocéphales*, Juss. = *Syngénésie polygamie frustranée*, Linn.] Ce genre de plantes, proposé par Necker, en 1791, dans ses *Elementa Botanica*, appartient à l'ordre des synanthérées, à la tribu naturelle des centauriées, et à la section des centauriées-prototypes, dans laquelle il est voisin du genre *Jacea*. Voici les caractères que nous lui attribuons, d'après nos propres observations sur le *lepteranthus hygrometricus*, et sur quelques autres espèces du même genre.

Calathide radiée : disque pluri-multiflore, subrégulariflore, androgyniflore; couronne unisériée, anomaliflore, neutriflore. Péricline ovoïde, inférieur aux fleurs du disque; formé de squames régulièrement imbriquées, appliquées, coriaces; les intermédiaires ovales-oblongues, surmontées d'un long appendice coriace-scarieux, hygrométrique, linéaire-subulé, muni sur les deux côtés de longs filets distancés, subulés, pourvus de petites spinules. Clinanthe épais, charnu, planiuscule, garni de fimbrilles nombreuses, inégales, libres, filiformes-laminées. *Fleurs du disque :* ovaire garni de poils capillaires; aigrette semi-avortée, ou quelquefois nulle ; corolle un peu obringente; étamines à filet velu, à anthère pourvue d'un long appendice apicilaire. *Fleurs de la couronne :* faux-ovaire grêle, inaigretté; corolle anomale, a limbe quinquélobé, comme pinnatifide, ou à deux languettes, l'extérieure plus longue et plus large, profondément trilobée, l'intérieure bifide jusqu'à la base. 26:64

On connoît environ douze espèces de *lepteranthus*, dont trois ou quatre sont indigènes en France. Nous allons décrire celle qu'on peut considérer comme le type du genre. 26:65

Leptéranthe hygrométrique : *Lepteranthus hygrometricus*, H. Cass.; *Centaurea phrygia*, Linn., *Sp. pl.*, edit. 3, pag. 1287. C'est une plante herbacée, à racine vivace; ses tiges, hautes d'un pied et demi, sont dressées, anguleuses, striées, pubescentes, presque simples ou un peu rameuses vers le sommet; les feuilles radicales sont longues, ovales-lancéolées, étrécies en pétiole à la base, dentelées sur les bords, un peu rudes au toucher, munies d'une nervure médiaire blanche; les feuilles de la tige sont courtes, embrassantes, dentées et comme oreillées à la base; les calathides peu nombreuses sont terminales, et composées de fleurs purpurines ou quelquefois blanches; les appendices de leur péricline, fortement arqués en dehors tant que l'atmosphère est plus ou moins sèche, se redressent quand elle devient très-humide. Cette espèce habite les prairies des hautes montagnes de France, où elle fleurit en juillet et août. MM. Thuillier et Loiseleur-Deslongchamps prétendent qu'on la trouve aux environs de Paris, dans le parc de Versailles, du côté de Saint-Cyr : mais MM. Decandolle et Mérat n'admettent point cette plante au nombre de celles qui composent la Flore Parisienne.

Les *lepteranthus* étoient attribués par Linnæus à la seconde section, intitulée *Cyani*, de son grand genre *Centaurea.* M. de Jussieu les confondoit dans son genre *Jacea.* Necker a proposé de distinguer, sous le titre de *leptèranthus*, les espèces linnéennes de centaurées, dont les squames du péricline sont recourbées, plumeuses des deux côtés, et dont les graines

26:65 fertiles sont pourvues d'une aigrette sétacée. M. Persoon a un sous-genre *Phrygia*, qui semble, au premier aperçu, correspondre au *lepteranthus* de Necker, mais qui est autrement défini et beaucoup moins restreint. M. Decandolle, dans son premier Mémoire sur les Composées, publié dans le tome XVI des Annales du Muséum d'Histoire naturelle, admet le *lepteranthus* de Necker, mais seulement comme sous-genre, ou section, d'un genre nommé *Cyanus*.

Si l'on compare les caractères génériques du *lepteranthus* avec ceux que nous avons attribués au *Jacea* (tom. XXIV,

26:66 LEPTINELLE, *Leptinella*. (*Bot.*) [*Corymbifères*, Juss. = *Syngénésie polygamie nécessaire*, Linn.] Ce genre de plantes, que nous avons proposé dans le Bulletin des Sciences d'août 1822 (pag. 127), et que nous avons nommé *leptinella*, parce que les deux espèces qui le composent sont des plantes très-menues, appartient à l'ordre des synanthérées, et à notre tribu naturelle des anthémidées, dans laquelle il est voisin des genres *Hippia*, *Cotula* et *Gymnostyles*. Voici ses caractères.

Calathide tantôt unisexuelle, tantôt bisexuelle et discoïde:
26:67 disque multiflore, réguliflore, masculiflore; couronne paucisériée, liguliflore, féminiflore, nullement radiante. Péricline hémisphérique, égal aux fleurs; formé d'environ dix squames à peu près égales, bi-trisériées, appliquées, très-larges, suborbiculaires, presque membraneuses, veinées, scarieuses sur le bord supérieur. Clinanthe nu, subconoïdal. *Fleurs mâles*: faux ovaire petit, oblong, inaigretté; corolle continue au faux ovaire, élargie de bas en haut, à quatre divisions grandes, semi-ovales, divergentes; anthères entre-greffées, exsertes; style long, simple, terminé au sommet par une troncature orbiculaire. *Fleurs femelles*: ovaire grand, obcomprimé, obovale, inaigretté, pourvu d'une bordure sur ses deux côtés; corolle articulée sur l'ovaire, à tube très-large, enflé, ovoïde, à limbe très-court, étroit, fendu sur la face intérieure et tridenté au sommet; style long, à deux stigmatophores très-courts, très-larges, divergens.

LEPTINELLE SCARIEUSE; *Leptinella scariosa*, H. Cass., Bull. des Sc., août 1821, pag. 127. Petite plante herbacée, probablement dioïque. Tige couchée, cylindrique, glabre, produisant çà et là de longues racines filiformes, et des touffes irrégu-

lières de feuilles rapprochées, inégales, portées par un rameau 26:67
raccourci, velu, et accompagnées d'une hampe. Feuilles longues de près d'un pouce, larges de deux ou trois lignes, oblongues-obovales, presque glabres, ou parsemées de quelques poils; à partie inférieure pétioliforme, linéaire, très-élargie et membraneuse à la base; à partie supérieure élargie de bas en haut, pinnatifide, comme lyrée, à divisions ovales, entières, ou quelquefois tridentées. Hampe, ou pédoncule radical, long de sept lignes, grêle, cylindrique, velu, pourvu près de sa base d'une feuille bractéiforme, longue, très-étroite, linéaire, obtuse, et terminé au sommet par une calathide subglobuleuse, de deux ou trois lignes de diamètre, à corolles jaunes.

Nous ne possédons qu'un seul échantillon sec de cette espèce, et il ne porte qu'une calathide, dont les fleurs, extrêmement petites et défigurées ou altérées par la dessiccation et la compression, sont difficiles à observer. Nous avons trouvé dans cette calathide, qui paroît être unisexuelle, vingt-deux fleurs toutes femelles, car aucune ne nous a offert des étamines. Leur ovaire est obcomprimé, obovale-oblong, inaigretté, parsemé de glandes, et pourvu sur ses deux côtés 26:68
d'une petite bordure linéaire, membraneuse. La corolle est articulée sur l'ovaire, parsemée de glandes, à tube long, très-large, enflé, à languette tubuliforme, très-courte, plus étroite que le tube et tridentée. Le péricline est glabre, hémisphérique, égal aux fleurs, formé d'environ dix squames à peu près égales, bi-trisériées, appliquées, très-larges, suborbiculaires, membraneuses, parsemées de glandes, munies d'une nervure médiaire très-ramifiée latéralement, et pourvues au sommet d'une bordure scarieuse, colorée, brune, irrégulièrement et inégalement denticulée. Le clinanthe est subhémisphérique, et ne porte point de stipes, comme celui des vrais *cotula*.

Leptinelle pinnée; *Leptinella pinnata*, H. Cass., Bull. des Sc., août 1822, pag. 128. Très-petite plante herbacée. Tige très-courte, presque dressée, couverte de feuilles très-rapprochées, alternes, longues d'environ six lignes, larges de deux lignes, parsemées de longs poils; pétiole long, extrêmement élargi en sa partie inférieure qui est engaînante, ovale, membraneuse; limbe pinné, à folioles distantes, dont la plupart sont divisées profondément en trois lobes ou lanières lancéo-

26:68 lées, et dont quelques unes sont pinnatifides. Pédoncule axillaire, long de huit ou neuf lignes, grêle, glabriuscule, pourvu près de sa base d'une petite feuille bractéiforme, subulée, et terminé au sommet par une calathide globuleuse, de deux lignes de diamètre, à corolles probablement jaunes.

La calathide de l'échantillon incomplet que nous possédons est bisexuelle et discoïde : son disque est composé de trente fleurs mâles; sa couronne est composée d'environ dix-sept fleurs femelles, qui paroissent disposées à peu près sur deux rangs concentriques, et qui ont la corolle anomale, ambiguë, un peu articulée sur l'ovaire, très-courte, très-large, enflée, subconoïdale, à peine ou point fendue sur la face intérieure, à peine bi-tridentée au sommet. L'ovaire est très-grand, obcomprimé, obcordiforme, échancré au sommet, paroissant muni sur chaque côté d'une bordure épaisse, peu distincte. Le clinanthe est subconoïdal. Le péricline est glabriuscule, hémisphérique, égal aux fleurs, formé d'environ dix squames à peu près égales, trisériées, appliquées, très-larges, suborbiculaires, submembraneuses, un peu coriaces, veinées en
26:69 réseau, un peu scarieuses sur le bord supérieur, qui n'est point coloré comme dans l'espèce précédente.

Nous ignorons l'origine des deux plantes que nous venons de décrire, et que nous avons trouvées parmi d'autres plantes sèches qui nous ont été données par M. Godefroy.

Le genre *Leptinella* diffère du *cotula* par les fleurs du disque qui sont mâles au lieu d'être hermaphrodites, par les fleurs de la couronne pourvues d'une corolle manifeste et distincte de l'ovaire, par le péricline membraneux, et par le clinanthe dépourvu de stipes. Il diffère du *gymnostyles* par les fleurs de la couronne pourvues d'une corolle, par la forme des squames du péricline, par le clinanthe dépourvu de fimbrilles et de stipes, et par la structure du style féminin. Il diffère de l'*hippia* par ses corolles femelles articulées sur l'ovaire, et ligulées, c'est-à-dire, fendues supérieurement sur la face intérieure, par les squames du péricline, et par les corolles mâles à quatre divisions. Cependant la *leptinella pinnata* se rapproche de l'*hippia* par ses caractères, mais la *leptinella scariosa* s'en éloigne beaucoup. (Voyez nos articles Cotule, tom. XI, p. 67; Gymnostyle, tom. XX, pag. 152; Hippie, tom. XXI, pag. 173.)

Les *hippia peduncularis* et *bogotensis* de M. Kunth appar- 26:69
tiennent peut-être à notre genre *Leptinella*. (H. Cass.)

LEPTOPHYTE, *Leptophytus*. (*Bot.*) C'est un sous-genre, que 26:77
nous avons proposé, dans le Bulletin des Sciences de janvier 1817 (pag. 11): il appartient à l'ordre des synanthérées, à notre tribu naturelle des inulées, à la section des inulées-gnaphaliées, et au genre *Leysera*.

Voici ses caractères.

Calathide oblongue, cylindracée, discoïde : disque multiflore, régulariflore, androgyniflore; couronne unisériée, liguliflore, féminiflore. Péricline oblong, cylindracé, supérieur aux fleurs du disque et de la couronne; formé de squames plurisériées, imbriquées, dressées, entièrement appliquées, membraneuses-scarieuses, diaphanes, à l'exception du milieu de leur partie inférieure qui est coriace et vert : les squames extérieures ovales, très-aiguës; les intermédiaires oblongues-lancéolées, submucronées; les intérieures oblongues, aiguës, un peu colorées vers le sommet. Clinanthe plan, pourvu d'une seule rangée circulaire de paléoles situées entre le disque et la couronne, courtes, larges, dentées concaves en dehors, chaque paléole accompagnant intérieurement la base d'une fleur femelle. *Fleurs du disque* : Ovaire pédicellulé, long, grêle, cylindrique, hispide; aigrette composée de cinq squamellules longues, égales, filiformes, barbellulées inférieurement, barbées supérieurement, et de plusieurs squamellules très-
courtes, inégales, irrégulières, paléiformes-laminées, linéaires, 26:78
alternant avec les autres; corolle à tube long, hispide, à limbe court, quinquédenté; filet des étamines jaune; article anthérifère blanc, très-long, filiforme; tube anthéral pourvu d'appendices apicilaires larges, très-obtus, arrondis ou presque tronqués au sommet, et d'appendices basilaires très-peu manifestes; style d'inulée-gnaphaliée. *Fleurs de la couronne* : Ovaire pareil à ceux du disque; aigrette très-courte, composée de squamellules unisériées, inégales, laminées, linéaires, souvent entre-greffées à la base; corolle très-peu plus longue que celles du disque, à tube très-long, hispide, à languette entière ou bidentée au sommet, longue au plus comme la moitié du tube, ordinairement dressée et cachée par le péricline.

26:78 Leptophyte fausse-leysère : *Leptophytus leyseroides*, H. Cass. ; *Gnaphalium leyseroides*, Desf., *Flor. Atlant.* Plante herbacée, annuelle, basse, à tige grêle, roide, cylindrique, pubescente, très-rameuse dès la base. à rameaux très-divergens, étalés horizontalement, garnis de poils capités; feuilles très-irrégulièrement et diversement disposées, alternes, opposées, verticillées ou fasciculées, sessiles, semi-amplexicaules, longues de cinq à dix lignes, très-étroites, linéaires-subulées, épaisses, un peu charnues, vertes, très-peu laineuses en dessous, garnies de poils capités sur les bords et la face supérieure; calathides longues de quatre lignes, étroites, solitaires au sommet de pédoncules terminaux et latéraux, longs d'environ un pouce et demi, nus, très-grêles, très-roides, très-glabres et lisses, rougeâtres ou bruns, criniformes; péricline glabre et lisse, roussâtre vers le sommet; corolles jaunes; celles de la couronne au nombre de quinze environ, dont souvent quelques unes ont la languette dégagée du péricline et arquée en dehors. Nous avons fait cette description spécifique et celle des caractères génériques, sur des individus vivans, cultivés au Jardin du Roi, où ils fleurissent en juin. M. Desfontaines a découvert cette plante dans le royaume de Tunis.

Il est bien évident que le *gnaphalium leyseroides* de M. Desfontaines ne peut pas rester dans le genre *gnaphalium*, et qu'il doit être transféré dans le genre *Leysera*. (Voyez notre article
26:79 Leysère.) Mais on peut douter s'il y a lieu de considérer cette plante comme formant un sous-genre particulier dans le genre *Leysera*, ainsi que nous le proposons. Il nous semble que cette distinction sous-générique est fondée sur des différences suffisantes : car la calathide est radiée chez les vrais *leysera*, discoïde chez le *leptophytus;* le péricline des vrais *leysera* est campaniforme, et ses squames sont surmontées d'un appendice inappliqué, arrondi au sommet, tandis que le péricline du *leptophytus* est oblong, cylindracé, et formé de squames dressées, entièrement appliquées, non appendiculées, très-aiguës au sommet. Ajoutons que la tige des vrais *leysera* est ligneuse, et que celle du *leptophytus* est herbacée. Les botanistes qui ne jugeront pas ces différences suffisantes pour autoriser une distinction sous-générique, devront nommer la plante dont

il s'agit *leysera discoidea*. Cette même dénomination sera 26:79
encore admise par ceux qui, en adoptant notre sous-genre *leptophytus*, soutiendroient l'usage très-abusif de joindre le nom spécifique à celui du genre principal, au lieu de le joindre au nom du genre secondaire, suivant l'ordre naturel des idées.

Il faut bien se garder de prendre pour des squamelles les appendices qui se trouvent sur le clinanthe du *leptophytus*, et que nous nommons paléoles. Une squamelle est une véritable bractée, qui accompagne extérieurement une fleur, et dont par conséquent la concavité est en dedans; une paléole n'est qu'une alvéole dimidiée, qui accompagne intérieurement une fleur, et dont par conséquent la concavité est en dehors. (Voyez tome X, pages 146 et 147.)

Le nom de *leptophytus* est composé de deux mots grecs, qui signifient menue plante. (H. Cass.)

LEPTOPODE, *Leptopoda*. (*Bot.*) Ce genre de plantes, établi, en 1818, par M. Nuttal, dans ses *Genera of north American Plants*, appartient à l'ordre des synanthérées, à la tribu naturelle des hélianthées, et à notre section des hélianthées-héléniées. Voici ses caractères, que nous n'avons point observés, mais que nous empruntons à l'auteur.

Calathide radiée: disque multiflore, régulariflore, androgyniflore; couronne unisériée, multiflore, liguliflore, neutriflore. Péricline court, formé de squames unisériées, foliacées, aiguës. Clinanthe hémisphérique, nu. *Fleurs du disque* : 26:80
Ovaire cylindracé, glabre; aigrette composée de huit à dix squamellules paléiformes, oblongues, obtuses, un peu découpées; corolle à tube petit, à limbe garni de glandes visqueuses, et à quatre ou cinq dents; stigmatophores obtus. *Fleurs de la couronne* : corolle à languette semi-trifide, élargie vers le sommet.

M. Nuttal n'attribue qu'une seule espèce à ce genre.

Leptopode faux-hélénion : *Leptopoda helenioides; Leptopoda helenium*, Nutt., *the Gen. of north Am. Pl.*, vol. 2; *Galardia fimbriata?* Mich., *Fl. bor. Am.* C'est une plante herbacée, très-glabre sur toutes ses parties, à racine vivace : sa tige est simple, haute d'environ trois pieds, grêle, striée, garnie de feuilles peu nombreuses sur ses deux tiers inférieurs, nue et

26:80 pédonculiforme en son tiers supérieur, un peu épaissie au sommet: les feuilles sont alternes, décurrentes; les inférieures longues de six à huit pouces, larges de trois à quatre lignes, linéaires-lancéolées, étrécies vers la base, entières sur les bords, parsemées d'une multitude de petits points; les feuilles supérieures sessiles, linéaires, longues de deux pouces: la calathide, composée de fleurs jaunes, est unique et solitaire au sommet de la partie supérieure pédonculiforme de la tige; les languettes de la couronne sont au moins au nombre de vingt. Cette plante, que nous n'avons point vue, et que nous décrivons d'après M. Nuttal, habite les terrains marécageux et découverts de la Caroline et de la Géorgie; ses feuilles ont un goût un peu douceâtre.

L'auteur du genre *Leptopoda* remarque que ce genre est intermédiaire entre l'*helenium* et le *gaillardia*, et qu'il a surtout beaucoup d'affinité avec l'*helenium*. Ce botaniste propose de former, sous le titre de *galardiæ*, un petit groupe naturel composé des cinq genres *Helenium*, *Leptopoda*, *Actinella*, *Gaillardia*, *Balduina*. Ce groupe, qui nous paroît beaucoup trop restreint dans ses caractères et dans sa composition, fait partie de notre section des hélianthées-hélénieés, dont les limites sont bien plus étendues. (Voyez nos articles Galardies, tom. XVIII, pag. 48, et Héléniées, tom. XX. pag. 346.)

Si l'on compare les caractères génériques du *leptopoda* avec
26:81 ceux de l'*helenium*, que nous avons décrits tom. XX, pag. 348, on reconnoîtra que ces deux genres sont immédiatement voisins, et qu'ils ne diffèrent que par la couronne, féminiflore chez l'*helenium*, neutriflore chez le *leptopoda*, et par le péricline, double chez l'*helenium*, simple chez le *leptopoda*. Les caractères génériques du *leptopoda* diffèrent de ceux du *gaillardia*, que nous avons décrits tome XVIII, page 17, par le péricline imbriqué chez le *gaillardia*, unisérié chez le *leptopoda*, par le clinanthe fimbrillifère chez le *gaillardia*, nu chez le *leptopoda*, par les stigmatophores appendiculés chez le *gaillardia*, inappendiculés chez le *leptopoda*, par les squamellules de l'aigrette surmontées chez le *gaillardia* d'une longue arête qui paroît ne point exister chez le *leptopoda*.

Le genre *Balduina* de M. Nuttal est très-remarquable par

son clinanthe analogue à celui de plusieurs arctotidées; ce clinanthe est hémisphérique, corné, et creusé de cellules profondes dans lesquelles les fruits sont totalement enchâssés. Mais, du reste, les *balduina* ne diffèrent presque point des *gaillardia* par leurs caractères génériques; et nous considérons leur clinanthe comme étant garni de fimbrilles analogues à celles des *gaillardia*, mais entièrement entre-greffées, et formant ainsi les cloisons d'où résultent les alvéoles ou cellules engaînant les fruits. Une *balduina* n'est donc à nos yeux qu'une *gaillardia* dont les fimbrilles du clinanthe sont entre-greffées. 26:81

En général, le clinanthe alvéolé n'a point d'affinité avec le clinanthe squamellifère, mais il en a beaucoup avec le clinanthe fimbrillifère, et les cloisons des alvéoles doivent être considérées comme des assemblages de fimbrilles entre-greffées, à moins qu'on ne préfère considérer les fimbrilles comme résultant de la division des cloisons en lanières. (H. Cass.)

LÉRIE, *Leria*. (*Bot.*) Ce genre de plantes, publié en 1812, dans le Mémoire de M. De Candolle sur les labiatiflores, appartient à l'ordre des synanthérées, et à notre tribu naturelle des mutisiées, dans laquelle il est voisin des genres *Chaptalia* et *Leibnitzia*. Voici les caractères génériques du *Leria*, tels qu'ils résultent de nos propres observations, faites sur la *leria lyrata* et sur la *leria integrifolia*. 26:101

Calathide bicouronnée, discoïde-radiée : disque multiflore, équaliflore, diversiflore, androgyniflore; couronne intérieure non radiante, plurisériée, multiflore, tubuliflore, féminiflore; couronne extérieure radiante, subunisériée, multiflore, liguliflore, féminiflore. Péricline subcampaniforme, ou subcylindracé, tantôt un peu supérieur aux fleurs radiantes, tantôt égal aux fleurs du disque; formé de squames nombreuses, plurisériées, inégales, régulièrement ou irrégulièrement imbriquées, étroites, linéaires-aiguës, membraneuses sur les bords et au sommet. Clinanthe plan, absolument nu. Fruits pédicellulés, oblongs, amincis aux deux bouts, parsemés de petits poils papilliformes, munis de cinq nervures, et surmontés d'un col très-long, très-grêle, filiforme, glabre et lisse; aigrette composée de squamellules nombreuses, iné-

26:101 gales, filiformes, très-fines, à peine barbellulées. *Fleurs du disque* : Corolle variable, à cinq incisions inégalement profondes, formant ordinairement deux lèvres plus ou moins distinctes, l'intérieure bifide jusqu'à la base, l'extérieure inégalement et irrégulièrement tridentée, trilobée ou trifide; tube anthéral pourvu de cinq appendices apicilaires entre-greffés, longs, linéaires, arrondis ou tronqués et quelquefois
26:102 comme denticulés au sommet, et de dix appendices basilaires libres, très-longs, filiformes; style de mutisiée. *Fleurs de la couronne intérieure* : Corolle très-inférieure au style, courte, très-grêle, tubuleuse, irrégulièrement et variablement terminée au sommet, qui est ordinairement oblique et simule fort souvent une très-petite languette; point de fausses étamines. *Fleurs de la couronne extérieure* : Corolle très-supérieure aux stigmatophores, à tube long, étroit, à languette longue, étroite, linéaire, irrégulièrement tridentée au sommet; point de languette intérieure, ni de fausses étamines.

Lérie a feuilles lyrées : *Leria lyrata*, H. Cass.; *An ? Leria nutans*, Kunth, *Nov. gen. et Sp. pl.*, tom. IV, pag. 5 (édit. in-4.°); *An ? Tussilago (Chaptalia) lyrata*, Pers., *Syn. pl.*, *pars* 2, pag. 456; *An ? Tussilago nutans*, Swartz, *Obs. bot.*, pag. 305. Une racine oblique, presque horizontale, probablement vivace, produit une multitude de fibres très-longues, verticales, descendantes, et son extrémité supérieure porte un assemblage de feuilles et de hampes. Les feuilles sont inégales, les plus grandes longues d'environ neuf pouces, y compris le pétiole, larges d'environ deux pouces, glabres et vertes en-dessus, tomenteuses et blanchâtres, grisâtres ou rougeâtres en-dessous; leur pétiole est long et bordé; le limbe est lyré : sa partie supérieure est large, ovale-oblongue, sinuée ou bordée de très-larges crénelures arrondies, et de très-petites dents spinuliformes ou tuberculiformes, irrégulièrement éparses, distantes, saillantes, dirigées un peu en arrière; sa partie inférieure, qui dégénère insensiblement en pétiole, est étroite, sinuée, découpée sur les deux côtés, à lobes arrondis, et à petites dents spinuliformes. Les hampes, longues d'environ un pied à l'époque de la fleuraison, longues d'environ deux pieds à l'époque de la dissémination, sont simples, grêles, cylindriques, absolument privées de

feuilles et de bractées, tomenteuses ou laineuses, grisâtres, 26:102
et chacune d'elles se termine par une calathide, dont le péricline est laineux, subcampaniforme, un peu supérieur aux fleurs radiantes, et dont toutes les corolles sont jaunes, mais souvent plus ou moins colorées en rouge au sommet; les squames du péricline ont souvent aussi le sommet rougeâtre. Une de ces calathides nous a offert environ trente fleurs
hermaphrodites, environ trente fleurs femelles radiantes, et 26:103
plus de deux cent cinquante fleurs femelles non radiantes! mais, dans une autre calathide, nous n'avons trouvé qu'environ seize fleurs hermaphrodites, et environ vingt fleurs femelles radiantes, outre les fleurs femelles non radiantes, dont nous avons négligé de compter le nombre.

Nous avons fait cette description sur plusieurs échantillons secs de l'herbier de M. Desfontaines, recueillis, les uns dans l'île de Saint-Domingue par M. Poiteau, les autres dans l'île de Porto-Rico par M. Riedlé.

Lérie a feuilles entières : *Leria integrifolia*, H. Cass.; *An? Tussilago albicans*, Swartz, *Fl. Ind. occ.*, tom. 3, pag. 1348. Les racines sont filiformes. Les feuilles, toutes radicales, sont inégales, longues d'environ trois pouces, larges d'environ dix lignes, un peu coriaces, étrécies inférieurement en pétiole; leur limbe est ovale-lancéolé, un peu aigu, presque entier, ou bordé seulement de denticules spinuliformes ou tuberculiformes, un peu dirigés en arrière; la face inférieure est tomenteuse et blanche; la supérieure est d'abord laineuse, puis glabre et verte. La hampe, haute de six à huit pouces, est simple, nue, cylindrique, tomenteuse, blanche, terminée par une calathide qui paroît être penchée, et composée de fleurs jaunes; le péricline est tomenteux, subcylindracé, égal aux fleurs du disque; les appendices apicilaires du tube anthéral sont tronqués et comme denticulés au sommet.

Nous avons fait cette description sur deux échantillons secs de l'herbier de M. de Jussieu, recueillis par Commerson dans les environs de Montevideo; l'un de ces deux échantillons porte des fleurs, et l'autre des fruits mûrs: ce dernier, étant plus grand que l'autre dans toutes ses parties, nous fait présumer que la plante acquiert de l'accroissement après la fleuraison.

26:103 Le genre *Tussilago* avoit été fort bien défini et limité par Tournefort, qui n'y admettoit que le *Tussilago farfara*, et qui lui attribuoit pour caractères la calathide radiée et le péricline unisérié. Vaillant a gâté ce genre, en associant à l'espèce qui en est le type primitif, d'autres espèces non congénères, appartenant au *Gerberia*, et en supposant que le péricline des *tussilago* pouvoit être imbriqué. Linné a
26:104 mal à propos réuni au genre *Tussilago* les *petasites* de Tournefort et de Vaillant; et, par une bizarrerie singulière, il a placé à la tête du genre quatre espèces qui n'appartiennent réellement ni au vrai *Tussilago* ni au vrai *Petasites* : la première (*Tussilago anandria*) est une *Leibnitzia*; la seconde (*Tussilago nutans*) est une *Leria;* la troisième (*Tussilago dentata*) est une *Chaptalia*[1]; la quatrième (*Tussilago alpina*) est une *Homogyne*. Un genre ainsi composé d'espèces hétérogènes ne pouvoit être que fort mal caractérisé. Linné, dans son *Genera plantarum*, attribue au genre *Tussilago* le péricline formé de squames égales, le disque androgyniflore, et l'aigrette stipitée, c'est-à-dire, le fruit collifère. Aucune des espèces linnéennes de *Tussilago* ne réunit ces trois caractères, dont l'auteur n'a pu concevoir le monstrueux assemblage qu'en forgeant un type imaginaire, auquel il a gratuitement accordé le péricline du vrai *Tussilago*, du *Petasites*, de l'*Homogyne*, le disque de l'*Homogyne*, du *Leria*, du *Leibnitzia*, et les fruits du *Leria*. Le péricline est formé de squames inégales; plurisériées, imbriquées, chez les *Leibnitzia*, *Leria*, *Chaptalia;* le disque est masculiflore chez les vrais *Tussilago* et *Petasites*, androgyni-masculiflore chez le *Chaptalia;* l'aigrette est sessile, ou plutôt le fruit est privé de col, chez les vrais *Tussilago*, *Petasites*, *Homogyne*, *Chaptalia*. Adanson a rétabli les deux genres *Tussilago* et *Petasites* de Tournefort. M. de Jussieu, réunissant, comme Linné, les *Petasites* au vrai *Tussilago*, a aussi, comme lui, admis pour

---

1 Nous avons très-soigneusement analysé la calathide d'une plante sèche, étiquetée *tussilago dentata*, Linn., dans l'herbier de M. de Jussieu, et cette calathide nous a offert tous les caractères propres au genre *Chaptalia* de Ventenat. Si donc l'étiquette est exacte, il est certain que le *tussilago dentata* de Linnæus est une véritable espèce de *chaptalia*, qu'il faut nommer *chaptalia dentata*.

caractères de ce genre le péricline de squames égales, uni- 26:104
sériées, et les fruits collifères. Gærtner a distingué de nouveau les *Petasites* du vrai *Tussilago*, et il a reconnu, avec son exactitude accoutumée, que, dans ces deux genres, les fruits étoient privés de col, et que le péricline étoit unisérié; mais il est tombé dans la même erreur que Linné et tous les autres botanistes, à l'égard du sexe des fleurs du disque. Necker
a divisé le genre *Tussilago* de Linné en quatre genres, qu'il 26:105
a nommés *Thyrsanthema*, *Petasites*, *Atasites*, *Tussilago*. Il est assez vraisemblable que son *Thyrsanthema* correspond au *Leria* de M. De Candolle; il est plus douteux que son *Atasites* corresponde à notre *Gerberia*; et l'on doit croire que les *Petasites* et *Tussilago* de Necker sont en concordance avec les *Petasites* et *Tussilago* de Tournefort et Gærtner. Mais, ce qu'il y a de plus clair, c'est que les quatre genres de Necker sont des énigmes impossibles à deviner avec certitude, parce que l'auteur, suivant sa coutume, n'a indiqué aucune des espèces qui les composent, et que les descriptions caractéristiques de ces genres contiennent les plus grossières absurdités. Pour justifier une critique aussi dure, il nous suffira de dire que, d'après les descriptions de Necker, le caractère unique distinguant le *Thyrsanthema* de l'*Atasites* et le *Petasites* du *Tussilago* consisteroit en ce que la calathide du *Thyrsanthema* et celle du *Petasites* sont composées de fleurs nombreuses, tandis que la calathide des deux autres genres ne contient qu'une seule fleur! et ce qu'il y a de plus curieux, c'est que ces calathides, dites uniflores, de l'*Atasites* et du *Tussilago* ont pourtant, selon Necker, un disque composé de plusieurs fleurons et une couronne composée de plusieurs demi-fleurons. La calathide multiflore du *Thyrsanthema* et la calathide uniflore de l'*Atasites* ont le péricline imbriqué; tandis que la calathide multiflore du *Petasites* et la calathide uniflore du *Tussilago* ont le péricline unisérié. Mœnch a suivi l'exemple de Gærtner, en adoptant le *Tussilago* et le *Petasites* de Tournefort. Ventenat, dans sa Description du jardin de Cels, a établi le genre *Chaptalia* sur une seule espèce, que Willdenow et Michaux attribuent au genre *Tussilago*, dont elle est pourtant bien distincte. Ce genre *Chaptalia* revendique aussi, selon nous, le *Tussilago*

26:105 *dentata* de Linné. M. De Candolle, dans la Flore françoise,
distribue les espèces indigènes du genre *Tussilago* de Linné
en trois sections qui, selon lui, doivent peut-être former
trois genres distincts. La première section, qu'il intitule
Farfara, est le vrai *Tussilago* de Tournefort et Gærtner;
la seconde, qu'il intitule *Tussilago*, correspond à notre genre
Homogyne; la troisième, intitulée *Petasites*, correspond au
26:106 *Petasites* de Tournefort et de Gærtner. M. Persoon, dans son
Synopsis plantarum, admet dans le genre *Tussilago* un sous-genre, qu'il intitule *Chaptalia*, et à la tête duquel il place l'espèce sur laquelle Ventenat a fondé le genre ainsi nommé : mais, au lieu d'attribuer à ce groupe l'aigrette sessile, expressément assignée par Ventenat à son *Chaptalia*, M. Persoon lui attribue, en général et sauf exceptions, l'aigrette stipitée. Les sept espèces qu'il comprend dans ce groupe doivent, selon lui, être séparées du genre *Tussilago*, pour être réunies au genre *Perdicium*, ou pour former un genre particulier, distingué par le port et surtout par l'aigrette stipitée. La première de ces sept espèces est le type du vrai genre *Chaptalia* de Ventenat, qui a l'aigrette sessile; les deux suivantes appartiennent au genre *Leria* de M. De Candolle, qui a l'aigrette stipitée; la quatrième est une véritable *Chaptalia*; les cinquième et sixième nous ont offert certains caractères qui nous paroissent suffisans pour constituer deux genres ou sous-genres distincts; la septième et dernière est le type de notre genre *Chevreulia*.

M. De Candolle a proposé le genre *Leria* dans son Mémoire sur les Labiatiflores, publié d'abord, en 1812, dans le tome 19 des Annales du Muséum d'histoire naturelle. Ce genre, dédié à Léri, ancien voyageur françois, qui visita, dès le quinzième siècle, l'Amérique méridionale, est placé par M. De Candolle à la fin de ses Labiatiflores douteuses et fort loin du *Chaptalia* de Ventenat. L'auteur du *Leria* le caractérise ainsi : Involucre à folioles disposées sur un seul rang; fleurons très-menus; les extérieurs ligulés, probablement femelles; les intérieurs hermaphrodites, probablement bilabiés; aigrette pileuse, stipitée; réceptacle nu; herbes à feuilles radicales, entières, ou sinuées-lyrées, à hampes uniflores. M. De Candolle attribue à ce genre le *Tussilago nutans* de Linnæus, les *Tussilago pumila, albicans* et *lyrata* de Swartz, et avec doute les *Tussilago exscapa* et *sarmentosa* de Persoon. Enfin, il remarque que son *Leria* est certainement distinct du *Tussilago* par le port et l'aigrette stipitée; mais il avoue n'avoir pu reconnoître sur le sec la véritable structure des fleurons. 26:106

Le genre *Leria* de M. De Candolle n'est donc pas autre chose que le sous-genre *Chaptalia*, antérieurement publié par M. Persoon, et dont M. De Candolle a éliminé deux espèces qui, ayant l'aigrette sessile, appartiennent au genre *Chaptalia* de Ventenat. Mais il y a beaucoup moins d'erreurs dans la description caractéristique de M. Persoon, que dans celle de M. De Candolle. Ce dernier, en attribuant au *Leria* le péricline unisérié et l'aigrette stipitée, semble avoir calqué les caractères attribués par Linné au *Tussilago*. Ce qui n'est pas moins étonnant, c'est que M. De Candolle paroît n'avoir pas même soupçonné l'affinité si intime et si évidente qui existe entre son *Leria* et le *Chaptalia* de Ventenat, quoiqu'elle lui fût indiquée par M. Persoon, qui avoit réuni les deux genres sous le titre commun de *Chaptalia*. Des six espèces admises par M. De Candolle dans le genre *Leria*, il n'y en a, selon nous, que deux qui lui appartiennent bien certainement: ce sont les *Tussilago nutans* de Linné et *albicans* de Swartz. Nous nous sommes déjà expliqué sur les *Tussilago pumila, exscapa* et *sarmentosa*. Quant à la citation faite par M. De Candolle d'un *Tussilago lyrata* de Swartz, c'est sans doute une erreur; car nous ne trouvons dans les *Observationes botanicæ* de Swartz que le *Tussilago nutans*, et dans sa *Flora Indiæ occidentalis* que les *Tussilago albicans* et *pumila*. Il est probable que M. De Candolle a voulu parler du *Tussilago* (*Chaptalia*) *lyrata* de M. Persoon; mais alors c'est un double emploi, car cette espèce est la même que le *Tussilago nutans*. Cela nous fournit l'occasion de faire remarquer que M. Persoon a, par inadvertance, admis le même nom spécifique de *lyrata* pour deux espèces bien différentes de son genre *Tussilago*: l'une, numérotée 2, est notre *Leibnitzia phænogama;* l'autre, numérotée 18, est notre *Leria lyrata*. Le même auteur a commis une faute semblable dans le genre *Conyza*, où il admet deux fois le nom spécifique 26:107

26:107 de *Chinensis.*

M. Kunth a décrit, dans ses *Nova genera et species plantarum*, sous le nom de *Leria nutans*, une plante qu'il croit être le *Tussilago nutans* de Linné, et qui est peut-être aussi notre *Leria lyrata.* Cependant nous remarquons entre sa description et la nôtre plusieurs différences qui nous inspirent des doutes. En effet, ce botaniste ne trouve, dans la cala-
26:108 thide de son *Leria*, que deux sortes de fleurs, dont vingt ou trente femelles, à corolle presque biligulée, forment une couronne radiante; toutes les autres, en très-grand nombre, sont hermaphrodites, à corolle presque labiée, et forment le disque; les corolles de la couronne sont purpurines, et ont deux languettes, dont l'intérieure est peu manifeste, très-petite et bipartie; les corolles du disque sont très-grêles, élargies supérieurement, et elles ont deux lèvres, l'extérieure tridentée, l'intérieure bifide; les ovaires et les fruits mûrs sont glabres. Si la plante décrite par M. Kunth étoit de même espèce que celle décrite par nous, on ne concevroit pas comment un aussi habile observateur auroit pu ne pas apercevoir dans la calathide du *Leria* la couronne intérieure non radiante, disposée sur plusieurs rangs, et composée de plus de deux cent cinquante fleurs femelles, à corolle tubuleuse. Ajoutons que, dans notre plante, les corolles de la couronne radiante ne sont point purpurines, mais jaunes, avec le sommet quelquefois plus ou moins rougeâtre, et surtout qu'il n'y a aucun vestige de languette intérieure; enfin, les ovaires sont hérissés de poils courts, et les fruits mûrs eux-mêmes ne sont point glabres. Quoi qu'il en soit sur l'identité ou la diversité des deux plantes, les caractères génériques attribués par nous aux *Leria* ne s'accordent ni avec ceux décrits en détail par M. Kunth, ni avec ceux légèrement esquissés par M. De Candolle. Nous ne pouvons pas prétendre que nos observations soient préférées à celles de deux savans infiniment supérieurs à nous par le crédit dont ils jouissent; mais il nous sera permis de dire que nous avons apporté l'attention la plus scrupuleuse dans l'étude assez difficile des caractères en question.

Maintenant, si nous comparons notre description de la *Leria lyrata* avec celle du *Tussilago nutans*, faite par Swartz

dans ses *Observationes botanicæ*, nous trouvons aussi plusieurs 26:108
différences; car, selon Swartz, sa plante est annuelle, le péricline est plus court que les fleurs radiantes, et ses squames sont lancéolées-ovales, les corolles du disque sont blanches, celles de la couronne radiante sont bifides et purpurines.

La description du *Tussilago albicans*, faite par le même botaniste, dans sa *Flora Indiæ occidentalis*, ne s'accorde pas
non plus entièrement avec notre description de la *Leria in-* 26:109
tegrifolia, puisque Swartz attribue à sa plante une racine simple, verticale, la hampe de couleur rouge, ordinairement haute d'un pied, et les corolles blanches.

Quant à la couleur des corolles, nous devons faire remarquer que nous n'avons étudié nos deux espèces de *Leria* que sur des échantillons secs, où cette couleur pouvoit être altérée. Tout ce que nous pouvons affirmer à cet égard, c'est que, dans l'état sec, les corolles sont très-manifestement jaunes chez les deux espèces.

Au reste, quand même il seroit bien prouvé que nos *Leria lyrata* et *integrifolia* sont parfaitement identiques avec les *Tussilago nutans* et *albicans* de Swartz, il n'en seroit pas moins évident que les noms spécifiques de *lyrata* et *integrifolia*, qui caractérisent exactement les deux espèces, sont très-préférables à ceux de *nutans* et *albicans*, qui ne les distinguent point du tout.

Le genre *Leria* est, comme notre *Lasiopus* et plusieurs autres genres de la tribu des mutisiées, remarquable par la diversité des corolles de la calathide. Les corolles de la couronne extérieure radiante sont un peu inégales et un peu dissemblables; celles de la couronne intérieure non radiante sont encore plus variées, quelques-unes d'elles étant ambiguës et imitant plus ou moins, soit les corolles de la couronne extérieure, soit les corolles du disque. Enfin, le disque offre toutes les nuances qu'on peut concevoir entre la corolle labiée et la corolle régulière. Il ne faut pas en conclure, comme M. Kunth, que la labiation de la corolle mérite peu d'attention, et qu'une tribu fondée sur ce caractère ne peut pas être naturelle; mais il faut dire que, la labiation de la corolle étant souvent peu manifeste et quelquefois même entièrement effacée, il faut fortifier ce caractère par l'ad-

26:109 jonction de ceux que peuvent fournir les autres organes floraux. C'est ce que MM. Lagasca et De Candolle avoient imprudemment négligé de faire pour leurs Chénantophores ou Labiatiflores; mais nous avons eu grand soin de procurer cet avantage à nos Mutisiées et Nassauviées. (Voyez tom. XX, pag. 378 et 379.) Au surplus, toutes les anomalies de la labiation, dans le disque des *Leria*, résultent de ce que les
26:110 deux incisions qui forment les trois divisions de la lèvre extérieure sont très-souvent profondes et inégales.

Le col qui surmonte l'ovaire des *Leria*, est déjà bien manifeste et d'une longueur remarquable à l'époque de la fleuraison; mais il est alors épais, cylindrique : c'est en mûrissant qu'il devient filiforme en s'alongeant et s'amincissant considérablement.

Les squames du péricline, chez la *Leria lyrata*, sont-elles entièrement appliquées, ou bien leur partie supérieure est-elle inappliquée et appendiciforme? N'ayant vu que des échantillons secs, nous ne pouvons rien affirmer sur cette question : cependant nous soupçonnons que la partie supérieure des squames est appendiciforme et inappliquée, parce que nous avons remarqué que cette partie supérieure avoit, comme le limbe de la feuille, une seule nervure ramifiée sur les côtés, tandis que la partie inférieure avoit, comme le pétiole, plusieurs nervures simples. Or, nous avons établi (tom. X, pag. 148) que la squame proprement dite est un rudiment de pétiole, et que son appendice est un rudiment du limbe de la feuille.

Il paroît, d'après les descriptions de Swartz, que son *Tussilago nutans*, qui est probablement notre *Leria lyrata*, n'a la calathide penchée que durant la fleuraison; tandis qu'au contraire son *Tussilago albicans*, qui est probablement notre *Leria integrifolia*, n'a la calathide penchée qu'après la fleuraison. On peut trouver quelque intérêt à comparer ces observations de Swartz avec celles que nous avons faites sur le *Tussilago farfara*, et qui se trouvent consignées dans notre Mémoire sur la dissémination des Synanthérées, inséré au Bulletin des Sciences de 1821, pag. 92. Dans l'état de préfleuraison et dans l'état de fleuraison, la hampe monocalathide du *Tussilago farfara* est parfaitement droite d'un bout à l'autre :

mais, après la fleuraison, la partie supérieure de cette hampe 26:110
se courbe peu à peu avec rigidité, jusqu'à ce qu'elle devienne parallèle à la partie inférieure, en sorte que la base de la calathide se trouve tournée vers le ciel, et son sommet vers la terre; en même temps la hampe s'alonge considérablement. Nous avons remarqué que sa courbure étoit hygrométrique, de manière que la calathide se redressoit presque horizonta-
lement pendant la nuit et dans les temps humides, et qu'elle 26:111
s'abaissoit complétement pendant le jour et quand le temps étoit sec. Au bout d'un assez long temps, la hampe cesse d'être courbe et reprend sa rectitude primitive; et quelque temps après cette révolution le péricline se renverse ou se réfléchit parallèlement à son support; le clinanthe, de plan qu'il étoit, devient convexe; les aigrettes s'étalent par la divergence de leurs rayons et forment ensemble un globe, comme dans le pissenlit. Nous avouons franchement que nous ne pouvons expliquer ni la cause efficiente ni la cause finale de la courbure de la hampe, qui suit la fleuraison et qui précède la dissémination; mais l'élongation de cette hampe a un but facile à comprendre, puisqu'en élevant la calathide au-dessus du sol, elle l'expose d'autant plus à l'action de l'air et des vents.

Avant de finir cet article, nous devons noter les différences qui distinguent le genre *Leria* du genre *Chaptalia* de Ventenat, et celles qui le distinguent de notre genre *Leibnitzia*. (Voyez nos articles Chaptalie, tom. VIII, p. 161; et Leibnitzie, tom. XXV, pag. 420.) Le *Leria* diffère du *Chaptalia* en ce que le disque est androgyniflore, que la couronne intérieure non radiante est plurisériée, et que les fruits sont collifères, chez le *Leria;* au lieu que le disque est androgynimasculiflore, que la couronne intérieure non radiante est unisériée, et que les fruits ne sont point collifères, chez le *Chaptalia*. Le *Leria* diffère du *Leibnitzia*, en ce qu'il y a deux couronnes féminiflores, distinctes par la situation et par la structure des fleurs qui les composent, que les corolles radiantes n'ont point de languette intérieure, que le clinanthe est absolument nu, que les fruits ont un col très-long, très-grêle, filiforme, que les appendices apicilaires du tube anthéral sont arrondis ou tronqués au sommet, et

26:111 que ses appendices basilaires sont très-longs, chez le *Leria;* tandis qu'il n'y a qu'une seule couronne féminiflore, que les corolles radiantes ont une très-petite languette intérieure, que le clinanthe est profondément fovéolé, que la partie supérieure des fruits forme un large col vide, peu distinct extérieurement de la partie inférieure séminifère, que les appendices apicilaires du tube anthéral sont aigus,
26:112 et que ses appendices basilaires sont courts, chez le *Leibnitzia.*

Les *Leria*, *Chaptalia*, *Leibnitzia* démontrent l'affinité qui existe entre les Mutisiées et les Tussilaginées, ce qui justifie le rapprochement immédiat de ces deux tribus naturelles, et la place que nous leur avons assignée dans notre classification.

Le genre *Leria* appartient aux *corymbifères* de M. de Jussieu, et à la *syngénésie polygamie superflue* de Linné. (H. Cass.)

26:151 LEUCHÉRIE, *Leucheria.* (*Bot.*) Ce genre de plantes, publié, en 1811, dans la Dissertation de M. Lagasca sur les Chénanthophores, appartient à l'ordre des synanthérées et à notre tribu naturelle des nassauviées. Voici ses caractères,
26:152 tels qu'ils nous paroissent résulter de la description faite par l'auteur.

Calathide incouronnée, radiatiforme, multiflore, labiatiflore, androgyniflore. Péricline subhémisphérique, formé de squames probablement subunisériées. Clinanthe plan, ponctué, un peu fovéolé, portant près de ses bords une rangée circulaire de squamelles analogues aux squames du péricline, et séparant les fleurs marginales des autres fleurs. Fruits non collifères, pourvus d'une aigrette molle, composée de squamellules filiformes, barbellulées. Corolles à deux lèvres, l'intérieure bipartie et roulée en spirale.

Les leuchéries sont des plantes herbacées, ordinairement tomenteuses, blanchâtres, à feuilles alternes, sessiles, pinnatifides, à calathides pédonculées, terminales, souvent corymbées, composées de fleurs purpurines ou jaunâtres.

M. Lagasca n'a indiqué ni le nombre, ni les noms, ni les caractères, ni les habitations des espèces qu'il attribue à son genre *Leucheria.* Il place ce genre entre le *Perezia* et le *La-*

siorrhiza, dans une section caractérisée par le clinanthe nu, parce qu'il considère les squamelles du clinanthe comme étant les squames intérieures du péricline. 26:152

M. De Candolle, dans son Mémoire sur les Labiatiflores, publié en 1812, a présenté, sous le nom de *Leucaeria*, le genre *Leucheria* de M. Lagasca, et il l'a placé entre le *Clarionea* et le *Chaptalia*.

Nous avons déjà plusieurs fois fait remarquer que, bien que les squames du péricline et les squamelles du clinanthe soient absolument de même nature, et qu'elles doivent être confondues ensemble par le physiologiste sous la dénomination commune de bractées, il est néanmoins indispensable pour la botanique descriptive de les distinguer nettement; et que le seul moyen d'établir convenablement cette distinction, c'est de nommer squames du péricline toutes les bractées qui se trouvent situées plus en dehors que les fleurs les plus extérieures de la calathide, et squamelles du clinanthe toutes les bractées qui se trouvent situées plus en dedans que ces mêmes fleurs. C'est pour nous conformer à cette règle que nous avons présenté la description générique du *Leucheria* tout autrement, en apparence, que l'auteur de ce genre.

Le nom générique est composé de deux mots grecs qui 26:153
signifient laine blanche, parce que les leuchéries sont tomenteuses et blanchâtres. (H. Cass.)

LEUCOPHYTE, ***Leucophyta***. (***Bot.***) Ce genre de plantes 26:158
indiqué, en 1817, par M. Robert Brown, dans ses Observa- 26:159
tions sur les Composées, appartient à l'ordre des synanthérées, à notre tribu naturelle des inulées, et à la section des inulées-gnaphaliées. Voici ses caractères, tels qu'ils résultent de nos propres observations.

Calathide oblongue, obovoïde, incouronnée, équaliflore, triflore, réguliflore, androgyniflore. Péricline à peu près égal aux fleurs; formé d'environ dix squames paucisériées, à peu près égales, appliquées, obovales-oblongues, membraneuses-scarieuses, non colorées, coriaces dans le milieu de leur largeur, laineuses au sommet sur leur face externe. Clinanthe ponctiforme et nu. Ovaires pédicellulés, obovoïdes, couverts de glandes; aigrette longue, égale à la corolle, blanche, composée de squamellules unisériées, égales, libres

26:159 ou entregreffées à la base, filiformes-laminées, linéaires, flexueuses, nues à la base, garnies du reste sur les deux côtés de longues barbes épaisses. Corolles à cinq divisions. Anthères pourvues de longs appendices basilaires subulés. Styles de gnaphaliée. = Capitule globuleux, composé de calathides nombreuses, sessiles. Involucre court, composé de bractées foliiformes, subunisériées, à peu près égales, appliquées. Calathiphore conoïdal ou ovoïde, nu.

Leucophyte de Brown; *Leucophyta Brownii*, H. Cass. Arbuste entièrement tomenteux et blanc ou blanchâtre. Tige ligneuse, haute d'un pied (dans l'échantillon incomplet que nous décrivons), très-rameuse, très-garnie de feuilles, ainsi que ses branches. Feuilles rapprochées, alternes, sessiles, dressées, longues de quatre lignes, larges de deux tiers de ligne, linéaires, obtuses, un peu spatulées, très-entières, épaisses. Capitules terminaux, globuleux, ayant trois ou quatre lignes de diamètre. Corolles jaunes.

Nous avons fait cette description spécifique, et celle des caractères génériques, sur plusieurs échantillons secs qui se trouvent dans l'herbier de M. de Jussieu. Ces échantillons, recueillis sur la côte occidentale de la Nouvelle-Hollande, près le port du Roi George, et sur la côte australe, près le détroit de Bass, nous ont offert quelques différences: en effet, il y a des échantillons qui sont verdâtres, au lieu d'être blancs; il y en a dont les feuilles sont courtes, squamiformes,
26:160 étrécies de bas en haut; il y en a dont les feuilles sont distantes les unes des autres. Si, comme nous le croyons, toutes ces différences ne constituent que de simples variétés, il faut en conclure que la *Leucophyta Brownii* est une espèce très-variable.

M. Rob. Brown, dans ses Observations sur les Composées, après avoir parlé du genre *Craspedia* ou *Richea*, ajoute ce qui suit: « J'ai trouvé à la Nouvelle-Hollande un genre voisin (*Calocephalus*), qui diffère du *Craspedia* ou *Richea* « par l'absence des bractées, par les réceptacles partiels dénués de paillettes, et par les rayons de l'aigrette plumeux « seulement dans la partie supérieure. J'ai aussi un autre « genre (*Leucophyta*), de la même tribu et de la même « contrée, qui diffère du *Calocephalus*, parce qu'il y a un

« involucre général composé d'un petit nombre de bractées 26:160
« courtes, que les écailles des involucres partiels sont con-
« caves et barbues au sommet, et que les rayons de l'aigrette
« sont plumeux d'un bout à l'autre, comme dans le *Craspe-*
« *dia*, dont le *Leucophyta* diffère par l'absence des paillettes
« sur les réceptacles partiels et par un port très-remarqua-
« ble. » (Voy. le Journal de physique de Juin 1818, p. 409.)

Nous n'avons pas connoissance que M. Brown ait publié depuis, dans quelque autre ouvrage, une description plus complète de son genre *Leucophyta*; et nous n'avions point encore observé cette plante[1] à l'époque où nous avons rédigé l'article Inulées pour le tome XXIII de ce Dictionnaire. Les notions très-superficielles, données par M. Brown sur le *Leucophyta*, n'étoient pas à beaucoup près suffisantes pour nous révéler les véritables affinités naturelles de ce genre, et nous avons dû présumer, d'après les expressions de l'auteur, que le *Leucophyta* étoit immédiatement voisin du *Richea* et du *Calocephalus* : c'est pourquoi nous l'avons placé entre ces deux genres, dans notre tableau des inulées (tome XXIII, pag. 563). Mais, depuis la rédaction de cet article, qui a été terminée en Septembre 1821, ayant observé nous-même avec

1 C'est par erreur que, dans nôtre tableau des inulées (tom. XXIII, pag. 563) le nom du genre *Leucophyta* se trouve précédé d'un astérisque, au lieu d'une croix.

soin tous les caractères du *Leucophyta*, nous avons reconnu 26:161
que sa tige n'étoit point herbacée, mais ligneuse, et qu'il avoit beaucoup plus d'affinité avec le genre *Stæbe* qu'avec le genre *Richea* : d'où il suit qu'il doit être retiré de la place où nous l'avions mis, pour être plus convenablement rangé entre les deux genres *Stæbe* et *Disparago*, dans le groupe des inulées-gnaphaliées, à calathides rassemblées en capitule et à tige ligneuse. Nous prions nos lecteurs de vouloir bien faire eux-mêmes, dans notre tableau des inulées, la rectification que nous leur indiquons ici. Ils pourront se convaincre, en consultant notre article Craspédie (tom. XI, p. 355), que le genre *Leucophyta* étoit mal placé auprès du genre *Richea*. La principale différence qui distingue le *Leucophyta* des véritables *Stæbe*, nous paroît consister en ce que la ca-

26:161 lathide du *Leucophyta* est composée constamment de trois fleurs, tandis que celle des *Stæbe* n'en contient qu'une seule.

Le genre *Leucophyta* appartient aux *corymbifères* de M. de Jussieu, et à la *syngénésie polygamie séparée* de Linné. Le nom générique est composé de deux mots grecs qui signifient *plante blanche*. (H. Cass.)

26:179 LEUZÉE, *Leuzea*. (*Bot.*) Ce genre de plantes, établi, en 1805, par M. De Candolle, dans la Flore françoise, et dédié par l'auteur à M. Deleuze, appartient à l'ordre des synanthérées, et à notre tribu naturelle des carduinées, dans laquelle il faut le placer entre les deux genres *Rhaponticum* et *Fornicium*. Voici les caractères génériques du *Leuzea*, que nous n'avons point observés, mais que nous empruntons aux deux ou trois descriptions publiées par M. De Candolle, et à la figure qui accompagne l'une d'elles.

Calathide incouronnée, équaliflore, multiflore, réguliflore, androgyniflore. Péricline ovoïde-subglobuleux, presque égal aux fleurs; formé de squames régulièrement imbriquées, dressées, grandes, scarieuses, non épineuses, les extérieures arrondies et un peu déchirées au sommet, les intérieures plus longues, aiguës et entières. Clinanthe planiuscule, peu charnu, garni de longues fimbrilles sétiformes, entregreffées à la base. Fruits obovoïdes-oblongs, tuberculeux, ayant l'aréole basilaire non-oblique; aigrette longue, composée de squamellules plurisériées, égales, filiformes, barbées, adhérentes à un anneau caduc. Stigmatophores entregreffés.

Leuzée conifère: *Leuzea conifera*, Decand., Fl. fr., tome 4, p. 109; Ann. du Mus. d'hist. nat., tome 16; *Centaurea conifera*, Linn., *Sp. pl.*, édit. 3, p. 1294. C'est une plante herbacée, bisannuelle ou vivace, dont la tige, haute à peine de
26:180 sept ou huit pouces, est simple, droite, cotonneuse; ses feuilles sont verdâtres en-dessus, cotonneuses et très-blanches en-dessous; les radicales pétiolées, ovales-lancéolées, presque simples, n'ayant qu'une ou deux découpures à leur base; celles de la tige plus étroites et profondément pinnatifides; la calathide, composée de fleurs purpurines, est terminale, très-grande, environnée de quelques bractées presque simples; son péricline est glabre, scarieux, luisant, roussâtre en sa partie supérieure: Caspar Bauhin le comparoit à un

cône de pin, et c'est pour cela que Linnæus a donné à cette 26:180
plante le nom spécifique de *conifera*. La leuzée habite les lieux montueux, stériles et découverts de la Provence méridionale, les montagnes du Dauphiné, les environs de Montpellier; elle fleurit en Juin et Juillet.

M. De Candolle a indiqué avec doute une seconde espèce, nommée *Leuzea? carthamoides*, et distinguée de la première par le péricline pubescent. C'est une plante de Sibérie, décrite par Willdenow sous le nom de *Cnicus carthamoides*.

Linnæus attribuoit la leuzée à son grand genre *Centaurea*, auquel elle est étrangère tant par ses caractères techniques que par ses rapports naturels. Dillen avoit déjà précédemment observé que les aigrettes de cette plante étoient plumeuses. Adanson a fait un genre *Rhacoma*, dont les caractères s'accordent très-exactement avec ceux du *Leuzea*; mais il paroît admettre dans ce genre non-seulement le *Leuzea*, qui devoit seul y être compris, mais encore le vrai *Rhaponticum* et la *Centaurea glastifolia* de Linnæus. Le genre *Hookia* de Necker correspondroit, au moins en partie, au genre *Leuzea*, selon M. De Candolle; mais nous croyons que ce botaniste se trompe, et il nous semble que l'*Hookia* de Necker se rapporte beaucoup mieux à notre genre *Alfredia*. On pourroit aussi, d'après ses caractères, le rapporter au genre *Rhaponticum*. (Voyez nos articles Alfredia, tome I.er, suppl., page 115, et Hookia, tome XXI, page 421.) Le genre *Rhacoma* de Linnæus étant aujourd'hui réuni au *Myginda*, M. De Candolle auroit pu et peut-être dû s'abstenir de donner un nouveau nom au genre *Rhacoma* d'Adanson, fort bien caractérisé par cet auteur, et dont il falloit seulement exclure deux espèces non congénères du vrai type de ce genre et
qu'il y avoit mal à propos réunies. Quoi qu'il en soit, M. De 26:181
Candolle, dans son premier Mémoire sur les Composées, a placé le *Leuzea* entre les deux genres *Saussurea* et *Cynara*, fort loin du *Rhaponticum*, qu'il range dans une autre section de ses Carduacées. Cela suffiroit pour prouver combien est contraire à l'ordre naturel cette distribution qui sépare les genres à aigrette plumeuse, c'est-à-dire barbée, des genres à aigrette pileuse, c'est-à-dire barbellulée.

Selon nous, le genre *Leuzea* est exactement intermédiaire

26:181 entre le vrai *Rhaponticum* (*Centaurea rhapontica*, Linn.) et notre *Fornicium*. En effet, le *Leuzea* ressemble au *Rhaponticum* par son péricline, et il en diffère par son aigrette plumeuse; tandis qu'il ressemble au *Fornicium* par son aigrette plumeuse, et qu'il en diffère par son péricline : en sorte qu'il est vrai de dire que le *Leuzea* offre le péricline du *Rhaponticum* et l'aigrette du *Fornicium*.

Nous profitons de l'occasion qui se présente, pour indiquer à nos lecteurs deux fautes d'impression qui se trouvent dans notre article Fornicion (tome XVII, page 249), et qu'il importe de corriger. La première est dans la description des caractères génériques, où l'imprimeur nous a fait dire que les squamellules de l'aigrette sont hérissées de barbes *médiocrement inégales, longues*, lorsque notre manuscrit disoit *médiocrement longues, inégales*. La seconde faute est dans la description des caractères spécifiques, où on lit que les feuilles sont *pulvérulentes* sur les deux faces, et où il faut lire *pubérulentes*, c'est-à-dire, un peu pubescentes.

Le genre *Leuzea* appartient aux Cinarocéphales de M. de Jussieu, et à la syngénésie polygamie égale de Linnæus. (Cass.)

26:185 LEYSÈRE, *Leysera*. (*Bot.*) Ce genre de plantes appartient à l'ordre des synanthérées, à notre tribu naturelle des inulées, et à la section des inulées-gnaphaliées. Voici ses caractères, tels que nous les avons observés sur la *Leysera gnaphalodes*.

Calathide radiée : disque multiflore, réguliflore, an-
26:186 drogyniflore; couronne subunisériée, liguliflore, féminiflore. Péricline campanulé, presque égal aux fleurs du disque : formé de squames nombreuses, multisériées, régulièrement imbriquées, appliquées, ovales ou oblongues, coriaces, uninervées, vertes seulement auprès de la nervure, pourvues d'une bordure membraneuse, et d'un appendice confluent avec la bordure, inappliqué, membraneux-scarieux, incolore : l'appendice des squames extérieures ovale, obtus au sommet; l'appendice des squames intérieures oblong, arrondi au sommet, roussâtre sur les bords. Clinanthe large, plan, pourvu d'une seule rangée circulaire de paléoles situées entre le disque et la couronne, courtes, inégales, irrégulières, laciniées, membraneuses, concaves en dehors,

chaque paléole accompagnant intérieurement la base d'une 26:186
fleur femelle. *Fleurs du disque* : ovaire longuement pédicellulé, long, grêle, cylindrique, glabriuscule; aigrette composé de dix squamellules subunisériées, libres, dont cinq très-longues, arquées en dehors, un peu laminées et inappendiculées inférieurement, filiformes et barbées supérieurement, les cinq autres courtes, inégales, irrégulières, laminées ou paléiformes, oblongues, variablement découpées, alternant avec les précédentes; corolle à tube hérissé de poils spinuliformes; anthères pourvues de longs appendices basilaires; style de gnaphaliée, à stigmatophores comme tronqués au sommet, qui est garni d'une touffe de collecteurs. *Fleurs de la couronne* : ovaire long, grêle, cylindrique, velu; aigrette courte, stéphanoïde, divisée presque jusqu'à sa base en lanières inégales et irrégulières; corolle à tube hérissé de poils spinuliformes, à languette elliptique-oblongue, tridentée au sommet.

Leysère faux-gnaphale; *Leysera gnaphalodes*, Linn., *Sp., pl.*, édit. 3, page 1249. Les tiges de l'individu que nous décrivons sont hautes de dix pouces, peu épaisses, ligneuses, rameuses, plus ou moins tomenteuses et blanchâtres, entièrement couvertes depuis la base, ainsi que les rameaux, de feuilles très-rapprochées; chaque tige ou branche se ramifie autour de la base du pédoncule qui la termine. Les feuilles sont alternes, sessiles, longues de neuf lignes, extrêmement étroites, presque filiformes, linéaires, un peu charnues,
uninervées, blanchâtres et laineuses dans leur jeunesse, ci- 26:187
liées sur les bords et velues en dessous dans un âge avancé. Chaque tige ou branche se termine par un pédoncule nu, long d'un à deux pouces, très-grêle, roide, un peu tortueux, rougeâtre ou brun, un peu laineux, portant au sommet une calathide solitaire, haute de quatre à cinq lignes, large de huit à neuf lignes, et composée de fleurs jaunes; son disque est large de près de cinq lignes; les languettes formant sa couronne sont longues de deux à trois lignes, et pâles en-dessous.

Nous avons fait cette description spécifique, et celle des caractères génériques, sur un individu vivant, cultivé au Jardin du Roi, où il fleurissoit vers la fin du mois d'Août.

26:187 Ce petit arbuste est indigène au cap de Bonne-Espérance.

La *Leysera gnaphalodes* étoit confondue par Tournefort dans son genre *Aster*. Vaillant, toujours plus exact, a considéré cette espèce comme le type d'un genre particulier, qu'il a nommé *Asteropterus*, et qui, selon lui, ne diffère des genres *Aster* et *Inula* que par les aigrettes plumeuses. Linnæus, en adoptant le genre de Vaillant, a eu le tort de changer son nom en celui de *Leysera;* mais il a décrit les caractères génériques bien plus complétement et plus exactement que Vaillant ne l'avoit fait. Linnæus n'admettoit alors dans ce genre que la *Leysera gnaphalodes*. Burmann décrivit ensuite une seconde espèce, dont il crut pouvoir faire un genre nouveau, sous le titre de *Callicornia*, mais que Linnæus réunit avec raison au genre *Leysera*, en la nommant *Leysera callicornia*. Enfin, Linnæus ajouta encore au genre *Leysera* une troisième espèce, nommée *Leysera paleacea*, mais qui n'est point du tout congénère des deux autres, et qui est devenue l'une des espèces composant le genre *Relhania* de l'Héritier. Adanson avoit déjà voulu rendre au genre *Leysera* son ancien nom d'*Asteropterus*. Gærtner, ayant le même désir, nomme aussi *Asteropterus* le vrai genre *Leysera* de Linnæus, et il applique exclusivement le nom générique de *Leysera* à la *Leysera paleacea* dont nous avons déjà parlé. Cet arrangement ne nous paroît pas admissible, 1.° parce que, malgré la justice qui sembleroit souvent l'exiger, l'ancienne nomenclature ne peut plus être substituée à la nomenclature lin-
26:188 néenne, sans de trop graves inconvéniens; 2.° parce que la *Leysera paleacea* fait partie du genre *Relhania* de l'Héritier, publié avant l'ouvrage de Gærtner, et que celui-ci a mal à propos divisé en deux genres, nommés *Leysera* et *Eclopes*. Necker, dont l'ouvrage a été publié en même temps que celui de Gærtner, conserve le nom de *Leysera* aux vrais *Leysera* de Linnæus, et il nomme *Michauxia* la *Leysera paleacea*, qui est une *Relhania* de l'Héritier et la *Leysera* de Gærtner. Thunberg a introduit plusieurs nouvelles espèces dans le genre *Leysera* de Linnæus; mais ce botaniste, en général peu exact, mérite ici d'autant moins de confiance qu'il attribue au *Leysera* une plante connue depuis long-temps, qui n'a point du tout les caractères de ce genre, et dont M. De Candolle a

fait son genre *Syncarpha*. Nous ne pouvons donc jusqu'à 26:188
présent rapporter avec certitude au vrai genre *Leysera* que deux espèces, savoir : 1. la *Leysera gnaphalodes*, qui est le type primitif du genre, et que nous avons observée nous-même ; 2.° la *Leysera callicornia*, que nous n'avons point vue, mais dont les caractères génériques ont été décrits et figurés par l'excellent observateur Gærtner, qui cependant n'a pas clairement exprimé, dans la description ni dans la figure, la véritable disposition des paléoles du clinanthe.

Nous connoissons une troisième espèce de *Leysera*; c'est le *gnaphalium leyseroides* de M. Desfontaines, qui seroit très-bien nommé *Leysera discoidea*. Mais nous avons cru pouvoir considérer cette plante comme le type d'un sous-genre particulier, nommé *Leptophytus*, et appartenant au genre *Leysera*. Nous renvoyons sur ce point le lecteur à notre article Leptophyte, dans lequel il trouvera de plus quelques remarques, que nous ne répétons pas ici, concernant les paléoles du clinanthe.

Les *Leysera* et *Leptophytus* ont de l'affinité avec nos *Phagnalon*; néanmoins, d'autres considérations prépondérantes nous ont forcé de les éloigner un peu de ce dernier genre, dans notre tableau des Inulees-gnaphaliées (tom. XXIII, p. 560), où le genre *Leysera* se trouve au centre d'un petit groupe naturel, caractérisé par la structure de l'aigrette.

Le genre *Leysera* appartient aux corymbifères de M. de Jussieu, et à la syngénésie polygamie superflue de Linnæus.
Nous ignorons l'étymologie de ce nom générique. Celui d'*As-* 26:189
teropterus vouloit dire Aster à plumes, parce que Vaillant croyoit que ce genre étoit immédiatement voisin de l'*Aster*, et qu'il n'en différoit que par l'aigrette plumeuse ; ce qui est une erreur sur les affinités, car l'*Aster* et le *Leysera* ne sont point de la même tribu naturelle. (H. Cass.)

LIABON, *Liabum*. (*Bot.*) Ce genre de plantes, proposé 26:203
en 1763 par Adanson, appartient à l'ordre des synanthérées, et à notre tribu naturelle des vernoniées. Voici ses caractères, tels qu'ils résultent de nos propres observations sur les *Liabum Brownei* et *Jussiei*.

Calathide radiée : disque multiflore, régulariflore, androgyniflore; couronne unisériée, liguliflore, féminiflore. Péri-

26:203 cline égal ou inférieur aux fleurs du disque; formé de squames imbriquées, ovales ou subulées. Clinanthe hérissé de fimbrilles subulées, membraneuses. Fruits cylindracés, striés, pourvus d'un bourrelet basilaire; aigrette longue, composée de squamellules nombreuses, inégales, filiformes, barbellulées. Corolles de la couronne à languette très-longue, linéaire. Corolles du disque à cinq lanières longues, linéaires. Styles de vernoniée.

Liabon de Browne : *Liabum Brownei*, H. Cass., Dict.; *Andromachia Poiteavi*, H. Cass., Bull. des sc., Novembre 1817, pag. 184; *Starkea umbellata*, Willd.; Pers., *Syn. pl., pars* 2, pag. 470; *Liabum*, Adans., Fam. des pl., 2.e partie, pag. 131; *Amellus ? umbellatus*, Linn., *Sp. pl.*, édit. 3, pag. 1276; Swartz, *Obs. bot.*, pag. 310; *Solidago villosa*, *incana*, etc., Browne, *Jam.*, pag. 320, tab. 33, fig. 2. C'est une plante herbacée, probablement vivace par sa racine. La tige, haute de deux pieds, est dressée, presque simple ou peu ra-
26:204 meuse, droite, cylindrique, striée, tomenteuse ou laineuse, blanchâtre. Sa partie inférieure est garnie de feuilles rapprochées, comme radicales, opposées, privées de stipules, longues d'environ huit pouces; leur pétiole, long d'environ quatre pouces, est ailé en sa partie supérieure par la décurrence de la base du limbe; ce limbe est long de quatre pouces, large d'environ deux pouces, ovale-oblong ou ovale-lancéolé, aigu au sommet, inégalement et irrégulièrement sinué-denticulé sur les bords, à dents spinuliformes, vert et parsemé de poils en-dessus, tomenteux et blanchâtre en-dessous. La partie supérieure de la tige est scapiforme, et elle porte seulement, vers le milieu de sa hauteur, deux petites feuilles opposées, pétiolées, non stipulées, et deux rameaux simples nés dans les aisselles de ces feuilles. Le sommet de la tige se ramifie en une fausse ombelle corymbée, ou cyme, composée d'environ six pédoncules longs de quatre pouces, simples ou bifurqués, rarement trifurqués, laineux et blanchâtres : la base de cette ombelle est entourée d'une sorte d'involucre formé de bractées subulées; les calathides, qui terminent les pédoncules de l'ombelle, sont larges d'environ un pouce, et composées de fleurs jaunes très-nombreuses. Leur péricline, tomenteux et blanchâtre, est égal

aux fleurs du disque, et formé de squames nombreuses, plu- 26:204
risériées, irrégulièrement imbriquées, subulées, foliacées, un peu lâches; le clinanthe est hérissé de fimbrilles subulées, membraneuses, plus courtes que les fruits; ceux-ci sont cylindracés, multistriés, hispidules, pourvus d'un bourrelet basilaire cartilagineux, annulaire; leur aigrette est longue, et composée de squamellules un peu nombreuses, inégales, filiformes, à peine barbellulées; les fleurs de la couronne sont très-nombreuses; la languette de leur corolle est très-longue, très-étroite, linéaire, aiguë et indivise au sommet; les corolles du disque sont droites, à tube très-long, très-grêle, subfiliforme, à limbe notablement plus large, cylindracé, profondément divisé en cinq lanières longues, étroites, linéaires, hérissées de poils au sommet; les appendices apicilaires du tube anthéral sont arrondis au sommet; le style, peu garni de collecteurs piliformes, est divisé en deux stigmatophores très-longs et très-grêles.

Nous avons fait cette description sur un échantillon sec 26:205
recueilli dans l'ile de Saint-Domingue par M. Poiteau, et qui se trouve dans l'herbier de M. Desfontaines, où il étoit innommé.

LIABON DE JUSSIEU : *Liabum Jussiei*, H. Cass., Dict.; *Andromachia Jussievi*, H. Cass., Bull. des sc., Novembre 1817, pag. 184; *Conyza stipulata*, Vahl, *Mss. in Herb. Juss.* Tige herbacée, haute de plus d'un pied (dans l'échantillon très-incomplet que nous décrivons), épaisse, un peu anguleuse, glabriuscule, très-ramifiée supérieurement en une grande panicule; jeunes rameaux subtomenteux, à poils frisés, roussâtres, probablement glutineux. Feuilles opposées, pétiolées, à limbe long d'environ quatre pouces, large d'environ deux pouces, ovale, glabre en-dessus, tomenteux en-dessous, comme triplinervé, irrégulièrement et inégalement denté ou lobé, à dents ou lobes terminés chacun par une callosité, à sinus arrondis; chaque feuille accompagnée à sa base de deux petites stipules ou oreillettes libres, arrondies, très-entières; les feuilles supérieures graduellement plus petites. Calathides larges probablement d'environ un pouce, très-nombreuses, disposées en une très-grande panicule corymbiforme, étalée, terminale, dont les ramifications sont privées de feuilles, et pourvues seulement de petites bractées

26:205 squamiformes, situées à la base de ces ramifications. Péricline oblong, inférieur aux fleurs du disque, formé de squames imbriquées, ovales, subtomenteuses, parsemées de quelques glandes; clinanthe hérissé d'une multitude de fimbrilles plus courtes que les fleurs, inégales, irrégulières, linéaires-subulées, laminées, membraneuses, entregreffées à la base; fruits cylindriques, striés, pourvus d'un bourrelet basilaire; aigrette longue, composée de squamellules nombreuses, inégales, fortes, filiformes, barbellulées; corolles probablement jaunes; celles de la couronne à languette extrêmement longue, linéaire; celles du disque très-profondément et inégalement divisées en cinq lanières longues, linéaires; styles de la couronne glabres, a deux stigmatophores très-longs.

Nous avons fait cette description sur un échantillon sec, en très-mauvais état, recueilli au Pérou par Joseph de Jus-
26:206 sieu, et qui se trouve dans l'herbier de son illustre neveu; il y porte le nom de *Conyza stipulata*, que Vahl lui a donné, et qui prouve que ce botaniste ne l'a examiné que bien superficiellement et avec peu d'attention.

Liabon de Bonpland : *Liabum Bonplandi*, H. Cass.; *Andromachia igniaria*, Bonpl., *Pl. æq.* 2, p. 104, t. 112; Kunth, *Nov. gen. et sp. pl.*, t. IV, p. 100 (édit. in-4.°). Cette plante, découverte par MM. de Humboldt et Bonpland, près la ville de Quito, a la racine vivace, la tige herbacée, haute de trois à cinq pieds, rameuse, les rameaux un peu hexagones et couverts d'une laine blanche très-épaisse; les feuilles sont opposées; leur pétiole, long d'un pouce ou d'un pouce et demi, est cylindrique, laineux, pourvu à sa base d'oreillettes connées, grandes, arrondies, denticulées, ondulées, laineuses en-dessous; le limbe est long de cinq à six pouces, large d'environ trois pouces et demi, ovale, denticulé, triplinervé, glabre et vert en-dessus, laineux et blanc en-dessous; les calathides, longuement pédicellées, fasciculées, sont disposées en corymbes terminaux, trifides, et leurs corolles, de couleur jaune, exhalent une odeur agréable; le disque contient un grand nombre de fleurs, et la couronne en a environ vingt; le péricline est hémisphérique, formé de squames nombreuses, imbriquées, appli-

quées, ovales-lancéolées, aiguës, coriaces-scarieuses, uni- 26:206
nervées, pubescentes, rougeâtres ou brunâtres; le clinanthe est plan, fovéolé, et les bords des fossettes sont irrégulièrement laciniés, scarieux.

Cette description, calquée sur celle de M. Kunth, n'a point été vérifiée par nous.

La première espèce du genre *Liabum* fut découverte dans l'île de la Jamaïque, par Patrice Browne, qui l'attribua au genre *Solidago*, et qui publia, en 1756, une description et une figure de cette plante, dans son Histoire civile et naturelle de la Jamaïque. La même plante fut ensuite attribuée par Linnæus, mais avec doute, à son genre *Amellus*, qu'il avoit fondé sur l'*Amellus lychnitis*, et qu'il avoit caractérisé par le clinanthe paléacé, c'est-à-dire squamellifère. Ce botaniste, reconnoissant que les deux espèces n'ont aucune analogie, mais ne remarquant point la très-grande différence qui
existe entre les squamelles et les fimbrilles, s'excuse de 26:207
rapporter au genre *Amellus* la plante de Browne, en alléguant qu'elle a le clinanthe paléacé, comme l'*Amellus lychnitis*, ce qui est inexact, et que d'ailleurs il n'aime point à multiplier les genres, ce qui est, selon nous, un bien mauvais prétexte. La réunion des deux *Amellus* de Linnæus en un seul et même genre est une association monstrueuse, comme on peut facilement s'en convaincre en comparant nos caractères génériques du *Liabum* avec ceux des vrais *Amellus*, que nous décrirons à la fin du présent article. Adanson, dans ses Familles des plantes, a considéré la plante de Browne comme le vrai type d'un genre qu'il a nommé *Liabum*, et qu'il a caractérisé ainsi : Feuilles opposées, entières; calathides tantôt solitaires et terminales, tantôt disposées en corymbe; péricline formé de squames imbriquées, menues; clinanthe garni de poils courts; aigrette longue, barbellulée; corolles du disque à cinq dents; corolles de la couronne à deux ou trois dents.; styles du disque et de la couronne à deux stigmatophores. Adanson croyoit que l'*Amellus lychnitis* pouvoit être associé génériquement avec son *Liabum*, et c'est par suite de cette supposition erronée qu'il a dit que le genre *Liabum* avoit les calathides tantôt solitaires et terminales, tantôt disposées en corymbe. Il n'en faut point con-

26:207 clure que le genre *Liabum* d'Adanson n'est pas autre chose que le genre *Amellus* de Linnæus : car l'*Amellus* a pour type l'*Amellus lychnitis*, sur lequel Linnæus a décrit les caractères du genre ; tandis que le *Liabum* a pour type la plante de Browne, sur laquelle Adanson a décrit les caractères génériques. Ainsi, l'*Amellus* et le *Liabum* sont deux genres bien distincts, et qui doivent subsister tous les deux, en conservant les noms d'*Amellus* et de *Liabum* ; mais il faut exclure du genre *Amellus* l'*Amellus umbellatus*, et il faut exclure du genre *Liabum* l'*Amellus lychnitis*. Adanson plaçoit le *Liabum* dans sa section des bidents, entre le *detris*, qui correspond à notre *agathæa*, et le *seala*, qui correspond au *pectis* ou à notre *chthonia*. Il seroit difficile d'imaginer une disposition qui fût plus contraire aux affinités naturelles.

Swartz, en 1791, a donné, dans ses *Observationes botanicæ*, une description complète et détaillée du *Liabum Brownei*,
26:208 qu'il nomme, comme Linnæus, *Amellus umbellatus*. En comparant cette description avec la nôtre, nous trouvons quelques différences ; car Swartz dit que les feuilles sont obtuses, que les pédoncules sont longs d'un pouce, que les languettes de la couronne sont obtuses, bifides, que les fruits sont obconiques. Malgré cela, nous ne pensons pas que sa plante diffère spécifiquement de la nôtre.

Willdenow, ignorant sans doute l'existence déjà ancienne du genre *Liabum*, a reproduit ce même genre, comme nouveau, sous le nom de *Starkea*, en le distinguant de l'*Amellus* par le clinanthe hérissé au lieu d'être paléacé, et en ne lui attribuant que le seul *Amellus umbellatus*. Le genre *Liabum* d'Adanson, ou *Starkea* de Willdenow, a été reproduit plus tard, sous un troisième nom, par M. Bonpland, qui, dans sa description des plantes équinoxiales, l'a présenté encore comme un nouveau genre, et l'a nommé *Andromachia*. Cette fois, à la vérité, il ne s'agissoit plus de la même espèce, mais d'une espèce nouvelle, évidemment congénère de la plante de Browne : c'est notre *Liabum Bonplandi*. M. Bonpland l'offrit comme type, et même, en apparence, comme espèce unique, de son genre *Andromachia*, auquel il attribua les caractères suivans : Péricline coloré, formé d'environ soixante squames imbriquées, linéaires-subulées, foliacées ; calathide

radiée ; disque composé de nombreuses fleurs hermaphro- 26:208
dites, à corolle régulière, divisée en cinq lanières linéaires; couronne composée de plus de vingt fleurs femelles, à corolle ligulée, un peu plus longue que le péricline, recourbée, terminée par trois petites dents; fruits obovoïdes, à aigrette simple ; clinanthe paléacé, à paillettes très-nombreuses, courtes, scarieuses. Nous avions négligé, comme M. Bonpland, de porter notre attention sur le *Liabum* d'Adanson et sur le *Starkea* de Willdenow, lorsque nous publiâmes, dans le Bulletin des sciences, de Novembre 1817 (pag. 183), la description du *Liabum Brownei*, sous le nom d'*Andromachia Poiteavi*; et celle du *Liabum Jussiei* sous le nom d'*Andromachia Jussievi*.

Dans le quatrième volume des *Nova genera et species plantarum*, publié en 1820, M. Kunth place le genre *Andromachia* entre son *Diplostephium*, qui est notre *Diplopappus*, et le
Solidago, dans un groupe intitulé Astérées, et faisant partie 26:209
d'un groupe plus étendu, intitulé Carduacées. Cette disposition, très-peu conforme, selon nous, aux véritables affinités, paroît si naturelle à M. Kunth, qu'il déclare ne connoître aucun caractère qui puisse distinguer les *Andromachia* des *Solidago*. Ensuite il caractérise le genre *Andromachia* de cette manière : Péricline hémisphérique, polyphylle, imbriqué; clinanthe scrobiculé, alvéolé ou écailleux ; fleurs du disque tubuleuses, hermaphrodites ; celles de la couronne ligulées, femelles ; fruits subcylindracés ; aigrette pileuse, sessile, les poils extérieurs ordinairement très-courts. M. Kunth décrit dix espèces d'*Andromachia*, qu'il distribue en trois sous-genres : le premier, nommé *Chrysactinium*, comprend deux espèces herbacées, ayant le port des *hieracium*, les feuilles laineuses en-dessous, les pédoncules très-longs, monocalathides, les fleurs de la couronne nombreuses, d'un jaune doré ; le second, intitulé Andromachies vraies, comprend cinq espèces herbacées, rameuses, à feuilles opposées, tomenteuses et blanches en-dessous, à calathides corymbées, multiflores, à languettes nombreuses, d'un jaune peu foncé ; le troisième sous-genre, nommé *Oligactis*, comprend trois espèces ligneuses, à feuilles opposées, tomenteuses et blanches en-dessous, à corymbes ou

26:209 panicules terminaux ou axillaires, à calathides pauciflores, à couronne de trois à sept languettes blanchâtres. La juste crainte de trop alonger cet article nous défend d'établir ici une discussion sur la fausse affinité de l'*Andromachia* avec le *Solidago* et les autres Astérées, sur les caractères génériques attribués par M. Kunth à l'*Andromachia*, sur les trois sous-genres qu'il y a formés, et sur quelques-unes des espéces qu'il y comprend. Bornons-nous à dire que la troisième section de M. Kunth, intitulée *Oligactis*, nous paroit devoir former un genre particulier, bien distinct de l'*Andromachia*. Dans notre Analyse critique et raisonnée, publiée dans le Journal de physique de Juillet 1819, nous avons remarqué (page 26) que le genre *Andromachia* de Bonpland ne différoit point du genre *Starkea* de Willdenow, qui étoit lui-même identique avec le genre *Liabum* d'Adanson : d'où nous avons conclu que le genre dont il s'agit n'appartient légitimement ni
26:210 à Bonpland ni à Willdenow, qu'Adanson en est le véritable auteur, et que le nom générique de *Liabum* doit seul être conservé. Nous avons en même temps annoncé que notre *Andromachia Poiteavi* étoit le *Starkea umbellata* de Willdenow. On a substitué le nom de *Tolpis* à celui de *Drepania*, par le seul motif que le genre d'Adanson est plus ancien que celui de M. de Jussieu ; et cela est extrêmement injuste, parce que le *Tolpis* d'Adanson est caractérisé et désigné d'une manière tellement inexacte et tellement obscure, qu'il est même très-douteux qu'il corresponde au *Drepania*, comme on le croit beaucoup trop légèrement. Nous pourrions en dire autant sur le nom de *Detris*, qu'on veut substituer à celui d'*Agathæa*, dans le seul but de nous enlever nos droits sur ce genre. Mais, à l'égard du *Liabum*, tous les motifs de raison et de justice, toutes les règles applicables à cette matière, se réunissent en faveur d'Adanson : d'où nous concluons qu'infailliblement, et malgré nos réclamations, ou peut-être à cause d'elles, le nom d'*Andromachia* continuera d'être préféré par tous les autres botanistes. Il est vrai que le nom de *Liabum*, dont nous ignorons l'étymologie, n'a peut-être pas d'autre origine que la fantaisie de l'auteur, qui assembloit presque au hasard des lettres et des syllabes pour former la plupart de ses noms génériques. Cette méthode, condamnée on ne

sait pourquoi, est, à notre avis, aussi bonne et souvent meilleure que toute autre. 26:210

Le genre *Liabum* se rapporte aux corymbifères de M. de Jussieu, et à la syngénésie polygamie superflue de Linnæus.

Le genre *Amellus*, dans lequel le *Liabum* a été si long-temps confondu, n'appartient pourtant pas à la même tribu naturelle, mais à celle des astérées ; et il résulte de nos observations sur des échantillons secs d'*Amellus lychnitis* et d'*Amellus annuus*, que les vrais caractères de ce genre, méconnus en partie jusqu'à présent, doivent être décrits de la manière suivante.

Calathide radiée : disque multiflore, régulariflore, androgyni-masculiflore ; couronne unisériée, liguliflore, féminiflore. Péricline hémisphérique, à peu près égal aux fleurs du disque ; formé de squames paucisériées, inégales, irrégulièrement imbriquées, appliquées, linéaires-aiguës, foliacées. Clinanthe large, conique, peu élevé, garni de squamelles analogues aux squames du péricline, à peu près égales aux fleurs, demi-enveloppantes, linéaires-aiguës, membraneuses, uninervées, glandulifères. Fruits comprimés bilatéralement, obovales, hispidules, bordés d'un bourrelet sur chacune des deux arêtes extérieure et intérieure ; aigrette double : l'extérieure très-courte, stéphanoïde, membraneuse, irrégulière, interrompue, découpée ; l'intérieure composée de deux à cinq squamellules courtes, variablement disposées, ordinairement distancées, caduques, filiformes-laminées, submembraneuses, épaisses, un peu difformes, aiguës, longuement et irrégulièrement barbellulées, blanches. Corolles de la couronne à languette longue, largement linéaire, un peu tridentée au sommet. Corolles du disque à limbe pourvu de grosses glandes alongées, et à cinq divisions très-courtes. Anthères exertes. Style d'astérée, inclus. 26:211

Le lecteur trouvera, dans notre article CHILIOTRICHUM (tome VIII, page 576), le complément des notions qu'il peut désirer d'acquérir sur le genre *Amellus*. (H. CASS.)

Le catalogue des plantes du Jardin médical de Paris, publié par le jardinier Marthe, en l'an IX, est, je crois, le seul livre où M. Richard ait consigné sa méthode de classification des synanthérées : mais on n'y trouve que des notions incom- 26:223

26:224 plètes et insuffisantes sur cette méthode. Nous avons assisté, en 1810, aux leçons de botanique du savant professeur, et nous avons, à la même époque, rédigé pour notre usage l'analyse exacte de toute sa doctrine, d'après les notes recueillies par nous pendant les leçons. Cela nous procure le moyen de bien faire connoître ici la méthode de M. Richard.

Il nomme *synanthérie* une classe de plantes ayant pour caractères essentiels, les étamines réunies par les anthères seulement, et l'ovaire infère, monosperme. Il divise ensuite la classe de la synanthérie en deux ordres, qui sont 1.° la *monostigmatie*, 2.° la *distigmatie*. La monostigmatie est caractérisée par l'unité du stigmate; et l'auteur fait observer que, dans cet ordre, tantôt le style est terminé au sommet par un stigmate absolument indivis, comme dans beaucoup de carduacées; tantôt le stigmate est échancré, ou fendu au sommet, ou même profondément biparti, comme dans le *liatris* : mais, dans tous les cas, la substance glanduleuse du stigmate se prolongeant plus bas que l'incision dénote toujours l'unité du stigmate. La distigmatie, caractérisée par la duplicité du stigmate, n'a lieu que quand l'incision dépasse, ou au moins atteint, le sommet du style dépourvu de glandes. S'il faut en croire M. Richard, cette division ordinale de la classe des synanthérées a l'avantage de ne rompre nullement les affinités naturelles. Quoi qu'il en soit, le premier ordre, ou la monostigmatie, comprend trois sections : 1.° les *échinopsidées*, 2.° les *carduacées*, 3.° les *liatridées*. Les échinopsidées sont la polygamie séparée de Linnæus : leur caractère est d'avoir chaque fleur entourée d'un petit involucre propre, ou bien quelques fleurs réunies dans un même involucre, et tous ces involucres rapprochés les uns des autres en un seul et même groupe. Les carduacés sont les cinarocéphales de M. de Jussieu; leurs caractères essentiels sont : 1.° toutes les fleurs flosculeuses; 2.° le réceptacle commun couvert de soies roides, beaucoup plus nombreuses que les fleurs. Les liatridées, présentées par M. Richard comme une famille toute nouvelle, ont pour caractères : 1.° un seul stigmate, 2.° toutes les fleurs flosculeuses, 3.° le réceptacle commun nu. Le second ordre, ou la distigmatie, comprend deux sections : 1.° les *corymbifères*, 2.° les *chicoracées*. Les corymbifères comprennent : 1.° toutes les synanthérées ayant la fleur radiée; 2.° toutes les synanthérées à fleur flosculeuse, ayant le réceptacle commun chargé de paillettes en nombre égal à celui des fleurs; 3. toutes les synanthérées distigmatiques, à fleurs flosculeuses, ayant le réceptacle nu. Il est bon aussi de remarquer, ajouté M. Richard, que ce n'est que chez les corymbifères qu'on trouve des fleurs flosculeuses ayant à la circonférence des fleurons femelles filiformes, dont le limbe de la corolle est indivis. La section des corymbifères se divise en deux sous-sections, dont l'une est caractérisée par le réceptacle nu, et l'autre par le réceptacle paléacé. Les chicoracées ont pour caractère d'avoir toutes les fleurs demi-fleuronnées et hermaphrodites.

Nous affirmons que ce qu'on vient de lire est un extrait fidèle de la leçon sur les synanthérées, faite publiquement par M. Richard, à l'amphithéâtre de l'École de médecine, le 2 Août 1810. Cependant ce botaniste, dans son Mémoire sur les calycérées, publié, en 1820, dans le sixième volume des Mémoires du muséum d'histoire naturelle, se plaint de ce que nous l'aurions, suivant lui, faussement supposé l'auteur d'un caractère des échinopsidées, qu'il n'a, dit-il, établi ni publié nulle part. Ce reproche, qui inculpe notre bonne foi, peut heureusement être repoussé par un témoignage non suspect. En effet, M. Desvaux, dans ses Observations sur le genre *Lagasca*, publiées, en 1808, dans le tome I.er du Journal de botanique, dit que le *lagasca* appartient à la monostigmatie de M. Richard, parce que les glandes stigmatiques recouvrent une partie du style jusqu'au-dessous de l'incision; et qu'il appartient aux échinopsidées du même auteur, ayant les fleurs distinctes les unes des autres par des involucelles.

Le catalogue du Jardin médical atteste (page 89) que Richard attribuoit à ses liatridées les trois genres *Tarchonanthus*, *Vernonia* et *Liatris*. Nous ne voulons produire ici aucun des argumens par lesquels on peut, selon nous, démontrer avec évidence que tout le système de ce botaniste sur la classification des synanthérées est fondé sur une erreur capitale, et que ses liatridées surtout sont absolument inadmissibles. Cela nous entraîneroit dans une trop longue discussion, et d'ailleurs nous avons déjà plusieurs fois réfuté le

26:226 système dont il s'agit. (Voyez tom. VII, pag. 149; tom. X, pag. 154; tom. XIII, pag. 363; tom. XIV, pag. 203.) Au reste, il n'est pas douteux que M. Richard avoit fini par condamner lui-même le système en question; car, dans son Mémoire sur les calycérées, il propose un autre système de classification des synanthérées, lequel seroit fondé sur la présence ou l'absence du nectaire et sur la structure de cet organe. Nous démontrerons ailleurs que ce second système de M. Richard est encore moins soutenable que le premier.

Le nom de liatridées a reçu de nous un autre emploi que celui auquel feu M. Richard l'avoit destiné; car il nous sert à désigner une section de notre tribu naturelle des eupatoriées. Il faut profiter de cette occasion pour présenter le tableau méthodique des genres de cette tribu, qui auroit dû se trouver dans notre article EUPATORIÉES, tom. XVI, pag. 9; et nous offrirons en même temps le tableau des genres d'une autre tribu immédiatement voisine de celle-ci.

XVIII.[e] *Tribu.* Les ADÉNOSTYLÉES (*Adenostyleæ*).

(Voyez les caractères de cette tribu, tome XX, page 382.)

I. Calathide radiée.

1. † ? SENECILLIS. = *Solidaginis sp.* Gmel. — *Cinerariæ sp.* Lin. — *Senecillis.* Gærtn. (1791).

2. * LIGULARIA. = *Jacobææ sp.* Tourn. — *Jacobæoidis sp.* Vaill. — *Jacobæastrum.* Amman. — *Othonnæ sp.* Lin. (1748) — *Solidaginis sp.* Gmel. — *Cinerariæ sp.* Lin. (1753) — *Ligularia.* H. Cass. Bull. déc. 1816. p. 198. Dict.

3. * CELMISIA. = *Celmisia.* H. Cass. Bull. févr. 1817. p. 32. Dict. v. 7. p. 356.

II. Calathide discoïde.

4. * HOMOGYNE. = *Tussilaginis sp.* Lin. — Jacq. — *Tussilago.* Decand. Fl. fr. v. 4. p. 158 — *Homogyne.* H. Cass. Bull. déc. 1816. p. 198. Dict. v. 21. p. 412.

III. Calathide incouronnée.

5. * ADENOSTYLES. = *Cacalia.* Tourn. — Vaill. — Adans. — *Cacaliæ sp.* Lin. — Willd. — *Adenostyles.* H. Cass. (1816) Dict. v. 1. suppl. p. 59. Bull. déc. 1816. p. 198.

6. * PALEOLARIA. = *Ageratum lineare.* Cavan. (1794) — *Stevia*

linearis. Cavan. (1802) — *Paleolaria*. H. Cass. (1816) Dict. v. 1. suppl. p. 59. 60. Bull. déc. 1816. p. 198. Bull. mars 1818. p. 47. — *Palafoxia*. Lag. (1816). 26:227

XIX.

XIX.ᵉ *Tribu*. Les EUPATORIÉES (*Eupatorieæ*)

An? *Eupatoria*. Juss. (1789 et 1806) — Les Eupatoires. H. Cass. (1812) — Les Eupatoriées. H. Cass. (1814) — *Eupatorieæ*. H. Cass. (1819) — *Eupatoreæ*. Kunth (1820).

(Voyez les caractères de la tribu des Eupatoriées, tome XX, page 383.)

Première Section.

EUPATORIÉES-AGÉRATÉES (*Eupatorieæ-Agerateæ*).

Caractères ordinaires. Fruit pentagone ou à peu près pentagone, glabre ou presque glabre; aigrette tantôt composée de squamellules paléiformes ou laminées, tantôt stéphanoïde, tantôt nulle. Feuilles ordinairement opposées.

1.* STEVIA. = *Steviæ sp*. Cavan. (1797) — *Agerati sp*. Ortega. — Jacq. — *Mustelia*. Spreng. — *Stevia*. Lag. (1816) — Kunth (1820).

2.* AGERATUM. = *Carelia*. Ponted. (1720) — Adans. — *Ageratum*. Lin. (1737).

3.* CŒLESTINA. = ? *Ageratum corymbosum*. Pers. — *Cælestina*. H. Cass. Bull. janv. 1817. p. 10. Dict. v. 6. suppl. p. 8. atl. cah. 3. pl. 4 — Kunth (1820).

4. † ALOMIA. = *Alomia*. Kunth (1820).

5.* SCLEROLEPIS. = *Ethuliæ sp*. Walt. — Willd. — *Sparganophorus verticillatus*. Michaux. — Pers. — Nuttal — *Sclerolepis*. H. Cass. Bull. déc. 1816. p. 198. Dict. v. 25. p. 365.

6.* ADENOSTEMMA. = *Eupatoriophalacri sp*. Vaill. — *Verbesinæ et Cotulæ sp*. Lin. — *Adenostemma*. Forst. (1776. benè.) — Juss. — H. Cass. Dict. v. 25. p. 360 — *Lavenia*. Soland. inéd. — Swartz (1788) — Schreb. — *Spilanthi sp*. Lour. — *Lavenia et Verbesinæ sp*. Pers.

7.* PIQUERIA. = *Flaveriæ sp*. Juss. (1789) — *Piqueria*. Cavan. (1794) — H. Cass. Bull. août 1819. p. 127 — Kunth (1820).

Deuxième Section.

EUPATORIÉES-PROTOTYPES (*Eupatorieæ-Archetypæ*).

Caractères ordinaires. Fruit pentagone ou à peu près pentagone, glabre ou presque glabre; aigrette composée de

26:228 squamellules filiformes, barbellulées. Feuilles ordinairement opposées.

8. † ? ARNOGLOSSUM. = *Arnoglossum*. Rafin. (1817) Flor. ludov.

9.* MIKANIA. = *Eupatorii sp.* Lin. — ? *Willugbœya*. Neck. (1791) — *Mikaniæ sp.* Willd. (1803) — *Mikania*. H. Cass. Dict. v. 16. p. 3. — Kunth.

10.* BATSCHIA. = *Eupatorii sp.* Lin. (1737 et 1748) — Lin. fil. (1781) — *Agerati sp.* Gronov. (1743) — Lin. (1753) — ? *Kyrstenia*. Neck. (1791) — *Batschia*. Mœnch (1794) — H. Cass. Dict. v. 4. suppl. p. 49. v. 16. p. 3.

11.* GYPTIS. = *Gyptis*. H. Cass. Bull. sept. 1818. p. 139. Dict. v. 20. p. 177.

12.* EUPATORIUM. = *Eupatorii sp.* Tourn. (1694. benè.) — Vaill. (1719. malè.) — Lin. (1737. malè.) — Juss. (1789. malè.) — Gærtn. (1791. benè.) — ? *Dalea aut Critonia*. P. Browne (1756) — *Eupatorium*. Adans. (1763. benè.) — Neck. (1791. malè.) — Mœnch (1794. benè.) — H. Cass. Dict. v. 16. p. 2. v. 25. p. 432.

Troisième Section.

EUPATORIÉES-LIATRIDÉES (*Eupatorieæ-Liatrideæ*).

Caractères ordinaires. Fruit cylindracé ou à peu près cylindracé, plus ou moins poilu, muni d'environ dix nervures; aigrette composée de squamellules filiformes, barbées, barbellées, ou barbellulées. Feuilles ordinairement alternes.

13.* COLEOSANTHUS. = *Eupatorii sp.* Plum. — Tourn. — Lin. — Vahl — *Conyza ?* Cavan. mss. — *Coleosanthus*. H. Cass. Bull. avr. 1817. p. 67. Dict. v. 10. p. 36. Bull. oct. 1819. p. 157. Dict. v. 24. p. 519.

14.* KUHNIA. = *Kuhnia*. Lin. (1763) — Lin. fil. (1763) — Venten. — H. Cass. Dict. v. 24. p. 515 — *Critonia*. Gærtn. (1791) — Michaux — (non *Critonia*. Browne) — *Eupatorii sp.* Ortega — ? *Kuhnia*. Kunth.

15.* CARPHEPHORUS. = *Carphephorus*. H. Cass. Bull. déc. 1816. p. 198. Dict. v. 7. p. 148.

16.* TRILISA. = *Liatridis sp.* Willd. — *Trilisa*. H. Cass. Bull. sept. 1818. p. 140.

17.* SUPRAGO. = *Serratulæ sp.* Lin. — *Supraginis sp.* Gærtn. (1791) — *Liatridis sp.* Schreb. (1791) — Willd. — Michaux — Pers. — *Suprago*. H. Cass. Dict.

18.* Liatris. = *Serratulæ sp.* Lin. — Ait. — *Stæhelinæ sp.* Walt. — *Supraginis sp.* Gærtn. (1791) — *Liatridis sp.* Schreb. (1791) — Willd. — Mich. — Pers. — *Psilosanthus.* Neck. (1791) — *Eupatorii sp.* Vent. — *Kuhniæ sp.* Juss. (1806) Ann. du mus. v. 7. p. 380. — *Liatris.* H. Cass. Dict. 26:229

Remarques sur les tableaux précédens.

I. La petite tribu des adénostylées a été instituée par nous, en 1816, dans le Supplément du premier volume de ce Dictionnaire, page 59. Elle est exactement intermédiaire entre celle des tussilaginées qui la précède, et celle des eupatoriées qui la suit. Nous avons presque uniquement fondé cette tribu sur les caractères fournis par la structure du style, ce qui n'empêche pas qu'elle ne soit très-naturelle.

N'ayant point vu le *senecillis* de Gærtner, nous ignorons si son style offre les caractères propres aux adénostylées : cependant nous le présumons, à cause de la ressemblance extérieure de cette plante avec le *ligularia.* C'est ce qui nous a fait risquer d'admettre ce genre, mais avec le signe du doute, dans la tribu dont il s'agit. Si notre conjecture étoit erronée, il faudroit le transférer dans la tribu des sénécionées.

Le genre *Paleolaria*, qui s'éloigne des autres adénostylées par son port et par la structure de son aigrette, et qui se rapproche par là des eupatoriées-agératées, se trouve très-bien placé sur la limite des deux groupes.

On peut remarquer que cette tribu naturelle, composée de six genres seulement, offre des calathides radiées, des calathides discoïdes, des calathides incouronnées; tandis que la tribu suivante, composée de dix-huit genres, n'a que des calathides incouronnées. Cela prouve, 1.° que les mêmes caractères n'ont pas la même valeur chez les différens groupes naturels ; 2.° qu'en général les tribus naturelles des synanthérées ne peuvent pas être caractérisées par la composition de la calathide, et qu'il faut recourir à la structure de la fleur proprement dite.

II. M. de Jussieu, en 1789, dans son *Genera plantarum*, a présenté (pag. 192), sous la forme d'une question très-problématique et très-douteuse, la possibilité de distribuer naturellement ses corymbifères en quatre groupes, intitulés *Eu-*

26:230 *patoires*, *Asters*, *Matricaires*, *Hélianthes*, en attribuant à chaque groupe les genres ayant de l'affinité avec celui qui serviroit de titre, et en définissant ces groupes par des caractères qu'il faudroit chercher. Le même botaniste, en 1806, dans son second Mémoire sur les composées, publié dans le tome VII des Annales du muséum d'histoire naturelle, a reproduit son ancienne proposition, en disant que les corymbifères paroissoient pouvoir former quatre familles ayant pour types l'eupatoire, l'aster, l'achillée, l'hélianthe; que la première et la quatrième étoient peut-être susceptibles d'être établies avec précision, mais que la démarcation des deux autres seroit plus incertaine. M. de Jussieu n'ayant jamais indiqué nulle part ni les caractères de ces quatre groupes, ni les genres qui les composent, on ne pourroit pas, sans une injustice évidente, le considérer comme inventeur de nos tribus naturelles intitulées Eupatoriées, Astérées, Anthémidées, Hélianthées, que nous avons caractérisées et composées d'après nos propres observations, et qui d'ailleurs diffèrent beaucoup des groupes entrevus par M. de Jussieu, puisque ceux-ci comprendroient la totalité des corymbifères, tandis que nos eupatoriées, astérées, anthémidées, hélianthées ne comprennent qu'environ le tiers ou le quart des corymbifères de M. de Jussieu. Aussi ce grand botaniste, chez qui les sentimens de justice et de bienveillance égalent le génie, n élève aucune prétention à cet égard.

La tribu naturelle des eupatoriées a été d'abord établie par nous, sous le nom de section des eupatoires, dans notre premier Mémoire sur les synanthérées, lu à l'Institut le 6 Avril 1812, publié par extrait dans le Bulletin des sciences de Décembre 1812, en totalité dans le Journal de physique de Février, Mars, Avril 1813, et en abrégé dans le Journal de botanique d'Avril 1813. Dans ce premier Mémoire, où l'on trouve déjà les plus solides fondemens de presque toute notre classification, nous avons rapporté à la tribu dont il s'agit les quatre genres *Eupatorium*, *Stevia*, *Ageratum*, *Piqueria*, et nous avons en outre assigné a cette même tribu ses véritables caracteres distinctifs fournis par la structure du style. Depuis cette première époque, nous avons fait connoître successivement les caractères fournis par les autres organes floraux, et nous avons aussi successivement augmenté la liste des genres, en rapportant à notre tribu des eupatoriées, outre les quatre genres précédemment indiqués, les *Kuhnia*, *Liatris*, *Mikania*, *Adenostemma*, *Sclerolepis*, *Batschia*, *Cœlestina*, *Carphephorus*, *Coleosanthus*, *Gyptis*, *Trilisa*. Tous ces complémens ont été successivement publiés depuis 1812 jusqu'en 1818, soit dans ce Dictionnaire, soit dans les Bulletins de la société philomatique, soit dans le Journal de physique. 26:231

Ayant ainsi fait connoître, avant aucun autre botaniste, tous les caractères de la tribu des eupatoriées et tous les genres dont elle se compose, nous avions la simplicité de croire que nous étions le véritable auteur de ce groupe naturel. Mais M. Kunth nous a démontré d'une manière évidente, que sur ce point, comme sur tout autre, nous étions plongé dans l'erreur la plus grossière.

Dans le quatrième volume des *Nova genera et species plantarum*, qui n'a été publié qu'en 1820, mais qui étoit déjà imprimé dans le format in-folio vers la fin de 1818, l'auteur nous apprend qu'il est le premier et jusque-là le seul qui ait entrepris d'établir une classification naturelle dans l'ordre des synanthérées; que son entreprise a été couronnée d'un plein succès ; que notre classification, tout-à-fait artificielle, ne peut soutenir aucune comparaison avec la sienne, et qu'elle ne mérite pas la plus légère mention ni la moindre attention, non plus que tous nos autres travaux sur les synanthérées, lesquels doivent être considérés, ainsi que notre classification, comme n'ayant jamais existé. Cela posé, M. Kunth n'a fait qu'un acte de justice, en se disant l'auteur de ce qu'il appelle sa section des eupatorées, à laquelle il n'assigne aucun caractère, non plus qu'à ses autres sections, et dans laquelle il range les genres *Kuhnia*, *Eupatorium*, *Mikania*, *Stevia*, *Ageratum*, *Cœlestina*, *Alomia*, *Piqueria*. Dans le Journal de physique de Juillet 1819 (pag. 21) nous avions eu la téméraire audace d'écrire : « Concluons que ce botaniste, en déclarant, « dans son préambule, que la méthode qu'il croit avoir inventée est très-bonne, et que la mienne est très-mauvaise, « auroit dû au moins faire quelques exceptions, notamment « en faveur de ma tribu des eupatoriées, qu'il a trouvé bon « d'adopter sans me citer, et en prenant le soin de changer

26:232 « un peu la terminaison du nom que j'avois donné à ce « groupe. » Mais toutes nos réclamations ont été réfutées si victorieusement par M. Kunth, dans le Journal de physique d'Octobre 1819 (pag. 278), que l'évidence de la vérité nous force enfin aujourd'hui de reconnoître que ce botaniste n'a commis aucune injustice envers nous, et même qu'il nous a traité avec beaucoup trop d'indulgence.

III. Notre tribu des eupatoriées est intermédiaire entre celle des adénostylées qui la précède, et celle des vernoniées qui la suit. Elle comprend dix-huit genres ou sous-genres, distribués en trois sections, qui nous paroissent être naturelles et suffisamment caractérisées. La section des liatridées, qui est la dernière, se trouve ainsi voisine de la tribu des vernoniées, avec laquelle elle a de l'affinité.

IV. Le genre *Piqueria* possède aujourd'hui quatre espèces: 1.° la *piqueria trinervia*, sur laquelle Cavanilles a fondé le genre; 2.° la *piqueria pilosa* de M. Kunth; 3.° notre *piqueria quinqueflora*, décrite dans le Bulletin des sciences d'Août 1819 (pag. 127); 4.° la *piqueria artemisioides* de M. Kunth, qui est sans doute la *flaveria peruviana* de M. de Jussieu. Nous nous souvenons très-bien d'avoir autrefois observé cette prétendue *flaveria* dans l'herbier de l'auteur, et d'avoir reconnu que c'étoit une vraie *piqueria*. M. de Jussieu lui-même, en 1806, dans un de ses Mémoires sur les composées, insérés dans les Annales du muséum, avoit dit qu'il faudroit peut-être réunir sa *flaveria peruviana* au genre *Piqueria* de Cavanilles.

Le genre *Arnoglossum* de M. Rafinesque est-il suffisamment distinct du *Mikania*, dont il diffère, suivant l'auteur, par la forme du péricline et de la corolle? ou bien appartient-il à la section des liatridées, comme on pourroit être tenté de le croire d'après la forme de ses feuilles? Ces questions sont, quant à présent, insolubles, parce que M. Rafinesque a négligé de nous apprendre si le fruit est pentagone ou cylindracé, et si les feuilles sont opposées ou alternes. Nous ne comprenons pas ce que l'auteur veut dire par ces mots *perianthus periphyllus*: si, comme nous le soupçonnons, cela signifie que le péricline est plécolépide, c'est-à-dire, formé de squames entregreffées, l'*arnoglossum* n'est certainement point un *mikania*, ni peut-être même une eupatoriée. Seroit-ce une adé-

nostylée ou une sénécionée? Tous ces doutes peuvent servir 26:233
à démontrer la nécessité de faire des descriptions très-exactes, complètes, et même minutieuses, si l'on veut faciliter l'étude des affinités naturelles et assurer les progrès de cette importante partie de la science.

Le genre *Mikania* offre un exemple des erreurs graves et fréquentes qu'on ne peut manquer de commettre relativement aux affinités, dans l'ordre des synanthérées, lorsqu'on ne consulte que les caractères techniques généralement admis par les botanistes, et qu'on néglige la considération des organes floraux et surtout celle du style. Willdenow a compris dans son genre *Mikania* des espèces à feuilles alternes, telles que la *tomentosa*, l'*auriculata*, etc., qui n'appartiennent pas à la tribu des eupatoriées, mais à celle des sénécionées, et qui sont de vraies *cacalia*.

Notre genre *Sclerolepis* peut donner lieu à une remarque analogue, car il étoit confondu dans un genre appartenant à la tribu des vernoniées, et c'est la considération du style et des autres organes floraux qui nous a fait connoître que la plante dont il s'agit n'étoit point du tout une vernoniée, mais bien certainement une eupatoriée.

Le genre *Batschia* de Mœnch, fondé par cet auteur sur le seul *eupatorium ageratoides*, mais auquel on pourra sans doute attribuer les *eupatorium aromaticum*, *deltoideum*, et plusieurs autres qu'il faudroit examiner, mérite, selon nous, d'être adopté, au moins comme sous-genre; et on ne doit pas le confondre avec le genre *Mikania*, qui en diffère par le petit nombre déterminé des fleurs de la calathide et des squames du péricline.

Le *dalea* ou *critonia* de Patrice Browne n'est point congénère du *kuhnia*, comme Gærtner le croyoit : mais est-ce bien vraiment un *eupatorium*, comme on en est généralement convaincu? La description que Swartz a faite de cette plante, dans ses *Observationes botanicæ*, s'accorde assez bien avec celle de Browne, et elle nous inspire des doutes. En effet, selon Swartz, la plante en question auroit le fruit conique-cordiforme, l'aigrette plumeuse, le style long, les stigmatophores réfléchis et roulés comme des vrilles. Ce caractère des stigmatophores semble indiquer que le *dalea* ou *critonia* est une ver-

26:234 noniée, et non pas une eupatoriée. Nous déciderions au contraire, avec beaucoup d'assurance, que c'est une véritable eupatoriée, et même un *eupatorium*, si nous pouvions nous fonder sur la description que M. Kunth a faite de l'*eupatorium dalea*; mais nous avons tout lieu de croire que la plante décrite par ce botaniste n'est point la même que celle de Swartz et de Browne.

Notre genre *Coleosanthus* a été fondé sur une espèce qui, ayant l'ovaire cylindracé, cannelé, hispide, devoit être attribuée à la section des liatridées, quoique ses feuilles fussent opposées. Depuis, nous avons rapporté au même genre une seconde espèce ayant l'ovaire trigone ou tétragone, glabre, et les feuilles inférieures opposées. Dans cet état, le genre *Coleosanthus* se trouve être fort ambigu, et l'on peut douter s'il appartient aux liatridées ou aux prototypes : mais la seconde espèce est-elle bien réellement congénère de la première? ou plutôt ne doit-elle pas former un genre distinct, qui seroit très-convenablement placé à la fin de la section des prototypes, tandis que le vrai *coleosanthus* resteroit placé au commencement de la section des liatridées?

La *kuhnia arguta* de M. Kunth, qui paroît différer des vraies *kuhnia* par le fruit pentagone et par les squames du péricline presque égales entre elles, ne pourroit-elle pas constituer un genre ou sous-genre particulier?

Notre *carphephorus*, dont l'affinité avec les *liatris* est si évidente, et dont pourtant le clinanthe est garni de squamelles, détruit de fond en comble les liatridées de M. Richard, caractérisées par la nudité du clinanthe; et il prouve en même temps qu'il faut absolument renoncer, dans l'ordre des synanthérées, à fonder les groupes naturels sur des caractères étrangers à la fleur proprement dite.

Les espèces admises par les botanistes dans le genre *Liatris* doivent, selon nous, être distribuées en trois genres ou sous-genres, distingués principalement par la structure de l'aigrette : le premier, nommé *Liatris*, ayant pour type la *liatris squarrosa*, a l'aigrette barbée, c'est-à-dire, longuement plumeuse; le second, nommé *Suprago*, ayant pour type la *liatris spicata*, a l'aigrette barbellée, c'est-à-dire, courtement plumeuse; le troisième, nommé *Trilisa*, ayant pour type la *liatris odoratissima*, a l'aigrette barbellulée, c'est-à-dire, dentée, mais non plumeuse. (Voyez notre article Liatris.) On peut remarquer à cette occasion que le petit groupe naturel des liatridées offre des aigrettes simples et des aigrettes plumeuses, des clinanthes nus, des clinanthes fimbrillés, des clinanthes squamellés. 26:235

V. Nous invitons le lecteur à consulter nos articles Inulées, tome XXIII, page 559, et Lactucées, tome XXV, page 59; il y trouvera tous les éclaircissemens qu'il peut désirer sur nos tableaux méthodiques des genres. (H. Cass.)

LIATRIS, *Liatris*. (*Bot.*) Ce genre de plantes appartient à l'ordre des synanthérées, à notre tribu naturelle des eupatoriées, et à la section des eupatoriées-liatridées. (Voyez notre article Liatridées.) Voici les caractères que nous lui attribuons, d'après nos observations sur plusieurs espèces, et notamment sur la *liatris squarrosa*, considérée par nous comme le vrai type du genre, que nous limitons autrement qu'on n'a fait jusqu'ici. 26:235

Calathide incouronnée, équaliflore, multiflore, régulariflore, androgyniflore. Péricline égal aux fleurs, subcampanulé, composé de squames imbriquées, ayant leur partie inférieure appliquée, coriace, et leur partie supérieure inappliquée, appendiciforme, constituant une sorte d'appendice plus ou moins distinct, plus ou moins étalé, plus ou moins grand. Clinanthe plan, fovéolé, absolument nu. Ovaires oblongs, cylindracés, multinervés, hispides; aigrette longue, composée de squamellules égales, unisériées, filiformes, barbées. Corolles à divisions très-longues, très-étroites, linéaires, chargées de glandes sur la face externe, hérissées de longs poils sur la face interne. Styles d'eupatoriée.

Liatris rude : *Liatris squarrosa*, Willd., Pers.; *Serratula squarrosa*, Linn., *Sp. pl.*, édit. 3, pag. 1146. C'est une plante herbacée, à racine vivace, qui habite, avec les autres *liatris*, l'Amérique septentrionale. La tige de l'échantillon incomplet que nous décrivons, est haute de plus d'un pied, simple, cylindrique, striée, un peu pubescente, garnie de feuilles; celles-ci sont alternes, sessiles, longues de quatre pouces, larges d'environ deux lignes, linéaires, aiguës, très-entières, roides, uninervées, bordées d'une ligne cartilagineuse, et

26:236 parsemées de quelques petits poils roides; les calathides, hautes de dix lignes, larges d'environ sept à huit lignes, sont très-courtement pédonculées, solitaires dans l'aisselle des feuilles supérieures, et elles forment une sorte d'épi terminal, très-lâche. Le péricline est égal aux fleurs, subcampanulé, formé de squames imbriquées, interdilatées: les extérieures sont entièrement appendiciformes, très-longues, étalées, foliacées, foliiformes, oblongues-lancéolées, à peine coriaces à la base, et elles forment une sorte d'involucre autour du péricline; les squames suivantes, qui sont lancéolées, ont leur partie inférieure coriace, appliquée, et la supérieure foliacée, inappliquée, appendiciforme; les squames plus intérieures sont oblongues, coriaces, appliquées, surmontées d'un véritable appendice étalé, coloré, ovale-lancéolé; les squames tout-à-fait intérieures sont étroites, presque linéaires, à peine appendiculées. Les squamellules de l'aigrette sont vraiment barbées, très-plumeuses, et quelques-unes sont entregreffées à la base. Les corolles sont purpurines; leurs divisions sont très longues, très-étroites, linéaires, chargées de glandes sur toute leur face externe, hérissées de longs poils sur leur face interne. La base du style nous a paru être glabre. Nous avons fait cette description spécifique et celle des caractères génériques sur un échantillon sec de l'herbier de M. de Jussieu.

Liatris bordée: *Liatris marginata*, H. Cass.; *Liatridis cylindricæ varietas glabra*, Michaux, *in Herb. Juss.; An? Liatris graminifolia*, Willd. Tige herbacée, haute de neuf pouces (dans l'échantillon incomplet que nous décrivons), dressée, droite, cylindrique, striée, glabre. Feuilles rapprochées, alternes, dressées, longues d'environ trois pouces, larges d'une ligne et demie, linéaires-subulées, glabres, roides, coriaces, uninervées, ayant une bordure blanche, cartilagineuse. Calathides peu nombreuses (environ six), disposées en un court épi terminal; chaque calathide haute de neuf lignes, portée sur un rameau court, pédonculiforme, accompagné de bractées foliacées; squames du péricline très-larges, arrondies et acuminées au sommet, un peu ciliées, ayant une bordure blanche; aigrettes très-plumeuses. Nous avons fait cette description sur un échantillon sec de l'herbier de M. de Jussieu.

LIATRIS MONOCALATHIDE : *Liatris monocephala*, H. Cass.; *Liatris cylindrica*, Mich., *in Herb. Juss.; An? Liatris pilosa*, Willd. Tige herbacée, longue de neuf pouces (dans l'échantillon incomplet que nous décrivons), simple, dressée, droite, cylindrique, striée, hispide, garnie de feuilles rapprochées. Feuilles alternes, sessiles, dressées, analogues à celles des graminées, longues de deux pouces, très-étroites, linéaires-subulées, très-aiguës au sommet, uninervées, hispides, très-entières, ayant une bordure étroite, blanchâtre. Calathide haute de neuf lignes, terminale, solitaire, entourée de bractées; péricline de squames larges, ciliées, acuminées au sommet; aigrettes très-plumeuses; corolles à divisions très-longues. Nous avons fait cette description sur un échantillon sec de l'herbier de M. de Jussieu. 26:237

Outre les trois espèces que nous venons de décrire, nous admettons encore la *liatris elegans* et la *liatris scariosa*, comme étant aussi de véritables *liatris*.

Linnæus confondoit les *liatris* parmi les *serratula*. Ce genre *Serratula*, qui devoit avoir pour type la *serratula tinctoria*, avoit été caractérisé par Linnæus de manière à pouvoir admettre des plantes appartenant à beaucoup de genres différens. Aussi les seize espèces de *serratula* qu'on trouve dans la troisième édition du *Species plantarum* de Linnæus, doivent être aujourd'hui distribuées dans six genres au moins. Gærtner publia, en 1791, un genre *Suprago*, dans lequel il paroît avoir voulu réunir toutes les *serratula* de Linnæus à clinanthe nu, et qui comprend les *liatris*. Schreber divisa les *suprago* de Gærtner en deux genres, qu'il publia aussi en 1791, sous les noms de *vernonia* et de *liatris*, en les distinguant principalement par la structure de l'aigrette, et en attribuant au *liatris* l'aigrette plumeuse. C'est encore en la même année 1791 que Necker a publié un genre *Psilosanthus*, qui correspond évidemment au *liatris* de Schreber. Dans un Mémoire de M. de Jussieu sur les composées, publié, en 1806, dans le tome VII des Annales du muséum d'histoire naturelle, on voit que ce botaniste veut réunir les *liatris* à l'ancien genre *Kuhnia*.

En examinant avec soin les différentes espèces rapportées par Willdenow, Michaux, Persoon, au genre *Liatris* de

26:238 Schreber, nous avons reconnu qu'elles n'avoient pas toutes l'aigrette plumeuse, assignée pour caractère à ce genre, et qu'on pouvoit très-bien les distribuer en trois genres ou sous-genres suffisamment distincts par la structure de l'aigrette et par quelques autres caractères. Nous nommons ces trois genres *Liatris*, *Suprago*, *Trilisa*. Le vrai *liatris* a pour type la *liatris squarrosa*, et pour caractère essentiel l'aigrette barbée, c'est-à-dire, longuement plumeuse ; il se distingue en outre par son péricline, dont les squames ont leur partie supérieure inappliquée, appendiciforme, et par sa corolle à divisions longues, étroites, velues en dedans : il comprend les *liatris squarrosa*, *scariosa*, *elegans*, *monocephala*, *marginata*. Notre *suprago*, fort différent de celui de Gærtner, a cependant pour type la *suprago spicata* de ce botaniste, ou *liatris spicata* de Willdenow, et pour caractère essentiel l'aigrette barbellée, c'est-à-dire, courtement plumeuse : il comprend, outre la *liatris spicata*, une autre espèce que nous avons observée dans l'herbier de M. de Jussieu, où elle est nommée *liatris sphæroidea*. Le *trilisa*, que nous avions déjà proposé dans le Bulletin des sciences de Septembre 1818, a pour type la *liatris odoratissima*, et pour caractère essentiel l'aigrette barbellulée, c'est-à-dire, dentée, mais non plumeuse : il doit sans doute comprendre aussi la *liatris paniculata*. (Voyez notre article Liatridées.)

Cette distribution des *liatris* en trois genres ou sous-genres caractérisés comme ci-dessus, facilite beaucoup la distinction entre les *liatris* et les *kuhnia*; distinction fort douteuse auparavant, et que M. de Jussieu vouloit effacer. En effet, on ne peut plus confondre le genre *Kuhnia*, qui a l'aigrette barbée, avec le *trilisa*, qui a l'aigrette barbellulée, ni même avec le *suprago*, qui a l'aigrette barbellée ; et si le *kuhnia* ressemble au vrai *liatris* par l'aigrette, il en diffère bien suffisamment par le péricline et par la corolle. (Voyez notre article Kuhnie, tom. XXIV, pag. 515.)

Le genre *Liatris* appartient aux corymbifères de M. de Jussieu, et à la syngénésie polygamie égale de Linnæus. Nous ignorons l'étymologie de ce nom générique, que Gærtner avoit d'abord appliqué à la *serratula spicata* de Linnæus, mais qu'il abandonna ensuite, parce qu'il crut que son *liatris* étoit

congénère de son *suprago*. Schreber, qui a très-justement 26:239
séparé les deux genres, mal à propos réunis par Gærtner, auroit bien dû leur conserver les noms de *suprago* et de *liatris;* et nous ne devinons pas pourquoi il a substitué le nom de *vernonia* à celui de *suprago*, qui est ainsi resté sans emploi, et qui nous sert à désigner l'un des trois sous-genres du *liatris*. (H. Cass.)

LIDBECKIE, *Lidbeckia*. (*Bot.*) Ce genre de plantes, pro- 26:275
posé, en 1767, par Bergius, appartient à l'ordre des synanthérées, et à notre tribu naturelle des anthémidées. Voici les caractères que nous lui attribuons, d'après nos propres observations, faites sur la *Lidbeckia pectinata*, qui est le type du genre.

Calathide longuement radiée : disque multiflore, régulariflore, androgyniflore; couronne unisériée, liguliflore, neutriflore. Péricline probablement hémisphérique, un peu supérieur aux fleurs du disque ; formé de squames un peu inégales, irrégulièrement trisériées, appliquées, oblongues-lancéolées, uninervées, coriaces, glabres sur les deux faces, mais bordées par de longs poils mous en forme de cils : les squames intermédiaires plus grandes que celles des deux autres rangs ; les intérieures notablement plus petites. Clinanthe planiuscule, hérissé de fimbrilles inégales, piliformes. *Fleurs du disque* : ovaire oblong, très-probablement cylindracé, muni de côtes longitudinales, et de deux bourrelets, l'un basilaire, l'autre apicilaire ; aigrette nulle ; nectaire très-élevé, épais, cylindracé, interposé entre l'ovaire et le style; corolle d'anthémidée, articulée sur l'ovaire, à quatre divisions extrêmement courtes ; anthères pourvues d'un appendice apicilaire arrondi ; style articulé par sa base sur le sommet du nectaire. *Fleurs de la couronne* : faux-ovaire long, oblong, membraneux, quelquefois surmonté d'un style neutre; corolle à tube très-court, parfaitement continu avec le faux-
ovaire, à languette entière au sommet, parsemée de glandes; 26:276
point de fausses-étamines.

Lidbeckie pectinée : *Lidbeckia pectinata*, Berg., *Descr. pl. ex Cap. B. Sp.*, pag. 306, tab. 5, fig. 9 ; *Cotula stricta*, Linn. *Mant.* Tige herbacée, haute d'un pied (dans l'échantillon incomplet que nous décrivons), dressée, presque simple ou

26:276 peu rameuse, cylindrique, striée, glabre, garnie de feuilles. Feuilles alternes, sessiles, longues d'environ un pouce, larges d'environ six lignes, oblongues, pinnatifides, glabres, parsemées de petites glandes, comme presque toutes les autres parties de la plante; à base subpétioliforme, à sinus arrondis, à divisions très-entières, oblongues, arrondies au sommet, qui est surmonté d'une petite pointe. Calathide ressemblant extérieurement à celle du *Chrysanthemum leucanthemum*, large de plus de quinze lignes, solitaire à l'extrémité de la tige, dont la partie supérieure est nue, pédonculiforme, grêle, point renflée au sommet. Corolles du disque probablement jaunes; celles de la couronne probablement blanches, à languette longue de six lignes, large de deux lignes. Nous avons fait cette description spécifique, et celle des caractères génériques, sur des échantillons secs de l'herbier de M. de Jussieu et de celui de M. Desfontaines. La Lidbeckie pectinée habite le cap de Bonne-Espérance.

Lidbeckie quinquélobée : *Lidbeckia quinqueloba; Cotula quinqueloba*, Linn. fil. *Suppl.; Lidbeckia lobata*, Willd. *Sp. pl.* Cette seconde espèce a beaucoup d'analogie avec la première, et habite la même contrée. Ses tiges sont presque dressées, simples, un peu pubescentes; les feuilles sont alternes, pétiolées, divisées en cinq lobes égaux, semi-ovales, mucronés; leur face inférieure est un peu tomenteuse et blanchâtre; il y a un ou deux pédoncules longs, dressés, pourvus d'une petite bractée lancéolée, et terminés par une calathide grande comme celle de la matricaire; le péricline est composé de squames égales entre elles. Nous n'avons point vu cette plante, dont la description est empruntée à Linné fils; mais sa ressemblance extérieure avec la précédente nous persuade qu'elle offre les caractères génériques que nous avons observés sur l'autre, et qu'ainsi elle peut être attribuée avec confiance au genre *Lidbeckia*.

26:277 Thunberg a indiqué, dans son *Prodromus plantarum capensium*, une troisième espèce de *Lidbeckia*, qu'il nomme *bipinnata*. Mais l'autorité de Thunberg suffit-elle pour établir que cette plante appartient réellement au genre dont il s'agit?

Tournefort avoit fait un genre *Cotula*, ayant pour type l'*Anthemis valentina* de Linné, et pour caractères la calathide tantôt radiée, tantôt non radiée, le péricline ordinairement imbriqué, les fruits plans, cordiformes et comme ailés. Il attribuoit à ce genre l'*Anthemis valentina*, les *Anacyclus valentinus* et *creticus*, la *Cotula turbinata* de Linné, et deux autres espèces. Ainsi le genre *Cotula* de Tournefort correspond à peu près au genre *Anacyclus* de Linné. 26:277

Vaillant nomma *Santolinoides* un genre correspondant à peu près au *Cotula* de Tournefort et à l'*Anacyclus* de Linné, et il créa, sous les noms de *Cotula* et d'*Ananthocyclus*, deux genres qui méritent d'être ici remarqués. L'*Ananthocyclus*, composé de deux espèces, qui sont les *Cotula coronopifolia* et *anthemoides* de Linné, a pour caractères, selon Vaillant: la calathide à disque composé de fleurons hermaphrodites, et bordé d'un ou plusieurs rangs circulaires de fleurs effleurées, c'est-à-dire d'ovaires sans fleurons; les ovaires oblongs, un peu aplatis, sans aigrette, bordés de deux ailes; le clinanthe nu; le péricline écailleux, c'est-à-dire, imbriqué; les calathides terminales; les feuilles alternes, découpées. Le genre *Cotula* de Vaillant, composé aussi de deux espèces, dont la première est la *Cotula turbinata* de Linné, qui a servi de type, a pour caractères: la calathide à disque composé de fleurons hermaphrodites, et entouré de fleurons femelles à pavillon irrégulier, qui se découpe ordinairement en quatre quartiers, dont trois fort courts, presque égaux et disposés en trèfle, le quatrième beaucoup plus grand, étendu en dehors pour former avec ses semblables une couronne rayonnante, qui donne à cette calathide l'apparence d'une calathide radiée; les ovaires en cœur, un peu aplatis, bordés d'un ourlet, privés d'aigrette; le clinanthe nu; le péricline simple, évasé, découpé en plusieurs lobes.

Les genres *Cotula* et *Ananthocyclus* de Vaillant furent établis en 1719. C'est aussi dans cette même année que Pontedera proposa son genre *Lancisia*. Gærtner et la plupart des autres botanistes modernes paroissent être persuadés que 26:278
l'espèce unique sur laquelle Pontedera a fondé son genre *Lancisia*, est la *Cotula turbinata*, et qu'ainsi ce genre *Lancisia* diffère du *Cotula* de Linné par la radiation de sa calathide. Si cela étoit vrai, le *Lancisia* de Pontedera correspondroit exactement au *Cotula* de Vaillant; mais c'est, selon nous,

26:278 une erreur grave de synonymie générique[1]: car il nous semble évident que le genre *Lancisia* de Pontedera est fondé sur la *Cotula coronopifolia* de Linné, que ce genre n'a point du tout la calathide radiée, et qu'il correspond exactement à l'*Ananthocyclus* de Vaillant. Quoique la description de Pontedera soit extrêmement obscure, nous y trouvons exprimés en d'autres termes les caractères génériques suivans : Disque composé de fleurs hermaphrodites, régulières, quadrifides, à ovaire comprimé, nu; couronne composée de fleurs femelles, petites, tubulées, comprimées, stipitées, à ovaire oblong, aminci aux deux bouts, nu; péricline formé de squames inégales, imbriquées; clinanthe nu.

Linné n'avoit rien de mieux à faire que d'adopter sans aucun changement les deux genres *Cotula* et *Ananthocyclus* de Vaillant, exactement caractérisés, bien composés, et convenablement nommés par cet habile synanthérographe. Mais, au lieu de prendre ce sage parti, Linné, après avoir un peu modifié et abrégé le nom d'*Ananthocyclus*, s'en servit pour désigner un genre qui correspond à peu près au *Cotula* de Tournefort et au *Santolinoides* de Vaillant; et il réunit en un seul genre, sous le nom de *Cotula*, les deux genres *Ananthocyclus* et *Cotula* de Vaillant. Les caractères attribués par Linné au genre *Cotula*, sont : le péricline convexe, égal aux fleurs, divisé en seize parties ovales, dont huit extérieures et huit intérieures; le disque un peu convexe, composé de fleurs hermaphrodites nombreuses, à corolle quadrifide, ayant la

1 Cette erreur est fondée sur une fausse interprétation des expressions de Pontedera, qui dit que la couronne de son *Lancisia* est composée de fleurs semi-flosculeuses. On n'a pas remarqué que, sous la plume de Pontedera, le nom de demi-fleuron n'est pas toujours synonyme de fleur ligulée, et qu'il exprime seulement l'absence des étamines. D'ailleurs Pontedera dit positivement que les demi-fleurons de son *Lancisia* sont tubuleux.

26:279 division extérieure plus grande, à fruit petit, ovoïde-trigone, portant une aigrette stéphanoïde; la couronne composée de plus de vingt fleurs femelles, à corolle presque nulle, à fruit grand, cordiforme, plan sur une face, convexe sur l'autre, entouré d'une bordure obtuse, et portant une aigrette stéphanoïde; le clinanthe plan, presque nu.

Les caractères qu'on vient de lire ne peuvent convenir 26:279
qu'aux *Ananthocyclus* de Vaillant, et non à son *Cotula*, que Linné y a réuni. Néanmoins, comme il existe une très-grande affinité entre ces deux genres, leur réunion seroit tolérable sous beaucoup de rapports. Mais ce qu'on ne peut tolérer, c'est que Linné et ses successeurs aient admis en outre dans le genre *Cotula* une collection d'espèces qui n'ont aucune analogie avec le type de ce genre. Dans la troisième édition du *Species plantarum* de Linné nous trouvons sept espèces de *Cotula*, dont deux ou trois seulement appartiennent réellement à ce genre ; ce sont la première (*Cotula anthemoides*), la troisième (*Cotula coronopifolia*), et probablement la quatrième (*Cotula aurea*) : mais la seconde (*Cotula grandis*) est une *Balsamita* de M. Desfontaines ; la cinquième (*Cotula viscosa*), qui n'est pas suffisamment connue, et que nous ne savons à quel genre attribuer, n'est certainement pas une véritable *Cotula ;* la sixième (*Cotula turbinata*) constitue le genre *Cenia* de Commerson ; la septième (*Cotula verbesina*) appartient au genre *Adenostemma* de Forster.

Adanson adoptoit le genre *Lancisia* de Pontedera, en reconnoissant que ce genre avoit pour type la *Cotula coronopifolia* de Linné, et pourtant il paroît croire que sa calathide est radiée, puisqu'il le place dans sa section des soucis ayant ce caractère. Quoi qu'il en soit, Adanson caractérise ainsi le *Lancisia* : Feuilles entières ; calathides solitaires, terminales ; péricline presque simple, formé de squames obtuses ; clinanthe nu, hémisphérique ; aigrette nulle ; corolles du disque à cinq dents, celles de la couronne entières.

En 1767, Bergius proposa, dans ses *Descriptiones plantarum ex Capite Bonæ Spei*, le genre *Lidbeckia*, dédié à Gustave Lidbeck, botaniste suédois, et fondé sur une seule espèce nommée *Lidbeckia pectinata*. L'auteur attribue à cette plante les caractères génériques suivans : Péricline hémisphérique,
divisé en segmens nombreux, presque égaux, imbriqués, 26:280
parallèles, appliqués, linéaires-lancéolés, aigus, ciliés ; calathide radiée ; disque composé de fleurs hermaphrodites, à corolle quadrifide ; à ovaire subcylindrique, strié-octogone, tronqué aux deux bouts ; à style divisé transversalement en deux articles par une articulation située au-dessous du milieu

26:280 de sa longueur; couronne composée de fleurs femelles, à corolle ligulée, ayant la languette un peu plus longue que le disque, sessile, ovale-oblongue, obtuse, échancrée, nerveuse; à ovaire filiforme, tronqué, un peu scabre; à style et stigmate presque nuls; fruits un peu turbinés, striés-octogones, lisses, portant l'article inférieur persistant du style; clinanthe nu. Bergius remarque que le caractère essentiel de son genre *Lidbeckia* consiste en ce que le style est articulé, et que l'article inférieur persiste sur le fruit.

Linné, dans son *Mantissa plantarum*, a rapporté au genre *Cotula* la *Lidbeckia pectinata* de Bergius, en la nommant *Cotula stricta*. On trouve encore, dans le *Mantissa*, trois autres plantes attribuées à ce même genre, et nommées *Cotula spilanthus*, *Cotula pyrethraria*, *Cotula capensis*. Il est bien évident que la *Lidbeckia* ne doit pas être confondue avec le genre *Cotula*. La *Cotula spilanthus* appartient au genre *Spilanthes* de Jacquin. Quoique nous ne connoissions pas la *Cotula pyrethraria*, nous ne craignons pas d'affirmer que c'est une hélianthée, et qu'elle n'a point d'affinité naturelle avec le genre *Cotula*, qui est de la tribu des Anthémidées: il nous paroît presque indubitable que c'est un *spilanthus*, ou plutôt une *isocarpha;* et nous croyons pouvoir, sans trop de témérité, l'introduire comme une quatrième espèce dans le genre *Isocarpha* de M. Brown, en la nommant *isocarpha pyrethraria*.

---

1 Ne pourroit-on pas attribuer encore au genre *Isocarpha* les *spilanthus exasperatus* et *albus*, dont les corolles sont blanches? Il faudroit peut-être substituer le nom d'*isocarpha tricephala* à celui d'*isocarpha oppositifolia*, que nous avons donné à la première espèce du genre. Ce genre nous paroît avoir de l'affinité avec le *Melananthera* et avec le *Spilanthus*: mais nous avons des doutes sur ses caractères, sa composition, sa distinction et sa classification, parce que nous n'avons vu aucune des espèces de ce genre, et que M. Brown a négligé d'indiquer ses affinités naturelles, et d'analyser les ressemblances et les différences qu'il peut avoir avec les genres voisins.

26:281 (Voyez notre article Isocarphe, tom. XXIV, p. 18.) La *Cotula capensis* doit faire partie du genre *Matricaria*.

Linné fils, dans le *Supplementum plantarum*, a introduit dans le genre *Cotula* quelques nouvelles espèces, dont une au moins n'appartient point à ce genre, car c'est la *Lidbeckia quinqueloba*. Depuis cette époque, Willdenow et d'autres botanistes ont encore augmenté la confusion qui régnoit dans le genre *Cotula*, en y admettant les *Grangea* et *Centipeda*. (Voyez notre article Grangée, tom. XIX, pag. 304.) 26:281

M. de Jussieu a publié, en 1789, dans ses *Genera plantarum*, le genre *Cenia*, fait antérieurement par Commerson, mais resté jusque-là inédit. Ce genre, fondé sur la *Cotula turbinata* de Linné, a pour caractères, selon Commerson et M. de Jussieu : la calathide radiée, à fleurons quadrifides, à environ vingt languettes très-courtes ; le péricline turbiné, vide sous le clinanthe, à limbe court, octofide ; les fruits comprimés, non aigrettés ; le clinanthe convexe, nu. Ce genre *Cenia* n'auroit pas dû être présenté comme nouveau, car il n'est que la répétition du genre *Cotula* de Vaillant. Néanmoins le nom de *Cenia* doit lui être conservé, parce que le nom générique de *Cotula* se trouve plus particulièrement affecté à d'autres plantes, par suite d'un long usage qu'on ne peut plus changer. M. de Jussieu admet, avec raison, comme trois genres distincts, le *Cotula*, le *Cenia* et le *Lidbeckia*.

Gærtner réduit ces trois genres à deux, dont l'un, nommé *Cotula*, a pour type la *Cotula coronopifolia;* l'autre, nommé *Lancisia*, a pour type la *Cotula turbinata*, et n'est distingué du premier que par la calathide radiée. Gærtner attribue au *Lancisia* les *Cotula turbinata*, *capensis*, *stricta* et *viscosa* de Linné. Nous avons déjà établi que le genre *Lancisia* de Pontedera n'étoit point fondé sur la *Cotula turbinata*, comme le croit Gærtner, mais bien sur la *Cotula coronopifolia;* d'où il suit qu'il correspond exactement au genre *Cotula* de Gærtner, et point du tout au *Lancisia* du célèbre carpologiste. Ce *Lancisia* de Gærtner est le *Cenia* de Commerson, avec cette différence que Gærtner veut y introduire trois plantes qui ne sont point congénères entre elles, et dont aucune n'est congénère du vrai type de ce genre. Ainsi, le genre *Lancisia* de
Gærtner doit être rejeté, comme étant mal nommé, mal 26:282
composé et mal caractérisé.

Necker disperse les *Cotula* de Linné dans quatre genres, nommés *Athronia*, *Lidbeckia*, *Baldingeria* et *Cotula*. L'*Athronia*, composé, dit-il, de certaines espèces linnéennes de *cotula* et de *spilanthus*, nous semble correspondre à peu près

26:282 au genre *Acmella* de Richard. Le *Lidbeckia* de Necker est sans doute le genre ainsi nommé par Bergius. Le *Baldingeria* nous paroît être en rapport avec le véritable genre *Cotula*, restreint dans de justes limites. Enfin, le *Cotula* de Necker, dans lequel ce botaniste admet certaines espèces linnéennes de *Tanacetum*, correspond évidemment au genre *Balsamita* de M. Desfontaines.

M. de Lamarck, dans ses *Illustrationes generum*, réunit, comme Gærtner, sous le titre de *Lancisia*, les deux genres *Cenia* et *Lidbeckia*, qu'il attribue à la syngénésie polygamie frustranée, quoique le *Cenia* ait la couronne vraiment féminiflore.

Willdenow confond aussi en un seul genre le *Lidbeckia* et le *Cenia*; mais il nomme *Lidbeckia* le genre formé de leur réunion, et il le caractérise ainsi : Clinanthe nu ; aigrette nulle ; fruits anguleux ; article inférieur du style, persistant ; corolles de la couronne nombreuses ; péricline divisé en segmens nombreux. Il admet dans ce genre : 1.° la *Cotula quinqueloba* de Linné fils, dont l'affinité avec l'espèce suivante avoit été précédemment reconnue par M. de Lamarck dans le Dictionnaire encyclopédique et dans les Illustrations ; 2.° la *Lidbeckia pectinata* de Bergius, que Willdenow dit avoir observée vivante, et qui, selon lui, auroit la tige ligneuse, haute de cinq pieds, et le péricline monophylle, divisé en segmens nombreux ; 3.° la *Cotula turbinata* de Linné; 4.° la *Lidbeckia bipinnata* de Thunberg : mais, à l'égard de cette dernière espèce, Willdenow remarque, qu'ayant le péricline imbriqué, elle est à peine congénère des trois autres qui, selon lui, ont le péricline monophylle.

M. Persoon distingue, comme M. de Jussieu, les deux genres *Cenia* et *Lidbeckia*, confondus par Gærtner, Lamarck et Willdenow : mais il applique au vrai genre *Lidbeckia* le nom de *Lancisia*, qui certes ne peut aucunement lui convenir ; et, ce
26:283 qui n'est pas moins bizarre, il emploie le nom de *Lidbeckia* pour désigner un sous-genre fondé sur la *Lidbeckia bipinnata* de Thunberg, et distingué par le péricline imbriqué.

Nous considérons le *Cotula*, le *Cenia* et le *Lidbeckia* comme trois genres distincts, appartenant à notre tribu naturelle des Anthémidées.

Le genre *Cotula*, qui est l'*Ananthocyclus* de Vaillant, est 26:283
fondé sur les *Cotula coronopifolia* et *anthemoides*, que nous avons observées vivantes, et qui nous ont offert les caractères génériques suivans.

Calathide discoïde : disque multiflore, régulariflore, androgyniflore ; couronne unisériée ou plurisériée, apétaliflore, féminiflore. Péricline subhémisphérique, égal aux fleurs ; formé de squames à peu près égales, paucisériées, appliquées, ovales-oblongues, subfoliacées. Clinanthe convexe, stipifère, c'est-à-dire, ayant ses aréoles ovarifères élevées sur des stipes, ou petites colonnes charnues, très-courts dans le milieu de la calathide, et d'autant plus longs qu'ils s'éloignent davantage du centre. *Fleurs du disque :* ovaire petit, oblong, privé d'aigrette ; corolle ordinairement à quatre divisions. *Fleurs de la couronne :* ovaire très-grand, elliptique, obcomprimé, quelquefois pourvu en apparence d'une petite aigrette stéphanoïde, qui n'est réellement qu'un vestige de corolle avortée et continue à l'ovaire ; corolle tantôt absolument nulle, tantôt réduite à un simple rudiment.

Le genre *Cenia*, qui est le *Cotula* de Vaillant, est fondé sur la *Cotula turbinata* de Linné, que nous avons observée sèche, et qui nous a offert les caractères génériques suivans.

Calathide courtement radiée : disque multiflore, régulariflore, androgyniflore ; couronne unisériée, biliguliflore, féminiflore. Péricline supérieur aux fleurs du disque ; formé de squames égales, unisériées, libres, contiguës, courtes, larges, subrhomboïdales, obtuses, foliacées, membraneuses sur les bords, munies de nervures rameuses. Clinanthe conique, peu élevé, nu, stipifère seulement vers ses bords ; les stipes marginaux courts, épais, coniques, étant seuls bien manifestes, et les autres s'abaissant graduellement de la circonférence au centre, et devenant bientôt presque insensibles, puis tout-à-fait nuls. *Fleurs du disque :* ovaire obcom-
primé, obovale, glabre, pourvu d'un très-petit bourrelet 26:284
sur ses deux côtés, privé d'aigrette ; corolle articulée sur l'ovaire, ordinairement à quatre divisions. *Fleurs de la couronne :* ovaire stipité, obcomprimé, obovale, parsemé de papilles, pourvu d'une bordure assez large sur ses deux côtés, privé d'aigrette ; corolle articulée sur l'ovaire, biligulée,

26:284 contenant des rudimens d'étamines, à tube court, à limbe dilaté, obconique et entier à sa base, divisé du reste en deux languettes, l'extérieure beaucoup plus longue, radiante, large, elliptique, entière, l'intérieure beaucoup plus courte, divisée jusqu'à sa base en trois lobes ovales-lancéolés.

Le genre *Lidbeckia* de Bergius a pour type la *Lidbeckia pectinata*, que nous avons observée sèche, et qui nous a offert les caractères génériques exposés au commencement du présent article.

En comparant les caractères attribués par nous aux trois genres dont il s'agit, on reconnoît facilement que le *Cotula* et le *Cenia* sont immédiatement voisins; mais que le *Lidbeckia* s'éloigne beaucoup des deux autres pour se rapprocher du *Chrysanthemum*, et que sa réunion avec le *Cotula* et le *Cenia* étoit monstrueuse, tant sous le rapport des caractères techniques que sous celui des affinités naturelles.

Le genre *Cotula* présente deux caractères remarquables, qui sont la couronne apétaliflore et le clinanthe stipifère : le premier de ces deux caractères avoit été signalé par l'excellent observateur Vaillant; le second avoit été entrevu par Pontedera, dont la description est du reste fort mauvaise. Linné a commis une erreur en attribuant à ce genre une aigrette stéphanoïde (*pappus marginatus*). Le même botaniste croyoit que le caractère essentiel du genre *Cotula* consistoit en ce que les corolles du disque n'avoient que quatre divisions; mais ce caractère, d'ailleurs peu important, n'est pas toujours bien constant chez les *Cotula* et *Cenia*.

Le genre *Cenia* offre le clinanthe stipifère, à peu près comme celui du *Cotula*. Les corolles de sa couronne, fort exactement décrites par Vaillant, dont on a négligé les observations, méritent d'être remarquées; mais leur structure singulière s'explique aisément en les considérant comme des corolles analogues à celles du disque, et dont la division ex-
26:285 térieure s'est prodigieusement accrue. Commerson et M. de Jussieu donnent à ce genre, pour caractère, le péricline turbiné, vide sous le clinanthe, à limbe court, octofide. Cela est inexact sous plusieurs rapports : en effet, c'est la circonférence extérieure du clinanthe qui donne naissance au péricline, et qui lui sert de base; d'où il suit que la par-

tie qui se trouve au-dessous du clinanthe, et qui le supporte, 26:285
ne peut pas appartenir au péricline, mais bien au pédoncule. Ce n'est donc pas le péricline, mais le pédoncule du *Cenia*, qui est enflé ou très-élargi, et turbiné ou obconique; mais la forme du pédoncule n'est jamais admise comme caractère générique chez les synanthérées. C'est en prenant le pédoncule pour le péricline, que les auteurs du *Cenia* semblent croire que ce péricline est d'une seule pièce et divisé seulement au sommet, tandis qu'il est réellement composé de plusieurs squames libres. Willdenow paroît avoir commis une autre erreur bien plus grossière; car il décrit un réceptacle turbiné, fistuleux, portant sur ses bords les folioles calicinales, ce qui semble indiquer qu'il prenoit le pédoncule pour le clinanthe.

Le genre *Lidbeckia* n'avoit pas été jusqu'à présent caractérisé avec exactitude, et c'est pourquoi notre description diffère beaucoup de celles des autres botanistes. Les fleurs de la couronne, qu'ils croient être femelles, sont certainement neutres, n'ayant qu'un faux-ovaire membraneux, continu avec la corolle, ordinairement sans style et toujours sans stigmate. Le péricline, que Willdenow affirme avec tant d'assurance être monophylle, est cependant composé de plusieurs squames distinctes, libres, un peu inégales, disposées irrégulièrement sur trois rangées circulaires concentriques. Le clinanthe, que Bergius et tous les autres disent être nu, est réellement hérissé de fimbrilles très-manifestes. Enfin, Bergius et ceux qui l'ont servilement copié, admettent que le style est divisé par une articulation transversale en deux articles qui se séparent spontanément, et dont l'inférieur, plus court, persiste sur le fruit: cette structure, qui seroit fort extraordinaire et même unique dans tout l'ordre des synanthérées, est présentée par Bergius comme le caractère essentiel du genre. Mais tout cela se réduit à ce que le nectaire
interposé entre l'ovaire et le style, étant plus grand chez la 26:286
Lidbeckia que chez beaucoup d'autres synanthérées, a été remarqué sur celle-ci par Bergius, qui ne connoissant pas cet organe, négligé avant nous dans cet ordre de plantes par tous les botanistes, a cru qu'il faisoit partie du style et qu'il en constituoit l'article inférieur. Il n'est peut-être pas tout-à-fait

26:286 hors de propos de noter ici une autre erreur commise par Bergius, Linné, M. De Candolle, M. Desfontaines, relativement au nectaire du *Tarchonanthus*, et que nous avons réfutée dans notre Mémoire sur cet arbrisseau, lu à la Société philomatique le 13 Juillet 1816, publié par extrait dans le Bulletin des sciences d'Août 1816 (pag. 127) et en totalité dans le Journal de physique de Mars 1817. Il est, en effet, assez remarquable que le nectaire, considéré par Bergius, dans le *Lidbeckia*, comme étant l'article inférieur du style, soit considéré par le même botaniste, dans le *Tarchonanthus*, comme étant un ovaire supère.

Le genre *Lidbeckia* appartient aux Corymbifères de M. de Jussieu, et à la Syngénésie polygamie frustranée de Linné. (H. Cass.)

26:286 LIEBERKUHNE, *Lieberkuhna*. (*Bot.*) Ce nouveau genre de plantes que nous proposons, appartient à l'ordre des synanthérées, et à notre tribu naturelle des mutisiées, dans laquelle il est intermédiaire entre les deux genres *Leria* et *Leibnitzia*. Voici les caractères génériques du *Lieberkuhna*, tels que nous les avons observés sur des échantillons secs de *Lieberkuhna bracteata*.

Calathide radiée : disque pauciflore, labiatiflore, androgyniflore; couronne subunisériée, liguliflore, féminiflore. Péricline très-supérieur aux fleurs de la couronne; formé de squames plurisériées, imbriquées, oblongues-lancéolées, fo-
26:287 liacées-membraneuses, à partie supérieure inappliquée. Clinanthe plan et nu. Fruits très-alongés, un peu amincis graduellement de bas en haut, cylindracés ou obclavés, glabres, sauf la partie inférieure plus courte, hérissée de poils courts, gros et charnus; aigrette composée de squamellules très-nombreuses, inégales, filiformes, barbellulées. *Fleurs du disque :* corolle un peu variable, ordinairement labiée, à lèvre intérieure divisée en deux jusqu'à sa base, à lèvre extérieure divisée en trois au sommet ou jusqu'à moitié; tube anthéral pourvu d'appendices apicilaires entregreffés, longs, linéaires, obtus, et d'appendices basilaires libres, longs, subfiliformes; style de mutisiée. *Fleurs de la couronne :* corolle un peu variable, à tube long, à languette longue, large, elliptique, entière, bidentée ou tridentée, radiante et très-supérieure

aux stigmatophores dans presque toutes les fleurs, demi-avortée, non-radiante et très-inférieure au style dans quelques fleurs situées sur un rang intérieur; point de languette intérieure, ni de fausses-étamines. 26:287

Nous attribuons au genre *Lieberkuhna* les deux espèces suivantes.

Lieberkuhne bractéifère : *Lieberkuhna bracteata*, H. Cass.; *Perdicium pilosclloides*, Vahl, *Act. soc. nat. Hafn.*, t. 2, p. 38, tab. 5 (*Aucl. herb. Juss.*); *Tussilago* (*Chaptalia sinuata*) *piloselloides*, Pers., *Syn. pl.*, pars 2, pag. 456. C'est une petite plante herbacée, dont la racine, peut-être vivace, est composée de plusieurs fibres cylindriques, épaisses, noirâtres. Les feuilles sont radicales, nombreuses, longues d'environ deux pouces, y compris le pétiole, larges d'environ quatre lignes; leur pétiole est long, très-large, surtout à sa base, linéaire, membraneux, scarieux, roussâtre, plurinervé, glabre sur ses deux faces; le limbe est ovale-étroit ou oblong-lancéolé, entier ou bordé de larges crénelures distantes, peu saillantes, dirigées un peu à rebours, chacune d'elles offrant à sa base une saillie pointue : la face supérieure est glabre et verte; la face inférieure est tomenteuse et blanche, à l'exception de la nervure médiaire, qui est très-glabre. Les hampes, hautes d'environ un ou deux pouces, sont simples, droites, cylindriques, tomenteuses, blanches, garnies, surtout en leur partie supérieure, de quelques bractées éparses, longues, linéaires-subulées, squamiformes, membraneuses, 26:288 glabres. Chaque hampe est terminée par une calathide dont la grandeur est variable, et qui nous a paru varier aussi plus ou moins sous d'autres rapports, tels que le nombre des fleurs, la longueur des aigrettes, les caractères des corolles, ceux des ovaires ou des fruits; le péricline est constamment glabre, et dans les plus grandes calathides ses squames intérieures sont longues de neuf lignes; le disque est composé ordinairement d'environ sept ou huit fleurs jaunes, quelquefois un peu rougeâtres au sommet, dont la plupart sont bien labiées, mais dont une ou quelques-unes, probablement centrales, sont souvent presque régulières; la couronne est composée d'environ quinze ou seize fleurs, dont douze ou treize, un peu inégales, ont la languette radiante,

26:288 jaune, orangée, rougeâtre au sommet, ou entièrement rouge, et dont trois, probablement intérieures, ne sont point radiantes, leur languette étant demi-avortée : les aigrettes sont rougeâtres, roussâtres, ou rousses ; les stigmatophores du disque sont plus courts, plus gros et moins divergens que ceux de la couronne.

Nous avons fait cette description spécifique, et celle des caractères génériques, sur plusieurs échantillons secs, recueillis par Commerson aux environs de Montevideo, et qui se trouvent dans les herbiers de MM. de Jussieu et Desfontaines sous le nom de *Perdicium piloselloides*.

Lieberkuhne a hampe nue : *Lieberkuhna nudipes*, H. Cass.; *Tussilago pumila*, Swartz, *Flor. Ind. occid.*, tom. 3, p. 1350 ; *Tussilago* (*Chaptalia*) *sinuata*, Pers., *Syn. pl.*, *pars* 2, p. 456. Petite plante herbacée, annuelle, sans tige, à racines filiformes. Feuilles radicales, étalées, à pétiole engainant à la base, et comme ailé par la décurrence du limbe ; à limbe lyré, denticulé à rebours, aranéeux et vert en-dessus, tomenteux et blanc en-dessous, ayant son lobe terminal oblong, obtus, incisé, et ses lobes inférieurs petits, arrondis ; les feuilles extérieures longues d'un ou deux pouces, celles qui entourent la hampe trois fois plus petites. Hampe ordinairement solitaire, dressee, longue de trois à six pouces, filiforme, tomenteuse, blanche, rougeâtre inférieurement, dénuée de bractées, terminée par une petite calathide pen-
26:289 chée, à fleurs blanches. Péricline presque imbriqué, étalé, formé de squames lancéolées-linéaires, aiguës, membraneuses, presque vertes, les extérieures plus courtes, subulées, tomenteuses ; clinanthe ponctué ; disque composé de huit ou dix fleurs hermaphrodites, à corolle tubuleuse, ayant le limbe très-petit, dressé, quinquéfide, à style bifide, ayant les stigmatophores inclus ; couronne composée de quatorze ou seize fleurs femelles, à corolle ligulée, ayant la languette un peu dressée, linéaire, entière, à style bifide, ayant les stigmatophores étalés ; fruits linéaires, acuminés, à aigrette stipitée, blanche, composée de squamellules nombreuses, filiformes.

Cette plante, que nous décrivons d'après Swartz, habite les terrains calcaires des hautes montagnes de la Jamaïque australe, où elle fleurit en été. Quoique nous ne l'ayons point vue, et que la description de Swartz ne nous offre pas tous les documens dont nous aurions besoin, il nous paroît presque indubitable que c'est une seconde espèce de notre genre *Lieberkuhna*. 26:289

Ce nouveau genre diffère du *Leria* : 1.° en ce que sa calathide n'a qu'une seule couronne, laquelle est radiante et analogue à la couronne extérieure du *Leria*, et que les trois fleurs non radiantes qui s'y trouvent ordinairement, ne peuvent pas constituer un ensemble comparable à la couronne intérieure, non radiante, plurisériée, multiflore, du *Leria*; 2.° en ce que son disque est pauciflore ; 3.° en ce que son péricline est très-supérieur aux fleurs radiantes, et que ses squames sont inappliquées ; 4.° en ce que ses fruits, au lieu d'offrir, comme ceux du *Leria*, un col très-grêle et bien distinct de la partie séminifère, sont seulement très-alongés et un peu amincis graduellement de bas en haut. (Voyez notre article Lérie.) Le *Lieberkuhna* diffère du *Leibnitzia* : 1.° en ce que son disque est pauciflore ; 2.° en ce que les fleurs de sa couronne sont simplement ligulées, et non biligulées ; 3.° en ce que les squames de son péricline sont subfoliacées et inappliquées ; 4.° en ce que les appendices apicilaires du tube anthéral sont obtus, et que les appendices basilaires sont longs. (Voy. notre article Leibnitzie, t. XXV, p. 420.) On ne doit pas confondre le *Lieberkuhna* avec le *Chaptalia*, dont le disque multiflore est masculiflore intérieurement ; qui a deux couronnes, dont l'intérieure n'est point radiante ; 26:290
qui a le péricline égal aux fleurs du disque ; et dont les fruits ne sont pas très-alongés ni amincis de bas en haut, comme dans le *Lieberkuhna*. (Voyez notre article Chaptalie t. VIII, pag. 161.)

Lieberkuhn, à la mémoire duquel nous consacrons le genre dont il s'agit, est un anatomiste connu surtout par ses recherches microscopiques sur la structure élémentaire des intestins, et qui a inventé ou perfectionné une espèce de microscope dont l'usage est très-commode pour les botanistes.

Le genre *Lieberkuhna* appartient aux corymbifères de M. de Jussieu, et à la syngénésie polygamie superflue de Linné. (H. Cass.)

26:401 LIGULAIRE, *Ligularia*. (*Bot.*) Ce genre de plantes, que nous avons proposé dans le Bulletin des sciences de Décembre 1816 (pag. 198), appartient à l'ordre des synanthérées et à notre tribu naturelle des Adénostylées. dans laquelle nous l'avons placé entre les deux genres *Senecillis* et *Celmisia*. (Voyez notre article LIATRIDÉES.)

Le genre *Ligularia* présente les caractères suivans, que nous avons observés sur un échantillon sec de l'herbier de M. de Jussieu, étiqueté *Cineraria sibirica*, et sur un individu vivant, cultivé au Jardin du Roi sous le même nom.

Calathide radiée : disque multiflore, régulariflore, androgyniflore; couronne unisériée, liguliflore, féminiflore. Péricline cylindracé, égal aux fleurs du disque; formé de squames
26:402 égales, unisériées, contiguës, libres, appliquées, oblongues-lancéolées, aiguës au sommet, membraneuses sur les bords; une ou deux bractées opposées, nées de la base du péricline, aussi longues que lui, dressées, linéaires-subulées. Clinanthe plan, absolument nu. Ovaires pédicellulés, oblongs, cylindracés, striés, glabres, pourvus d'un bourrelet apicilaire; aigrette composée de squamellules nombreuses, plurisériées, inégales, filiformes, barbellulées. Styles d'Adénostylée, ayant leur partie supérieure hérissée de papilles, ainsi que la face extérieure des stigmatophores, dont le sommet est arrondi et nu, et dont les bourrelets stigmatiques sont confondus en une seule masse, sauf un petit sillon médiaire qui n'est apparent qu'à la base. Corolles du disque à tube court, à limbe long, subcylindracé, élargi de bas en haut, à dix nervures, dont cinq surnuméraires, à cinq divisions demi-lancéolées, étalées. Corolles de la couronne à languette longue, tridentée au sommet, portant à la base de sa face interne quelques longs filets, qui sont des rudimens d'étamines avortées.

LIGULAIRE DE SIBÉRIE : *Ligularia sibirica*, H. Cass.; *Cineraria sibirica*, Linn., *Spec. plant.*, édit. 3, pag. 1242. C'est une plante herbacée, glabre, dont la tige, haute d'environ dix pouces, est dressée, simple, très-garnie de feuilles d'un bout à l'autre; ces feuilles sont alternes, à pétiole long de trois pouces, ayant sa partie inférieure élargie, semi-amplexicaule, à limbe long d'un pouce et demi, large de deux pouces, subdeltoïde, denté ou crénelé sur ses bords latéraux; les

feuilles radicales sont très-grandes, très-longuement pétio- 26:402
lées, presque sagittées; les calathides sont disposées en une
grappe, ou plutôt en un épi, terminal, court, composé d'en-
viron sept calathides rapprochées, courtement pédonculées,
nées chacune dans l'aisselle d'une grande bractée; chaque
calathide, large de quinze lignes, haute de six lignes, a les
corolles d'un beau jaune, et les anthères brunes; le péricline
est accompagné d'une ou de deux bractées.

Nous avons fait cette description spécifique sur un individu
vivant, cultivé au Jardin du Roi, où il fleurissoit au com-
mencement de Juin.

Cette espèce, qui paroît jusqu'à présent être la seule du
genre, habite la Sibérie, le Levant, les marais des Pyrénées
et d'autres montagnes de la France méridionale; elle est vi- 26:403
vace par sa racine.

La *Cineraria caspica* de Marschall, que nous n'avons point
vue, est probablement une seconde espèce de *Ligularia;* et
nous soupçonnons que, sous le nom de *Cineraria sibirica*,
l'on confond deux espèces ou au moins deux variétés très-no-
tables; car notre description spécifique, faite sur la plante du
Jardin du Roi, ne s'accorde pas exactement avec celles de
plusieurs auteurs. La plante de Sibérie, celle du Levant et
celle des Pyrénées, seroient-elles autant d'espèces distinctes?

Notre genre *Ligularia* se distingue des vraies *Cineraria* par
les deux longues bractées accompagnant le péricline, par les
rudimens d'étamines dans les fleurs femelles, et surtout par
les caractères du style; il se distingue du *Senecillis* de Gærtner
par les caractères de l'aigrette, et de notre *Celmisia* (t. VII,
pag. 356) par les caractères du péricline. (H. Cass.)

LIMBARDE, *Limbarda.* (*Bot.*) Ce genre, proposé, en 1763, 26:437
par Adanson, dans ses Familles des plantes, appartient à
l'ordre des synanthérées, à notre tribu naturelle des inulées,
et à la section des inulées-prototypes, dans laquelle nous
l'avons placé entre les deux genres *Inula* et *Duchesnia.* (Voy.
notre article Inulées, tom. XXIII, pag. 565.)

Le genre *Limbarda* nous a offert les caractères suivans :

Calathide radiée : disque multiflore, régulariflore, andro-
gyniflore; couronne subunisériée, multiflore, liguliflore, fé-
miniflore. Péricline subhémisphérique, inférieur aux fleurs

26:437 du disque; formé de squames nombreuses, imbriquées, entièrement appliquées, nullement appendiculées, linéaires-lancéolées, subcoriaces, uninervées. Clinanthe large, plan, fovéolé ou papillé. Ovaires oblongs, cylindriques, hérissés de longs poils; aigrette composée de squamellules inégales, subunisériées, filiformes, barbellulées. Corolles de la couronne à languette largement linéaire, tridentée. Anthères pourvues de longs appendices basilaires subulés, découpés. Styles d'inulée-prototype.

Limbarde a trois pointes : *Limbarda tricuspis*, H. Cass.; *Inula crithmoides*, Linn., *Sp. pl.*, édit. 3, pag. 1240; Desf., Hist. des arb., tom. 1, pag. 306. C'est un arbuste entièrement glabre, à très-longs rameaux simples, cylindriques, rougeâtres, garnis de feuilles; celles-ci sont alternes, sessiles, longues de six lignes, larges d'une ligne, linéaires, épaisses, charnues, très-entières sur les bords, terminées au sommet par trois dents; chacune de ces feuilles a dans son aisselle un faisceau de petites feuilles disposées en rosette, et appartenant à un rameau non développé; les calathides, larges de douze à quinze lignes, et composées de fleurs jaunes, sont solitaires au sommet des rameaux, dont la partie
26:438 apicilaire est dépourvue de feuilles, garnie de petites écailles, et épaissie de bas en haut.

Nous avons fait cette description spécifique, et celle des caractères génériques, sur un individu vivant, cultivé au Jardin du Roi, où il fleurissoit au mois d'Août. La limbarde se trouve en France, le long des bords de la mer; elle conserve ses feuilles en hiver; elle se multiplie très-facilement de drageons, de boutures et de graines: on mange ses feuilles confites dans le vinaigre; elles sont apéritives.

Nous croyons, sans pouvoir l'affirmer, que l'*Inula viscosa* de M. Desfontaines peut être attribuée au genre *Limbarda*.

Ce genre, fondé par Adanson sur l'*Inula crithmoides* de Linné, étoit caractérisé par l'auteur de la manière suivante: Feuilles entières; calathides solitaires, terminales et corymbées; péricline formé de squames imbriquées, droites, menues; clinanthe nu, plat; aigrette dentée, longue; corolles du disque à cinq dents, celles de la couronne à trois dents; un seul stigmate dans les fleurs du disque, deux stigmates dans celles de la couronne. Adanson attribuoit ensuite à son *Helenium*, qui est le véritable *Inula* de Linné, les mêmes caractères qu'au *Limbarda*, si ce n'est que les squames du péricline sont larges et divergentes, au lieu d'être droites et menues. 26:438

Nous avons établi (tom. XXIII, pag. 557), dans notre article Inule, que toutes les espèces d'*Inula* qui ont les squames extérieures du péricline terminées par un appendice étalé, foliacé, sont congénères de l'*Inula helenium*, de sorte qu'en adoptant pour cette plante le nom générique de *Corvisartia* proposé par M. Mérat, presque toutes les *Inula* deviendroient des *Corvisartia*, et le genre *Inula* se trouveroit réduit au *Limbarda* d'Adanson, ce qui n'est pas admissible. Pour éviter les répétitions, nous renvoyons à l'article précité, en nous bornant à rappeler ici que le genre *Limbarda* d'Adanson, adopté par nous, diffère du genre *Inula*, tel que nous l'avons circonscrit, par le péricline formé de squames absolument inappendiculées, et par conséquent entièrement appliquées, tandis que, dans les vraies *Inula*, les squames extérieures du péricline sont surmontées d'un appendice étalé, foliacé. (H. Cass.)

LIONDENT, *Leontodon*. (*Bot.*) Ce genre de plantes appartient à l'ordre des synanthérées, à la tribu naturelle des lactucées, et à notre section des lactucées-scorzonérées, dans laquelle nous l'avons placé entre les deux genres *Thrincia* et *Podospermum*. (Voyez notre article Lactucées, tom. XXV, pag. 65). 27:1

Le genre *Leontodon* présente les caractères suivans, que nous avons observés sur plusieurs espèces. 27:2

Calathide incouronnée, radiatiforme, multiflore, fissiflore, androgyniflore. Péricline campanulé, inférieur aux fleurs extérieures; formé de squames inégales, bisériées ou paucisériées, irrégulièrement imbriquées, appliquées, intradilatées, linéaires, oblongues ou lancéolées. Clinanthe plan, plus ou moins profondément fovéolé, à réseau plus ou moins saillant, denté ou garni de courtes fimbrilles piliformes. Ovaires oblongs, subcylindracés, pourvus d'un bourrelet apicilaire; aigrette composée de squamellules très-inégales, laminées inférieurement, filiformes supérieurement, irrégulièrement

27:2 barbées et barbellulées.

On connoît environ quinze espèces de Liondents : presque toutes habitent l'Europe ; la France en possède six ou huit, dont trois se trouvent aux environs de la capitale, et doivent être décrites ici.

Liondent d'automne : *Leontodon autumnale*, Linn., *Sp. pl.*, édit. 3, p. 1123 ; *Scorzoneroides autumnalis*, Mœnch, *Meth.*, pag. 549. C'est une plante herbacée, à racine vivace, tronquée à son extrémité, et pourvue de fibres très-longues ; sa tige, longue d'environ un pied, est rameuse, presque entièrement dépourvue de feuilles, et glabre ; les feuilles sont presque toutes radicales, nombreuses, étalées sur la terre, lancéolées, dentées ou pinnatifides, ordinairement glabres ; les calathides sont solitaires au sommet des rameaux, qui sont parsemés d'écailles subulées, et un peu renflés sous le péricline ; celui-ci est pubescent ; les corolles, d'un jaune doré, sont rougeâtres en-dessous et au sommet. Cette plante fleurit vers la fin d'Août ; elle est commune dans les prés et autres lieux un peu humides.

Quoique cette espèce se distingue parmi tous les liondents par sa tige rameuse et par quelques autres différences légères, il est impossible de la retirer du genre *Leontodon*, auquel elle appartient tant par ses affinités naturelles que par ses caractères techniques : il ne faut donc point l'attribuer au genre *Scorzonera*, suivant l'idée de quelques botanistes, ni en faire, comme Mœnch, un genre particulier. Nous devons faire remarquer que les fruits du *Leontodon*
27:3 *autumnale* portent, comme ceux des *Scorzonera* et *Tragopogon*, une couronne de poils autour de leur bourrelet apicilaire.

Liondent lancéolé ; *Leontodon hastile*, Linn., *Sp. pl.*, éd. 3, pag. 1123. Une racine vivace fibreuse produit de longues feuilles dressées, lancéolées, glabres et lisses, comme toutes les autres parties de la plante, et bordées de dents larges, courtes, disposées en ordre alterne sur les deux côtés de la feuille ; la même racine produit des hampes simples, dénuées d'écailles, longues de six à douze pouces, et terminées par une calathide penchée avant la fleuraison, et composée de fleurs jaunes. Cette plante très-variable, et qui offre quelquefois des poils simples peu nombreux, épars sur les feuilles, la hampe et le péricline, fleurit au mois de Juin, et se trouve dans les prairies. 27:3

LIONDENT HÉRISSÉ ; *Leontodon hispidum*, Linn., *Sp. pl.*, éd. 3, pag. 1124. Sa racine est vivace, un peu oblique ou horizontale, tronquée à son extrémité, et garnie de fibres nombreuses et cylindriques ; ses feuilles, ses hampes et ses péricllines sont plus ou moins hérissés de poils bifurqués ou plus rarement trifurqués, et c'est en quoi elle diffère principalement de l'espèce précédente, qui est glabre, mais à laquelle elle ressemble beaucoup du reste. Cette espèce, qui fleurit en Juin et Juillet, est assez commune dans les lieux secs et pierreux de presque toute la France. On ne doit pas la confondre avec la *Thrincia hispida*, qui est annuelle, et dont les fruits marginaux ont l'aigrette presque entièrement avortée.

Au lieu de retracer ici l'histoire du genre *Leontodon*, depuis Tournefort jusqu'aujourd'hui, nous renvoyons, pour abréger, à la page 65 du tome XXV, où nos lecteurs trouveront une synonymie chronologique, qu'on peut regarder comme une sorte de tableau historique réduit à la plus courte expression.

Nous pourrions aussi discuter longuement sur les affinités du genre dont il s'agit, sur ses caractères distinctifs, sur les limites qui lui conviennent, sur les espèces qu'on doit y admettre, et sur celles qu'il faut en exclure ; mais nous devons désormais éviter, autant qu'il nous est possible, le reproche assez bien fondé qu'on nous fait, d'insérer dans ce Dictionnaire de longues dissertations, au lieu d'articles dont la brièveté devroit être un des principaux mérites. Nous allons 27:4
donc nous borner à parler du *Leontodon aureum* de Linné.

Cette plante, attribuée par Linné et Jacquin au genre *Leontodon*, par Haller au genre *Taraxacum*, par Scopoli au genre *Andryala*, par Lamarck, Villars, Gærtner et tous les botanistes modernes au genre *Hieracium*, est, selon nous, un véritable *Crepis*, que nous nommons *Crepis aurea*, et que nous plaçons auprès du *Crepis biennis*. Voici sa description, faite par nous sur des individus vivans, cultivés au Jardin du Roi, où ils fleurissoient au mois de Mai.

Crepis aurea, H. Cass. (*Leontodon aureum*, Linn.) Feuilles toutes radicales, longues d'environ trois pouces, élargies de

27:4 bas en haut, larges d'un pouce au sommet, obovales, lyrées ou presque lyrées, glabres, d'un beau vert, pétioliformes à la base, arrondies au sommet, qui se termine par une petite pointe. Hampes radicales, monocalathides, hautes d'environ trois pouces, striées, glabriuscules, munies d'une ou de deux petites écailles. Calathide large de neuf lignes, haute de cinq lignes, multiflore, radiatiforme; à corolles d'un beau jaune orangé ou safrané, rougeâtres en-dessous. Péricline campanulé, inférieur aux fleurs, formé de squames unisériées, égales, appliquées, oblongues-lancéolées, obtuses au sommet, uninervées, subcarénées en dehors, canaliculées en dedans, hérissées, surtout sur la carène, de longs poils subulés, roides, charnus, noirs; la base du péricline entourée d'environ cinq ou six squamules surnuméraires, unisériées, irrégulièrement disposées, plus ou moins appliquées, un peu inégales, analogues aux vrais squames. Clinanthe plan, presque nu, à réseau garni de poils très-courts, fort peu apparens. Ovaires oblongs, un peu courts, subcylindracés, pourvus d'un bourrelet apicilaire; aigrette beaucoup plus longue que l'ovaire, très-blanche, composée de squamellules nombreuses, inégales, filiformes, grêles, peu barbellulées; fruits mûrs alongés, à peu près de la même longueur que leur aigrette, cylindracés, obclavés, finement striés, à partie apicilaire un peu amincie en une sorte de col très-gros et très court, point assez distinct pour constituer un col proprement dit: quelques ovaires prodigieusement alongés après la fleuraison, et devenus beaucoup plus longs que leur ai-
27:5 grette, mais stériles. Corolles à tube parsemé de petits poils très-courts.

Il est très-évident, d'après cette description, que la plante dont il s'agit est une crépidée, ayant de l'affinité avec le genre *Catonia*, et appartenant au genre *Crepis*, ainsi que nous l'avions déjà précédemment annoncé (t. XXV, p. 88) dans notre article LACTUCÉES. (H. CASS.)

27:8 LIPOTRICHE, *Lipotriche*. (*Bot.*) Ce genre de plantes, proposé en 1817 par M. Robert Brown, dans ses Observations sur les composées (pag. 118), appartient à l'ordre des synanthérées, à notre tribu naturelle des hélianthées, et à la section des hélianthées-prototypes, dans laquelle nous le pla-

çons entre les deux genres *Melanthera* et *Ucacea*. Voici les 27:8
caractères génériques du *Lipotriche*, que nous n'avons point observés, mais que nous empruntons à M. Brown.

Calathide radiée : disque multiflore, régulariflore, androgyniflore ; couronne unisériée, liguliflore, féminiflore. Péricline court, formé de squames bisériées, presque égales, foliacées. Clinanthe convexe, garni de squamelles aiguës, carenées, nerveuses, foliacées. Fruits turbinés, obtusément tétragones, déprimés au sommet ; aigrette courte, caduque ou tombante, composée de huit à dix squamellules unisériées, libres, filiformes, barbellulées. Corolles jaunes ; celles de la couronne à languette alongée, tridentée. Anthères noirâtres, presque incluses, mutiques à la base. Stigmatophores du disque terminés par un appendice aigu, hispidule.

Les lipotriches sont des plantes herbacées, de l'Afrique équinoxiale, à feuilles opposées, indivises, et à pédoncules terminaux, ternés. M. Rob. Brown, qui a trouvé ce genre dans une collection de plantes faite par le docteur Smith sur les côtes du Congo, observe que, bien qu'il appartienne à la polygamie superflue et qu'il ait les fleurs jaunes, il est sous d'autres rapports si analogue au *Melanthera*, qu'on l'auroit indubitablement rapporté à ce genre, si on ne l'eût trouvé qu'avec des fruits mûrs ; que cependant il en est suffisamment distinct par ses caractères. Suivant lui, ce genre, très-voisin du *Melanthera*, a aussi de l'affinité avec l'*Eclipta* de Linné, le *Wedelia* de Jacquin, et notre *Diomedea ;* mais il le croit suffisamment distinct de tous.

Il paroît que M. Brown connoît plusieurs espèces de lipo- 27:9
triches : mais il n'en a indiqué aucune. N'ayant point vu ces plantes, nous n'avons rien à ajouter à ce que l'auteur du genre a dit et que nous venons de rapporter.

Dans le Journal de physique de Juillet 1818 (pag. 27), nous avons dit que le genre *Melanthera* avoit été proposé, avant von Rohr et Richard, par Adanson, qui le nommoit *Ucacou*, mais que sa description présentoit de faux caractères ; et nous avons fait observer que les caractères attribués par Adanson à son *Ucacou*, et qui s'appliquent fort mal au *Melanthera*, s'appliquoient au contraire assez bien au *Lipotriche* de M. Brown. Depuis cette époque, nous avons re-

27:9 connu que le genre *Ucacou* d'Adanson étoit fort exactement
caractérisé, et très-distinct du *Melanthera* et du *Lipotriche*,
comme nous le démontrerons bientôt dans notre article Mé-
lanthère. Le genre d'Adanson doit donc être conservé, mais
en modifiant un peu son nom, qui est trop barbare : c'est
pourquoi nous proposons de le nommer *Ucacea*. (H. Cass.)

27:116 LOGFIE, *Logfia*. (*Bot.*) Ce genre de plantes, que nous
avons proposé dans le Bulletin des sciences de Septembre
1819 (pag. 143), appartient à l'ordre des synanthérées, à
notre tribu naturelle des Inulées, et à la section des Inu-
lées-Prototypes, dans laquelle nous l'avons placé entre les
deux genres *Gifola* et *Micropus*. (Voy. notre article Inulées,
tom. XXIII, pag. 564.) Le genre *Logfia* est caractérisé par
nous de la manière suivante.

Calathide ovoïde-pyramidale, pentagone, discoïde : disque
27:117 quinquéflore, régulariflore, androgyniflore ; couronne bisé-
riée, décemflore, tubuliflore, féminiflore. Péricline égal aux
fleurs, formé de cinq squames unisériées, égales, appliquées,
alongées, lancéolées-obtuses, munies d'une large bordure
membraneuse, scarieuse au sommet, et ayant leur partie in-
férieure ossifiée, gibbeuse, concave, enveloppante ; quelques
squamules surnuméraires accompagnent extérieurement le
péricline. Clinanthe plan, muni de cinq squamelles unisé-
riées, situées entre les deux rangs de la couronne, égales
aux fleurs, oblongues-lancéolées-obtuses, planes, coriaces,
membraneuses sur les bords. Ovaires du disque et du rang
intérieur de la couronne, oblongs, droits, un peu papil-
lulés ; à aigrette composée de squamellules unisériées, égales,
longues, filiformes, capillaires, à peine barbellulées, cadu-
ques. Ovaires du rang extérieur de la couronne, oblongs,
arqués en dedans, glabres, inaigrettés, enveloppés étroite-
ment et complétement par la partie inférieure des squames
du péricline. Corolles de la couronne, tubuleuses, longues,
grêles, filiformes. Corolles du disque quadrilobées.

Logfie a feuilles subulées : *Logfia subulata*, H. Cass. ; *Filago
gallica*, Linn. *Sp. pl.* édit. 3, pag. 1312. Plante herbacée,
inégalement et irrégulièrement cotonneuse et blanchâtre sur
ses diverses parties, dont plusieurs cependant paroissent sou-
vent être plus ou moins luisantes ; tige rameuse, à rameaux

grêles, très-divariqués; feuilles alternes, éparses, sessiles 27:117
dressées, longues d'environ six lignes, très-étroites, linéaires-subulées, roides, uninervées, à face inférieure ou extérieure ordinairement un peu glabre, la supérieure ou intérieure ordinairement blanche et cotonneuse, à bords roulés en-dedans ou en-dessus; calathides petites, ordinairement rassemblées en groupes de trois, quatre ou cinq, dans la bifurcation des rameaux et à leur sommet; chaque groupe accompagné de plusieurs feuilles plus longues que les calathides; péricline tomenteux, blanchâtre, enflé à la base, étréci vers le sommet, qui est un peu scarieux et roussâtre. Cette espèce, que nous décrivons sur un échantillon sec de l'herbier de M. de Jussieu, n'est pas rare dans les champs sablonneux des environs de Paris, où elle fleurit en Juillet et Août : elle est annuelle, ainsi que l'espèce suivante.

Logfie a feuilles lancéolées : *Logfia lanceolata*, H. Cass.; 27:118
Filago montana, Linn., *Sp. pl.*, édit. 3, pag. 1311. Une racine pivotante, rameuse, fibreuse, produit ordinairement plusieurs tiges dressées ou ascendantes, hautes d'environ six pouces, simples inférieurement, plusieurs fois bifurquées supérieurement, à rameaux dressés; la tige et ses rameaux sont cotonneux, blanchâtres, et très-garnis, d'un bout à l'autre, de feuilles rapprochées : ces feuilles, longues d'environ trois lignes, larges d'environ une ligne, sont sessiles, linéaires-lancéolées-aiguës, planes, laineuses et blanchâtres sur les deux faces, très-entières sur les bords, qui sont quelquefois un peu ondulés; les calathides sont ordinairement rassemblées en petits groupes irréguliers, inégaux, situés vers la bifurcation des rameaux et vers leur sommet; chaque calathide, ordinairement portée par un pédoncule propre, court, filiforme, est petite, conique, verdâtre, un peu cotonneuse, à sommet jaunâtre et scarieux. Nous décrivons cette espèce sur des échantillons secs, recueillis par nous dans le bois de Boulogne, près Paris, où ils fleurissoient en Juillet.

Si le *Gnaphalium minimum* de Smith, que nous n'avons point observé, est suffisamment distinct de la *Logfia lanceolata*, ce qui nous semble assez douteux, ce sera une troisième espèce de *Logfia*, qu'on pourroit nommer *Logfia brevifolia*.

Les *Filago gallica* et *montana* de Linné diffèrent généri-

27:118 quemênt de son *Filago germanica*, qui constitue notre genre *Gifola*, en ce qu'il n'y a que deux rangs de fleurs femelles, et un seul rang de squamelles; que les squames du péricline sont inférieurement ossifiées, gibbeuses, et enveloppent complétement les ovaires; et qu'enfin le clinanthe est plan. C'est pourquoi nous réunissons les deux espèces dont il s'agit en un genre ou sous-genre particulier, dont le *Filago gallica* doit être considéré comme le type; le *Filago montana* offrant quelques anomalies, qui le rapprochent de notre sous-genre *Oglifa* ou *Filago arvensis* de Linné.

Le lecteur peut utilement consulter sur cette matière nos articles Evax, tom. XVI, pag. 58; Filage, tom. XVII, p. 2; Gifole, tom. XVIII, pag. 531; Gnaphale, tom. XIX, p. 115; et surtout notre Examen analytique du genre *Filago* de Linné, publié dans le Bulletin des sciences de Septembre 1819. (H. Cass.)

27:166 LONADE, *Lonas*. (*Bot.*) Ce genre, proposé, en 1763, par Adanson, dans ses Familles des plantes, appartient à l'ordre des synanthérées, et à notre tribu naturelle des anthémidées, dans laquelle il est immédiatement voisin de notre genre *Hymenolepis*, dont il diffère principalement par la structure de l'aigrette. Voici les caractères génériques du *Lonas*, tels que nous les avons observés.

Calathide subglobuleuse, incouronnée, équaliflore, multiflore, régulariflore, androgyniflore. Péricline hémisphérique, à peu près égal aux fleurs; formé de squames imbriquées, appliquées, oblongues, arrondies au sommet, concaves, subcoriaces, membraneuses sur les bords. Clinanthe élevé, subcylindracé, garni de squamelles inférieures aux fleurs, analogues aux squames du péricline, oblongues, concaves, submembraneuses, à sommet arrondi et coloré. Ovaires obovoïdes, glabres, portant sur leur face intérieure une grosse glande saillante; aigrette stéphanoïde, continue,
27:167 membraneuse, irrégulièrement dentée. Corolles à cinq divisions.

Lonade ombellée: *Lonas umbellata*, H. Cass.; *Lonas inodora*, Gærtn., *De fruct. et sem. plant.*, vol. 2, pag. 396, tab. 165, fig. 5. C'est une plante herbacée, entièrement glabre; sa tige, haute d'environ dix pouces, est dressée ou étalée, rameuse;

les feuilles sont alternes, sessiles, longues d'environ un pouce, 27:167
pinnatifides, glauques, un peu charnues, à lanières distantes, linéaires, terminées chacune par une longue pointe blanche; les calathides, hautes de quatre lignes, larges de trois à quatre lignes, et composées de fleurs jaunes, sont disposées en ombelles terminales, simples; chaque ombelle est composée d'environ trois à sept ou même neuf calathides, immédiatement rapprochées, portées sur des pédoncules simples, courts, naissant du même point, dépourvus de feuilles et de bractées; il y a quelquefois une seule petite feuille à la base de l'ombelle; nous trouvons aussi quelques calathides solitaires, terminales.

Nous avons fait cette description spécifique, et celle des caractères génériques, sur des individus vivans, cultivés au Jardin du Roi, où ils fleurissoient en Juillet et Août. La Lonade ombellée est annuelle, et habite nos provinces méridionales, ainsi que la Barbarie.

Lonade naine: *Lonas minima*, H. Cass. Petite plante annuelle, toute glabre, à longue racine pivotante, presque simple; tige droite, presque simple, cannelée, longue d'environ deux pouces; feuilles radicales linéaires, ayant leur partie inférieure presque pinnatifide ou dentée, à dents subulées, et leur partie supérieure profondément trifide, chaque division trilobée au sommet, à lobes comme mucronés; feuilles caulinaires alternes, et analogues aux feuilles radicales; calathides solitaires à l'extrémité des rameaux; chaque calathide ovoïde, composée de fleurs hermaphrodites, régulières; péricline ovoïde, plus court que les fleurs, formé de squames imbriquées, appliquées, oblongues, arrondies au sommet, coriaces et concaves en leur partie moyenne, membraneuses sur les bords; clinanthe cylindracé, garni de squamelles analogues aux squames du péricline, plus courtes que les fleurs, et munies inférieurement d'une glande linéaire, rouge; fruits noirs, obovoïdes, un peu obcompri- 27:168
més, munis de deux côtes latérales et d'une côte intérieure qui porte une grosse glande; aigrette courte, stéphanoïde, membraneuse, irrégulièrement dentée.

Cette plante est-elle une espèce distincte, ou une simple variété du *Lonas umbellata*? Nous l'avons trouvée dans l'her-

27:168 bier de M. de Jussieu, où elle n'étoit point nommée, et où son origine n'est point indiquée.

La première espèce, attribuée par Linné, successivement ou simultanément, aux genres *Santolina*, *Achillea*, *Athanasia*, fut justement considérée par Adanson comme le type d'un genre particulier, qu'il nomma *Lonas*, et qu'il caractérisa ainsi : Feuilles ailées ; calathides corymbées ; péricline composé de squames imbriquées, obtuses ; clinanthe garni de squamelles obtuses ; aigrette formée d'une membrane médiocre, dentée ; fleurs hermaphrodites ; corolles à cinq dents ; styles à un seul stigmate. Ce genre d'Adanson a été adopté par Gærtner, Mœnch, M. de Jussieu, M. De Candolle.

En comparant les caractères génériques du *Lonas* avec ceux de l'*Hymenolepis*, décrits dans ce Dictionnaire, tom. XXII, pag. 315, on reconnoît qu'ils diffèrent en ce que, dans le *Lonas*, l'aigrette est stéphanoïde, continue, indivise, crénelée, et le clinanthe ovoïde, conique ou cylindracé, très-élevé, garni de squamelles analogues aux squames du péricline ; tandis que, dans l'*Hymenolepis*, l'aigrette est composée de squamellules unisériées, paléiformes, membraneuses, inégales, irrégulières, larges, oblongues, laciniées sur les bords, et le clinanthe est petit, planiuscule, tantôt nu, tantôt pourvu de squamelles plus courtes que les fleurs, larges, irrégulières, membraneuses.

Quant aux vraies *Athanasia*, la singulière structure de leur aigrette ostéomorphe suffit pour les distinguer génériquement du *Lonas* et de l'*Hymenolepis*. Cette aigrette est formée de squamellules caduques, cylindracées, épaisses, comme charnues, transparentes, tortueuses ou flexueuses, lisses, arrondies et un peu épaissies au sommet, probablement tubuleuses, entrecoupées de distance en distance par des diaphragmes, et paroissant ainsi composées de quelques articles longs, tortueux, nodulés, enflés aux deux bouts, imitant des os
27:169 ajustés à la suite l'un de l'autre, comme ceux de nos doigts ; souvent chaque squamellule semble être double, c'est-à-dire, formée de deux filets ou tubes entregreffés d'un bout à l'autre. On nous pardonnera cette courte digression sur l'aigrette des *Athanasia*, dont la structure, quoique très-curieuse, n'avoit été remarquée avant nous par aucun botaniste.

L'ovaire du *Lonas umbellata* offre quatre énormes côtes longitudinales, arrondies, fongueuses, confluentes à la base et au sommet; une grosse glande, ou plutôt une vésicule, jaune, est logée vers le haut de la côte située sur la face intérieure; l'aréole apicilaire porte un nectaire jaune, en forme de godet. La corolle de cette même plante est assez remarquable : la partie supérieure de son tube et la partie indivise du limbe portent deux rangées latérales, opposées, d'appendices cylindriques, obtus, filiformes, qui sont les découpures de deux ailes latérales; les divisions du limbe paroissent excessivement épaisses, parce que toute leur face supérieure est hérissée de longues et très-grosses papilles coniques-obtuses, immédiatement contiguës, et peut-être même entregreffées à la base. (H. Cass.) 27:169

LONGCHAMPIE, *Longchampia*. (*Bot.*) Ce genre de plantes, proposé, en 1811, par Willdenow, dans les Mémoires de la Société des naturalistes de Berlin, et dédié a M. Loiseleur Deslongchamps, appartient à l'ordre des synanthérées, à notre tribu naturelle des Inulées, et à la section des Inulées-Gnaphaliées, dans laquelle nous l'avons placé auprès de notre genre *Leptophytus*, qui en diffère par sa calathide couronnée, et par ses aigrettes plumeuses. Voy. l'article Inulées, t. XXIII, pag. 560. 27:172

N'ayant point vu la Longchampie, nous empruntons à Willdenow ses caractères génériques et spécifiques, dont voici la description.

Calathide incouronnée, équaliflore, multiflore, réguliflore, androgyniflore. Péricline cylindracé, supérieur aux fleurs; formé de squames imbriquées, lancéolées : les extérieures plus courtes, presque scarieuses, diaphanes; les intérieures plus longues, diaphanes au sommet. Clinanthe plan et nu. Fruits oblongs; aigrette composée de plusieurs squamellules paléiformes, alternant avec quelques squamellules filiformes, caduques, barbellulées au sommet. Corolles à cinq dents. 27:173

Longchampie a feuilles capillaires : *Longchampia capillifolia*, Willd., *Mag. der Nat. Fr.*, 1811, *Apr.*, *May*, *Jun.*, p. 161. C'est une plante herbacée, annuelle, à racine simple, filiforme, un peu rameuse à l'extrémité; sa tige, longue de

27:173 deux à sept pouces, est diffuse, ramifiée presque en corymbe, cylindrique, pourvue de poils rares, épars; les feuilles sont alternes, rapprochées, étalées, longues d'un pouce, filiformes, garnies de poils rares et menus; les calathides, composées de fleurs jaunes, sont portées chacune par un pédoncule solitaire, axillaire ou terminal, long d'un pouce et demi ou deux pouces, et filiforme. Cette plante habite le Mexique; elle est jusqu'à présent la seule espèce du genre.

Willdenow, peu familier avec l'étude des affinités naturelles, et n'ayant égard qu'aux caractères techniques, croit que la Longchampie est voisine des *Ageratum* et *Stevia*, qui sont des Eupatoriées-Agératées. Quoique nous n'ayons pas vu la plante en question, il nous semble indubitable qu'elle n'a aucune affinité avec les Agératées, et que c'est une Inulée-Gnaphaliée, voisine de notre *Leptophytus*. Le lecteur pourra facilement s'en convaincre, en consultant nos articles LEPTOPHYTE et LIATRIDÉES. (H. CASS.)

27:180 LOPHIOLÈPE, *Lophiolepis*. (*Bot.*) C'est un sous-genre, que nous avons proposé dans l'article LAMYRE, t. XXV, p. 225; il appartient à l'ordre des synanthérées, à notre tribu naturelle des carduinées, et au genre *Cirsium*, dans lequel il est intermédiaire entre les deux sous-genres *Cirsium* et *Picnomon*. Voici ses caractères :

Calathide incouronnée, équaliflore, multiflore, obringentiflore, androgyniflore, sauf une rangée extérieure ordinairement masculiflore. Péricline ovoïde, inférieur aux fleurs; formé de squames régulièrement imbriquées, appliquées, linéaires, coriaces, surmontées d'un appendice long, arqué en dehors avec rigidité, linéaire-subulé, coriace-foliacé;
27:181 terminé au sommet par une forte épine, et bordé sur les deux côtés de petites épines molles. Clinanthe épais, charnu, hémisphérique, garni de fimbrilles longues, inégales, libres, filiformes. Ovaires comprimés bilatéralement, obovales-oblongs, glabres, lisses; aigrette longue, grisâtre ou roussâtre au milieu, composée de squamellules nombreuses, plurisériées, inégales, filiformes-laminées, barbées, attachées à un anneau qui entoure un plateau. Corolles obringentes. Étamines à filet velu. Fleurs marginales ordinairement mâles, à ovaire semi-avorté, stérile, à aigrette composée de squa-

mellules peu nombreuses, à style, étamines et corolle comme 27:181
dans les fleurs hermaphrodites.

Lophiolèpe a belles calathides : *Lophiolepis calocephala*, H. Cass.; *Cnicus ciliatus*, Willd. Cette plante herbacée, haute de près de cinq pieds, a la tige épaisse, dressée, rameuse, hispide; les feuilles sont sessiles, semi-amplexicaules, échancrées à la base, hispides et vertes en-dessus, tomenteuses et blanches en-dessous, profondément pinnatifides; chaque division est subdivisée presque jusqu'à sa base en deux lanières longues, étroites, divergentes, dont la supérieure a deux dents à sa base; il y a une longue et forte épine au sommet de chaque division, et d'autres épines moindres sur les bords de la feuille; les feuilles inférieures sont longues d'un pied, larges de huit pouces; les supérieures sont plus petites; les calathides sont terminales, dressées, larges de deux pouces et demi, hautes de deux pouces, et composées de fleurs à corolle purpurine; le péricline n'est point aranéeux, mais glabre, et formé de squames dont les appendices sont très-arqués en dehors avec rigidité, terminés par une forte épine, et bordés d'épines moindres; les ovaires sont oblongs.

Nous avons fait cette description sur un individu vivant, cultivé au Jardin du Roi, où il fleurissoit au mois d'Août. Cette belle espèce, qui est le type du sous-genre *Lophiolepis*, est vivace par sa racine, et habite la Sibérie.

Lophiolèpe a péricline aranéeux : *Lophiolepis araneosa*, H. Cass.; *Cirsium arachnoideum*, Marsch., *Flor. Taur. cauc.*, t. 3. Plante herbacée, haute de cinq pieds; tiges dressées, épaisses, rameuses, hispides; feuilles radicales longues d'un pied neuf pouces, larges de cinq pouces et demi, pétiolées, pinnati-
fides, bordées d'épines et de cils roides, à face supérieure 27:182
verte, hérissée de poils roides, à face inférieure grisâtre, subtomenteuse; chaque division découpée en deux lobes oblongs, très-divergens, dont le supérieur a un lobe court sur chaque côté de sa base; feuilles caulinaires sessiles, étalées, échancrées en cœur à la base, plus petites et moins découpées que les radicales; calathides terminales, dressées, larges d'un pouce et demi, hautes de deux pouces; péricline ovoïde-urcéolé, subcampanulé, garni de poils aranéeux, formé de squames dont l'appendice est arqué en dehors avec rigi-

27:182 dité, terminé par une forte épine, et bordé d'épines moindres; corolles purpurines.

Nous avons décrit cette espèce sur un individu vivant, cultivé au Jardin du Roi, où il fleurissoit au mois d'Août. Elle est vivace et habite le Caucase.

Lophiolèpe a calathides inclinées : *Lophiolepis nutans*, H. Cass. La tige est herbacée, haute de deux pieds et demi, dressée, rameuse, pubescente; les feuilles sont alternes, sessiles, semi-amplexicaules, rarement un peu décurrentes, étalées, oblongues-lancéolées, vertes et hispides en-dessus, grisâtres et un peu tomenteuses en-dessous, échancrées en cœur à la base, découpées sur les bords en quelques grandes dents terminées chacune par une épine, et bordées d'épines très-petites, semblables à des cils ou à des poils roides; les feuilles inférieures sont longues de six pouces, larges de deux pouces et demi; les supérieures sont plus petites; les calathides, larges de près d'un pouce et demi, longues de près de deux pouces et composées de fleurs purpurines, sont solitaires à l'extrémité de la tige et des rameaux, et inclinées horizontalement par la courbure roide du sommet de leur support; le péricline est subglobuleux, et garni de poils aranéeux très-nombreux, qui lient les squames entre elles; les squames sont très-nombreuses, régulièrement imbriquées, oblongues-lancéolées, surmontées d'un long appendice linéaire-subulé, roide, très-arqué en dehors avec rigidité, spinescent au sommet, garni sur les deux bords de longues épines; les ovaires sont obovales; les corolles sont très-obringentes; le clinanthe est convexe, garni de fimbrilles filiformes-laminées, membraneuses.

27:183 Nous ignorons l'origine de cette espèce, décrite par nous sur un individu vivant, cultivé au Jardin du Roi, où il fleurissoit au mois d'Août, et où il étoit étiqueté *Cnicus lappaceus;* mais nous ne croyons point que ce soit le *Cnicus lappaceus* de Marschall. Ne seroit-ce pas plutôt son *Cnicus fimbriatus?*

Lophiolèpe douteuse : *Lophiolepis dubia*, H. Cass.; *Carduus lanceolatus*, Linn. *Sp. pl.*, édit. 3, pag. 1149. Cette espèce, que nous attribuons avec doute au sous-genre *Lophiolepis*, a déjà été décrite dans ce Dictionnaire, tome IX, page 270, sous le nom de *Cirsium lanceolatum*. Nous devons donc nous borner à tracer ici ses caractères génériques, pour faire connoître en quoi ils se rapprochent et en quoi ils s'éloignent de ceux des vrais *Lophiolepis*. La calathide est multiflore; le péricline ovoïde, inférieur aux fleurs, est formé de squames très-nombreuses, régulièrement imbriquées, appliquées, oblongues-lancéolées, coriaces, surmontées d'un long appendice arqué en dehors avec rigidité sur les squames des rangées extérieures ou inférieures, seulement étalé sur les autres squames: cet appendice, linéaire-subulé, foliacé, roide, spinescent au sommet, offre sur ses deux bords latéraux des rudimens d'épines, mous, extrêmement courts, visibles à la loupe, et qui ne sont réellement que des bases épaisses de poils; le clinanthe est épais, charnu, convexe, garni de fimbrilles nombreuses, longues, inégales, libres, filiformes; les ovaires sont comprimés, oblongs, glabres; leur aigrette est longue, roussâtre supérieurement, composée de squamellules nombreuses, plurisériées, inégales, filiformes-laminées, barbées, attachées à un anneau qui entoure un plateau; les corolles sont obringentes; les étamines ont le filet velu. 27:183

Outre les quatre espèces que nous venons de décrire, il faut probablement attribuer encore au sous-genre *Lophiolepis* le *Carduus eriophorus* de Linné, les *Cirsium serrulatum*, *fimbriatum*, *laniflorum*, *lappaceum* de Marschall, et plusieurs autres espèces qu'il faudroit examiner.

Le sous-genre *Lophiolepis* est très-naturel. Son caractère essentiel consiste en ce que les appendices des squames du péricline sont longs, arqués en dehors, et bordés de petites épines. Il se distingue ainsi des vrais *Cirsium*, dont les appendices du péricline sont courts, droits, non bordés d'épines; 27:184
et du *Picnomon*, dont les appendices sont longs, étalés, arqués en dehors, épais, roides, linéaires-subulés, armés de sept épines très-longues, une terminale et six latérales. Nous avons formé, depuis peu, dans le genre *Cirsium*, un nouveau sous-genre, nommé *Orthocentron*, ayant pour type le *Cnicus pungens* de Willdenow, intermédiaire entre les vrais *Cirsium* et les *Lophiolepis*, et caractérisé par les appendices du péricline, qui sont longs, étalés, droits, roides, subulés, spinescents. Notre sous-genre *Lophiolepis* a quelque rapport avec

27:184 le genre *Eriocephalus* de Vaillant, mal caractérisé et mal composé par cet auteur. Le nom de *Lophiolepis*, formé de deux mots grecs qui signifient *crête*, *écaille*, exprime que les squames ou écailles du péricline sont ornées d'une sorte de crête figurée par leur appendice élégamment disposé, surtout dans la première espèce, qui est le type de ce sous-genre.

Plusieurs *Lophiolepis* présentent une singularité assez notable, qui consiste en ce que les fleurs marginales de leur calathide sont réellement mâles, puisqu'elles ont des étamines parfaites, tandis que leur ovaire est semi-avorté et stérile, quoique le style paroisse bien conformé. C'est une anomalie, ou une exception à la règle dont nous avons parlé, t. XXV, pages 479 et 480, suivant laquelle, dans la calathide des synanthérées, qui est un épi simple, le sexe masculin domine au centre, c'est-à-dire au sommet, et le sexe féminin à la circonférence, c'est-à-dire à la base, toutes les fois qu'il y a inégalité de forces entre les deux sexes. Il importe d'observer que la présence d'une rangée extérieure masculiflore ne constitue pas une couronne proprement dite, et n'empêche pas que la calathide ne doive être dite incouronnée. En effet, nous avons établi, t. X, pages 137, 143 et 145, que la calathide est incouronnée, quand toutes les fleurs qui la composent sont semblables par la corolle; et qu'elle est couronnée, quand les fleurs extérieures diffèrent par la corolle des fleurs intérieures : d'où il suit que la couronne est toujours féminiflore ou neutriflore, jamais androgyniflore ni masculiflore; car le disque est essentiellement composé de corolles masculines ou staminées, c'est-à-dire pourvues d'étamines; et l'absence ou l'avortement des étamines est certainement la cause
27:185 ou l'effet de l'altération subie par les corolles de la couronne, puisque ces deux choses sont toujours co-existantes et semblent inséparables. On peut consulter sur ce sujet notre Mémoire concernant l'influence que l'avortement des étamines paroît avoir sur les périanthes : ce Mémoire, lu à la Société philomatique, le 23 Mars 1816, a été publié par extrait dans le Bulletin des sciences d'Avril 1816, pag. 58, et en totalité dans le Journal de physique de Mai 1816, t. 82, p. 335.

Nous croyons pouvoir placer ici des observations sur le *Cirsium arvense*, et la description d'une nouvelle espèce de

Cirsium[1]. Cette digression, qui n'est pas tout-à-fait étrangère 27:185
à l'objet du présent article, servira de supplément à notre article CIRSE, et nous espérons qu'elle intéressera nos lecteurs.

Il est malheureusement peu de plantes plus communes que le *Cirsium arvense*[2], dont la propagation dans les champs cultivés désole l'agriculteur; et pourtant il est vrai de dire que cette plante si vulgaire n'étoit pas encore bien connue des botanistes, puisqu'elle offre une particularité fort remarquable, et qui avoit échappé jusqu'ici à leur attention.

Le *Cirsium arvense* est vivace par sa racine. Depuis plus de dix ans j'observe, chaque année, à l'époque de sa fleuraison, l'individu qui est l'unique représentant de cette espèce dans l'École de botanique du Jardin du Roi; et je trouve constamment que ses fruits sont stériles et ses étamines imparfaites.

M. Robert Brown a établi que la *Serratula tinctoria* étoit une plante dioïque. J'ai soupçonné que le *Cirsium arvense* pouvoit être dans le même cas, et, pour m'en assurer, j'ai observé, dans le cours de l'été dernier, une multitude presque innombrable d'individus vivant dans les champs, et dans plusieurs autres localités très-diverses: ma conjecture a été complétement vérifiée par toutes ces observations, dont voici les résultats.

---

1 Ces observations et cette description ont été lues par nous à la Société philomatique, le 1.er Mars 1823.

2 La plante ainsi nommée par MM. de Lamarck et De Candolle, est la *serratula arvensis* de Linnæus, le *carduus arvensis* de Smith, le *cnicus arvensis* d'Hoffmann: elle est vulgairement connue sous le nom de chardon hémorrhoïdal.

Le *Cirsium arvense* est vraiment dioïque: car, dans cette 27:186
espèce, toutes les calathides sont unisexuelles, par l'imperfection tantôt du sexe mâle, tantôt du sexe femelle; et chaque individu n'a que des calathides d'un même sexe à l'état parfait.

Il est difficile d'évaluer, même approximativement, la proportion, très-variable sans doute, du nombre des individus des deux sexes: cependant j'ai cru reconnoître, au moins dans plusieurs lieux, que le nombre des mâles et celui des

27:186 femelles étoient à peu près égaux, en comptant tous les individus disséminés dans un même champ, ou dans un même espace de terrain suffisamment étendu et circonscrit par des bornes naturelles.

En comparant ensemble les parties de la fleur mâle et les parties analogues ou correspondantes de la fleur femelle, j'ai remarqué les différences qui vont être exposées.

La plupart des fruits provenant des fleurs d'une calathide femelle contiennent un embryon très-bien constitué. Plusieurs fruits de cette même calathide sont stériles, sans doute parce qu'ils n'ont point éprouvé l'influence de la fécondation masculine, qui, dans toute espèce dioïque, est nécessairement soumise aux chances du hasard. L'aigrette est plus longue et composée de filets plus nombreux que dans le mâle.

Le faux-ovaire des fleurs mâles est plus ou moins flasque, ridé, chiffonné, parce qu'il est alongé, et que sa partie supérieure est vide, le faux-ovule qu'il contient n'occupant que la partie inférieure. L'ovaire des fleurs femelles est plus court, plus fort, lisse, et son ovule le remplit entièrement jusqu'au sommet. Le faux ovule mâle ne prend pas d'accroissement, mais il persiste long-temps après la fleuraison, sans se flétrir. Une analyse exacte de ce corps résoudroit peut-etre la grande question, le germe de l'embryon préexiste-t-il à la fécondation? Quoique je n'aie pas pu faire avec exactitude cette analyse fort difficile, il m'a paru que le corps dont il s'agit ne contenoit aucun germe d'embryon, et que c'étoit une simple masse continue, homogène, pleine, charnue, un peu aqueuse surtout vers le centre, plus compacte près de la surface. Il est probable que cette masse correspond à ce qui forme l'enveloppe de l'embryon dans les graines fertiles.

27:187 Le style des fleurs femelles élève entièrement au-dessus de la corolle ses deux stigmatophores, qui sont entregreffés, mais incomplétement, en sorte que leur partie libre forme deux profonds sillons stigmatiques latéraux. Les collecteurs sont à peine sensibles, presque nuls, sur les stigmatophores féminins. Tant que dure la préfleuraison, les stigmatophores enfermés dans la corolle exactement close ne peuvent pas recevoir un seul grain de pollen, et c'est pourquoi les lèvres de leurs sillons stigmatiques ne sont pas encore écartées. Si

on examine ces sillons peu de temps après l'épanouissement 27:187
de la corolle, au-dessus de laquelle ils sont déjà élevés, on voit ces sillons très-ouverts et très-larges par l'écartement de leurs lèvres, mais on n'y aperçoit encore aucun globule pollinique. Sur des fleurs plus avancées en âge de fleuraison, on trouve presque toujours les sillons stigmatiques plus ou moins garnis de pollen jaune, qui y adhère, et qui nécessairement y a été apporté par le vent. J'ai souvent remarqué avec étonnement l'abondance de ce pollen, remplissant quelquefois les sillons, et se trouvant rarement répandu sur les autres parties des fleurs femelles; j'étois presque tenté d'admettre une attraction mystérieuse exercée à distance par les sillons stigmatiques sur le pollen : mais il est plus vraisemblable que les globules polliniques disséminés en tout lieu par le vent tombent presque aussitôt sur la terre, ou sont emportés de nouveau dans les airs, lorqu'ils n'ont rencontré dans leur course vagabonde que des corps qui n'ont aucune action sur eux; tandis que ceux de ces globules qu'un heureux hasard a conduits sur les sillons stigmatiques y demeurent fixés par agglutination, ou peut-être par l'effet d'une sorte de succion.

Les faux stigmatophores de la fleur mâle sont très-élevés au-dessus des anthères et de la corolle; ils sont très-garnis de collecteurs papilliformes; et ils sont entregreffés complétement, de manière que les sillons stigmatiques sont nuls ou presque nuls, non ouverts, réduits à une simple ligne superficielle et point enfoncée. Ces stigmatophores ne portent presque jamais de globules polliniques, bien qu'ils soient papillés, et qu'ils aient traversé le tube anthéral, dont ils ont expulsé tout le pollen. Ce pollen, quoique très-abondant, ne se retrouve nulle part sur la calathide mâle, sauf 27:188
quelques grains épars sur les collecteurs piliformes de la base des stigmatophores. Ces grains de pollen restent blancs ou blanchâtres, ou ne deviennent jaunatres que plus tard et plus difficilement que sur les sillons stigmatiques des fleurs femelles. Je conclus de ces faits, 1.° que les faux stigmatophores masculins enlèvent autour de leurs collecteurs tout le pollen contenu dans les anthères, mais qu'ils ne conservent point ce pollen, que le vent transporte bientôt ailleurs;

27:188 2.° que les globules polliniques déposés sur les sillons stigmatiques y éprouvent une altération qu'ils ne subissent pas, du moins aussi complétement ni aussi promptement, quand ils se trouvent déposés ailleurs, et qui se dénote extérieurement par un changement de coloration.

Les anthères de la fleur mâle sont grandes, longues, atteignant et même dépassant par leur sommet le sommet de la corolle; elles sont colorées comme la corolle, et pleines de pollen blanc. Aussitôt après que le tube anthéral a été traversé par les faux stigmatophores, les anthères se trouvent absolument vides de pollen; cependant elles sont encore fraîches et colorées, et lorqu'elles se dessèchent ensuite, elles ne deviennent jamais noires, mais jaunâtres ou blanchâtres. Leurs filets, au contraire, se flétrissent et noircissent, après l'émission du pollen; ils sont comme chagrinés ou garnis de papilles tuberculiformes.

Les fausses anthères de la fleur femelle, observées à quelque époque que ce soit, pendant la fleuraison, et même durant la préfleuraison, c'est-à-dire, avant l'ouverture ou l'épanouissement de la corolle, sont toujours demi-avortées, très-petites, sèches, noires, absolument privées de pollen. Le filet qui les supporte est glabre et lisse, et il reste frais et coloré comme la corolle, même jusques après la fécondation; ce qui est précisément l'inverse de ce qui a lieu dans la fleur mâle.

La corolle des fleurs mâles est grande, et son tube est très-arqué en dehors; elle s'élève beaucoup au-dessus du péricline, et elle se rabat ou se renverse sur lui après l'émission du pollen.

La corolle des fleurs femelles est plus petite, plus courte,
27:189 plus droite, moins étalée que la corolle des fleurs mâles; son limbe est beaucoup plus court; son tube est plus long, et bien moins arqué en dehors. C'est ici le lieu de remarquer qu'en général, chez les synanthérées, le degré d'altération de la corolle paroît exactement proportionnel au degré d'avortement des étamines. La corolle femelle du *Cirsium arvense* est très-peu altérée, c'est-à-dire, très-peu différente de la corolle mâle, parce que ses étamines, quoique stériles, subsistent, et n'ont éprouvé qu'un avortement partiel et incomplet.

La même chose a lieu chez quelques autres synanthérées, notamment chez le *Tarchonanthus camphoratus*, qui est dioïque, ainsi que je l'ai démontré, en 1816, dans mon Mémoire sur cet arbrisseau ; mais tous les botanistes, trompés sans doute par la similitude des corolles mâle et femelle, et par l'existence des étamines imparfaites dans la fleur femelle, avoient cru jusque-là que les fleurs du *Tarchonanthus* étoient hermaphrodites, et cette fausse supposition avoit produit d'autres erreurs beaucoup plus graves, réfutées complétement dans le mémoire que je viens de citer. (Voyez le Bulletin des sciences d'Août 1816, pag. 127; le Journal de physique de Mars 1817, et celui de Juillet 1818, pag. 29.) 27:189

L'individu de *Cirsium arvense*, cultivé au Jardin du Roi, et dont j'ai déjà parlé, est un individu femelle, dont les fruits sont toujours stériles, parce qu'il n'y a dans ce jardin aucun individu mâle de la même espèce, et qu'ainsi ces fruits ne peuvent être fécondés. Cependant ils paroissent extérieurement être en bon état et bien mûrs; mais, en les ouvrant, j'y ai retrouvé l'ovule à l'état de pulpe aqueuse, et n'ayant fait aucun progrès depuis la fleuraison; enfin cet ovule étoit desséché dans les fruits plus âgés. Remarquez que l'individu dont il s'agit se trouve placé, dans l'école de botanique, fort près de plusieurs autres espèces de *Cirsium* à fleurs hermaphrodites, dont le pollen peut être transporté par le vent sur ses stigmates, et que pourtant la fécondation n'a jamais lieu. Je reviendrai bientôt sur cette remarque.

Il existe, dans le même local, une autre plante, qui y est cultivée sous le nom de *serratula gigantea*, et dont on ignore la patrie et l'origine. L'ayant observée avec soin, j'ai reconnu qu'elle ne pouvoit point appartenir au genre *Serratula*, mais que c'étoit un vrai *Cirsium*, très-voisin du *Cirsium arvense*, 27:190
dont il est pourtant bien distinct; que cette nouvelle espèce étoit dioïque, comme celle dont nous venons de parler, et que le Jardin du Roi ne possédoit que l'individu femelle. Je propose de nommer *Cirsium dioicum* cette plante remarquable, qui fleurissoit au commencement de Septembre 1822, et dont voici la description.

Cirsium dioicum, H. Cass. (*Serratula gigantea*, *Hort. Reg. Par.*; *An? Serratula setosa*, Willd.) Espèce dioïque. *Indi-*

27:190 *vidu femelle.* Racine vivace. Tige herbacée, dressée, haute de quatre à cinq pieds, rameuse, épaisse, un peu anguleuse ou striée, glabriuscule. Feuilles alternes, sessiles, bordées de petites épines en forme de cils : les inférieures longues de neuf pouces, larges de trois pouces, un peu pubescentes, oblongues-lancéolées, à base subpétioliforme, plus ou moins profondément découpées sur les côtés en lobes entiers, arrondis au sommet; les feuilles supérieures ou des rameaux longues d'environ deux pouces, larges d'environ six lignes, glabres, lisses, luisantes, lancéolées, obtuses au sommet, imitant les feuilles de saule ou de laurier. Calathides femelles, hautes de huit lignes, tout-à-fait analogues à celles du *Cirsium arvense*, pédonculées par la partie supérieure nue des rameaux, et disposées en panicules corymbiformes terminales. Péricline ovoïde, inférieur aux fleurs; formé de squames très-nombreuses, régulièrement imbriquées, appliquées, uninervées, bordées de longs poils laineux : les extérieures ovales-lancéolées, coriaces, terminées par un appendice très-court, inappliqué, droit, subulé, un peu spinescent; les intermédiaires et les intérieures oblongues-lancéolées, terminées par un appendice inappliqué, roide, lancéolé, scarieux, rouge. Clinanthe épais, charnu, fimbrillé. Fruits comprimés, oblongs, glabres, lisses; aigrette longue, composée de squamellules nombreuses, filiformes, barbées. Corolles purpurines, à limbe divisé presque jusqu'à sa base par des incisions à peu près égales. Anthères semi-avortées, petites, sèches, brunes, privées de pollen, même avant la fleuraison. Stigmatophores entregreffés incomplétement, formant par leurs parties libres des sillons stigmatiques à lèvres bien écartées.

27:191 Quoique je ne connoisse point l'individu mâle, je puis supposer avec beaucoup de vraisemblance qu'il n'y a, dans cette espèce, entre les individus des deux sexes, que les différences qui existent entre le mâle et la femelle du *Cirsium arvense*, et que j'ai décrites précédemment.

Les ovaires de l'individu femelle de *Cirsium dioicum*, qui est au Jardin du Roi, contiennent tous un ovule; mais aucun de ces ovaires ne devient un fruit fertile, parce que l'ovule, n'étant point fécondé par le mâle, reste toujours dans un état d'imperfection. Cependant j'ai observé que presque tous les sillons stigmatiques étoient abondamment garnis de globules polliniques. Ce pollen, certainement étranger à la plante dont il s'agit, puisque ses anthères en sont privées, ne pouvoit avoir été déposé sur ses stigmates que par le vent, qui sans doute l'avoit enlevé à quelques espèces de *Serratula* entre lesquelles le *Cirsium dioicum* se trouve placé dans l'école de botanique. On se rappelle que j'ai fait une remarque analogue sur le *Cirsium arvense*. Il paroît donc que ces plantes ne peuvent être fécondées que par le mâle de leur propre espèce, et qu'ainsi elles sont incapables de produire des hybrides. Je ne sais pas s'il est bien prouvé que certains végétaux peuvent en produire : mais il me semble indubitable que cette faculté est refusée à toutes les plantes diclines, et surtout aux plantes dioïques; car, s'il en étoit autrement, on verroit journellement ces plantes donner naissance à presque autant de produits hybrides que de races naturelles, et le type de chaque espèce se perdroit, ou ne seroit plus reconnoissable au milieu de toutes ses variations. 27:191

Mes observations sur les *Cirsium arvense* et *dioicum* fournissent de nouvelles preuves très-convaincantes à l'appui de ce que j'avois établi en 1812, concernant le stigmate des carduinées, dans mon premier Mémoire sur les synanthérées : en effet, on ne peut plus douter que ce stigmate réside, comme je l'avois dit, sur les marges de la face intérieure plane des stigmatophores, et que les papilles qui couvrent leur face extérieure convexe, ne sont point du tout stigmatiques, comme on le croyoit auparavant. Cela est bien évident, puisque les faux stigmatophores de la fleur mâle sont très-garnis de papilles sur leur face extérieure convexe, et que les marges de leur face intérieure plane sont confondues 27:192
comme le reste en une seule masse par la greffe complète qui les réunit ; tandis que ces marges restent libres et forment des sillons très-ouverts sur les stigmatophores de la fleur femelle, qui sont presque dépourvus de papilles. Remarquez que, l'ovaire de la fleur mâle étant pourvu d'un ovule, l'imperfection du sexe femelle dans cette fleur doit être attribuée au défaut de stigmate.

On a essayé, dans ces derniers temps, d'ébranler et même

27:192 de renverser la théorie de l'existence des sexes chez les végétaux. Il me semble que les auteurs de ces attaques un peu téméraires auroient bien de la peine à expliquer les faits que j'ai observés sur les *Cirsium arvense* et *dioicum;* et leur embarras sur ce point seroit à mes yeux, je l'avoue, le résultat le plus satisfaisant des observations dont il s'agit. (H. Cass.)

27:202 LORENTEA. (*Bot.*) Le genre proposé sous ce nom, en 1816, par M. Lagasca, dans ses *Genera et Species plantarum* (page 28), nous paroît être indubitablement le même que celui qui a été proposé par nous, sous le nom de *Chthonia*, dans le Bulletin des sciences de Février 1817 (pag. 33), et qui est plus amplement décrit dans le tome IX de ce Dictionnaire, publié en la même année 1817. On croira facilement, je l'espère, qu'à Paris, au commencement de 1817, nous ne connoissions point l'ouvrage que M. Lagasca venoit de publier tout récemment à Madrid, et qui ne nous a été communiqué qu'au commencement de 1819. (Voyez le Bulletin des sciences de Février 1819, pag. 32.) On ne peut donc pas nous soupçonner de plagiat : mais nous avouons que la publication du *Lorentea* ayant précédé de quelques mois celle du *Chthonia*, le premier nom doit être préféré par les botanistes qui ne consulteront que les dates, sans examiner quel est celui des deux auteurs qui a fait connoître de la manière la plus exacte et la plus complète le genre dont il s'agit. En effet, ceux qui n'ont aucun égard à la règle des dates, lorsqu'elle nous est évidemment favorable, ne manquent pas de l'appliquer très-rigoureusement lorsqu'elle peut nous être contraire.
27:203

Dans le Journal de physique de Juillet 1819 (page 30), nous avons dit que les quatre espèces de *pectis* décrites par M. Kunth, dans le quatrième volume de ses *Nova genera et species plantarum*, appartenoient à notre genre *Chthonia*, que ce botaniste ne vouloit pas admettre, quoiqu'il fût bien distinct du *Pectis;* mais qu'il alloit peut-être changer d'avis en apprenant que ce genre *Chthonia* avoit été publié un peu avant nous, par M. Lagasca, sous le nom de *Lorentea*. Après quoi, nous avons ajouté ce qui suit : « M. Kunth attribue « à ces plantes des corolles labiées; c'est une erreur : il est

« vrai que les incisions de ces corolles sont souvent plus ou 27:203
« moins inégales, comme dans beaucoup d'autres synanthé-
« rées, et surtout dans la tribu des tagétinées; mais ces iné-
« galités très-variables, et dont la disposition est indétermi-
« née, ne constituent pas une labiation proprement dite. »

Dans sa réponse à notre Analyse critique et raisonnée de son ouvrage, M. Kunth s'exprime ainsi : « Quant au *Pectis*, « M. Cassini ne veut pas y voir des corolles bilabiées, parce « que les divisions ne sont pas tout aussi profondes que dans « d'autres genres labiatiflores; on avouera qu'il est difficile « de s'entendre avec des personnes qui s'attachent à de pa- « reilles minuties. J'espère qu'on me pardonnera si je ne « continue pas à discuter les autres objections de M. Cassini, « toutes étant à peu près de la même valeur. » (Journal de physique d'Octobre 1819, pag. 284.)

Ceux qui veulent bien nous lire avec quelque attention et surtout avec bonne foi, savent que ce n'est point d'après la profondeur plus ou moins grande des incisions que nous distinguons la corolle vraiment labiée de celle qui n'en a que la fausse apparence, mais bien d'après la disposition des incisions qui forment les deux lèvres. Ainsi, nous disons (tom. X, pag 138) qu'une corolle de synanthérée est labiée, lorsque, étant accompagnée d'organes mâles parfaits, son limbe est partagé supérieurement en deux lèvres, dont l'extérieure comprend les trois cinquièmes, et l'intérieure les deux autres cinquièmes; d'où il suit que, si les incisions des corolles
de *Clithonia* sont souvent plus ou moins inégales, ces inéga-
lités étant très-variables, et leur disposition étant indéter- 27:204
minée, cela ne constitue pas une labiation proprement dite. Si un botaniste philosophe et doué d'un génie transcendant, comme M. Kunth, pouvoit abaisser un moment ses regards sur les misérables minuties auxquelles nous avons la sottise de nous attacher, et qui ne méritent que son mépris, nous oserions le prier humblement d'observer les corolles des *Carduus*, des *Cirsium*, et de la plupart des autres carduinées, afin de nous apprendre si ces corolles, que nous distinguons des labiées, et que nous nommons obringentes, ne seroient point à ses yeux, comme celles des *Pectis*, tout aussi bien labiées que celles des *mutisia* et *nassauvia*.

27:204 Nous croyons pouvoir profiter de l'occasion qui se présente, pour donner ici un supplément à notre article Chthonia (tom. IX, pag. 173).

Chthonia repens, H. Cass. (*An? Pectis humifusa*, Swartz.) Plante herbacée, basse, diffuse, glabre. Tige grêle, cylindrique, comme ligneuse, très-rameuse, couchée sur la terre et produisant des racines nombreuses; les dernières branches de la tige redressées, longues d'un pouce, garnies de feuilles nombreuses, rapprochées. Feuilles opposées, connées à la base, longues d'environ cinq lignes, larges d'environ une ligne et demie, comme spatulées, uninervées, munies de grosses glandes rondes, saillantes en-dessous; à partie inférieure linéaire, pétioliforme, bordée de longs cils; à partie supérieure obovale, très-entière, ou n'offrant que des dentelures visibles seulement à la loupe. Calathides solitaires, hautes d'environ trois lignes, portées sur de courts pédoncules qui naissent dans l'aisselle des feuilles, près du sommet des rameaux. Corolles jaunes, un peu noirâtres.

Calathide radiée : disque composé d'environ seize fleurs hermaphrodites ou peut-être mâles; couronne composée de quatre à cinq fleurs femelles. Péricline subcylindracé, plus court que les fleurs du disque; formé de cinq squames unisériées à la base, se recouvrant par les bords, larges, elliptiques ou obovales, entières, élargies et arrondies au sommet, coriaces, membraneuses sur les bords, parsemées de glandes. Clinanthe très-petit, nu, sauf quelques fimbrilles filiformes extrêmement courtes. *Fleurs du disque :* ovaire à peu près
27:205 semblable à ceux de la couronne; aigrette longue comme l'ovaire, composée de cinq à huit squamellules unisériées, inégales, irrégulières, à partie inférieure paléiforme-laminée, membraneuse, frangée ou laciniée, à partie supérieure filiforme, subtriquètre, épaisse, barbellulée; corolle longue comme l'aigrette, à quatre ou cinq divisions, dont une est ordinairement séparée des autres par deux incisions beaucoup plus profondes; quatre ou cinq étamines, à filet roussâtre, à anthère et article anthérifère blanchâtres; l'appendice apicilaire de l'anthère très-court, arrondi; les appendices basilaires plus courts que l'article anthérifère, pointus, pollinifères, greffés avec les appendices basilaires des anthères

voisines; style long, filiforme, à partie supérieure très-longue, hérissée de collecteurs papilliformes ou piliformes, et divisée seulement au sommet en deux parties excessivement courtes, obtuses, arrondies, divergentes. *Fleurs de la couronne :* ovaire alongé, grêle, cylindracé, anguleux, strié, noirâtre, hérissé de quelques poils épars; aigrette composée de deux ou trois squamellules semblables à celles du disque; corolle à limbe ligulé, radiant, long d'environ une ligne, large, elliptique, entier ou à peine échancré au sommet, muni de deux à cinq nervures longitudinales, saillantes en dessous; style à deux stigmatophores assez longs. 27:205

Nous avons fait cette description sur un échantillon sec, recueilli dans l'île de Porto-Rico, et qui est étiqueté *Pectis ciliaris*, Linn., dans l'herbier de M. de Jussieu.

Les fleurs du disque sont-elles vraiment hermaphrodites, produisant des graines fertiles? ou bien sont-elles mâles par l'imperfection du stigmate? Il est certain que le style de ces fleurs n'est point du tout construit comme un style androgynique, mais qu'il ressemble parfaitement à un style masculin, dont les stigmatophores sont entregreffés. Cependant quelques fruits du disque nous ont paru contenir une graine bien constituée. Si ce dernier fait étoit suffisamment établi, il en résulteroit que les fleurs du disque sont hermaphrodites, et que par conséquent leur style est androgynique, quoique ressemblant à un style masculin. Ce seroit une anomalie fort remarquable offerte par les *Chthonia* ou *Lorentea*, mais qui n'est pas exclusivement propre à ce genre, car nous l'avons
observée aussi dans le *Cryptopetalon*, autre genre de la même tribu (voyez tome XII, page 123.); et il nous a paru que la même chose avoit lieu chez les vrais *Pectis*. 27:206

Le genre *Chthonia* ou *Lorentea* appartient à notre tribu naturelle des tagétinées, dans laquelle il est intermédiaire entre les deux genres *Pectis* et *Cryptopetalon*, dont il diffère par l'aigrette; celle du *Cryptopetalon* ayant les squamellules filiformes et barbellulées d'un bout à l'autre, et celle des vrais *Pectis* ayant les squamellules subtriquètres, subulées, cornées, parfaitement lisses; tandis que celle des *Chthonia* a les squamellules paléiformes et dentées inférieurement, filiformes et barbellulées supérieurement. Ainsi, l'ancien genre

27:206 *Pectis* se trouve réduit, quant à présent, aux *Pectis punctata* de Jacquin, et *linifolia* de Linnæus; mais le nouveau genre *Chthonia* ou *Lorentea* se compose déjà d'environ dix espèces, qui sont nos deux *Chthonia* (*glaucescens* et *repens*), la *Lorentea prostrata* de M. Lagasca, les *Pectis humifusa* de Swartz, *prostrata* de Cavanilles, et *ciliaris* de Linnæus, et les *Pectis pygmæa*, *elongata*, *Bonplandiana*, *canescens*, de M. Kunth. Cependant, si ces quatre dernières espèces, ou quelques-unes d'elles, avoient l'aigrette composée de squamellules entièrement filiformes et barbellulées, comme nous le soupçonnons d'après les descriptions et les figures, elles n'appartiendroient pas plus au genre *Chthonia* qu'au genre *Pectis*, mais devroient être placées dans le genre *Cryptopetalon*, malgré la radiation bien manifeste de leurs calathides. Nous présumons que les *Pectis pygmæa* et *Bonplandiana* sont des *Chthonia*, et que les *Pectis elongata* et *canescens* sont des *Cryptopetalon*; en sorte que notre genre *Cryptopetalon* auroit la calathide tantôt discoïde, tantôt quasi-radiée, tantôt très-radiée.

M. Lagasca dit que plusieurs espèces de *Lorentea* ont été recueillies par MM. Née et Boldo, et sont conservées dans l'herbier du jardin royal de Madrid : mais ce botaniste n'en a nommé qu'une seule, et il ne l'a désignée que par des caractères qui, étant communs à la plupart des espèces du genre, sont insuffisans pour distinguer celle-ci.

Nous avons observé, dans l'herbier de M. Desfontaines, deux espèces nouvelles de *Chthonia*, dont l'une, étiquetée *Pectis diffusa*, et qu'on pourroit nommer *Chthonia leptocephala*,
27:207 a des pédoncules longs, grêles, garnis de quelques bractées subulées; les squames du péricline longues, étroites, pliées en gouttière, chacune d'elles embrassant une fleur de la couronne; le disque composé seulement de quatre fleurs; les aigrettes du disque composées de trois à cinq squamellules; les languettes de la couronne oblongues, jaunâtres, trinervées, un peu bidentées.

On pourroit très-bien sans doute ne considérer les *Pectis*, *Chthonia* et *Cryptopetalon* que comme trois sous-genres, distingués seulement par la structure de l'aigrette, et formant trois sections d'un seul et même genre nommé *Pectis* : mais on peut aussi les considérer avec nous comme trois genres suffisamment distincts. 27:207

Le nom de *Chthonia* est dérivé d'un mot grec qui signifie *terre*, parce que la plupart des plantes de ce genre sont couchées sur la terre; celui de *Lorentea* avoit été appliqué par Ortega au genre nommé plus anciennement *Sanvitalia*. (H. Cass.)

LOXODON, *Loxodon*. (*Bot.*) Ce nouveau genre de plantes 27:253
que nous proposons, appartient à l'ordre des synanthérées, et à notre tribu naturelle des mutisiées, dans laquelle il est intermédiaire entre les deux genres *Chaptalia* et *Lieberkuhna*. Voici les caractères génériques du *Loxodon*, tels que nous les avons observés sur un échantillon sec de *Loxodon brevipes*.

Calathide bicouronnée, discoïde-radiée: disque pluriflore, subrégulariflore, androgyniflore; couronne intérieure non radiante, subunisériée, liguliflore, féminiflore; couronne extérieure radiante, unisériée, liguliflore, féminiflore. Péricline subcampanulé, égal aux fleurs du disque; formé de
squames bi-trisériées, inégales, irrégulièrement imbriquées, 27:254
lancéolées, foliacées. Clinanthe plan, inappendiculé. Ovaires fusiformes-oblongs, épaissis au-dessous du sommet, point du tout collifères, entièrement hérissés de poils courts, gros et charnus; aigrette longue, composée de squamellules nombreuses, inégales, filiformes, barbellulées. *Fleurs du disque*: Corolle subrégulière, à limbe point distinct du tube; à cinq divisions dressées, oblongues-lancéolées, séparées par des incisions un peu inégales. Étamines à filet glabre; à anthère pourvue d'un appendice apicilaire long, linéaire, et de deux appendices basilaires très-longs, subfiliformes. Style de mutisiée. *Fleurs de la couronne intérieure*: Corolle analogue à celles de la couronne extérieure, mais inférieure au style, et à languette variable. *Fleurs de la couronne extérieure*: Corolle supérieure au style, à tube long, à languette longue, linéaire, entière, bidentée, ou tridentée au sommet; point de languette intérieure, ni de fausses étamines.

Nous attribuons au genre *Loxodon* les deux espèces suivantes.

Loxodon a hampes courtes: *Loxodon brevipes*, H. Cass.; *Tussilago* (*Chaptalia*) *exscapa*, Pers., *Syn. pl.*, *pars* 2, p. 456. C'est une plante herbacée, à racines fibreuses, à tige nulle.

27:254 Ses feuilles sont toutes radicales, inégales, longues d'environ deux pouces, y compris le pétiole, et larges d'environ un pouce ; le pétiole, plus court que le limbe, est large, membraneux, multinervé ; le limbe est elliptique, arrondi au sommet, un peu étréci vers la base, glabre et vert en-dessus, tomenteux et blanchâtre en-dessous, bordé de dents ou de crénelures inégales, munies chacune d'un petit tubercule conique dirigé en arrière. Il y a plusieurs hampes longues de quatre à cinq lignes, épaissies au sommet, très-laineuses, quelquefois pourvues de quelques bractées longues, linéaires-subulées ; chaque hampe porte une calathide large d'environ dix à douze lignes ; son péricline est en partie glabre, en partie tomenteux ; le disque est composé d'environ sept ou huit fleurs, dont une est quelquefois labiée ; chacune des deux couronnes est composée d'environ dix ou douze fleurs inégales et variables, dont une ou deux offrent quelquefois un rudiment de languette intérieure ; les aigrettes sont rou-
27:255 geâtres ; les corolles sont jaunes, mais la face inférieure des languettes de la couronne extérieure et le sommet des corolles du disque sont souvent rougeâtres.

Nous avons fait cette description spécifique, et celle des caractères génériques, sur un échantillon sec, recueilli par Commerson aux environs de Monte-Video, et qui se trouve dans l'herbier de M. de Jussieu.

Loxodon a hampes longues : *Loxodon longipes*, H. Cass. ; *Chaptalia runcinata*, Kunth, *Nov. gen. et Sp. pl.*, tom. IV, pag. 6 (édit. in-4.°), tab. 303. La racine est vivace, perpendiculaire, garnie de fibres épaisses. Les feuilles sont toutes radicales, nombreuses, longues d'environ deux pouces, y compris le pétiole, larges de six ou sept lignes ; le pétiole, long d'environ un demi-pouce, est membraneux, glabre, élargi à sa base ; le limbe est oblong, aigu, étréci vers sa base, ronciné sur ses bords, à dents aiguës ou mucronées, glabre et vert en-dessus, tomenteux et blanc en-dessous. Il y a une, deux ou trois hampes, longues d'environ quatre pouces, dressées, cylindriques, un peu épaissies au sommet, tomenteuses, blanchâtres, pourvues seulement en leur partie supérieure de plusieurs bractées rapprochées, appliquées, lancéolées, subulées au sommet. Chaque hampe porte une

calathide dressée, grande comme celle de l'*Hieracium dubium*; 27:255
son péricline est conique-oblong, presque égal aux fleurs du disque, formé de squames nombreuses, inégales, imbriquées, linéaires-lancéolées, membraneuses, glabres, rougeâtres, les extérieures pubescentes; le clinanthe est nu; le disque est composé de plusieurs fleurs probablement hermaphrodites, à corolle régulière; chacune des deux couronnes est composée d'environ quinze à vingt fleurs femelles, unisériées, ligulées, dont la languette est longue et radiante sur les fleurs de la couronne extérieure, courte et non radiante sur celles de la couronne intérieure; les ovaires sont cylindracés, glabres, pourvus d'une aigrette de squamellules très-nombreuses, filiformes, barbellulées, roussâtres; les corolles sont blanches.

Cette plante, que nous décrivons d'après M. Kunth, a été trouvée par MM. de Humboldt et Bonpland sur les rochers des Andes de la Nouvelle-Grenade, où elle fleurissoit
en Octobre. Quoique nous ne l'ayions point vue, il nous 27:256
paroît presque indubitable que c'est une seconde espèce de notre genre *Loxodon*.

Ce nouveau genre diffère du *Chaptalia*, en ce que les fleurs du disque sont hermaphrodites et à corolle presque régulière, au lieu d'être mâles et à corolle manifestement labiée. (Voyez notre article Chaptalie, tom. VIII, pag. 161.) Le *Loxodon* diffère du *Lieberkuhna*, en ce qu'il y a deux couronnes féminiflores, que les corolles du disque sont presque régulières, que le péricline ne surpasse point les fleurs du disque, et que les fruits sont fusiformes-oblongs. (Voyez notre article Lieberkuhne.) On ne doit pas confondre le *Loxodon* avec le *Lasiopus*, dont les corolles du disque sont labiées, celles de la couronne intérieure ambiguës et souvent pourvues de fausses étamines, celles de la couronne extérieure biligulées, c'est-à-dire, à deux languettes, et dont le péricline est supérieur aux fleurs du disque. (Voyez notre article Lasiope, tom. XXV, pag. 298.)

Le nom de *Loxodon* est composé de deux mots grecs qui signifient *dents obliques*, parce que les dents des feuilles sont dirigées obliquement en arrière.

Le genre *Loxodon* appartient aux corymbifères de M. de

27:256 Jussieu, et à la syngénésie polygamie superflue de Linnæus. (H. CASS.)

27:263 LUCILIE, *Lucilia.* (*Bot.*) Ce genre de plantes, que nous
27:264 avons proposé dans le Bulletin des sciences de Février 1817 (pag. 32), appartient à l'ordre des synanthérées, à notre tribu naturelle des inulées, et à la section des inulées-gnaphaliées, dans laquelle nous l'avons placé entre les deux genres *Chevreulia* et *Facelis.* (Voyez notre article INULÉES, tom. XXIII, pag. 561.)

Le genre *Lucilia* est caractérisé par nous de la manière suivante.

Calathide longue, cylindracée, discoïde : disque pauciflore, régulariflore, androgyniflore ; couronne unisériée, pauciflore, tubuliflore, féminiflore. Péricline cylindracé, égal aux fleurs, accompagné à sa base de trois bractées; formé de squames imbriquées, scarieuses : les extérieures ovales; les intérieures longues, étroites, linéaires-aiguës. Clinanthe plan et nu. Ovaires cylindracés, hérissés de très-longs poils appliqués; aigrette plus longue que la corolle, composée de squamellules très-nombreuses, plurisériées, inégales, filiformes, presque capillaires, à peine barbellulées, la plupart fourchues au sommet. *Fleurs du disque :* Corolle très-longue, très-grêle, à limbe quinquélobé, point distinct du tube. Étamines ayant l'article anthérifère long et grêle; l'appendice apicilaire de l'anthère long, obtus, greffé avec les appendices apicilaires des anthères voisines; les appendices basilaires longs, filiformes. Style d'inulée. *Fleurs de la couronne :* Corolle très-longue, extrêmement grêle, à limbe semi-avorté, divisé en plusieurs lanières. Style à deux stigmatophores longs et grêles.

Nous connoissons deux espèces de ce genre.

LUCILIE A FEUILLES AIGUËS : *Lucilia acutifolia,* H. Cass.; *Serratula acutifolia,* Poiret, Encyclop., tome 6, page 554. C'est une plante herbacée, dont la tige, haute de cinq pouces (dans l'échantillon incomplet que nous décrivons), est dressée, droite, cylindrique, tomenteuse, simple inférieurement, un peu ramifiée supérieurement. Les feuilles sont peu distantes, alternes, sessiles, longues de six lignes, larges de près d'une ligne et demie, lancéolées-aiguës, très-entières, tomenteuses sur les deux faces. Les calathides, longues de six lignes, sont ordinairement solitaires à l'extrémité de la tige, et des rameaux qui sont très-courts; leur péricline est scarieux, luisant, roux; les corolles sont probablement jaunes; chaque calathide contient ordinairement dix fleurs, dont cinq appartiennent au disque, et cinq à la couronne. 27:264 27:265

Nous avons fait cette description spécifique, et celle des caractères génériques, sur un échantillon sec, recueilli par Commerson aux environs de Monte-Video, et qui se trouve dans l'herbier de M. de Jussieu.

Lucilie a petites feuilles; *Lucilia microphylla*, H. Cass. La tige est herbacée, haute de six pouces (dans l'échantillon incomplet que nous décrivons), dressée, très-rameuse, grêle, cylindrique, cotonneuse, blanchâtre. Les feuilles sont un peu rapprochées, alternes, éparses, sessiles, longues de deux à trois lignes, larges d'environ une ligne, lancéolées, aiguës, très-entières, cotonneuses et blanchâtres sur les deux faces, glabres seulement au sommet. Les calathides, longues de cinq lignes, sont solitaires à l'extrémité de la tige et des rameaux; leur péricline est scarieux, luisant, roux, formé de squames imbriquées, appliquées, oblongues, entièrement scarieuses; le clinanthe est nu et plan.

Nous avons fait cette description sur un échantillon sec, que nous avons trouvé dans l'herbier de M. Desfontaines, où il n'étoit point nommé, et où rien n'indiquoit sa patrie ni son origine. Il est probable que cette seconde espèce habite le même pays que la précédente, dont elle est sans doute congénère, quoique nous n'ayons pas pu nous en assurer directement par l'examen des fleurs, parce que les péricIines de l'échantillon observé étoient absolument vides.

La *Lucilia microphylla* est bien distincte de la première espèce, par son port analogue à celui des bruyères, des *seriphium*, des *stœbe;* par ses rameaux nombreux, longs, étalés, tout couverts de feuilles jusqu'au sommet; par ses feuilles très-rapprochées sur les rameaux, très-étalées, petites, courtes, et simplement aiguës, au lieu d'être presque acuminées, comme dans l'autre espèce; enfin par le coton qui la couvre, lequel est plus dense, plus blanc, un peu luisant et comme argenté.

27:265 La *lucilia aculifolia* avoit été attribuée par M. Poiret au genre *Serratula*, dont elle est aussi éloignée par ses carac-tères techniques que par ses rapports naturels. M. Persoon
27:266 doutoit que ce fût une vraie *Serratula*, et lui trouvoit le port d'une *Stæhelina*. M. De Candolle, dans son second Mémoire sur les Composées, remarquoit que cette plante avoit le clinanthe nu, et elle lui paroissoit devoir être rapportée aux *Gnaphalium*.

Il est bien certain que la plante en question appartient au groupe naturel des Inulées-Gnaphaliées; et il nous a paru qu'elle pouvoit constituer un genre distinct, intermédiaire entre le *Chevreulia*, dont il diffère par ses fruits privés de col, et le *Facelis*, dont il diffère par ses aigrettes non plumeuses. (Voyez nos articles Chevreulia, tom. VIII, p. 516[1]; et Facélide, tom. XVI, pag. 104.) Le *Lucilia* semble plus rapproché des genres *Gnaphalium*, *Phagnalon* et *Helichrysum*, si l'on n'a égard qu'aux caractères techniques; mais il en est plus éloigné sous le rapport des affinités naturelles; et d'ailleurs il s'en distingue suffisamment par quelques différences dans les caractères techniques, ainsi qu'on le reconnoîtra facilement en comparant avec soin notre description générique du *Lucilia* avec celles des *Gnaphalium* et *Phagnalon* (tom. XIX, pag. 119), et avec celle de l'*Helichrysum* (t. XX, pag. 450). Néanmoins, le genre *Lucilia* sera infailliblement réuni, avec beaucoup d'autres, au genre *Gnaphalium*, par la plupart des botanistes, qui n'aiment point la multiplicité des genres, qui ne calculent point les différens degrés d'affinité, et qui regardent comme des minuties puériles les distinctions exactes, fondées sur des observations trop attentives.

Le nom de *Lucilia* est dérivé d'un mot latin qui signifie *luisant*, parce que, bien que ce caractère du péricline soit commun à presque tous les genres de la section des Inulées-Gnaphaliées, il nous a paru être plus particulièrement remarquable sur le péricline des Lucilies.

---

1 Il y a, dans la description des caractères génériques du *Chevreulia*, une faute d'impression, que l'on corrigera en substituant le mot de squamellules à celui de squamelles, dans la troisième ligne de la page 517.

Le genre *Lucilia* appartient aux Corymbifères de M. de Jussieu, et à la Syngénésie polygamie superflue de Linné. (H. Cass.) 27:266

M

MANTISALQUE, *Mantisalca*. (*Bot.*) Ce genre ou sous-genre, que nous avons proposé dans le Bulletin des Sciences de septembre 1818 (pag. 142), appartient à l'ordre des synanthérées, et à la tribu naturelle des centauriées. Voici ses caractères, que nous avons observés sur un individu vivant et cultivé. 29:80

Calathide discoïde: disque multiflore, subrégulariflore, androgyniflore; couronne non radiante, unisériée, ampliatiflore, neutriflore. Péricline très-inférieur aux fleurs, ovoïde; formé de squames régulièrement imbriquées, appliquées, interdilatées, ovales oblongues, coriaces, munies au sommet d'un petit appendice subulé, spiniforme, réfléchi. Clinanthe plan, épais, charnu, garni de fimbrilles nombreuses, libres, inégales, longues, filiformes laminées. *Fleurs du disque*: Ovaire glabre, muni de côtes longitudinales et de rides transversales. Aigrette double: l'extérieure semblable à celle de la plupart des centauriées, l'intérieure irrégulière, unilatérale, longue, composée de trois ou quatre squamellules entre-greffées, qui forment une large lame membraneuse. Corolle régulière, pas sensiblement obringente. Etamines à filet glabre, sauf des vestiges papilliformes de poils avortés. Stigmatophores point libres. *Fleurs de la couronne*: Faux ovaire semi-avorté, filiforme, glabre, inaigretté. Corolle à limbe profondément divisé en 29:81
cinq ou six lanières égales, longues, linéaires, et contenant trois ou quatre longs filets, qui sont des rudimens d'étamines avortées.

Nous ne connoissons jusqu'à présent qu'une seule espèce de ce genre.

Mantisalque élégante: *Mantisalca elegans*, H. Cass.; *Cen-*

29:81 *taurea salmantica*, Linn., *Sp. pl.*, edit. 3, pag. 1299. C'est une plante herbacée, vivace suivant Linnée, bisannuelle suivant Dumont-Courset, annuelle suivant Mœnch et Persoon; sa tige est haute de trois pieds, grêle, striée, glabre et un peu rameuse; ses feuilles inférieures sont pinnatifides et sinuées comme celles de la chicorée, avec un lobe terminal en fer de lance, assez grand et denté; elles sont garnies de poils fort courts et un peu rudes; les feuilles de la tige sont très-étroites, presque linéaires, dentées à leur base; les calathides sont solitaires et terminales; leurs corolles sont purpurines ou blanches; les squames du péricline sont très-lisses. Cette plante habite l'Europe méridionale et la Barbarie; on la trouve dans le midi de la France.

Le nom générique *Mantisalca* étant l'anagramme du nom spécifique *Salmantica*, qui signifie Salamanque, mérite assurément l'anathème des botanistes, qui ont proscrit ces sortes de noms. Quant à nous, qui ne respectons les règles qu'autant qu'elles sont fondées sur des motifs raisonnables, et qui ne voyons dans les noms génériques que des lettres et des syllabes arbitrairement assemblées et fixées par convention, nous soutenons qu'un nom de genre formé par anagramme est aussi bon que tout autre, lorsqu'il ne blesse ni l'organe de la prononciation, ni celui de l'audition, et lorsqu'on ne peut pas le confondre avec aucun autre nom générique. (H. Cass.)

29:174 MAROUTE, *Maruta.* (*Bot.*) C'est un sous-genre, que nous avons proposé dans le Bulletin des Sciences de novembre 1818 (pag. 167); il appartient à l'ordre des synanthérées, à notre tribu naturelle des anthémidées, et au genre *Anthemis;* il nous a présenté les caractères suivans.

Calathide radiée : disque multiflore, réguliflore, androgyniflore; couronne unisériée, liguliflore, neutriflore. Péricline subhémisphérique, à peu près égal aux fleurs du disque; formé de squames paucisériées, inégales, imbriquées, appliquées, oblongues, à bordure membraneuse. Clinanthe cylindracé, à partie inférieure nue, à partie supérieure garnie de squamelles plus courtes que les fleurs, très-grêles, subulées. Ovaires courts, épais, subcylindracés, tout hérissés de petites excroissances charnues, tuberculeuses, globuleuses, qui sont les indices de côtes ondulées-dentées; aigrette absolument

nulle. Fleurs de la couronne à faux ovaire semi-avorté, 29:174
à style nul, à languette elliptique, tridentée au sommet.

Maroute puante : *Maruta fœtida*, H. Cass.; *Anthemis cotula*, Linn., *Sp. pl.*, edit. 3, pag. 1261. Cette plante herbacée, annuelle, a une racine tortueuse; la tige dressée, haute de plus d'un pied, très-rameuse et diffuse, glabre, garnie de feuilles; celles-ci sont bipinnées, presque glabres, à folioles linéaires, divisées en trois lanières subulées; les calathides sont nombreuses, solitaires au sommet des rameaux, à disque jaune, et à couronne blanche, étalée durant le jour, pendante durant la nuit; le péricline est un peu poilu. La maroute est commune aux environs de Paris, dans les champs incultes et cultivés, où elle fleurit en mai, juin et juillet; elle est anti-hystérique, mais peu employée, sans doute à cause de son odeur désagréable.

Le sous-genre *Maruta* diffère des vrais *Anthemis* par la couronne composée de fleurs neutres, par les ovaires hérissés de points tuberculeux, et par le clinanthe cylindracé, inap-
pendiculé inférieurement, garni supérieurement de squamelles 29:175
inférieures aux fleurs, très-grêles, subulées.

Le tableau méthodique des genres et sous-genres composant la tribu des anthémidées, auroit dû se trouver dans notre article sur cette tribu (tom. II, suppl., pag. 73); mais à l'époque où nous rédigeâmes cet article, publié en 1816, nos études étoient encore incomplètes sur plusieurs points, et c'est pourquoi nous crûmes devoir nous borner alors à présenter une simple liste alphabétique de trente genres. Maintenant nous sommes en état d'offrir à nos lecteurs un tableau méthodique, plus complet, plus exact, mieux élaboré. C'est un supplément nécessaire à notre article Anthémidées, et nous le plaçons ici en y joignant le tableau d'une autre tribu immédiatement voisine, et beaucoup plus petite.

Xe *Tribu*. Les Ambrosiées (*Ambrosieæ*).

Flosculosarum genera. Tournefort (1694). — *Genera Compositifloris aliena*. Vaillant (ab 1718 ad 1721). — *Nucamentacearum genera, nunc extrà nunc intrà ordinem Compositorum*. Linné (1751). — *Corymbiferarum genera*. Bern. Jussieu (1759 ined.). — *Compositarum sectio Ambrosiæ dicta*. Adanson (1763). — *Corym-*

29:175 *biferarum anomalarum aut fortè Urticearum genera.* A. L. Jussieu (1789). — *Compositiflorarum discoidearum genera.* Gærtner (1791). — *Siphoniphyti species, hoc est, Flosculosarum genera.* Necker (1791). — *Urticearum genera.* Ventenat (1799). — Lamarck — Mirbel — Desfontaines — Decandolle. — *Ordo distinctus, Synantheris proximus.* Richard (1806). — *In ordine Synantherarum genera incertæ sedis.* H. Cassini (1812). — *In ordine Synantherarum tribus peculiaris dicta Ambrosieæ.* H. Cass. (1813 et 1814). — *Compositarum genera.* R. Brown (1814). — *Helianthearum genera.* Kunth (1820).

(Voyez les caractères de la tribu des Ambrosiées, tom. XX, pag. 371.)

Première Section.

AMBROSIÉES-IVÉES (*Ambrosieæ-Iveæ*).

Caractères : Calathides bisexuelles, discoïdes. Péricline formé de squames libres. Fleurs femelles pourvues d'une corolle.
29:176 Fleurs mâles ayant un faux ovaire; la corolle blanchâtre, infondibuliforme, à tube distinct du limbe; les étamines adhérentes à la corolle. Feuilles opposées.

1. †??? CLIBADIUM. = *Clibadium.* Allamand ined. — Lin. (1771). — H. Cass. Dict. v. 9. p. 395.

2.* IVA. = *Conyzæ sp.* Tourn. — *Tarconanthi sp.* Vaill. (1719) — *Parthenii sp.* Lin. (1737) — *Iva.* Lin. (1748) — Juss. — Gærtn. — H. Cass. Dict. v. 24. p. 43 — *Denira.* Adans. (1763).

Seconde Section.

AMBROSIÉES-PROTOTYPES (*Ambrosieæ-Archetypæ*).

Caractères : Calathides unisexuelles; les femelles et les mâles réunies sur le même individu. Calathide femelle à péricline formé de squames entre-greffées, contenant une seule fleur privée de corolle. Fleurs mâles à faux ovaire nul; à corolle verdâtre, campaniforme, sans tube distinct du limbe; à étamines non adhérentes à la corolle. Feuilles alternes.

3.* XANTHIUM. = *Xanthium.* Tourn. (1694) — Lin. — Juss. — Gærtn. — Rich. (1806) Ann. du mus. v. 8. p. 184. — H. Cass. (1812 et seq.) Dict. v. 25. p. 195 — R. Brown (1814) Gen. rem. p. 27 — Kunth (1820).

4.* Franseria. = *Xanthii sp.* Lin. fil. — Juss. — *Ambrosiæ sp.* Lam. — *Franseria.* Cavan. (1793) — Willd. — Pers. — H. Cass. Dict. v. 17. p. 364. 29:176

5.* Ambrosia. = *Ambrosia.* Tourn. (1694) — Lin. — Juss. — Gærtn. — Kunth — H. Cass. Dict. v. 25. p. 203.

XIe *Tribu.* Les Anthémidées (*Anthemideæ*).

An? Matricariæ deindè Achilleæ. Jussieu (1789 et 1806) — *Chrysanthemorum pars major.* H. Cassini (1812) — *Chrysanthemorum sectio prima, propriè dicta Chrysanthema.* H. Cass. (1813) — *Anthemideæ.* H. Cass. (1814 et seq.) — Kunth (1820).

(Voyez les caractères de la tribu des Anthémidées, tome XX, page 372.)

Première Section.

Anthémidées-Chrysanthémées (*Anthemideæ-Chrysanthemeæ*).

Caractère : Clinanthe privé de squamelles.

I. Artémisiées. Calathide non radiée; fruits inaigrettés, point obcomprimés. 29:177

1.* Oligosporus. = *Abrotani sp.* Tourn. (1694. malè.) — ? Neck. — *Artemisiæ sp.* Vaill. — Lin. — Adans. — Juss. — Mœnch — *Oligosporus.* H. Cass. Bull. févr. 1817. p. 33.

2.* Artemisia. = *Artemisia.* Tourn. (1694) — Gærtn. — H. Cass. Dict. v. 22. p. 39. — *Artemisiæ sp.* Vaill. — Lin. — Adans. — Juss. — Neck. — Mœnch.

3.* Absinthium. = *Absinthii sp.* Tourn. (1694) — Vaill. — *Artemisiæ sp.* Lin. — Juss. — Neck. — *Absinthium.* Adans. (1763) — Gærtn. — Mœnch.

4.* Humea. = *Humea.* Smith (1804) — Aiton — Desf. — H. Cass. Dict. v. 22. p. 38. — *Calomeria.* Venten. (1804) — *Agathomeris.* Delaunay — *Oxiphæria.*

II. Cotulées. Calathide non radiée; fruits inaigrettés, obcomprimés.

5.* Soliva. = *Hippiæ sp.* Lin. fil. — Brotero — *Soliva.* Ruiz et Pav. (1794) — R. Brown (1817) Obs. comp. p. 101. Journ. de phys. v. 86. p. 404. — Kunth (1820) — *Ranunculi sp.* Poir. — *Gymnostyles.* Juss. (1804) — H. Cass. Dict. v. 20. p. 152. — *Soliva et Gymnostyles.* Pers.

29:177 6.* Hippia. = *Tanaceti sp.* Lin. (1737) — *Eriocephali sp.* Lin. (1767) — *Hippia.* Lin. (1774) — Gærtn. — H. Cass. Dict. v. 21, p. 173 — *Hippiæ sp.* Lin. fil.

7.* Leptinella. = ? *Hippia.* Kunth — *Leptinella.* H. Cass. Bull. août 1822. p. 127. Dict. v. 26.

8.* Cenia. = *Cotulæ sp.* Tourn. — Lin. — *Cotula.* Vaill. (1719. benè.) — *Cenia.* Commers. (ined.) — Juss. (1789) — Pers. — H. Cass. Dict. v. 7. p. 367 — *Lancisiæ sp.* Gærtn. — Lam. — (*Non Lancisia.* Ponted.) — *Lidbeckiæ sp.* Willd.

9.* Cotula. = *Ananthocyclus.* Vaill. (1719. benè.) — Dillen — *Lancisia.* Ponted. (1719. malè.) — *An? Lancisia.* Adans. — *Non Lancisia.* Gærtn. — Lam. — Pers. — *Cotulæ sp.* Lin. (1737) — Willd. — *Cotula.* Juss. (1789) — Gærtn. — H. Cass. Dict. v. 11. p. 67. — *Baldingeria.* Neck.

III. Tanacétées. Calathide non radiée; fruits aigrettés.

10.* Balsamita. = *Tanaceti et Absinthii sp.* Tourn. — *Balsa-*
29:178 *mitæ sp.* Vaill. (1719) — *Tanaceti Chrysanthemi et Cotulæ sp.* Lin. — *Tanaceti sp.* Adans. — Juss. — Gærtn. — Mœnch — *Cotula et Psanacetum.* Neck. (1791) — *Balsamita.* Desf. (1792) — Willd. — Decand. — Pers.

11.* Pentzia. = *Gnaphalii sp.* Lin. — *Tanaceti sp.* Lhérit. — *Pentzia.* Thunb. (1800) — Willd. — Aiton — *Balsamitæ sp.* Pers.

12.* Tanacetum. = *Tanaceti sp.* Tourn. — Vaill. — Lin. — Adans. — Juss. — Gærtn. — Mœnch — *Tanacetum.* Neck. — Desf. — Willd. — Decand. — Pers.

IV. Chrysanthémées vraies. Calathide radiée.

13.* Gymnocline. = *Ptarmicæ sp.* Tourn. — *Matricariæ sp.* Vaill. — *Achilleæ sp.* Lin. — Lam. — Desf. — *Pyrethri sp.* Gærtn. — *Chrysanthemi sp.* Waldst. et Kit. — *Chrysanthemi et Achilleæ sp.* Pers. — *Gymnocline.* H. Cass. Bull. déc. 1816. p. 199. Dict. v. 20. p. 119.

14.* Pyrethrum. = *Chrysanthemi Leucanthemi et Matricariæ sp.* Tourn. — *Bellidioidis et Matricariæ sp.* Vaill. — *Chrysanthemi sp.* Lin. — Pers. — *Matricaria.* Adans. (1763) — *Pyrethrum.* Hall. (1768) — Gærtn. (1791) — Mœnch — Smith — Willd. — Decand. — *Matricariæ sp.* Lam. (1789) — *Chrysanthemum et Myco-*

nia. Neck. 29:178

15.* Chrysanthemum. = *Chrysanthemi et Leucanthemi sp.* Tourn. — *Bellidioidis et Matricariæ sp.* Vaill. — *Chrysanthemi sp.* Lin. (1737) — Pers. — *Leucanthemum.* Adans. (1763) — Neck. — *Matricariæ sp.* Lam. (1789) — *Chrysanthemum.* Gærtn. (1791) — Mœnch — Smith — Willd. — Decand. — H. Cass. Dict. v. 9. p. 151.

16.* Matricaria. = *Chamæmeli sp.* Tourn. — *Matricariæ sp.* Vaill. — Lin. — Lam. (1789) — *Matricaria.* Gærtn. — Smith (1800. benè.) — Willd. — Decand. — Pers. — *Chamomilla.* Juss. (1806).

17.* Lidbeckia. = *Lidbeckia.* Berg. (1767) — Juss. — H. Cass. Dict. — *Cotulæ sp.* Lin. — Lin. fil. — *Lancisiæ sp.* Gærtn. — Lam. — *Lidbeckiæ sp.* Willd. — *Lancisia.* Pers. — (*Non Lancisia.* Ponted.)

Seconde Section. 29:179

Anthémidées-Prototypes (*Anthemideæ-Archetypæ*).

Caractère : Clinanthe garni de squamelles.

I. Santolinées. Calathide non radiée.

18.* Hymenolepis. = *Santolinæ sp.* Lin. (1737) — *Tanaceti sp.* Lin. (1763) — *Athanasiæ sp.* Lin. (1771) — *Hymenolepis.* H. Cass. Bull. sept. 1817. p. 138. Dict. v. 22. p. 315.

19.* Athanasia. = *Baccharidis sp.* Vaill. (1719) — *Santolinæ sp.* Lin. (1737) — *Athanasiæ sp.* Lin. (1763) — *Athanasia.* H. Cass. Dict. v. 22. p. 315.

20.* Lonas. = *Santolinæ sp.* Tourn. — Lin. (1753) — *Baccharidis sp.* Vaill. (1719) — *Athanasiæ et Achilleæ sp.* Lin. (1763) — *Lonas.* Adans. (1763) — Gærtn. — Mœnch — Juss. (1806) — Decand. (1815) — H. Cass. Dict. — *Athanasiæ sp.* Desf.

21.* Diotis. = *Gnaphalium.* Tourn. (1694) — Adans. — Gærtn. — *Baccharidis sp.* Vaill. (1719) — *Santolinæ sp.* Lin. (1737) — Lam. — Smith — Willd. — Juss. (1806) — Pers. — *Filaginis sp.* Lin. (1753) — *Athanasiæ sp.* Lin. (1763) — *Diotis.* Desf. (1799) — Decand. — H. Cass. Dict. v. 13. p. 295.

22.* Santolina. = *Santolina.* Tourn. (1694) — Vaill. — Lin. — Gærtn.

29:179 23. * Lasiospermum. = *Santolinoidis sp.* Vaill. — Mich. — *Santolinæ sp.* Pers. — Desf. — *Lasiospermum.* Lag. (1816) — H. Cass. Dict. v. 25. p. 304 — (*Non Lasiospermum.* Fisch.)

24. * Anacyclus. = *Cotula.* Tourn. (1694) — *Santolinoides.* Vaill. (1719) — *Anacyclus.* Lin. (1737) — Juss. — Gærtn. — Pers. (1807) — Decand. Fl. fr. v. 6. p. 480 — *Anacyclus et Hiorthia.* Neck. (1791).

II. Anthémidées-Prototypes vraies. Calathide radiée.

§. Aigrette stéphanoïde.

25. * Anthemis. = *Buphthalmum et Chamæmeli sp.* Tourn. — *Chamæmeli sp.* Vaill. — Alli. — *Anthemidis sp.* Mich. (1729) — Lin. — *Anthemis.* Gærtn. (1791) — Neck. — Mœnch.

§§. Aigrette nulle.

26. * Chamæmelum. = *Chamæmeli sp.* Tourn. — Vaill. (1720)
29:180 — Adans. — Alli. — *Anthemidis sp.* Mich. — Lin. — *Chamæmelum.* Hall. — Gærtn. (1791) — Neck. — Mœnch.

27. * Maruta. = *Chamæmeli sp.* Tourn. — Vaill. — Alli. — Mœnch. — *Anthemidis sp.* Lin. — *Maruta.* H. Cass. Bull. nov. 1818. p. 167. Dict.

28. * Ormenis. = *Anthemidis sp.* Mich. — Lin. — *Chamæmeli sp.* Alli. — Mœnch — *Ormenis.* H. Cass. Bull. nov. 1818. p. 167.

29. * Cladanthus. = *Anthemidis sp.* Lin. — *Asterisci sp.* Shaw — *Cladanthus.* H. Cass. Bull. déc. 1816. p. 199. Dict. v. 9. p. 342. atl. cah. 3. pl. 9.

30. * ? Eriocephalus. = *Eriocephalus.* Dill. (1732). (non Vaill.) — Lin. (1737) — Gærtn. — H. Cass. Dict. v. 15. p. 188.

31. * Achillea. = *Millefolium et Ptarmica.* Tourn. — *Achillea.* Vaill. (1720. benè.) — Lin. — *Millefolium.* Adans. — *Achillea et Ptarmica.* Neck.

32. * Osmitopsis. = *Osmitis sp.* Lin. — *Osmitis posterior sp.* Gærtn. (1791) — *Osmitopsis.* H. Cass. Bull. oct. 1817. p. 154.

§§§. Aigrette composée de squamellules.

33. † Osmites. = *Osmitis et Anthemidis sp.* Lin. — *Osmitis prior sp.* Gærtn. (1791) — *Osmites.* H. Cass. Bull. oct. 1817. p. 154.

34. † ? ? Lepidophorum. = *Chrysanthemi sp.* Tourn. — *Anthe-*

mis repanda. Lin. Sp. pl. edit. 3. p. 1262 — *Lepidophorum*. Neck. (1791). 29:180

35. * Sphenogyne. = *Chamæmeli Asteris et Chrysanthemi sp*. J. Burm. — *Arctotidis sp*. Lin. — Willd. — Pers. — *Ursiniæ? sp*. Gærtn. (1791) — *Sphenogyne*. R. Brown (1813) — Aiton — *Oligærion*. H. Cass. Dict. v. 2. suppl. p. 75.

36. † Ursinia. = *Arctotidis sp*. Lin. — Pers. — *Ursinia*. Gærtn. (1791).

L'histoire assez compliquée de la tribu des ambrosiées se trouve indiquée, sous la forme d'une synonymie, au commencement du tableau de cette tribu; et elle a été développée, sous une autre forme, dans notre article Lampourde (t. XXV, pag. 200). Bornons-nous donc ici à rappeler qu'Adanson est le véritable fondateur de ce petit groupe naturel si controversé, mais que nos propres observations ont considérablement changé ses caractères, sa composition, et sa situation dans la série générale des synanthérées.

Notre première section, celle des ivées, a la plus grande affinité avec les hélianthées-millériées, qui la précèdent immédiatement. Il est même assez vraisemblable que le *clibadium*, lorsqu'il sera mieux connu, pourra être attribué préférablement aux millériées. 29:181

La section des ambrosiées-prototypes, qui correspond exactement aux ambrosies d'Adanson, s'allie fort bien, surtout par l'intermédiaire du genre *Ambrosia*, avec les anthémidées qui la suivent.

M. de Jussieu n'ayant jamais indiqué les caractères ni la composition du groupe proposé par lui sous le titre de matricaires ou d'achillées, il est impossible de savoir si ce groupe, entrevu seulement avec doute par l'illustre botaniste, correspond plus ou moins exactement à notre tribu des anthémidées. Cependant, puisque M. Kunth n'a pas voulu convenir que nous étions l'auteur de la tribu des eupatoriées, on pourroit s'étonner qu'il ait semblé reconnoître nos droits sur celle des anthémidées; mais cette différence s'explique parce que ce botaniste croit la tribu des eupatoriées beaucoup meilleure que celle des anthémidées, qui, selon lui, est fort douteuse et à peine distincte des hélianthées. Cette opinion de M. Kunth sur les anthémidées doit être attribuée, comme plusieurs autres idées de ce bota-

29:181 niste, à ce qu'il n'a soigneusement étudié que les synanthérées de l'Amérique équinoxiale : s'il avoit examiné avec le même soin celles d'Europe, d'Asie et d'Afrique, il auroit reconnu que la tribu en question étoit fort solidement établie, et peut-être qu'alors il se seroit dispensé de nous citer comme auteur de ce groupe naturel. (Voyez *Nova Genera et Species plantarum*, tom. IV, pag. 299, edit. in-4° ; et Journal de Physique de juillet 1819, pag. 22.)

Notre tribu des anthémidées nous a paru pouvoir se diviser assez naturellement en deux sections, distinguées par l'absence ou la présence des squamelles sur le clinanthe. Quoique ce caractère étranger à la fleur proprement dite, ait par conséquent peu d'importance dans la classification naturelle, il peut néanmoins être employé quelquefois pour des divisions secondaires, surtout dans un groupe tel que celui des anthémidées, où tous les genres sont liés entre eux par une affinité si étroite, qu'il faudroit, s'il étoit possible, les agglomérer
29:182 tous autour d'un seul point, que leur disposition en série pourroit, sans beaucoup d'inconvéniens, être faite presque au hasard, et que toutes les coupes qu'on peut y établir sont plus ou moins arbitraires. Nous avouons franchement que la commodité de la distinction dont il s'agit est le principal motif qui nous l'a fait préférer. Remarquons cependant que le caractère sur lequel elle est fondée n'est point aussi infaillible que le croient les botanistes systématiques. L'*anthemis grandiflora* de Ramatuelle n'est peut-être qu'une variété du *chrysanthemum indicum* de Linnæus, et les squamelles qui existent sur son clinanthe sont une monstruosité produite par la culture. M. Persoon avoit énoncé cette opinion, dans son *Synopsis plantarum* (*pars* 2, pag. 461); et nous l'avons professé d'après lui, dans ce Dictionnaire (tom. IX, pag. 152), en nous fondant sur ce que nous avions observé cette sorte de monstruosité chez un grand nombre de synanthérées de tout genre. Le *pyrethrum grandiflorum* de Willdenow, par exemple, cultivé au Jardin du Roi, nous avoit offert son clinanthe quelquefois irrégulièrement squamellé en certaines parties. Nous avions souvent trouvé quelques squamelles éparses entre le péricline et les fleurs extérieures du disque, chez les *chrysanthemum myconis* et *matricaria parthenium*. Nous avons remarqué que,

dans l'*artemisia violacea*, Desf., quelques fleurs femelles sont 29:182
interposées entre les deux rangs de squames formant le péricline, en sorte que les squames intérieures pourroient être considérées comme des squamelles. L'*hymenolepis* a le clinanthe tantôt nu, tantôt squamellifère. Le clinanthe du *maruta* est nu sur une partie et squamellé sur l'autre. L'*eriocephalus africanus*, que nous avons observé, a, sans aucun doute, le clinanthe garni de squamelles ; et pourtant, si l'observation de Gærtner est exacte, l'*eriocephalus racemosus* ne porteroit que des fimbrilles. Il est vrai que cette seconde espèce doit probablement former un genre distinct; mais, dans la classification naturelle, il faudroit nécessairement laisser ce nouveau genre immédiatement auprès de l'*eriocephalus*, malgré la différence des appendices du clinanthe. Gardez-vous de croire qu'il seroit plus commode et plus naturel de séparer les clinanthes fimbrillés des clinanthes nus, et de les réunir aux clinanthes squamellés. Pour repousser cette idée, il nous
suffit de dire que l'on trouve des fimbrilles sur les clinanthes 29:183
de l'*absinthium*, du *soliva*, du *pentzia*, du *lidbeckia*, et que ces genres ont évidemment trop d'affinité avec des genres à clinanthe nu, pour qu'il soit possible de les en éloigner sans violer les rapports naturels les mieux établis. Les botanistes devroient bien enfin renoncer à la prétention chimérique de trouver des caractères infaillibles ou exempts d'exceptions. Nous osons affirmer qu'il n'en existe point, et que ceux qu'on croit posséder perdront, comme les autres, leur infaillibilité, lorsqu'au lieu de jeter sur eux un coup d'œil général et superficiel, on les observera scrupuleusement, minutieusement, dans tous les cas particuliers. Ne cessons pas de répéter jusqu'à satiété que tous les groupes naturels, de quelque degré qu'ils soient, ne peuvent être réellement fondés que sur l'ensemble des affinités, et qu'il est impossible d'exprimer exactement cet ensemble par ce qu'on appelle des caractères. Il est pourtant indispensable d'attribuer des caractères à chaque groupe : mais, dans l'énonciation de ces caractères, le mot *ordinairement* doit toujours être exprimé ou sous-entendu. Les caractères d'un groupe naturel ne sont donc que des caractères *ordinaires*, des caracteres *centraux*, des caractères *typiques*, c'est-à-dire, des caractères qui existent dans le plus

29:183 grand nombre des plantes composant ce groupe, et surtout dans celles qui occupent le centre du groupe ou qui en offrent le véritable type.

Les subdivisions que nous avons admises dans les deux sections de la tribu des anthémidées, sont caractérisées 1.° par la calathide non radiée ou radiée, 2.° par l'absence ou la présence de l'aigrette, 3.° par la forme du fruit. Ces trois sortes de caractères sont encore moins exacts, moins infaillibles, plus sujets à exceptions que l'absence ou la présence des squamelles, qui caractérise nos deux sections : mais on vient de voir que nous attachons peu d'importance à ces exceptions, et qu'elles ne nous font jamais rejeter le caractère qui les subit, lorsque ce caractère nous paroît exprimer un trait de la constitution propre au type du groupe que nous voulons caractériser.

Les artémisiées sont placées au commencement de la série, à cause de leur grande affinité avec les ambrosiées; et notre
29:184 genre *Oligosporus* est en première ligne, parce qu'il n'a, comme les ambrosiées, que des fleurs unisexuelles. Il est suivi de l'*artemisia*, qui n'en diffère que par le disque androgyniflore, et de l'*absinthium* qui diffère de l'*artemisia* par le clinanthe fimbrillé. L'*humea*, distinct des trois précédens par sa calathide incouronnée, termine ce petit groupe de quatre genres.

Les cotulées ont de l'affinité avec les ambrosiées, et elles suivent les artémisiées, dont elles diffèrent principalement par la forme du fruit. Les genres *Solivæa* (1), *Hippia*, *Leptinella* ont le disque masculiflore, comme l'*oligosporus*. Le *solivæa* a ses fleurs femelles privées de corolle, comme les ambrosiées-prototypes, et le clinanthe fimbrillé, comme l'*absinthium*. L'*hippia*, dont les fleurs femelles ont une corolle tubuleuse confondue par sa base avec le sommet de l'ovaire, tient ainsi le milieu entre le *solivæa* et le *leptinella*. Celui-ci a la corolle des fleurs femelles articulée sur l'ovaire et ligulée; il paroît qu'une espèce

---

(1) SOLIVA étant un nom d'homme, ne peut régulièrement devenir un nom de plante, sans que sa terminaison soit modifiée : c'est pourquoi nous nommons SOLIVÆA le genre nommé SOLIVA par les autres botanistes.

de ce genre a les calathides unisexelles, comme les ambrosiées-prototypes, et qu'une autre a les corolles femelles biligulées comme le *cenia*. Le *cenia* et le *cotula* ont le disque androgyniflore : le premier de ces deux genres confine au *leptinella* par sa couronne biliguliflore courtement radiante ; le second, qui ressemble au *solivæa* par ses fleurs femelles à corolle nulle ou presque nulle, se rapproche des tanacétées par la forme des fruits du disque. M. Kunth a écrit que les genres *Hippia* et *Solivæa* seroient peut-être mieux placés dans la tribu des hélianthées que dans celle des anthémidées (*Nov. Gen. et Spec. pl.*, t. IV, pag. 301, edit. in-4.°). Nous croyons inutile de réfuter cette opinion, qui trouvera sans doute peu de partisans. 29:184

Les tanacétées se composent seulement de trois genres, à calathide incouronnée dans les deux premiers, discoïde dans le troisième. Le *balsamita*, dont l'aigrette est courte ou dimidiée, rarement nulle, a les calathides tantôt solitaires comme le *cotula*, tantôt corymbées comme les *pentzia* et *tanacetum*. Le *pentzia* ne se distingue du *balsamita* que par son aigrette fort haute et en forme d'étui. Le *tanacetum* diffère de l'un et de 29:185
l'autre par la presence d'une couronne féminiflore.

Les chrysanthémées vraies, caractérisées par la calathide radiée, comprennent d'abord le *gymnocline* et le *pyrethrum*, qui ont une aigrette comme les tanacétées, et qui se distinguent l'un de l'autre par la radiation, courte dans le premier, longue dans le second. Les trois autres genres, qui n'ont point d'aigrette, sont le *chrysanthemum* à clinanthe nu, convexe, le *matricaria* à clinanthe nu, cylindracé-conique, et le *lidbeckia* à clinanthe fimbrillifère.

Notre seconde section, intitulée Anthémidées-Prototypes, et caractérisée par le clinanthe garni de squamelles, se divise en deux groupes, selon que la calathide n'est point radiée ou qu'elle est radiée.

Le groupe des santolinées offre d'abord l'*hymenolepis*, qui a de l'affinité avec la première section, puisque son clinanthe est quelquefois nu ; sa calathide est incouronnée, comme dans les quatre genres suivans, dont il se distingue par son aigrette composée de squamellules paléiformes. L'aigrette de l'*athanasia* est composée de squamellules ostéomorphes ; celle du *lonas* est stéphanoïde. Le *diotis* et le *santolina* sont privés d'aigrette, et

29:185 ne se distinguent l'un de l'autre que parce que la base de la corolle du *diotis* se prolonge inférieurement, en formant d'abord un anneau qui emboîte le sommet de l'ovaire, puis deux queues qui rampent sur ses deux côtés opposés jusqu'au milieu de sa hauteur, et qui contractent quelque adhérence avec lui. Le *lasiospermum* et l'*anacyclus* ont la calathide discoïde; mais le premier se distingue par ses fruits hérissés de poils; le second, dont la calathide est quelquefois radiée, se trouve ainsi convenablement placé tout auprès du groupe suivant.

Les anthémidées-prototypes vraies, c'est-à-dire à calathide radiée, présentent douze genres, distribués en trois subdivisions. La première, caractérisée par l'aigrette stéphanoïde, comprend le seul genre *Anthemis*, qui doit nécessairement suivre l'*anacyclus*. La seconde, caractérisée par l'aigrette nulle, est composée de sept genres. Le *chamæmelum* ne diffère de l'*anthemis* que par l'absence de l'aigrette. Le *maruta* diffère du *chamæmelum* par sa couronne qui est neutriflore, et par son clinanthe dont la partie inférieure est privée de squamelles. L'*ormenis*
29:186 diffère des précédens par ses squamelles enveloppant complètement les ovaires, par la base des corolles du disque prolongée en un appendice sur ces mêmes ovaires, par les corolles de la couronne continues à l'ovaire qui les porte. Le *cladanthus*, ayant la base de sa corolle prolongée en un appendice sur l'ovaire, et le clinanthe garni de squamelles et de fimbrilles, semble assez bien rangé entre l'*ormenis* et l'*eriocephalus*. Ce dernier genre seroit peut-être mieux placé entre l'*hippia* et le *cenia*, parmi les cotulées, avec lesquelles il a des rapports incontestables; et nous n'hésiterions point à préférer cet arrangement, s'il nous étoit bien démontré que le clinanthe de l'*eriocephalus racemosus* ne porte point de squamelles, comme celui de l'*eriocephalus africanus*, mais seulement des fimbrilles: quant à présent, nous croyons devoir placer avec doute le genre en question entre le *cladanthus*, dont le clinanthe porte tout à la fois des squamelles et des fimbrilles, et l'*achillea*, qui a de l'analogie avec l'*eriocephalus* par la forme de ses fruits, ainsi que par la forme et le petit nombre des corolles de sa couronne. L'*osmitopsis* termine cette seconde subdivision, afin de se trouver auprès de l'*osmites* qui commence la troisième. Celle-ci, caractérisée par l'aigrette composée de squamellules,

offre en premier lieu l'*osmites*, dont l'aigrette est formée de plusieurs squamellules paléiformes, très-courtes. Vient ensuite le *lepidophorum*, à aigrette de quatre squamellules paléiformes, dont deux se terminent en soies; mais ce genre, que Necker, son auteur, n'a probablement jamais vu, et qu'il n'auroit fondé que sur une note de Linnæus, est problématique pour nous, qui ne le connoissons que par cette note, et il n'appartient peut-être pas à la tribu des anthémidées, dans laquelle pourtant nous l'admettons provisoirement et avec doute. Le *sphenogyne* a l'aigrette composée de cinq squamellules paléiformes très-grandes; et celle de l'*ursinia* présente en outre cinq squamellules filiformes, plus courtes, situées en dedans des squamellules paléiformes. Ce dernier genre termine très-convenablement la série des anthémidées, parce qu'il a une affinité manifeste avec les *leysera* et *relhania*, placés au commencement de la série des inulées. Les *ursinia* et *sphenogyne*, attribués par la plupart des botanistes au genre *Arctotis*, qui n'est pas de la même tribu naturelle, offrent ainsi un exemple notable des erreurs graves auxquelles on s'expose lorsque, négligeant l'étude des organes floraux des synanthérées, et surtout celle du style, on se borne à considérer les caractères techniques communément employés. Le genre *Sphenogyne* se trouve inscrit, sous le nom d'*oligœrion*, dans la liste qui termine notre article Anthémidées (tom. II, Suppl., pag. 75), parce que, à l'époque où nous avons rédigé cet article, nous ignorions que M. Brown avoit fait et publié avant nous ce même genre, sous le nom de *sphenogyne*. Mais, presque aussitôt après la publication de l'article dont il s'agit, nous avons appris que M. Brown nous avoit devancé; et c'est pourquoi nous n'avons point décrit, dans le Bulletin des Sciences, les caractères de ce genre *Oligœrion*, dont nous avions soigneusement étudié plusieurs espèces. Nous le décrirons, dans ce Dictionnaire, sous le titre de *sphenogyne*.

29:186

29:187

Depuis l'*oligosporus*, qui commence la série des anthémidées, jusqu'à l'*ursinia*, qui la termine, on peut remarquer une progression croissante, presque continue et assez bien graduée, dans le nombre, la grandeur et la coloration des parties de la fleur et de la calathide. La série suivant laquelle nous avons disposé les genres de la tribu des lactucées, présente une pro-

29:187 gression à peu près analogue à celle-ci. (Voyez tom. XXV, pag. 85.)

Le lecteur trouvera tous les éclaircissemens qu'il peut désirer sur nos tableaux méthodiques des genres, à la suite du tableau des inulées (tom. XXIII, pag. 560), de celui des lactucées (tom. XXV, pag. 59), et de ceux des adénostylées et des eupatoriées, insérés dans notre article LIATRIDÉES. (H. CASS.)

29:293 MARTRASIA. (*Bot.*) M. Lagasca, botaniste espagnol, com-
29:294 muniqua, au commencement de 1808, à quelques botanistes françois, un Mémoire manuscrit, rédigé par lui en 1805, et intitulé Dissertation sur un nouvel ordre de plantes de la classe des composées. Ce Mémoire contenoit les caractères de beaucoup de genres nouveaux, dont un étoit nommé par l'auteur *Dumerilia*. Mais, lorsqu'en 1811, il publia son Mémoire dans les *Amenidades naturales de las Espanas*, imprimées à Orihuela, M. Lagasca changea quelques uns des noms qu'il avoit lui-même donnés, dans son manuscrit, à ses nouveaux genres, et le *dumerilia* devint le *martrasia*. Cependant M. Decandolle, qui avoit vu en 1808 le manuscrit de M. Lagasca, mais qui ignoroit sa publication récente et le changement de quelques noms génériques, décrivit le genre dont il s'agit, sous le nom de *dumerilia*, dans son Mémoire sur les labiatiflores, publié en 1812. Suivant la rigueur des règles en cette matière, le nom de *martrasia* ayant été publié par l'auteur même du genre, un an avant que le nom de *dumerilia* ait été publié par un autre botaniste, le premier nom devroit incontestablement obtenir la préférence sur le second. Mais plusieurs considérations nous déterminent à nous écarter un peu de la règle dans ce cas-ci: 1.° l'auteur du genre étant aussi l'auteur de l'un et de l'autre nom, on ne lui fait aucun tort en adoptant celui de *dumerilia;* 2.° la publication du genre, sous le nom de *martrasia*, n'étoit ni ne pouvoit être connue en France, à l'époque où M. Decandolle a publié les descriptions et les figures de deux espèces, sous le nom générique de *dumerilia*, et en reconnoissant M. Lagasca comme auteur de ce genre; 3.° l'excellent Mémoire de M. Lagasca, quoique assurément très-digne d'un meilleur sort, est pourtant encore aujourd'hui beaucoup moins connu que le Mémoire de M. Decandolle, ce qui dépend de circonstances fort étrangères au mérite respectif des deux opuscules; 4.° les

botanistes, qui ne peuvent deviner le motif de ce changement 29:294
de dénomination, se résoudront difficilement à préférer le nom d'un obscur apothicaire de Barcelonne à celui d'un naturaliste aussi distingué que M. Duméril; 5.° enfin, le nom de *dumerilia* est adopté par M. Kunth, dans ses *Nova Genera et Species plantarum*, et il avoit déjà été adopté par nous-même dans ce Dictionnaire (tom. XIII, pag. 555).

Néanmoins, nous proposons aujourd'hui de conserver le nom générique de *martrasia*, mais en l'appliquant seulement 29:295
à une espèce qui nous paroît devoir être distraite du genre *Dumerilia*, et constituer un genre particulier. Cette espèce est la *martrasia pubescens* de M. Lagasca, qui, selon cet auteur, a l'aigrette stipitée, tandis que les autres espèces ont l'aigrette sessile. Ce botaniste doutoit lui-même que l'espèce dont il s'agit fût congénère des autres.

Ainsi, nous admettons un genre *Dumerilia* et un genre *Martrasia*, en les distinguant l'un de l'autre par la forme du fruit, qui est cylindracé dans le *dumerilia*, aminci et prolongé supérieurement en un col dans le *martrasia*. (H. Cass.)

MEDICUSIE, *Medicusia*. (*Bot.*) Ce genre de plantes, pro- 29:386
posé en 1794 par Mœnch, dans sa *Methodus plantas describendi*, appartient à l'ordre des synanthérées, à la tribu naturelle des lactucées, et à notre section des lactucées-crépidées, dans laquelle nous l'avons placé auprès du genre *Picris* (voyez notre article Lactucées, tom. XXV, pag. 63). Le *Medicusia* offre les caractères génériques suivans, que nous n'avons point observés, mais que nous empruntons à Mœnch.

Calathide incouronnée, radiatiforme, multiflore, fissiflore, androgyniflore. Péricline ovoïde, formé de squames unisériées, égales, très-appliquées, mais non enveloppantes, lancéolées-linéaires, toruleuses, carenées, cymbiformes; et accompagné de squamules surnuméraires inappliquées, inégales, linéaires, infléchies au sommet. Clinanthe nu. Fruits arqués en dedans, amincis au sommet, sillonnés longitudinalement et transversalement, libres, c'est-à-dire, non enve- 29:387
loppés par les squames du péricline; aigrette composée de squamellules filiformes, barbées.

On ne connoît qu'une espèce de ce genre.

Médicusie âpre: *Medicusia aspera*, Mœnch, *Methodus*, pag.

29:387 537; *Crepis rhagadioloides*, Linn., *Mant.*, p. 108; *Picris rhagadiolus*, Pers., *Syn. pl.*, pars 2, p. 370; *Crepis rhagadiolus*, Jacq., *Hort. Schœnbr.*, vol. 2, pag. 9, tab. 144. C'est une plante herbacée, annuelle, hérissée sur toutes ses parties de petits aiguillons fourchus, à divisions recourbées en crochet; sa tige est haute de trois pieds, rameuse, fragile; les feuilles inférieures sont oblongues, sinuées, dentées; les supérieures sont sessiles, lancéolées; les corolles sont jaunes, rougeâtres extérieurement; les fruits sont de couleur cannelle. Nous n'avons point vu cette plante, que nous décrivons d'après Mœnch; elle se trouve en Espagne, auprès de Malaga.

Le *Crepis rhagadioloides* de Linné, dont Mœnch a fait le genre ci-dessus décrit, dédié au botaniste Medicus, étoit attribué par M. de Jussieu, ainsi que le *Lapsana zacintha* de Linné, au genre *Hedypnois*. M. De Candolle (Flor. fr., tom. IV, pag. 38) a pensé que le *Medicusia* de Mœnch pourroit être réuni au genre *Zacintha*. Il est probable que MM. de Jussieu et De Candolle n'avoient point remarqué que la plante en question a l'aigrette plumeuse, comme les *Picris*, et qu'ils avoient confondu cette plante avec celle qui sert de type à notre genre *Nemauchenes*. L'aigrette plumeuse du *Medicusia* suffit assurément pour distinguer ce genre des *Zacintha*, *Nemauchenes*, *Gatyona*, qui ont l'aigrette simple : mais il nous paroît très-douteux que le genre *Medicusia* soit distinct du genre *Picris*, et néanmoins nous l'avons conservé provisoirement, parce que, ne l'ayant point observé nous-même, il est prudent de suspendre notre jugement à son égard.

Nous avons supposé jusqu'ici que le *Medicusia* de Mœnch est, comme le déclare cet auteur, le *Crepis rhagadioloides* de Linné : mais il faut avouer que cette synonymie n'est rien moins que certaine; car, s'il faut en croire Jacquin et Willdenow, la plante de Linné n'a pas l'aigrette plumeuse, et
29:388 les poils de cette plante sont simples, à l'exception de ceux du péricline; tandis que Mœnch range le *Medicusia* avec le *Picris*, dans une division caractérisée par l'aigrette plumeuse, et qu'en décrivant sa plante, il dit : *planta tota aspera aculeolis glochidibus*. (H. Cass.)

29:441 MELANANTHERA. (*Bot.*) Voyez Mélanthère. (H. Cass.)

MÉLANCHRYSE, *Melanchrysum*. (*Bot.*) Ce genre de plantes, que nous avons proposé dans le Bulletin des sciences de Janvier 1817 (pag. 12), appartient à l'ordre des synanthérées, à notre tribu naturelle des arctotidées, et à la section des arctotidées-gortériées. Voici les caractères que nous lui avons assignés (tom. XVIII, pag. 249). 29:441

Calathide radiée : disque multiflore, régulariflore, androgyniflore ; couronne unisériée, liguliflore, neutriflore. Péricline supérieur aux fleurs du disque, cylindracé, plécolépide ; formé de squames bi-trisériées, un peu inégales, imbriquées, entièrement entregreffées, mais surmontées d'un appendice libre, étalé, linéaire ou lancéolé, foliacé. Clinanthe épais, charnu, à face supérieure conique, alvéolée, à face inférieure creusée d'une cavité où s'insère le pédoncule. Ovaires tout couverts de longs poils capillaires, mous, appliqués, dressés et s'élevant plus haut que l'aigrette ; aigrette composée de squamellules nombreuses, bisériées, un peu inégales, longues, laminées, membraneuses, linéaires-subulées, finement denticulées en scie sur les bords. Fleurs de la couronne à faux-ovaire nul, à style nul, à corolle formée d'un long tube et d'une très-grande languette dentée au sommet. 29:442

Mélanchryse roide : *Melanchrysum rigens*, H. Cass. ; *Gorteria rigens*, Linn., *Sp. pl.*, edit. 3, pag. 1284 ; Lam., Dict. encycl. ; Willd., *Sp. pl.*, tom. 3, part. 3, p. 2267 ; *Non Gorteria rigens β*, Thunb., *Act. Hafn.*, 4, pag. 4, tab. 4, fig. 1 ; *Gazania rigens*, R. Brown, *Hort. Kew.*, edit. 2, tom. 5 ; *An? Gazania rigens*, Mœnch, *Supplem. ad method.*; Lam., *Illustr. gen.* ; *Non Gazania rigens*, Gærtn., *De fruct. et sem. plant.*, tom. 2, pag. 451, tab. 173, fig. 2. Une racine vivace produit plusieurs tiges un peu ligneuses, plus ou moins longues, couchées sur la terre ; leur partie inférieure ne porte que les vestiges ou les cicatrices des anciennes feuilles tombées ; la partie supérieure est garnie de feuilles linéaires-spatulées, rétrécies vers la base qui est semi-amplexicaule, glabres et vertes en-dessus, cotonneuses et très-blanches endessous, sauf la nervure médiaire qui est glabre ; la plupart de ces feuilles sont ordinairement entières, quelques-unes seulement sont pinnatifides ; chaque tige porte un pédoncule

29:442 scapiforme, terminal, qui sort du milieu des feuilles: il est redressé, long de cinq ou six pouces, nu, glabre, et terminé par une calathide large de trois pouces et quelquefois plus, composée de fleurs d'un beau jaune-souci; les languettes de la couronne, longues de près d'un pouce et demi, offrent à leur base deux nervures en-dessous, et une tache noire
29:443 en-dessus, avec deux petites lignes blanches, ce qui forme autour du disque un anneau noir moucheté de blanc; le péricline est glabre.

Cette plante, qu'il ne faut pas confondre avec la Gazanie de Gærtner, est indigène au cap de Bonne-Espérance, et cultivée en Europe pour ses calathides, les plus belles peut-être de tout l'ordre des synanthérées, lorsqu'elles sont bien épanouies, ce qui n'a lieu qu'autant qu'elles sont exposées à la vive ardeur du soleil. Comme ses graines mûrissent rarement dans notre climat, le plus sûr moyen de multiplication est d'enterrer les tiges ou les branches au printemps, pour leur faire produire des racines, et de les séparer de leur souche commune au mois de septembre. La plante doit étre mise dans un pot rempli de bonne terre légère et placé au soleil; il faut l'arroser fréquemment pendant l'été, et la serrer dans l'orangerie durant l'hiver. Elle fleurit en mai, juin et juillet.

Mélanchryse spinulé; *Melanchrysum spinulosum*, H. Cass. Une souche courte, étalée sur la terre, tortueuse, rameuse, diffuse, porte au sommet de chacune de ses branches plusieurs faisceaux de feuilles étalées, longues d'environ trois pouces, inégales et dissemblables; les unes sont simples, subspatulées, pétioliformes inférieurement, elliptiques-oblongues supérieurement; les autres ont la partie supérieure plus large, pinnatifide ou presque pinnée, à pinnules distancées, elliptiques-oblongues; toutes ces feuilles sont épaisses, roides, coriaces, glabres et vertes en-dessus, tomenteuses et blanches en-dessous, à l'exception de la nervure médiaire; leurs bords sont garnis de très-petites épines éparses, en forme de cils, qu'on observe aussi sur la côte moyenne de la face inférieure; les pédoncules naissent au milieu des faisceaux de feuilles: ils sont longs de cinq pouces, cylindriques, hispidules, terminés par une calathide large de deux pouces,

dont le disque et la couronne sont de couleur jaune- 29:443
orangée; chaque languette de la couronne a, sur sa partie basilaire, une grande tache très-noire, et est bidentée au sommet.

Nous avons fait cette description sur un individu vivant, cultivé au Jardin du Roi, où il fleurit en juin, et où il est
étiqueté *Gorteria pectinata*, ou quelquefois *Gorteria pinnata*: 29:444
mais ce n'est assurément ni l'un ni l'autre. La plante en question n'est peut-être qu'une variété du *Melanchrysum rigens*, et c'est avec doute que nous la présentons comme une espèce distincte.

Il est bien vraisemblable que les *Gorteria pectinata* et *heterophylla*, décrites par Willdenow, la première dans le *Species plantarum*, la seconde dans l'*Hortus Berolinensis*, appartiennent au genre *Melanchrysum*, qui peut-être revendiqueroit encore légitimement quelques autres espèces attribuées par Willdenow et Persoon aux genres *Gorteria* et *Mussinia*.

Comme nous devons éviter, autant qu'il est possible, de répéter dans un article ce que nous avons déjà dit dans un autre, nous renvoyons le lecteur à nos articles GAZANIE (tom. XVIII, pag. 245) et GORTÉRIE (tom. XIX, pag. 251), où il trouvera le complément de ce qui manque à celui-ci. En effet, nous avons établi, dans ces deux articles, 1.° que la *Gorteria personata* étoit le véritable type du genre *Gorteria*, et peut-être même la seule espèce qu'on pût, jusqu'à présent, attribuer avec assurance à ce genre, qui, étant ainsi réduit, doit conserver le nom de *Gorteria*, auquel on a voulu mal à propos substituer celui de *Personaria*; 2.° que la *Gorteria rigens*, qui diffère génériquement du vrai *Gorteria*, ne diffère pas moins du *Gazania* de Gærtner, qui est le *Mussinia* de Willdenow; d'où il suit que M. R. Brown a eu très-grand tort de changer les caractères du genre *Gazania*, en conservant ce nom, pour appliquer le tout à la *Gorteria rigens*, que Gærtner n'a point prise réellement pour type de ce genre, et qu'il n'a citée que par erreur de synonymie; laquelle erreur, partagée par M. Brown et par plusieurs autres botanistes, a produit une étrange confusion; 3.° que, le nom générique de *Gazania* devant être préféré, comme plus ancien, à celui de *Mussinia*, donné plus récemment par

29:444 Willdenow au même genre, il faut conserver à ce genre de
Gærtner son premier nom, et surtout ne pas s'aviser, comme
M. Brown, de l'appliquer à la *Gorteria rigens*, pour laquelle
nous avons dû créer un nouveau nom générique; 4.° que le
genre *Melanchrysum* se distingue de tous les genres voisins
par des différences que nous avons signalées dans les deux
29:445 articles cités, où l'on trouvera plusieurs autres documens
relatifs au sujet du présent article.

Le nom de *Melanchrysum*, composé de deux mots grecs qui signifient *noir* et *or*, fait allusion aux couleurs de la calathide.

Quelques observations particulières, faites par nous sur le *Melanchrysum rigens*, ne seront pas déplacées ici, et pourront intéresser nos lecteurs.

Le style est composé de deux articles, dont le supérieur est plus épais que l'inférieur. En préfleuraison, la base de l'article supérieur forme une saillie annulaire très-forte et très-brusque, qui est en outre manifestement hérissée de collecteurs piliformes. A l'époque dont nous parlons, cette saillie se trouve immédiatement au-dessous de la base du tube anthéral. Lorsqu'ensuite ce bourrelet annulaire traverse de bas en haut le tube anthéral, on conçoit aisément qu'il doit enlever tout le pollen. Mais, à l'époque de la fleuraison, lorsque la base de l'article supérieur du style a surmonté le sommet du tube anthéral, la saillie annulaire, cessant d'être utile, s'oblitère et n'est presque plus sensible. En observant le style pendant la préfleuraison, nous avons remarqué qu'à cet âge les deux languettes, c'est-à-dire, les deux branches de l'article supérieur, étoient d'un jaune très-pur, tandis que la partie indivise de cet article étoit d'un jaune verdâtre; et ces deux colorations diverses, loin de se fondre l'une dans l'autre par des nuances intermédiaires, formoient une ligne très-nette séparant la base des languettes du sommet de la partie indivise, comme s'il existoit entre elles une articulation. Dans les autres arctotidées, la face intérieure des languettes nous a paru glabre, unie, lisse, dénuée de bourrelets et de papilles stigmatiques, comme dans les échinopsées. Mais, dans le *Melanchrysum*, la face intérieure des languettes est finement ponctiulée, sauf le milieu de la moitié inférieure : cette moitié n'étant ponctiulée ou stigmatique

que sur ses deux marges latérales, son milieu forme une 29:445
sorte de rainure ou de gouttière non stigmatique. C'est pourquoi, pendant la fleuraison, tandis que les deux languettes divergent par tous les autres points de leurs faces intérieures, elles demeurent appliquées l'une contre l'autre par cette rainure non stigmatique.

Les étamines du *Melanchrysum* diffèrent aussi de celles de 29:446
beaucoup d'autres arctotidées, et elles ressemblent assez à celles des calendulées. Le filet est glabre, jaunâtre, compacte, charnu; l'article anthérifère est long et grêle, blanc, demi-transparent, aqueux, se flétrissant plus tôt que le filet; l'appendice apicilaire de l'anthère est demi-lancéolé-aigu; les appendices basilaires sont subulés, libres des deux côtés, longs comme l'article anthérifère.

Les corolles du disque ont leurs nervures comme marquetées de petites lignes blanches, longitudinales, interrompues, qui paroissent être des vaisseaux propres, contenant, comme les autres parties de la plante, un suc laiteux très-abondant. Les corolles de la couronne ont le tube plein, sa cavité ayant disparu par la greffe mutuelle des parois internes; et ce tube, qui ressemble à un pétiole, repose immédiatement sur le clinanthe, avec lequel il est articulé par sa base, sans qu'il y ait entre eux aucun vestige de faux-ovaire, en sorte qu'ici la corolle, très-analogue à une feuille pétiolée, constitue à elle seule toute la fleur.

L'ovaire est cylindracé, ou plutôt obconique, tout hérissé de très-longs poils mous, soyeux, droits, appliqués, s'élevant beaucoup plus haut que l'aigrette. La partie placentairienne de cet ovaire est amincie et prolongée en un pied, qui forme près de la moitié de la hauteur de l'ovaire. Nous n'avons aperçu aucune nervure distincte à la surface de cet ovaire, qui différeroit par là de la structure ordinaire des ovaires d'arctotidées : mais on altère probablement l'état naturel de la surface, en arrachant les poils qui masquent cet état. Il y a un bourrelet apicilaire peu saillant, cylindrique, charnu, verdâtre. L'aigrette, aussi longue que l'ovaire, est composée de squamellules irrégulièrement bisériées, inégales, longues, étroites, membraneuses, étrécies depuis la base jusqu'au sommet qui est aigu, très-légèrement dentées en

29:446 scie sur les bords, vers le haut seulement.

La cavité qui reçoit le sommet du pédoncule, paroit être formée par la base du péricline, prolongée inférieurement en un appendice annulaire, épais, charnu.

Les squames du péricline sont entregreffées de manière à former par leur réunion un tube cylindrique, coriace, di-
29:447 visé seulement au sommet; le clinanthe est épais, charnu, conique, nu; les fruits sont tout couverts de longs poils capillaires, dressés, qui s'élèvent plus haut que l'aigrette. A l'époque de la maturité, le péricline se dessèche et se resserre à tel point que sa capacité diminue de moitié; les fruits se détachent du clinanthe, et les poils dont ils sont hérissés divergent fortement. Il résulte de toutes les circonstances de cette disposition, que les fruits, pressés entre les parois du péricline et la protubérance conique du clinanthe, sont expulsés au dehors, et sortent du péricline, en s'élevant audessus de son orifice, où leur aigrette et surtout leurs longs poils facilitent leur dispersion opérée par le vent. Ce mode de dissémination est assez remarquable, en ce que le rétrécissement du péricline et la forme du clinanthe paroissent être les causes principales de l'expulsion des fruits, et en ce que les longs poils dont ces fruits sont hérissés contribuent plus que l'aigrette à leur dissémination. (Voyez notre Mémoire sur les différens modes de la dissémination chez les synanthérées, dans le Bulletin des sciences de 1821, p. 92.)

Nous allons maintenant exposer le tableau méthodique des genres composant la tribu des Arctotidées afin de compléter nos articles Arctotidées (tom. II, Suppl., pag. 118), et Gortériées (tom. XIX, pag. 254), dans l'un desquels ce tableau auroit dû être placé. Le *Melanchrysum* se trouvant, dans l'ordre alphabétique, le dernier genre de sa tribu, nous n'aurions plus l'occasion d'introduire dans le Dictionnaire ce complément indispensable, si nous négligions de le faire ici.

VIe Tribu. Les ARCTOTIDÉES (*Arctotideæ*).

Bulletin des sciences, décembre 1812, page 191. Journal de physique, mars 1813, page 194; avril 1814, page 281; février 1816, page 127; juillet 1817, page 12; février 1819, page 159. Journal de botanique, avril 1813, page 154; année

1814, tome 4, page 240. Dictionnaire des sciences naturelles, tome II, Supplément, page 118; tome 19, page 234; tome 20, page 364. 29:447

(Voyez les caractères de la tribu des Arctotidées, tome XX, page 364.)

Première Section. 29:448

ARCTOTIDÉES-GORTÉRIÉES (*Arctotideæ-Gorterieæ*).

Caractère: Péricline plécolépide, c'est-à-dire, formé de squames plus ou moins entregreffées.

1. * HIRPICIUM. = *Œdera alienata*. Thunb. — (*Non Œdera aliena*. Lin. fil. — Jacq.) — *Hirpicium*. H. Cass. Bull. févr. 1820. p. 26. Dict. v. 21. p. 238.

2. † GORTERIA. = *Gorteriæ sp.* Lin. — Willd. — Pers. — *Gorteria*. Adans. (1763) — Gærtn. — Neck. — *Personaria*. Lam. Illustr. gen.

3. * ICTINUS. = *Ictinus*. H. Cass. Bull. sept. 1818. p. 142. Dict. v. 22. p. 559.

4. † GAZANIA. = *Gazania*. Gærtn. (1791) — H. Cass. Dict. v. 18. p. 245. — *An ? Moehnia*. Neck. (1791) — *Gorteriæ sp.* Thunb. — *An ? Gazania*. Mœnch (1802) — Lam. Illustr. gen. — *Mussinia*. Willd. (1803) — *Non Gazania*. R. Brown (1813).

5. * MELANCHRYSUM. = *Anemonospermi sp.* Ray. — *Arctothecæ sp.* Vaill. — *Arctotidis sp.* Mill. — *Gorteriæ sp.* Lin. — Willd. *Non Gazania*. Gærtn. — *An ? Moehnia*. Neck. (1791) — *An ? Gazonia*. Mœnch (1802). — Lam. Illustr. gen. — *Gazania*. R. Brown (1813). — *Melanchrysum*. H. Cass. Bull. janv. 1817. p. 12. Dict. v. 18. p. 248.

6. * CUSPIDIA. = *Gorteriæ sp.* Lin. fil. — Aiton (1789). — *Aspidalis*. Gærtn. (1791 in icon.) — *Cuspidia*. Gærtn. (1791 in descr.) — H. Cass. Dict. v. 12. p. 251. Bull. nov. 1820. p. 171.

7. * DIDELTA. = *Polymniæ sp.* Lin. fil. — *Didelta*. L'Hérit. (1785). — Juss. — H. Cass. Dict. v. 13. p. 221. — *Dideltæ sp.* Aiton (1789). — Pers. — *Choristea*. Thunb. 1800. — *Breteuillia*. Buchoz.

8. † FAVONIUM. = *Polymniæ sp.* Lin. fil. — *Dideltæ sp.* Aiton (1789). — Pers. — *Choristea*. Soland. (ined.) — *Favonium*. Gærtn. (1791). — H. Cass. Dict. v. 16. p. 295.

29:448 9. *Cullumia. = *Carthami sp.* Vaill. — *Gorteriæ sp.* Lin. — *Berkheyæ sp.* Willd. — Pers. — *Cullumia.* R. Brown (1813). — H. Cass. Dict. v. 12. p. 213.

10. *Berkheya. = *Carthami sp.* Walther (1735). — *Atractylidis sp.* Lin. (1737 et 1774). — *Gorteriæ sp.* Lin. (1763). —
29:449 *Crocodilodes.* Adans. (1763). (*Non Crocodilodes*, Vaill.) — *Basteria.* Houttuyn (1780). — *Berkheya.* Ehrhart (1788). — Schreb. — Willd. — Pers. — *Agriphyllum.* Juss. (1789) — Desf. — *Rohria.* Vahl (1790). — Thunb. — *Apuleja.* Gærtn. (1791). — *Zarabellia.* Neck. (1791). — *Gorteria.* Lam. Illustr. gen.

11. *Evopis. = *Gorteriæ sp.* Lin. fil. — *Rohriæ sp.* Vahl (1790). — *Berkheyæ sp.* Willd. — Pers. — *Evopis.* H. Cass. Bull. févr. 1818. p. 32. Dict. v. 16. p. 65.

Seconde Section.

Arctotidées - Prototypes (*Arctotideæ - Archetypæ*).

Caractère : Péricline chorisolépide, c'est-à-dire, formé de squames entièrement libres.

12. *Heterolepis. = *Œdera aliena.* Lin. fil. — Jacq. — (*Non Œdera alienata.* Thunb.) — *Arnica inuloides.* Vahl. — *Heteromorpha.* H. Cass. Bull. janv. 1817. p. 12. — *Heterolepis.* H. Cass. Bull. févr. 1820. p. 26. Dict. v. 21. p. 120.

13. *Cryptostemma. = *Anemonospermi sp.* Commel. — *Arcthotecæ sp.* Vaill. — *Arctotidis sp.* Lin. (1737). — Juss. — Gærtn. — Neck. — Willd. — Pers. — *Cryptostemma.* R. Brown (1813). — H. Cass. Dict. v. 12. p. 125.

14. *Arctotheca. = *Arctotidis sp.* Jacq. — *Arctotheca.* Wendland (1798). — Willd. — Pers. — H. Cass. Dict. v. 2. Suppl. p. 117. v. 25. p. 271. — (*Non Arctotheca.* Vaill.)

15. *Arctotis. = *Anemonospermi sp.* Commel. (1703). — Boerh. — Adans. — *Arctothecæ sp.* Vaill. (1720). — *Arctotidis sp.* Lin. (1737). — Juss. — Gærtn. — Willd. — Pers. — *Spermophylla.* Neck. (1791). — *Arctotis.* R. Brown (1813). — H. Cass. Dict. v. 25. p. 270.

16. *Damatris. = *Damatris.* H. Cass. Bull. sept. 1817. p. 139. Dict. v. 12. p. 471.

Nos deux sections pourroient être considérées comme deux grands genres, l'un nommé *Gorteria*, l'autre *Arctotis*, et divi-

sés chacun en plusieurs sous-genres. Mais nous ne voyons pas 29:449
quel avantage on trouveroit dans cette disposition, qui ne changeroit rien au fond des choses, et que nous indiquons ici seulement pour démontrer à nos adversaires que le reproche qu'ils nous font de trop multiplier les genres se réduit à une vaine dispute de mots, puisqu'il suffit de changer 29:450
les titres donnés aux groupes, en élevant ou abaissant l'échelle de graduation suivant laquelle ils sont subordonnés les uns aux autres. Ainsi, on croit généralement et on a coutume de dire que Necker a beaucoup trop multiplié les genres: mais si l'on remarquoit que ce botaniste n'admet dans le règne végétal que cinquante-quatre genres, et qu'il intitule espèces les groupes intitulés genres par tous les autres botanistes, on lui adresseroit sans doute le reproche de beaucoup trop restreindre le nombre des genres. Voilà donc deux reproches alternatifs, contraires et incompatibles, fondés uniquement sur des dénominations presque arbitraires. Le véritable reproche que mérite Necker, c'est d'avoir mal observé, mal décrit, mal caractérisé, mal composé, mal indiqué les groupes dont il s'agit : mais assurément il importe peu qu'il les ait intitulés genres ou espèces.

La tribu des Arctotidées étant placée entre celle des Échinopsées, qui la précède, et celle des Calendulées, qui la suit, il a fallu mettre au commencement les Gortériées, plantes roides, coriaces, épineuses, comme les Échinopsées, et reléguer à la fin les Prototypes, qui ont beaucoup d'analogie avec les Calendulées.

Notre genre *Hirpicium*, confondu par Thunberg avec l'*Œdera*, semble se rapprocher un peu plus que tout autre de l'*Echinops*, par la structure de l'aigrette, et parce que les fruits sont hérissés de poils excessivement longs, fourchus au sommet, souvent fasciculés et entregreffés de manière à former des membranes.

Le genre *Gorteria*, convenablement limité par Adanson, Gærtner, Necker, a une grande affinité avec l'*Hirpicium* par le péricline, et il n'en diffère essentiellement que par l'absence d'une véritable aigrette.

Notre genre *Iclinus* ressemble aux deux précédens par le péricline ; mais son aigrette nous paroît avoir quelque ana-

29:450 logie avec celle du *Gazania*.

Le vrai genre *Gazania* de Gærtner n'est peut-être pas celui de Mœnch ni de M. de Lamarck, et certainement il n'est pas celui de M. Brown ; mais il pourroit être le *Mochnia* de Necker, et il est sans doute le *Mussinia* de Willdenow.

29:451 Notre genre *Melanchrysum*, qui est peut-être aussi le *Mochnia* de Necker, a la plus grande affinité avec le *Gazania* de Gærtner, par le péricline, le port et toutes les apparences extérieures ; ce qui a produit les erreurs et la confusion commises par plusieurs botanistes, et notamment par M. Brown.

Le genre *Cuspidia*, qui se rapproche du *Melanchrysum* par certains caractères, et dont l'aigrette est analogue à celle du *Didelta*, nous a paru pouvoir être placé entre ces deux genres. Gærtner lui attribue une couronne féminiflore, ce qui seroit extraordinaire dans la section des Gortériées, où nous avons trouvé constamment la couronne neutriflore. Mais Gærtner ne s'est-il pas trompé sur ce point? Nous sommes d'autant plus disposé à le croire, que notre *Cuspidia castrata*, décrite dans le Bulletin des sciences de Novembre 1820, a la couronne évidemment neutriflore.

Le genre *Didelta* auroit aussi la couronne féminiflore, suivant l'Héritier. Mais c'est probablement encore une erreur, car la calathide que nous avons décrite (tom. XIII, pag. 223) avoit la couronne neutriflore ; et il n'est plus douteux pour nous que cette calathide appartient à une espèce du genre *Didelta*, très-peu distincte de la *Didelta tetragoniæfolia* de l'Héritier, et dont voici la description faite sur un échantillon de l'herbier de M. Desfontaines.

Didelta obtusifolia, H. Cass. Tige rameuse, striée, glabre. Feuilles alternes, ou un peu opposées, sessiles, oblongues-obovales, étrécies à la base, arrondies au sommet, très-entières; les jeunes feuilles tomenteuses et blanchâtres. Grandes calathides radiées, solitaires au sommet de la tige, et de longs rameaux pédonculiformes; corolles jaunes. Chaque calathide composée d'un disque multiflore, régulariflore, androgyniflore, et d'une couronne unisériée, liguliflore, neutriflore; péricline supérieur aux fleurs du disque, plécolépide, formé de squames entregreffées, excessivement courtes, presque

nulles, manifestes seulement par leurs appendices, et bisé- 29:451
riées : les extérieures au nombre de trois, dont chacune est surmontée d'un grand appendice libre, foliacé, ovale; les intérieures plus nombreuses, surmontées d'appendices plus courts et plus étroits, libres, foliacés, linéaires-lancéolés;
clinanthe large, plan, alvéolé, hérissé de fimbrilles spini- 29:452
formes, qui sont nulles sur sa partie centrale; ovaires petits, obconiques, enchâssés dans les alvéoles du clinanthe : aigrettes courtes, composées de squamellules inégales, filiformes, épaisses, aiguës, barbellulées; corolles de la couronne tridentées au sommet; corolles du disque à divisions longues, linéaires, noirâtres au sommet : étamines à appendices apicilaires arrondis, noirâtres; styles d'arctotidée.

Le genre *Favonium* doit sans doute accompagner immédiatement le *Didelta* : mais il en est, selon nous, suffisamment distinct.

Le genre *Cullumia*, qui a surtout des rapports avec les *Berkheya* à fruits glabres, se rapproche peut-être aussi du *Didelta* par les fimbrilles fort remarquables que nous avons observées sur les cloisons du clinanthe, dans la *Cullumia squarrosa*. Le caractère sur lequel M. Brown a fondé son genre *Cullumia*, n'avoit point échappé à la sagacité de Vaillant, puisqu'il attribuoit la *Cullumia ciliaris* à son genre *Carthamus*, caractérisé par l'aigrette nulle.

Le genre *Berkheya* fut institué par Adanson sous le nom de *Crocodilodes*, parce qu'il supposoit que ce genre correspondoit au *Crocodilodes* de Vaillant. C'est une erreur. Le genre *Crocodilodes* de Vaillant correspond au genre *Atractylis* de Linné : en effet, il est composé de quatre espèces, dont les trois premières sont les *Atractylis gummifera*, *cancellata* et *humilis* de Linné; et s'il est vrai, comme on le prétend, que la quatrième espèce appartienne au genre *Berkheya*, c'est par ignorance de ses caractères génériques que Vaillant l'aura comprise dans son genre *Crocodilodes*, puisqu'il attribuoit à ce genre les caractères propres au genre *Atractylis* de Linné. Depuis Adanson, plusieurs botanistes ont successivement reproduit comme nouveau, et sous différens noms, son genre *Crocodilodes*. Si la raison et l'équité pouvoient prévaloir sur des règles arbitraires et frivoles, il

29:452 n'est pas douteux que le nom de *Crocodilodes* devroit être préféré à tout autre, puisque c'est celui qui a été employé par le premier fondateur du genre : mais on a gravement décidé que tout nom générique terminé en *odes* ou *oides* devoit être sévèrement proscrit. Il faut souvent dans les sciences,
29:453 comme dans la conduite ordinaire de la vie, se soumettre à certains préjugés déraisonnables : c'est pourquoi nous laissons à l'écart le nom de *Crocodilodes*, et, forcé de choisir entre les autres, nous préférons celui de *Berkheya*, parce qu'il est le plus usité, et parce qu'il consacre un beau genre de synanthérées à la mémoire du botaniste qui, le premier, a écrit un traité complet sur la structure propre à cet ordre de plantes considéré en général. M. de Lamarck, dans ses *Illustrationes generum*, applique le nom de *Gorteria* au genre *Berkheya*, et il donne celui de *Personaria* au vrai genre *Gorteria*. C'est violer manifestement la règle qui veut que, lorsqu'un ancien genre est divisé en plusieurs genres nouveaux, l'ancien nom générique soit conservé au genre nouveau contenant l'espèce qui fut le type primitif du genre ancien. Cette règle, trop peu respectée par les botanistes, est pourtant bien nécessaire pour garantir la nomenclature de la confusion, de l'arbitraire et des variations continuelles.

Le genre *Berkheya* n'ayant point été décrit dans ce Dictionnaire, nous devons réparer cette lacune, en exposant ici ses caractères, tels que nous les avons observés sur un échantillon sec de la *Gorteria fruticosa* de Linné, qui est le type de ce genre *Berkheya*.

Calathide radiée : disque multiflore, régulariflore, androgyniflore ; couronne unisériée, liguliflore, neutriflore. Péricline égal aux fleurs du disque, irrégulier ; formé de squames paucisériées, extrêmement courtes, appliquées, surmontées de très-grands appendices inégaux, inappliqués, oblongs, foliiformes, foliacés, munis d'épines sur les bords et au sommet. Clinanthe très-profondément alvéolé, à cloisons membraneuses. *Fleurs du disque :* Ovaires entièrement engainés par les alvéoles du clinanthe, et tout couverts de longs poils. Aigrettes courtes, composées de squamellules paucisériées, un peu inégales, paléiformes, coriaces, ovales-oblongues, denticulées. Corolles à cinq divisions très-longues, linéaires.

Anthères pourvues d'appendices basilaires, et d'un appendice apicilaire alongé, arrondi au sommet. Styles d'arctotidée. *Fleurs de la couronne* privées de faux-ovaire, mais pourvues de fausses-étamines. 29:453

Notre genre *Evopis*, dont les fleurs de la couronne sont pourvues de fausses-étamines, comme les deux genres *Berkheya* et *Heterolepis*, entre lesquels il est rangé, paroît d'ailleurs convenablement placé à la fin des Gortériées et tout auprès des Prototypes, parce que son péricline semble être formé de squames libres. Ce n'est pourtant, selon nous, qu'une fausse apparence; car l'analogie nous persuade que les pièces du péricline de l'*Evopis* ne sont que les appendices des vraies squames qui sont totalement avortées, et qui seroient infailliblement entregreffées, si elles existoient. Il ne faut pas confondre notre genre *Evopis* avec le genre *Rohria* de Vahl, caractérisé par ce botaniste de la manière suivante: *Receptaculum favosum; pappus polyphyllus; corollulæ radii ligulatæ, staminiferæ, antheris sterilibus.* Vahl attribuoit à ce genre deux espèces: 1.° la *Gorteria herbacea* de Linné fils, qui est le type de notre genre *Evopis*; 2.° l'*Atractylis oppositifolia* de Linné, qui est le type du genre *Berkheya.* Ainsi, le genre *Rohria* de Vahl est formé de la réunion de l'*Evopis* et du *Berkheya*; mais il correspond plus directement avec le *Berkheya*, par le caractère que Vahl assigne à l'aigrette: c'est pourquoi Thunberg applique à toutes les espèces de *Berkheya* le nom générique de *Rohria*, que nous n'avons pas dû conserver à notre genre *Evopis*, distingué du *Berkheya* par le péricline et par l'aigrette. 29:454

Notre genre *Heterolepis* ne sauroit être mieux placé qu'au commencement des Prototypes, et tout auprès des gortériées, avec lesquelles il a une affinité manifeste; il se rapproche surtout de l'*Evopis* par les fausses-étamines dont sa couronne est pourvue, et par son aigrette, qui s'éloigne de celle des autres Prototypes.

Le genre *Cryptostemma*, dont la couronne est souvent biliguliflore, doit suivre immédiatement l'*Heterolepis*, qui est particulièrement remarquable par ce caractère, et qui offre ainsi une affinité apparente avec les mutisiées.

Le genre *Arctotheca*, placé à la suite du précédent, parce

29:454 qu'il a, comme lui, la couronne neutriflore, a été mal décrit dans ce Dictionnaire, ce qui nous impose l'obligation d'exposer ici ses caractères génériques, tels que nous les avons observés sur un individu vivant d'*Arctotheca repens*, cultivé au Jardin du Roi.

29:455 Calathide radiée : disque multiflore, réguliflore, androgyniflore; couronne unisériée, liguliflore, neutriflore. Péricline supérieur aux fleurs du disque, hémisphérique; formé de squames imbriquées, appliquées, coriaces : les extérieures ovales, surmontées d'un appendice inappliqué, linéaire, foliacé; les intérieures surmontées d'un appendice marginiforme, arrondi, membraneux. Clinanthe plan, alvéolé, à cloisons élevées, membraneuses, découpées supérieurement en dents fimbrilliformes. Ovaires cylindracés, un peu obcomprimés, élargis en haut, amincis vers la base en forme de pied, glanduleuses, légèrement pubescens ou garnis d'un duvet fugace, munis de cinq côtes situées sur la face extérieure, et pourvus d'un bourrelet apicilaire très-saillant, épais, cylindrique, cartilagineux, très-glabre; aigrette absolument nulle. Fleurs de la couronne pourvues d'un faux-ovaire.

Le nom d'*Arctotheca*, qui exprime que les fruits sont velus comme un ours, convenoit fort bien au genre ainsi nommé par Vaillant; mais il convient fort mal à celui-ci, dont les fruits sont presque glabres; et cependant nous n'avons pas cru devoir le changer.

Le genre *Arctotis*, dont le disque est androgyniflore extérieurement et masculiflore intérieurement, tient ainsi le milieu entre l'*Arctotheca*, dont le disque est androgyniflore, et le *Damatris*, dont le disque est masculiflore.

Les *Arctotis* de Linné appartenoient à plusieurs genres différens, ainsi que M. de Jussieu l'avoit pressenti. Gærtner et M. Brown en ont éliminé les *Ursinia* et *Sphenogyne*, qui ne sont pas de la même tribu naturelle. Les autres *Arctotis* ont été distribués par M. Brown en deux genres : l'un nommé *Cryptostemma* et caractérisé par la couronne neutriflore; l'autre nommé *Arctotis* et caractérisé par la couronne féminiflore. Il est juste de remarquer que cette distinction générique n'appartient pas à M. Brown, mais à Necker, qui nommoit au contraire

Arctotis les espèces à couronne neutriflore, et *Spermophylla* 29:455
les espèces à couronne féminiflore. Cependant, nous avons cru devoir préférer la nomenclature de M. Brown, quoique beaucoup plus moderne, 1.° parce que la description générique de Linné prouve qu'il a pris pour type de son genre
Arctotis les espèces à couronne fertile et à disque stérile; 29:456
2.° parce que la plupart des *Arctotis* de Linné et des autres botanistes offrent ce caractère; 3.° parce que Necker a mal décrit le clinanthe, et a sans doute admis dans son genre *Arctotis* les *Sphenogyne* et *Ursinia*.

Le genre *Arctotis* n'a point été décrit par nous dans ce Dictionnaire, et il n'existe aucune description satisfaisante des caractères de ce genre remarquable, réduit maintenant dans de justes limites. Nous croyons donc pouvoir utilement tracer ici les caractères génériques que nous avons soigneusement observés sur des individus vivans de plusieurs espèces d'*Arctotis* proprement dits.

Calathide radiée : disque multiflore, réguliflore, androgyniflore extérieurement, masculiflore intérieurement; couronne unisériée, liguliflore, féminiflore. Péricline supérieur aux fleurs du disque, hémisphérique; formé de squames imbriquées, appliquées, coriaces : les extérieures ovales, surmontées d'un appendice étalé, linéaire-subulé, foliacé; les intermédiaires inappendiculées; les intérieures oblongues, avec un appendice décurrent, large, arrondi, membraneux-scarieux. Clinanthe plan ou un peu convexe, charnu, hérissé de fimbrilles longues, inégales, filiformes, entregreffées à la base et formant ainsi des alvéoles à cloisons charnues. Ovaires des fleurs femelles et des fleurs hermaphrodites, obconiques, plus ou moins amincis vers la base en forme de pied, hérissés de très-longs poils doubles, biapiculés, dressés, appliqués, pourvus d'un bourrelet apicilaire, et de cinq grosses côtes longitudinales situées sur la face extérieure, et offrant intérieurement trois loges, dont une seule, bien conformée et contenant un ovule, correspond à la face intérieure, et les deux autres, stériles par l'avortement de leurs ovules et remplies de parenchyme, correspondent à la face extérieure, et forment les deux côtes qui accompagnent la côte médiaire; aigrette composée de squa-

29:456 mellules paucisériées, inégales, paléiformes, oblongues, arrondies au sommet, membraneuses, scarieuses, diaphanes. Fleurs mâles, par défaut de stigmate, pourvues d'un faux-ovaire demi-avorté, glabre, presque inaigretté, contenant un ovule, et d'une corolle dont les divisions portent une
29:457 callosité derrière leur sommet. Languettes de la couronne longues, lancéolées, à peine tridentées au sommet.

Notre genre *Damatris*, qui a la couronne féminiflore, comme l'*Arctotis*, offre comme lui plusieurs analogies notables avec les Calendulées, et même il s'en rapproche peut-être un peu plus en ce que son clinanthe est presque nu. Cependant, cette nudité du clinanthe nous paroît ne devoir être attribuée ici qu'à l'avortement complet des ovaires du disque; car les ovaires de la couronne sont protégés par des paléoles, qui sont, comme dans les *Leysera* et *Leptophytus*, des cloisons détachées formant des alvéoles dimidiées.

Les appendices du clinanthe, dans la tribu des Arctotidées, peuvent donner lieu à quelques autres remarques intéressantes. Ces appendices concourent avec le style pour établir l'affinité incontestable des Arctotidées avec les Carduinées, les Centauriées, et surtout avec les Carlinées, auprès desquelles nous les aurions placées, si cet arrangement n'étoit pas contrarié par d'autres considérations. L'observation du clinanthe, chez les diverses Arctotidées, démontre clairement que tout clinanthe alvéolé est un clinanthe muni de fimbrilles entregreffées et formant par leur réunion les cloisons des alvéoles. (Voyez, dans l'article LEPTOPODE, nos remarques sur le genre *Balduina*.) Ainsi, les cloisons sont de véritables appendices nés de la surface du clinanthe, et plus ou moins élevés au-dessus d'elle; la véritable surface d'un clinanthe alvéolé n'est point au sommet des cloisons, mais bien au fond des alvéoles; et l'on se fait une fausse idée en concevant les alvéoles comme des excavations pratiquées dans la substance du clinanthe, tandis qu'elles sont au contraire formées par des éminences produites sur sa surface. La production de ces éminences ou appendices paroît être déterminée par la présence des ovaires, puisque l'avortement plus ou moins complet des ovaires se trouve ordinairement en rapport avec l'avortement plus ou moins complet

des appendices. On peut en conclure que l'usage des appen- 29:457
dices dont il s'agit est de protéger, d'envelopper, de cou-
vrir les ovaires. En général, il semble que les ovaires ou les
fruits des Arctotidées craignent le contact de l'air, le froid
et l'humidité; car ils sont ordinairement vêtus d'une couche
épaisse de longs poils, ils sont plus ou moins complétement 29:458
engaînés dans les alvéoles du clinanthe dont souvent ils ne
sortent pas, et quelquefois ils restent jusqu'à la germination
enfermés dans le péricline, dont les squames sont entre-
greffées, et qui forme ainsi une sorte de capsule.

Le lecteur trouvera tous les éclaircissemens qu'il peut dé-
sirer sur nos tableaux méthodiques des genres, à la suite du
tableau des Inulées (tom. XXIII, pag. 560), de celui des
Lactucées (tom. XXV, p. 59), de ceux des Adénostylées et
des Eupatoriées insérés dans notre article Liatridées, et de
ceux des Ambrosiées et des Anthémidées insérés dans notre
article Maroute. (H. Cass.)

MELANOLOME, *Melanoloma*. (*Bot.*) Ce nouveau genre 29:472
de plantes, que nous proposons, appartient à l'ordre des
Synanthérées et à la tribu naturelle des Centauriées. Voici
ses caractères.

Calathide très-radiée : disque multiflore, obringentiflore,
androgyniflore ; couronne unisériée, ampliatiflore, neutri-
flore. Involucre de quelques feuilles bractéiformes, verticil-
lées autour de la base du péricline. Péricline inférieur aux
fleurs du disque, ovoïde ; formé de squames imbriquées,
appliquées, coriaces ; les intermédiaires oblongues, étrécies
de bas en haut, munies sur chaque côté d'une bordure li-
néaire, frangée, scarieuse, noire, et surmontées d'un grand 29:473
appendice étalé, penné, coriace, à pinnules distancées, fili-
formes, barbellulées, roides. Clinanthe plan, épais, charnu,
garni de fimbrilles nombreuses, inégales, libres, filiformes-
laminées. *Fleurs du disque :* Ovaire oblong, comprimé, muni
de poils capillaires. Aigrette de centauriée, très-courte,
avec petite aigrette intérieure. Corolle obringente. Étamines
à filet parsemé de poils très-courts; appendice apicilaire
long. *Fleurs de la couronne :* Faux-ovaire grêle, inaigretté.
Corolle obringentiforme, à limbe amplifié, divisé en deux
segmens, l'intérieur quadrilobé au sommet, l'extérieur tantôt

29:473 bifide jusqu'à la base, tantôt indivis.

Nous connoissons deux espèces de ce genre.

Mélanolome basse : *Melanoloma humilis*, H. Cass. ; *Centaurea pullata*, Linn., *Sp. pl.*, édit. 3, pag. 1288. C'est une plante herbacée, annuelle suivant Linné, bisannuelle selon Villars, vivace selon M. Desfontaines. Sa racine, qui est assez grosse, produit deux ou trois tiges courtes, menues, simples ou presque simples, ordinairement monocalathides, anguleuses, pubescentes; les feuilles sont très-variables, un peu dentées, pubescentes, un peu scabres; les inférieures longues, pétiolées, ordinairement lyrées; les supérieures courtes, sessiles, oblongues; les calathides sont terminales, solitaires, assez grandes, composées de fleurs blanches ou purpurines; leur péricline est entouré à sa base d'un involucre de quelques feuilles ou bractées lancéolées, velues, entières; l'appendice des squames est jaunâtre. Cette plante habite l'Europe australe, la Barbarie, le Levant; on la trouve en France, dans les départemens méridionaux, auprès des haies et au bord des champs, où elle fleurit en Mai et Juin.

Mélanolome élevée; *Melanoloma excelsior*, H. Cass. Tige herbacée, haute d'un pied et demi, rameuse, diffuse, anguleuse, striée, pubescente, scabre; feuilles alternes, un peu pubescentes, un peu scabres, d'une substance ferme et roide : les inférieures pétiolées, ovales-lancéolées, obtuses, presque indentées; les supérieures sessiles, semi-amplexicaules, oblongues, obtuses, presque indentées, à base biauriculée, comme sagittée; calathides grandes, belles, très-radiées, solitaires au sommet des rameaux, entourées cha-
29:474 cune à la base d'un involucre de cinq ou six feuilles verticillées, inégales, ovales; corolles de la couronne blanches; celles du disque blanc-jaunâtre, avec le sommet des divisions couleur de chair. Nous ignorons l'origine de cette plante, qui nous paroît constituer une espèce distincte, et que nous avons décrite sur un individu vivant, cultivé au Jardin du Roi, où il n'étoit point nommé.

Notre genre *Melanoloma* est exactement intermédiaire entre le *Cyanus* et le *Leptcranthus*. Il ressemble au *Cyanus* par la bordure des squames du péricline, et par les corolles de la couronne; mais il s'en distingue par l'involucre et par l'appendice des squames du péricline : il ressemble au *Lepteranthus* par l'appendice des squames du péricline ; mais il s'en distingue par l'involucre qui entoure ce péricline, par la bordure dont les squames du péricline sont pourvues, et par la forme des corolles de la couronne. (Voyez notre article Leptéranthe, tom. XXVI, pag. 64.) 29:474

Le nom de *Melanoloma*, composé de deux mots grecs qui signifient *bordure noire*, fait allusion à la bordure remarquable des squames du péricline. (H. Cass.)

MÉLANTHERE, *Melanthera*. (*Bot.*) Ce genre de plantes, publié par Von Rohr, en 1792, appartient à l'ordre des synanthérées, à notre tribu naturelle des hélianthées, et à la section des hélianthées-prototypes, dans laquelle il est immédiatement voisin des genres *Blainvillea* et *Lipotriche*. Voici les caractères génériques du *melanthera*, tels que nous les avons observés sur des individus vivans de *melanthera urticæfolia*. 29:483

Calathide incouronnée, équaliflore, multiflore, régulariflore, androgyniflore. Péricline inférieur aux fleurs, d'abord convexe ou turbiné, puis plan : formé de squames irrégulièrement bisériées, à peu près égales, appliquées, ovales, foliacées ou subcoriaces. Clinanthe convexe, garni de squamelles inférieures aux fleurs, embrassantes, oblongues-lancéolées, presque spinescentes au sommet. Fruits plus ou moins comprimés bilatéralement, subtétragones, élargis et épaissis de bas en haut, glabres, lisses, tronqués au sommet, à troncature en losange, très-large, plane, hispide ; aréole apicilaire, petite, orbiculaire, occupant le centre de la troncature ; aigrette interrompue, irrégulière, composée d'environ cinq à dix squamellules inégales, filiformes, courtes, épaisses, roides, blanches, barbellulées, se détachant facilement, et paroissant articulées par la base sur un rebord très-court, épais, charnu, vert, dentelé, qui simule un bourrelet apicilaire ou une très-petite aigrette stéphanoïde. Corolles blanches, à dix nervures, à tube court et glabre, à limbe hérissé de poils, à cinq divisions hérissées de papilles sur leur face supérieure. Anthères à loges noirâtres, à appendice apicilaire blanc. Nectaire tubulé. 29:484

Nous distinguons trois espèces de *melanthera*.

29:484 Mélanthère a feuilles d'ortie : *Melanthera urticæfolia*, H. Cass.; *Melananthera Linnæi*, Kunth, *Nov. gen. et sp. pl.* t. IV, pag. 199 (édit. in-4.°); *Melananthera deltoidea*, Rich. et Mich., *Fl. bor. Amer.*, tom. 2, pag. 107; Pers., *Syn. pl.*, *pars* 2, pag. 395; *Calea aspera*, Jacq., *Collect. ad bot. spect.*, vol. 2, pag. 290, n.° 230; *Icon. pl. rar.*, vol. 3, tab. 583; Willd.; Desf.; Decand.; Aiton; Lam.; *Bidens nivea*, Swartz, *Obs. bot.*, pag. 296; *Bidentis niveæ varietas prima*, Linn., *Sp. pl.*, édit. 3, pag. 1167; *An? Amellus*, P. Browne, *Hist. of Jam.*, p. 317; *Bidens scabra, flore niveo, folio urticæ*, Dill., *Hort. eltham.*, pag. 55, tab. 47, fig. 55, n.° 3. C'est une plante herbacée, dont la tige, haute d'environ trois pieds, est dressée, rameuse, subtétragone, striée, scabre; ses feuilles sont opposées, pétiolées, ovales, acuminées, dentées en scie, triplinervées, scabres, surtout en-dessous, un peu pubescentes, d'un vert cendré; les calathides, larges de six à neuf lignes, sont solitaires au sommet de longs pédoncules nus, ordinairement ternés à l'extrémité de la tige et des rameaux; les
29:485 corolles sont blanches. Nous avons fait cette description spécifique, et celle des caractères génériques, sur des individus vivans, cultivés au Jardin du Roi, où ils fleurissoient au mois d'août. Swartz, qui paroît avoir bien observé cette plante, dit qu'elle est vivace par sa racine, et qu'elle habite la Jamaïque australe, où on la trouve près des bords de la mer, ainsi que sur les terrains élevés, cultivés ou couverts de gazon. Elle seroit annuelle, selon M. Kunth; mais Jacquin a remarqué, sur des individus cultivés en Europe dans la serre chaude, que cette espèce étoit tantôt annuelle et tantôt vivace. M. Link, dans son *Enumeratio plantarum horti berolinensis*, dit que les fleurs sont jaunes, ce qui est une erreur manifeste.

Mélanthère a feuilles en violon : *Melanthera panduriformis*, H. Cass.; *Melananthera hastatæ varietas*, Rich. et Mich., *Fl. bor. Amer.*, tom. 2, p. 107; Pers., *Syn. pl.*, *pars* 2, p. 395; *Bidentis niveæ varietas tertia*, Linn., *Sp. pl.*, édit. 3, p. 1167; *Bidens scabra, flore niveo, folio panduræformi*, Dill., *Hort. Eltham.*, pag. 54, tab. 46, fig. 54. Une racine vivace produit plusieurs tiges droites, simples, hautes de plus de quatre pieds, roides, scabres, munies de quatre côtes longitudi-

nales; les feuilles sont opposées, étalées, assez grandes, pé- 29:485
tiolées, oblongues-lancéolées, ridées, scabres, acuminées au sommet, dentées en scie sur les bords, étrécies des deux côtés vers le milieu de leur longueur, ce qui produit deux lobes vers la base; chaque tige se divise au sommet en quelques rameaux et pédoncules terminés par de belles calathides assez grandes, subglobuleuses, imitant celles de certaines scabieuses; les corolles, d'abord un peu rougeâtres, deviennent ensuite très-blanches; les anthères sont exsertes et noires; les squames du péricline sont roides et vertes; les squamelles du clinanthe sont cuspidées, les fruits ont une aigrette de deux squamellules. Cette plante, que nous n'avons point vue, et que nous décrivons d'après Dillen, a été observée par ce botaniste sur des individus vivans, provenant de graines envoyées de la Caroline, et cultivés en Angleterre, où ils fleurissoient en octobre.

Mélanthère a feuilles trilobées : *Melanthera trilobata*, H. Cass.; *Melananatheræ hastatæ varietas*, Rich. et Mich., *Fl. bor. Amer.*, tom. 2, pag. 107; Pers., *Syn. pl.*, *pars* 2, pag. 394; 29:486
Bidentis niveæ varietas secunda, Linn., *Sp. pl.*, édit. 3, p. 1167; *Bidens scabra*, *flore niveo*, *folio trilobato*, Dill., *Hort. Eltham.*, pag. 55, tab. 47, fig. 55. La racine est vivace; les tiges s'élèvent un peu plus haut que celles de l'espèce précédente; les feuilles sont pétiolées, très-profondément divisées en trois grands lobes dentés en scie, le terminal plus long, lancéolé, les deux latéraux ordinairement ovales; les calathides sont subglobuleuses, belles, assez grandes, composées de fleurs blanches; les anthères sont noires, mais incluses, et non apparentes extérieurement; les stigmatophores sont plus grêles que dans la précédente espèce, dont celle-ci ne diffère essentiellement que par la figure des feuilles. Dillen, dont nous empruntons la description, faite sur des individus vivans, cultivés en Angleterre et provenant de graines envoyées de la Caroline, remarque que cette espèce fleurit un mois plus tard que la précédente, et qu'elle paroît être plus sensible au froid.

Ce botaniste est le premier qui ait fait connoître les trois espèces dont se compose aujourd'hui le genre *Melanthera* : il a complétement décrit et figuré, en 1732, dans l'*Hortus El-*

29:486 *thamensis*, la seconde et la troisième espèces : quant à la première, il s'est contenté de dire qu'elle ressembloit aux deux autres par sa tige, ses calathides, et l'aspérité de sa surface; mais qu'elle en différoit beaucoup par ses feuilles, semblables à celles de l'ortie commune, et dont il a donné la figure. Suivant lui, l'aigrette de ces plantes n'est composée que de deux squamellules, et c'est pourquoi il les a rapportées au genre *Bidens*.

Linné a réuni, en 1753, dans la première édition du *Species plantarum*, sous le nom de *bidens nivea*, les trois espèces de *melanthera*, qu'il a considérées comme trois variétés d'une seule et même espèce, et il a cité, comme synonyme de la première, le *ceratocephalus foliis cordatis seu triangularibus, flore albo*, de Vaillant.

Patrice Browne a proposé, en 1756, dans son Histoire civile et naturelle de la Jamaïque, un genre *Amellus*, ayant pour caractères : le péricline imbriqué, campanulé, étalé, à squames presque égales ; la calathide incouronnée, régula-
29:487 riflore ; les fruits oblongs, anguleux ; le clinanthe squamellifère. L'unique espèce attribuée à ce genre par l'auteur est une plante rameuse, à feuilles ovales, dentées, à calathides terminales, solitaires, portées sur de longs pédoncules divergens. Browne cite, comme synonyme de son *Amellus*, une plante de Jean Burmann, qui est l'*adenostemma viscosa;* et Linné cite la plante de Browne comme synonyme de son *calea amellus*. Mais M. Robert Brown prétend que le *calea amellus* de Linné est le *salmea scandens* de M. De Candolle, et que l'*amellus* de Patrice Browne est le *melanthera urticæfolia*, dont il n'a point remarqué l'aigrette, parce qu'elle est caduque. Si cette dernière synonymie, qui est très-vraisemblable, pouvoit être mise tout-à-fait hors de doute, il s'en suivroit que Browne seroit le premier auteur du genre *Melanthera;* mais il ne l'auroit pas suffisamment caractérisé, et d'ailleurs le nom d'*amellus*, ayant été consacré par Linné à un autre genre, ne peut plus être restitué à celui-ci.

Adanson, en 1763, dans ses Familles des plantes, a proposé un genre *Ucacou*, caractérisé ainsi : Feuilles opposées, entières ; plusieurs calathides axillaires et solitaires terminales ; péricline de cinq à sept squames unisériées, larges ;

clinanthe garni de squamelles larges ; aigrette de deux à trois 29:487
soies persistantes ; calathide radiée, à disque de fleurs hermaphrodites quinquédentées, à couronne de fleurs femelles tridentées. L'auteur rapporte à son genre *Ucacou*, les *bidens nodiflora* et *nivea* de Linné, le genre *Ceratocephalus* de Vaillant, les figures de l'*Hortus Elthamensis* représentant les trois espèces de *melanthera*, et les noms vulgaires d'*Arekepa*, de *Chatiakella*, d'*Herbe aux malingres*.

Jacquin a tracé, en 1788, dans le second volume de ses *Collectanea*, la première description exacte et complète de la *melanthera urticæfolia*, qu'il a nommée *calea aspera ;* et vers le même temps il a donné une bonne figure de cette plante, dans ses *Icones plantarum rariorum*.

Swartz, en 1791, dans ses *Observationes botanicæ*, a donné une nouvelle description exacte et complète de la *melanthera urticæfolia*, à laquelle il a conservé le nom de *bidens nivea*.

M. Robert Brown nous apprend que, dès 1784, la plante
dont nous venons de parler avoit été décrite par Von Rohr, 29:488
comme genre distinct, sous le nom de *melanthera* : mais il paroit qu'il n'a publié ce genre qu'en 1792, dans le second volume des Mémoires de la Société d'histoire naturelle de Copenhague.

Le genre *Melanthera* de Von Rohr a été reproduit, en 1803, sous le nom de *melananthera*, par Richard et Michaux, dans la *Flora boreali-americana*. On y trouve une description très-complète des caractères du genre, et l'indication de deux espèces, dont la première, nommée par ces botanistes *melananthera hastata*, correspond à nos *melanthera panduriformis* et *trilobata*, et la seconde, nommée par eux *melananthera deltoidea*, correspond à notre *melanthera urticæfolia*.

M. Robert Brown, en 1817, dans ses Observations sur les Composées, a décrit de nouveau les caractères du genre *Melanthera*, et il a présenté quelques remarques intéressantes sur ce genre, ainsi que la description d'un autre genre voisin de celui-ci et nommé par l'auteur *Lipotriche*. Dans la traduction que nous avons faite de l'opuscule de M. Brown, nous avons inséré la note suivante sur l'article concernant le *melanthera* : « M. Brown paroit ignorer que le genre dont

29:488 « il s'agit, ayant pour type le *Bidens nivea* de Linné, avoit « été déjà proposé, avant Von Rohr et Richard, par Adanson, « qui le nomme *Ucacou*. Il est vrai que sa description pré- « sente de faux caractères, ce qui, d'après mes principes, « ne permet pas de lui attribuer la découverte du genre; « mais, d'après les principes contraires généralement adop- « tés, et professés surtout par M. Brown, comme on l'a vu « aux articles Craspedia et Tridax, on devroit préférer au « nom de *melananthera*, suivant l'ordre chronologique, 1.° celui « d'*Amellus*, 2.° celui d'*Ucacou*, 3.° celui de *Melanthera*. Je « dois faire observer que les caractères attribués par Adanson « à son *ucacou*, et qui s'appliquent fort mal au *melananthera*, « s'appliquent au contraire assez bien au *Lipotriche* de M. « Brown, décrit dans sa note X. J'ai examiné, dans l'herbier « de Surian, la plante qui y est nommée *chatiakelle*, et dont « Adanson a fait son genre *Ucacou*, et je me suis assuré que « la calathide de cette plante étoit radiée. » (Journal de physique de Juillet 1818, pag. 27.)

29:489 Dans l'article Lipotriche de ce Dictionnaire, après avoir rappelé la note précédente, nous ajoutions : « Depuis cette « époque, nous avons reconnu que le genre *Ucacou* d'Adanson « étoit fort exactement caractérisé, et très-distinct du *me-* « *lanthera* et du *lipotriche*, comme nous le démontrerons « bientôt dans notre article Mélanthère. Le genre d'Adanson « doit donc être conservé, mais en modifiant un peu son « nom, qui est trop barbare; c'est pourquoi nous proposons « de le nommer *ucacea*. »

Depuis la rédaction de cet article Lipotriche, nous nous sommes livré à de nouvelles recherches sur la synonymie du genre *Ucacou*, et nous croyons être enfin parvenu à l'éclaircir parfaitement. Il est maintenant bien démontré pour nous que le genre *Ucacou* ou *Ukakou* d'Adanson a pour type la *verbesina nodiflora* de Linné, et que par conséquent il correspond principalement au genre *Synedrella* de Gærtner; mais qu'Adanson a compris dans ce même genre la *cotula spilanthus* de Linné, la *chylodia sarmentosa* de Richard, le *bidens nodiflora* de Linné, et les trois espèces de *melanthera*: d'où il suit que le genre *Ucacou* d'Adanson, étant un mélange confus de cinq genres différens, doit être définitivement rejeté.

Dans les Mémoires de l'Académie des Sciences de 1720 (p. 327), l'*hucacou* de l'herbier de Surian est cité par Vaillant comme synonyme de son *ceratocephalus nodiflorus, coronæ solis foliis minoribus*. Nous avons examiné, dans l'herbier de Surian, la plante indiquée par Vaillant, et nous avons reconnu avec certitude que cette plante étoit la *verbesina nodiflora* de Linné, ou *synedrella nodiflora* de Gærtner. Cela est conforme à la synonymie de Dillen, qui, dans l'*Hortus Elthamensis* (p. 54), cite l'*hucacou* de Surian, et le *ceratocephalus nodiflorus coronæ solis foliis minoribus* de Vaillant, comme synonymes de son *bidens nodiflora folio tetrahit*, qui est bien le *synedrella* de Gærtner. 29:489

L'*arekepa*, indiqué dans la table d'Adanson (t. II, p. 615) comme appartenant à son genre *Ukakou*, est cité par Vaillant dans la synonymie de son *ceratocephalus foliis lanceolatis serratis sapore fervido*; et nous avons vérifié dans l'herbier de Surian que cette plante étoit la *cotula spilanthus* de Linné, qui est le *spilanthes urens* de Jacquin.

La *chatiakelle*, ou l'*herbe aux malingres*, appartient encore au genre *Ukakou*, d'après la table d'Adanson, et elle est citée par Vaillant comme synonyme de son *ceratocephalus foliis cordatis seu triangularibus flore albo*. Dillen avoit indiqué avec doute la plante de Vaillant comme synonyme de la *melanthera panduriformis* : mais Linné a rapporté la même plante à la *melanthera urticæfolia*; et cette dernière synonymie est généralement admise, notamment par Richard et M. Robert Brown. Elle est cependant très-fausse, car le catalogue manuscrit de Vaillant, que nous avons consulté, renvoie au numéro 232 de l'herbier de Surian ; et l'échantillon qui porte ce numéro est la *chylodia sarmentosa* de Richard, ou *verbesina oppositiflora* de Poiret, dont les caractères génériques sont fort différens de ceux des *melanthera*. 29:490

La table d'Adanson rapporte, enfin, au genre *Ukakou* les troisième et septième espèces de *bidens* de la première édition du *Species plantarum* de Linné : l'une est le *bidens nodiflora*, qui, d'après la figure de Dillen, appartient bien réellement au genre *Bidens*; l'autre est le *bidens nivea*, qui comprend les trois espèces de *melanthera*. Il n'est pas douteux que les *melanthera* étoient compris par Adanson dans son genre *Uca-*

29:490 *cou*, puisqu'à la page 131 il cite les planches 46 et 47 de l'*Hortus Elthamensis* : mais il nous paroît vraisemblable que ce botaniste, en indiquant le *bidens nodiflora* de Linné, qui est le *bidens nodiflora brunellæ folio* de Dillen, avoit l'intention d'indiquer le *bidens nodiflora folio tetrahit* de Dillen, qui est l'*hucacou* de Surian, le *verbesina nodiflora* de Linné, et le *synedrella* de Gærtner.

La *Chatiakelle* de l'herbier de Surian porte, dans cet herbier, le nom de *Chylodia sarmentosa*, écrit au crayon de la main de Richard. Un échantillon de la même plante, recueilli à la Guiane, et donné par Richard, en 1791, se trouve dans l'herbier de M. de Jussieu, où il porte aussi le nom de *Chylodia sarmentosa*, avec cette note : *Wedelioides; calyx imbricatus, semina baccata.* Enfin, un autre échantillon de la même plante, recueilli à Cayenne par M. Martin, se trouve dans l'herbier de M. Desfontaines, où il porte le nom de *Verbesina oppositiflora*, sous lequel M. Poiret l'a décrit dans le tom. VIII (p. 460) du Dictionnaire de botanique de l'En-
29:491 cyclopédie méthodique. Comme le genre *Chylodia* de Richard n'a jamais été publié, nous croyons devoir décrire ici ses caractères, tels que nous les avons observés sur deux échantillons de l'herbier de Surian, numérotés 232 et 604, et sur les échantillons des herbiers de MM. de Jussieu et Desfontaines.

Chylodia ou Chatiakella. Calathide radiée : disque multiflore, régulariflore, androgyniflore ; couronne unisériée, liguliflore, neutriflore. Péricline inférieur aux fleurs du disque, formé de squames subbisériées, à peu près égales, appliquées, oblongues, ovales ou lancéolées, coriaces-foliacées, à sommet inappliqué, foliacé. Clinanthe planiuscule, garni de squamelles inférieures aux fleurs, embrassantes, oblongues-lancéolées, acuminées et presque spinescentes au sommet. *Fleurs du disque* : Ovaire court, tétragone, glabre, surmonté d'une aigrette stéphanoïde très-courte, très-épaisse, à bord presque entier, sinué, ou un peu denticulé. Corolle jaune, à cinq divisions. Anthères noirâtres. *Fleurs de la couronne* : Ovaire semblable à celui des fleurs du disque, mais privé de style et par conséquent stérile. Corolle jaune, à tube court, à languette longue, un peu étroite, bidentée au sommet.

Ce genre appartient indubitablement à notre section des 29:491
hélianthées-rudbeckiées. Son premier nom, dérivé sans doute du mot grec χυλὸσ, qui signifie *suc*, et la petite note caractéristique inscrite dans l'herbier de M. de Jussieu, témoignent que le péricarpe est succulent comme une baie : mais nous avons quelque peine à le croire, parce que l'ovaire observé durant la fleuraison ou peu de temps après, ne nous a pas offert le plus léger indice de cet état succulent et bacciforme, qui s'annonce ordinairement par quelque signe reconnoissable avant la maturité. Cependant, comme nous n'avons vu que des échantillons secs et sans fruits mûrs, nous devons suspendre notre jugement sur ce point. Le *Clibadium* d'Allamand, et le *Wulffia* de Necker, qui est la *Coreopsis baccata* de Linné fils, ont aussi des fruits succulens et bacciformes, et ces deux plantes habitent la même contrée que le *Chylodia*. Quant au *Clibadium*, quoiqu'il soit jusqu'à présent fort peu connu, on ne peut pas supposer qu'il y ait identité entre lui et le *Chylodia* : mais le *Chylodia* et le *Wulffia* pourroient
bien être de la même espèce, ou tout au moins du même 29:492
genre. Toutefois, ces deux plantes n'étant pas encore suffisamment connues, il nous paroît prudent de conserver provisoirement le *Wulffia* et le *Chylodia*, en les considérant comme deux genres immédiatement voisins, jusqu'à ce que des observations exactes et complètes autorisent enfin à les réunir avec une pleine confiance sous le titre de *Wulffia*, qui est le plus ancien. Le genre *Gymnolomia* de M. Kunth devra peut-être aussi être supprimé, c'est-à-dire, réuni, comme le *Chylodia*, au *Wulffia* : mais il seroit téméraire d'opérer cette réunion avant d'avoir observé, sur des individus vivans, les fruits mûrs des trois genres dont il s'agit. Remarquez que le nom de *Chylodia* pourroit subsister, quoique M. Brown ait donné à un autre genre le nom de *Chilodia*, dérivé sans doute du mot grec χειλοσ, qui signifie *lèvre*. Ces deux noms, qui semblent se confondre, comme ceux d'*Hedera* et d'*Œdera*, sont réellement bien distincts, comme eux, par leur étymologie, par leur orthographe, et même par leur prononciation chez d'autres peuples que nous. Si cependant on jugeoit que les deux noms se ressemblent trop, nous proposerions celui de *Chatiakella* pour le genre de Richard. On

29:492 doit s'étonner que le *Chylodia*, ayant les fleurs jaunes et l'aigrette stéphanoïde, très-courte, presque entière, soit le *Ceratocephalus foliis cordatis seu triangularibus, flore albo*, de Vaillant : mais ce botaniste a pu se tromper sur la couleur des fleurs, en observant un échantillon sec, et la plante en question peut être une de celles qu'il a rapportées à ses genres, sans vérifier les caractères génériques, et en ne consultant que les apparences extérieures. Il est évident que la phrase de Vaillant s'accorde infiniment mieux avec les caractères de la *Melanthera urticæfolia* qu'avec ceux de la *Chylodia sarmentosa;* et cependant la synonymie que nous substituons à celle qui étoit précédemment admise, ne peut guère être considérée comme douteuse, puisqu'elle est fondée sur une indication manuscrite et non équivoque, donnée par Vaillant lui-même. Avant d'avoir suffisamment étudié la plante de Surian, nous avions déja remarqué que sa calathide étoit radiée, et que ses corolles étoient jaunes : c'est pourquoi, dans nos notes sur les observations de M. Brown, nous avons
29:493 dit que le genre *Lipotriche* de ce botaniste nous sembloit correspondre assez bien à l'*Ucacou* d'Adanson, en supposant que celui-ci eût pour type la *Chatiakelle* de Surian.

Quelque temps après, nous observâmes une plante très-voisine des *Melanthera* et *Lipotriche*, et dont les caractères génériques se trouvèrent exactement conformes à ceux qui sont attribués par Adanson à son *Ucacou*. Imaginant, en conséquence, que notre plante avoit servi de type au genre d'Adanson, nous avons dit dans l'article Lipotriche, que l'*Ucacou* étoit un genre fort exactement caractérisé, très-distinct de tout autre, et qui devoit être conservé en le nommant *Ucacea*. Mais aujourd'hui qu'il est démontré que c'est la *Verbesina nodiflora* de Linné, ou *Synedrella* de Gærtner, qui est le vrai type de l'*Ucacou*, il s'ensuit que la conformité des caractères génériques de notre plante avec ceux de l'*Ucacou* n'est qu'apparente et fortuite, car assurément notre plante n'est point congénère du *Synedrella :* elle constitue un genre, que le célèbre naturaliste, M. de Blainville, nous a permis de lui dédier, et que nous décrivons de la manière suivante.

Blainvillea. Calathide subcylindracée, discoïde; disque

multiflore, régulariflore, androgyniflore; couronne unisériée, 29:493
interrompue, pauciflore, ambiguïflore, féminiflore. Péricline égal aux fleurs, subcylindracé, irrégulier; formé de squames uni-bisériées : les extérieures, ordinairement au nombre de cinq ou six, plus grandes, égales, larges, ovales-oblongues, obtuses, subfoliacées, plurinervées, appliquées, à sommet foliacé, inappliqué; les intérieures plus courtes, squamelliformes. Clinanthe petit, planiuscule, garni de squamelles un peu inférieures aux fleurs, embrassantes, concaves, larges, plurinervées, submembraneuses, à sommet tronqué, irrégulièrement denté. Fruits extérieurs oblongs, épaissis de bas en haut, triquètres, glabriuscules, hispidules sur les angles, tronqués au sommet; le milieu de la troncature portant un col très-court, très-gros, dont l'aréole apicilaire est entourée d'une aigrette de trois squamellules égales, persistantes, très-adhérentes, continues au col, épaisses, roides, fortes, subtriquètres, subulées, vertes, hérissées de longues barbellules piliformes. Fruits intérieurs très-comprimés bilatéralement,
obovales-oblongs, élargis de bas en haut, ayant un col 29:494
court, épais, né du milieu de la troncature, et une aigrette composée ordinairement de deux squamellules, quelquefois de trois ou de quatre. Anthères noires. Corolles blanches : celles du disque, au nombre d'environ dix-huit ou vingt, à cinq divisions courtes; celles de la couronne, au nombre de deux à six, égales à celles du disque, privées de fausses-étamines, à tube surmonté d'un limbe court, large, non radiant, liguliforme, élargi de bas en haut, trilobé au sommet, fendu profondément sur la face intérieure.

Blainvillea rhomboidea, H. Cass. Plante herbacée, haute d'environ trois pieds et demi; tige dressée, rameuse, épaisse, cylindrique, striée, velue; feuilles supérieures alternes; les autres opposées, inégales, grandes, pétiolées, d'un vert cendré, velues sur les deux faces, à limbe triplinervé, réticulé en-dessous, rhomboïdal, sublancéolé, décurrent sur la partie supérieure du pétiole, inégalement et grossièrement denté en scie, presque entier sur les bords de la partie inférieure; calathides longues de trois lignes et demie, portées sur des pédoncules grêles, longs de huit à neuf lignes, axillaires et terminaux, rapprochés, ordinairement ternés au sommet de

29:494 la tige, des branches et des rameaux.

Nous avons fait cette description spécifique, et celle des caractères génériques, sur des individus vivans, cultivés au Jardin du Roi, où ils fleurissent vers le milieu du mois de septembre, et où ils sont faussement nommés *Bidens nivea.* La plante que Dumont Courset a décrite dans le Botaniste cultivateur (tom. IV, p. 240, 2.e édit.), sous ce même nom de *Bidens nivea*, et qu'il a cru être la *Melananthera hastata* de Michaux et de Persoon, est probablement notre *Blainvillea rhomboidea*, quoiqu'il lui ait attribué des feuilles presque hastées et des calathides globuleuses.

Notre genre *Blainvillea* paroît être voisin du *Verbesina*, et il est intermédiaire entre les deux genres *Melanthera* et *Lipotriche.* Il diffère du *Melanthera* par la forme subcylindracée de la calathide, par la présence d'une couronne féminiflore, par le péricline égal aux fleurs et subcylindracé, par le clinanthe planiuscule, garni de squamelles larges, submembraneuses, tronquées au sommet, par les fruits surmontés d'un
29:495 col, par l'aigrette persistante, fortement adhérente et même parfaitement continue avec le col du fruit, dont elle est inséparable, et par la brièveté des divisions de la corolle. Le genre *Blainvillea* ne diffère pas moins du *Lipotriche*, dont la calathide est longuement radiée, le péricline court, le clinanthe convexe, garni de squamelles aiguës, les fruits privés de col, l'aigrette caduque, les corolles jaunes.

Von Rohr doit certainement être considéré comme le véritable auteur du genre *Melanthera.* C'est donc fort injustement que les botanistes ont coutume de préférer le nom générique employé par Richard. Vainement prétendroit-on, pour excuser cette injustice, que le nom de *Melananthera* est plus régulier que celui de *Melanthera.* Dioscoride et Pline, qui apparemment connoissoient la langue grecque aussi bien que les botanistes modernes, n'étoient pas si scrupuleux; car ils disoient *Melanthium*, *Melanthemon*, *Melampelon*, au lieu de *Melananthium*, *Melananthemon* et *Melanampelon.*

Dillen étant le fondateur des trois espèces qui composent le genre *Melanthera*, et deux de ces trois espèces ayant été, selon nous, mal à propos réunies en une seule par Richard, il nous a paru convenable de donner aux trois plantes des noms spécifiques, calqués sur les phrases caractéristiques, fort exactes, de l'ancien auteur. Le nom d'*hastata*, sous lequel Richard avoit confondu la seconde et la troisième espèces, ne pouvoit guère être conservé en les distinguant. Quant à la première espèce, M. Kunth a déjà pris la même licence que nous, en se permettant de changer le nom de *deltoidea* que Richard avoit imposé à cette plante; car il est hors de doute que la *Melananthera Linnæi* de M. Kunth est absolument identique avec la *Melananthera deltoidea* de Richard, quoique celui-ci lui ait attribué des squamelles obtuses (*paleis recep-taculi obtusis*), ce qui est une erreur manifeste, un *lapsus calami*, ou peut-être même une simple faute d'impression, puisque Richard cite Swartz et Jacquin, qui disent positivement le contraire. Au reste, Linné ayant confondu, sous le nom de *Bidens nivea*, les trois espèces anciennement établies par Dillen, on ne voit pas pourquoi l'une d'elles mériteroit de porter le nom de *Melananthera Linnæi*, qui ne convient pas plus à celle-là qu'aux deux autres. 29:495

M. Brown remarque que Von Rohr, dans sa description 29:496
des caractères du *Melanthera*, parle du nectaire engainant la base du style; et que c'est la plus ancienne mention qui ait été faite, à sa connoissance, de cet organe dans les synanthérées, sauf que Batsch, dans son *Analysis florum*, publiée en 1790, a décrit et figuré ce même organe dans le *Coreopsis tripteris*. « Néanmoins, ajoute M. Brown, c'est à « M. Cassini qu'appartient le mérite d'avoir reconnu l'exis- « tence presque universelle de l'organe dont il s'agit dans les « fleurettes hermaphrodites de cette grande classe. » (Voyez le Journal de physique, de Juillet 1818, pag. 12.) Cet aveu d'un botaniste peu disposé à favoriser nos prétentions est d'autant plus précieux pour nous, que feu M. Richard, qui sans doute, n'avoit pas pris la peine de lire tous nos écrits sur les synanthérées, et notamment notre premier Mémoire (Journ. de phys., tom. LXXVI, pag. 107, 257, 269), n'a pas craint d'affirmer, dans son Mémoire sur les calycérées, que nous n'avions aperçu le nectaire que dans un bien petit nombre de synanthérées.

Suivant Dillen, les anthères sont exsertes dans la *Melanthera panduriformis*, et incluses dans la *Melanthera trilobata*; et, selon

29:496 Jacquin, elles sont d'abord exsertes, puis incluses, chez la *Melanthera urticæfolia* : mais Von Rohr et Richard semblent assigner au genre *Melanthera* des anthères constamment incluses. M. Brown admet l'observation de Jacquin et la rend commune à tout le genre *Melanthera*, ainsi qu'à d'autres synanthérées, et notamment aux hélianthées; et il attribue l'effet dont il s'agit à une contraction considérable et graduelle des filets, laquelle résulteroit d'un acte vital analogue aux mouvemens d'irritabilité. Nous proposons une autre explication, qui paroîtra peut-être plus vraisemblable.

Si l'on observe une fleur de *Melanthera* non encore épanouie, mais tout près de s'épanouir, on remarque que le sommet du tube anthéral atteint le sommet de la corolle, et que le sommet des stigmatophores atteint le sommet du tube anthéral. Dès l'instant où la corolle s'épanouit, ses cinq divisions s'étalent en s'arquant en dehors, tandis que le tube anthéral reste dans le même état que ci-devant, c'est-à-dire, dressé, d'où il suit qu'il paroît s'élever au-dessus de la co-
29:497 rolle. Dans ce premier moment de la fleuraison, le tube anthéral, loin de pouvoir s'abaisser, est nécessairement aussi élevé qu'il peut l'être; car ses cinq appendices apicilaires convergens, rapprochés et presque collés par les bords, couvrent le sommet des stigmatophores, et sont poussés par eux de bas en haut, parce que le style tend à s'alonger. Mais après que les appendices apicilaires du tube anthéral ont été écartés par les stigmatophores qui les traversent pour s'élever au-dessus d'eux, le tube anthéral doit commencer à descendre, parce que les deux stigmatophores divergent en s'arquant en dehors, et repoussent par conséquent vers le bas le tube dans lequel ils étoient engainés. Ainsi, les anthères des *Melanthera* et de beaucoup d'autres synanthérées doivent nécessairement être d'abord exsertes, puis incluses; et il n'est pas besoin, pour expliquer ce fait, de recourir à la contraction des filets, ni de supposer des mouvemens d'irritabilité. Cependant, deux circonstances que nous avons observées, et qui sont exposées dans le Journal de physique de Juillet 1818 (pag. 13 et 27), peuvent contribuer à l'inclusion des anthères, qui succède à leur exsertion : l'une est que la partie supérieure libre du filet de l'étamine paroît

avoir en général, chez les synanthérées, une tendance plus 29:497
ou moins forte à s'arquer en dedans, non par irritabilité, mais par élasticité; l'autre est que, dans beaucoup de synanthérées, notamment chez les hélianthées, la partie supérieure libre du filet de l'étamine se flétrit aussitôt après la fécondation, et avant l'article anthérifère.

Le genre *Melanthera* se rapporte à la syngénésie polygamie égale de Linné, et aux corymbifères de M. de Jussieu. Dans notre classification, il fait partie des Hélianthées-Prototypes, ce qui l'éloigne des *Bidens* et des *Calea*, avec lesquels on l'avoit confondu; car les *Bidens* sont des Hélianthées-Coréopsidées, et les vrais *Calea* sont des Hélianthées-Héléniées.

Le nom de *Melanthera*, composé de deux mots grecs qui signifient *anthères noires*, pourroit s'appliquer assez bien à beaucoup d'Hélianthées et même à plusieurs autres synanthérées; mais il convient particulièrement au genre dont il s'agit, parce que la blancheur de la corolle rend plus remarquable la couleur noirâtre des anthères. (H. Cass.)

MÉRATIE, *Meratia*. (*Bot.*) Le professeur Curt. Sprengel, 30:65
de Halle, a publié, dans le Bulletin des sciences d'Avril 1823, la description et la figure d'un genre de plantes de l'ordre des synanthérées, dédié à M. Delile, l'un des auteurs de la Description de l'Égypte, et nommé *Delilia*. Mais un autre genre avoit déjà été dédié long-temps auparavant au même botaniste, par M. Bonpland, qui le nomme *Lilæa* (Pl. équin., pag. 223). Obligé par conséquent de changer le nom donné par M. Sprengel à son genre, nous proposons celui de *Meratia*, dérivé du nom de l'auteur d'une Flore des environs de Paris.

Le genre dont il s'agit appartient à notre tribu naturelle des Hélianthées, et à la section des Hélianthées-Millériées, dans laquelle nous le plaçons entre les deux genres *Milleria* et *Elvira*. Quoique nous n'ayons point vu le *Meratia*, nous croyons pouvoir le décrire tout autrement que l'auteur de ce genre, en combinant la description et la figure qu'il a données, avec nos propres observations faites sur les deux genres voisins, et en nous fondant sur les lois de l'analogie, que ce botaniste nous paroît avoir tout-à-fait méconnues. Voici donc, selon nous, les vrais caractères génériques du *Meratia*.

30:65 Calathide triflore, discoïde : disque biflore, régulariflore, masculiflore; couronne uniflore, liguliflore, féminiflore. Péricline double : l'extérieur beaucoup plus grand, un peu inférieur aux fleurs, formé de trois squames libres, inégales, suborbiculaires, échancrées à la base, mucronées au sommet, membraneuses, triplinervées, veinées en réseau, hispidules; l'une d'elles plus grande; les deux autres à peu près
30:66 égales entre elles, presque superposées, et opposées à la première; péricline intérieur beaucoup plus petit, très-inférieur aux fleurs, plécolépide, probablement composé de trois squames égales, unisériées, oblongues, coriaces, glabres, entregreffées par les bords d'un bout à l'autre, et formant par leur réunion un étui obovoïde-oblong, triquètre, qui engaine étroitement l'ovaire ou le fruit de la fleur femelle et les deux faux-ovaires des fleurs mâles. Clinanthe ponctiforme, probablement nu. *Fleurs du disque :* Faux-ovaire long, grêle, filiforme. Corolle à tube long et grêle; à limbe obconique, à cinq divisions. Cinq étamines à anthères foiblement cohérentes. Style à deux faux-stigmatophores courts, hispidules, exserts, très-divergens. *Fleur de la couronne :* Ovaire obovoïde-oblong, triquètre, inaigretté, étroitement engainé, avec les faux-ovaires du disque, par le péricline intérieur. Corolle longue à peu près comme celles du disque, à tube surmonté d'un limbe liguliforme, en cornet, non étalé, élargi de bas en haut, arrondi au sommet, fendu sur la face intérieure. Style à deux stigmatophores grêles, très-longs, arqués en dehors.

M. Sprengel ne connoît qu'une espèce de ce genre.

Mératie de Sprengel : *Meratia Sprengelii*, H. Cass.; *Delilia Berterii*, Spreng., Bull. des sciences, Avril 1823, p. 54. C'est une plante herbacée, annuelle, hispidule sur toutes ses parties, ayant, selon M. Sprengel, quelque ressemblance extérieure avec le *Melampodium;* ses feuilles sont opposées, pétiolées, oblongues-lancéolées, triplinervées, un peu crénelées; les calathides, très-courtement pédonculées, sont rassemblées en faisceaux terminaux et axillaires; les corolles sont jaunes. Cette plante a été découverte dans l'Amérique méridionale, près la rivière de la Magdeleine, par M. Bertero, jeune Piémontois, élève de M. Balbis, et qui en a envoyé des graines. 30:66

M. Sprengel, qui paroît avoir observé des individus vivans nés de ces graines, prétend que chaque ovaire porte sur son sommet trois fleurs, dont une femelle et deux hermaphrodites ; en conséquence il croit que sa plante doit constituer une tribu particulière dans l'ordre des synanthérées, et il propose d'intituler cette tribu *Synanthæ*.

Cavanilles, en décrivant son genre *Lagasca*, avoit pris le 30:67
vrai péricline pour la surface de l'ovaire ou du fruit. L'erreur de M. Sprengel est encore bien plus grave, et il est surprenant qu'un botaniste aussi instruit se soit persuadé sérieusement que trois corolles de synanthérées, contenant chacune des organes génitaux, pouvoient naître ensemble immédiatement sur le sommet d'un seul et même ovaire proprement dit. Il n'est pas moins surprenant que ce botaniste n'ait point aperçu la très-grande et très-évidente affinité qui existe entre sa plante et la *Milleria biflora* de Linné : la ressemblance est telle que nous avons été tenté de croire qu'il y avoit réellement identité, et que M. Sprengel avoit commis quelque erreur d'observation, d'où pouvoient résulter des différences imaginaires.

Le genre *Milleria* de Martyn se compose de deux espèces, qui ne sont pas réellement congénères, et qui doivent constituer deux genres distincts, mais voisins, et séparés seulement par l'interposition du *Meratia*, qui nécessite absolument cette distinction générique. Nous conservons le nom de *Milleria* à la *Milleria quinqueflora* de Linné; et nous nommons *Elvira* le genre ayant pour type la *Milleria biflora*, et offrant les caractères suivans, que nous avons observés sur un échantillon sec.

Elvira. Calathide biflore, quasi-radiée : disque uniflore, réguliflore, masculiflore; couronne uniflore, liguliflore, féminiflore. Péricline simple, plécolépide; formé de trois squames entregreffées à la base, unisériées, très-inégales, dressées, appliquées, planiuscules, membraneuses-foliacées, minces, vertes, demi-transparentes, hispides, munies de nervures réticulées : la plus grande squame à peu près égale à la fleur femelle, suborbiculaire, ayant la base cunéiforme, trinervée, accompagnée de deux oreillettes, les bords un

30:67 peu crénelés, et le sommet terminé par une pointe courte, tuberculiforme; la squame moyenne opposée à la plus grande, à peu près égale à la fleur mâle, elliptique-obovale, terminée au sommet par une pointe saillante; la plus petite squame lancéolée, acuminée, cachée entre les deux autres, et réunie inférieurement avec la squame moyenne, dont elle semble être une division. Clinanthe petit, plan, portant ordinaire-
30:68 ment deux fimbrilles inégales, filiformes, très-peu apparentes. *Fleur du disque*, correspondant à la jonction de la petite squame avec la moyenne : Faux-ovaire long, grêle, filiforme. Corolle articulée sur le faux-ovaire, à tube cylindrique, grêle, long comme le limbe, qui est pyriforme ou obconique, à cinq divisions courtes, munies chacune d'un long poil. Anthères noirâtres, foiblement cohérentes; articles anthérifères longs et grêles. Style ayant deux faux stigmatophores hispides. *Fleur de la couronne*, correspondant au milieu de la grande squame : Ovaire obovoïde-oblong, subtriquètre, inaigretté, lisse, parsemé de très-petits poils. Corolle articulée sur l'ovaire, à tube long, grêle, à languette courte, large, elliptique, bidentée au sommet. Style à deux stigmatophores longs et grêles.

Si l'on adopte notre genre *Elvira*, il sera juste et convenable de nommer *Elvira Martyni* l'espèce sur laquelle ce genre est fondé.

Quoique nous n'ayons pu observer les caractères génériques de la *Milleria quinqueflora* que sur des calathides sèches en fort mauvais état, nous avons néanmoins reconnu avec certitude des différences essentielles qui ne permettent pas de confondre en un seul genre le *Milleria* et l'*Elvira*. En effet, le péricline du *Milleria* s'accroît après la fleuraison, devient subglobuleux, brun ou noirâtre, s'épaissit, s'endurcit, et acquiert à la maturité la consistance du cuir : indépendamment de ce péricline extérieur, comparable au péricline simple de l'*Elvira*, il y a un péricline intérieur, plus court, composé de plusieurs squames unisériées, libres, inégales, oblongues, submembraneuses; et en outre nous avons cru voir, sur le clinanthe, des squamelles séparant la fleur femelle unique des fleurs mâles, qui sont au nombre de quatre au moins : la corolle de la fleur femelle est aussi dif-

férente de celle de l'*Elvira;* le fruit, d'après Gærtner, n'offre 30:68
pas tout-à-fait les mêmes caractères: enfin, selon Linné, le style masculin seroit simple dans la *Milleria quinqueflora.*

Le *Meratia* est intermédiaire entre l'*Elvira* et le vrai *Milleria.* Il ressemble à l'*Elvira* par la disposition des calathides et par leur aspect général, qui représente assez bien les apparences extérieures des fruits de l'orme; il lui ressemble
aussi par tous les détails de la structure, excepté sur les 30:69
quatre points suivans : 1.° le disque est composé de deux fleurs; 2.° le péricline est double, s'il est vrai, comme nous en sommes convaincu, que la partie considérée par M. Sprengel comme le péricarpe de l'ovaire soit un péricline intérieur en forme d'étui engainant l'ovaire et les faux-ovaires; 3.° le péricline extérieur, analogue au péricline unique de l'*Elvira*, a ses trois squames entièrement libres jusqu à la base; 4.° les deux squames opposées à la plus grande paroissent être égales entre elles. Le *Meratia* ressemble beaucoup moins au vrai *Milleria*; et cependant il s'en rapproche plus que l'*Elvira*, puisqu'il a le disque composé de deux fleurs, et le péricline double : mais les squames du pericline intérieur, qui sont entièrement libres dans le *Milleria*; seroient, selon nous, entregreffées par les bords d'un bout à l'autre dans le *Meratia.* (H. Cass.)

MÉTALASIE, *Metalasia.* (*Bot.*) Ce genre de plantes, pro- 30:222
posé en 1817 par M. Robert Brown, dans ses Observations sur les composées (pag. 124), appartient à l'ordre des Synanthérées, à notre tribu naturelle des inulées, et à la section des inulées-gnaphaliées, dans laquelle nous l'avons placé entre les deux genres *Petalolepis* et *Endoleuca.* (Voyez notre article Inulées, tom. XXIII, pag. 562.)

Le genre *Metalasia* nous a offert les caracteres suivans:

Calathide incouronnée, équaliflore, tri-quadriflore, régulariflore, androgyniflore. Péricline supérieur aux fleurs, long, étroit, cylindracé; formé de squames régulièrement imbriquées, appliquées : les extérieures ou inférieures ovales-oblongues, scarieuses, roussâtres, plus ou moins pubescentes; les intermédiaires larges, obovales, arrondies au sommet, scarieuses, un peu coriaces et pubescentes inférieurement, un peu roussâtres supérieurement; les intérieures

30:222 oblongues, un peu élargies de bas en haut, arrondies au sommet, très-glabres, à partie inférieure coriace, à partie supérieure scarieuse, blanche, pétaloïde. Clinanthe très-petit, nu. Ovaires obovoïdes-oblongs, glabres; aigrette blanche, supérieure à la corolle, composée de squamellules nombreuses, à peu près égales, unisériées, contiguës, libres, caduques, filiformes, à partie inférieure grêle, et garnie de petites barbellules aiguës, distancées, libres, étalées; à partie supérieure épaisse, et garnie de grosses barbellules obtuses, rapprochées, dressées et comme entregreffées. Corolles à limbe rouge, à cinq divisions. Anthères munies de longs appendices basilaires subulés, barbus. Styles d'inulée-gnaphaliée. Nectaire élevé.

30:223 Les caractères génériques qu'on vient de lire, ont été observés par nous sur les deux espèces suivantes, et notamment sur la première.

Métalasie en cyme : *Metalasia cymosa*, H. Cass.; *Gnaphalii muricati varietas*, Linn.; Berg. La tige est ligneuse, rameuse, cylindrique, tomenteuse, grisâtre, très-garnie de feuilles; celles-ci sont rapprochées, alternes, sessiles ou subpétiolées, longues d'environ deux lignes, ovales ou lancéolées, un peu mucronées et comme spinescentes au sommet, très-entières sur les bords, épaisses, coriaces; leur face supérieure est tomenteuse ou laineuse et grisâtre; l'inférieure est glabre, verte, luisante, et ses deux bords latéraux sont rabattus sur la face tomenteuse; la base de la feuille est tordue de manière que la face tomenteuse, originairement supérieure, devient inférieure; chacune de ces feuilles est accompagnée d'un faisceau de feuilles plus petites, situées dans son aisselle. Les calathides sont très-nombreuses, très-rapprochées, disposées en cyme terminale, régulière, arrondie, large d'environ un pouce; les rayons de cette cyme, qui n'est point entourée d'un involucre, naissent tous à la même hauteur; ils sont tomenteux, presque dénués de feuilles, et ils se divisent à leur extrémité, régulièrement ou irrégulièrement, en pédoncules courts, dont chacun se termine ordinairement par un assemblage de trois calathides immédiatement rapprochées sur son sommet; chaque calathide est longue de près de trois lignes, étroite, composée ordinaire-

ment de trois, quelquefois de quatre fleurs, à corolle pur- 30:223
purine; le péricline est roussâtre et un peu laineux en sa partie inférieure, blanc et glabre en sa partie supérieure.

Nous avons fait cette description spécifique, et celle des caractères génériques, sur un échantillon sec de l'herbier de M. de Jussieu, où il étoit nommé *gnaphalium frutescens* : c'est probablement le *gnaphalium muricatum umbellatum* de Bergius, quoique, sur quelques points, la description de ce botaniste ne s'accorde pas entièrement avec la nôtre.

Métalasie en ombelle; *Metalasia umbellata*, H. Cass. Cette seconde espèce, qui a été vraisemblablement confondue avec la précédente, lui ressemble en effet par sa tige et par ses feuilles : mais elle s'en distingue bien par la disposition de ses
calathides qui forment une sorte d'ombelle terminale, sim- 30:224
ple, non involucrée, large de six à huit lignes, composée d'environ quinze pédoncules égaux, partant d'un même point, longs d'environ une ligne et demie, grêles, tomenteux, dénués de feuilles, indivis et terminés chacun par une seule calathide; les squames du péricline sont très-régulièrement imbriquées; les extérieures et les intermédiaires sont plus ou moins aiguës, au lieu d'être arrondies au sommet comme dans l'espèce précédente. Nous avons observé cette plante dans l'herbier de M. Desfontaines, où elle est étiquetée *gnaphalium virgatum*, Vahl.

Les *Metalasia* étoient attribués au genre *Gnaphalium* de Linné, lorsque Gærtner les a rapportés à son genre *Antennaria*. Mais M. R. Brown a judicieusement remarqué que le genre *Antennaria* de Gærtner réunissoit trois groupes assez différens par le port et la structure pour autoriser à les séparer, et dont aucun ne s'accorde entièrement avec le caractère générique tracé par l'auteur. Le premier, auquel M. Brown conserve le nom d'*Antennaria*, n'admet que des espèces dioïques; le second, nommé *Leontopodium*, est composé des *Gnaphalium leontopodium* et *leontopodioides* de Willdenow. (Voyez notre article Léontopode, tom. XXV, p. 473.) « La troisième tribu, dit M. Brown, qui n'a été trouvée « que dans l'Afrique méridionale, est composée d'arbris- « seaux à feuilles petites, roides, analogues à celles des « bruyères, ayant les bords courbés en-dessus, la face supé-

30:224 « rieure tomenteuse, l'inférieure convexe et presque gla-
« bre. Ces feuilles sont, dans la plupart des espèces, re-
« tournées sens dessus dessous, par l'effet d'une torsion re-
« marquable ; caractère qui semble avoir été négligé dans
« toutes celles qu'on a décrites, savoir, les *Gnaphalium mu-*
« *ricatum, mucronatum* et *seriphioides*. Dans cette tribu, ou
« ce genre, qu'on peut nommer *Metalasia*, l'involucre est
« généralement cylindrique, et, dans la plupart des espèces,
« pourvu d'un rayon court, formé par les lames colorées et
« étalées des écailles intérieures ; les fleurons sont en petit
« nombre, et tous hermaphrodites; les rayons de l'aigrette
« tombent séparément, et sont ou épaissis ou plus fortement
« dentés au sommet.» (Journ. de phys. de Juill. 1818, p. 16.)

30:225 Dans une de nos notes sur l'opuscule de M. Brown, nous avons dit (page 29) que les *Metalasia* n'étoient pas les seules synanthérées dont les feuilles fussent concaves et tomenteuses en-dessus, convexes et glabres en-dessous, et retournées sens dessus dessous par l'effet d'une torsion. Nous avons observé ces singuliers caractères, plus ou moins prononcés et avec des modifications diverses, dans plusieurs autres genres appartenant à la section naturelle des inulées-gnaphaliées. Ces caractères sont extrêmement remarquables, en ce qu'ils semblent indiquer aux physiologistes la vraie cause d'un phénomène sur lequel ils ont beaucoup disserté, et qui consiste dans la direction constante de l'une des faces de la feuille vers le ciel, et de l'autre face vers la terre. On sait que les racines, lorsqu'elles sont plongées dans un terrain très-hétérogène, se dirigent spontanément vers la partie de ce terrain où elles peuvent puiser une nourriture meilleure ou plus abondante; on sait aussi que les tiges qui se trouvent privées, sur un côté, du libre accès de l'air et de la lumière, se dirigent vers le côté opposé où elles peuvent recevoir sans obstacle les influences bienfaisantes de ces deux agens. Comment expliquer ces faits, et beaucoup d'autres phénomènes de la végétation, si l'on n'admet pas une sorte d'*instinct végétal*, accordé par le Créateur à des êtres privés de sentiment et de volonté, mais doués d'une organisation délicate, dont la conservation exige quelques mouvemens, quelques directions, quelques tendances, qui doivent varier suivant

les circonstances, et qui par conséquent doivent être spon- 30:225
tanés. Parmi les effets ou les actes de l'instinct animal, il ne
seroit pas difficile d'en trouver quelques-uns qui fussent tout-
à-fait indépendans du sentiment et de la volonté. Les feuilles
de presque toutes les plantes ont constamment leur face su-
périeure tournée vers le ciel, et leur face inférieure tournée
vers la terre, parce que ces deux faces sont organisées diffé-
remment, qu'elles remplissent des fonctions différentes, et
que l'exercice de ces deux fonctions diverses exige les direc-
tions dont il s'agit. C'est pourquoi, si l'on abaisse l'extrémité
supérieure d'une branche vers la terre, de manière que la
face inférieure des feuilles regarde le ciel, elles se contour-
neront sur leur pétiole, et reprendront la position qui leur
est naturelle (Mirbel, Élémens de botanique, p. 163). Mais 30:226
s'il arrive que, dans quelques plantes, telles que les *Meta-
lasia* et d'autres gnaphaliées, la face supérieure de la feuille
soit organisée précisément comme la face inférieure de la
feuille des autres plantes, et que réciproquement la face
inférieure offre l'organisation ordinairement propre à la
face supérieure, il faudra, dans ce cas singulier, pour que
les deux faces de la feuille exercent convenablement les
fonctions qui leur sont attribuées, que cette feuille se re-
tourne spontanément sens dessus dessous, au moyen d'une
torsion de sa base, opérée par une force vitale instinctive,
comme dans l'expérience bien connue que nous venons de
citer. Un autre cas pourroit arriver, où, les deux faces de la
feuille étant organisées absolument de la même manière et
destinées par conséquent aux mêmes fonctions, la direction
de l'une des faces vers le ciel et de l'autre face vers la terre
ne seroit déterminée par aucune cause finale. Dans ce cas,
la feuille ne seroit-elle pas disposée de manière que ses deux
faces fussent dans un plan vertical ou perpendiculaire à l'ho-
rizon, comme la laitue sauvage et quelques autres lactucées-
prototypes en offrent des exemples? L'*Elytropappus spinellosus*
(tom. XIV, pag. 376) a, de même que les *metalasia*, la face
supérieure des feuilles laineuse et l'inférieure glabre; mais
ces feuilles sont roulées en-dessus par les bords, de telle ma-
nière que leur face supérieure laineuse se trouve presque
entièrement cachée, et qu'elles ressemblent extérieurement
à des feuilles subcylindracées, glabres sur toute leur surface:

30:226 c'est pourquoi elles ne sont point tordues ni renversées comme celles des *metalasia*.

M. Brown prétend qu'aucun botaniste, avant lui, n'avoit remarqué la torsion des feuilles des *metalasia* : cela n'est point exact ; car Linné, dans l'*Hortus Cliffortianus*, avoit clairement indiqué cette torsion des feuilles, par les mots *foliis contortis*, dans la phrase caractéristique du *gnaphalium muricatum*. Linné fils, dans le *Supplementum plantarum*, attribue aussi des feuilles tordues au *gnaphalium umbellatum*. Bergius, dans sa description du *gnaphalium mucronatum*, dit que les feuilles sont convexes en-dessous, et canaliculées en-dessus; et en décrivant le *gnaphalium seriphioides*, il dit que
30:227 les feuilles ont la face inférieure convexe, carénée, d'un vert brun, pubescente, et la face supérieure plane, blanche, tomenteuse.

Linné et Bergius réunissent, sous le titre de *gnaphalium muricatum*, plusieurs plantes qu'ils considèrent comme de simples variétés ; mais ce sont réellement des espèces distinctes, et qui même n'appartiennent pas toutes au vrai genre *Metalasia*, restreint dans les limites que nous croyons pouvoir lui assigner. Le *gnaphalium mucronatum* de Bergius, attribué par M. Brown au *Metalasia*, nous paroît ne point appartenir légitimement à ce genre, auquel nous accorderions plus volontiers le *gnaphalium seriphioides* de Bergius, et qui doit probablement revendiquer plusieurs autres espèces rapportées jusqu'à présent au genre *Gnaphalium*.

Le genre *Metalasia* est intermédiaire entre le *Petalolepis* et l'*Endoleuca* : il diffère du *Petalolepis* par ses aigrettes, dont les squamellules sont libres à la base, caduques, épaissies en leur partie supérieure (voyez le Journal de physique de Juillet 1818, p. 30); il diffère de l'*Endoleuca* par son péricline formé de squames régulièrement imbriquées, par ses aigrettes dont les squamellules sont dentées sur les bords de leur partie supérieure, et par la disposition de ses calathides qui ne sont point rassemblées en un capitule proprement dit (voyez notre article Endoleuque, tom. XIV, pag. 474). M. R. Brown réunit probablement, sous le titre de *Metalasie*, notre *Metalasia* et notre *Endoleuca* : mais il nous semble évident que ces deux genres sont bien distincts et ne doivent pas être confondus. 30:227

Nous ignorons si le péricline des vrais *Metalasia* est radié, c'est-à-dire, si ses squames intérieures ont leur partie supérieure étalée, comme dans les *Endoleuca* et les *Petalolepis*. Cela paroît vraisemblable, parce que les squames intérieures sont plus longues que les fleurs, et que leur partie supérieure est pétaloïde : cependant le péricline des calathides sèches que nous avons examinées n'étoit point radié, et il ne l'est pas devenu lorsque nous avons mis ces calathides dans l'eau. Nous avons fait remarquer (tom. XX, p. 451) que le péricline de l'*Helichrysum orientale* et de beaucoup d'autres est radié quand l'air est sec, et non radié quand il
est humide. Nos observations semblent établir que celui des 30:228
Metalasia n'est radié dans aucune de ces deux circonstances: mais nous suspendons notre jugement sur ce point, parce que les fleurs contenues dans nos calathides n'étoient pas encore complétement épanouies, et que la radiation du péricline pourroit n'avoir lieu qu'à l'époque de leur parfait épanouissement. (H. Cass.)

MÉTÉORINE, *Meteorina*. (*Bot.*) Ce genre de plantes, que 30:319
nous avons proposé dans le Bulletin des sciences de Novembre
1818 (pag. 167), appartient à l'ordre des Synanthérées, et 30:320
à notre tribu naturelle des Calendulées. Voici ses caractères, que nous avons observés sur des individus vivans et cultivés de *Meteorina gracilipes* et de *Meteorina crassipes*, et sur un échantillon sec de *Meteorina lyrata*.

Calathide radiée : disque multiflore, régulariflore, androgyniflore extérieurement, masculiflore intérieurement; couronne unisériée, liguliflore, féminiflore. Péricline subcampanulé, supérieur aux fleurs du disque ; formé de squames subunisériées, à peu près égales, appliquées, lancéolées, foliacées, souvent membraneuses sur les bords. Clinanthe nu, plan ou conique, peu élevé pendant la fleuraison, toujours plan pendant la maturation. *Fleurs extérieures du disque:* Ovaire comprimé bilatéralement, obovale, glabre, lisse, inaigretté, pourvu d'une bordure aliforme sur chacune de ses deux arêtes extérieure et intérieure; fruit très-large, obcordiforme, à deux ailes larges, membraneuses, plus ou moins épaissies sur leur bord ou près de leur bord. Corolle

30:320 à tube presque nul, à limbe long, subcylindracé, à cinq divisions privées d'appendice. Style à deux stigmatophores libres, divergens, arqués en dehors, courts, larges, arrondis au sommet, bordés de deux gros bourrelets stigmatiques oblitérés au sommet, et munis d'une rangée transversale de collecteurs, située sur la face extérieure au-dessous du sommet, qui forme un demi-cône. Nectaire très-petit, blanchâtre ou verdâtre. *Fleurs intérieures du disque :* Faux-ovaire long, étroit, grêle, comprimé, contenant à sa base un rudiment d'ovule avorté, imperceptible dans les fleurs centrales. Corolle à divisions portant chacune, derrière le sommet, un appendice calleux, corniforme. Style à deux stigmatophores non divergens et beaucoup plus courts que ceux des fleurs extérieures. *Fleurs de la couronne :* Fruit presque droit, oblong, épaissi de bas en haut, cylindracé-triquètre. Corolle à languette elliptique-oblongue, tridentée au sommet; le tube et la base du limbe hérissés de longs poils articulés. Style à deux stigmatophores longs, pourvus de bourrelets stigmatiques glabres.

Météorine a pédoncules filiformes : *Meteorina gracilipes*, H. Cass.; *Calendula pluvialis*, Linn., *Sp. pl.*, édit. 3, p. 1304. C'est une plante herbacée, annuelle, dont la tige, haute
30:321 d'environ un demi-pied, est droite, rameuse, striée, velue, scabre, garnie de feuilles; celles-ci sont alternes, longues d'un à deux pouces, étroites, lancéolées, sinuées, denticulées; les inférieures en spatule, les supérieures linéaires; la tige et les rameaux se terminent en un long pédoncule droit, nu, filiforme, portant une grande calathide, à disque brun foncé, et à couronne composée de languettes très-longues, dont la face intérieure ou supérieure est blanche, plus ou moins violette à la base, et dont la face extérieure ou inférieure est ordinairement d'un violet bronzé; les fruits de la couronne sont très-ridés transversalement, à rides ramifiées, anastomosées, formant des tubercules plus ou moins manifestes; ceux du disque ont deux ailes, dont la partie intérieure est mince, membraneuse, et dont la partie extérieure forme un bourrelet épais, presque cylindrique, subéreux. Cette météorine, indigène au cap de Bonne-Espérance, est cultivée en Europe dans les jardins, pour la beauté de ses calathides, qui s'ouvrent dès sept heures du

matin et ne se ferment point avant quatre heures du soir, 30:321
si le temps est serein : mais, s'il doit pleuvoir dans le jour, elles ne s'ouvrent point le matin à sept heures; on a remarqué cependant qu'elles n'annonçoient pas les pluies d'orage. On sème les graines de cette plante, au mois de Mars, sur couche, ou même en pleine terre, dans la place où elle doit rester, et l'on jouit de ses calathides depuis Juin jusqu'en Septembre : elle se plaît dans une bonne terre un peu légère, fréquemment arrosée, et surtout exposée au soleil; car cette exposition est absolument nécessaire pour l'épanouissement de ses calathides.

Météorine a feuilles lyrées; *Meteorina lyrata*, H. Cass. Tige herbacée, rameuse; feuilles alternes, lyrées; calathides solitaires au sommet des rameaux, et analogues à celles des autres météorines. Cette espèce, ne se distinguant de la précédente que par ses feuilles lyrées, n'est peut-être qu'une variété : elle a, comme la première, les pédoncules grêles, et les fruits du disque obcordiformes, munis de deux ailes ou bordures, dont la partie intérieure est mince, membraneuse, et dont la partie extérieure est épaisse, subéreuse ces fruits sont rougeâtres, et, vus à une forte loupe, ils paroissent un peu pubescens. Quoique les ovaires et les stig- 30:322
mates de la couronne fussent parfaitement conformés dans les calathides fleuries, nous avons remarqué sur une calathide garnie de fruits mûrs, que ceux de la couronne paroissoient être stériles par avortement : mais cette stérilité n'est probablement qu'accidentelle, comme dans l'espèce précédente, dont souvent la plupart des fruits de la couronne avortent et ne mûrissent point. Du reste, notre plante offre tous les caractères propres au genre *Meteorina*. Nous l'avons observée sur un échantillon sec de l'herbier de M. de Jussieu.

Météorine a pédoncules épaissis : *Meteorina crassipes*, H. Cass.; *Calendula hybrida*, Linn., *Sp. pl.*, édit. 3, pag. 1304. Cette troisième espèce, qui habite, comme les autres, le cap de Bonne-Espérance, ressemble aussi à la première, dont elle se distingue toutefois très-facilement par ses pédoncules épaissis en leur partie supérieure; sa tige est plus haute, et garnie de feuilles plus longues, oblongues-lancéo-

30:322 lées, obtuses ou élargies au sommet, dentées sur les bords; les calathides sont plus petites; leur péricline est presque tomenteux, ainsi que le pédoncule; les fruits de la couronne offrent trois faces lisses, séparées par trois arêtes saillantes et crénelées; ceux du disque ont deux ailes membraneuses, qui ne sont épaissies que très-peu et seulement sur une ligne située à quelque distance du bord extérieur.

Le genre *Meteorina* revendique sûrement quelques autres espèces, que nous nous abstenons pourtant d'indiquer, parce que nous n'avons pas observé nous-même leurs caractères génériques.

Nous devons profiter de l'occasion qui se présente, pour exposer ici le tableau méthodique des genres composant la tribu des Calendulées.

VIIe Tribu. Les CALENDULÉES (*Calenduleæ*).

Genera dubitanter Solidaginibus, id est Astereis, adjecta. H. Cass. (1812) Journ. de phys. v. 76. p. 122. — *Synantheræ incertæ sedis, Heliantheis affines.* H. Cass. (1813) Journ. de phys. v. 78. p. 281. — *Tribus peculiaris dicta Calenduleæ, inter Arctotideas et Heliantheas media.* H. Cass. (1814, 1816, 1818)
30:323 Journ. de phys. v. 82. p. 128. v. 85. p. 12. v. 86. p. 186. — *Eadem inter Arctotideas et Tagetineas media.* H. Cass. (1819) Journ. de phys. v. 88. p. 161.

(Voyez les caractères de la tribu des Calendulées, tome XX, page 366.)

Première Section.

Calendulées-Prototypes (*Calenduleæ-Archetypæ*).

Caractères : Calathide ordinairement grande. Péricline supérieur aux fleurs du disque, formé de squames subunisériées, à peu près égales, longues, étroites.

I. Ovaires de la couronne très-arqués en dedans; faux-ovaires du disque point comprimés ni bordés; corolles du disque à tube long environ comme le tiers du limbe; bourrelets stigmatiques papillés.

1. * Calendula. = *Calthæ sp.* Tourn. — Adans. — *Caltha.* Vaill. (1720). — Mœnch — *Calendulæ sp.* Lin. — Juss. —

Gærtn. — *Calendula.* Neck. (1791). — H. Cass. Dict. 30:323

II. Ovaires ou faux-ovaires de la couronne presque droits ; ovaires ou faux-ovaires du disque comprimés, bordés ; corolles du disque à tube extrêmement court, presque nul ; bourrelets stigmatiques nus.

2. * Blaxium. = *Calendula fruticosa.* Lin. — *Blaxium.* H. Cass. Dict.

3. * Meteorina. = *Calthæ sp.* Tourn. — Adans. — *Dimorphotheca.* Vaill. (1720). — Mœnch. — *Cardispermum.* Trant (1724). — *Calendulæ sp.* Lin. — Juss. — Gærtn. — *Gattenhoffia et Lestibodea.* Neck. (1791). — *Meteorina.* H. Cass. Bull. nov. 1818. p. 167. Dict.

4. * Arnoldia. = *An? Calendula chrysanthemifolia.* Vent. — *Arnoldia.* H. Cass. Dict.

5. † Castalis. = *Calendula flaccida.* Vent. (1803). — *Castalis.* H. Cass. Dict.

Seconde Section.

Calendulées-Ostéospermées (*Calenduleæ-Osteospermeæ*).

Caractères : Calathide ordinairement petite. Péricline à peu près égal aux fleurs du disque, formé de squames pauci-sériées, un peu inégales, courtes, les intérieures larges. 30:324

I. Faux-ovaires du disque, longs.

6. * Gibbaria. = *Gibbaria.* H. Cass. Bull. sept. 1817. p. 139. Dict. v. 18. p. 526.

7. * Garuleum. = *Osteospermum cæruleum.* Jacq. — *Osteospermum pinnatifidum.* L'Hérit. — *Chrysanthemoidis sp.* Mœnch. — *Garuleum.* H. Cass. Bull. nov. 1819. p. 172. Dict. v. 18. p. 162.

II. Faux-ovaires du disque, courts.

8. * Osteospermum. = *Chrysanthemoides.* Tourn. (1705) — Dill. — Mœnch. — *Monilifera.* Vaill. (1720). — Adans. — *Osteospermum.* Lin. (1737). — Gærtn.

9. * Eriocline. = *Non? Osteospermum spinosum.* Lin. — Lam. — *An? Osteospermum spinosum.* Willd. — Pers. — *Eriocline.* H. Cass. Bull. sept. 1818. p. 142. Dict. v. 15. p. 191.

Les genres composant la tribu des calendulées avoient été

30:324 d'abord admis par nous, avec l'expression du doute, dans la tribu des astérées, que nous nommions alors section des solidages. Nous les avons ensuite rejetés parmi les synanthé-rées non classées, en annonçant qu'on devroit peut-être les associer aux hélianthées, dont ils étoient, selon nous, très-voisins. Bientôt après, nous avons fait de ces genres une tribu particulière, interposée entre celle des Arctotidées et celle des Hélianthées. Enfin, nous avons placé nos Calendulées entre les Arctotidées et les Tagétinées; et nous croyons pouvoir persister dans cette dernière disposition, malgré la critique dont elle a été l'objet de la part de feu M. Richard.

Ce botaniste, dans son Mémoire sur les Calycérées (p. 42), prétend que nous n'avons pas connu toute l'importance de la considération du disque, c'est-à-dire, du nectaire, dans la nombreuse famille des Synanthérées, et que nous ne l'avons aperçu que dans un bien petit nombre des plantes qui la composent. Il propose ensuite, comme très-naturelle et préférable à toute autre, une nouvelle méthode de classification des Synanthérées, suivant laquelle cet ordre de plantes seroit distribué en deux grandes divisions, caractéri-
30:325 sées l'une par la présence, l'autre par l'absence du nectaire; et il paroît croire que la structure de cet organe, les diverses formes qu'il présente, et ses relations avec d'autres organes, offriroient des ressources pour subdiviser en plusieurs groupes naturels ses deux divisions primaires. « Si M. Cassini, dit-il, « n'eût pas négligé la considération du disque, il n'auroit « pas été tenté de comprendre les Calendulées dans sa tribu « des Hélianthées; le manque de cet organe dans les pre-« mières auroit pu l'éclairer sur l'union des signes propres « à les bien caractériser et à les mieux coordonner. » Nous démontrerons ailleurs, jusqu'au plus haut degré d'évidence, que nous ne méritons point le reproche d'avoir négligé le nectaire des Synanthérées; que M. Richard, au contraire, a fort mal étudié cet organe, et que les nouvelles bases de classification indiquées par lui sont tout-à-fait inadmissibles et ne peuvent même pas soutenir le plus léger examen : mais dès-à-présent nous devons faire remarquer l'erreur de ce botaniste relativement aux Calendulées. Selon lui, ces plantes seroient privées de nectaire, et cependant nous affir-

mons avoir trouvé un nectaire interposé entre le sommet de 30:325
l'ovaire ou du faux-ovaire et la base du style, dans les fleurs hermaphrodites ou mâles de toutes les Calendulées que nous avons observées. Quant aux fleurs femelles, nous avons établi, dans notre premier Mémoire, lu à l'Institut en 1812, que le nectaire est ordinairement avorté ou demi-avorté dans les fleurs femelles des Synanthérées; et cette loi générale s'observe chez les Calendulées comme chez les autres tribus. On seroit presque tenté de conjecturer que M. Richard, probablement convaincu de l'affinité des Calendulées avec le genre *Bellis*, et remarquant que le nectaire manquoit dans ce dernier genre, aura fondé peut-être sur cette seule observation toutes ses critiques et tout son système, qu'il n'auroit sans doute pas aussi légèrement hasardés, s'il avoit pris la peine de lire avec quelque attention notre premier Mémoire, publié dans le 76.e volume du Journal de physique. Il y auroit vu notamment (pag. 257) que, dans le *Calendula fruticosa*, toutes les fleurs sont pourvues d'un nectaire, mais que celui des fleurs femelles est beaucoup plus petit que celui des fleurs mâles; que, dans l'*Arctotis lyrata*, les fleurs
femelles ont un nectaire égal et semblable à celui des fleurs 30:326
hermaphrodites; que le nectaire paroît être nul dans toutes les fleurs de l'*Arctotheca repens* et du *Bellis perennis;* qu'enfin cet organe existe chez certaines Synanthérées dont l'affinité avec le *Bellis* ne pouvoit pas être douteuse pour M. Richard. Ce botaniste auroit aussi trouvé dans notre Mémoire (p. 126) que les fleurs mâles de l'*Osteospermum moniliferum* ont un disque épigyne, ou nectaire, sur lequel est articulée la base du style.

Nous ne pensons pas qu'on puisse nous attaquer avec avantage pour avoir rapproché les Calendulées des Arctotidées: mais nous concevons très-bien qu'on nous blâme de les avoir rapprochées des Tagétinées, plutôt que des Astérées, qui comprennent le genre *Bellis*, le *Lagenophora*, et parmi lesquelles nous avions d'abord admis les *Calendula* et *Osteospermum*. Cette disposition présentée en 1812, dans notre premier Mémoire, prouve que nous ne méconnaissions point les rapports des Calendulées avec le *Bellis* et les autres Astérées: mais tous les naturalistes savent ou doivent savoir qu'il est

30:326 impossible de construire une série linéaire, simple et droite, de telle manière que toutes les affinités s'y trouvent exprimées, et que chaque portion de la série soit infailliblement placée entre les deux portions avec lesquelles elle a le plus de rapports. Nous avons déjà fait remarquer (tom. XXIII, pag. 581) que les combinaisons partielles, faites d'abord séparément pour chaque portion, sont souvent inconciliables avec la disposition générale à laquelle il faut définitivement parvenir, ce qui oblige à des concessions réciproques entre les combinaisons partielles et la combinaison générale. Le placement des Calendulées dans la série générale des synanthérées offre un exemple de cette difficulté, qui se représente à chaque instant et qui fait le désespoir des classificateurs. En effet, nous aurions bien voulu placer les Calendulées entre les Arctotidées et les Astérées ; mais cet arrangement partiel, fort convenable sans doute, auroit exigé le sacrifice de plusieurs autres arrangemens, auxquels nous devions attacher une plus grande importance.

Notre tribu des Calendulées est composée uniquement des deux anciens genres *Calendula* et *Osteospermum* : mais chacun
30:327 d'eux réunit maintenant des espèces nombreuses, et qui, selon nous, ne sont pas toutes exactement congénères. C'est pourquoi nous considérons ces deux groupes comme deux sections, comprenant chacune plusieurs genres. On ne doutera pas de la nécessité de cette innovation, si l'on remarque que nos deux sections, représentant les deux anciens genres, sont à peine distinctes l'une de l'autre, tandis que les genres dont elles se composent sont distingués par des caractères très-suffisans. Au reste, notre travail sur les Calendulées n'est qu'une ébauche très-imparfaite, qui devra être complétée et rectifiée lorsqu'on aura soigneusement étudié toutes les plantes de cette tribu.

Le premier genre de notre tableau est le vrai *Calendula*, qui, étant réduit dans de justes limites, se distingue parfaitement de tout autre, et que nous caractérisons ainsi :

Calendula. (*Cal. arvensis*, *officinalis*, etc.) Calathide radiée : disque multiflore, régulariflore, entièrement masculiflore ; couronne unisériée, liguliflore, féminiflore. Péricline supérieur aux fleurs du disque, formé de squames subunisériées, à peu près égales, appliquées, linéaires-aiguës, foliacées. Clinanthe convexe, inappendiculé. *Fleurs du disque:* Faux-ovaire droit, grêle, cylindrique, glabre, lisse, inaigretté, inovulé, plein intérieurement. Corolle à tube long environ comme le tiers du limbe, à limbe à cinq divisions inappendiculées. Style simple, terminé par un cône bifide, hérissé de collecteurs. Nectaire cylindracé, charnu, blanc. *Fleurs de la couronne:* Ovaire subcylindracé, très-arqué en dedans, inaigretté, grandissant beaucoup après la fleuraison, et acquérant ordinairement divers appendices ou excroissances plus ou moins considérables. Corolle à languette oblongue, tridentée; le tube et la base du limbe hérissés de longs poils articulés. Style à deux stigmatophores longs, pourvus de bourrelets stigmatiques, épais et papillés sur la partie supérieure des stigmatophores, oblitérés et glabres sur leur partie inférieure. 30:327

Nous avons observé un *Calendula* dont le clinanthe portoit quelques squamelles très-grandes, squamiformes.

Le second genre est notre *Blaxium*, qui ressemble au vrai *Calendula*, en ce que toutes les fleurs du disque sont mâles; mais il s'en distingue par les caractères qui lui sont communs avec les trois genres *Meteorina*, *Arnoldia*, *Castalis*. 30:328

Blaxium. Calathide radiée: disque multiflore, régulariflore, entièrement masculiflore; couronne unisériée, liguliflore, féminiflore. Péricline campanulé, supérieur aux fleurs du disque; formé de squames unisériées, à peu près égales, appliquées, oblongues-lancéolées-aiguës. Clinanthe conique, élevé, nu. *Fleurs du disque:* Faux-ovaire long, étroit, linéaire, comprimé bilatéralement, inaigretté, muni d'une bordure sur chaque arête, plein en dedans, absolument privé d'ovule, et s'alongeant prodigieusement après la fleuraison. Corolle à tube extrêmement court, et à divisions privées d'appendice calleux. Style à stigmatophores nuls. Nectaire très-petit, blanc. *Fleurs de la couronne:* Ovaire presque droit, oblong, épaissi de bas en haut, subtriquètre, hérissé de poils, inaigretté. Style à deux stigmatophores longs, pourvus de bourrelets stigmatiques glabres.

Blaxium decumbens, H. Cass. (*Calendula fruticosa*, Linn.) Arbuste haut d'environ cinq pieds; tige ligneuse, très-rameuse;

30:328 rameaux très-nombreux, comme sarmenteux, foibles, tortueux, arqués, tombans ou pendans lorsqu'ils ne sont pas soutenus; les jeunes rameaux cylindriques, pubescens, rougeâtres, garnis de feuilles; feuilles alternes, longues d'environ un pouce et demi, larges d'environ six lignes, presque semi-amplexicaules, comme spatulées, très-entières ou quelquefois un peu dentées, épaisses, charnues, pubescentes sur les deux faces, munies d'une forte nervure médiaire, à partie inférieure linéaire, pétioliforme, à partie supérieure obovale, arrondie au sommet, qui est surmonté d'une petite pointe; calathides larges d'environ un pouce et demi, solitaires au sommet des rameaux, dont la partie supérieure est pédonculiforme; péricline poilu; languettes de la couronne blanches en-dessus, rougeâtres en-dessous; corolles du disque rouges ou violettes; styles du disque noirâtres au sommet.

Nous avons fait cette description sur un individu vivant, cultivé au Jardin du Roi, dont les fruits ne nous ont jamais offert qu'un péricarpe contenant une graine imparfaite, vide, desséchée, membraneuse, quoique les ovaires et les stigmates
30:329 de la couronne soient parfaitement conformés. Cette plante, loin d'avoir l'odeur désagréable ordinairement propre aux Calendulées, exhale, lorsqu'on froisse sa calathide, une odeur presque balsamique, assez analogue à celle de certaines inulées, telles que le *Molpadia*, ou de certaines hélianthées, telles que l'*Encelia*.

Le genre *Meteorina* diffère de notre *Blaxium*, 1.° en ce que les fleurs extérieures du disque sont fertiles, et que par conséquent elles sont vraiment hermaphrodites; 2.° en ce que le clinanthe est plan ou presque plan, au moins après la fleuraison; 3.° en ce que le faux-ovaire des fleurs mâles contient un rudiment d'ovule plus ou moins manifeste; 4.° en ce que la corolle des fleurs mâles a ses divisions munies d'un appendice calleux; 5.° en ce que le style des fleurs mâles a deux stigmatophores qui ne paroissent différer de ceux des fleurs hermaphrodites que parce qu'ils sont beaucoup plus courts.

Le *Meteorina*, l'*Arctotis*, et quelques autres genres de Synanthérées, à couronne féminiflore, et à disque androgyni-

flore extérieurement, masculiflore intérieurement, ne peuvent se rapporter exactement ni à la polygamie superflue, 30:329
ni à la polygamie nécessaire du système sexuel de Linné, et ils sembleroient exiger la formation d'un ordre intermédiaire dans la classe de la Syngénésie.

Les deux genres *Gattenhoffia* et *Lestibodea* de Necker se confondent l'un et l'autre dans le *Meteorina*, car la seule différence qui les distingue est que le *Gattenhoffia* a de véritables tiges, tandis que le *Lestibodea* n'a que des hampes; d'où il suit que les *Calendula pluvialis* et *hybrida* de Linné appartiendroient au *Gattenhoffia*, et que le *Lestibodea*, fondé principalement sur le *Calendula tomentosa* de Linné fils, revendiqueroit aussi probablement les *Calendula nudicaulis* et *graminifolia* de Linné. En lisant les caractères attribués par Necker à ses deux genres, on pourroit croire qu'ils se distinguent en ce que, dans le *Lestibodea*, les corolles centrales ont leurs divisions étalées et en forme de capuchon, ce qui signifie sans doute que les divisions de ces corolles portent chacune, derrière le sommet, un appendice calleux, corniforme. Mais, puisque le *Gattenhoffia* comprend les espèces pourvues de vraies tiges, il revendique nécessairement les 30:330
Calendula pluvialis et *hybrida*; or ces deux plantes ont les corolles centrales appendiculées: donc le *Gattenhoffia*, auquel Necker n'attribue point ce caractère, le possède réellement tout aussi bien que le *Lestibodea*, auquel il l'accorde exclusivement; donc ces deux prétendus genres ne diffèrent l'un de l'autre que par les caractères de la tige.

Notre genre *Arnoldia* se distingue du *Meteorina*, 1.° en ce que toutes les fleurs du disque, extérieures et intérieures, sont vraiment hermaphrodites, parfaitement semblables les unes aux autres en toutes leurs parties, et absolument privées d'appendices calleux derrière le sommet des divisions de la corolle; 2.° en ce que les fleurs de la couronne offrent environ cinq fausses-étamines, à filet bien conformé, à anthère avortée.

Arnoldia. Calathide radiée: disque multiflore, régulariflore, entièrement androgyniflore; couronne unisériée, liguliflore, féminiflore. Péricline un peu supérieur aux fleurs du disque, formé de squames subunisériées, à peu près éga-

30:330 les, appliquées, linéaires-aiguës, foliacées. Clinanthe plan, inappendiculé. *Fleurs du disque :* Ovaire court, large, très-comprimé bilatéralement, obovale-cunéiforme, comme tronqué au sommet, inaigretté, lisse, pourvu sur chaque arête d'une nervure portant une bordure aliforme, membraneuse-charnue, élargie au sommet, qui se prolonge un peu en forme de corne. Corolle à tube très-court, à limbe très-long, subcylindracé, à divisions privées d'appendices calleux derrière le sommet. Style à deux stigmatophores libres, divergens et un peu arqués en dehors, très-courts, très-larges, arrondis au sommet, un peu spatulés, pourvus de deux énormes bourrelets stigmatiques, presque entièrement confluens en une seule masse, et séparés seulement en bas par un petit sillon. *Fleurs de la couronne :* Ovaire presque droit, glabre, triangulaire, inaigretté; muni sur chacune de ses trois arêtes d'un appendice subaliforme, épais, ridé transversalement, festonné ou lobé. Corolle tridentée au sommet, hérissée, sur la face antérieure du tube et les deux côtés de la base du limbe, de gros et longs poils articulés. Style à stigmatophores pourvus de deux bourrelets stigmatiques poncticulés, non
30:331 confluens. Environ cinq fausses-étamines, à filet bien conformé, à anthère avortée.

Arnoldia aurea, H. Cass. (*An? Calendula chrysanthemifolia*, Vent., Jard. de la Malm., pag. 56, tab. 56.) Arbuste haut de plus de deux pieds, rameux; rameaux cylindriques, un peu striés, glabriuscules, verts ou rougeâtres, garnis de feuilles; feuilles alternes, étalées, inégales et dissemblables, longues d'environ deux pouces, larges d'environ un pouce, épaisses, un peu charnues, d'un vert un peu glauque, souvent rougeâtres en-dessus, garnies sur les deux faces de poils courts et menus; à partie inférieure étroite, linéaire, pétioliforme, la supérieure large, obovale, inégalement et irrégulièrement dentée ou presque lobée, à dents acuminées; quelques feuilles presque lyrées; calathides larges d'environ un pouce et demi ou deux pouces, solitaires au sommet des rameaux, dont la partie supérieure est pédonculiforme; corolles du disque et de la couronne jaunes, ainsi que les organes sexuels; odeur de *Calendula*.

Nous avons fait cette description sur un individu vivant,

cultivé au Jardin du Roi sous le nom de *Calendula chrysanthemifolia ;* mais cette étiquette nous paroît au moins douteuse : car, si la plante du Jardin du Roi est la même que celle du Jardin de la Malmaison, il faut nécessairement admettre que la description de Ventenat contient des erreurs bien lourdes. En effet, ce botaniste affirme très-expressément que, dans sa plante, toutes les fleurs du disque, tant extérieures qu'intérieures, sont stériles, comme dans le genre *Osteospermum ;* d'où il suit que le disque est entièrement masculiflore, comme dans notre *Blaxium*, au lieu d'être entièrement androgyniflore, comme dans notre *Arnoldia.* Ajoutons que Ventenat, qui avoit précédemment remarqué les fausses-étamines des fleurs de la couronne dans son *Calendula flaccida*, ne mentionne point ce caractère dans sa description du *Calendula chrysanthemifolia.* Enfin, cette dernière plante auroit, selon Ventenat, des calathides deux fois plus grandes que celles de l'*Aster chinensis*, ce qui ne peut pas convenir à notre *Arnoldia.* 30:331

Le genre *Castalis* se distingue de tous les autres genres connus jusqu'à présent dans la tribu des Calendulées, par les fleurs de sa couronne, qui sont neutres, au lieu d'être femelles. 30:332

Castalis. Calathide radiée : disque multiflore, régulariflore, androgyniflore extérieurement, masculiflore intérieurement; couronne unisériée, liguliflore, neutriflore. Péricline formé de squames unisériées, presque égales, lancéolées, pointues, membraneuses sur les bords. Clinanthe convexe, nu. *Fleurs extérieures du disque :* Fruit comprimé bilatéralement, large, obcordiforme, inaigretté, pourvu sur chaque arête d'une large bordure aliforme, membraneuse, épaissie sur le bord en forme d'ourlet. Corolle à tube extrêmement court, à limbe cylindracé, à cinq divisions privées d'appendices. Style à deux stigmatophores courts, divergens. *Fleurs intérieures du disque :* Faux-ovaire comprimé, long, étroit, linéaire, pourvu d'une petite bordure sur ses deux arêtes. Corolle semblable à celle des fleurs extérieures. Style à stigmatophores nuls. *Fleurs de la couronne :* Faux-ovaire presque droit, oblong, grêle, cylindracé, strié, pubescent, absolument privé de style et de stigmates. Corolle à tube

30:332 court, hérissé de poils articulés, contenant trois ou quatre fausses-étamines; à languette oblongue, tridentée au sommet.

Castalis Ventenati, H. Cass. (*Calendula flaccida*, Vent., Jard. de la Malm., pag. 20, tab. 20.) Nous ne décrivons pas les caractères spécifiques de cette plante, que nous n'avons point vue, et sur laquelle pourtant nous avons cru pouvoir fonder un genre dont les caractères sont empruntés à Ventenat. Mais nous remarquons que les botanistes qui considèrent le *Calendula flaccida* comme une simple variété du *Calendula tragus*, commettent probablement une grave erreur: car Jacquin, dans sa description du *Calendula tragus* (*Hort. Schœnbr.*, vol. 2, pag. 14), attribue expressément aux fleurs de la couronne deux stigmatophores lancéolés, noirs-pourpres, ce qui doit faire présumer que ces fleurs sont vraiment femelles, et par conséquent fertiles; en sorte que, selon nous, le *Calendula tragus* n'appartiendroit pas au même genre que le *Calendula flaccida*, dont la couronne est composée de fleurs neutres et stériles.

Le *Castalis*, ayant la couronne neutriflore, et le disque androgyniflore extérieurement, masculiflore intérieurement,
30:333 ressemble en cela à quelques genres d'Arctotidées-Gortériées, qui, comme lui, ne peuvent se rapporter exactement à la polygamie frustranée de Linné.

Notre genre *Gibbaria*, qui a le péricline imbriqué, spinescent, les ovaires gibbeux, et les faux-ovaires aigrettés, ne sauroit être confondu avec aucun autre. Cependant il aura besoin d'être étudié de nouveau sur des échantillons en meilleur état que celui qui a été observé et décrit par nous.

Notre *Garuleum* semble s'éloigner des Calendulées par la couleur bleue de sa couronne, et par la structure des styles du disque: il est pourtant inséparable de cette tribu, mais il mérite à tous égards d'y être considéré comme un genre distinct.

Le genre *Osteospermum*, réduit dans de justes limites, ne doit admettre désormais que les espèces à clinanthe nu, et à fruits subglobuleux, glabres, lisses, drupacés.

Le dernier genre est notre *Eriocline*, qui diffère du précédent par le clinanthe fimbrillifère; et ce caractère suffit pour le distinguer de toutes les autres calendulées. 30:333

Notre tableau de cette tribu offriroit sans doute un plus grand nombre de genres, si nous avions pu observer la plupart des espèces rapportées par les botanistes au *Calendula* et à l'*Osteospermum*. Peut-être aussi nous y aurions trouvé quelques plantes étrangères aux Calendulées, telles que les *Calendula magellanica* et *pumila* de Willdenow, qui appartiennent à notre genre *Lagenophora* (tom. XXV, pag. 109), lequel fait partie de la tribu des Astérées. Enfin, la connoissance des genres qui restent à établir dans les Calendulées, nous auroit probablement éclairé sur la meilleure disposition possible de tous les genres de ce groupe, et sur leur distribution en sections naturelles suffisamment caractérisées; car nous sentons mieux que personne les imperfections du tableau que nous avons présenté dans cet article.

Voyez nos tableaux des Inulées (tom. XXIII, pag. 560), des Lactucées (tom. XXV, pag. 59), des Adénostylées et des Eupatoriées (tom. XXVI, pag. 226), ceux des Ambrosiées et des Anthémidées insérés dans l'article Maroute, et celui des Arctotidées inséré dans l'article Mélanchryse. (H. Cass.)

MEYERA. (*Bot.*) Le genre *Meyera* de Schreber est indubitablement le même que le genre *Enydra* de Loureiro; et comme le second volume des *Genera plantarum* de Schreber, dans lequel se trouve le genre *Meyera*, n'a été publié qu'en 1791, tandis que la *Flora Cochinchinensis* de Loureiro, dans laquelle se trouve le genre *Enydra*, étoit publiée dès 1790, 30:479
le nom générique d'*Enydra* doit être préféré à celui de *Meyera*, conformément à la règle établie. Il est vrai que la description de Schreber paroît plus exacte que celle de Loureiro, parce que celui-ci a mal à propos considéré les squamelles du clinanthe comme autant de péricines uniflores et monophylles; mais ce n'est qu'une simple erreur de qualification, par laquelle l'exactitude de la description n'est aucunement altérée. D'ailleurs, les botanistes prétendent qu'on ne doit consulter que les dates, sans avoir aucun égard au mérite réel des descriptions; et quoique notre opinion soit contraire à ce système, nous convenons que le nom générique le plus ancien doit être préféré, quand la description publiée avec ce nom n'offre que de légères inexacti- 30:480

30:480 tudes, comme celle que Loureiro a donnée de l'*Enydra*. M. R. Brown préfère, à cause de leur antériorité, le nom de *Tridax* à celui de *Balbisia*, et le nom de *Craspedia* à celui de *Richea*, quoique le *Tridax* et le *Craspedia* aient été si mal décrits par leurs auteurs, qu'on n'auroit jamais pu y reconnoître le *Balbisia* et le *Richea*, si cette synonymie n'étoit pas établie par des traditions authentiques. Pourquoi donc M. Brown, abandonnant tout à coup la rigueur de ses principes, préfère-t-il le nom de *Meyera* à celui d'*Enydra?* C'est une inconséquence contre laquelle nous protestons, parce qu'il en résulte une injustice envers Loureiro. Le lecteur trouvera une description suffisante du genre *Meyera* dans notre article Énydre (tom. XIV, pag. 553), où il devra corriger une erreur que nous avons commise, en disant (pag. 555) que Schreber avoit publié son *Meyera* en 1789, et par conséquent avant que Loureiro eût publié son *Enydra*.

M. Kunth affirme (*Nov. gen. et Sp. pl.*, tom. IV, p. 269) que le *Cæsulia axillaris* de Roxburgh ne diffère génériquement des *Meyera* que parce que sa calathide est incouronnée. Mais M. Brown avoit démontré (Journ. de phys., tom. 86, pag. 399) que le *Cæsulia* a un capitule composé de calathides uniflores, ayant chacune un péricline formé de deux squames; d'où il suit que le genre *Cæsulia* et le genre *Meyera* ou *Enydra*, considérés par M. Kunth comme étant à peine distincts l'un de l'autre, ne se ressemblent réellement presque point par leurs caractères génériques. Cependant nous per-
30:481 sistons à croire, comme nous l'avions dit avant de connoître la remarque de M. Brown, que le *Cæsulia* appartient à notre section naturelle des Hélianthées-Millériées, qui comprend l'*Enydra*, le *Navenburgia*, etc. Depuis la rédaction de notre article Cæsulia (tom. VI, Suppl., pag. 9), nous avons observé un échantillon sec, provenant d'un individu cultivé de *Cæsulia axillaris* : le style portoit deux stigmatophores très-courts, arrondis, non divergens, comme demi-avortés et assez analogues à ceux d'une fleur mâle; cependant ils paroissoient être munis d'un bourrelet stigmatique marginal, et les anthères étoient avortées; la corolle sembloit être jaunâtre. Il est presque indubitable que les fleurs de notre échantillon n'étoient pas dans leur état ordinaire et naturel;

cependant nous osons conclure de notre observation sur ces 30:481
fleurs imparfaites, 1.° que le *Cæsulia* n'appartient point à la tribu des Vernoniées; 2.° qu'il doit probablement être rangé parmi les Hélianthées-Millériées, auprès du *Navenburgia*. (H. Cass.)

MICROPE, *Micropus*. (*Bot.*) Ce genre de plantes appartient 31:39
à l'ordre des synanthérées, à notre tribu naturelle des inulées, et à la section des inulées-prototypes, dans laquelle nous l'avons placé entre nos deux genres *Logfia* et *Oglifa*. (Voyez notre article Inulées, tom. XXIII, pag. 564.)

Il résulte de nos observations faites sur un individu vivant de *micropus supinus* et sur un échantillon sec de *micropus erectus*, que le genre composé de ces deux espèces présente les caractères suivans :

Calathide discoïde : disque subquinquéflore, régulariflore, masculiflore; couronne unisériée, subquinquéflore, tubuliflore, féminiflore. Péricline double : l'extérieur plus court, formé d'environ cinq squames subunisériées, à peu près égales, ovales-lancéolées, planes, submembraneuses; l'intérieur formé d'environ cinq squames subunisériées, égales, coriaces, hérissées de pointes ou de longs poils; chaque squame du péricline intérieur enveloppant complètement une fleur de la couronne. Clinanthe petit, planiuscule, tantôt nu, tantôt pourvu d'environ cinq squamelles inégales, irrégulières, membraneuses, séparant les fleurs du disque de celles de la couronne. Ovaires de la couronne comprimés bilatéralement, obovales, glabres,
lisses, inaigrettés, à sommet organique situé sur le côté inté- 31:40
rieur, très au-dessous du sommet géométrique. Faux ovaires du disque nuls ou presque entièrement avortés, inaigrettés. Corolles de la couronne tubuleuses, extrêmement grêles.

Les deux espèces de *micropus* nous ont offert, dans leurs caractères génériques, quelques différences plus ou moins notables et qu'il est bon de faire connoître.

Dans le *micropus supinus*, la calathide est irrégulière; le disque est composé d'environ six fleurs; la couronne est composée de cinq fleurs; le péricline extérieur est formé de quelques squames plus courtes que celles du péricline intérieur, ovales-aiguës, membraneuses; le péricline intérieur, égal aux fleurs du disque, est formé de cinq squames unisériées, égales,

31:40 complètement enveloppantes, difformes, gibbeuses, coriaces-foliacées, hérissées de deux rangs de pointes, et prenant de l'accroissement après la fleuraison ; le clinanthe est petit, plan, pourvu d'environ quatre squamelles inégales, irrégulières, membraneuses, disposées sur un seul rang autour des fleurs du disque; les ovaires de la couronne paroissent être portés chacun sur un stipe; les faux ovaires du disque sont presque entièrement avortés.

Dans le *micropus erectus*, le disque est composé d'environ cinq fleurs; la couronne est composée de cinq ou six fleurs; le péricline est un peu irrégulier; l'extérieur est formé d'environ cinq squames subunisériées, à peu près égales, ovales-lancéolées, planes, membraneuses-foliacées, hérissées en dehors de poils très-longs; l'intérieur est formé de cinq à six squames subunisériées, enveloppantes, complètement closes, comprimées bilatéralement, obovoïdes, subréniformes, épaisses, dures, presque osseuses, hérissées extérieurement de longs poils; le clinanthe est nu, irrégulier, un peu élevé, divisé en plusieurs branches courtes, dont chacune porte une fleur femelle et la squame qui l'enveloppe; les faux ovaires du disque sont nuls.

Le genre *Micropus* a été institué par Tournefort, sous le nom de *gnaphalodes*, qui a été conservé par Adanson et par Mœnch. Tournefort le caractérisoit très-imparfaitement, et n'y admettoit que le *micropus supinus*. Vaillant paroît avoir réuni ce genre à son *filago*. Linnæus l'a rétabli, en le nommant *micropus;* il a reconnu les deux espèces distinguées par les noms
31:41 de *supinus* et d'*erectus;* et il a donné, dans son *Genera plantarum*, une description générique très-complète et très-exacte, si ce n'est qu'il a cru faussement que la corolle des fleurs femelles étoit nulle. La description de Gærtner ne vaut pas, à beaucoup près, celle de Linnæus; car, outre qu'il reproduit la même erreur sur la corolle des fleurs femelles, il néglige le péricline extérieur, et il nie l'existence des squamelles du clinanthe, qui à la vérité manquent souvent. MM. Desfontaines et Decandolle ont réuni au genre *Micropus* le *filago pygmæa* de Linnæus; mais cette plante constitue réellement un genre bien distinct, auquel le nom de *filago* doit être consacré, ainsi que nous l'avons démontré dans notre article Filage, tom. XVII, pag. 2. M. Lagasca distingue, dans ses *Genera et Species plantarum*, p. 32,

une troisième espèce de *micropus*, qu'il nomme *bombicinus*, 31:41
et qui paroît avoir été précédemment confondue avec l'*erectus*; c'est peut-être celle que nous avons décrite sous ce dernier nom. (H. Cass.)

MILLÉRIÉES. (*Bot.*) C'est la dernière des cinq sections for- 31:87
mées par nous dans la tribu naturelle des hélianthées, et que nous avons fait connoître dans notre article Héléniées, tom. XX, pag. 346. (H. Cass.)

MILLINE, *Millina*. (*Bot.*) Ce nouveau genre de plantes, que 31:89
nous proposons, appartient à l'ordre des synanthérées, à la tribu naturelle des lactucées, et à notre section des lactucées-scorzonérées, dans laquelle nous le plaçons entre les deux genres *Tragopogon* et *Thrincia*. Voici ses caractères:

Calathide incouronnée, radiatiforme, multiflore, fissi-
flore, androgyniflore. Péricline très-inférieur aux fleurs exté- 31:90
rieures, formé de squames subunisériées, un peu inégales, appliquées, oblongues-lancéolées, aiguës au sommet, carénées en dehors, canaliculées en dedans, embrassantes, presque enveloppantes; la base du péricline entourée de squamules surnuméraires, irrégulièrement disposées, inégales, inappliquées, lancéolées-subulées, arquées en dedans. Clinanthe plan, fovéolé, à réseau épais, charnu, denticulé. Fruits tous uniformément aigrettés et collifères, oblongs, subcylindracés, ridés transversalement, prolongés supérieurement en un très-long col grêle, bien distinct de la partie séminifère, et au moins aussi long qu'elle; aigrette grisâtre, composée de squamellules unisériées, à peu près égales, filiformes, laminées à la base, barbées et barbellulées. Corolles portant des poils épars sur le haut du tube et le bas du limbe.

Nous ne connoissons qu'une espèce de ce genre.

Milline faux-liondent; *Millina leontodontoides*, H. Cass. C'est une plante herbacée, offrant extérieurement beaucoup de ressemblance avec le *leontodon autumnale;* elle est privée de tige proprement dite, et sa racine produit immédiatement des hampes et des feuilles; celles-ci sont peu nombreuses, presque dressées, longues d'environ trois pouces, parsemées de quelques longs poils rares, simples, non fourchus; leur pétiole est grêle, long d'environ quinze lignes; le limbe, long d'environ un pouce et demi, large de trois à quatre lignes, est

31:90 oblong, runciné inférieurement, entier supérieurement, et muni d'une nervure médiaire saillante sur les deux faces; les hampes sont simples, monocalathides, ascendantes, longues de huit à neuf pouces, cylindriques, striées, glabriuscules, vertes, dénuées de feuilles, mais parsemées de petites écailles ovales inférieurement, subulées supérieurement; le sommet des hampes est très-enflé, obconique, creux en dedans, garni en dehors d'écailles subulées, et surmonté d'une calathide large d'environ dix lignes; les corolles sont jaunes, les extérieures violettes en dessous; le péricline est hérissé de poils; il contient, à l'époque de la maturité, quelques fruits stériles et vides, beaucoup plus alongés que les fruits fertiles parmi lesquels ils se trouvent.

Nous avons observé les caractères génériques et spécifiques
31:91 de cette lactucée sur un individu vivant cultivé au Jardin du Roi, où il fleurissoit à la fin du mois de mai: c'est probablement la plante napolitaine nommée *apargia cichoracea* par Ténore, qui pourtant attribue aux pétioles des poils fourchus, tandis qu'ils sont simples sur ceux de notre plante.

Si l'on consulte notre tableau des lactucées (tom. XXV, pag. 59), on reconnoîtra facilement que le *millina* fait partie de la section des scorzonérées, et qu'il appartient au groupe des scorzonérées vraies, à aigrette barbée et à clinanthe nu. Ce groupe, tel que nous l'avons présenté (pag. 64), étoit composé des six genres *Tragopogon*, *Thrincia*, *Leontodon*, *Podospermum*, *Scorzonera*, *Lasiospora*. Le *millina* diffère du *tragopogon* par son port, et par son péricline; il ressemble au *thrincia* et au *leontodon* par son port; mais il diffère du premier par ses fruits qui sont tous prolongés en un très-long col, et tous pourvus d'une grande aigrette plumeuse; il diffère du second par son péricline formé de squames subunisériées, presque enveloppantes, et entouré à sa base de squamules surnuméraires inappliquées, et par ses fruits très-longuement collifères; enfin il diffère essentiellement des *podospermum*, *scorzonera*, *lasiospora*, par son port, et par plusieurs caractères génériques, notamment par ses fruits collifères. Le *millina* est donc un genre bien distinct de tout autre, mais ayant beaucoup d'affinité avec les *thrincia* et *leontodon*, et devant être placé, dans notre série des scorzoné-

rées, entre le *tragopogon* et le *thrincia*, à cause du long col 31:91
de ses fruits, très-manifeste même pendant la fleuraison.

L'archéologue Millin, à la mémoire duquel nous dédions ce genre, a composé des Elémens d'Histoire naturelle excellens pour l'instruction des jeunes gens de dix à quinze ans, et il a traduit un livre du botaniste anglois Pulteney, intitulé Revue générale des écrits de Linnæus. (H. Cass.)

MOLPADIE, *Molpadia*. (*Bot.*) Ce genre de plantes, que nous 32:400
avons proposé dans le Bulletin des Sciences de novembre 1818 (pag. 166), appartient à l'ordre des synanthérées, à notre tribu naturelle des inulées, et à la section des inulées-prototypes, dans laquelle nous l'avons placé entre les deux genres *Cylindrocline* et *Neurolæna*. (Voyez notre article Inulées, tom. XXIII, pag. 565.)

Le genre *Molpadia* présente les caractères suivans.

Calathide orbiculaire, radiée : disque multiflore, régulari- 32:401
flore, androgyniflore; couronne unisériée, multiflore, liguliflore, féminiflore. Péricline égal aux fleurs du disque, suborbiculaire, formé de squames imbriquées : les extérieures ovales-oblongues, à partie inférieure appliquée, coriace, à partie supérieure appendiciforme, inappliquée, foliacée; les intérieures appliquées, linéaires-oblongues, terminées par un appendice inappliqué, élargi, arrondi, subscarieux, un peu frangé sur les bords. Clinanthe très-large, planiuscule, garni de squamelles inférieures aux fleurs, très étroites, linéaires-subulées, roides. Ovaires oblongs, cylindriques, glabres; aigrette stéphanoïde, très-courte, irrégulière, subcartilagineuse, offrant quelquefois une longue squamellule filiforme, à peine barbellulée. Corolles de la couronne à languette linéaire, très-longue, très-étroite. Corolles du disque à tube très-arqué en dehors. Anthères munies d'appendices basilaires longs et barbus. Styles d'inulée-prototype.

Molpadie odorante : *Molpadia suaveolens*, H. Cass. ; *Buphthalmum cordifolium*, Waldst. et Kit., *Descr. et Ic. pl. rar. Hung.*; *Inula caucasica*, Pers., *Syn. pl.*, *pars* 2, pag. 450; *Inula macrophylla*, Marsch. ; *Asteroides orientalis petasitidis folio flore maximo*, Tournef., *Coroll.*, pag. 51, tab. 487. C'est une fort belle plante herbacée, à racine vivace, dont les feuilles et les autres parties exhalent, lorsqu'elles sont légère-

32:401 ment froissées, une odeur balsamique très-agréable. La tige est dressée, haute de plus de deux pieds, épaisse, cylindrique, striée, pubescente, presque simple; les feuilles radicales sont très-grandes, ayant un pétiole long de six pouces, demi-cylindrique, canaliculé, bordé, et le limbe long de neuf pouces, large de sept pouces, cordiforme, inégalement et irrégulièrement denté en scie; sa face supérieure est glabriuscule et ridée; l'inférieure est nervée, pubescente, et parsemée en outre de petites glandes, auxquelles est due sans doute l'odeur propre à cette plante; les feuilles qui garnissent la tige sont alternes, opposées ou ternées, semblables aux feuilles radicales, mais moins grandes; les calathides, composées de fleurs jaunes, sont très-grandes, larges d'environ trois pouces, solitaires au sommet des la tige et de rameaux axillaires, lesquels sont garnis de quelques petites feuilles.

32:402 Nous avons fait cette description spécifique et celle des caractères génériques sur un individu vivant, cultivé au Jardin du Roi.

La molpadie habite la Hongrie, le Caucase, le Levant; elle est attirée vers l'*inula helenium* par ses rapports naturels, et vers les *buphthalmum* par ses caractères techniques : c'est pourquoi nous avons dû créer pour cette plante un nouveau genre qui est suffisamment distinct de tout autre, et dont la convenance sera sans doute appréciée par ceux qui savent calculer avec précision les différens degrés d'affinité.

Tournefort sembleroit être le premier auteur du genre *Molpadia* puisqu'il avoit considéré la plante dont il s'agit comme le type de son genre *Asteroides;* mais il y admettoit le *buphthalmum grandiflorum*, qui est un vrai *buphthalmum;* et il croyoit que le genre composé par lui de ces deux espèces étoit voisin de l'*aster*, et n'en différoit que par les fruits privés d'aigrette. Il est vrai que Tournefort comprenoit les *inula*, et notamment l'*inula helenium*, dans le genre *Aster*. (H. Cass.)

32:433 MONARRHÈNE, *Monarrhenus*. (*Bot.*) Ce genre de plantes, que nous avons proposé dans le Bulletin des Sciences de février 1817 (pag. 31), appartient à l'ordre des synanthérées, et à notre tribu naturelle des vernoniées. Voici ses caractères que nous avons observés sur des échantillons secs de *monarrhenus pinifolius*.

Calathide oblongue, discoïde : disque uniflore, régulariflore, masculiflore; couronne subunisériée, pluriflore, tubuliflore, féminiflore. Péricline un peu inférieur à la fleur du disque, oblong-campanulé, formé de squames imbriquées; les extérieures appliquées, ovales-oblongues, obtuses, concaves, coriaces, velues en dehors au sommet; les intérieures radiantes, longues, étroites, linéaires, scarieuses, luisantes, glabres, un peu frangées ou ciliées sur les bords au sommet. Clinanthe petit, plan, absolument nu. *Fleur du disque*: Faux ovaire extrêmement court, presque nul. Aigrette longue, blanche, composée de squamellules unisériées, à peu près égales, contiguës, libres, caduques, filiformes, fines, très-barbellulées, s'arquant en dehors. Corolle supérieure à l'aigrette, à cinq divisions oblongues-lancéolées, garnies de glandes sur leur face extérieure. Étamines à filet large, linéaire, membraneux, greffé seulement à la partie basilaire de la corolle; tube anthéral exsert, pourvu d'appendices apicilaires libres, divergens, lancéolés-obtus, et d'appendices basilaires longs, subulés. Style à partie supérieure hérissée de collecteurs piliformes, et divisée au sommet en deux branches courtes, presque aiguës, non divergentes, incluses dans le tube anthéral. *Fleurs de la couronne*: Ovaire oblong, subcylindracé, un peu aminci de haut en bas, irrégulièrement anguleux, strié, hispidule supérieurement, pourvu d'un gros bourrelet basilaire cartilagineux. Aigrette semblable à celle de la fleur du disque. Corolle tubuleuse, grêle, divisée au sommet en trois ou quatre lanières longues, étroites. Style à deux stigmatophores exserts, longs, grêles, filiformes, glabres, divergens, étalés. 32:433

Nous connoissons deux espèces de ce genre.

Monarrhène a feuilles de pin: *Monarrhenus pinifolius*, H. Cass.; *Conyzæ salicifoliæ varietas* β, Lamck., Encycl. méth. bot., tom. 2, pag. 89. La tige est ligneuse; les rameaux ont l'écorce épaisse, subéreuse, velue, et sont couverts de feuilles alternes, très-rapprochées, sessiles: ces feuilles, longues d'environ deux pouces, paroissent n'avoir qu'environ un tiers de ligne de largeur, parce que leurs bords sont réfléchis ou roulés en-dessous; elles sont linéaires, un peu aiguës au sommet, très-entières, épaisses, roides: leur face supérieure est pubes- 32:434

32:434 cente, parsemée de points glanduleux ou résineux, et creusée d'un sillon longitudinal médiaire; la face inférieure a sa partie moyenne pubescente, résineuse, formant deux nervures longitudinales, saillantes, parallèles, très-rapprochées, et ses deux parties latérales couvertes d'une couche épaisse de longs poils blancs, mais cachées par les bords de la face supérieure qui se roulent en-dessous; chaque rameau se termine par une panicule corymbée, dont les calathides sont très-nombreuses, et dont les ramifications sont grêles, velues, accompagnées chacune à la base d'une petite feuille linéaire; les ramifications primaires de cette panicule sont longues, et se terminent chacune par un petit corymbe; les ramifications secondaires, formant les petits corymbes, sont courtes, rapprochées, et chacune d'elles porte sur son sommet un capitule irrégulier, ou groupe, composé d'environ dix ou douze calathides sessiles et immédiatement rapprochées; ces calathides sont étroites, et longues d'environ trois lignes; leur péricline a sa partie inférieure velue, roussâtre, et sa partie supérieure glabre, blanche, un peu rosée: il contient une seule fleur mâle entourée d'environ neuf à douze fleurs femelles plus courtes et très-grêles; toutes les corolles sont purpurines.

Nous avons fait cette description spécifique et celle des caractères génériques sur des échantillons secs, recueillis par Commerson dans les îles de France et de Bourbon, et conservés dans les herbiers de MM. de Jussieu et Desfontaines.

Monarrhène a feuilles de saule: *Monarrhenus salicifolius*, H. Cass.; *Conyzæ salicifoliæ varietas α*, Lamck., Encycl. méth. bot., tom. 2, pag. 39. Cet arbrisseau, trouvé aussi par Commerson dans les îles de France et de Bourbon, ressemble beaucoup au précédent, dont il est considéré comme une va-
32:435 riété, mais dont il nous paroît différer spécifiquement par la forme et la largeur de ses feuilles. Ses rameaux ont leur partie inférieure nue, tuberculeuse, et leur partie supérieure un peu cotonneuse ou laineuse, garnie de feuilles rapprochées les unes des autres; ces feuilles, qui ressemblent à celles du *salix viminalis*, sont lancéolées-linéaires, étroites à leur base, pointues au sommet, très-entières sur les bords; leur face supérieure est verte, presque glabre, un peu ridée, creusée d'un sillon longitudinal; la face inférieure est blan-

châtre, cotonneuse et veinée; les calathides sont nombreuses, 32:435
assez petites, rassemblées en groupes qui sont portés sur des pédoncules un peu cotonneux, et disposés en corymbes composés, terminaux: le péricline est formé de squames imbriquées, dont les extérieures sont courtes, pubescentes ou cotonneuses, et les intérieures plus longues, très-glabres; les aigrettes sont blanches, simples, sessiles. Cette description est empruntée à M. de Lamarck.

Notre genre *Monarrhenus* est immédiatement voisin du genre *Tessaria* de Ruiz et Pavon, que Willdenow a reproduit long-temps après sous le nom de *Gynheteria;* et tous deux doivent être classés auprès de notre genre *Pluchea*, parmi les vernoniées, quoique ces trois genres aient quelques rapports avec les inulées. Le *pluchea* se distingue des deux autres, en ce que son disque est composé de plusieurs fleurs, et que les squames intérieures de son péricline ne sont point radiantes; le *tessaria* et le *monarrhenus* se distinguent l'un de l'autre, principalement par le clinanthe, fimbrillé dans le premier, nu dans le second.

M. Kunth a décrit, dans ses *Nova Genera et Species plantarum* (tom. IV, pag. 76), sous le nom de *conyza riparia*, un arbre qu'il croit être le *tessaria integrifolia* de Ruiz et Pavon, et auquel il attribue des feuilles oblongues-lancéolées, aiguës, le clinanthe nu, la fleur centrale hermaphrodite ou mâle, ayant un ovaire oblong, privé d'aigrette. Si cette description est exacte, la plante de M. Kunth ne peut pas être celle de Ruiz et Pavon, qui doit avoir les feuilles oblongues-obovales, et le clinanthe velu. Ce caractère du clinanthe est d'autant moins douteux que Willdenow n'a pas manqué de l'attribuer aussi à son *gynheteria*.

Nous avons trouvé dans l'herbier de M. de Jussieu un échan- 32:436
tillon alors innommé, recueilli au Pérou par Dombey, et que nous n'avons pas hésité de rapporter au *tessaria integrifolia* de Ruiz et Pavon; il nous a offert les caractères suivans:

Tige rameuse, striée; feuilles alternes, subpétiolées, alongées, obovales, tomenteuses, à bords sinués ou légèrement dentés: calathides disposées en corymbe terminal, rameux; chacune d'elles offrant une seule fleur mâle centrale, entourée de fleurs femelles très-nombreuses et plus petites: la fleur mâle

32:436 composée, 1.° d'un faux ovaire avorté ; 2.° d'une aigrette de squamellules filiformes, presque nues; 3.° d'une corolle très-grande, rouge ou violette, régulière, à tube large et court, à limbe peu distinct du tube, et profondément divisé en cinq lanières longues, sublinéaires; 4.° des étamines ayant l'appendice apicilaire de l'anthère obtus; 5.° d'un style très-long, simple, cylindrique, rouge, hérissé de collecteurs piliformes: chaque fleur femelle composée, 1.° d'un ovaire cylindracé, glabre, muni d'un gros bourrelet basilaire; 2.° d'une aigrette de squamellules filiformes, presque nues, comme celle de la fleur mâle; 3.° d'une corolle purpurine, tubuleuse, filiforme, dentée au sommet; 4.° d'un style à deux stigmatophores longs et grêles; clinanthe hérissé de fimbrilles inégales, sétacées, plus longues que les ovaires, et analogues à celles des carduinées; péricline cylindracé, long comme les fleurs femelles, formé de squames imbriquées; les extérieures appliquées, larges, ovales, subcoriaces, ciliées-frangées sur les bords, les intérieures radiantes, plus longues, étroites, linéaires, aiguës, membraneuses-scarieuses, glabres.

Les botanistes qui compareront cette description avec celles de Ruiz et Pavon, de Willdenow et de M. Kunth, se convaincront facilement que la plante décrite par nous est presque sans aucun doute le *tessaria integrifolia* de Ruiz et Pavon, et le *gynheteria* de Willdenow, tandis que le *conyza riparia* de M. Kunth en diffère beaucoup. Cette dernière plante, que nous n'avons pas vue, est assurément mal placée dans le genre *Conyza*, et elle a très-probablement la plus grande affinité avec les *tessaria* et *monarrhenus;* mais, ne l'ayant point observée nous-même, nous ignorons à quel genre elle appartient.

La description du *tessaria integrifolia*, que nous avons in-
32:437 troduite dans cet article, n'y est pas déplacée, parce qu'elle offre au lecteur le moyen de comparer les caractères du genre *Monarrhenus* avec ceux du genre *Tessaria*, de reconnoître leurs ressemblances et leurs différences, et de juger s'il convient de distinguer ou de confondre ces deux genres immédiatement voisins dans l'ordre naturel, mais dont l'un habite l'Amérique équinoxiale, et l'autre habite les îles situées à l'est de l'Afrique, dans la mer des Indes.

Le nom de *monarrhenus*, composé de deux mots grecs qui

signifiant *un seul mâle*, exprime qu'il n'y a qu'une seule fleur mâle dans la calathide. (H. Cass.) 32:437

MORYSIE, *Morysia*. (*Bot.*) Ce nouveau genre de plantes, 33:59
que nous proposons, appartient à l'ordre des synanthérées, à notre tribu naturelle des anthémidées, à la section des anthémidées-prototypes, et au groupe des santolinées, dans lequel nous le plaçons entre les deux genres *Lonas* et *Diotis*. Voici ses caractères :

Calathide oblongue, incouronnée, équaliflore, multiflore, régulariflore, androgyniflore. Péricline oblong, un peu inférieur aux fleurs; formé de squames imbriquées, appliquées, ovales oblongues, obtuses, concaves, coriacées. Clinanthe petit, planiuscule, garni de squamelles inférieures aux fleurs, planes, sublancéolées, presque membraneuses, diaphanes, irrégulièrement denticulées. Ovaires oblongs, glabres, munis d'environ dix côtes longitudinales saillantes; aigrette absolument nulle. Corolles à tube cylindrique, droit, articulé sur l'ovaire, nullement prolongé par sa base sur le sommet de l'ovaire; à limbe presque aussi long que le tube, à cinq divisions privées de bosse derrière le sommet.

Nous ne connoissons jusqu'à présent qu'une seule espèce de ce genre.

Morysie a feuilles diverses : *Morysia diversifolia*, H. Cass.; *Athanasia dentata*, Linn., *Sp. pl.*, édit. 3, pag. 1181. C'est
un arbuste inodore, haut de près de trois pieds, et dont 33:60
toutes les parties vertes sont glabres, luisantes, roides; sa tige est épaisse, grisâtre, tortueuse, très-rameuse; les rameaux sont verts, garnis de feuilles peu distantes, et comme un peu ailés par les décurrences de ces feuilles; les feuilles inférieures sont sessiles, décurrentes, longues de plus d'un pouce, larges de trois à quatre lignes, contournées, oblongues-lancéolées, dentées sur les bords, épaisses, coriaces-charnues; les feuilles supérieures sont sessiles, à peine décurrentes, courtes, larges, arquées, subcordiformes, à bords un peu denticulés ou presque entiers; les calathides, longues de près de trois lignes, et composées d'environ quinze ou seize fleurs jaunes, sont nombreuses, rapprochées, comme agglomérées, en petits corymbes terminaux, serrés, arrondis, dont les ramifications sont très-courtes, et dont les pédoncules

33:60 propres à chaque calathide sont presque nuls.

Nous avons observé les caractères génériques et spécifiques de cette anthémidée sur un individu vivant cultivé au Jardin du Roi, où il fleurissoit à la fin du mois de Juillet; elle est indigène au cap de Bonne-Espérance.

Si l'on consulte notre tableau des anthémidées, inséré dans l'article Maroute, on y verra que les anthémidées à clinanthe garni de squamelles, et à calathide non radiée, forment le groupe des santolinées, composé des sept genres *Hymenolepis*, *Athanasia*, *Lonas*, *Diotis*, *Santolina*, *Lasiospermum*, *Anacyclus*. Le *Morysia*, qui doit nécessairement entrer dans ce groupe, ne peut se confondre avec aucun des sept genres précédemment admis, et il se place convenablement entre le *Lonas* et le *Diotis*. En effet, il se distingue des *Hymenolepis*, *Athanasia*, *Lonas*, en ce que ses fruits sont absolument privés d'aigrette; et des *Lasiospermum*, *Anacyclus*, en ce que sa calathide est incouronnée, c'est-à-dire privée de fleurs femelles marginales. Ces deux caractères lui sont communs avec les *Diotis* et *Santolina*; mais il diffère du *Diotis* par sa corolle qui n'est point décurrente sur l'ovaire; il s'éloigne encore plus des *Santolina*, qui ont un port très-différent, la calathide subglobuleuse, composée de fleurs très-nombreuses, le péricline hémisphérique, très-inférieur aux fleurs, les squames pourvues d'une bordure scarieuse, lacérée, les ovaires subtétra-
33:61 gones, les corolles à divisions portant chacune derrière le sommet une énorme bosse, à tube long, très-arqué en dehors, un peu prolongé par le bas en un petit anneau qui ceint le sommet de l'ovaire, le clinanthe large, hémisphérique. Voyez nos articles Maroute, Hyménolèpe, Lonade, Diotis, Lasiosperme.

Nous profitons de l'occasion qui se présente pour donner un supplément à notre article Hyménolèpe, en décrivant une nouvelle espèce de ce genre.

Hymenolepis elegans, H. Cass. (*Tanacetum canariense*, Decand., *Cat. pl. hort. bot. Monsp.*) Arbuste haut d'environ cinq pieds. Tige dressée, rameuse, épaisse, à écorce grisâtre. Jeunes rameaux épais, cylindriques, couverts d'un duvet blanchâtre, très-court. Feuilles alternes, très-élégantes, longues de près de six pouces, larges de près de deux pouces, couvertes dans leur jeunesse d'un duvet blanchâtre, glabres dans un âge plus avancé, pétiolées, presque pinnées ou très-profondément pinnatifides, à pinnules oblongues, profondément découpées sur les deux côtés en dents longues, inégales, linéaires, pointues; le pétiole commun bordé entre les pinnules par deux ailes, ou décurrences, larges, profondément dentées. Calathides nombreuses, petites, disposées en corymbes terminaux, odorantes lorsqu'elles sont froissées. Chaque calathide oblongue, haute d'environ deux lignes et demie, incouronnée, composée de dix à quatorze fleurs égales, semblables, régulières, hermaphrodites. Péricline oblong, glabre, inférieur aux fleurs, formé de squames imbriquées, appliquées, oblongues-lancéolées, concaves, coriaces. Clinanthe étroit, un peu élevé, garni de squamelles un peu inférieures aux fleurs, oblongues-lancéolées, demi-embrassantes, subcoriaces. Ovaires oblongs, à cinq côtes; aigrette courte, composée d'environ cinq squamellules paléiformes, unisériées, entre-greffées à la base, inégales, irrégulières, ordinairement lancéolées, entières, membraneuses. Corolles jaunes, à cinq divisions. 33:61

Cette anthémidée, fort mal placée par M. de Candolle dans le genre *Tanacetum*, et qui appartient indubitablement à notre genre *Hymenolepis*, a été observée par nous sur un individu vivant cultivé au Jardin du Roi, où il fleurissoit dans le mois de Juillet.

M. de Saint-Morys, à la mémoire duquel nous dédions le nouveau genre décrit dans cet article, avoit entrepris l'étude importante et difficile du genre des saules : après avoir rassemblé à grands frais, de toutes les parties de l'Europe, une multitude d'espèces de ce genre, et les avoir soigneusement cultivées dans sa terre d'Hondainville, il se préparoit à mettre en ordre ses nombreuses observations, et à rédiger une précieuse monographie, lorsque, victime d'un préjugé barbare, il fut enlevé aux sciences, aux lettres, aux arts, à l'amitié. (H. Cass.) 33:62

33:296 MULGÈDE, *Mulgedium*. (*Bot.*) Ce nouveau genre de plantes, que nous proposons, appartient à l'ordre des synanthérées, à la tribu naturelle des lactucées, et à notre section des lactucées-prototypes, dans laquelle nous le plaçons entre les deux genres *Sonchus* et *Lactuca*. (Voyez notre article Lactucées, tom. XXV, pag. 61.) Le genre *Mulgedium* offre les caractères suivans :

Calathide incouronnée, radiatiforme, pluri-multiflore, fissiflore, androgyniflore. Péricline inférieur aux fleurs, oblong, renflé inférieurement, cylindracéo-campanulé; formé de squames imbriquées, appliquées, obtuses, membraneuses sur les bords : les extérieures ovales ou lancéolées, les intérieures oblongues. Clinanthe plan et nu. Fruits plus ou moins aplatis, comprimés ou obcomprimés, suivant qu'ils sont intérieurs ou extérieurs, elliptiques-oblongs, prolongés supérieurement, après la fleuraison, en un col très-court, très-épais, parfaitement continu avec la partie séminifère; aigrette longue, blanche, composée de squamellules plurisériées, nombreuses, inégales, filiformes, très-fines, à peine barbellulées. Corolles presque glabres.

Nous connoissons trois espèces de ce genre, et nous avons lieu de croire qu'il en existe quelques autres.

Mulgède a feuilles runcinées : *Mulgedium runcinatum*, H. Cass.; *An ? Sonchus tataricus*, Linn. C'est une plante herbacée, toute glabre, lisse, d'un vert glauque; ses tiges, hautes d'environ trois pieds, sont dressées, droites, rameuses, cylindriques; les feuilles sont alternes, sessiles, très-longues, étroites, inégales : les inférieures plus grandes, longues de huit à neuf pouces, larges d'un pouce et demi, plus ou moins étrécies en forme de pétiole vers la base, oblongues-lancéolées, runcinées en leur partie moyenne, et bordées de quelques petites aspérités spinuliformes; elles sont épaisses, et munies d'une grosse et large côte médiaire, qui est au moins aussi saillante en-dessus qu'en-dessous; la plupart sont un peu tordues près de leur base, ce qui les rend obliques relativement au plan horizontal; les feuilles supérieures sont beaucoup plus courtes que les inférieures, plus larges à la base, lancéolées, entières; les calathides, composées d'une vingtaine de fleurs violettes, ont environ neuf ou dix lignes de hauteur et autant de largeur; elles sont très-nombreuses, et disposées en grappes ou petites panicules simples, étroites, très-irrégulières, terminales et axillaires; chaque calathide est portée sur un court pédoncule grêle, glabre, garni de quelques petites bractées squamiformes; le péricline est cylindracé, glabre; les fruits mûrs sont oblongs, plus ou moins aplatis, les uns comprimés bilatéralement, les autres obcomprimés; ils n'ont point de bordure distincte, comme ceux des deux espèces suivantes, mais ils sont striés, un peu anguleux, et souvent subtétragones lorsqu'il y a quatre côtes plus saillantes que les autres; leur col est court, épais, cylindracé, parfaitement continu avec la partie séminifère; et le bourrelet apicilaire bien distinct, qui surmonte ce col, est très-simple, sans aucun rebord, ni frange de poils, autour de la base de l'aigrette.

Nous avons fait cette description sur un individu vivant, cultivé au Jardin du Roi, où il fleurit au mois d'Août, et où il est nommé *Sonchus tataricus*. Mais est-ce bien réellement le *Sonchus tataricus* de Linné et des autres botanistes, qui lui attribuent des pédoncules nus? Notre plante a les pédoncules écailleux, et nous semble pouvoir être le *Sonchus sibiricus*, Linn.

Mulgède a feuilles lyrées : *Mulgedium lyratum*, H. Cass.; *An? Sonchus floridanus*, Linn. Cette plante, presque toute glabre, a la tige herbacée, haute de cinq à six pieds, dressée, un peu flexueuse, simple inférieurement, rameuse et paniculée supérieurement, épaisse, violette, très-glabre, couverte d'une poudre glauque; les feuilles sont alternes, étalées, lyrées, à lobes sinués-dentés : le terminal subtriangulaire, trilobé; les latéraux oblongs, sublancéolés; le dessus des feuilles est vert et glabre; le dessous est glauque et un peu pubescent; les feuilles inférieures sont longues d'environ neuf pouces, larges d'environ six pouces; les supérieures sont graduellement plus petites; les calathides, composées de dix à douze fleurs bleues ou lilas, sont larges d'environ dix lignes, très-nombreuses, et disposées en grandes panicules terminales, glabres, privées de feuilles, mais pourvues de longues bractées subulées à la base des ramifications primaires, et de bractées plus courtes, squamiformes, à la

33:398 base des autres ramifications; chaque calathide est portée sur un pédoncule court, grêle, glabre, garni de quelques petites écailles; le péricline est glabre et un peu violet, formé de squames carénées; les fruits mûrs sont aplatis, elliptiques-oblongs, prolongés supérieurement en un col très-gros et très-court, qui semble résulter de l'accroissement du bourrelet apicilaire, dont la partie inférieure se seroit alongée et amincie; la partie séminifère offre sur ses deux arêtes une bordure large, épaisse et beaucoup moins distincte que pendant la fleuraison; la base de l'aigrette est entourée extérieurement par une ceinture très-peu manifeste, incomplète, interrompue, formée de petits poils; les corolles sont glabres ou presque glabres.

Cette belle espèce de Mulgède, qui a de l'analogie par le port avec la *Prenanthes muralis* de Linné, a été observée par nous sur un individu vivant, cultivé au Jardin du Roi, où il fleurit au mois d'Août. Nous doutons si c'est la même plante que celle nommée par Gærtner *Lactuca floridana*, parce qu'il lui attribue une petite aigrette extérieure en forme de calycule, à cinq dents, un peu réfléchie. Nous n'avons trouvé, autour de la base de l'aigrette, qu'une zone de poils incomplète et très-peu manifeste, qui ne ressemble point du tout à ce que Gærtner a décrit. Une pareille couronne de poils entoure la base de l'aigrette des *Sonchus Plumieri* et *macrophyllus*, qui sont de vrais *Sonchus*, puisque leurs fruits n'ont point de col.

Mulgède a feuilles entières : *Mulgedium integrifolium*, H. Cass.; *An ? Lactuca canadensis*, Linn. Plante herbacée, glabre, glauque. Tiges simples, dressées, hautes de près de deux pieds, épaisses, un peu anguleuses, rougeâtres, garnies de feuilles d'un bout à l'autre. Feuilles alternes, oblongues-lancéolées, minces, lisses, un peu rougeâtres, munies d'une côte médiaire très-saillante en-dessous, en forme de carène : les feuilles inférieures longues d'environ un pied, larges d'environ trois pouces, étrécies en pétiole vers la base, bordées de petites dents inégales; les feuilles supérieures graduellement plus petites, sessiles, dentées sur les bords de leur partie inférieure, entières sur les bords de leur partie supérieure; quelques-unes un peu auriculées ou presque sagittées à la base. Calathides disposées en grappe ou panicule terminale, et portées chacune sur un pédoncule très-garni de petites bractées squamiformes. Chaque calathide haute d'environ six lignes, et composée d'une trentaine de fleurs à corolle jaune. Péricline inférieur aux fleurs, subcampanulé, devenant très-enflé et globuleux inférieurement après la fleuraison ; formé de squames régulièrement imbriquées, appliquées, obtuses, membraneuses sur les bords, les extérieures ovales, les intérieures oblongues. Clinanthe plan et nu. Ovaires très-aplatis, les uns comprimés, les autres obcomprimés, larges, elliptiques, glabres, lisses, pourvus sur les deux arêtes d'une petite bordure linéaire, et surmontés d'un bourrelet apicilaire très-élevé; aigrette longue, blanche, composée de squamellules très-nombreuses, inégales, filiformes, très-fines, à peine barbellulées. L'aréole apicilaire de l'ovaire est surmontée d'une cupule ou d'un large plateau orbiculaire, concave, qui porte le nectaire sur son centre, et la corolle près de ses bords. Les fruits approchant de leur parfaite maturité sont jaunâtres, presque lisses; leur bourrelet apicilaire s'est converti en un col très-court, très-épais, continu, au moins extérieurement, avec la partie séminifère ; la cupule ne s'est point accrue, ni détachée. 33:299

Nous avons fait cette description sur un individu vivant, cultivé au Jardin du Roi, où il n'étoit point nommé, et où il fleurissoit au mois d'Août. Nous ignorons son origine : mais nous soupçonnons que cette plante est le *Sonchus pallidus* de Willdenow et Persoon, ou *Lactuca canadensis* de Linné. Quoi qu'il en soit, cette troisième espèce de Mulgède, fort différente des deux autres par la couleur de ses fleurs et par d'autres caractères, est très-remarquable par ses calathides tout-à-fait analogues extérieurement à celles des laitues, par ses feuilles analogues à celles du *Prenanthes purpurea*, et par sa cupule assez analogue à celle des *Jurinea.*

Notre genre *Mulgedium*, caractérisé principalement par ses fruits mûrs pourvus d'un col très-court, très-épais, parfaitement continu avec la partie séminifère et qui n'est devenu manifeste qu'après la fleuraison, est exactement intermédiaire entre le genre *Sonchus*, dont les fruits mûrs

33:300 sont absolument privés de col, et le genre *Lactuca*, dont les fruits mûrs sont pourvus d'un col très-long, très-grêle, comme articulé avec la partie séminifère. (Voyez nos articles LAITRON et LAITUE, tom. XXV, pag. 151 et 154.) La nécessité d'admettre ce genre intermédiaire ne peut pas être douteuse; car, si on le rejette, il faut absolument se résoudre à réunir tous les *Sonchus* et *Lactuca* en un seul et même genre qu'on ne saura comment caractériser. Voilà un nouvel exemple à l'appui de ce que nous avons déjà répété si souvent : la multiplicité des genres, que tant de botanistes proscrivent comme un abus très-ridicule, est pourtant le seul moyen de procurer à la phytographie toute l'exactitude dont elle est susceptible.

Le nom de *Mulgedium* dérive du verbe latin *mulgere*, qui signifie *traire* ou tirer le lait, parce que les plantes de ce genre sont tellement remplies de suc laiteux qu'il suffit de les presser légèrement pour faire sortir cette liqueur.

Le genre *Mulgedium* étant fondé sur la structure du col des fruits, il convient d'exposer ici deux observations nouvelles que nous avons faites sur cette partie, et qui nous semblent mériter quelque attention.

I. Au mois d'Août 1822, nous avons trouvé sur les bords de la route de Saint-Germain à Poissy, une laitue déjà défleurie, et qui, malgré son âge avancé, nous a fort bien représenté la belle espèce cultivée au Jardin du Roi sous le nom de *Lactuca maculata*, Horn. Ses fruits mûrs étoient aplatis, obovales, bordés, bruns, prolongés au sommet en un col court, épais, brun; et au-dessus de ce col étoit un autre col très-long, très-grêle, blanchâtre comme le bourrelet apicilaire qui le terminoit, et dont il étoit évidemment une continuation. La différence de couleur, qui distingue si nettement les deux cols, paroît prouver : 1.° que le col inférieur brun est le prolongement supérieur du vrai fruit, et que le col supérieur blanc est le prolongement inférieur du bourrelet apicilaire; 2.° qu'il y a entre ces deux parties une articulation analogue à celle de l'*Urospermum*. (Voyez tom. XXV, pag. 74, 81 et 160.)

II. En Août 1823, nous avons remarqué, dans l'École de Botanique du Jardin du Roi, une plante qui y étoit nommée

Hypochæris hispida. Après l'avoir soigneusement comparée avec l'*Hypochæris radicata*, nous reconnûmes qu'elle n'en différoit extérieurement que parce qu'elle étoit plus glabre ou moins hispide, ce qui s'accordoit mal avec son nom. Cependant elle sembloit n'être point du même genre, car tous les fruits d'une même calathide étoient privés de col, en sorte que leur aigrette se trouvoit être sessile. Une analyse exacte de cinq calathides cueillies sur le même individu nous a démontré que c'étoit un *Hypochæris radicata* dont les fruits avoient éprouvé des modifications accidentelles fort remarquables. Dans l'une de ces calathides, tous les fruits, sans exception, même ceux du centre, étoient amincis vers la base, tronqués au sommet, pourvus d'un bourrelet apicilaire, mais absolument privés de col, et les squamellules intérieures de leur aigrette avoient la partie inférieure chargée sur la face interne d'une sorte de bourre laineuse, blanche, formée par des barbes très-nombreuses, très-longues, très-fines, tortueuses, emmêlées. Deux autres calathides différoient de la précédente en ce qu'il y avoit au centre de chacune d'elles un très-petit nombre de fruits amincis aux deux bouts, surmontés d'un très-long col grêle, terminé par un bourrelet apicilaire, et dont l'aigrette étoit barbée sans être laineuse; quelques fruits intérieurs, voisins de ceux du centre, offroient un commencement de col court, épais, et une aigrette non laineuse; tous les autres fruits, c'est-à-dire, les extérieurs et les intérieurs voisins des extérieurs étoient absolument privés de col, et semblables en tout à ceux de la première calathide. Enfin, deux calathides avoient les fruits intérieurs pourvus d'un col, et les fruits extérieurs privés de col. 33:301

Remarquez que l'aigrette n'étoit laineuse que sur les fruits tout-à-fait tronqués au sommet et absolument privés de col. Quoique l'aigrette des fruits offrant seulement un commencement de col gros et court fût dénuée de bourre laineuse, comme les fruits à long col grêle, il n'est guères douteux que la production de cette bourre, qui constitue une monstruosité par excès, ne soit en rapport de cause et d'effet avec l'avortement du col, qui constitue une monstruosité par défaut.

33:302 M. De Candolle remarque, dans la Flore françoise (t. V, pag. 452), que l'*Hypochæris Balbisii* de M. Loiseleur-Deslongchamps, dont toutes les aigrettes sont pédiculées, ressemble du reste absolument à l'*Hypochæris glabra*, dont les aigrettes extérieures sont sessiles : il pense qu'elle en est une simple variété, et que peut-être les fruits extérieurs à aigrette sessile avortent quelquefois, en sorte qu'on ne trouve plus dans la calathide que des fruits à aigrette pédiculée. D'après notre observation sur les variations du fruit de l'*Hypochæris radicata*, nous croyons pouvoir affirmer que l'*Hypochæris glabra* et l'*Hypochæris Balbisii* ne font qu'une seule et même espèce, dont les fruits extérieurs, au lieu d'avorter quelquefois, comme le suppose M. De Candolle, sont tantôt privés de col et tantôt pourvus d'un col; et puisque, dans cette espèce, l'état habituel des fruits extérieurs est d'être privés de col, il faut en conclure que l'*Hypochæris glabra* est le vrai type de l'espèce, et que l'*Hypochæris Balbisii* n'est que le résultat d'une variation accidentelle, ou d'une sorte de monstruosité, opérée en sens inverse de celle qui nous a été offerte par l'*Hypochæris radicata*. Ainsi, la distinction générique des *Porcellites*, caractérisés par les fruits extérieurs pourvus d'un col, et des *Hypochæris*, caractérisés par les fruits extérieurs privés de col, pourroit encore subsister, selon nous, malgré les variations accidentelles qui effacent quelquefois ces caractères distinctifs. (Voyez tom. XXII, pag. 567, et tom. XXV, pag. 64 et 86.)

Certains botanistes, qui se croient de grands philosophes, parce qu'ils déclament sans cesse contre la multiplicité des genres, se prévaudront sans doute de notre observation sur l'*Hypochæris radicata*, et ils ne manqueront pas d'en conclure qu'il ne faut plus distinguer les genres qui ne diffèrent que par l'aigrette sessile ou stipitée. Ils devroient aussi réunir ceux qui ne diffèrent que par l'aigrette simple ou plumeuse, car nous avons de graves motifs pour croire que notre *Gelasia villosa* offre alternativement ces deux sortes d'aigrette. (Voyez tom. XXV, pag. 82 et 310.) Ils devroient enfin ne faire qu'un seul genre de tout l'ordre des synanthérées, car nous pourrions leur prouver par une foule d'exemples qu'il n'y a pas un seul des caractères génériques

usités dans cet ordre qui ne soit susceptible de varier. 33:303
Quant à nous, persistant à ne point nous laisser ébranler par ces anomalies accidentelles, nous conservons, malgré leurs variations, tous les caractères génériques usités, sans même en excepter la radiation de la calathide; et nous pensons que le col du fruit peut bien être admis pour caractériser les genres *Hypochæris*, *Porcellites*, et beaucoup d'autres, puisque tous les botanistes admettent sans difficulté, parmi les caractères du genre *Rosa*, le nombre de cinq pétales, quoique beaucoup d'espèces de ce genre en offrent toujours ou le plus souvent un nombre très-supérieur et indéterminé. (H. Cass.)

MUSSINIA. (*Bot.*) Voyez nos articles Gazanie, tom. XVIII, page 245; Gortérie, tom. XIX, page 231; Mélanchryse, tom. XXIX, pag. 441. 33:453

A l'époque où nous rédigeâmes l'article Gortérie, nous n'avions point encore vu la *Gorteria personata*, véritable type de ce genre, et nous fûmes réduit à emprunter, sans les vérifier, la description générique de Gærtner, et la description spécifique de Linné. Un petit échantillon sec et incomplet de cette plante nous ayant été donné tout récemment par M. Desfontaines, nous croyons devoir le décrire ici.

Gorteria personata, Linn. Tige herbacée, dressée, presque 33:454
simple, grêle, hérissée de longs poils roides, très-simples, c'est-à-dire, non pilifères ni dentés, mais absolument lisses. Feuilles alternes, sessiles, oblongues-lancéolées, à partie inférieure étrécie et pétioliforme, à sommet mucroné ou surmonté d'une pointe spiniforme, à bords courbés en-dessous, à face supérieure verte, hérissée de longs poils roides très-simples, à face inférieure blanche et tomenteuse, sauf la nervure médiaire, qui est verte et hérissée de longs poils roides. Calathide terminale, solitaire, haute de quatre lignes, large d'environ cinq lignes, radiée. Péricline supérieur (par ses appendices internes) aux fleurs de la couronne radiante, ovoïde-campanulé, plécolépide, hérissé de très-longs poils blancs, roides, très-simples; formé de squames régulièrement imbriquées, entregreffées, surmontées d'un appendice libre, plus ou moins étalé, subulé, épais, roide, coriace, hispide, terminé par une forte épine glabre,

33:454 d'un brun violet; les appendices des squames intérieures beaucoup plus longs, très-étalés, comme radians, un peu laminés, colorés en jaune sur leur face interne ou supérieure, qui est glabre. Clinanthe profondément alvéolé, à cloisons dentées. Couronne composée de huit fleurs radiantes, unisériées, ligulées, neutres, privées de style et de faux-ovaire, ayant la languette linéaire, tridentée au sommet, violette-brune sur la face externe, jaune sur la face interne, sauf la partie basilaire, qui est d'un violet brun; le tube long comme la moitié ou le tiers de la languette, paroissant inséré par sa base sur la paroi interne du péricline, parce que celui-ci est adhérent aux cloisons du clinanthe. Disque composé de huit fleurs régulières, hermaphrodites, ayant l'ovaire obovoïde-oblong, aminci vers la base, glabre inférieurement, hérissé supérieurement de poils extrêmement longs, très-fins, flexueux, blancs: son aigrette semble d'abord absolument nulle; mais un examen très-attentif fait apercevoir, autour de l'aréole apicilaire ou de son bourrelet, quelques petites dents qui indiquent un rudiment d'aigrette stéphanoïde, irrégulière, interrompue, à peine manifeste, formant un petit rebord denté. Plusieurs ovaires, occupant probablement le milieu du disque, sont beaucoup
33:455 plus petits que les autres, et paroissent être stériles, en sorte que les fleurs centrales pourroient être considérées comme mâles. Corolles du disque ayant la partie supérieure violette, à cinq divisions longues, aiguës, portant quelques poils derrière le sommet. Styles d'Arctotidée.

Si l'on compare cette description à celle de notre *Ictinus piloselloides* (tom. XXII, pag. 559), on jugera sans doute que le genre *Ictinus* doit être supprimé et réuni au vrai *Gorteria*, quoique son aigrette soit beaucoup plus manifeste, et qu'il offre quelques autres différences plus que suffisantes pour distinguer cette plante spécifiquement, mais non génériquement.

En conséquence, renonçant désormais à notre genre *Ictinus*, nous proposons de composer le vrai genre *Gorteria* des deux espèces suivantes :

1. *Gorteria personata*, Linn. *Hispida, pilis simplicissimis; periclinio valide spinoso, coronam superante; ligulis coronæ tri-*

dentatis; pappo vix conspicuo. 33:455

2. *Gorteria Ictinus*, H. Cass. (*Ictinus piloselloides*, H. Cass. Bull. sept. 1818, p. 142; Dict. v. 22, p. 560. *An? Gorteria diffusa*, Willd.) *Hispida, pilis denticulatis; periclinio subinermi, discum superante; ligulis coronæ quadridentatis; pappo manifesto.*

Nous avions proposé le genre *Ictinus* comme distinct du *Gorteria*, parce que nous devions croire que les fruits du *Gorteria personata* étoient absolument privés d'aigrette d'après la déclaration très-affirmative de Gærtner : *Semina lanata, pappo autem vero penitus destituta.* Nous aurions eu moins de confiance en son observation, si à cette époque nous avions lu le caractère générique attribué par M. R. Brown à la même plante, dans la 2.e édition de l'*Hortus Kewensis*, où nous lisons trop tard aujourd'hui : *pappus, margo ciliatus.* (H. Cass.)

MUTISIÉES, *Mutisieæ.* (*Bot.*) C'est la seizième des vingt tribus naturelles dont se compose l'ordre des synanthérées, suivant notre méthode de classification. Nous avons déjà présenté (tom. XX, pag. 379) la description complète des caractères de cette tribu. Mais nous n'avons point encore exposé méthodiquement la série de tous les genres qui lui appartiennent. C'est l'objet du présent article. 33:462

XVI.e *Tribu.* Les Mutisiées (*Mutisieæ*). 33:463

Chænanthophorarum genera. Lagasca (1811)—*Labiatiflorarum genera.* De Candolle (1812)—*Mutisieæ.* H. Cassini (1817) Dict. v. 8. p. 394—*Onoseridæ excludendo Homanthim.* Kunth (1820). (Voyez les caractères de la tribu des Mutisiées, tom. XX, pag. 379.)

Première Section.

Mutisiées-Prototypes (*Mutisieæ-Archetypæ*).

Caractères ordinaires : Vraie tige herbacée ou ligneuse, garnie de feuilles et portant plusieurs calathides.

1. † ? Proustia. = *Proustia.* Lag. (1811)—Decand. (1812).

2. * Cherina. = *Cherina.* H. Cass. Bull. avr. 1817. p. 67. Dict. v. 8. p. 437.

3. * Chætanthera. = *Chætanthera.* Ruiz et Pav. (1794) —

33:463 Lag. (1811)—Decand. (1812)—H. Cass. (1817) Dict. v. 8. p. 53.
4. † Guariruma. = *Mutisiæ sp.* Cavan. (1799)—*Guariruma.* H. Cass. Dict. = Periclinium squamis appendice auctis; folia simplicia; cætera Mutisiæ. Huc referendæ Mut. hastata, subspinosa, inflexa, retrorsa, sinuata.

5. † Aplophyllum. = *Mutisiæ sp.* Cavan. (1799)—*Aplophyllum.* H. Cass. Dict. = Periclinium squamis appendice destitutis; folia simplicia; cætera Mutisiæ. Huc referendæ Mut. ilicifolia, decurrens, linearifolia.

6. * Mutisia. = *Mutisia.* Lin. fil. (1781)—H. Cass. Dict.—*Mutisiæ sp.* Juss. (1789)—Cavan. (1799)—Lag. (1811)—Decand. (1812). = Huc referendæ Mut. Clematis, peduncularis, viciæfolia, grandiflora; periclinio appendicibus destituto, foliis pinnatis.

7. † Dolichlasium. = *Dolichlasium.* Lag. (1811)—Decand. (1812)—H. Cass. (1819) Dict. v. 13. p. 406.

8. † Lycoseris. = *Atractylidis sp.* Lin. fil. (1781)—Smith (1791)—*Onoseridis sp.* Willd. (1803)—Lag. (1811)—Kunth (1820)—*Lycoseris.* H. Cass. Dict. = Periclinium squamis adpressis, inappendiculatis; corollarum feminearum ligula interior nulla aut subnulla, brevissima, minime revoluta; caulis foliosus; cætera Onoseridis. Huc referendæ Onos. mexicana, hyssopifolia.

33:464 9. † Hipposeris. = *Onoseridis sp.* Kunth (1820)—*Hipposeris.* H. Cass. Dict. = Periclinium squamis squarrosis, appendiculatis; corollarum feminearum ligula interior revoluta; caulis foliosus; cætera Onoseridis. Huc referendæ Onos. salicifosia, acerifolia.

Seconde Section.

Mutisiées-Gerbériées (*Mutisieæ-Gerberieæ*).

Caractères ordinaires : Une ou plusieurs hampes, simples ou quelquefois rameuses, dénuées de vraies feuilles, mais souvent garnies de bractées, portant une ou quelquefois plusieurs calathides, et entourées à la base de feuilles radicales.

10. * Onoseris. = *Atractylidis sp.* Lin. fil. (1781)—Smith (1791)—*Onoseridis sp.* Willd. (1803)—Lag. (1811)—Kunth (1820)—*Onoseris.* Pers. (1807)—Decand. (1812)—H. Cass. Dict. = Huc referendæ Onos. purpurata, speciosa, hiera-

cioides; periclinio non squarroso, inappendiculato, ligulis anterioribus coronæ revolutis, scapis radicalibus. 33:464

11. † Isotypus. = *Seris.* Willd. (1807. non sufficienter.) — *Isotypus.* Kunth (1820. benè.) — H. Cass. Dict. v. 24. p. 30.

12. † ? Pardisium. = *Pardisium.* N. L. Burm. (1768) — Juss.

13. * Trichocline. = *Doronici sp.* Lam. (1786) — *Arnicæ sp.* Pers. — *Trichocline.* H. Cass. Bull. janv. 1817. p. 13.

14. * Gerberia. = *Tussilaginis sp.* Vaill. (1720) — *Gerbera.* Gronov. (ined.) — Lin. (1737 et 1742) — J. Burm. (1739) — *Arnicæ sp.* Lin. (1753) — Adans. — Willd. — Pers. — *Doronici sp.* Lam. (1786) — *Arnicæ ? sp.* Juss. (1789) — *An ? Atasitidis sp.* Neck. (1791) — *Aphyllocaulon.* Lag. (1811) — *Gerberia.* H. Cass. Bull. févr. 1817. p. 34. Dict. v. 18. p. 459.

15. * Lasiopus. = *Lasiopus.* H. Cass. Bull. sept. 1817. p. 152. Dict. v. 25. p. 298.

16. * Chaptalia. = *Tussilaginis sp.* Lin. — Michaux — Willd. — *Chaptalia.* Venten. (1800) — Lag. (1811) — Decand. (1812) — H. Cass. (1817) Dict. v. 8. p. 161 — *Chaptaliæ sp.* Pers. (1807).

17. * Loxodon. = *Perdicii sp.* Juss. (ined.) — *Chaptaliæ sp.* Pers. (1807) — Kunth (1820) — *Leriæ ? sp.* Decand. (1812) — *Loxodon.* H. Cass. (1823) Dict. v. 27. p. 253.

18. * Lieberkuhna. = *Tussilaginis sp.* Swartz — Willd. — 33:465 *Perdicii sp.* Vahl — *Chaptaliæ sp.* Pers. (1807) — *Leriæ sp.* Decand. (1812) — *Lieberkuhna.* H. Cass. (1823) Dict. v. 26. p. 286.

19. * Leria. = *Asteris sp.* Plum. — *Dentis Leonis sp.* Sloane — *Leontodontis sp.* Browne — Lin. fil. — *Tussilaginis sp.* Lin. — Swartz — Willd. — *An ? Thyrsanthema.* Neck. (1791) — *Chaptaliæ sp.* Pers. (1807) — *Leriæ sp.* Decand. (1812. malè.) — *Leria.* Kunth (1820. malè.) — H. Cass. (1823) Dict. v. 26. p. 101.

20. † Perdicium. = *Perdicii sp.* Lin. (1763) — Vahl — Willd. — Pers. — *Non Perdicium.* Gærtn. — Kunth — *Idicium.* Neck. (1791) — *Perdicium.* Lag. (1811) — Decand. (1812) — H. Cass. Dict.

21. * Leibnitzia. = *Anandria.* Siegesbeck — *Tussilaginis sp.* Tursen (1745) — Lin. (1748) — Gmel. (1749) — Willd. (1803)

33:465 — Pers. (1807) — *Perdicii sp.* R. Brown (1813) — *Leibnitzia.*
H. Cass. (1822) Dict. v. 25. p. 420.

Dans notre article Labiatiflores (tom. XXV, pag. 9),
nous avons exposé avec assez de détails l'histoire des Ché-
nanthophores de M. Lagasca, des Labiatiflores de M. De Can-
dolle, de nos Mutisiées, et des Onosérides de M. Kunth; et
nous avons ajouté à cet exposé historique quelques remar-
ques critiques sur les opinions de MM. Lagasca, De Can-
dolle et Kunth. Pour éviter les répétitions, et surtout pour
ne point renouveler des discussions désagréables, nous ren-
voyons nos lecteurs à cet article. Cependant nous ne pouvons
guères nous dispenser de dire que notre tribu naturelle des
Mutisiées ne correspondant qu'à une partie du groupe arti-
ficiel des Chénanthophores ou Labiatiflores, et n'étant pas
fondée uniquement, comme celui-ci, sur la labiation de la
corolle, nous ne devions adopter aucun des deux titres pro-
posés avant nous, et que celui de Mutisiées nous a semblé
le plus convenable, parce qu'il rappelle un des plus an-
ciens genres de la tribu et le plus remarquable de tous.
M. Kunth paroît avoir admis notre tribu; mais il a sans
doute inventé tout ce qu'il nous a emprunté : c'est pourquoi
il a dû substituer le titre d'Onosérides a celui de Mutisiées,
ce qui prouve invinciblement qu'il est le véritable auteur
33:466 de ce groupe. Nos prétentions à cet égard sont donc tout
aussi mal fondées que celles relatives à la tribu des Eupa-
toriées, et elles seront infailliblement proscrites par tous les
botanistes impartiaux (voyez tom. XXVI, pag. 231).

Les vingt-un genres composant la tribu des Mutisiées nous ont paru se distribuer assez convenablement en deux groupes, qui pourtant ne se distinguent que par un caractère ordinairement de peu de valeur et peut-être même sujet ici à quelques exceptions. La section des Mutisiées-Prototypes, ainsi nommée parce qu'elle comprend le genre *Mutisia*, offre plus d'affinité avec la tribu des Nassauviées, qui précède celle-ci; la section des Mutisiées-Gerbériées, qui tire son nom du genre le plus ancien et le plus remarquable de ce second groupe, est fort bien placée auprès de la tribu des Tussilaginées, qui suit immédiatement.

Le genre *Proustia* commence la série, parce que, sa classification étant douteuse pour nous, il étoit bon de le reléguer à l'une des extrémités. Nous n'avons jamais vu aucune plante de ce genre, et les deux descriptions publiées par MM. Lagasca et De Candolle sont peu concordantes. Si le style a été exactement décrit et figuré par M. De Candolle, le *Proustia* ne peut pas être attribué aux Nassauviées, et il sembleroit mieux placé parmi les Carlinées que parmi les Mutisiées : mais, la corolle étant bien véritablement labiée, puisque sa division extérieure comprend les trois cinquièmes, et l'intérieure les deux autres cinquièmes, nous avons dû rapporter ce genre aux Mutisiées, en indiquant toutefois par un point d'interrogation les doutes qui viennent d'être exposés. 33:466

Notre genre *Cherina* doit nécessairement accompagner le *Chœtanthera*, qui a plus d'affinité qu'aucun autre avec les Nassauviées par ses feuilles et surtout par ses corolles et ses étamines. En effet, les fleurs du disque ont la lèvre intérieure un peu plus courte que l'extérieure, et le tube anthéral un peu arqué au sommet; et les fleurs de la couronne ont la languette intérieure souvent presque aussi longue que l'extérieure.

Dans notre article CHÆTANTHERA (tom. VIII, pag. 53), nous avons donné une description complète des caractères génériques et spécifiques de la *Chœtanthera ciliata*, observés 33:467
par nous sur un échantillon de l'herbier de M. de Jussieu. Depuis cette époque, nous avons encore étudié plus soigneusement quelques autres échantillons secs de la même espèce. Notre description spécifique est assez exacte, quoique trop peu détaillée : mais la description générique doit être rectifiée, en ce que nous avons dit que la languette intérieure des fleurs de la couronne étoit constamment indivise. Nous reconnoissons aujourd'hui que cette languette est divisée en deux lanières filiformes, mais seulement en sa partie supérieure, qui est roulée ou plutôt tortillée comme une vrille; quant à la partie inférieure, nous persistons à soutenir qu'elle est constamment et évidemment indivise, quoique M. De Candolle (pag. 11) affirme que la languette en question est fendue jusqu'à sa base. M. Lagasca dit aussi qu'elle est bipartie : mais les fondateurs du genre, Ruiz et

33:467 Pavon, sont plus exacts, car ils décrivent cette languette comme bifide. Notre erreur provenoit de ce que, la languette dont il s'agit étant extrêmement longue, probablement aussi longue ou presque aussi longue que la languette extérieure radiante, et sa partie supérieure bifide étant excessivement délicate et fragile, cette partie bifide se trouvoit accidentellement détruite sur les fleurs sèches que nous avions examinées.

Nous avons dit, dans le même article (pag. 54), que la plante étiquetée alors *Chætanthera serrata* dans l'herbier de M. Desfontaines, n'étoit probablement pas celle ainsi nommée par Ruiz et Pavon, parce que, loin d'appartenir à ce genre, elle n'appartenoit même pas à la tribu des Mutisiées. Un nouvel examen de cette plante nous a fait reconnoître que c'étoit un échantillon du *Perdicium squarrosum*, qui est de la tribu des Nassauviées.

Quant au *Perdicium chilense*, nous l'avions observé dans l'herbier de M. de Jussieu, où il étoit étiqueté *Chætanthera sericea*, Lagasca. Son péricline est involucré, mais non cilié; les squames extérieures portent un appendice foliiforme; les intérieures ont un appendice scarieux, noir; les ovaires sont garnis de papilles glanduliformes; leur aigrette est blanche, et analogue à celle du *Chætanthera ciliata;* la lan-
33:468 guette extérieure des fleurs femelles est couverte de longs poils couchés; l'intérieure nous a paru être absolument indivise, mais il est probable que sa partie supérieure bifide étoit détruite. Enfin, nous avons acquis la certitude que le *Perdicium chilense* appartient à la tribu des Mutisiées et au genre *Chætanthera.*

L'herbier de M. Desfontaines nous a offert une autre plante du même genre, et que nous croyons être une espèce nouvelle intermédiaire entre le *Chætanthera serrata* et le *Chætanthera sericea* ou *chilensis.* Voici sa description.

Chætanthera spinulosa, H. Cass. C'est une plante herbacée, dont la racine pivotante produit plusieurs tiges (deux à quatre) couchées horizontalement sur la terre, longues d'un à deux pouces, grêles, cylindriques, glabres, portant quelques vestiges de feuilles. Chacune de ces tiges se termine par une touffe de feuilles, du milieu de laquelle naissent

ordinairement trois rameaux simples : l'un de ces rameaux, 33:468
etalé horizontalement sur la terre, est grêle, cylindrique,
rougeàtre, chargé de longs poils laineux, grisâtres ou rous
sâtres, qui disparoissent peu à peu sur la partie moyenne
des mérithalles, et ne persistent que vers leurs extrémités,
c'est-à-dire dans le voisinage des feuilles; un autre rameau,
qui s'élève d'abord, puis s'incline en s'arquant, pour re-
tomber sans doute sur la terre, ressemble du reste au pré-
cedent, sauf qu'il est plus fort et plus chargé de feuilles;
le troisième rameau est ascendant, se redresse presque ver-
ticalement, se termine par une calathide, et imite une fausse
hampe; il est long d'environ trois pouces et demi, très-
grêle, rougeâtre, glabriuscule, garni de feuilles à sa base
et sur sa partie inférieure, presque dénué de feuilles sur
sa partie supérieure. Toutes les feuilles de cette plante sont
alternes, sessiles, longues d'environ un pouce, très-étroites,
glabres, coriaces, uninervées ; leur partie inférieure est
plus étroite, linéaire, pétioliforme, très-entière sur ses
bords; la supérieure large d'environ une ligne, linéaire-
lancéolée, a ses bords un peu roulés en-dessus, au moins en
apparence, et munis de dents éloignées les unes des autres,
dressées, spiniformes. La calathide solitaire, qui termine le
rameau scapiforme, est haute de six lignes, large d'environ
quinze lignes, à disque et couronne jaunes; elle est entourée 33:469
d'un involucre superieur au péricline, composé d'environ
huit à dix bractées analogues aux feuilles, inégales, pluri-
sériées, irrégulièrement disposées, longues, étroites, linéai-
res, glabres, à partie inférieure appliquée, squamiforme,
entière, à partie supérieure inappliquée, foliacée, aiguë
au sommet, dentée sur les bords; le vrai péricline, égal
aux fleurs du disque, est formé de squames régulièrement
imbriquées, appliquées: les extérieures oblongues, coriaces,
pubescentes, glabres sur les deux bords latéraux et sur la
nervure médiaire, qui est large et saillante, et surmontées
d'un appendice ovale, glabre, scarieux, noirâtre, qui se
termine par une petite arête; les squames intérieures sont
longues, étroites, oblongues-lancéolées, membraneuses, ve-
lues sur le milieu de leur face externe, scarieuses et noirâ-
tres au sommet, qui est aristé; la couronne est composée

33:469 d'un rang de fleurs femelles à corolle biligulée; leur languette extérieure est radiante, longue, épaisse, opaque, velue extérieurement, tridentée au sommet; la languette intérieure, plus courte, très-étroite, mince, membraneuse, semi-diaphane, a sa partie inférieure linéaire-subulée, indivise, et sa partie supérieure divisée en deux lanières tortillées ensemble en forme de vrille; il y a cinq fausses-étamines membraneuses, linéaires-subulées, et un style de Mutisiée; le disque est composé de fleurs hermaphrodites, nombreuses, à corolle profondément labiée, ayant la lèvre extérieure tridentée, l'intérieure bidentée; les ovaires sont obovoïdes-oblongs, hérissés de papilles; leur aigrette est longue, blanchâtre, composée de squamellules nombreuses, inégales, filiformes, barbellulées.

Les bractées composant l'involucre, ou du moins les plus intérieures de ces bractées, pourroient très-bien être attribuées au vrai péricline, en les considérant comme des squames extérieures fort courtes, et surmontées d'un long appendice bractéiforme. C'est ici un de ces cas douteux, dont nous avons parlé tom. X, pag. 151, où l'involucre et le péricline se confondent par des nuances insensibles, parce que les bractées de l'involucre ont un pétiole squamiforme. Le mode de ramification propre au *Chætanthera spinulosa*
33:470 est remarquable, surtout dans une plante à feuilles alternes, et il est fort analogue à celui du *Chætanthera ciliata*, dont la tige se divise à quelque distance de sa base en plusieurs rameaux simples ou presque simples, naissant du même point : mais, dans le *Chætanthera ciliata*, qui est sans aucun doute à nos yeux une plante annuelle, la tige et les rameaux sont dressés verticalement, et chaque rameau se termine par une calathide. Nous pensons que le sommet de la tige, étant parvenu à une certaine hauteur, avorte ou cesse de croître par l'effet d'une cause qu'il seroit intéressant de découvrir, et que cet avortement détermine la production des rameaux disposés en verticille autour du sommet avorté de la tige. Cependant nous avons vu un échantillon dont la tige étoit longue de cinq pouces, grêle, droite, très-simple, et terminée par une seule calathide : dans ce cas insolite, la tige, au lieu de s'arrêter et de se ramifier à peu

de distance de sa base, avoit continué de croître et de s'é- 33:470
lever en suivant une seule et même direction verticale. Cet échantillon étoit évidemment beaucoup plus foible que les autres, ce qui pourroit faire croire que la cessation d'accroissement de la tige est plutôt l'effet que la cause de la production des rameaux. Dans le *Chætanthera spinulosa*, il faut admettre que la tige verticale qui devoit naître directement de la racine pivotante, avorte dès sa naissance, ce qui détermine la production de plusieurs tiges latérales qui s'étalent horizontalement sur la terre, et que chacune de ces tiges cesse de croître après avoir acquis quelque longueur, ce qui produit à leur extrémité la touffe de feuilles et les trois rameaux décrits ci-dessus. Cette espèce est-elle vivace? Malgré les apparences extérieures, nous en doutons, parce que les tiges et rameaux couchés sur la terre nous ont paru ne produire aucune racine. Nous ignorons si le singulier mode de ramification, remarqué par nous dans les *Chætanthera ciliata* et *spinulosa*, existe aussi dans les deux autres espèces : mais cela est bien probable à cause de leur très-grande affinité avec notre *Chætanthera spinulosa*, que nous croyons pourtant suffisamment distinct. Ses feuilles, même dans leur jeunesse, ne sont point du tout chargées de poils soyeux, blancs, comme celles du *Chætanthera serioea* ou *chi-*
lensis. Quant au *Chætanthera serrata*, qui n'est connu que 33:471
par une phrase caractéristique beaucoup trop courte et très-insuffisante, il doit avoir les feuilles carénées et le péricline cilié, ce qui n'a pas lieu dans notre plante.

Quoique nous n'ayons analysé que des échantillons incomplets et en mauvais état de deux espèces seulement du beau genre *Mutisia*, nous avons pu nous convaincre que les descriptions de MM. Cavanilles et Lagasca sont beaucoup plus exactes que celles de MM. De Candolle et Kunth. M. De Candolle affirme que les fleurs de la couronne sont hermaphrodites, aussi bien que celles du disque. M. Kunth ne reproduit, il est vrai, cette proposition qu'avec le signe du doute (pag. 15) ; mais, dans son *Index generum secundum systema sexuale* (pag. 306), il n'hésite plus à ranger le *Mutisia* dans la Polygamie *égale*. Nous insistons sur ce point, parce que, dans le Journal de physique d'Octobre 1819 (p. 283),

33:471 M. Kunth a prétendu que la remarque critique faite par nous dans le Journal de physique de Juillet 1819 (p. 23), prouvoit la mauvaise foi dont il nous accuse. L'auteur *croit* que les fleurs de la couronne sont hermaphrodites : telles sont les expressions de notre critique, où M. Kunth trouve une preuve évidente de mauvaise foi ! Remarquez que nous n'avions signalé l'erreur en question que parce qu'elle sembloit infirmer le principe, établi dans notre cinquième Mémoire, que la couronne d'une calathide est toujours féminiflore ou neutriflore, jamais androgyniflore ni masculiflore, et parce qu'elle infirmoit aussi l'un des caractères qui distinguent notre tribu des Mutisiées de celle des Nassauviées. Dans les *Mutisia clematis* et *viciæfolia*, que nous avons examinées, les fleurs de la couronne sont certainement femelles, puisqu'elles ne nous ont offert que de foibles rudimens filiformes d'étamines avortées. Les descriptions et les figures de Cavanilles, qui paroît avoir soigneusement observé onze espèces de *Mutisia*, prouvent que la couronne est également féminiflore dans toutes ces espèces. Enfin, dans la description du *Mutisia grandiflora*, que M. Kunth dit avoir empruntée à M. Bonpland sans la vérifier, nous lisons que les fleurs de la couronne ont cinq filets d'étamines privés d'anthères.

33:472 En comparant les figures des onze espèces dessinées par Cavanilles, il nous a paru qu'elles pouvoient être distribuées en trois genres ou sous-genres, dont deux au moins seroient suffisamment caractérisés. Dans les *Mutisia hastata*, *subspinosa*, *inflexa*, *retrorsa*, *sinuata*, les squames extérieures et intermédiaires du péricline sont constamment surmontées d'un appendice bien distinct, lancéolé ou subulé, inappliqué, plus ou moins étalé ou réfléchi, et les feuilles sont ordinairement décurrentes, longues, étroites, ordinairement dentées, terminées par une vrille ordinairement simple : nous proposons d'appliquer à ce genre le nom de *Guariruma*, par lequel les Péruviens désignent quelques espèces de *Mutisia*, selon Joseph de Jussieu. Les *Mutisia clematis* de Linné fils, *peduncularis* et *viciæfolia* de Cavanilles, et *grandiflora* de Bonpland, ayant le péricline privé d'appendices, et les feuilles pinnées, terminées par trois vrilles, constitueront un autre genre, qui doit conserver le nom de *Mutisia*, puisqu'il comprend l'espèce sur laquelle Linné fils a fondé le genre ainsi nommé. Les *Mutisia ilicifolia*, *decurrens*, *linearifolia* ont le péricline dénué d'appendices, comme les vraies *Mutisia*, et les feuilles simples, comme les *Guariruma;* quoique la différence des feuilles ne suffise pas pour distinguer les genres, nous hasardons de séparer ces trois plantes des vraies *Mutisia*, pour en faire un sous-genre provisoire nommé *Aplophyllum*, et intermédiaire entre les deux autres, parce que nous avons lieu de présumer qu'une analyse exacte de la calathide feroit découvrir quelque caractère générique. Cavanilles a remarqué que les onze espèces de *Mutisia* observées par lui offroient dans leurs caractères génériques quelques différences : 1.° par la structure du péricline, dont les squames ne sont pas toujours prolongées au sommet en une pointe, qui, lorsqu'elle existe, n'est pas toujours réfléchie ou recourbée; 2.° par les fausses étamines des fleurs de la couronne, dont le nombre dans chaque fleur varie de deux à cinq, et qui sont quelquefois nulles; 3.° par la corolle des mêmes fleurs, dont la languette intérieure est quelquefois nulle, souvent bipartie, plus souvent indivise; 4.° par la longueur du fruit et la figure de ses extrémités. D'après la description de M. Bonpland, copiée par M. Kunth, le *Mutisia grandiflora* auroit le disque composé de fleurs régulières et mâles, ayant la corolle tubuleuse, quinquéfide, l'ovaire stérile et deux stigmatophores divergens : mais tout cela est peu croyable, et deux stigmatophores divergens sont presque toujours une preuve certaine que la fleur à laquelle ils appartiennent n'a point l'ovaire naturellement stérile. Il n'est pas vraisemblable non plus que les anthères du *Mutisia peduncularis* soient privées d'appendices basilaires, comme le dit M. Persoon (*Syn.*, pag. 455) : ce seroit une exception sans autre exemple dans la tribu des Mutisiées; et d'ailleurs Cavanilles, qui avoit observé cette espèce, déclare expressément que tous les *Mutisia* ont les anthères pourvues d'appendices basilaires. M. De Candolle a donné la figure des diverses parties de la calathide du *Mutisia clematis* : on y voit une squamellule d'aigrette, séparée et grossie, qui paroît être *barbellée*, c'est-à-dire ciliée ou courte-

33:472

33:473

33:473 ment plumeuse. Cette figure n'est point exacte ; car l'aigrette du *Mutisia clematis*, que nous avons soigneusement observée, est composée de squamellules vraiment *barbées*, c'est-à-dire longuement plumeuses, ayant des barbes excessivement fines et longues, qui forment ensemble la toile d'araignée, comme dans les *Tragopogon* et *Scorzonera*. L'aigrette du *Mutisia viciæfolia*, que nous avons aussi observée, est absolument semblable à celle du *Mutisia clematis*. Au reste, ces deux espèces de *Mutisia* nous ont présenté une différence réelle dans la corolle des fleurs femelles, dont la languette intérieure est bipartie chez le *Mutisia clematis* et nulle chez le *Mutisia viciæfolia*. Ce caractère, qui est ordinairement générique, n'est ici que spécifique : car le genre *Guariruma* comprend deux espèces (*G. hastata* et *retrorsa*) à languette intérieure bipartie, une espèce (*G. subspinosa*) à languette intérieure indivisé, deux espèces (*G. inflexa* et *sinuata*) à languette intérieure nulle; le genre *Aplophyllum* comprend une espèce (*A. decurrens*) à languette intérieure bipartie, et deux espèces (*A. ilicifolium* et *linearifolium*) à languette intérieure nulle; le vrai genre *Mutisia* comprend une espèce (*M. clematis*) à languette intérieure bipartie, une espèce (*M. peduncularis*) à languette intérieure indivise, deux espèces (*M. viciæfolia* et *megalocephala* ou *grandiflora*) à languette intérieure nulle.

33:474 Le genre *Guariruma* doit suivre le *Chætanthera*, avec lequel il a des rapports par le péricline appendiculé et par les feuilles plus ou moins analogues dans ces deux genres. Remarquez surtout que, dans le *Chætanthera ciliata*, les appendices bractéiformes et foliacés qui surmontent les squames du péricline, se prolongent au sommet en un long filet qui ressemble beaucoup à la vrille terminale des feuilles de *Guariruma*.

Le genre *Aplophyllum* s'interpose nécessairement entre le *Guariruma*, auquel il ressemble par les feuilles, et le vrai *Mutisia*, auquel il ressemble par le péricline.

Le *Dolichlasium*, que nous n'avons point vu, nous semble pourtant bien placé à la suite du *Mutisia*, dont il a, selon M. Lagasca, le port et les feuilles pinnées.

Le genre *Onoseris* de Willdenow n'a été bien décrit que par M. Kunth, qui en a observé sept espèces, les unes pour-

vues d'une vraie tige, les autres n'offrant que des hampes. 33:474
On conçoit facilement que nos deux sections étant fondées sur cette différence, nous avons dû chercher les moyens de séparer génériquement les espèces à hampes des espèces à tige. Les *Onoseris hieracioides*, *speciosa* et *purpurata*, à hampes mono-di-polycalathides, ont les squames du péricline privées d'appendice, et les corolles de la couronne pourvues d'une languette intérieure longue, bipartie, roulée en spirale : ces trois espèces forment pour nous un genre distinct, auquel nous conservons le nom d'*Onoseris*, parce qu'il comprend l'espèce (*O. purpurata*) la mieux connue des deux composant le genre de Willdenow, et la seule qui y ait été admise par MM. Persoon et De Candolle. Les *Onoseris acerifolia* et *salicifolia*, à tige herbacée ou ligneuse, ont les squames du péricline terminées par un appendice qui les rend squarreuses, et les corolles de la couronne pourvues d'une languette intérieure bipartie et roulée : ces deux espèces constituent notre genre *Hipposeris*. Enfin, les *Onoseris hyssopifolia* et *mexicana*, à tige ligneuse, ont les squames du péricline privées d'appendice, et la languette intérieure des corolles de leur couronne est nulle, ou presque nulle, extrêmement petite, non roulée : nous proposons de nommer *Lycoseris* un genre qui seroit composé de ces deux espèces.

Ce genre *Lycoseris* suit le *Dolichlasium*, avec lequel il a 33:475
peut-être quelque affinité : car, outre que le péricline est analogue, le *Dolichlasium glanduliferum* est tout couvert de glandes, et, selon M. Smith, les feuilles du *Lycoseris mexicana* sont parsemées de points glanduleux.

Les *Hipposeris* sont intermédiaires entre les *Lycoseris*, auxquels ils ressemblent par la tige, et les véritables *Onoseris*, auxquels ils ressemblent par la languette intérieure des fleurs de la couronne.

Le vrai genre *Onoseris*, qui diffère très-peu des deux derniers genres de la première section, et dont la hampe, souvent polycalathide, imite quelquefois une tige, doit par conséquent se trouver au commencement de la seconde section.

L'*Isotypus*, très-analogue à l'*Onoseris purpurata*, accompagne nécessairement le genre *Onoseris*.

Tous les genres qui suivent ont la hampe monocalathide.

33:475 Le *Pardisium*, connu seulement par la description de Burmann, son auteur, et négligé depuis par presque tous les autres botanistes, est admis par nous avec doute parmi les Mutisiées-Gerbériées. Si, comme nous le supposons, il appartient à ce groupe naturel, il peut être assez convenablement placé auprès de l'*Isotypus*, parce que son clinanthe n'est point nu, et que les fleurs de son disque ont probablement la corolle presque régulière ou à peine labiée.

Notre *Trichocline*, dont le clinanthe est hérissé de fimbrilles membraneuses, souvent entregreffées à la base, et dont l'aigrette est très-barbellulée supérieurement, semble avoir ainsi des rapports avec le *Pardisium*, auquel Burmann attribue le clinanthe paléacé et l'aigrette plumeuse.

Le beau genre *Gerberia*, créé par Gronovius, adopté par Linné et Burmann, puis supprimé par Linné et abandonné par tous les botanistes, puis enfin rétabli par nous, vient à la suite du *Trichocline*, qui lui ressemble beaucoup par ses caractères génériques, et qui a les feuilles pinnatifides comme les principales espèces de *Gerberia*.

Notre *Lasiopus* est naturellement fixé à la place où nous l'avons mis, parce que ses corolles radiantes ont une languette intérieure, comme les genres précédens, et sont privées de fausses-étamines, comme les genres suivans.

33:476 Le genre *Chaptalia* ne diffère du *Lasiopus* que par ses corolles radiantes privées de languette intérieure.

Notre genre *Loxodon* diffère du *Chaptalia*, en ce que son disque est composé de fleurs hermaphrodites et à corolle presque régulière.

Notre genre *Lieberkuhna* paroît être intermédiaire entre le genre précédent, auquel il ressemble par le port, et le genre suivant, dont il se rapproche par la forme de ses fruits.

Le genre *Leria* est fixé par la forme de ses fruits auprès du *Lieberkuhna*.

Dans la troisième et dernière édition du *Species plantarum* de Linné, le genre *Perdicium* est composé de deux espèces nommées *semifloscularе* et *radiale*. La première est évidemment considérée par l'auteur comme le type de ce genre, puisqu'il l'a placée au premier rang, et qu'elle seule lui a fourni les caractères génériques qu'il a décrits dans le *Genera plantarum*. La seconde espèce, dont Browne avoit fait un genre sous le nom de *Trixis*, et qui avoit ensuite été attribuée au genre *Inula*, n'est associée par Linné au vrai *Perdicium* qu'avec beaucoup de doute et provisoirement. M. Lagasca, ayant reconnu que les deux espèces en question n'étoient point du tout congénères, a dû consacrer exclusivement le nom générique de *Perdicium* au *P. semiflosculare*, et rétablir pour le *P. radiale* le genre *Trixis* de Browne. Cette réforme, adoptée par M. De Candolle et par nous, le sera sans doute aussi par tous les botanistes jaloux de maintenir les règles de la nomenclature, lorsqu'elles sont, comme celles-ci, fondées sur la raison, et non sur des caprices arbitraires. Il est surprenant que M. Kunth, n'ayant aucun égard pour les règles dont il s'agit, non plus que pour l'autorité de MM. Lagasca et De Candolle, ait appliqué le nom générique de *Perdicium* au genre *Trixis* de Browne, en sorte que le *P. semiflosculare*, véritable type du genre *Perdicium*, se trouveroit exclus de ce genre, et devroit recevoir un nom tout nouveau. 33:476

Nous remarquons que les noms spécifiques de *semiflosculare* et de *radiale* ont été appliqués tout-à-fait à contre-sens aux deux plantes dont il s'agit. En effet, le vrai *Perdicium*, qui est de la tribu des Mutisiées, et qui a la calathide réellement radiée, eût été mieux nommé *radiale*; et le nom de *semiflosculare* auroit mieux convenu au *Trixis*, qui, étant de la tribu des Nassauviées, a la calathide seulement radiatiforme, comme les Lactucées ou semi-flosculeuses. 33:477

Remarquons aussi que M. De Candolle, qui admet le *Perdicium semiflosculare* dans ses Labiatiflores non douteuses, avoit oublié que cette plante habite le cap de Bonne-Espérance, lorsqu'il a dit que toutes les Labiatiflores bien constatées sont originaires du nouveau continent. Si cependant, ajoute-t-il, les genres *Denekia*, *Disparago* et *Leria*, que j'indique avec doute à la fin de cette famille, y sont définitivement conservés, cette observation géographique cesseroit d'être générale. Nous avons démontré (tom. XIII, pag. 65 et 348) que les *Denekia* et *Disparago* ne sont ni des Mutisiées ni des Nassauviées. Quant au genre *Leria*, qui appartient

33:477 sans aucun doute à la tribu des mutisiées, toutes ses espèces habitent les îles de l'Amérique et même le continent américain. M. De Candolle n'a donc pu y voir une exception, que parce qu'il admettoit dans ce genre le *Tussilago sarmentosa* de Persoon, qui a été trouvé non-seulement en Amérique, près de Montevideo, mais encore dans l'île de Tristan d'Acugna, moins éloignée de l'Afrique que de l'Amérique. Cette plante n'étant point du tout congénère des *Leria*, et constituant notre genre *Chevreulia* (t. VIII, p. 516), de la tribu des Inulées, n'auroit point fait exception, non plus que les *Denekia* et *Disparago*, à la loi géographique de M. De Candolle, qui se trouve d'ailleurs évidemment infirmée par les *Perdicium*, *Gerberia*, *Leibnitzia*, etc.

Le genre *Perdicium* s'éloigne du *Leria* par plusieurs caractères, et ne se trouve placé immédiatement après lui, que parce que, les corolles de sa couronne ayant une petite languette intérieure bidentée, il paroît devoir accompagner notre genre *Leibnitzia*, qui nous semble terminer très-convenablement la série des mutisiées.

En effet, ce genre *Leibnitzia*, relégué dans la Sibérie, tandis que toutes les autres plantes de la même tribu habitent en grand nombre l'Amérique équinoxiale ou méridionale, en moindre nombre l'Afrique australe, en petit nombre
33:478 l'Amérique septentrionale, prépare, on ne peut mieux, la transition des Mutisiées aux Tussilaginées qui les suivent, et qui sont presque toutes des plantes européennes, se plaisant pour la plupart dans les régions froides. Remarquez qu'au contraire toutes les Mutisiées-Prototypes habitent, avec les Nassauviées qui les précèdent, l'Amérique méridionale ou équinoxiale. Ces dispositions géographiques méritent d'être prises en considération pour la classification naturelle des végétaux, lorsqu'elles ne sont pas en contradiction avec les caractères de la structure, qui sont le fondement de cette classification.

Depuis la publication de notre article Leibnitzie (t. XXV, pag. 420), nous avons été averti que M. R. Brown avoit attribué l'*Anandria* au genre *Perdicium*. Cette attribution remarquable avoit jusque-là échappé à notre attention, parce que, ne possédant pas l'*Hortus kewensis*, nous ne l'avions encore parcouru qu'une seule fois, légèrement et rapidement, dans une bibliothèque publique, pour prendre note des genres nouveaux de la Syngénésie. C'est donc de bien bonne foi que nous avons cru avoir observé le premier la labiation des corolles de l'*Anandria*, que M. Brown avoit indiquée avant nous. Réclamons pour ce cas, et pour beaucoup d'autres, l'indulgence que mérite notre position. N'ayant ni livres, ni herbier, ni jardin, continuellement détourné de notre étude favorite par d'austères fonctions, vivant dans un isolement presque absolu, ne communiquant que rarement avec le très-petit nombre de botanistes qui nous accordent quelque bienveillance, n'étant aidé ni encouragé par personne, nous avons eu l'imprudence d'entreprendre, et nous avons encore la témérité de poursuivre opiniâtrement, un travail général et approfondi sur une immense classe de plantes, au milieu des dégoûts, des mépris et des injustices que certains botanistes nous ont libéralement prodigués. Dans une telle position, et malgré les soins les plus laborieux, nous ne pouvons pas éviter de commettre fréquemment des fautes nombreuses et de toute espèce. 33:478

Dans l'*Hortus kewensis*, le genre *Perdicium* ne présente qu'une seule espèce, l'*Anandria*, et il est ainsi défini : *Receptaculum nudum, pappus pilosus, corollulæ bilabiatæ.* Cette vague définition, empruntée du *Systema vegetabilium* de Linné, et qui seroit applicable à la plupart des genres de Labiatiflores, est bien insuffisante pour nous faire connoître dans quelles limites M. Brown entend renfermer le genre *Perdicium*, dont les caractères et la composition sont encore un sujet de controverse entre les botanistes. Mais, en admettant que, sur ce point, M. Brown s'accorde avec M. Lagasca, ce qui est la supposition la plus favorable, est-il bien certain que l'*Anandria* soit exactement congénère du *Perdicium semiflosculare* de Linné? Quoique nous n'ayons point vu celui-ci, son association générique avec l'*Anandria* nous paroit peu fondée, ou du moins bien hasardée. Linné, qui a décrit les caractères du genre *Perdicium* sur l'espèce dite *semiflosculare*, lui attribue des fruits obovoïdes (*semina obovata*), ce qui ne s'accorde guères avec les fruits de l'*A*- 33:479

33:479 *nandria*, alongés, oblongs, amincis aux deux bouts, comprimés ou obcomprimés, à partie supérieure formant un large col vide. Ajoutons que, dans l'*Anandria*, le péricline est supérieur aux fleurs et les cache entièrement; que les corolles de la couronne ont la languette extérieure très-courte, l'intérieure presque nulle; que les corolles du disque n'ont point du tout la lèvre extérieure étalée, imitant le limbe des corolles de Lactucées, et que les étamines sont extrêmement petites. Remarquons enfin que le *Perdicium semiflosculare* habite le cap de Bonne-Espérance, tandis que l'*Anandria* se trouve en Sibérie.

Il y a des analogies notables entre le *Leibnitzia* et le *Lieberkuhna*; car, dans ces deux genres, le péricline est très-supérieur aux fleurs de la couronne : cette couronne féminiflore est simple et subunisériée, les fruits sont prolongés en un col qui n'est point ou presque point distinct extérieurement de la partie séminifère.

La fleuraison étant déjà opérée depuis quelque temps dans les individus de *Leibnitzia cryptogama* sur lesquels nous avons fait la description insérée dans ce Dictionnaire, nous n'avions pas pu bien observer leurs étamines fort délicates et flétries, en sorte que nous n'osions pas alors affirmer avec une entière assurance que ces individus fussent pourvus d'or-
33:480 ganes mâles propres à féconder les organes femelles. (Voyez tom. XXV, pag. 427.) L'année suivante, nous avons examiné d'abord une calathide en état de préfleuraison très-peu avancée, et nous avons cru découvrir du pollen dans les anthères, qui étoient encore trop jeunes pour y bien reconnoître cette substance : mais, ayant ensuite observé une autre calathide récemment fleurie, nous avons trouvé très-certainement du pollen dans les anthères, et surtout sur les stigmatophores du disque et de la couronne. Il ne peut donc plus nous rester aucun doute sur l'erreur de Siegesbeck, qui est pourtant assez excusable à raison des difficultés de cette observation. Nous avons reconnu aussi que l'appendice apicilaire des anthères, qui nous avoit paru aigu sur les étamines desséchées, étoit réellement obtus; et nous avons vérifié de nouveau que la couronne féminiflore est unisériée, et composée de corolles ayant une petite lan-

guette intérieure divisée jusqu'à sa base en deux dents. 33:480

Le *Plazia* de Ruiz et Pavon, que nous n'avons point vu et qui est peu connu, appartient peut-être à la tribu des Mutisiées, et à la section des Mutisiées-Prototypes : cependant nous préférons le rapporter avec doute aux Nassauviées, pour des motifs qui seront exposés dans notre article sur cette tribu.

En terminant celui-ci, qui contient le tableau méthodique des genres composant la tribu des Mutisiées, nous indiquons au lecteur les autres tableaux déjà présentés dans ce Dictionnaire, pour qu'il puisse y recourir au besoin, et y trouver des renseignemens utiles à l'intelligence de celui-ci, mais que nous n'avons pas dû répéter. Voyez nos tableaux des Inulées (tom. XXIII, pag. 560), des Lactucées (tom. XXV, pag. 59), des Adénostylées et des Eupatoriées (tom. XXVI, pag. 226), ceux des Ambrosiées et des Anthémidées insérés dans l'article Maroute, celui des Arctotidées inséré dans l'article Mélanchryse, et celui des Calendulées inséré dans l'article Météorine. (H. Cass.)

MYCÉLIDE, *Mycelis*. (*Bot.*) Ce nouveau genre de plantes, 33:483
que nous proposons, appartient à l'ordre des Synanthérées, à la tribu naturelle des Lactucées, et à notre section des Lactucées-Prototypes, dans laquelle nous le plaçons immédiatement après le genre *Lactuca*. Voici ses caractères :

Calathide incouronnée, radiatiforme, quinquéflore, fissiflore, androgyniflore. Péricline inférieur aux fleurs, cylindracé, formé de cinq squames subunisériées, se recouvrant par les bords, égales, appliquées, planes, oblongues, obtuses au sommet, foliacées, membraneuses sur les bords, un peu carenées sur le dos ; la base du péricline entourée de quelques squamules surnuméraires, inégales, appliquées, subcordiformes. Clinanthe petit, plan, nu. Fruits pédicellulés, comprimés ou obcomprimés, obovales, striés, à côtes nombreuses, un peu pubescentes, prolongés supérieurement en un col extrêmement court pendant la fleuraison, devenant ensuite long à peu près comme le tiers de la partie séminifère, terminé par un bourrelet apicilaire très-saillant, ayant son bord supérieur entouré d'une couronne de poils très-courts, qui ceignent la base de l'aigrette ; aigrette longue, très-blanche,

33:483 composée de squamellules très-nombreuses, inégales, filiformes, extrêmement fines, cassantes, striées, comme articulées, munies de barbellules à peine saillantes. Corolles portant une touffe de longs poils très-fins autour du sommet du tube et de la base du limbe.

33:484 Nous ne connoissons qu'une espèce de ce genre.

Mycélide à feuilles anguleuses : *Mycelis angulosa*, H. Cass.; *Prenanthes muralis*, Linn., *Sp. pl.*, édit. 3, pag. 1121 ; *Chondrilla ruralis*, Gærtn., *De fr. et sem. pl.*, tom. 2, p. 363, tab. 158. Une racine vivace, oblique, épaisse, cylindrique, garnie de fibres descendantes, produit de son sommet une tige dressée verticalement, simple, grêle, cylindrique, finement striée, garnie de feuilles inférieurement, paniculée supérieurement, haute d'environ un pied et demi, glabre comme tout le reste de la plante ; les feuilles sont distantes, alternes, sessiles, embrassantes, minces, membraneuses, vertes en-dessus, glauques en-dessous ; les inférieures longues de près de six pouces, larges de près de trois pouces, très-profondément lyrées, à partie inférieure étroite, pétioliforme, dentée, élargie à la base, qui est échancrée en cœur ; la division terminale est très-grande, profondément échancrée à sa base, découpée à peu près en trois lobes, qui sont eux-mêmes découpés sur les bords par des sinus plus ou moins profonds, formant quelques angles saillans, inégaux, mais très-symétriques, terminés chacun par une petite dent ; les divisions latérales de la feuille, ordinairement au nombre de quatre, sont dirigées obliquement en arrière, d'une figure irrégulière, à bords anguleux ; les feuilles supérieures sont graduellement plus petites et moins divisées ; les calathides ne sont point pendantes ou penchées, comme celles des *Prenanthes;* elles sont nombreuses, et disposées en une panicule terminale, divariquée, à ramifications longues, grêles, accompagnées de bractées foliacées, inégales ; le péricline est étroit, long de cinq lignes ; les corolles sont jaunes. Cette plante habite les environs de Paris, où on la trouve dans les lieux ombragés, et où elle fleurit entre les mois de Juin et de Septembre. La plupart des auteurs la disent annuelle : mais nous pensons, comme Smith (*Fl. brit.*, p. 821), qu'elle est réellement vivace, parce que la tige de l'indi-

vidu sur lequel nous avons fait la description qu'on vient 33:484
de lire, naissoit de l'extrémité d'une souche rampant obliquement dans le sein de la terre, et garnie de racines.

La Mycélide, associée aux *Prenanthes* par Linné, et aux *Chondrilla* par Lamarck, Gærtner, Mœnch, De Candolle, 33:485
n'appartient certainement ni à l'un ni à l'autre de ces deux genres. En effet, l'existence d'un col très-manifeste et très-distinct sur le sommet du fruit l'exclut évidemment du genre *Prenanthes*, comme on l'a déjà reconnu avant nous; et elle n'est pas mieux placée dans le genre *Chondrilla*, qui a pour type la *Chondrilla juncea*, dont le fruit n'est point du tout aplati, mais obovoïde-oblong, hérissé au sommet d'excroissances laminées fort remarquables, imitant un calice, et surmonté d'un long col.

Notre genre *Mycelis*, solidement fixé parmi les Lactucées-Prototypes, par ses fruits aplatis et par ses rapports naturels, se distingue de tous les autres genres de cette section par son péricline de squames unisériées, entouré à la base de squamules surnuméraires; et il est très-convenablement placé entre le genre *Lactuca*, auquel il ressemble par ses fruits, mais dont il diffère par son péricline, et le genre *Lampsana* commençant la série de nos Lactucées-Crépidées, auxquelles il ressemble par le péricline, mais dont il diffère par les fruits. Ainsi le *Mycelis* terminera fort bien notre première section, dont nous excluons désormais les *Chondrilla* et *Prenanthes*, que nous y avions rangés mal à propos, puisque leurs fruits ne sont ni aplatis ni tétragones. (Voyez tom. XXV, pag. 60 et 61.)

Le genre *Prenanthes* sera transféré parmi les Lactucées-Hiéraciées, pour des motifs que nous ferons connoître dans l'article Nabalus. Le genre *Chondrilla* fera partie des Lactucées-Crépidées et commencera la série des Crépidées à aigrette barbellulée, en sorte qu'il se trouvera placé entre le *Koelpinia* et le *Zacintha*. (Voyez tom. XXV, pag. 61 et 62.) Ce genre *Chondrilla*, ayant pour type la *Chondrilla juncea*, présente les caractères suivans.

Chondrilla. Calathide incouronnée, radiatiforme, pauciflore (huit ou dix), fissiflore, androgyniflore. Péricline inférieur aux fleurs, cylindracé, formé de huit squames

33:485 unisériées, contiguës par les bords, égales, appliquées, oblongues, obtuses, foliacées, canaliculées, embrassantes; la base du péricline entourée de quelques squamules surnuméraires, irrégulièrement disposées, petites, appliquées,
33:486 ovales. Clinanthe petit, plan, nu. Fruits obovoïdes-oblongs (non comprimés, ni obcomprimés, ni tétragones), munis de cinq larges côtes triples, hérissées en bas de petites aspérités spinuliformes, plus haut de quelques grandes écailles transversales, arrondies, et terminées par cinq excroissances encore plus fortes, laminées, demi-lancéolées, imitant un calice, du milieu duquel s'élève un col, très-court pendant la fleuraison, mais devenant ensuite plus long que la partie séminifère, filiforme, cylindrique, à cinq côtes lisses; aigrette longue, très-blanche, composée de squamellules plurisériées, très-nombreuses, très-inégales, filiformes, très-fines, foiblement barbellulées. Corolles à tube hérissé sur sa moitié supérieure de poils très-courts, spinuliformes, à limbe non fendu à sa base.

En comparant les caractères génériques du *Mycelis* et du *Chondrilla*, décrits dans le présent article, on reconnoît facilement les différences notables qui les distinguent, et qui ne permettront plus aux botanistes exacts de confondre ces deux genres appartenant à deux divers groupes naturels. Dans le *Mycelis*, les squames du péricline sont planes et se recouvrent par les bords; tandis que, dans le *Chondrilla*, elles sont canaliculées, embrassantes, et contiguës par les bords, comme dans la plupart des Crépidées. Les fruits du *Mycelis* ont la forme aplatie propre aux Lactucées-Prototypes, et le col beaucoup plus court que la partie séminifère: ceux du *Chondrilla* ne sont point du tout aplatis ni tétragones, mais analogues aux fruits des Crépidées; leur col est beaucoup plus long que la partie séminifère, et celle-ci est hérissée d'excroissances qui ont des rapports avec celles du *Koelpinia*. Enfin, tandis que la corolle du *Mycelis* offre, entre le tube et le limbe, la touffe de poils longs et fins qui caractérise ordinairement les Lactucées-Prototypes, celle du *Chondrilla* ne présente que des poils très-courts, spinuliformes, disposés sur la moitié supérieure du tube, comme dans les *Lampsana*.

Dans la *Chondrilla juncea* le col du fruit semble extérieu- 33:486
rement être articulé par sa base sur le sommet de la partie
séminifère, car on observe une sorte d'articulation ruptile
séparant la base du col d'une protubérance conique qui
surmonte les cinq écailles caliciformes; cependant nous 33:487
croyons avoir aperçu que la cavité de la partie séminifère
se continuoit dans l'axe du col. Nous avons aussi remarqué
que la *Chondrilla juncea* avoit très-souvent les feuilles tor-
dues à la base et verticales. Il y a donc, entre les genres
Chondrilla et *Lactuca*, certains rapports fondés sur le col du
fruit et sur les feuilles, mais qui ne doivent pas prévaloir
sur les motifs graves qui nous déterminent à retirer le genre
Chondrilla de la section des Lactucées-Prototypes; et d'ail-
leurs cette nouvelle disposition n'éloigne pas beaucoup le
Chondrilla des *Lactuca*. (H. Cass.)

MYOSERIS. (*Bot.*) Dans la seconde partie de l'*Enumeratio* 34:28
plantarum horti berolinensis, publiée par M. Link, en 1822,
nous remarquons que ce botaniste a reproduit, sous le nom
de *Myoseris*, notre genre *Intybellia*, décrit dans le Bulletin
des sciences de 1821, page 124, et dans le tome XXIII,
page 547, de ce Dictionnaire. Le genre *Lagoseris* de M.
Marschall, plus ancien que notre *Intybellia* et que le *Myoseris* 34:29
de M. Link, avoit d'abord été fondé par l'auteur sur une
seule espèce, qui est l'*Hieracium purpureum* de Willdenow;
et, dans ce premier état, il correspond exactement à l'*Inty-
bellia* et par conséquent au *Myoseris*. Ce n'est qu'en 1819
que M. Marschall a rapporté au même genre le *Crepis ne-
mausensis* de Gouan; mais cette dernière plante avoit déjà
été présentée par nous comme type d'un genre distinct,
nommé *Pterotheca*, dans le Bulletin des sciences de Décembre
1816, p. 200. (Voyez notre article Lagoseris, t. XXV, p. 124.)

Nous remarquons aussi, dans l'*Enumeratio* de M. Link, un
genre *Lagoseris*, qui n'est point celui de M. Marschall, et
qui paroît avoir été proposé dans la Flore portugaise de
MM. Hoffmansegg et Link. Ce genre *Lagoseris* de M. Link
diffère, suivant lui, du genre *Crepis*, par l'aigrette stipitée.
Ce ne seroit donc qu'une copie aussi exacte qu'inutile du
genre *Barkhausia*, établi par Mœnch en 1794, et adopté de-
puis par M. De Candolle et la plupart des botanistes. Mais

34:29 M. Link ne s'arrête pas là, et comme s'il eût pris à tâche de tout brouiller, de tout confondre, en cette partie, il nomme *Borkhausia* un genre distingué du *Crepis* par l'aigrette stipitée sur les fruits du disque, sessile ou presque sessile sur ceux de la circonférence. N'est-il pas évident que ce genre n'est encore qu'une copie du genre *Hostia* de Mœnch, publié en 1802? (Voyez notre article Hostie, tom. XXI, pag. 442.) Et en supposant que le nom d'*Hostia* dût être changé, comme ayant été précédemment employé par Jacquin, étoit-il convenable de lui substituer le nom de *Borkhausia*, qui semble choisi tout exprès pour faire confusion avec celui de *Barkhausia*, dont il ne diffère que par une lettre; ce nom de *Barkhausia* étant consacré depuis longtemps à un autre genre immédiatement voisin, auquel celui-ci doit peut-être se réunir, qu'en tout cas il faut conserver sous ce nom, et qu'aucun botaniste, sans doute, excepté MM. Hoffmansegg et Link, ne sera tenté de nommer *Lagoseris*? Ajoutons que M. Link admet dans son *Borkhausia* des espèces qui devroient entrer dans son *Lagoseris*, et qu'il admet dans son *Lagoseris* des espèces qui devroient entrer dans son *Borkhausia*.

34:30 Nous pourrions présenter beaucoup d'autres remarques analogues, sur la syngénésie de l'*Enumeratio* de M. Link: mais, voulant nous borner ici à quelques-unes de celles qui concernent la tribu des Lactucées, à laquelle se rapporte son *Myoseris*, nous terminerons cet article en faisant observer que l'auteur attribue l'*Hyoseris fœtida* de Linné au genre *Arnoseris* de Gærtner. Cette attribution paroîtra bien peu convenable à ceux qui liront notre description générique de l'*Arnoseris* (tom. XXV, pag. 214), et nos observations sur le *Leontodontoides* de Micheli (même tome, pag. 212), qui est l'*Hyoseris fœtida* de Linné. (H. Cass.)

34:34 MYRIADÈNE, *Chiliadenus*. (*Bot.*) Ce genre de plantes, que nous avons proposé dans le Bulletin des sciences de Septembre 1817 (pag. 138), appartient à l'ordre des synanthérées, à notre tribu naturelle des inulées, et à la section des inulées-prototypes, dans laquelle nous l'avons placé entre les deux genres *Jasonia* et *Carpesium* (tom. XXIII, p. 565). Voici les caractères génériques du *Chiliadenus*, observés par nous sur des échantillons secs, étiquetés *Erigeron glutinosum*, Linn., et *Inula saxatilis*, Lamck., dans les herbiers de MM. de Jussieu et Desfontaines. 34:34

Calathide incouronnée, équaliflore, multiflore, réguliflore, androgyniflore. Péricline égal aux fleurs, formé de squames imbriquées, appliquées, largement linéaires, coriaces, surmontées d'un appendice inappliqué, bractéiforme, foliacé. Clinanthe inappendiculé, plan, fovéolé. Ovaires alongés, cylindracés, hispides inférieurement, glandulifères supérieurement; aigrette double : l'extérieure courte, grisâtre, composée de squamellules inégales, irrégulières, laminées, membraneuses; l'intérieure longue, rougeâtre, composée de squamellules filiformes, barbellulées. Anthères munies de longs appendices basilaires barbus. Styles d'inulée. 34:35

Nous ne connoissons qu'une espèce de ce genre.

Myriadène camphré : *Chiliadenus camphoratus*, H. Cass.; *Myriadenus*, H. Cass., Bull., Sept. 1817, pag. 138; Dict., tom. XXIII, pag. 565; *Chrysocoma saxatilis*, Decand., Fl. fr., tom. V, pag. 468; *Chrysocoma camphorata*, Rob. et Cast., *ibidem*; *Erigeron glutinosum flore luteo*, Pourr., Mém. de l'acad. de Toul., tom. III, pag. 318; *Inula saxatilis*, Lam., Fl. fr., tom. II, pag. 153; Decand., Fl. fr., tom. IV, pag. 154; *Erigeron glutinosum*, Linn., *Mant.*, pag. 112; *Conyza montana saxatilis, hyssopi folio villoso et glutinoso, hispanica*, Barr., *Ic.*, tab. 158. C'est une plante herbacée, poilue dans sa jeunesse, devenant ensuite presque glabre, exsudant une matière visqueuse qui la rend gluante, et qui répand une odeur de camphre. Sa racine est vivace, et produit plusieurs tiges droites, longues de six à douze pouces, simples inférieurement, divisées supérieurement en quelques rameaux simples et disposés en corymbe; les feuilles sont nombreuses, lancéolées-linéaires, pointues, entières, souvent un peu tordues de manière à être obliques sur la tige; les calathides, composées de fleurs jaunes, sont solitaires au sommet des rameaux. Cette plante a été trouvée en Catalogne, et aux environs de Marseille, sur les rochers exposés au soleil.

Le genre *Chiliadenus* est très-analogue au *Jasonia* (t. XXIV, pag. 200); mais il en diffère suffisamment par sa calathide

34:35 incouronnée, et par ses ovaires alongés, hispides inférieurement, glandulifères supérieurement. Il a quelque affinité par ses ovaires avec le *Carpesium* (tom. VII, pag. 146).

Notre *Chiliadenus camphoratus* a été découvert par Barrelier, qui l'attribuoit au genre *Conyza*. Linné rapporta cette
34:36 plante au genre *Erigeron*, d'où elle fut transférée par M. de Lamarck dans le genre *Inula*[1]. MM. Castagne et Robillard, ayant remarqué que la calathide étoit privée de couronne, ont cru pouvoir fixer définitivement la plante en question dans le genre *Chrysocoma*, auquel en effet elle semble appartenir, si l'on ne consulte que les caractères techniques, extérieurs et superficiels, exclusivement admis avant nous, pour la distinction des genres, dans l'ordre des synanthérées. Cependant l'aigrette double et les anthères appendiculées à la base sont deux caractères étrangers aux vrais *Chrysocoma*, et que les botanistes ont quelquefois employés pour caractériser certains genres. Quant à nous, le motif le plus grave pour exclure la plante en question du genre *Chrysocoma*, c'est qu'elle appartient à notre tribu naturelle des inulées, tandis que les *Chrysocoma* sont des Astérées. C'est pourquoi nous avons proposé, dans le Bulletin des sciences de Septembre 1817, le nouveau genre *Myriadenus*, ainsi nommé à cause des glandes nombreuses qui garnissent la plante, et notamment la partie supérieure des ovaires. Mais, ce nom ayant été précédemment appliqué par M. Desvaux à un genre de légumineuses, nous lui substituons, pour notre genre, le nom de *Chiliadenus*, qui diffère suffisamment du premier pour l'œil et pour l'oreille, quoiqu'il ait à peu près la même signification. Les nouveaux genres se multiplient tellement de jour en jour par les découvertes des voyageurs et les observations exactes des botanistes, qu'il deviendra bientôt impossible de les nommer, si l'on persiste à maintenir les règles arbitraires, frivoles et pédantesques qu'on prétend imposer aux noms génériques.

Le présent article ayant pour objet un genre de la tribu

---

1 Est-il bien certain que notre plante soit l'*inula saxatilis* de Lamarck ? Cet auteur affirme que sa plante est radiée, et qu'elle n'est point l'*erigeron glutinosum* de Linné.

des inulées, nous allons profiter de cette occasion pour indiquer ici quelques changemens à faire dans notre tableau des Inulées, tom. XXIII, pag. 560. 34:36

I. M. Link, dans son *Enumeratio plantarum horti berolinensis*, cite le *Gnaphalium leyseroides* de M. Desfontaines comme synonyme du *Longchampia capillifolia* de Willdenow. Si cela 34:37
étoit vrai, notre genre *Leptophytus* seroit le même que le genre *Longchampia* de Willdenow, plus anciennement publié, mais fort mal décrit (voyez nos articles Leptophyte, tom. XXVI, p. 77, et Longchampie, tom. XXVII, p. 172). Cependant la synonymie de M. Link nous paroît bien peu vraisemblable, et nous ne pourrions l'admettre qu'autant qu'elle seroit fondée sur quelque document authentique ou sur une tradition non équivoque. En effet, selon Willdenow, qui paroît avoir observé des individus vivans, le *Longchampia* auroit la calathide entièrement composée de fleurs hermaphrodites, à corolle tubuleuse, quinquédentée; les aigrettes des fruits marginaux seroient semblables ou presque semblables à celles des fruits intérieurs; ces aigrettes ne seroient pas plumeuses, mais seulement poilues au sommet en forme de petit pinceau; le clinanthe seroit tout-à-fait nu; la plante en question habiteroit probablement le Mexique; enfin elle seroit analogue aux *Ageratum* et *Stevia*, auprès desquels Willdenow n'hésite pas à ranger son *Longchampia*, qui, suivant lui, ne diffère de ces deux genres que par le péricline. Il n'est donc pas facile de croire que ce *Longchampia* soit notre *Leptophytus*, qui habite le royaume de Tunis, qui diffère à peine des *Leysera*, et qui a la calathide pourvue d'une couronne de fleurs femelles ligulées, les aigrettes de la couronne différentes de celles du disque, qui sont plumeuses, le clinanthe muni d'une rangée de paléoles.

II. Le genre *Anaxeton* de Gærtner est composé de quatre espèces, dont la première (*anaxeton fœtidum*) appartient réellement au genre *Helichrysum* (voyez tom. XXV, pag. 469); la seconde (*anaxeton arboreum*) doit, selon nous, être considérée comme le vrai type du genre *Anaxeton*, que nous caractérisons, d'après Bergius, de la manière suivante :

Anaxeton. Calathide incouronnée, équaliflore, quinqué-

34:37 flore, régulariflore, androgyniflore. Péricline supérieur aux fleurs, formé de squames plurisériées : les extérieures lancéolées, aiguës; les intermédiaires ovales, obtuses, bidentées et rougeâtres au sommet, ciliées à la base ; les intérieures cunéiformes, blanches, rétuses au sommet, ciliées inférieu-
34:38 rement. Clinanthe hérissé de fimbrilles laineuses. Ovaires cylindriques; aigrette composée de squamellules peu nombreuses, filiformes. Corolles à cinq divisions. = Calathides rapprochées en capitules irréguliers.

Quoique nous n'ayons point vu l'*Anaxeton*, il nous semble, d'après la description de Bergius, que ce genre, interposé, dans notre tableau (pag. 562), entre le *Lepiscline* et l'*Edmondia*, seroit bien plus convenablement placé à la suite de l'*Endoleuca*.

III. La troisième espèce admise par Gærtner dans le genre *Anaxeton*, est son *anaxeton crispum*, qui n'a été vu ni par lui ni par nous, mais qui doit certainement constituer un genre distinct, que nous proposons de nommer *Billya*, et auquel nous attribuons les caractères suivans, empruntés à la description de Bergius.

Billya. Calathide discoïde : disque pluriflore, régulariflore, masculiflore; couronne pauciflore, tubuliflore, féminiflore. Péricline supérieur aux fleurs, formé de squames subunisériées, appliquées, linéaires, velues, surmontées d'un appendice étalé, arrondi, obtus, glabre, blanc. Clinanthe nu vers le centre, garni vers la circonférence de squamelles analogues aux squames du péricline, mais plus petites. *Fleurs du disque :* Faux-ovaire très-petit; style masculin, simple, inclus. Corolle à cinq divisions. *Fleurs de la couronne :* Ovaire grand, oblong, comprimé, glabre, luisant; aigrette composée de squamellules peu nombreuses, sétacées, crépues; style féminin, exsert, portant deux stigmatophores filiformes, roulés en dehors. Corolle tubuleuse, très-grêle.

Ce genre *Billya* doit être placé dans notre tableau, parmi les Inulées-Gnaphaliées, à clinanthe squamellifère (p. 561), et il peut être intercalé entre le *Piptocarpha* et le *Cassinia*.

La seule espèce connue est le *Gnaphalium crispum* de Bergius, que nous proposons de nommer *Billya Bergii*.

Gærtner admettoit encore, dans son genre *Anaxeton*, comme quatrième espèce, le *Gnaphalium nudifolium* de Bergius, qu'il nommoit *Anaxeton nudifolium.* Cette plante n'est congénère d'aucune des trois autres; elle appartient à notre genre *Lepiscline,* et a été décrite dans ce Dictionnaire (t. XXVI, p. 50) sous le nom de *Lepiscline nudifolia.* 34:38

Il résulte de ce qui précède, et des remarques déjà présentées par nous (tom. XXVI, pag. 52), que les quatre *Anaxeton* de Gærtner appartiennent à quatre genres différens, qui sont l'*Helichrysum*, l'*Anaxeton*, le *Billya*, le *Lepiscline.* 34:39

IV. Le *Xeranthemum spinosum* de Linné ne nous est connu que par la description et la figure données par Burmann; et quoique cette description et cette figure soient incomplètes et insuffisantes, il est toutefois évident que la plante en question doit constituer un genre particulier, voisin de l'*Edmondia*, et distingué par les caractères suivans :

Macledium. Péricline formé de squames imbriquées, appliquées, surmontées d'un grand appendice étalé, radiant, scarieux, coloré, pétaloïde, terminé par une longue arête spiniforme. Fruits comprimés; aigrette composée de squamellules filiformes, garnies de barbelles.

Ce genre, dont nous ne connoissons qu'une espèce, *Macledium Burmanni*, sera placé dans notre tableau entre l'*Edmondia* et l'*Argyrocome* (pag. 562).

Nous avons décrit dans ce Dictionnaire (t. XIV, p. 252) les caractères du genre *Edmondia;* voici ceux du genre *Argyrocome,* observés par nous sur un individu vivant d'*Argyrocome retorta*, Gærtn., qui est le type de ce genre.

Argyrocome. Calathide discoïde : disque multiflore, réguliflore, androgyniflore; couronne unisériée, interrompue, pauciflore, ambiguïflore, féminiflore. Péricline très-supérieur aux fleurs, formé de squames régulièrement imbriquées, appliquées : les extérieures très-petites, ovales, coriaces, vertes au milieu, diaphanes sur les bords, surmontées d'un très-grand appendice inappliqué, concave, ovale-lancéolé-acuminé, scarieux, blanc-roussâtre; les intérieures oblongues, coriaces, uninervées, vertes dans le milieu, diaphanes sur les bords, surmontées d'un très-long appendice radiant, oblong-lancéolé, scarieux, très-blanc. Clinanthe convexe, fovéolé, à réseau saillant, irrégulièrement denté. *Fleurs du disque :* Ovaire oblong, cylindracé, hérissé de gros poils char-

34:39 nus; aigrette très-longue, composée de squamellules nombreuses, unisériées, égales, contiguës, un peu entregreffées à la base, filiformes, grêles, à partie inférieure barbellu-
34:40 lée, à partie moyenne presque nue, à partie supérieure barbellée. Corolle à cinq divisions. Anthères munies de longs appendices basilaires barbus. Style d'Inulée-Gnaphaliée. *Fleurs de la couronne :* Ovaire et aigrette semblables à ceux du disque. Corolle un peu plus courte et beaucoup plus grêle que celle du disque, à quatre ou cinq divisions, sans aucun vestige de fausses-étamines.

Ayant observé le *Xeranthemum bracteatum* de Ventenat, et les *Gnaphalium semipapposum* et *apiculatum* de Labillardière, nous avons reconnu que ces trois plantes devoient être rapportées au genre *Argyrocome*, quoique leurs caractères génériques ne soient pas exactement identiques sur tous les points avec ceux décrits ci-dessus : mais les différences sont peu importantes, parce qu'elles ne touchent que les caractères accessoires, et non les caractères essentiels. Il en résulte que le genre *Argyrocome* comprend des espèces à péricline doré, ce qui contraste avec son nom. Mais ce très-léger inconvénient n'autorise point à changer le nom d'*Argyrocome ;* car il faudroit changer aussi, par le même motif, celui de *Chrysanthemum* et presque tous les noms génériques significatifs, qui ne conviennent que bien rarement à toutes les espèces des genres ainsi nommés.

V. Nous avions indiqué, dans l'article *Helichrysum* de notre tableau, le tom. XX, pag. 449, de ce Dictionnaire, où se trouvent décrits les caractères assignés d'abord par nous au genre dont il s'agit ; mais il faut y ajouter l'indication du tome XXV, pag. 469, où nous avons modifié de nouveau les caractères génériques de l'*Helichrysum*, afin de les rendre exactement applicables à toutes les espèces qu'il convient d'attribuer à ce genre.

VI. Lorsque nous avons rédigé notre tableau des Inulées, nous n'avions point encore vu le *Shawia* de Forster, que nous avons admis avec un signe dubitatif dans cette tribu, en l'intercalant entre l'*Endoleuca* et le *Perotriche* (pag. 563). Depuis cette époque, nous avons observé l'échantillon authentique qui existe dans l'herbier général du Muséum d'his-

toire naturelle; et quoique cet échantillon soit dépourvu de 34:40
styles, d'étamines et de corolles, l'inspection des feuilles, des périclines et des fruits a suffi pour nous convaincre que le *Shawia* étoit mal placé dans notre tableau. Il faut donc 34:41
l'en exclure et le reléguer parmi les synanthérées non classées, jusqu'à ce que l'observation de tous les organes floraux, et surtout celle du style, puisse faire connoître avec certitude à quelle tribu ce genre appartient réellement. Cependant nous hasarderons de rapporter avec doute le *Shawia* à notre tribu naturelle des vernoniées, et de placer cette vernoniée douteuse auprès du genre *Gymnanthemum* décrit dans le tome XX (pag. 108) de ce Dictionnaire. Quoi qu'il en soit, voici ce que nous avons observé:

Les calathides du *Shawia* ne sont point du tout rassemblées en capitule: les unes sont pédonculées et parfaitement isolées; d'autres sont sessiles et fasciculées; les pédoncules ou petits rameaux qui les portent, sont garnis d'une sorte de *tomentum* roux et comme glanduleux; le péricline est formé de squames régulièrement imbriquées, appliquées, coriaces, parsemées en dehors de points glanduliformes; elles ne sont ni scarieuses, ni colorées, ni appendiculées; les extérieures sont courtes, ovales; les intérieures longues, oblongues-lancéolées; le clinanthe est petit, ponctiforme, nu, et ne porte qu'une seule fleur; le fruit est oblong, subcylindracé, un peu épaissi de bas en haut, velu, presque tomenteux, muni d'un petit bourrelet basilaire cartilagineux, annulaire; il paroît être noirâtre et un peu strié, quand on enlève les poils qui le couvrent; l'aigrette, plus longue que le fruit, est d'un gris roussâtre, et composée de squamellules nombreuses, très-inégales, filiformes, barbellulées, tout-à-fait analogues à celles de la plupart des vernoniées; nous avons remarqué que ces squamellules sont presque nues vers la base et très-barbellulées vers le sommet, ce qui semble être contraire à la description de Forster, qui dit: *pappus pilosus, basi pubescens*.

La description complète de l'unique espèce qui constitue ce genre n'ayant jamais été publiée, nous croyons faire une chose utile en traduisant ici littéralement celle que nous avons lue dans le manuscrit latin de J. R. Forster, qui nous

34:41 a été communiqué par M. de Jussieu.

Shawia paniculata, Forst. Tige arborescente, rameuse; rameaux cylindriques, étalés, un peu striés, incanes. Feuilles
34:42 alternes, ovales-oblongues, pétiolées, très-entières, ondulées, obtuses, vertes et glabres en-dessus, tomenteuses et d'un blanc sale en-dessous, longues de deux pouces, étalées; pétioles presque cylindriques, longs d'un demi-pouce. Panicules axillaires et terminales, composées. Pédoncules universels étalés, roides, cylindriques, incanes, tomenteux, longs de trois pouces; pédoncules partiels divergens, alternes, longs d'un pouce, divisés en pédicelles uniflores, très-courts; les inférieurs portant environ dix pédicelles, et les supérieurs en portant graduellement un moindre nombre. Calice imbriqué, cylindrique, de cinq ou six écailles oblongues, aiguës, dont trois intérieures plus longues, presque égales. Corolle courte, infundibuliforme, à limbe quinquéfide, linéaire, étalé. Ovaire oblong. Style à stigmate bifide, étalé. Graine solitaire, oblongue, laineuse. Aigrette pileuse, pubescente à sa base. Réceptacle nu.

VII. Le genre *Disparago* ne nous étoit connu que par les descriptions de Gærtner et de Bergius, lorsque nous avons traité de ce genre (tom. XIII, pag. 348), et même lorsque nous l'avons rangé dans notre tableau (t. XXIII, p. 563). Mais, depuis cette dernière époque, nous avons observé une espèce nouvelle de *Disparago*, qu'il est utile de décrire ici, parce que cette description prouvera que les caractères génériques précédemment tracés par nous, d'après Gærtner et Bergius, doivent être rectifiés et modifiés sur plusieurs points importans.

Disparago lasiocarpa, H. Cass. Les rameaux sont cylindriques, tomenteux, garnis de feuilles alternes, sessiles, dont la partie inférieure est dressée contre le rameau, tandis que la supérieure est arquée en dehors: ces feuilles sont linéaires, épaisses, coriaces, ayant la face extérieure ou inférieure glabre, l'autre face laineuse, les bords courbés en-dessus. Les capitules sont solitaires au sommet des rameaux, et leur base est entourée de quelques feuilles formant une sorte d'involucre très-irrégulier et incomplet; chaque capitule est composé d'environ sept à neuf calathides immédiatement

rapprochées sur un petit calathiphore oblong, court, subcylindracé, nu, c'est-à-dire, ne portant point de bractées interposées entre les calathides. Chaque calathide est semi- 34:42
radiée, composée de deux fleurs, dont l'une, régulière, her- 34:43
maphrodite, constitue le disque, et l'autre, ligulée, neutre, constitue la demi-couronne radiante. Le péricline, supérieur à la fleur du disque, inférieur à la fleur de la couronne, est oblong, étroit, subcylindracé, formé de squames régulièrement imbriquées, appliquées; les extérieures plus courtes, subcanaliculées, oblongues, coriaces, membraneuses sur les deux bords latéraux, laineuses derrière le sommet, qui est un peu aigu, cilié, épaissi; les squames intérieures plus longues, lancéolées, glabres, subcoriaces inférieurement, scarieuses et roussâtres supérieurement, très-aiguës au sommet. Le clinanthe est petit, nu, ponctiforme. La fleur du disque offre: 1.° un ovaire oblong, tout couvert d'une couche épaisse de poils excessivement longs, dressés, appliqués, très-fins, flexueux, laineux, blancs; 2.° une aigrette longue, entourée inférieurement par les poils de l'ovaire, et composée d'environ quinze à vingt squamellules unisériées, égales, filiformes, garnies d'un bout à l'autre, presque jusqu'à la base, de longues barbes très-fines, disposées sur les deux côtés, 3.° une corolle purpurine, à cinq divisions; 4.° des étamines à anthères munies d'appendices apicilaires longs, comme lancéolés, et d'appendices basilaires membraneux: 5.° un style de Gnaphaliée; 6.° un grand nectaire en godet. La fleur de la couronne offre: 1.° un très-petit rudiment de faux ovaire, presque nul, glabre, inaigretté; 2.° une corolle à tube long, grêle, à limbe radiant, non biligulé, mais simplement ligulé, grand, elliptique-oblong, de couleur purpurine, point denté au sommet.

Nous avons fait cette description sur deux petits fragmens que M. Desfontaines nous a permis de détacher d'un bel échantillon sec appartenant au grand herbier général du Muséum d'histoire naturelle, où il n'étoit point nommé.

VIII. Le genre *Leucophyta* de M. R. Brown, placé dans notre tableau entre le *Calocephalus* et le *Richea* (pag. 563), doit être retiré de cette place pour être plus convenablement rangé entre les deux genres *Stœbe* et *Disparago*, dans le

34:43 groupe des Inulées-Gnaphaliées à calathides rassemblées en capitule et à tige ligneuse. Voyez notre article LEUCOPHYTE (tom. XXVI, pag. 158), où nous avons décrit complétement,
34:44 d'après nos propres observations, les caractères génériques et spécifiques de cette plante.

IX. Notre genre *Duchesnia* (pag. 565) ne peut pas conserver ce nom, précédemment appliqué par M. Smith à un autre genre voisin du *Fragaria;* c'est pourquoi nous proposons de nommer *Francœuria* le genre proposé par nous, en 1817, sous le nom de *Duchesnia.*

X. Le dernier changement que nous indiquons ici pour notre tableau des Inulées, consiste dans la substitution du nom de *Chiliadenus* à celui de *Myriadenus.* (H. CASS.)

34:83 MYSCOLE, *Myscolus.* (*Bot.*) Ce genre de plantes, que nous avons proposé dans le Bulletin des sciences de Mars 1818 (pag. 33 et 34), appartient à l'ordre des Synanthérées, à la tribu naturelle des Lactucées, et à notre section des Lactucées-Prototypes, dans laquelle nous l'avons placé à la suite du genre *Scolymus* (tom. XXV, pag. 60). Voici les caractères génériques du *Myscolus,* observés par nous sur des individus vivans des deux espèces appartenant à ce genre.

Calathide incouronnée, radiatiforme, multiflore, fissiflore, androgyniflore. Péricline inférieur aux fleurs, formé de squames paucisériées, régulièrement imbriquées, appliquées inférieurement, inappliquées supérieurement, oblongues-lancéolées, coriaces-charnues, terminées au sommet par une petite épine, et pourvues sur les deux côtés d'une petite bordure scarieuse, blanche, frangée, ciliée ou denticulée; les squames intérieures offrant sur la partie inférieure de leur face interne une gouttière ou rainure longitudinale, médiaire, cylindrique, bordée à sa base par deux lèvres rapprochées, qui enferment complétement un ovaire et le bas de la corolle. Clinanthe élevé (au moins sous les fruits mûrs), ovoïde ou conique, épais, charnu; garni de squamelles comme imbriquées, courtes, larges, suborbiculaires, ou ovales-obtuses, comme tronquées au sommet, membraneuses sur les bords, creusées sur leur face interne d'une cavité bordée par deux lèvres immédiatement ou presque immédiatement rapprochées, qui enferment un ovaire et la

base de la corolle. Ovaires obcomprimés, elliptiques ou obovales, glabres, lisses, ou munis de cinq ou six côtes; point 34:83
de col; aigrette composée de deux squamellules correspondant aux deux côtés de l'ovaire, égales, longues, filiformes, fortes, inappendiculées inférieurement, hérissées supérieurement de très-longues barbellules : on trouve quelquefois une troisième squamellule plus courte, et le rudiment d'une quatrième ; d'autres fois on trouve, outre les deux
grandes squamellules latérales, une très-petite aigrette sté- 34:84
phanoïde, dimidiée, située sur la face extérieure. Corolles munies de poils nombreux et longs, occupant le sommet du tube. Anthères pourvues de poils très-longs et très-fins.

Myscole a grandes calathides : *Myscolus megacephalus*, H. Cass.; *Scolymus grandiflorus*, Desf., *Fl. atl.*, tom. 2, pag. 240. C'est une plante herbacée, dont la tige, haute de plus d'un pied et demi, est dressée, rameuse, velue, ailée par les décurrences des feuilles, à ailes larges et bordées de dents épineuses; les feuilles sont alternes, sessiles, décurrentes; les inférieures longues de dix pouces, larges de deux pouces et demi, roides, coriaces, profondément pinnatifides, à divisions lancéolées, sinuées, dentées, épineuses sur les bords, à face supérieure glabriuscule et offrant des taches blanches, à face inférieure verte et velue; les feuilles supérieures sont graduellement plus petites; les calathides, ordinairement solitaires, sont les unes terminales, occupant le sommet de la tige et des rameaux, les autres sessiles à l'aisselle des feuilles supérieures : ces calathides, composées de fleurs jaunes, sont très-épaisses, et hautes de quinze lignes au moins, ou de deux pouces au plus; chacune d'elles est ordinairement environnée, à sa base, de deux, trois, ou quatre petites feuilles verticillées, inégales, formant une sorte d'involucre; le péricline est très-inférieur aux fleurs et pubescent; le clinanthe est élevé, ovoïde, presque conique, même pendant la fleuraison; ses squamelles ont deux lèvres qui ne se rejoignent pas tout-à-fait, et laissent par conséquent à nu le milieu de l'ovaire qu'elles embrassent; les ovaires portent une aigrette de deux ou quelquefois trois squamellules très-longues, laminées à la base, filiformes du reste, presque nues inférieurement, très-barbellulées supé-

34:84 rieurement, et il y a en outre quelques rudimens avortés d'une très-petite aigrette stéphanoïde, dimidiée, située sur la face extérieure; les corolles offrent une large touffe de poils nombreux, longs, flexueux, filiformes, un peu charnus, garnissant la face extérieure du sommet du tube et de la base du limbe. Nous avons fait cette description sur un individu vivant, cultivé au Jardin du Roi, où il fleurissoit en Août et Septembre.

34:85 M. Desfontaines nous apprend que cette plante est vivace par sa racine, qu'elle est très commune dans les champs incultes de la Barbarie, et que les Arabes mangent ses tiges crues ou cuites dans l'eau bouillante.

Myscole a petites calathides: *Myscolus microcephalus*, H. Cass.; *Scolymus hispanicus*, Desf., *Fl. atl.*, tom. 2, pag. 240. Cette seconde espèce a une tige herbacée, dressée, haute de près de cinq pieds, rameuse, cylindrique, pubescente; ses feuilles sont alternes, décurrentes, inégales; les inférieures longues de cinq pouces, larges de quinze lignes, oblongues, roides, coriaces, glabriuscules ou à peine pubescentes, lobées, sinuées, dentées, à dents spinescentes au sommet; les feuilles supérieures graduellement plus courtes et ovales; les calathides sont petites, rapprochées, et disposées en très-longs épis terminaux; chacune de ces calathides est sessile dans l'aisselle d'une bractée ou petite feuille lancéolée, recourbée, très-roide, épineuse au sommet et sur les bords; deux autres bractées, plus petites, sont situées sur les deux côtés de la calathide, l'une à droite, l'autre à gauche; le clinanthe est planiuscule pendant la fleuraison; mais, après cette époque, il devient conique; les ovaires, munis d'un bourrelet apicilaire, portent une aigrette de deux longues squamellules, et quelquefois une troisième squamellule plus courte et le rudiment d'une quatrième, mais sans aucun vestige d'aigrette stéphanoïde; l'appendice apicilaire des anthères est ligulé, et non échancré comme dans le *Scolymus maculatus*, Desf. Nous avons décrit cette espèce sur des individus vivans, cultivés au Jardin du Roi, où ils fleurissoient au mois d'Août. Elle est bisannuelle, selon M. Desfontaines. M. De Candolle prétend qu'elle est plus commune en France que le *Scolymus maculatus*, et qu'on la trouve non-seulement dans nos provinces méridionales, mais encore jusqu'aux environs de Nantes, et probablement d'Orléans. 34:85

De tous les botanistes qui ont écrit sur le genre *Scolymus*, M. Desfontaines (*Fl. atl.*, tom. 2, pag. 240) nous paraît être le seul qui ait bien connu les caractères génériques et spécifiques des trois plantes attribuées avant nous à ce genre. Ce seroit une tâche longue, pénible, fastidieuse et peu utile, de noter toutes les erreurs commises par les autres botanistes, 34:86 tant sur les caractères génériques que sur la distinction des espèces, dont la synonymie se trouve embrouillée d'une manière presque inextricable par suite de l'inexactitude des descriptions. Il sera plus court et plus utile d'exposer ici les caractères du vrai genre *Scolymus*, et de décrire la seule espèce de ce genre, afin que nos lecteurs puissent facilement comparer, vérifier et juger les distinctions génériques et spécifiques établies par nous.

SCOLYMUS. Calathide incouronnée, radiatiforme, multiflore, fissiflore, androgyniflore. Péricline ovoïde-campanulé, inférieur aux fleurs extérieures; formé de squames paucisériées, imbriquées, appliquées inférieurement, inappliquées supérieurement, oblongues-lancéolées, coriaces-charnues, terminées au sommet par une petite épine, et pourvues sur les deux côtés d'une petite bordure scarieuse, blanche, denticulée; les squames intérieures offrant à leur base sur la face interne une cavité recouverte par deux lèvres longitudinales croisées, et dans laquelle un ovaire est complétement enfermé. Clinanthe élevé, même pendant la fleurai-

1 Nous avons commis nous-même une erreur, dans le Bulletin des sciences de 1818, p. 34, en attribuant au genre *Myscolus* un clinanthe planiuscule, parce que nous ne connoissions alors que le *myscolus microcephalus*, dont nous n'avions observé le clinanthe que pendant la fleuraison. Les étranges contradictions que l'on remarque en comparant les descriptions des divers botanistes, supposent nécessairement que d'habiles observateurs ont commis des erreurs grossières, ou bien qu'il existe réellement plus de deux espèces distinctes, confondues sous les noms de *scolymus maculatus* et *hispanicus*; ou, enfin, que les caractères génériques et spécifiques de ces plantes subissent des variations presque sans exemple, et qu'il importeroit beaucoup de bien constater.

34:86 son, conique-ovoïde, épais, charnu; garni de squamelles comme imbriquées, courtes, larges, arrondies, tronquées, membraneuses sur les bords, creusées sur leur face interne d'une cavité fermée par deux lèvres longitudinales, croisées, et enveloppant complétement un ovaire. Ovaires obcomprimés, obovales ou elliptiques, glabres, lisses, ou munis de cinq côtes, terminés au sommet en un col très-court, très-gros, à peine manifeste, qui ne porte qu'une petite aigrette
34:87 stéphanoïde, complète, continue, courte, inégale, oblique, membraneuse ou cartilagineuse. Corolles garnies de longs poils fins, épars sur la partie supérieure du tube et sur la partie inférieure du limbe. Anthères pourvues de longs poils fins, et ayant l'appendice apicilaire court, tronqué, presque échancré.

Scolymus pectinatus, H. Cass. (*Scolymus maculatus*, Desf., *Fl. atl.*, tom. 2, pag. 240.) Plante herbacée, haute d'environ deux pieds; racine annuelle, selon M. Desfontaines; tige dressée, à branches très-longues, étalées, à rameaux supérieurs disposés en corymbe; la tige et les branches très-garnies d'ailes dentées, épineuses; feuilles alternes, décurrentes; les inférieures longues de huit pouces, larges de deux pouces, oblongues, scabres en-dessus, velues en-dessous, souvent presque pinnatifides, à lobes dentés, épineux; les feuilles supérieures plus courtes, ovales-lancéolées, cartilagineuses sur les bords; calathides hautes d'un pouce, rapprochées en groupes au sommet des rameaux; chaque calathide entourée d'une sorte d'involucre formé par plusieurs bractées verticillées, inégales, roides, pinnatifides, découpées en dents de peigne, à divisions subulées, spinescentes; corolles jaunes; anthères moitié noirâtres et moitié jaunâtres. Nous avons fait cette description spécifique, et celle des caractères génériques, qui précède, sur des individus vivans, cultivés au Jardin du Roi, où ils fleurissoient en Septembre.

En comparant nos descriptions génériques du *Myscolus* et du *Scolymus*, on reconnoîtra que ces deux genres méritent d'être distingués, au moins comme sous-genres, parce qu'ils diffèrent en ce que les fruits du *Myscolus*, absolument privés de col, portent une aigrette de deux squamellules opposées,

latérales, égales, longues, filiformes, nues inférieurement, 34:87
très-barbellulées supérieurement; tandis que les fruits du vrai *Scolymus*, pourvus d'un col peu manifeste, ne portent qu'une petite aigrette stéphanoïde, complète, continue, courte.

Les *Scolymus* et *Myscolus* ont de l'affinité naturelle avec les *Sonchus*, et ont dû par conséquent être rangés par nous dans la section des Lactucées-Prototypes, dont ils offrent
d'ailleurs presque tous les caractères, ayant le fruit aplati, 34:88
et la corolle garnie, sur sa partie moyenne, de poils longs et fins. La seule anomalie qu'ils présentent, à cet égard, est dans leur aigrette, qui diffère beaucoup de celle qu'ont ordinairement les Lactucées-Prototypes.

Il est bon de remarquer que, dans les *Scolymus* et *Myscolus*, les squamelles extérieures du clinanthe sont beaucoup plus courtes et d'une tout autre forme que les squames intérieures du péricline, quoique les unes et les autres, presque immédiatement rapprochées et séparées seulement par un rang de fleurs, enveloppent également et de la même manière les ovaires qu'elles accompagnent.[1] Cela vient à l'appui de la règle générale que nous avons adoptée, suivant laquelle nous attribuons, dans tous les cas, au péricline les bractées qui se trouvent en dehors de la rangée la plus extérieure des fleurs, et au clinanthe celles qui se trouvent en dedans de cette rangée circulaire. On sait qu'il y a certains cas où les autres botanistes s'écartent de cette règle.

Le nom de *Myscolus* est l'anagramme de *Scolymus*. (H. Cass.)

---

1 La différence de grandeur et de forme qu'on observe ici entre les squames du péricline et les squamelles du clinanthe, résulte de ce que les squamelles n'ont conservé que la partie basilaire, et que tout le surplus est avorté. Quant aux deux lèvres qui enveloppent l'ovaire, leur production est sans doute déterminée par la présence de cet ovaire, lorsqu'il touche immédiatement, soit une squame, soit une squamelle; et ces deux lèvres ne sont probablement que les deux bords latéraux dilatés et repliés en dedans.

N

34:94 NABALE, *Nabalus*. (*Bot.*) Ce nouveau genre de plantes, que nous proposons, appartient à l'ordre des Synanthérées, à la tribu naturelle des Lactucées, et à notre section des Lactucées-Hiéraciées, dans laquelle nous le plaçons entre les deux genres *Prenanthes* et *Hieracium*. Voici les caractères génériques du *Nabalus*, tels qu'ils résultent de nos observations sur trois espèces de ce genre.

Calathide pendante, incouronnée, radiatiforme, plurisériée, subduodécimflore, fissiflore, androgyniflore. Péricline inférieur aux fleurs extérieures, oblong-campanulé, formé d'environ huit squames subunisériées, se recouvrant par les bords, égales, appliquées, oblongues, obtuses, subfoliacées,
34:95 un peu membraneuses sur les bords; la base du péricline entourée de plusieurs squamules surnuméraires inégales, irrégulièrement disposées, paucisériées, imbriquées, appliquées. ovales, obtuses. Clinanthe planiuscule, nu, un peu fovéolé. Ovaires oblongs, courts, s'alongeant un peu après la fleuraison, subcylindracés ou subpentagones, glabres, lisses, à peine amincis vers la base, comme tronqués au sommet, sans col ni bourrelet apicilaire distinct; aigrette longue, très-colorée, même avant la fleuraison, rousse et comme dorée, jaune à la base, composée de squamellules nombreuses, inégales, filiformes, fortes, roides, très-cassantes, très-barbellulées. Corolles blanchâtres, entièrement glabres, à tube élargi de bas en haut, à limbe large. Styles très-longs, dépassant beaucoup le tube anthéral, à collecteurs noirs.

Nabale a trois folioles; *Nabalus trifoliolatus*, H. Cass. C'est une plante herbacée, dont la tige, haute d'un pied et demi, est dressée, presque simple, épaisse, cylindrique, glabre, ramifiée supérieurement en panicule; les feuilles sont alternes, étalées, glabriuscules, à pétiole bordé ou ailé par la décurrence des deux folioles latérales, à limbe divisé jusqu'à sa base en trois folioles lancéolées, inégalement et irrégulièrement dentées ou lobées, comme ciliées sur les bords, la médiaire plus grande, les deux latérales décurrentes sur le pétiole; les calathides sont nombreuses et disposées en grappes, qui sont réunies en une panicule terminale; chaque calathide est pédonculée, pendante, et composée d'environ douze fleurs, à corolle blanchâtre et à aigrette roussâtre. Nous avons décrit cette espèce sur un individu vivant, cultivé au Jardin du Roi, où il étoit étiqueté *prenanthes alba*, et où il fleurissoit vers la fin de Juillet. 34:95

Nabale trilobé : *Nabalus trilobatus*, H. Cass.; *An? Prenanthes alba*, *var.* β, Linn., *Sp. pl.*, édit. 3, pag. 1122. Cette plante, qui me paroit suffisamment distincte de la précédente, a la tige plus haute et plus épaisse; ses feuilles sont aussi plus grandes, pétiolées, à pétiole bordé ou ailé, à limbe trilobé, ayant le lobe terminal ovale-lancéolé, et les deux lobes latéraux irréguliers; les calathides, composées de onze fleurs, sont pendantes, et portées sur des pédoncules garnis de petites écailles; le péricline, formé de huit 34:96
squames, est glabre, lisse, vert inférieurement, rougeâtre supérieurement; les corolles sont blanches, un peu rosées. Nous avons observé cette plante au Jardin du Roi, où elle n'étoit point nommée, et où elle fleurissoit vers le milieu d'Août. Ce ne peut pas être le *prenanthes rubicunda* de Willdenow; cependant nous présumons que c'est le *prenanthes alba*, *var.* β, de Linné, parce que la phrase de Gronovius, citée par Linné, paroit se rapporter assez bien à notre plante.

Nabale a feuilles entières : *Nabalus integrifolius*, H. Cass.; *An? Prenanthes alba*, Linn., pag. 1121. Celle-ci diffère essentiellement des deux précédentes, en ce que ses feuilles ont le pétiole simple, non bordé, et le limbe subsagitté, entier, sinué-denté. Nous l'avons vue au Jardin du Roi, où elle fleurissoit vers la fin d'Août : elle n'étoit point nommée; mais nous pensons que ce doit être le vrai *prenanthes alba*.

Les trois espèces que nous venons de signaler, habitent probablement l'Amérique septentrionale. Elles constituent, selon nous, un genre différent du véritable *prenanthes*, ayant pour type le *prenanthes purpurea*, qui nous a offert les caractères génériques suivans :

Prenanthes. Calathide pendante, incouronnée, radiati-

34:96 forme, unisériée, tri-quadriflore, fissiflore, androgyniflore. Péricline inférieur aux fleurs, cylindracé-campanulé, formé de quatre ou cinq squames subunisériées, se recouvrant par les bords, égales, appliquées, oblongues, obtuses au sommet, subfoliacées, épaisses et charnues à la base, un peu carénées sur le dos, un peu membraneuses sur les bords; la base du péricline entourée d'environ cinq squamules surnuméraires très-inégales, subunisériées, ou plurisériées et comme imbriquées, appliquées, ovales, obtuses. Clinanthe très-petit, plan, nu. Ovaires pédicellulés, oblongs, courts, épais, subobovoïdes, subcylindracés ou subpentagones, glabres, lisses, un peu amincis vers la base, tronqués au sommet, sans col ni bourrelet, apicilaire distinct; aigrette longue, blanche, composée de squamellules nombreuses, inégales, filiformes, assez fortes, roides, très-barbellulées. Corolles pourpres, ayant le sommet du tube élargi et entouré de
34:97 poils épars, longs et fins, et le limbe très-arqué en dehors. Styles très-longs, dépassant beaucoup le tube anthéral, à collecteurs pourpres.

En comparant cette description générique du vrai *prenanthes* avec celle du *nabalus*, on reconnoit que ces deux genres ont une très-grande analogie; mais que cependant ils diffèrent, en ce que le *nabalus* a la calathide composée d'environ douze fleurs, disposées sur plus d'un rang circulaire, le péricline formé de squames moins nombreuses que les fleurs, les aigrettes très-colorées, même en préfleuraison, et les corolles blanchâtres; tandis que le vrai *prenanthes* a la calathide composée de trois ou quatre fleurs disposées sur un seul rang circulaire, le péricline formé de squames aussi nombreuses ou même plus nombreuses que les fleurs, les aigrettes blanches, et les corolles pourpres. La plupart des botanistes trouveront ces différences insuffisantes, parce qu'ils s'inquiètent fort peu de l'inexactitude des caractères génériques par eux admis, et que la couleur de l'aigrette et de la corolle ne leur paroît pas digne d'attention. Ils attribuent aux *prenanthes* une calathide composée d'environ cinq fleurs disposées sur un seul rang circulaire, un péricline formé de squames aussi nombreuses que les fleurs, et l'aigrette sessile; ils attribuent aux *chondrilla* une calathide composée d'environ douze fleurs disposées sur plusieurs rangs circulaires, un péricline formé de squames moins nombreuses que les fleurs, et l'aigrette stipitée. En admettant ces caractères, on ne peut rapporter exactement, ni au genre *Prenanthes*, ni au genre *Chondrilla*, les *Nabalus*, qui ont la calathide composée d'environ douze fleurs disposées sur plus d'un rang, le péricline formé de squames moins nombreuses que les fleurs, et l'aigrette sessile. La couleur de l'aigrette est, en général, chez les lactucées, un caractère beaucoup plus important qu'on ne pense; et ce caractère est surtout bien remarquable chez les *nabalus*, dont l'aigrette est très-colorée, même avant la fleuraison, ce qui n'a lieu dans aucun autre genre que je sache. La couleur blanche de la corolle ne mérite pas moins de considération, attendu qu'aucune autre lactucée n'offre cette couleur, hors le cas de variation accidentelle. 34:97

L'excellent botaniste Vaillant, qu'il faut presque toujours citer avec éloge, quand on parle de la fondation d'un genre de synanthérées, est le premier auteur du genre *Prenanthes*, qu'il a parfaitement caractérisé en ces termes: « Fleurs pendantes; un seul rang de demi-fleurons; calice un peu écailleux, ou à base à chaton; placenta ras; ovaires en coins ou cylindres, à couronne de poils. » Il rapportoit à ce genre cinq espèces, dont la première est le *prenanthes purpurea*, qui doit par conséquent être considéré comme le vrai type du genre. 34:98

Depuis Vaillant, le genre *Prenanthes* a été détérioré dans ses caractères et dans sa composition; et nous croyons qu'il faut le rétablir à peu près dans le même état où son fondateur l'avoit conçu. Linné et ses successeurs ont dédaigné le caractère de calathides pendantes, que Vaillant avoit principalement considéré, et auquel fait allusion le nom générique. Il est vrai que ces sortes de caractères sont inusités dans la définition des genres; mais, si l'on écarte les idées étroites et systématiques sur lesquelles sont fondées ces exclusions, on reconnoîtra peut-être que, dans le cas particulier dont il s'agit, le caractère en question est le plus notable de tous, et qu'il se lie à d'autres circonstances, telles que les styles très-longs, dépassant beaucoup le tube anthéral, et le limbe

34:98 des corolles très-arqué en dehors. Linné paroît avoir remarqué la longueur des styles de *prenanthes;* car, dans son *Genera plantarum*, où il assigne au *chondrilla*, comme à presque tous les autres genres de lactucées, un style égal aux étamines (*stylus longitudine staminum*), il assigne au *prenanthes* un style plus long que les étamines (*stylus staminibus longior*). M. de Lamarck a mal à propos confondu en un seul genre les *chondrilla* et *prenanthes*, qui n'appartiennent pas à la même section naturelle.

Dans notre article Lactucées (tom. XXV, pag. 61), nous avions attribué les deux genres *Chondrilla* et *Prenanthes* à notre section des lactucées-prototypes. Mais, depuis, nous avons reconnu : 1.° que le *prenanthes muralis* de Linné, transféré par d'autres dans le genre *Chondrilla*, et qui est bien certainement une lactucée-prototype, ne peut appartenir légitimement ni au genre *Chondrilla* ni au genre *Pre-*
34:99 *nanthes*, et qu'il doit constituer un genre distinct, que nous avons nommé *mycelis*, et que nous avons laissé auprès du *lactuca* (voyez notre article Mycélide); 2.° que le genre *Chondrilla*, ayant pour type la *chondrilla juncea*, et pour caractères ceux que nous avons décrits dans l'article Mycélide, doit faire partie des lactucées-crépidées, et commencer la série des crépidées à aigrette barbellulée, en sorte qu'il se trouvera placé entre le *koelpinia* et le *zacintha ;* 3.° que le vrai genre *Prenanthes*, et le *Nabalus*, qui en faisoit partie et que nous avons détaché, doivent tous deux être attribués aux lactucées-hiéraciées, et commencer cette section, en sorte que le *Prenanthes*, placé en première ligne, suivra immédiatement les lactucées-crépidées, et que le *Nabalus*, placé en seconde ligne, précèdera immédiatement le *Hieracium*, qui, au lieu d'être le premier genre de la section, ne sera plus que le troisième. (Voyez tom. XXV, pag. 63.)

Le caractère des lactucées-hiéraciées est d'avoir le fruit court, aminci à la base, tronqué au sommet, et l'aigrette composée de squamellules filiformes, fortes, roides, très-barbellulées. Les *Prenanthes* et *Nabalus* offrent ce caractère, et, par conséquent, ils appartiennent à cette section. Il est vrai que le port et les apparences extérieures semblent les rapprocher très-naturellement des lactucées-prototypes : mais,

outre que leur fruit et leur aigrette n'offrent point du 34:99
tout les caractères propres aux prototypes, nous avons remarqué, dans le nombreux genre *Hieracium*, quelques espèces qui s'allient fort bien par le port et les apparences extérieures avec les *Nabalus* et *Prenanthes*. Ajoutons que la coloration remarquable de l'aigrette des *Nabalus* est un signe important d'affinité avec les *Hieracium*. Le vrai *Prenanthes*, dont l'aigrette est blanche, s'en éloigne davantage et confine aux crépidées.

La *crepis pulchra* de Linné, transférée par Mœnch, Willdenow et de Candolle dans le genre *Prenanthes*, n'appartient certainement point à ce genre, tel que nous le concevons; et elle doit, selon nous, rester dans le genre *Crepis*, quoique les squamules surnuméraires qui entourent la base de son péricline soient appliquées, au lieu d'être inappliquées. Si ce caractère étoit suffisant pour constituer un genre distinct, le nouveau genre qui seroit formé par la plante en 34:100
question devroit être placé entre le *Crepis* et l'*Intybellia*, dans la section des lactucées-crépidées, dont cette plante offre exactement tous les caractères. (H. Cass.)

NABLONION, *Nablonium*. (*Bot.*) Ce nouveau genre de 34:101
plantes, que nous proposons, appartient à l'ordre des synanthérées, à notre tribu naturelle des anthémidées, à la section des anthémidées-prototypes, et au groupe des santolinées, dans lequel nous le plaçons entre les deux genres *Santolina* et *Lyonnetia*. Voici ses caractères :

Calathide subglobuleuse, incouronnée, équaliflore, multiflore, régulariflore, androgyniflore. Péricline subhémisphérique, inférieur aux fleurs; formé de squames bi-trisériées, à peu près égales, appliquées : les extérieures larges, ovales, aiguës au sommet, subfoliacées dans le milieu, diaphanes sur les bords; les intérieures oblongues, submembraneuses, divisées au sommet en trois lanières subulées. Clinanthe planiuscule, garni de squamelles analogues aux squames intérieures du péricline, presque égales aux fleurs, oblongues, un peu concaves, scarieuses, ayant le sommet trifide, ou laciniè et acuminé. Fruits très-grands, obcomprimés, larges, cunéiformes, très-glabres, lisses, luisans, prolongés au sommet sur les côtés en deux cornes très-longues, très-diver-

34:101 gentes, épaisses, roides, subulées, spinescentes au sommet, creusées en gouttière sur la face interne, accrues et arquées en dehors après la fleuraison; péricarpe épais, comme fongueux ou subéreux, à cavité obovoïde contenant une graine attachée par sa base au fond de cette cavité. Corolle à cinq divisions, articulée par sa base sur le sommet de l'ovaire. Cinq étamines insérées au milieu de la hauteur du tube de la corolle. Style d'anthémidée, à base épaissie, arrondie, articulée sur un petit nectaire, qui occupe le centre de l'aréole apicilaire de l'ovaire.

Nous ne connoissons qu'une seule espèce de ce genre.

Nablonion fausse-calycère : *Nablonium calyceroides*, H. Cass. Petite plante herbacée, probablement annuelle; racine simple ou multiple, pivotante, très-longue, grêle, fibreuse, portant sur son collet une touffe de feuilles qui entourent la base de la tige, et produisant quelquefois des
34:102 stolons ou jets rampans, simples, desquels il naît de distance en distance des touffes de feuilles et des racines; feuilles radicales nombreuses, inégales, très-entières, tantôt glabres sur les deux faces, tantôt glabres et vertes en-dessus, tomenteuses et blanches en-dessous, à l'exception de la nervure médiaire; la partie inférieure de la feuille est plus étroite, pétioliforme, linéaire, membraneuse; la partie supérieure est oblongue-lancéolée, acuminée; tige très-courte, simple, dressée, scapiforme, cylindrique, striée, légèrement garnie de poils laineux, privée de vraies feuilles, mais pourvue de quelques bractées alternes, très-longues, étroites, linéaires, scarieuses, diaphanes; calathide solitaire au sommet de la tige, large de trois à quatre lignes, haute d'environ deux lignes et demie; corolles jaunes.

C'est à l'inépuisable bienveillance de M. Desfontaines que nous devons l'avantage d'avoir observé cette plante remarquable, dont l'herbier du Muséum possède plusieurs échantillons recueillis dans l'île de King, située entre la Nouvelle-Hollande et la terre de Diémen.

Le genre *Nablonium* se distingue très-bien de tous les autres genres composant le groupe des santolinées, par la forme singulière de ses fruits, qui offrent extérieurement une si grande analogie avec ceux du *calycera*, que je crus

d'abord devoir m'assurer si l'ovule étoit attaché à la base ou 34:102
au sommet de la cavité du péricarpe.

Le nom de *nablonium* est dérivé du mot grec *νάβλον*, ou du mot latin *nablum*, qui signifient *psaltérion*, parce que le fruit offre par sa forme quelque ressemblance avec une lyre antique.

Le groupe des santolinées, auquel appartient le genre
Nablonium, a subi quelques changemens depuis la publica-
tion de notre tableau méthodique des Anthémidées (tom.
XXIX, pag. 179), et il est à propos de les faire connoître
ici. Dans ce tableau, le groupe dont il s'agit étoit composé
des sept genres *Hymenolepis*, *Athanasia*, *Lonas*, *Diotis*, *San-
tolina*, *Lasiospermum*, *Anacyclus*. Aujourd'hui le même
groupe se trouve composé des dix genres *Hymenolepis*,
Athanasia, *Lonas*, *Morysia*, *Diotis*, *Santolina*, *Nablonium*,
Lyonnetia, *Lasiospermum*, *Marcelia*. Le genre *Morysia*, inter-
posé entre le *Lonas* et le *Diotis*, a été décrit dans notre article 34:103
MORYSIE (tom. XXXIII, pag. 59). Le genre *Nablonium*, mis à
la suite du *Santolina*, vient d'être décrit ci-dessus. Il nous
reste à décrire le *Lyonnetia*, qui précède le *Lasiospermum*, et
le *Marcelia*, qui le suit. Mais, auparavant, nous devons
nous occuper du genre *Anacyclus*, qui, étant convenable-
ment réformé, doit être éliminé du groupe des santolinées,
parce que sa calathide est ordinairement radiée. Ce genre
appartient réellement aux anthémidées-prototypes vraies, et
il doit être placé à la tête de ce groupe, immédiatement
avant l'*anthemis*, en sorte qu'il se trouve à la suite du *Mar-
celia*, qui termine les santolinées.

Tournefort est le véritable auteur du genre *Anacyclus*, qu'il classoit parmi les radiées, et qu'il nommoit *Cotula*, en lui donnant pour type l'*anthemis valentina* de Linné, et lui assignant les caractères suivans, remarquables par leur exactitude : *Cotula est plantæ genus, flore nunc radiato, nunc flosculoso, cujus scilicet discus ex plurimis flosculis, corona verò, si adsit, ex semiflosculis componitur, embryonibus insidentibus, et calyce plerumque squamoso comprehensis; embryones autem deinde abeunt in semina plana, cordiformia et quasi alata.* Vaillant, mal inspiré cette fois, nomma *Santolinoides* un genre correspondant à peu près au *Cotula* de Tournefort; et il ap-

34:103 pliqua exclusivement le nom générique de *Cotula* à la *cotula turbinata* de Linné, que Tournefort avoit placée à la fin de son genre *Cotula*, et qui, évidemment, n'étoit point congénère de l'*anthemis valentina*, véritable type de ce genre. Linné augmenta le désordre, en réunissant, sous le nom de *cotula*, les deux genres *Ananthocyclus* et *Cotula* de Vaillant, et en nommant *Anacyclus* un genre qui correspond à peu près au *Cotula* de Tournefort et au *Santolinoides* de Vaillant. Ce genre *Anacyclus*, tel qu'il est caractérisé et composé par Linné, ne semble différer du genre *Anthemis* que par la calathide non radiée. Mais M. Persoon, dans son *Synopsis plantarum* (tom. II, pag. 464), et M. de Candolle, dans sa Flore françoise (tom. V, pag. 480), ont établi que cette différence étoit ici trop inconstante [1] pour distinguer les

[1] Necker divise le genre *Anacyclus* de Linné en deux genres, qu'il
34:104 nomme *Anacyclus* et *Hiorthia* : il attribue à l'*Anacyclus* les espèces dont la calathide est radiée, et à l'*Hiorthia* les espèces dont la calathide est discoïde.

deux genres, et que le caractère essentiellement distinctif du genre *Anacyclus* résidoit dans la forme de ses fruits. Ces botanistes auroient peut-être dû remarquer qu'en réformant ainsi le genre *Anacyclus*, ils le ramenoient exactement à l'état dans lequel Tournefort l'avoit primitivement constitué sous le nom de *Cotula*. Les observations que j'ai faites sur plusieurs espèces d'*Anacyclus*, m'ont persuadé que ce genre pouvoit être défini plus exactement qu'il ne l'a été jusqu'à présent. Je propose de reconnoître l'*Anthemis valentina* de Linné comme le type du genre en question, et de le caractériser ainsi :

Anacyclus. Calathide toujours couronnée, ordinairement radiée, quelquefois discoïde : disque multiflore, régulariflore, androgyniflore ; couronne ordinairement radiante, quelquefois non radiante, unisériée, liguliflore, féminiflore. Péricline orbiculaire, convexe, ou subhémisphérique, à peu près égal aux fleurs du disque : formé de squames paucisériées, inégales, irrégulièrement imbriquées, appliquées, ovales-oblongues, coriaces, terminées par un appendice décurrent, marginiforme, arrondi, souvent plus ou moins découpé, scarieux. Clinanthe convexe ou conique, garni de squamelles inférieures aux fleurs, larges, planiuscules, subcunéiformes, acuminées, coriaces-membraneuses. Ovaires obcomprimés, obovales, glabres, lisses, pourvus, sur chacune des deux arêtes latérales, d'une large bordure plane, aliforme, membraneuse-charnue, et portant, sur la face intérieure, une aigrette stéphanoïde, plus ou moins manifeste, irrégulièrement découpée, dimidiée, continue avec la bordure. Corolles du disque, à tube articulé sur l'ovaire, obcomprimé, à limbe à cinq divisions papillées sur la face intérieure, et portant chacune, derrière le sommet, une grosse corne calleuse, courte sur les divisions extérieures, longue sur les divisions intérieures. Corolles de la couronne à tube ordinairement articulé sur l'ovaire, obcomprimé, à languette ordinairement radiante, plus ou moins longue, large, elliptique, à peine bi-tridentée au sommet. 34:104

Dans les fleurs intérieures du disque, l'aigrette et la bordure de l'ovaire sont beaucoup plus petites, peu apparentes, et les appendices corniformes de la corolle sont plus grands. L'aigrette stéphanoïde semble quelquefois nulle, ou non manifeste, sur les ovaires de la couronne, qui sont alors continus avec la corolle. 34:105

Anacyclus pyrethrum, H. Cass. (*Anthemis pyrethrum*, Linn.) Plante herbacée, inodore; tiges étalées, couchées sur la terre, longues d'environ un pied, cylindriques, rameuses, pubescentes; feuilles alternes, d'un vert un peu glauque, garnies de longs poils blancs et mous; les radicales longues d'environ quatre pouces, larges d'environ un pouce, pétiolées, linéaires, tripinnées, à divisions très-étroites, linéaires, un peu charnues; les feuilles caulinaires beaucoup plus courtes et sessiles; calathides larges de près d'un pouce, courtement radiées, solitaires au sommet des tiges et des rameaux; disque jaune; couronne un peu interrompue, composée d'environ douze languettes distancées, non contiguës, radiantes, courtes, larges, blanches en-dessus, rouges en-dessous, terminées par trois dents arrondies; péricline hémisphérique, plus ou moins garni, ainsi que son support, de longs poils blancs, mous, formé de squames ovales, obtuses, coriaces, membraneuses et diaphanes sur les bords,

34:105 foliacées au sommet; clinanthe planiuscule ou peu convexe, arrondi, subhémisphérique, à squamelles obovales-suborbiculaires, presque entièrement diaphanes-membraneuses pendant la fleuraison, devenant ensuite fermes, coriaces, cartilagineuses, épaissies au sommet. Le fruit des fleurs femelles est continu par son sommet avec la base de la corolle, qui persiste sans se dessécher, tandis que le reste de cette corolle se dessèche; l'aigrette de ces mêmes fleurs, paroissant greffée avec la base persistante de la corolle, n'est point manifeste et semble être nulle. Sauf cette petite anomalie, qui nous a paru exister aussi dans l'*Anacyclus clavatus*, la plante que nous décrivons nous a offert tous les caractères génériques du type de l'*Anacyclus*, décrit ci-dessus.

Le vrai genre *Anacyclus*, tel que nous le concevons, diffère du vrai genre *Anthemis* par deux caractères principaux: 1.° les ovaires obcomprimés et munis d'une large
34:106 bordure sur les deux arêtes latérales; 2.° les corolles du disque portant une longue corne calleuse, très-remarquable, sur leurs divisions intérieures. On pourroit diviser ce genre en deux sections, dont la première seroit caractérisée par les ovaires de la couronne aigrettés et articulés avec la corolle, la seconde par les ovaires de la couronne inaigrettés et continus avec la corolle.

Lyonnetia. Calathide incouronnée, équaliflore, multiflore, régulariflore, androgyniflore. Péricline inférieur aux fleurs, presque turbiné, irrégulier, variable, formé de squames ordinairement trisériées, inégales, obimbriquées, appliquées: les extérieures oblongues, obtuses, ayant leur partie inférieure plus large, plus épaisse, coriace, et la supérieure appendiciforme, subfoliacée; les intermédiaires un peu plus courtes et plus larges, ovales-oblongues, obtuses, coriaces, membraneuses sur les bords, foliacées au sommet; les intérieures courtes, squamelliformes, oblongues-spatulées, membraneuses, diaphanes. Clinanthe conoïdal, garni de squamelles inférieures aux fleurs, demi-embrassantes, oblongues-lancéolées, diaphanes, membraneuses. Ovaires obovoïdes, glabres, tous privés de bordure longitudinale, mais ayant une aigrette stéphanoïde, courte, membraneuse, dimidiée, nulle sur la face extérieure. Corolles à cinq divisions. 34:106

Lyonnetia pusilla, H. Cass. Une racine longue, épaisse, pivotante, rameuse, produit plusieurs tiges inégales, longues d'environ un pouce et demi, ascendantes, presque simples, un peu scapiformes, cylindriques, souvent un peu arquées et épaissies vers le haut, presque nues ou pourvues seulement de quelques feuilles alternes, et couvertes de longs poils blancs, appliqués, qui garnissent aussi les deux faces des feuilles; les feuilles supérieures sont simples, entières, linéaires; les inférieures, plus longues et plus larges, ont une partie inférieure linéaire, pétioliforme, et une partie supérieure, formant limbe, pinnatifide, presque pinnée, à divisions oblongues, ovales, ou lancéolées, entières ou incisées; les feuilles radicales sont bipinnatifides, longues d'environ un pouce; les calathides, larges de quatre lignes, hautes de trois lignes, sont solitaires au sommet de chaque tige ou branche, qui forme une sorte de pédoncule épais; 34:107 le péricline est couvert, comme les autres parties de la plante, de longs poils blancs, appliqués; les corolles sont jaunes.

Nous avons fait cette description générique et spécifique sur un individu vivant, cultivé au Jardin du Roi, sous le nom de *Cotula aurea*, et sur un échantillon sec de l'herbier de M. de Jussieu, étiqueté *Anacyclus creticus*.

Notre genre *Lyonnetia*, dédié au célèbre entomologiste Lyonnet, diffère essentiellement du genre *Anacyclus*, 1.° en ce que toutes les fleurs de sa calathide sont hermaphrodites et à corolle régulière, 2.° en ce que ses ovaires sont tous privés de bordure longitudinale.

Marcelia. Calathide subglobuleuse, discoïde: disque multiflore, régulariflore, androgyniflore; couronne non radiante, unisériée, liguliflore, féminiflore. Péricline presque égal aux fleurs, orbiculaire, convexe, subhémisphérique; formé de squames inégales, paucisériées, irrégulièrement imbriquées, appliquées, oblongues-lancéolées, coriaces-foliacées, munies d'une large bordure membraneuse. Clinanthe conique, très-élevé, garni de squamelles inférieures aux fleurs, demi-embrassantes ou concaves, oblongues, membraneuses, uninervées. Ovaires tous uniformes, obo-

34:107 voïdes-oblongs, ou subcylindracés, glabres, point comprimés, ni obcomprimés, ni bordés ou ailés; aigrette nulle. Corolles de la couronne à languette non radiante, plus courte que le style, tronquée au sommet, bordée de glandes en sa partie supérieure, et bordée en sa partie inférieure de deux ailes latérales, qui sont la prolongation de celles du tube, lequel est obcomprimé et bordé d'une membrane sur chaque côté. Corolles du disque à cinq divisions.

Marcelia aurea, H. Cass. (*Anacyclus aureus*, Linn.) Une souche épaisse, courte, paroissant un peu ligneuse, produit plusieurs tiges dressées ou étalées, hautes de six à neuf pouces, foibles, grêles, rameuses, pubescentes, grisâtres; les feuilles sont alternes, longues d'environ dix lignes, larges de trois ou quatre lignes, sessiles, linéaires, pubescentes, pinnées ou bipinnées, à pinnules courtes, linéaires, un peu épaisses et charnues, parsemées de petits points blancs, et
34:108 terminées par une pointe blanche; les calathides, larges de trois ou quatre lignes, et composées de fleurs jaunes, sont solitaires au sommet de longs pédoncules formés par la partie supérieure nue de la tige et de ses rameaux. Cette plante, que nous avons décrite sur des individus vivans, cultivés au Jardin du Roi, a une forte odeur d'*Anthemis*.

Notre genre *Marcelia* se distingue des vrais *Anacyclus* par la forme de ses ovaires, qui ne sont ni aplatis, ni bordés, ni aigrettés. Il ne diffère essentiellement des *Chamæmelum* que par sa calathide, qui est discoïde, au lieu d'être radiée: mais il s'éloigne beaucoup, au moins par ses caractères techniques, des *Cotula*, parmi lesquels M. de Candolle (Fl. fr., tom. V, pag. 480) étoit disposé à le placer. (H. Cass.)

34:186 NARDOSMIE, *Nardosmia*. (*Bot.*) Ce nouveau genre de plantes que nous proposons, appartient à l'ordre des synanthérées, et à notre tribu naturelle des tussilaginées, dans laquelle il est intermédiaire entre les deux genres *Tussilago* et *Petasites*, parce qu'il a sa calathide radiée, comme le premier, et sa hampe polycalathide, comme le dernier. Voici ses caractères, observés par nous sur la *nardosmia denticulata*.

Calathide courtement radiée: disque multiflore, réguliflore, masculiflore; couronne unisériée, subduodécimflore,

liguliflore, féminiflore. Péricline cylindracé-turbiné, égal 34:186
aux fleurs de la couronne; formé de squames à peu près
égales, subunisériées, appliquées, oblongues, un peu aiguës
au sommet, foliacées, membraneuses sur les bords. Cli-
nanthe planiuscule, absolument nu. *Fleurs du disque :* Faux-
ovaire absolument privé d'ovule, et portant une aigrette de
squamellules peu nombreuses. Corolle glabre, à tube long,
à limbe large, régulier, campaniforme, divisé jusqu'à moitié
en cinq lanières oblongues-lancéolées, arquées en dehors.
Étamines à filet greffé à la corolle jusqu'au sommet de son
tube; à anthère ayant l'appendice apicilaire libre, court,
ovale, et les appendices basilaires nuls. Style masculin ter-
miné par une masse ovoïde, fendue au sommet, et très- 34:187
élevée au-dessus de la corolle et du tube anthéral, la partie
filiforme qui la porte s'alongeant considérablement après
l'épanouissement de la fleur. *Fleurs de la couronne :* Ovaire
pédicellulé, oblong, cylindrique, strié, glabre, muni d'un bour-
relet apicilaire et d'un bourrelet basilaire, et contenant un
ovule bien conformé; aigrette composée de squamellules
nombreuses, inégales, filiformes, barbellulées. Corolle à tube
long, à languette à peu près aussi longue que le tube,
dressée, large, elliptique-oblongue, entière ou à peine tri-
dentée au sommet. Style féminin, beaucoup plus court que
la corolle, terminé par deux stigmatophores courts, non
divergens. = Hampe polycalathide.

Nous attribuons à ce genre les trois espèces suivantes.

Nardosmie a feuilles denticulées : *Nardosmia denticulata*, H. Cass.; *Tussilago fragrans*, Villars. C'est une plante herbacée, vivace, produisant une tige scapiforme, dressée, haute d'environ dix pouces, épaisse, cylindrique, striée, velue, qui porte autour de sa base quelques feuilles alternes, rapprochées, presque radicales, et qui est garnie du reste de quelques feuilles bractéiformes, alternes, distantes; les feuilles de la base ont un pétiole long d'environ quatre pouces, dressé, demi-cylindrique, velu, ayant sa partie basilaire très-élargie, engainante, ovale, foliacée; le limbe, étalé, ayant environ trois pouces de diamètre, est orbiculaire, réniforme ou cordiforme, très-échancré à la base, très-obtus au sommet, bordé d'une multitude de petites dents

34:187 calleuses, rougeâtres; la face supérieure est verte, d'abord pubescente, puis glabre; l'inférieure est un peu glauque et velue; les feuilles bractéiformes inférieures ont un petit limbe; les supérieures sont réduites, comme de vraies bractées, à la partie inférieure large et foliacée du pétiole; les calathides, hautes de cinq à six lignes, sont nombreuses, disposées en thyrse, ou en panicule étroite, sur la partie supérieure de la hampe; leurs pédoncules sont velus, et garnis de quelques bractées linéaires-subulées, membraneuses-foliacées; les corolles sont blanches, exhalant une odeur agréable; les anthères violettes, à pollen blanc; la couronne est composée d'environ douze fleurs.

34:188 Nous avons fait cette description sur des individus vivans et cultivés. La nardosmie denticulée habite l'Italie; elle se trouve aussi, dit-on, en quelques lieux de la France, indépendamment des jardins, où on la cultive sous le faux nom d'héliotrope d'hiver, et où elle fleurit au commencement de cette saison. Ce que l'on prend pour la racine de cette plante est réellement une tige souterraine, comme dans presque tous les végétaux herbacés et vivaces.

Nardosmie a feuilles anguleuses: *Nardosmia angulosa*, H. Cass.; *Tussilago frigida*, Linn., *Sp. pl.*, édit. 3, pag. 1214; *Fl. dan.*, tab. 61; *Tussilago scapo imbricato, floribus spicatis, radiatis, foliis infrà incanis, acutis*, Gmel., *Flor. sib.*, tom. 2, pag. 150, n.° 128, tab. 70. La racine, ou plutôt la tige souterraine, est horizontale, ressemblant à un roseau, un peu aromatique, rouge en dehors, jaunâtre en dedans, remplie d'une moelle blanche, et garnie de racines fibreuses sur ses articulations; la hampe, épaisse comme une plume de cygne, haute d'environ neuf pouces, et s'élevant presque au double après la fleuraison, verte inférieurement, rougeâtre supérieurement, très-légèrement tomenteuse, est pourvue de sept ou huit gaines membraneuses, verdâtres, veinées longitudinalement, crépues sur les bords, les inférieures longues d'environ trois pouces, les supérieures squamiformes et à bords rougeâtres; les feuilles, très-petites à l'époque de la fleuraison, grandissent beaucoup ensuite; leur pétiole, long de neuf à dix-sept pouces, est canaliculé, un peu pubescent, odorant; le limbe, qui acquiert souvent six pouces de

diamètre, imite la feuille d'érable, étant échancré à sa base 34:188
par un profond sinus demi-circulaire, et étant découpé sur ses bords par des sinus plus ou moins profonds, qui produisent des angles plus ou moins saillans; la face inférieure est tomenteuse et blanche; la supérieure est verte et presque glabre; les calathides, au nombre de huit à douze, disposées en une sorte d'épi long de deux pouces, sont portées sur des pédoncules nés de l'aisselle des bractées supérieures, longs à peine d'un pouce, mais s'alongeant après la fleuraison, velus, et munis d'une ou deux bractées squamiformes; les squames du péricline sont rougeâtres sur les bords; les corolles sont blanches et d'une odeur agréable; le disque en contient une quarantaine, et la couronne en offre neuf 34:189
environ.

Cette plante, que nous n'avons point vue, et que nous décrivons d'après Gmelin, a été observée par cet exact botaniste en Sibérie, dans les lieux marécageux, où elle fleurit au mois de Mai; on la trouve encore dans les vallées humides et boisées des montagnes de la Norwége, et en Laponie. Il suffit de voir la figure du *Flora sibirica* et celle du *Flora danica*, pour se convaincre que c'est une espèce exactement congénère de la nardosmie denticulée, dont elle diffère par ses feuilles cordiformes, très-profondément échancrées à la base, et bordées de grandes dents inégales, séparées par des sinus larges et profonds.

Nardosmie a fleurs jaunatres: *Nardosmia straminea*, H. Cass.; *Tussilago scapo imbricato, floribus spicatis radiatis, foliis utrimque glaberrimis*, Gmel., *Flor. sib.*, tom. 2, pag. 148, n.° 126, tab. 69; *Tussilago lævigata*, Willd. Une tige souterraine, longue de plusieurs pieds, grosse comme le petit doigt, charnue, creuse, blanchâtre, rampe horizontalement, et produit de longues et grosses racines presque simples, qui s'enfoncent perpendiculairement dans la terre: elle produit aussi des feuilles très-petites durant la fleuraison, mais dont le pétiole devient ensuite long de plus d'un pied, tandis que le limbe acquiert près d'un pied et demi de largeur; celui-ci est triangulaire, profondément échancré en cœur à la base, terminé au sommet en pointe obtuse, muni sur les bords de dents nombreuses; les deux faces sont vertes et glabres;

34:189 la hampe, haute de plus de neuf pouces, épaisse, charnue, est garnie de six à huit gaines membraneuses, larges et un peu striées; et elle se termine par un épi de huit à vingt calathides, portées sur des pédoncules longs d'un demi-pouce, chacun d'eux né dans l'aisselle d'une écaille membraneuse, et garni d'une ou deux bractées liguliformes; les corolles sont de couleur jaune-paille : il y en a au moins une trentaine dans le disque, et environ quatorze à la couronne.

Malgré la couleur de ses fleurs, cette plante paroît bien appartenir au genre *Nardosmia*, d'après la description et la figure données par Gmelin. Ce botaniste l'a trouvée en Sibérie, sur le bord des fleuves Irtis, Obi, Jénisea, où elle fleurissoit au
34:190 commencement de Mai. Il ne dit point si elle est odorante comme les deux autres espèces, dont elle se distingue facilement par ses feuilles entièrement glabres et ses corolles jaunâtres. On la trouve aussi en Bohème.

Le *tussilago japonica*, Willd., est peut-être une quatrième espèce de *nardosmia*, quoiqu'il y ait lieu d'en douter, et de présumer que c'est plutôt une adénostylée voisine de notre *ligularia*.

Ce genre *Nardosmia* offre de l'analogie avec le *Leibnitzia*, en ce que le péricline égale la couronne, qui s'élève à peine plus haut que le disque, et reste dressée.

Notre tribu naturelle des tussilaginées, interposée entre celle des mutisiées et celle des adénostylées (tom. XX, pag.381), ne comprend que trois genres : 1.° *Tussilago*, 2.° *Nardosmia*, 3.° *Petasites*. Ces trois genres, suffisamment distincts, ont été confondus ensemble, et avec plusieurs autres appartenant aux Mutisiées, aux Adénostylées, aux Inulées, sous le titre commun de *Tussilago*. (Voyez l'analyse historique du genre *Tussilago* des botanistes, dans notre article Lérie, tom. XXVI, pag. 103.)

Il convient de tracer ici les vrais caractères des deux genres *Tussilago* et *Petasites*, afin que nos lecteurs puissent les comparer avec ceux du genre *Nardosmia*, qui est le principal objet de cet article, et reconnoître les différences qui distinguent les trois genres de la tribu.

Tussilago. Calathide longuement radiée : disque pluriflore, régulariflore, masculiflore; couronne multisériée, multiflore,

liguliflore, féminiflore. Péricline campaniforme, supérieur 34:190
aux fleurs du disque; formé de squames à peu près égales, subunisériées, appliquées, oblongues-linéaires, obtuses, foliacées-membraneuses. Clinanthe plan, inappendiculé, fovéolé. *Fleurs du disque :* Faux-ovaire pédicellulé, court, cylindracé, glabre, privé d'ovule, et portant une aigrette de squamellules peu nombreuses. Corolle à limbe campaniforme, profondément divisé par des incisions égales en cinq lanières arquées en dehors. Étamines ayant les appendices basilaires de l'anthère nuls ou presque nuls. Style masculin terminé par un renflement qui reste inclus dans le tube anthéral. *Fleurs de la couronne :* Ovaire pédicellulé, oblong, cylindracé,
glabre, ovulé, pourvu d'un bourrelet apicilaire; aigrette 34:191
composée de squamellules très-nombreuses, inégales, filiformes, barbellulées. Corolle à tube court et grêle, tronqué ou denticulé au sommet sur le côté intérieur, et prolongé de l'autre côté en une languette étalée, longue comme deux fois le tube, plane, très-étroite, linéaire, uninervée, entière ou un peu échancrée au sommet. = Hampe monocalathide.

Ce genre a pour type le *tussilago farfara*, Linn., sur lequel nous avons observé les caractères qu'on vient de lire. Le *tussilago scapo imbricato, unifloro, foliis ovatis, oblongis, ex sinuato-dentatis*, de Gmelin (*Flor. sib.*, tom. 2, pag. 141, n.° 122, tab. 67, fig. 1), nous semble, d'après la description et la figure, être congénère du *farfara*, et constituer une seconde espèce du vrai genre *Tussilago*, quoique ses corolles soient blanches. Willdenow a cru que cette plante étoit l'individu hermaphrodite du *tussilago anandria*, considéré par lui comme polygame-dioïque; mais c'est une erreur qui se trouve réfutée dans notre article LEIBNITZIE (tom. XXV, pag. 420). Le *tussilago trifurcata*, Willd., seroit-il une troisième espèce du genre *Tussilago*, restreint dans les limites que nous lui assignons? La description de Forster, telle qu'elle est citée par Willdenow, est très-insuffisante pour décider cette question.

Le genre *Tussilago* diffère, selon nous, du *Nardosmia*, par la calathide longuement radiée, le disque composé de fleurs peu nombreuses, la couronne composée de fleurs très-nombreuses et disposées sur plusieurs rangs circulaires concen-

34:191 triques, le périclinc moins grand que les fleurs de la couronne, les languettes de la couronne étalées, longues, très-étroites, linéaires, la hampe monocalathide. La couleur des corolles ne peut pas être ici une note différentielle, si nous n'avons pas admis mal à propos dans le genre *Nardosmia* l'espèce à fleurs jaunâtres, décrite par Gmelin sous le n.° 126, et si celle à fleurs blanches, décrite par le même auteur sous le n.° 122, est, comme nous le présumons, un vrai *tussilago*.

Petasites. Subdioïque. *Calathide mâle* multiflore, régulariflore, offrant ordinairement une à cinq fleurs femelles marginales, beaucoup plus courtes, à corolle tubuleuse, grêle,
34:192 à ovaire ovulé, à aigrette de squamellules nombreuses. Péricline un peu inférieur aux fleurs, formé de squames à peu près égales, subunisériées, appliquées, oblongues, foliacées, membraneuses sur les bords. Clinanthe plan et nu. Faux-ovaires privés d'ovule, et portant une aigrette de squamellules peu nombreuses. Corolles masculines régulières, à limbe large, campaniforme, divisé jusqu'à moitié en cinq lanières demi-lancéolées. Style masculin terminé par un renflement qui s'élève au-dessus du tube anthéral. *Calathide femelle* multiflore, tubuliflore, offrant une à cinq fleurs mâles centrales, à corolle régulière, à faux-ovaire demi-avorté. Péricline cylindracé, inférieur aux fleurs, formé de squames à peu près égales, subunisériées, ovales, foliacées. Clinanthe plan, inappendiculé. Ovaires pédicellulés, oblongs, cylindriques, glabres, cannelés, munis d'un bourrelet basilaire, et contenant un ovule; aigrette composée de squamellules filiformes, à peine barbellulées. Corolles féminines tubuleuses, grêles, dentées au sommet. = Hampes polycalathides.

Ce genre a pour type le *tussilago petasites*, Linn., considéré comme l'individu mâle, et le *tussilago hybrida*, Linn., considéré comme l'individu femelle de la même espèce. A cette première espèce il en faut joindre trois autres, nommées *alba*, *nivea*, *spuria*. Le *tussilago* décrit par Gmelin sous le n.° 125 (pag. 145, tab. 68, fig. 2), est l'individu mâle d'une espèce de *petasites*; celui décrit par le même auteur sous le n.° 127 (pag. 149, tab. 69, D, E), est probablement l'individu femelle d'une espèce du même genre.

Ce genre *Petasites* diffère pour nous du *Nardosmia*, principalement en ce que les espèces qui le composent sont subdioïques, c'est-à-dire imparfaitement dioïques, les calathides des individus mâles offrant quelques fleurs femelles marginales, et celles des individus femelles offrant quelques fleurs mâles centrales. Ajoutons que les fleurs femelles ont la corolle courte, tubuleuse et non ligulée, en sorte que la calathide n'est jamais radiée; remarquons aussi que le péricline est inférieur aux fleurs. Ayant cultivé nous-même quelques individus de *nardosmia denticulata*, pour les observer jusqu'à l'époque de la maturité des fruits, nous avons reconnu que les ovaires de la couronne, quoique tous pourvus d'un ovule, 34:192
étoient constamment stériles, comme les faux-ovaires du disque, qui sont tous privés d'ovule; les ovaires de la couronne n'avoient donc point été fécondés, peut-être à cause de l'imperfection de leur stigmate, qui en effet semble en apparence être mal conformé. Ainsi la couronne ne seroit point féminiflore, mais neutriflore par défaut de stigmates; l'espèce seroit dioïque; tous les individus observés jusqu'à présent seroient complétement mâles, et il faudroit chercher l'individu femelle, qui ne paroît pas avoir encore été rencontré. Dans ce cas, le genre *Nardosmia* ne différeroit plus du *Petasites* que par sa couronne de fleurs ligulées et radiantes. Mais beaucoup de motifs[1], dont le développement alongeroit trop cet article, nous persuadent que la stérilité des ovaires de la couronne, dans le *nardosmia denticulata*, n'est qu'accidentelle, résultant de son habitation dans nos jardins, de la culture qu'elle y subit, et du mode de propagation usité par les jardiniers pour cette plante, qu'il faudroit observer dans 34:193

1 Nous avons observé l'individu femelle, ou plutôt subfemelle, du *Tussilago alba*. Linn., qui est une espèce du genre *Petasites* : la calathide contenoit environ quatre à huit fleurs mâles, au milieu d'un très grand nombre de femelles disposées sur environ trois rangs circulaires concentriques; le style de ces fleurs femelles étoit très-long, tandis que celui des fleurs ligulées du *nardosmia denticulata* est très-court; mais le stigmate étoit absolument semblable dans les deux plantes, ce qui tendroit à prouver qu'il n'est point imparfait dans le *Nardosmia*, dont la couronne, par conséquent, seroit vraiment féminiflore, et ne deviendroit stérile qu'accidentellement.

34:193 son lieu natal. Les géorgines, attribuées par nous au genre *Coreopsis*, parce que toutes celles que nous avons observées dans les jardins avoient la couronne neutriflore par défaut de stigmates, sont peut-être dans le même cas que le *nardosmia denticulata*. (Voyez tom. XVIII, pag. 441.)

Linné considéroit les individus mâles et femelles de *petasites* comme des espèces différentes. Willdenow a cru que ces plantes étoient polygames-dioïques, chaque espèce ayant des individus à fleurs réellement hermaphrodites, et des individus à fleurs femelles; parce que tous les botanistes, sans excepter l'exact Gærtner, ont pris les fleurs mâles des tussilaginées pour des fleurs hermaphrodites. Dans notre premier
34:194 Mémoire sur les synanthérées, lu à l'Institut le 6 Avril 1812, nous avons annoncé que les vraies tussilaginées n'avoient jamais de fleurs hermaphrodites, mais seulement des fleurs mâles et des fleurs femelles : mais en même temps nous avons prétendu que les *tussilago petasites* et *hybrida*, considérés par les botanistes modernes comme des plantes de la même espèce, étoient deux espèces distinctes, comme Linné l'avoit cru. Notre opinion se fondoit principalement sur la comparaison scrupuleuse que nous avions faite de la structure des styles féminins et masculins dans les deux plantes en question, et de laquelle il résultoit, par exemple, que le style des fleurs femelles, composant presque toute la calathide du *tussilago hybrida*, différoit beaucoup du style des fleurs femelles qu'on trouve ordinairement, au nombre d'une à cinq, sur le bord de la calathide du *tussilago petasites*. Nous avons changé d'opinion, en lisant, dans le Journal de botanique d'Avril 1813 (tom. I, pag. 171), les intéressantes observations de M. Watd; et en remarquant que, bien que les *tessaria* et *monarrhenus* nous offrent dans leurs calathides une seule fleur mâle au milieu de nombreuses fleurs femelles, il n'y a point d'exemple, parmi les synanthérées non dioïques, de calathides n'ayant qu'une seule fleur femelle, souvent nulle, avec de nombreuses fleurs mâles. La cause finale de cette différence est évidente : une seule fleur mâle peut suffire à féconder beaucoup de femelles, et beaucoup de mâles pour une femelle seroient un luxe superflu. Cependant il reste encore à savoir pourquoi, chez le *Petasites*, les parties analogues ne sont point semblables dans les deux individus,

mâle et femelle. Si, contre toute vraisemblance, il pouvoit être établi que les *tussilago petasites* et *hybrida* sont deux espèces réellement distinctes, il seroit convenable de les considérer comme types de deux genres différens : l'un caractérisé par le disque multiflore, et la couronne pauciflore, unisériée, interrompue, incomplète, quelquefois nulle; l'autre caractérisé par le disque pauciflore, et la couronne multisériée, multiflore [1]. Dans ce cas, la tribu des tussilaginées auroit quatre genres, au lieu de trois; mais, quant à présent, elle se réduit à ceux que nous avons décrits, et dont voici le tableau méthodique. 34:194 34:195

1. * Tussilago. = *Tussilago*, *e. q. s.* C. Bauh. (1623) — *Tussilago*. Tourn. (1694. benè.) — Adans. (malè) — Gærtn. (benè.) — Neck. (pessimè.) — Mœnch — H. Cass. Dict. — *Tussilaginis sp.* Vaill. — Lin. — J. G. Gmel. — Juss. — Willd. — Pers. — *Farfara*. Decand. Fl. fr. (1805).

2. * Nardosmia. = *Tussilaginis sp.* Lin. (1737) — J. G. Gmel. (1749) — Juss. — Villars (1792) — Willd. — Pers. — *An? Tussilaginis sp.* Adans. — *An? Petasitidis sp.* Decand. — *Nardosmia*. H. Cass. Dict.

3. * Petasites. = *Petasites*. C. Bauh. (1623) — Tourn. (1694) — Vaill. (1719. benè.) — Dill. — Adans. — Gærtn. — Neck. (pessimè.) — Mœnch — Desf. — Decand. — H. Cass. Dict. — *Tussilaginis sp.* Lin. — J. G. Gmel. — Juss. — Willd. — Pers. — Watd Journ. de bot. avr. 1813.

On peut remarquer, dans ce tableau, une nouvelle expression abrégée, que nous devons expliquer, et dont l'emploi, omis dans nos tableaux précédens, nous semble utile pour le perfectionnement de la synonymie méthodique et historique. *Tussilago, e. q. s.* C. Bauh., c'est-à-dire, *Tussilago*, *excludendo quamdam speciem* ou *quasdam species*. C. Bauh., signifie que le vrai genre *Tussilago* correspond au genre *Tussilago* de Caspar Bauhin, dont il faut seulement exclure

[1] Remarquez que les deux genres *Tussilago* et *Nardosmia* diffèrent aussi l'un de l'autre par les proportions inverses dans le nombre des fleurs du disque et de la couronne : mais il s'y joint d'autres différences fournies par le port, et par les dimensions, la figure et la direction des languettes de la couronne.

34:195 une espèce ou quelques espèces, ce botaniste ayant mal à propos réuni au vrai *tussilago* une ou deux *homogyne*. Cette expression n'est pas, comme on pourroit le croire, exactement équivalente à celle de *Tussilaginis sp.*, ou *Tussilaginis species*, qu'il convient d'employer à l'égard de Linné, parce qu'il a mêlé confusément le vrai *tussilago* avec huit espèces appartenant à six ou sept genres différens, et qu'il semble avoir méconnu le véritable type, aussi bien que les caractères, du genre dont il s'agit. L'exacte justice réclame ces diverses nuances d'expressions, afin de ne point confondre ensemble
34:196 le botaniste qui, dans un genre, d'ailleurs bien conçu, auroit admis par erreur quelque espèce étrangère à ce groupe, et celui qui auroit aggloméré sous le même titre générique une multitude d'espèces hétérogènes. C'est ainsi que M. Lindley, dans son Mémoire sur les pomacées, a judicieusement employé les expressions de *species* et *pars*, en disant, par exemple, suivant les différens cas, tantôt *mespili species*. Willd., et tantôt *mespili pars*. Willd. Il seroit à désirer que les botanistes s'appliquassent à perfectionner ainsi, autant qu'il est possible, la forme des tableaux synonymiques, en suivant les traces du célèbre M. De Candolle, à qui appartient l'honneur d'avoir le premier conçu un plan régulier de ces tableaux.

Terminons cet article par une revue générale des vingt-deux espèces admises par M. Persoon (*Syn. pl.*, tom. 2, pag. 455) dans le genre *Tussilago* : 1.° le *T. anandria* est notre *leibnitzia cryptogama*; 2.° le *T. lyrata* est notre *leibnitzia phænogama*; 3.° le *T. trifurcata* est une espèce très-douteuse du vrai genre *Tussilago*; 4.° le *T. alpina* est notre *homogyne alpina*; 5.° le *T. discolor* est notre *homogyne discolor*; 6.° le *T. sylvestris* est notre *homogyne sylvestris*; 7.° le *T. farfara* est le type du vrai genre *Tussilago*; 8.° le *T. japonica* est probablement une adénostylée voisine de notre *ligularia*; 9.° le *T. frigida* est notre *nardosmia angulosa*; 10.° le *T. fragrans* est notre *nardosmia denticulata*; 11.° le *T. lævigata* est notre *nardosmia straminea*, ainsi nommée à cause de la couleur jaune-paille des corolles; 12.° le *T. alba* est une espèce de *petasites*; 13.° le *T. nivea* appartient au même genre; 14.° le *T. petasites* est le type de ce genre; 15.° le *T. spuria* est encore un *petasites*; 16.° le *T. integrifolia* est le type du genre *Chap-*

talia de Ventenat; 17.° le *T. albicans* est notre *leria integri-* 34:196
folia; 18.° le *T.* (*chaptalia*) *lyrata* est notre *leria lyrata*; 19.° le *T. dentata* est notre *chaptalia dentata* (tom. XXVI, p. 104); 20.° le *T. sinuata* est notre *lieberkuhna nudipes*, et sa prétendue variété *piloselloides* est notre *lieberkuhna bracteata;* 21.° le *T. exscapa* est notre *loxodon brevipes;* 22.° le *T. sarmentosa* est notre *chevreulia stolonifera.* (H. Cass.)

NASSAUVIÉES, *Nassauvieæ.* (*Bot.*) C'est la quinzième des 34:204
vingt tribus naturelles dont se compose l'ordre des Synanthérées, suivant notre méthode de classification. Nous avons déjà présenté (tom. XX, pag. 378) la description complète des caractères de cette tribu. Mais nous n'avons point encore
exposé méthodiquement la série et l'analyse de tous les genres 34:205
qui lui appartiennent. C'est l'objet du présent article.

XVe *Tribu.* Les Nassauviées (*Nassauvieæ*).

Chænanthophorarum sectio prima, excludendo quædam genera. Lagasca (1811. character non sufficiens.) — *Labiatiflorarum pars.* Decandolle (1812) — *Nassauvieæ.* H. Cassini (1817) Dict. v. 8. p. 595 — *Onoseridarum, Barnadesiarum et Jacobearum genera.* Kunth (1820).

(Voyez les caractères de la Tribu des Nassauviées, tom. XX, pag. 378.)

Premiere Section.

Nassauviées-Trixidées (*Nassauvieæ-Trixideæ*).

Caractères ordinaires : Calathide composée de plus de cinq fleurs, disposées sur plus d'un rang; péricline de plus de cinq squames, égales ou inégales, unisériées ou plurisériées, quelquefois accompagnées de bractées, ou de squames surnuméraires; calathides ordinairement éparses ou solitaires; aigrette de squamellules filiformes, rarement nulle.

I. Aigrette barbée.

1. * Dumerilia. = *Dumerilia.* Lag. (1805. ined., ex Lag.) — Decand. (1812. benè.) — H. Cass. (1819) Dict. v. 13. p. 553 — Kunth (1820) — *Martrasia, c. q. s.* Lag. (1811. malè, de labio interiore corollarum.). = Genus vix à Jungiâ diversum calathidibus sparsis nec glomeratis.

2. † Jungia. = *Jungia.* Lin. fil. (1781) — Juss. — Lag. — Decand. — H. Cass. Dict. v. 24. p. 283 — *Trinacte.* Gærtn.

34:205 (1791. frustrà).

3. † MARTRASIA. = *Martrasiæ? sp.* Lag. (1811) — *Martrasia.* H. Cass. (1823) Dict. v. 29. p. 294. = Fructus in collum pappigerum supernè attenuato-elongati; cætera ut in Dumerilià. Huc referenda Martrasia pubescens Lag.

4. * LASIORRHIZA. = *Perdicii sp.* Vahl (1790) — *Rhinactina.* Willd. (1807. non sufficienter.) — *Lasiorrhiza.* Lag. (1811. benè.) — H. Cass. Dict. (hìc) — *Frageria.* Decand. (ined. 1808?, ex Herbar. Juss.) — *Bertolonia.* Decand. (1812. in icon.) — *Chabræa.* Decand. (1812. in descr. malè, de sexu flor. exter.) — H. Cass. (1817) Dict. v. 8. p. 46.

34:206 II. Aigrette barbellulee.

5. †' LEUCHERIA. = *Leucheria.* Lag. (1811) — H. Cass. Dict. v. 26. p. 151 — *Leucaeria.* Decand. (1812. Ex Lag.)

6. * TRIXIS. = *Trixis.* Browne (1756) — Lag. (1811. benè.) — Decand. (1812. malè, de periclinio, labio inter. coroll., et clinanthio.) — H. Cass. Dict. (hìc) — *Inulæ sp.* Elmgren (1759) Amœn. acad. — *Perdicii sp.* Lin. (1763) — Willd. — Pers. — *Arnicæ sp.* Adans. (1763) — *Perdicium.* Berg. (1772) — Gærtn. (1791) — Neck. (1791) — Lam. Illustr. — Kunth (1820) — (Non *Trixis.* Mitch., nec Swartz.)

7. * PLATYCHEILUS. = *Holocheilus.* H. Cass. Bull. mai 1818. p. 73. Dict. v. 21. p. 306 (malè, de labio inter. coroll.) — *Platycheilus.* H. Cass. Dict. (hìc).

8. † PEREZIA. = *Perdicii sp.* Lin. fil. (1781) — Vahl (1790) — *Clarioneæ sp.* Lag. (1805. ined.) — Decand. (1812) — *Perezia.* Lag. (1811) — H. Cass. Dict. (hìc) = Clinanthium núdum; cætera Clarioneæ. Hùc referendum (ex Lag. et Dec.) Perdicium magellanicum.

9. * CLARIONEA. = *Perdicii sp.* Vahl (1790) — *Asteris sp.* Lam. Illustr. — *Clarioneæ sp.* Lag. (1805. ined.) — Decand. (1812) — *Pereziæ? sp.* Lag. (1811) — *Chætantheræ sp.* Bonpl. — *Isanthus.* Decand. (ex Kunth) — *Homanthidis sp.* Kunth (1820) — *Clarionea.* H. Cass. Dict. (hìc) = Clinanthium fimbrilliferum; cætera Pereziæ. Huc Perdicium lactucoides et aliæ Perdicii sp. Vahl.

10. * HOMOIANTHUS. = *Perdicii sp.* Vahl (1790) — *Heteranthus.* Bonpl. (ined., ex Herbar. Juss.) — *Homoianthus, e. q. s.* Bonpl. (ined., ex Decand.) — Decand. (1812) — H. Cass.

Dict. v. 21. p. 413 (clinanthium perperàm dixi nudum) — H. Cass. Dict. (hìc) — *Chætantheræ. sp.* Bonpl. Pl. æquin. — *Perezicæ? sp.* Lag. (1811) — *Homanthidis sp.* Kunth. (1820) = Clinanthium fimbrilliferum ; periclinium Droziæ, squamis exterioribus dentato-spinosis. Huc Chætanthera pungens Bonpl., et dubitanter Perdicium squarrosum Vahl. 34:206

11.* Drozia. = *Homoianthi sp.* Bonpl. (ined.) — Decand. (1812) — H. Cass. Dict. v. 21. p. 413 — *Chætantheræ sp.* Bonpl. Pl. æquin. — *Homanthidis sp.* Kunth (1820) — *Drozia.* H. Cass. Dict. (hìc) = Clinanthium nudum ; periclinium Homoianthi, squamis exterioribus dentato-spinosis. Huc Drozia dicephala H. Cass., et dubitanter Chætanthera pinnatifida Bonpl. 34:207

III. Aigrette nulle.

12.* Panphalea. = *Lapsanæ sp.* Vahl (ined., ex Herbar. Juss.) — *Panphalea.* Lag. (1805. ined.) — Lag. (1811. malè, de labio inter. coroll.) — H. Cass. Bull. juill. 1819. p. 111 — *Pamphalea.* Decand. (1812. Ex Lag.) — *Ceratolepis.* H. Cass. (ined.) = Commersonius hanc plantam primus invenit, anno 1767.

Seconde Section.

Nassauviées-Prototypes (*Nassauvieæ-Archetypæ*).

Caractères ordinaires : Calathide composée de deux à cinq fleurs unisériées; péricline de quatre à cinq squames égales, unisériées, souvent entouré d'un péricline extérieur, ou de squames surnuméraires, ou de bractées; calathides le plus souvent rassemblées en capitule ; aigrette de squamellules ordinairement laminées et souvent caduques.

13.* Triptilion. = *Triptilion.* Ruiz et Pav. (1794 et 1798) — Willd. — Pers. — Lag. (1811) — Decand. (1812) — Kunth (1820) — H. Cass. Dict. (hìc).

14.* Triachne. = *Triachne.* H. Cass. Bull. janv. 1817. p. 11. Bull. mars 1818. p. 48.

15.* Nassauvia. = *Nassauvia.* Commers. (ined., ex Juss.) — Juss. (1789. Ex Commers.) — Lam. Illustr. — Decand. (1812) — H. Cass. Dict. (hìc) — *Nassovia.* Pers. (1807) — *Nassawia.* Lag. (1811).

16.* Mastigophorus. = *Nassauviæ sp.* H. Cass. (1824. ma-

34:207 nuscr. in Herbar. Gaudich.) — *Mastigophorus*. H. Cass. Dict. (hic).

17. † CALOPTILIUM. = *Sphærocephalus*. Lag. (1805. ined.) — Decand. (1812. Ex Lag.) — *Caloptilium*. Lag. (1811) — H. Cass. Dict. v. 6. suppl. p. 51.

18. † PANARGYRUS. = *Panargyrus*. Lag. (1805. ined.) — Lag. (1811) — H. Cass. Dict. (hic) — *Panargyrum*. Decand. (1812. Ex Lag.).

19. † POLYACHYRUS. = *Polyachyrus*. Lag. (1805. ined.) — Lag. (1811) — H. Cass. Dict. (hic) — *Polyachurus*. Decand. (1812. Ex Lag.).

34:208 *Troisième? Section.*

NASSAUVIÉES DOUTEUSES (*Nassauvieæ dubiæ*).

Fleurs intérieures de la calathide, à corolle régulière et non labiée.

20. † ? PLAZIA. = *Plazia*. Ruiz et Pav. (1794 et 1798) — Pers. — Decand. (1812. Ex Ruiz et Pav.) — H. Cass. Dict. (hic.)

21. † ? ? ? MICROSPERMUM. = *Microspermum*. Lag. Gen. et sp. pl. p. 25. (1816) — H. Cass. Dict. (hic). = Rectiùs fortè ad Tagetineas referendum.

La tribu naturelle des Nassauviées, établie par nous, en 1817, dans l'article CHÉNANTOPHORES de ce Dictionnaire (tom. VIII, pag. 395), correspond à peu près à la première section des Chénanthophores de M. Lagasca; ce qui est d'autant plus remarquable, que ce botaniste n'avoit fait aucune attention aux vrais caractères essentiellement distinctifs de ce groupe, et qui nous ont été fournis par la structure des stigmatophores. M. Lagasca, guidé sans doute par une sorte d'instinct, et se bornant à un caractère secondaire ou accessoire très-insuffisant, celui de la calathide non radiée, a évité par ce moyen les associations peu naturelles que M. De Candolle n'a pu s'empêcher d'admettre, en employant des caractères beaucoup plus graves en apparence, mais de nulle valeur en réalité. (Voyez notre article LABIATIFLORES, tom. XXV, pag. 9.)

Notre tribu des Nassauviées, qui est intermédiaire entre celle des Sénécionées et celle des Mutisiées, nous semble pouvoir être assez naturellement divisée en deux sections, auxquelles nous en ajoutons provisoirement une troisième,

pour y comprendre deux genres dont la classification est 34:208
douteuse, parce que les descriptions imparfaites données par leurs auteurs ne les font pas suffisamment connoître.

La section des Nassauviées-Trixidées tire son nom du genre le plus ancien de ce groupe, et elle occupe le premier rang, parce que quelques-unes des plantes qui s'y rapportent ont une analogie notable avec certaines Sénécionées. Cette section, étant assez nombreuse, se partage commodément en trois subdivisions, selon que l'aigrette est barbée, barbellulée, ou nulle. Quoique nous attachions peu d'importance à ce mode
de répartition, nous le croyons préférable ici à ceux qui 34:209
pourroient être fondés sur le clinanthe squamellé, fimbrillé ou nu, ou sur le péricline de squames unisériées ou plurisériées, égales ou inégales, ou sur la disposition des calathides et la forme des feuilles.

1. Les *Dumerilia*, qui présentent, dans leur port, des traits de ressemblance évidente avec plusieurs *Cineraria*, dont le pétiole des feuilles est auriculé a la base, ont dû, par ce motif, être placées au commencement de notre série, afin de se trouver immédiatement auprès des Sénécionées. M. Lagasca s'est trompé, en disant que la lèvre intérieure des corolles n'est que bidentée : nous avons vérifié qu'elle est divisée presque jusqu'à sa base, comme M. De Candolle l'avoit reconnu avant nous.

2. Le *Jungia* de Linné fils a presque le même port que les *Dumerilia*, dont il est à peine distinct génériquement, puisqu'il n'en diffère que par ses calathides agglomérées au lieu d'être éparses, et parce que ses corolles ont la lèvre extérieure linéaire, roulée en dehors, et la lèvre intérieure dressée. Si, comme nous le pensons, les deux genres doivent être réunis en un seul, il faudra lui conserver le nom de *Jungia*, préférablement à celui de *Dumerilia*, qui est plus moderne.

3. Notre genre *Martrasia*, uniquement fondé sur la *Martrasia pubescens* de M. Lagasca, se distingue suffisamment des *Jungia et Dumerilia*, par ses fruits, dont la partie supérieure est amincie et prolongée en un col.

4. Le genre *Lasiorrhiza*, quoiqu'ayant l'aigrette barbée, comme les trois précédens, s'en éloigne beaucoup du reste par son clinanthe nu, son péricline de squames plurisériées,

34:209 ses feuilles pinnatifides, ses calathides solitaires au sommet de pédoncules scapiformes. Nous nous sommes bien assuré que les fleurs extérieures de la calathide sont réellement hermaphrodites, comme M. Lagasca l'avoit dit, et non pas femelles, comme le prétend M. De Candolle.

5. Les *Leucheria*, dont l'aigrette est barbellulée, sont bien placées ici, parce qu'elles ont de l'affinité avec le *Lasiorrhiza* par leurs feuilles pinnatifides, leur pubescence, leurs corolles quelquefois purpurines, leurs calathides pédonculées, terminales, quelquefois solitaires; et parce qu'elles se rapprochent
34:210 aussi des *Martrasia*, *Jungia*, *Dumerilia*, en ce que le clinanthe porte un rang de squamelles.

6. Le genre *Trixis*, anciennement fondé par Pierre Browne, puis mal à propos confondu par Linné et la plupart des botanistes avec le vrai *Perdicium*, qui appartient aux Mutisiées, enfin justement rétabli sous son ancien nom par M. Lagasca, qui l'a bien caractérisé, et par M. De Candolle, qui s'est trompé sur quelques caractères, occupe, dans notre série, un rang peu éloigné des *Martrasia*, *Jungia* et *Dumerilia*, auxquels il ressemble par son péricline, et à quelques égards par son port : notez surtout qu'il se rapproche plus particulièrement du *Martrasia* par ses fruits un peu collifères. Ce caractère, quoique non signalé par les botanistes qui ont décrit les *Trixis*, est probablement commun à toutes les espèces de ce genre; il nous a été offert par la seule que nous ayons observée, et que nous allons décrire, parce qu'elle est nouvelle et très-remarquable.

Trixis paradoxa, H. Cass. Tige ligneuse, à rameaux cylindriques, striés, pubescens; feuilles alternes, presque sessiles, ou courtement pétiolées, longues d'environ deux pouces, larges d'environ un pouce, elliptiques, inégalement et irrégulièrement dentées sur les bords, presque glabres en-dessus, pubescentes et comme ponctiulées en-dessous; calathides très-nombreuses, disposées en corymbes terminaux, à ramifications subtomenteuses, portant de petites feuilles pétiolées, oblongues-lancéolées, très-entières, pubescentes, et des bractées comme pétiolées, très-longues, étroites, linéaires; chaque calathide portée sur un long pédoncule, garni d'environ trois bractées alternes, dont une seule ordinairement naît à la

base même du péricline. Calathide étroite, haute d'environ 34:210
huit lignes, composée de sept fleurs; péricline cylindracé, inférieur aux fleurs, formé de cinq squames unisériées, entregreffées à la base, égales, appliquées, oblongues, obtuses, plurinervées, tomenteuses extérieurement, l'une d'elles ordinairement bidentée au sommet; les nervures des squames sont jaunes, et quelques-unes d'elles paroissent composées de plusieurs glandes oblongues, confluentes, disposées bout à bout; clinanthe petit, plan, hérissé de fimbrilles nombreuses, très-inégales, piliformes; fruit long, mince, cylindracé, hérissé
de petits poils papilliformes, muni de cinq nervures ou côtes, 34:211
et d'un petit bourrelet basilaire glabre; son sommet, glabre, un peu étréci inférieurement en forme de col gros et court, très-peu manifeste, est évasé ou dilaté supérieurement; aigrette longue, gris-roussâtre, composée de squamellules entièrement libres, plurisériées, très-nombreuses, très-inégales, entièrement filiformes et fines, barbellulées; corolle (observée en préfleuraison) jaune, à nervures rougeâtres, à tube très-court, à limbe très-long, très-profondément divisé en deux lèvres presque égales en longueur; la lèvre extérieure un peu plus longue et beaucoup plus large, tridentée au sommet, à dents velues; la lèvre intérieure divisée supérieurement, et même quelquefois presque jusqu'à sa base, en deux lanières linéaires, velues au sommet; cinq étamines, ayant le filet très-court, l'appendice apicilaire de l'anthère très-long, linéaire, un peu obtus, les appendices basilaires longs, subulés; style de nassauviée.

Cette description est faite sur un échantillon recueilli dans le Pérou, par Dombey, et qui se trouve dans l'herbier général du Muséum d'histoire naturelle. Nous avons remarqué avec surprise qu'aucune des très-nombreuses calathides de cet échantillon n'étoit en état de fleuraison complète ni même partielle, quoique les unes fussent entièrement préfleuries, et les autres entièrement défleuries, tandis que d'autres étoient en partie préfleuries et en partie défleuries. Toutes les calathides analysées par nous se trouvoient dans ce dernier cas, et contenoient chacune sept fleurs, dont une à trois, déjà défleuries et sans corolles, étoient représentées par de grands fruits surmontés de longues aigrettes élevées au-dessus du

34:211 périclinc; les autres fleurs, longues à peu près comme le péricline et en état de préfleuraison, avoient l'ovaire court, l'aigrette beaucoup plus courte que celle des fruits mûrs, et la corolle non épanouie. Il faut en conclure, 1.° que la corolle de chaque fleur se détache et tombe aussitôt qu'elle est épanouie, 2.° que les fleurs situées sur le même rang circulaire ne fleurissent pas en même temps, 3.° que l'aigrette s'alonge probablement après la fleuraison. Ces trois particularités nous autorisent à donner à l'espèce qui les présente l'épithète de *paradoxa.*

34:212 7. Notre genre *Platycheilus* a été proposé dans le Bulletin des sciences et décrit dans ce Dictionnaire sous le nom d'*Holocheilus,* qui signifie *lèvre entière,* parce que la lèvre intérieure des corolles nous avoit paru être indivise. Mais c'est une erreur, que de nouvelles observations plus exactes nous ont fait reconnoître. Le nom et les caractères du genre doivent donc être ici rectifiés et présentés comme il suit.

Platycheilus, H. Cass. Calathide incouronnée, radiatiforme, multiflore, labiatiflore, androgyniflore. Péricline inférieur aux fleurs, formé d'environ douze squames libres, subunisériées, à peu près égales, appliquées, larges, planiuscules, obovales-oblongues, mutiques, obtuses et arrondies au sommet, coriaces-foliacées, à peine membraneuses sur les bords (qui, vus à la loupe, paroissent finement denticulés ou frangés par des poils marginaux), munies de nervures nombreuses, fines, rameuses. Clinanthe convexe, absolument nu. Ovaires oblongs, cylindracés, hérissés de poils papilliformes; aigrette longue, composée de squamellules nombreuses, inégales, plurisériées, entregreffées à la base, filiformes, striées, barbellulées. Corolles à nervures intra-marginales, à tube cylindrique; la partie inférieure du limbe obconique, indivise; la supérieure partagée en deux lèvres; lèvre extérieure plus longue et plus large, étalée, radiante, ovale, tridentée au sommet; lèvre intérieure dressée, arquée en dehors au sommet, large, ovale-lancéolée, de même substance que la lèvre extérieure et colorée comme elle, paroissant indivise, quoique réellement divisible sans lésion, presque jusqu'à sa base, en deux lanières larges, oblongues-lancéolées, planes, bien distinctes, mais agglutinées ensemble par les bords. Étamines

ayant les articles anthérifères épaissis, les connectifs courts, 34:212
les appendices basilaires très-longs, subulés, les appendices apicilaires longs, linéaires, entregreffés et formant un tube arqué en dedans. Styles de nassauviée.

Ce genre, exactement intermédiaire, par la structure de son péricline, entre le *Trixis* et le *Perezia*, se distingue très-bien de l'un et de l'autre, ainsi que de toutes les autres nassauviées, par plusieurs caractères, et notamment par la lèvre intérieure des corolles, qui est large, ovale-lancéolée, dressée, arquée seulement au sommet, colorée comme la lèvre
extérieure et de même substance qu'elle, composée de deux 34:213
lanières larges, oblongues-lancéolées, planes, et toujours plus ou moins agglutinées ensemble. Le nom de *platycheilus* convient très-bien à notre genre, remarquable entre presque tous les autres par la largeur[1] insolite de la lèvre intérieure des corolles. On pourroit aussi le nommer *orthocheilus*, parce que cette lèvre intérieure est dressée; ou *homocheilus*, parce que les deux lèvres sont de même nature, c'est-à-dire, semblables par la substance et la couleur; enfin, on jugera peut-être que nous aurions pu conserver, sans beaucoup d'inconvéniens, le premier nom d'*holocheilus*, qui exprime, sinon la structure réelle, au moins la forme apparente de la lèvre intérieure: mais, quoique nous attachions en général fort peu d'importance à l'étymologie des noms génériques, nous pensons qu'il faut supprimer celui-ci, afin de ne pas laisser subsister le moindre vestige d'une idée fausse, qui établissoit mal à propos une exception aux caractères généraux de la corolle, dans la tribu des nassauviées.

8. Le genre *Perezia* de M. Lagasca est fondé sur le *perdicium magellanicum*, auquel MM. Lagasca et De Candolle, qui l'ont observé, attribuent un clinanthe nu, comme celui du *platycheilus*. Ajoutons que, d'après la figure donnée par M. De Candolle, cette plante auroit les fruits glabres, et les squames de son péricline seroient obtuses, comme dans le *platycheilus*. Cependant nous avons observé, dans les Herbiers de MM. de Jussieu et Desfontaines, une plante qui nous sem-

---

1 La levre intérieure des corolles du *Nassauvia* est presque aussi large que celle du *Platycheilus*.

34:213 bloit être le *perdicium magellanicum*, et qui offroit tous les carctères des vraies *clarionea*, ayant le clinanthe hérissé de courtes fimbrilles piliformes, les fruits couverts de longs poils, et les squames du péricline acuminées ou cuspidées.

9. Notre genre *Clarionea*, qui paroît suffisamment distinct du *Perezia* par le clinanthe fimbrillé, a pour type le *perdicium lactucoides*, et présente les caractères suivans, que nous avons observés sur trois espèces.

Clarionea, H. Cass. Calathide incouronnée, radiatiforme, multiflore, labiatiflore, androgyniflore. Péricline inférieur
34:214 aux fleurs extérieures, formé de squames peu nombreuses, subtrisériées, lâchement et irrégulièrement imbriquées, larges, ovales, acuminées ou cuspidées, foliacées, trinervées, membraneuses sur les bords qui (vus à la loupe) sont finement denticulés ou frangés. Clinanthe hérissé de fimbrilles très-nombreuses, courtes, sétiformes. Ovaires cylindracés, épaissis de bas en haut, couverts de longs poils appliqués; aigrette longue, composée de squamellules plurisériées, nombreuses, inégales, filiformes, épaisses, fortement barbellulées. Corolles toutes uniformes, mais graduellement plus longues, par la lèvre extérieure, du centre à la circonférence de la calathide: tube étroit, cylindrique; limbe à deux lèvres, l'extérieure ovale-oblongue, tridentée au sommet, l'intérieure plus courte, beaucoup plus étroite, subulée, quelquefois indivise en apparence, mais toujours réellement divisée jusqu'à la base en deux lanières très-étroites, linéaires, cirrhiformes, membraneuses. Étamines parfaites dans toutes les fleurs extérieures et intérieures, mais ayant les loges très-courtes, l'appendice apicilaire très-long, les appendices basilaires longs, subulés, membraneux. Styles de nassauviée.

Clarionea glaberrima, H. Cass. (*Perdicium lactucoides*, Vahl.) Plante herbacée, très-glabre sur toutes ses parties extérieures, mais n'ayant point du tout le port d'une laitue [1]; tige simple, droite, haute d'environ un pied; feuilles radicales lancéolées, très-entières, portées sur de très-longs pétioles; feuilles caulinaires alternes, sessiles, semi-amplexicaules, oblongues,

1 Le nom spécifique *lactucoides*, employé par Vahl, fait sans doute allusion à la forme des feuilles caulinaires.

demi-lancéolées, très-entières, mais subsagittées à la base, 34:214
qui forme deux oreillettes ou lobes arrondis; une seule calathide terminale, composée de fleurs jaunes; ovaires couverts de poils roux; aigrettes roussâtres.

Nous avons observé les caractères génériques et spécifiques de cette plante sur un échantillon de l'herbier de M. Desfontaines. Deux autres espèces de *clarionea* ont été observées par nous dans le même herbier : l'une est le *Perdicium recurvatum;* l'autre nous avoit paru être le *Perdicium magellanicum*. Nous rapportons encore, sans hésiter, au genre *Clarionea*, la *Chœtanthera multiflora* de Bonpland, que M. Kunth 34:215
associe, dans son genre *Homanthis*, au véritable *Homoianthus*, et qui, selon lui, seroit le type d'un genre *Isanthus*[1] de M. De Candolle. Cette plante, que nous avons vue dans l'herbier de M. Kunth, et dont les fruits nous ont paru analogues à ceux des astérées, a, comme les *clarionea*, le clinanthe fimbrillé, et les squames du péricline trisériées, très-entières, cuspidées; mais elle est bien distincte des autres espèces de ce genre, par ses calathides nombreuses, agglomérées, et composées de fleurs par conséquent très-courtes. Nous la nommons *Clarionea polycephala*.

10. Le genre *Homoianthus* se distingue du *Clarionea* par son péricline, dont les squames extérieures sont bordées de dents spinescentes; et il a pour type la *chœtanthera pungens*, Bonpl., que nous avons vue, mais sur laquelle nous n'avons point étudié les caractères génériques. Nous croyons pouvoir attribuer au même genre une seconde espèce, dont voici la description.

Homoianthus ambiguus, H. Cass. (*Perdicium squarrosum*, Vahl.) Plante herbacée; tige dressée, presque simple, haute de plus de dix pouces, cylindrique, striée, garnie de poils courts, obtus, qui semblent avoir été visqueux; feuilles presque entièrement glabres, vertes, luisantes, coriaces, ponctuées sur les deux faces; les radicales, longues d'environ trois pouces, larges d'environ deux lignes, à base élargie, mem-

---

1 Ce genre *Isanthus* de M. De Candolle n'a jamais été publié nulle part, et il n'est indiqué que par M. Kunth, qui cite seulement son nom, dans les *Nova genera et species plantarum*, tom. IV, pag. 12 et 14 (édit. in-4.°).

34:215 braneuse, plurinervée, suivie d'une partie plus étroite, coriace, trinervée, formant une sorte de pétiole linéaire, fortement denté en scie sur les deux côtés, chaque dent prolongée en un long appendice subulé, blanc; le reste de la feuille, représentant le limbe, est un peu élargi, linéaire-lancéolé, muni de trois nervures d'abord distinctes puis confondues, pinnatifide ou profondément divisé sur les deux côtés en lobes ovales, dont chacun est découpé en cinq dents prolongées en un long appendice blanc, subulé, roide, spi-
34:216 nescent; feuilles caulinaires alternes les inférieures plus grandes, analogues aux radicales; les supérieures graduellement plus petites, sessiles, semi-amplexicaules, lancéolées, à base élargie, à sommet subulé, à bords plus ou moins dentés; la partie supérieure de la tige porte trois ou quatre rameaux axillaires, dressés, grêles, pédonculiformes, pourvus chacun de deux petites feuilles bractéiformes, et terminés par une calathide large d'environ neuf lignes, composée d'environ vingt-sept fleurs, toutes hermaphrodites et uniformes, mais plus grandes sur les rangs extérieurs; péricline très-inférieur aux fleurs extérieures, probablement hémisphérique-cylindracé, formé de squames peu nombreuses, subtrisériées, irrégulièrement imbriquées, inégales, inappendiculées, appliquées, larges; les extérieures ovales ou oblongues-lancéolées, munies d'une nervure médiaire saillante et de plusieurs nervures secondaires non apparentes au dehors, ayant la partie moyenne coriace, les bords foliacés, dentés-ciliés ou spinulés, et le sommet surmonté d'une épine; les squames intérieures ayant les bords latéraux membraneux, diaphanes, à peine ou point dentés; clinanthe petit, plan, hérissé de fimbrilles courtes, inégales, piliformes; ovaires oblongs, cylindracés, hérissés de longs poils roux, à aigrette longue, roussâtre, composée de squamellules très-nombreuses, un peu inégales, filiformes, fortes, très-barbellulées irrégulièrement; corolles probablement rougeâtres, à tube court, étroit, cylindrique, à limbe élargi de bas en haut, divisé supérieurement en deux lèvres : l'extérieure longue, large, radiante, ovale-tronquée, tridentée au sommet; l'intérieure plus courte, beaucoup plus étroite, demi-lancéolée, divisée presque jusqu'à sa base en deux lanières larges et liguliformes inférieu-

rement, étroites, linéaires et roulées en dehors supérieurement; étamines parfaites, même dans les fleurs extérieures, 34:216
à longs appendices apicilaires, à longs appendices basilaires membraneux; styles de nassauviée, à deux stigmatophores demi-cylindriques, tronqués au sommet, qui est muni de collecteurs papilliformes, à bourrelets stigmatiques non apparens.

Nous avons décrit cette plante sur un échantillon de l'herbier de M. Desfontaines, recueilli dans la province de Buénos-Ayres. C'est une espèce ambiguë, qui participe du genre 34:217
Homoianthus et du genre *Clarionea*, ayant toutes les squames du péricline appliquées, les intérieures analogues à celles du *Clarionea*, à bords membraneux et finement frangés, mais terminées par une longue épine, les extérieures analogues à celles de l'*Homoianthus*, à nervures secondaires nombreuses, ramifiées, à bords munis de quelques grandes dents spinescentes. Ajoutons que les fimbrilles du clinanthe de notre plante ressemblent à celles des *Clarionea*, et diffèrent beaucoup de celles du véritable *Homoianthus*. La lèvre intérieure de la corolle semble bien souvent indivise, surtout dans les fleurs intérieures de la calathide; mais c'est une fausse apparence, car elle se partage en deux lanières, si on la tiraille en divers sens.

11. Notre genre *Drozia* diffère de l'*Homoianthus* par le clinanthe absolument nu. Voici ses caractères, observés par nous sur la *Drozia dicephala*.

Drozia, H. Cass. Calathide incouronnée, radiatiforme, multiflore, labiatiflore, androgyniflore. Péricline inférieur aux fleurs, probablement campanulé, formé de squames nombreuses, régulièrement imbriquées : les extérieures larges, à partie inférieure appliquée, oblongue, un peu élargie de bas en haut, subcoriace en son milieu, scarieuse sur ses bords, qui sont entiers; à partie supérieure probablement inappliquée, courte, demi-lancéolée, foliacée, aiguë et spinescente au sommet, dentée et bordée de cils spinescens; les squames intérieures oblongues, obtuses et mucronées au sommet, entières et membraneuses sur les bords. Clinanthe plan, absolument nu. Ovaires oblongs, probablement cylindracés, striés, garnis de très-petits poils; aigrette

34:217 longue, composée de squamellules nombreuses, inégales, filiformes, roides, très-barbellulées. Corolles toutes uniformes, mais graduellement plus grandes (par la lèvre extérieure) du centre à la circonférence de la calathide : lèvre extérieure radiante, oblongue, tridentée au sommet; l'intérieure beaucoup plus étroite et probablement plus courte, divisée au moins jusqu'à sa base en deux lanières longues, étroites, linéaires, roulées ou tortillées. Étamines parfaites dans toutes les fleurs, même extérieures : tube anthéral à cinq appen-
34:218 dices apicilaires extrêmement longs, entregreffés, linéaires-aigus, à dix appendices basilaires libres, très-longs, linéaires-subulés, membraneux. Styles de nassauviée.

Drozia dicephala, H. Cass. Plante herbacée, entièrement glabre; tiges hautes de près d'un pied et demi, cylindriques, dressées, presque simples, ordinairement divisées au sommet en deux rameaux terminés chacun par une calathide solitaire : feuilles lisses sur les deux faces, la supérieure luisante; les feuilles radicales pétiolées, elliptiques, à sommet arrondi ou très-obtus, à bords nullement anguleux, mais sinués ou bordés de larges crénelures arrondies, très-peu saillantes, et garnis de cils très-nombreux, courts, roides, spinuliformes; les feuilles caulinaires alternes, distantes, sessiles, semi-amplexicaules, oblongues-lancéolées, aiguës au sommet, bordées de cils spinuliformes, et sinuées-dentées, à dents saillantes, aiguës, inégales, éloignées les unes des autres; calathides hautes d'environ dix lignes, larges d'environ douze lignes, composées chacune d'environ quarante fleurs; péricline très-glabre; squames extérieures blanches sur les bords de leur partie inférieure; aigrettes grisâtres; les corolles paroissent jaunes sur l'échantillon sec, mais elles sont probablement rougeâtres ou violettes sur la plante vivante, car le sommet du tube anthéral et celui des stigmatophores sont de cette dernière couleur; les deux stigmatophores sont divergens, arqués en dehors, longs, demi-cylindriques, pourvus de deux bourrelets stigmatiques; leur sommet épaissi est surmonté d'un petit cône.

La description générique et spécifique qu'on vient de lire, a été faite sur des échantillons innommés de l'herbier général du Muséum d'histoire naturelle, où ils sont attribués au genre *Chætanthera.* 34:218

La *Chætanthera pinnatifida* de M. Bonpland, ayant, d'après la description de ce botaniste, les squames extérieures du péricline bordées de dents spinescentes, le clinanthe nu, et les fruits glabres, peut être considérée comme une seconde espèce du genre *Drozia*, et nous la nommons *Drozia monocephala*, parce que chacune de ses tiges scapiformes porte une seule calathide. La première espèce est nommée *dicephala*, parce qu'elle offre ordinairement deux calathides sur chaque tige.

12. Le genre *Panphalea* [1], qui se distingue facilement, par 34:219 ses fruits privés d'aigrette, de toutes les autres nassauviées connues jusqu'ici, n'est pas mal placé à la suite du *Drozia*, son clinanthe étant nu, et les squames de son péricline étant oblongues, un peu élargies de bas en haut, coriaces au milieu, membraneuses sur les bords, terminées au sommet par trois dents, dont la moyenne est spinescente. Ce genre confine d'une autre part aux Nassauviées-Prototypes, par sa calathide pauciflore, et par son péricline de huit ou neuf squames égales, subbisériées, entourées de trois petites squames surnuméraires. Nous avons donné une description très-complète du *Panphalea* dans le Bulletin des sciences de Juillet 1819. L'auteur de ce genre s'étoit trompé, en disant que la lèvre intérieure des corolles n'est que bidentée : elle est profondément bifide, quoiqu'elle paroisse souvent indivise.

La section des Nassauviées-Prototypes, ainsi nommée parce qu'elle comprend le genre *Nassauvia*, forme un petit groupe très-naturel, et qui nous paroît se rapprocher des Mutisiées, surtout si le *Proustia* appartient légitimement à celles-ci, comme nous l'avons supposé d'après la description et la figure du style données par M. De Candolle. (Voyez notre article Mutisiées, tom. XXXIII, pag. 466.) Si M. De Candolle n'a pas exactement observé le style du *Proustia*, il est plus que probable que ce genre appartient à nos Nassauviées-Prototypes.

---

1 L'étymologie de ce nom générique veut qu'on l'écrive *Panphalea*, comme M. Lagasca, et non *Pamphalea*, comme M. De Candolle.

34:219 13. Le genre *Triptilion*, placé au commencement de cette seconde section, confine évidemment à la première par ses calathides éparses; et son clinanthe est fimbrillé, comme dans les *Homoianthus*, *Clarionea*, *Trixis*. Il a une affinité manifeste avec le *Panphalea*, par le port et par le péricline. Nous croyons devoir insérer ici une description générique du *Triptilion*, plus complète que celles qu'on a données avant nous.

Triptilion. Calathide incouronnée, radiatiforme, quinquéflore, labiatiflore, androgyniflore. Péricline cylindrique,
34:220 formé de dix squames imbriquées-bisériées, dont cinq extérieures plus courtes, et cinq intérieures plus longues; squames oblongues-lancéolées, ou ovales-oblongues, concaves, coriaces, membraneuses sur les bords, terminées par une épine. Clinanthe petit, portant sur son centre un faisceau de fimbrilles libres, longues, inégales, filiformes, flexueuses, autour duquel sont rangées les cinq fleurs. Ovaires un peu arqués en dedans, un peu obcomprimés, obovoïdes, subtriquètres, glabres, pointus à la base, arrondis au sommet, à trois côtes, deux latérales, une intérieure; aigrette très-caduque par désarticulation, composée de trois squamellules laminées, linéaires, subtriquètres, un peu épaisses-charnues dans le milieu, membraneuses sur les bords, à partie supérieure arquée en dehors, élargie, paléiforme, ovale-aiguë, frangée sur les bords, et hérissée de filamens sur les deux faces, principalement sur l'intérieure. Corolles articulées sur les ovaires, à tube cylindrique, plus court que le limbe; limbe peu distinct du tube, à partie indivise courte, un peu plus large que le tube, subcampanulée, surmontée de deux lèvres: l'extérieure longue, large, ovale, opaque, terminée au sommet par trois dents très-petites; l'intérieure beaucoup plus courte et beaucoup plus étroite, non opaque, ayant sa partie inférieure plus large, semi-ovale, et sa partie supérieure en forme de languette étroite, demi-lancéolée, aiguë, roulée en dehors, composée de deux lanières qui paroissent cohérentes, mais qui sont séparables. Cinq étamines, à filet large, laminé, linéaire, greffé à la partie basilaire du tube de la corolle; article anthérifère distinct, assez long, grêle, paroissant un peu épaissi supérieurement; loges et connectif

très-courts; appendices apicilaires entregreffés, longs, linéaires, demi-lancéolés-obtus supérieurement; appendices basilaires entregreffés, non pollinifères, membraneux, longs, linéaires, obtus à l'extrémité. Styles (de nassauviée) à deux stigmatophores demi-cylindriques, ayant la face intérieure plane, bordée de deux bourrelets stigmatiques, et le sommet comme tronqué, épaissi, hérissé de collecteurs piliformes. 34:220

Nous avons fait cette description sur un échantillon sec de l'herbier de M. de Jussieu. Il nous a paru qu'il y avoit, en dedans de la corolle, une ligne transversale calleuse, marquant la séparation du tube et du limbe, mais qui ne correspond qu'à la lèvre intérieure. Nous avons aussi remarqué que les corolles, dont la couleur est bleue lorsqu'elles sont sèches, devenoient blanches étant mouillées. En observant quelques-unes de ces corolles en état de préfleuraison, nous avons reconnu qu'à cette époque les deux lèvres étoient égales en longueur, et se joignoient exactement par les bords, en sorte que le mode de *préfleuraison marginale*, propre aux corolles masculines ou staminées des synanthérées, ne souffre aucune exception, même chez les nassauviées, où l'inégalité de longueur des deux lèvres sembleroit devoir faire obstacle à cette disposition. C'est encore sur des corolles préfleuries que nous avons vu la lèvre intérieure légèrement bidentée au sommet, et se partageant aisément en deux lanières non cohérentes. La face extérieure de l'ovaire paroît quelquefois munie de deux côtes, auquel cas l'ovaire se trouve pourvu de cinq côtes au lieu de trois : cela nous indique que l'aigrette, ordinairement composée de trois squamellules, peut quelquefois en présenter cinq. 34:221

14. Notre genre *Triachne*, décrit dans les Bulletins des sciences de Janvier 1817 et de Mars 1818, diffère du *Triptilion* par le péricline formé de cinq squames égales, unisériées, et accompagné d'environ trois squames formant une sorte de péricline extérieur, mais qui peuvent être considérées comme des bractées ou feuilles florales; il en diffère aussi par le clinanthe nu, par les squamellules de l'aigrette non frangées et nues, et par les calathides rassemblées en capitule.

15. Le genre *Nassauvia* diffère du *Triachne* par son aigrette

34:221 composée de quatre ou cinq squamellules étroites et linéaires d'un bout à l'autre. Il devient nécessaire de décrire ici complétement les caractères de ce genre, tels que nous les avons observés sur des échantillons des herbiers de MM. de Jussieu et Desfontaines.

Nassauvia. Calathide incouronnée, radiatiforme, quadriquinquéflore, labiatiflore, androgyniflore. Péricline égal aux fleurs, oblong, cylindracé, formé de quatre ou cinq squames subunisériées, se recouvrant latéralement, appliquées, égales, oblongues-acuminées, subcoriaces, spinescentes au sommet;
34:222 deux ou trois de ces squames sont planes, tandis que deux plus intérieures et opposées l'une à l'autre, sont pliées en deux longitudinalement et amplexiflores; le péricline est accompagné de trois squames surnuméraires, plus courtes que lui, appliquées, linéaires-subulées, uninervées, spinescentes au sommet. Clinanthe très-petit, inappendiculé. Ovaires comprimés, obovales-oblongs, glabres; aigrette longue comme la corolle, très-caduque, composée de quatre ou cinq squamellules libres, laminées, étroites, linéaires, aiguës, blanches, munies sur les bords de quelques denticules imitant des barbellules. Corolles membraneuses (jaunes), à tube non distinct du limbe, profondément labiées : lèvre extérieure un peu plus longue, tridentée au sommet; lèvre intérieure divisée jusqu'à sa base en deux lanières linéaires-lancéolées. Étamines ayant l'article anthérifère très-épaissi comme dans les sénécionées, les loges très-courtes, les appendices apicilaires longs, liguliformes, entregreffés inférieurement, les appendices basilaires longs, linéaires, membraneux. Styles de nassauviée. = Calathides rassemblées en une sorte de capitule oblong, terminal. Le calathiphore, divisé en rameaux très-courts, hérissés de longs poils épars, porte des bractées qui accompagnent probablement chacune de ses ramifications; chaque petit rameau du calathiphore porte deux calathides alternes, l'une terminale, l'autre latérale.

16. Notre genre *Mastigophorus* se distingue du *Nassauvia* par son péricline simple, c'est-à-dire, non accompagné de squames surnuméraires formant une sorte de péricline extérieur, par son aigrette composée de douze à quinze squamellules plus larges, entregreffées à la base et frangées ou ciliées,

enfin par ses calathides solitaires et terminales. Voici la description de ce nouveau genre. 34:222

Mastigophorus, H. Cass. Calathide incouronnée, radiatiforme, subquinquéflore, labiatiflore, androgyniflore. Péricline inférieur aux fleurs, oblong, formé d'environ cinq squames subunisériées, se recouvrant par les bords, égales, larges, elliptiques, un peu concaves, coriaces, membraneuses sur les bords, surmontées au sommet par une forte épine. Clinanthe petit, plan, nu. Fruits turbinés, un peu anguleux, glabres; aigrette longue, caduque, composée de douze à quinze squamellules unisériées, entregreffées à la base, à 34:223 peu près égales, s'arquant en dehors, laminées, linéaires, scarieuses, blanches, finement frangées ou ciliées sur les deux bords. Corolles à tube court, à limbe profondément divisé en deux lèvres : l'extérieure radiante, très-large, elliptique, tridentée au sommet; l'intérieure plus courte et plus étroite, divisée presque jusqu'à sa base en deux lanières sublancéolées, ordinairement un peu roulées au sommet, et le plus souvent réunies et comme agglutinées ensemble. Étamines ayant les appendices basilaires longs, subulés, membraneux, et les appendices apicilaires oblongs, un peu aigus au sommet, entregreffés en un tube arqué. Styles de nassauviée, à base très-élargie en forme de petit disque orbiculaire; à deux stigmatophores divergens, arqués en dehors, ayant leur sommet épaissi, tronqué et papillé. = Calathides solitaires terminales.

Mastigophorus Gaudichaudii, H. Cass. Cette plante, qui paroît être herbacée, est presque entièrement glabre, très-ramifiée, diffuse, à tiges et rameaux longs, grêles, cylindriques, fragiles, tout couverts jusqu'au sommet de feuilles persistantes, vertes sur la partie supérieure des rameaux, brunes et desséchées sur leur partie inférieure, ainsi que sur les tiges; les rameaux naissent ordinairement plusieurs ensemble à peu près du même point, en formant une sorte de faisceau; les feuilles sont alternes, très-rapprochées, comme imbriquées, sessiles, amplexicaules, appliquées, dressées, sauf leur partie supérieure, qui est arquée en dehors; chaque feuille, longue de deux à trois lignes, oblongue-lancéolée, coriace, épaisse, roide, un peu pubescente sur ses deux faces, offre

34:223 une partie inférieure élargie, submembraneuse, munie de plusieurs nervures longitudinales très-fortes, finement ciliée sur les bords, une partie moyenne oblongue, bordée de longues épines grêles, subulées, et une partie supérieure ovale-lancéolée, recourbée, mucronée, entière, carenée, extrêmement roide et épaisse, bordée de deux bourrelets cartilagineux; les calathides, composées de fleurs à corolle jaune, sont petites, solitaires au sommet des rameaux, et chacune d'elles a son péricline immédiatement entouré par les feuilles supérieures du rameau qui la porte.

34:224 Le mastigophore a été trouvé par M. Gaudichaud dans les îles Malouines, sur le bord de la mer, en Février, Mars ou Avril 1820. Ce voyageur-botaniste nous ayant engagé, en 1824, à visiter les synanthérées de son herbier, pour lui communiquer nos idées et lui donner quelques avis, nous y avons remarqué plusieurs genres[1] nouveaux très-intéressans, appartenant à diverses tribus de cet ordre, et qui seront bientôt sans doute publiés par M. Gaudichaud. Mais ce botaniste nous a permis, avec beaucoup de complaisance, de faire connoître la plante dont il s'agit, dans l'article Nassauviées du Dictionnaire, que nous préparions à cette époque, et il nous a libéralement prêté ses échantillons pour la décrire. En voyant cette plante, nous fumes d'abord frappé des traits de ressemblance qu'elle présente en son port avec notre *Triachne pygmæa*; et un premier examen de ses caractères génériques nous la fit rapporter au genre *Nassauvia*, dans lequel elle sera infailliblement maintenue par les botanistes qui ont horreur de la multiplicité des genres. C'est pourquoi elle porte, dans l'herbier de M. Gaudichaud, le nom de *Nassauvia Gaudichaudii*, H. Cass., inscrit de notre main, et sous lequel nous avions dessein de la décrire dans le présent article.

---

1 Il y a entre autres un genre de la Nouvelle-Hollande, qui nous a paru devoir être rapporté à notre tribu des Arctotidées, entièrement composée jusque-là de plantes du cap de Bonne-Espérance: ses fruits sont analogues à ceux de l'*Arctotis sulphurea?* de Gærtner (pag. 439, tab. 172), mais ils sont privés d'aigrette. Il y a aussi quelques beaux genres appartenant aux Inulées; mais M. Gaudichaud ne les ayant pas encore publiés, nous avons dû nous abstenir de les indiquer dans l'article Myriadène, où nous avons donné un supplément pour notre tableau de la tribu des Inulées.

Mais, en combinant la disposition méthodique des divers genres 34:224
de la seconde section, et en comparant leurs caractères,
nous avons été induits à faire de la plante en question un
nouveau genre, intermédiaire entre le *Nassauvia* et le *Calop-*
tilium, suffisamment distinct de l'un et de l'autre, et nommé
Mastigophorus, parce que les squamellules de l'aigrette res-
semblent à des lanières de fouet. Il est à remarquer que sou-
vent plusieurs de ces squamellules se trouvent entregreffées
dans une grande partie de leur longueur, et que ces assem-
blages accidentels de squamellules imitent assez bien les larges 34:225
squamellules paléiformes du *Triachne* ou du *Triptilion*.

17. Le genre *Caloptilium* diffère du *Mastigophorus*, en ce qu'il a le péricline double, l'extérieur formé de cinq squames plus courtes et plus étroites, les aigrettes plumeuses, et les calathides rassemblées en capitule. Quoique M. Lagasca n'ait pas suffisamment fait connoître la structure de l'aigrette de son *Caloptilium*, en disant *pappus eleganter plumosus*, nous supposons que cette aigrette a de l'analogie avec celle du *Mastigophorus*, et qu'elle n'en diffère probablement que par ses squamellules très-profondément laciniées, au lieu de n'être frangées que sur les bords.

18. Le genre *Panargyrus*, d'après la description trop laconique publiée par M. Lagasca dans son Mémoire sur les Chénanthophores (*Amenid. natur.*, pag. 33), sembleroit ne différer essentiellement du *Caloptilium* que par le péricline extérieur, formé de trois squames[1], au lieu de cinq, ce qui seroit insuffisant pour distinguer deux genres : cependant, ce botaniste, qui, dans le Mémoire dont il s'agit, méconnoît bien rarement les vraies affinités, n'a pas immédiatement rapproché son *Panargyrus* et son *Caloptilium*. D'ailleurs, M. De Candolle, qui, en décrivant le *Panargyrus* dans son Mémoire sur les labiatiflores, n'a fait que copier un manuscrit de M. Lagasca, donne à ce genre une aigrette de squamellules nombreuses, courtes, *paléiformes*, plumeuses, et des calathides peu nombreuses, *corymbées*. Ces considérations nous font présumer que le *Panargyrus*, dont on n'a point encore de des-

---

1 M. Lagasca décrit le péricline du *Panargyrus* comme simple ; mais il le dit accompagné de trois bractées, qu'il attribuoit lui-même au péricline dans sa description manuscrite copiée par M. De Candolle.

34:225 cription satisfaisante, présente quelques caractères suffisans pour être génériquement distingué du *Caloptilium*; et elles nous ont décidé à admettre provisoirement dans notre tableau ces deux genres comme distincts, mais en les plaçant immédiatement à la suite l'un de l'autre, comme a fait M. De Candolle.

19. Le genre *Polyachyrus* [2] semble avoir quelque affinité
34:226 avec le précédent, par l'aigrette presque *plumeuse* d'une de ses deux fleurs, et par l'aigrette *courte* de l'autre; mais il en diffère beaucoup, ainsi que de toutes les autres Nassauviées, par des caractères insolites, qui doivent le faire reléguer à l'extrémité de la série. La description donnée par M. Lagasca n'étant pas très-claire, ni très-méthodique, nous hasarderons de la présenter ici telle que nous la concevons, et sous une autre forme, que nous croyons plus régulière, mais en regrettant de n'avoir pu vérifier les caractères de ce genre, le plus remarquable de la tribu.

Polyachyrus. Calathide incouronnée, radiatiforme, biflore, labiatiflore, androgyni-masculiflore. Péricline formé de quatre squames, dont une plus large, concave-gibbeuse, entourant extérieurement la fleur hermaphrodite, les trois autres environnant extérieurement la fleur mâle. Clinanthe très-petit, pourvu d'une seule squamelle interposée entre les deux fleurs. *Fleur hermaphrodite:* ovaire non collifère, portant une aigrette longue, composée de squamellules filiformes, barbellées; corolle à deux lèvres, dont l'intérieure est divisée jusqu'à sa base en deux lanières. *Fleur mâle:* faux-ovaire plus petit que l'ovaire de la fleur hermaphrodite, et portant une aigrette courte, composée de squamellules filiformes, barbellulées; corolle semblable à celle de la fleur hermaphrodite, mais probablement un peu plus petite. = Calathides nombreuses, rassemblées en capitule, sur un cala-

---

2 On doit, à l'exemple de M. Lagasca, écrire *Polyachyrus*, et non *Polyachurus*, comme a fait M. De Candolle, parce que c'est sans doute le mot ἄχυρον, *paillette*, et non le mot οὐρὰ, *queue*, qui entre dans la composition de ce nom générique.

thiphore garni de bractées squamiformes. 34:226

M. Lagasca paroît considérer les deux fleurs de la calathide comme hermaphrodites : mais il nous semble évident que celle dont l'ovaire est plus petit, l'aigrette plus courte et garnie de moindres appendices, et qui n'est point entourée, comme l'autre fleur, par une squame plus grande, concave-gibbeuse [1], doit être mâle et non hermaphrodite. Le péri-
cline du *Nassauvia* nous a offert deux ou trois squames planes, 34:227
et deux plus intérieures, opposées l'une à l'autre, pliées en deux longitudinalement et amplexiflores : mais en admettant, comme nous le pensons, que cette disposition n'est pas une fausse apparence produite par la compression de l'échantillon sec, il n'y a rien à en conclure contre notre opinion sur le *Polyachyrus*; puisque, dans le *Nassauvia*, les deux squames intérieures, pliées longitudinalement, embrassent à peu près également toutes les fleurs de la calathide. M. Lagasca place son genre *Polyachyrus* entre le *Jungia* et le *Mutisia*. M. De Candolle l'attribue à ses Labiatiflores douteuses, et il l'interpose entre le *Disparago* et le *Leria*, en observant que ce genre lui paroît avoir de l'affinité avec le *Disparago*; mais le *Disparago* appartient indubitablement à la tribu des Inulées, et à la section des Inulées-Gnaphaliées (voyez notre article Myriadène, tom. XXXIV, pag. 34). Nous plaçons le *Polyachyrus* à la fin des vraies Nassauviées, non-seulement à cause de ses caractères insolites, mais encore à cause de l'affinité qu'il semble avoir par son port avec certaines mutisiées; car ses feuilles, runcinées et tomenteuses en-dessous, suivant M. De Candolle, qui a copié un manuscrit de M. Lagasca, sont décurrentes comme celles de quelques *Guariruma* et *Aplophyllum*.

La section des Nassauviées douteuses, distinguée des deux autres sections par un caractère purement artificiel et peut-être inexact, devra être infailliblement supprimée, aussitôt que les deux genres qu'elle comprend, et qui ne sont liés par aucune affinité naturelle, auront été soigneusement étu-

1 La description de M. Lagasca n'indiquant pas bien clairement si c'est la grande fleur ou la petite qui correspond à la squame gibbeuse, nous avons dû résoudre cette question par analogie.

34:227 diés par quelque botaniste bien pénétré de l'importance des caractères sur lesquels sont fondés nos tribus.

20. Le genre *Plazia* n'a point été admis par M. Lagasca dans son ordre des Chénanthophores, ce qui est d'autant plus étonnant, qu'il a formé dans cet ordre, sous le titre de Chénanthophores anomales, une section comprenant les genres à fleurs intérieures régulières et à fleurs extérieures labiées. M. De Candolle, au contraire, admet le *Plazia* parmi ses Labiatiflores non douteuses, et il le place entre l'*Homoianthus*, qui est un genre de Nassauviées, et l'*Onoseris*, qui est un genre de Mutisiées. La description de Ruiz et Pavon nous
34:228 porte à croire que le *Plazia* est très-probablement une véritable Nassauviée, 1.° parce qu'elle dit le stigmate bifide ou partagé en deux lanières, ce qui semble indiquer deux stigmatophores plus analogues à ceux des Nassauviées qu'à ceux des Mutisiées; 2.° parce que le tube anthéral est courbe, ce qui est un caractère propre aux Nassauviées; 3.° parce que la calathide est radiatiforme (*subradiata*, Ruiz et Pav.); 4.° parce que les fleurs extérieures, quoique radiantes, sont, d'après la description, hermaphrodites, comme les intérieures; 5.° parce que ces fleurs extérieures ont la corolle infundibuliforme, et divisée en deux lèvres, dont l'extérieure, un peu plus longue et très-large, est étalée, trifide, tandis que l'intérieure est partagée jusqu'à sa base en deux lanières linéaires, roulées; 6.° enfin, parce que le nom spécifique (*conferta*) semble annoncer que la plante en question auroit un port analogue à celui de la plupart des Nassauviées-prototypes. Tous ces argumens forment par leur ensemble une très-grave présomption, contre laquelle on ne peut opposer que deux objections assez légères : 1.° suivant les auteurs du genre, les deux stigmatophores seroient appliqués (*stigma bifidum, laciniis adpressis*), ce qui convient bien mieux aux Mutisiées qu'aux Nassauviées : mais il est bien possible que l'observation ait été faite avant l'époque où les deux stigmatophores divergent en s'arquant en dehors; 2.° la corolle des fleurs intérieures est régulière, d'après la description (*infundibuliformis, semiquinquefida, laciniis revolutis*) : mais la lèvre extérieure des corolles marginales étant elle-même trifide, et très-peu plus longue que la lèvre intérieure, il suffit que la lèvre exté-

rieure des corolles centrales soit encore moins alongée, un peu plus profondément trifide, et que la division en deux lèvres soit un peu moins profonde, pour que la labiation ait été insensible aux yeux des auteurs du genre *Plazia*, qui attachent sans doute peu d'importance à ce caractère, lorsqu'il n'est pas très-manifeste. S'il étoit bien prouvé que le *Plazia* est une véritable Nassauviée, nous placerions ce genre à la suite du *Drozia*, dans la section des Nassauviées-Trixidées. 34:228

21. Le genre *Microspermum* a été proposé par M. Lagasca dans un petit ouvrage plus récent que son excellent Mémoire sur les Chénanthophores, et qui lui ressemble si peu qu'on a peine a croire que les deux opuscules soient du même auteur. Dans l'un, il a pris pour modèle le *Genera plantarum* de Jussieu; le *Prodromus* de Thunberg paroît avoir servi de type à l'autre. Il est difficile de deviner les affinités naturelles d'un genre décrit à la manière expéditive de Thunberg et de Willdenow. Ce n'est donc qu'avec beaucoup de doutes que nous hasardons de rapporter le *Microspermum* aux Nassauviées. Cette attribution fort incertaine est uniquement fondée sur ce que toutes les fleurs de la calathide étant hermaphrodites (*Polygamia æqualis*, Lag.), les extérieures plus grandes ont le limbe de la corolle presque labié (*Flosculi radii 6 - 12 majores limbo subbilabiato*, Lag.); mais l'aigrette, composée de petites dents très-courtes et d'une à trois arêtes, ne ressemble à celle d'aucune Nassauviée; et l'espèce unique du genre en question diffère de toutes les plantes de cette tribu par son port, et surtout par ses feuilles opposées. Il nous semble assez probable que ce genre *Microspermum* seroit mieux placé dans notre tribu des Tagétinées, auprès des *Thymophylla*, *Pectis*, *Tetranthus*. Remarquez que le *Microspermum* n'habite point l'Amérique méridionale proprement dite, qui est la patrie des Nassauviées, mais le Mexique, où se trouvent la plupart des Tagétinées. M. Lagasca auroit pu facilement dissiper nos incertitudes, en prenant la peine d'indiquer lui-même par un ou deux mots les affinités naturelles des nouveaux genres qu'il a proposés dans son dernier ouvrage : c'étoit le seul moyen de suppléer à l'insuffisance de ses courtes descriptions. 34:229

La section des Nassauviées douteuses a dû être reléguée à la fin de la tribu, non-seulement à cause de nos doutes sur

34:229 sa légitimité, mais encore parce que le *Cherina* et d'autres Mutisiées ont les corolles du disque presque régulières ou à peine labiées. Ajoutons que le *Microspermum* a peut-être quelque légère ressemblance avec le *Proustia*, par ses feuilles opposées, pétiolées, arrondies.

Après avoir analysé méthodiquement les vingt-un genres composant la tribu des Nassauviées, jetons un coup d'œil rapide sur leur histoire. Le plus ancien de ces genres est le *Trixis*, publié par P. Browne en 1756. Quoique le genre *Nassauvia* de Commerson n'ait été publié qu'en 1789, il se trouvoit
34:230 nommé, distingué, caractérisé, décrit, dans les manuscrits de son auteur, avant 1773, époque de la mort de ce naturaliste. Vient ensuite le *Jungia*, publié par Linné fils en 1781. Les deux genres *Triptilion* et *Plazia* de Ruiz et Pavon, publiés en 1794, suivent le *Jungia* dans l'ordre chronologique. Nous devrions placer immédiatement après eux le *Rhinactina* de Willdenow, publié en 1807, si la description de ce genre n'étoit pas tellement insuffisante, que M. Kunth le fait correspondre au *Dumerilia*, tandis que nous le rapportons au *Lasiorrhiza*, parce que Willdenow dit le clinanthe nu (*receptaculum nudum*). M. Lagasca déclare que son Mémoire sur les Chénanthophores, publié en 1811, étoit achevé dès 1805; il l'étoit au moins, bien certainement, avant 1808, puisqu'au commencement de cette année il fut communiqué à MM. Bonpland et De Candolle: mais en se fixant à la date de publication, ce botaniste doit encore être considéré comme le premier auteur des genres *Dumerilia*, *Lasiorrhiza*, *Leucheria*, *Perezia*, *Panphalea*, *Caloptilium*, *Panargyrus*, *Polyachyrus*. De ces huit genres, M. De Candolle ne réclame que le *Lasiorrhiza*, décrit et figuré, sous le nom *Chabræa* ou *Bertolonia*, dans son Mémoire sur les labiatiflores, lequel a été lu à l'Institut le 18 Janvier 1808, mais n'a été publié qu'en 1812, et avec beaucoup de changemens importans, en sorte qu'il se trouve primé par M. Lagasca, et que par conséquent le nom de *Lasiorrhiza* nous semble devoir être préféré. Le genre *Homoianthus*, conçu par M. Bonpland, mais ensuite abandonné par lui, se trouve imparfaitement décrit et figuré dans le Mémoire de M. De Candolle. Le *Microspermum* de M. Lagasca, que nous osons à peine compter parmi nos Nassauviées, est

de 1816. Les genres *Triachne*, *Platycheilus*, *Martrasia*, *Cla-* 34:230
rionea, *Drozia*, *Mastigophorus*, ont été successivement établis et publiés par nous, depuis 1817 jusqu'à ce jour. Il résulte de cette revue chronologique que c'est M. Lagasca qui a le plus enrichi la tribu des Nassauviées. Ajoutons qu'il a le mérite d'avoir, le premier, entrevu, quoique très-imparfaitement, ce groupe naturel.

Nos lecteurs trouveront, dans l'article Inulées (tom. XXIII, pag. 559), et dans les autres tableaux méthodiques successivement insérés par nous dans les volumes suivans de ce Dic-
tionnaire, l'explication des signes et abréviations employées 34:231
pareillement dans le tableau des Nassauviées. Cependant nous devons faire ici remarquer que la date de l'établissement des genres, indiquée par des chiffres entre deux parenthèses, est toujours celle de la publication, quand le cas contraire n'est pas exprimé par le mot abrégé *ined.*, mis à la suite de cette date. Ainsi, par exemple, on lit dans le tableau : *Panargyrus*. Lag. (1805. ined.) — Lag. (1811) ; ce qui veut dire que le genre *Panargyrus*, fondé par M. Lagasca en 1805, n'a été publié pour la première fois qu'en 1811. L'époque de la fondation d'un genre inédit pouvant être attestée, soit par l'auteur du genre, soit par quelque autre tradition, nous avons soin d'indiquer ces différens cas. Ainsi, *Dumerilia*. Lag. (1805. ined., ex Lag.) signifie que c'est sur la foi de M. Lagasca, qui le déclare dans sa préface, que nous faisons remonter à l'année 1805 la fondation du genre *Dumerilia*. Néanmoins, comme tous les autres genres de M. Lagasca se trouvent dans le même cas, nous nous sommes dispensé, pour abréger, de répéter à chacun d'eux cette indication, qui doit être sous-entendue. *Frageria*. Decand. (ined. 1808 ?, ex Herbar. Juss.) signifie que nous avons trouvé, dans l'herbier de M. de Jussieu, une note indiquant que M. De Candolle avoit nommé *Frageria* le genre *Lasiorrhiza*, et que diverses circonstances nous portent à croire que c'est vers 1808 qu'il auroit fait ce genre sous le nom indiqué. La préposition *ex* est employée, dans notre tableau, en deux sens très-différens, que nous distinguons en la faisant précéder tantôt d'un point, tantôt d'une virgule, et en écrivant la première lettre tantôt en caractère majuscule, tantôt en caractère minuscule : ainsi,

34:231 *Nassauvia*. Commers. (ined., ex Juss.) — Juss. (1789. Ex Commers.) veut dire que, d'après l'attestation de M. de Jussieu, le genre *Nassauvia* a été fondé, à une époque que nous ignorons, par Commerson, qui ne l'a point publié; et que ce genre a été publié pour la première fois en 1789, par M. de Jussieu, qui n'a fait que copier le manuscrit de Commerson. L'adverbe *hìc*, entre deux parenthèses, indique que le genre auquel il s'applique se trouve établi et publié, par nous, pour la première fois, dans le présent article, ou qu'il y est décrit, rectifié, ou discuté.

34:232 Nous allons terminer par quelques observations générales sur les Nassauviées.

Ces plantes ont en général un nectaire très-petit, situé sur le centre du sommet de l'ovaire, et portant la base du style, qui est ordinairement très-épaissie ou élargie, arrondie, subglobuleuse. La base de la corolle engaine étroitement ces deux parties et se moule en quelque sorte sur elles, de manière qu'elle est comme étranglée autour du nectaire, et subitement renflée au-dessus, c'est-à-dire autour de la base du style. Souvent le nectaire est si petit, et la base épaissie du style offre des apparences telles qu'on seroit tenté de prendre cette base du style pour le vrai nectaire. La base du style, n'étant jamais épaissie dans les Mutisiées, peut ainsi fournir une note caractéristique fort utile pour aider à distinguer les Mutisiées des Nassauviées, lorsque les autres caractères plus importans ne sont pas assez manifestes dans les fleurs sèches et souvent en mauvais état qu'on est réduit à observer.

Une autre note caractéristique nous est fournie par le tube anthéral. En effet, chez toutes les Nassauviées, le tube formé par la réunion des cinq appendices apicilaires des anthères, est plus ou moins arqué en dedans, comme chez les Centauriées; ce qui résulte ici de ce que les appendices extérieurs sont plus longs que les intérieurs, par la même cause qui fait alonger la lèvre extérieure de la corolle plus que la lèvre intérieure. Au contraire, les Mutisiées, ayant les deux lèvres de la corolle masculine ou staminée égales ou presque égales en longueur, le tube formé par les appendices apicilaires de leurs anthères n'est point arqué, au moins sensiblement. Ce-

pendant, chez quelques Mutisiées, telles que les *Chætanthera*, 34:232
le tube des appendices apicilaires est foiblement arqué, parce que les deux lèvres de la corolle ne sont point parfaitement égales en longueur. Ainsi, la cause inconnue qui fait alonger la lèvre extérieure de la corolle plus que la lèvre intérieure, est indubitablement la même qui opère un effet analogue sur les appendices apicilaires du tube anthéral. L'alongement inégal de ces appendices fait nécessairement arquer en dedans le tube formé de leur réunion, parce qu'ils sont entregreffés, et que l'accroissement en longueur des appendices extérieurs n'a pas lieu par le sommet. La corolle se courberoit aussi 34:233
dans le même sens, et bien davantage, si l'alongement de la lèvre extérieure s'opéroit durant la préfleuraison, tandis que les deux lèvres sont comme agglutinées ensemble par les bords.

La brièveté du connectif, et par conséquent des loges proprement dites de l'anthère, est un caractère très-remarquable propre à la tribu des Nassauviées.[1] Il sembleroit en résulter que les anthères de ces plantes doivent contenir très-peu de pollen : mais les appendices basilaires, qui sont très-longs, contiennent toujours du pollen dans leur partie supérieure; et cette partie supérieure pollinifère de chacun des deux appendices basilaires est greffée avec la partie correspondante de l'appendice appartenant à l'anthère voisine, tandis que la partie inférieure non pollinifère et membraneuse reste libre. Ainsi, en considérant la chose sous le rapport phytonomique ou physiologique, on reconnoît que les loges anthérales des Nassauviées ne sont pas réellement aussi courtes qu'elles peuvent le paroître, la partie supérieure pollinifère

1 C'est peut-être ici le lieu de rappeler à nos lecteurs ce que nous leur avons déjà dit, dans un autre article, sur la ressemblance très-notable qui existe entre les étamines des Nassauviées et celles du *Cardopatium*. Ils se souviendront aussi que cette plante a la corolle palmée, ce qui se rapproche un peu de la corolle labiée, et qu'elle offre dans tout son ensemble une sorte d'analogie avec le *Triptilium* (voyez notre article CARDOPAT, tom. VII, pag. 93). Cependant le *Cardopatium* appartient indubitablement à la tribu des Carlinées, ce qui confirme l'affinité qui existe entre les Carlinées et les Nassauviées, et que nous avons signalée plusieurs fois depuis long-temps, quoique des considérations plus puissantes nous aient forcé d'éloigner ces deux groupes l'un de l'autre, pour coordonner convenablement la série générale des vingt tribus.

34:233 des appendices basilaires devant être considérée, sous ce rapport, comme la vraie continuation des loges, vers le milieu de la hauteur desquelles l'article anthérifère s'insère; suivant cette hypothèse. Mais, sous le rapport phytographique ou descriptif, il en est tout autrement, suivant la règle générale qui veut que les loges soient censées terminées en bas, au point d'insertion de l'article anthérifère, et que leur prolongement inférieur, même lorsqu'il est pollinifère, soit entièrement attribué aux appendices basilaires. Ces sortes de règles, quoiqu'un peu arbitraires et conventionnelles,
34:234 nous semblent devoir être sévèrement maintenues, afin que les descriptions puissent toujours être exactement comparatives. Quoi qu'il en soit, il est certain qu'en général les anthères des Nassauviées sont moins abondamment pourvues de pollen que celles de la plupart des autres Synanthérées, parce que les loges proprement dites sont non-seulement très-courtes, mais encore étroites, à raison de la largeur du connectif, qui, s'élargissant surtout vers le haut, les rétrécit beaucoup en cette partie, et parce-que la partie supérieure pollinifère des appendices basilaires est souvent très-courte, comme dans les *Nassauvia*, *Dumerilia*, etc., et toujours très-étroite. Dans le *Panphalea*, les loges proprement dites sont excessivement courtes, l'article anthérifère s'insérant très-près de l'origine de l'appendice apicilaire; mais par compensation, les appendices basilaires sont pollinifères dans presque toute leur longueur. Dans le *Platycheilus*, la moitié supérieure des appendices basilaires est pollinifère, en sorte que l'article anthérifère semble s'insérer presque vers le milieu de la hauteur des loges. Dans la tribu des Mutisiées, les loges anthérales sont étroites, mais longues; leurs appendices basilaires ne contiennent point de pollen, et sont ordinairement libres, presque dès leur origine; ils sont sétiformes, roides, plus grêles que chez les Nassauviées.

Si l'on joint aux caractères importans que nous avons autrefois exposés (tom. XX, pag. 378-381), les diverses notes caractéristiques que nous venons d'indiquer, on peut former de tout cela un ensemble tellement concordant, qu'il ne sera plus possible désormais de contester la distinction établie par nous entre les deux tribus naturelles des Nassauviées et des Mutisiées. 34:234

Comme les loges proprement dites de l'anthère sont très-courtes chez les Nassauviées, et qu'en même temps les appendices apicilaires et basilaires sont extrêmement longs, on peut être disposé à croire qu'en général, chez les Synanthérées, la longueur des loges est en raison inverse de celle des appendices. Quoique cette loi paroisse assez plausible, il ne faut pourtant pas l'admettre sans beaucoup de restrictions; car les Lactucées, Carlinées, Centauriées, Carduinées, Inulées, Mutisiées, etc., offrent bien souvent des anthères ayant tout à la fois de longues loges et de longs appendices, tandis que 34:235
les Anthémidées, par exemple, nous offrent des anthères à loges courtes, sans appendices basilaires, et n'ayant qu'un petit appendice apicilaire. En considérant sous un autre point de vue la brièveté des loges anthérales des Nassauviées, nous sommes conduit à entrevoir une importante relation de cause et d'effet entre cet appauvrissement des loges et la luxuriance de la lèvre extérieure de la corolle; et comme l'extension de cette lèvre n'a lieu qu'après l'époque où l'anthère est complétement développée, nous pensons, qu'elle doit être considérée, non comme cause, mais comme effet, de la petitesse des loges, qui résulteroit elle-même de la petite quantité du pollen. Ce pollen, étant très-peu abondant, n'attireroit que foiblement les sucs nutritifs, qui reflueroient dans la corolle, et lui procureroient un accroissement insolite. Cela expliqueroit pourquoi les corolles ligulées, composant la couronne de beaucoup de Synanthérées, n'ont jamais d'étamines parfaites : mais on pourra nous objecter que beaucoup d'autres Synanthérées ont une couronne composée de corolles tubuleuses évidemment appauvries, et pourtant privées d'étamines. Pour expliquer ce second cas, il faut supposer que, dans les plantes où il a lieu, les sucs nutritifs fournis aux fleurs de la couronne sont moins abondans que dans le premier cas, et qu'ils sont presque entièrement absorbés par la partie femelle, en sorte que la corolle réduite à une nourriture insuffisante, est comme atrophiée ou semi-avortée. Elle avorte même complétement dans les fleurs femelles de *Solivæa*, *Cotula*, *Xanthium*, *Ambrosia*, où le pistil doué de forces très-puissantes s'empare de toute la

34:235 nourriture. Au contraire, les fleurs neutres n'ayant point d'organes sexuels, offrent ordinairement de très-grandes corolles, comme on peut le remarquer dans les *Melanchrysum*, *Helianthus*, *Cyanus*, etc.; de même que les animaux devenus neutres par castration acquièrent beaucoup d'embonpoint.

L'enroulement cirrhiforme de la lèvre intérieure des corolles est une suite naturelle de la ténuité de cette lèvre, dont la substance est beaucoup plus mince que celle de la lèvre extérieure. On ne peut méconnoître une relation de cause et d'effet entre la force de la lèvre extérieure et la
34:236 foiblesse de la lèvre intérieure. La force d'accroissement, au lieu de se distribuer avec égalité dans les diverses parties, pour former une corolle régulière, abandonne bientôt le côté intérieur, en se portant tout entière sur le côté extérieur, pour former la corolle labiée des Nassauviées, dont la lèvre extérieure est plus grande et radiante. Ainsi tout nous ramène à la théorie générale que nous avons ébauchée dans notre premier Mémoire sur la Phytonomie (Journ. de Phys. de Mai 1821), et qui se réduit à cette loi : *L'inégalité des forces d'accroissement est l'unique cause de la prodigieuse variété des formes végétales et des caractères propres à chacune d'elles;* d'où il suit que le but vers lequel doivent tendre constamment les recherches des phytonomistes, c'est de découvrir, s'il est possible, et d'assigner dans chaque cas particulier, la cause de l'inégale distribution de ces forces et de la direction que suivent les forces prépondérantes. Cette partie philosophique et transcendante de la science constitueroit vraiment la statique et la dynamique des végétaux.

Il est de fait que dans la calathide tout entière des Nassauviées, ainsi que dans chacune des fleurs qui la composent, il y a, surtout relativement à la corolle, une distribution inégale, mais symétrique, des forces d'accroissement, puisque les corolles extérieures de la calathide sont graduellement plus longues que les intérieures, et que la lèvre extérieure de chaque corolle est plus grande et plus forte que la lèvre intérieure. La cause physiologique de ce phénomène, qui se représente avec quelques modifications chez les Lactucées, est inconnue, et mérite l'attention des botanistes philosophes, qui ne doivent pas confondre ce cas particulier avec le phénomène beaucoup plus fréquent de la radiation proprement dite, où les fleurs extérieures et radiantes diffèrent des autres par l'absence des étamines et par la structure de la corolle. 34:236

On ne peut assurément pas méconnoître l'analogie frappante qui existe entre les fleurs extérieures des Nassauviées et les fleurs extérieures de certaines Mutisiées, telles que les *Chætanthera*. La seule différence essentielle est que, dans les premières, les étamines sont parfaites, tandis qu'elles sont imparfaites dans les dernières. Mais cette différence, peu considérable en apparence, est très-importante en réalité, et elle entraîne d'autres distinctions entre les deux tribus. Ainsi, toutes les fleurs de la calathide des Nassauviées sont, comme chez les Lactucées, parfaitement uniformes dans leur structure, quoiqu'inégales en longueur, en sorte qu'il n'y a point de couronne proprement dite; tandis que les fleurs extérieures de la calathide des Mutisiées, différant des intérieures par le sexe, et même toujours, plus ou moins, par la structure de la corolle, constituent une vraie couronne, composée de fleurs que nous avons dû distinguer des véritables labiées par le nom de biligulées, tout comme nous distinguons les corolles fendues des Lactucées des corolles ligulées propres à une multitude de Synanthérées. M. Lagasca, en fondant sur la calathide radiée ou non radiée les sections de ses Chénanthophores, a eu le bonheur de suivre assez exactement les affinités naturelles, parce que ce caractère, ordinairement très-léger, se trouve ici lié à d'autres caractères bien plus importans qu'il ne connoissoit pas. 34:237

Il est peut-être bon de remarquer que les Nassauviées, qui offrent entre elles fort peu de variété relativement à la structure des parties les plus importantes, et qui forment un groupe bien isolé des autres par ses caractères, se trouvent toutes

34:237 rassemblées dans le vaste continent de l'Amérique méridionale et dans quelques îles adjacentes[1]; tandis que les Mutisiées, qui se distinguent moins nettement des autres groupes, et dont les caractères plus vagues présentent plus de diversité, sont aussi plus disséminées sur la surface du globe, puisqu'on les rencontre, non seulement dans l'Amérique méridionale, mais encore dans l'Amérique septentrionale, en Afrique, et même en Sibérie.

---

1 Il y a ici deux remarques à faire : 1.° deux espèces de *Trixis* (*radialis* et *Havanensis*) ont été trouvées, l'une dans l'île de la Jamaïque, l'autre dans l'île de Cuba, qui se rapprochent plus de l'Amérique septentrionale que de l'Amérique méridionale ; 2.° M. Lagasca ayant négligé, dans son Mémoire sur les Chénanthophores, d'indiquer la patrie des plantes qu'il y a décrites, nous ignorons les habitations des *Martrasia*, *Leucheria*, *Caloptilium*, *Panargyrus*, *Polyachyrus*.

34:238 La lèvre intérieure de la corolle des Nassauviées est toujours réellement divisée à peu près jusqu'à sa base en deux lanières, quoique bien souvent elle paroisse être indivise, parce que dans ce cas les deux lanières restent, pendant la fleuraison, agglutinées par les bords, comme elles l'étoient pendant la préfleuraison. Cette fausse apparence a fait commettre aux botanistes des erreurs dans les descriptions caractéristiques de quelques genres, et nous-même y avons été trompé d'abord à l'égard du *Platycheilus*. Les divisions de la corolle masculine ou staminée des Synanthérées sont toujours comme agglutinées par les bords durant la préfleuraison : mais, à une certaine époque, la sève se portant avec plus de force dans les vaisseaux composant leurs nervures marginales, ces nervures se roidissent et se réfléchissent en dehors, ce qui opère la séparation des cinq divisions. Les nervures marginales des deux lanières composant la lèvre intérieure des corolles de Nassauviées, étant extrêmement foibles, à peine sensibles, presque nulles, on conçoit facilement qu'à leur égard le même effet n'ait pas lieu, et que l'agglutination subsiste. (H. Cass.)

NAUPLIUS, *Nauplius*. (*Bot.*) Ce genre de plantes, que 34:272
nous avons proposé dans le Bulletin des sciences de Novembre 1818 (pag. 166), appartient à l'ordre des synanthérées, à notre tribu naturelle des inulées, et à la section des inulées-buphthalmées, dans laquelle nous l'avons placé entre le *Pallenis* et le *Ceruana* (tom. XXIII, pag. 566). Voici les caractères génériques du *Nauplius*, observés par nous sur trois espèces de ce genre.

Calathide radiée : disque multiflore, régulariflore, andro- 34:273
gyniflore; couronne unisériée, liguliflore, féminiflore. Péricline irrégulier, involucriforme, supérieur aux fleurs; formé de squames uni-bi-trisériées, inégales, obimbriquées : les extérieures très-longues, foliacées, bractéiformes, étalées; les intérieures plus courtes, oblongues, obtuses, à partie inférieure appliquée, coriace, à partie supérieure étalée, foliacée, appendiciforme. Clinanthe plan, ou un peu conique, garni de squamelles inférieures aux fleurs, embrassantes, oblongues. Ovaires obovoïdes, hispides; aigrette composée de squamellules subunisériées, libres, inégales, paléiformes, membraneuses, irrégulièrement dentées. Corolles de la couronne tridentées au sommet.

Nauplius aquatique : *Nauplius aquaticus*, H. Cass.; *Buphthalmum aquaticum*, Linn., *Sp. pl.*, éd. 3, pag. 1274. C'est une plante herbacée, annuelle, dont la tige, haute d'environ huit pouces, est cylindrique, pubescente, et dichotome ou plusieurs fois bifurquée; ses feuilles sont alternes, sessiles, oblongues, obtuses, entières, pubescentes; les calathides, composées de fleurs jaunes, sont petites, les unes sessiles et axillaires, situées dans les bifurcations de la tige, les autres au sommet des rameaux. Cette plante croît sur le bord des eaux, en Languedoc, en Provence, à Nice, en Portugal, dans l'île de Crète ou de Candie. Sa calathide, observée sur un individu vivant, cultivé au Jardin du Roi, nous a offert les particularités suivantes : le péricline irrégulier, involucriforme, est composé de plusieurs bractées foliiformes, grandes, inégales, irrégulières, diffuses, dont les plus intérieures, accompagnant immédiatement les fleurs extérieures, se trouvent mêlées avec quelques squames squamelliformes, courtes, arrondies, submembraneuses; les ovaires de la cou-

34:273 ronne sont subtriquètres ; ceux du disque sont anguleux ; l'aigrette est composée de squamellules unisériées, libres, inégales, paléiformes, membraneuses, irrégulièrement laciniées supérieurement ; le clinanthe est plan, et garni de squamelles plus courtes que les fleurs, embrassantes, oblongues, arrondies au sommet, membraneuses, uninervées ; les anthères sont presque dépourvues d'appendices basilaires distincts.

34:274 Nauplius maritime : *Nauplius maritimus*, H. Cass. ; *Buphthalmum maritimum*, Linn., *Sp. pl.*, éd. 3, pag. 1274. Une racine vivace produit plusieurs tiges herbacées, un peu plus courtes que dans l'espèce précédente, rameuses, velues ; les feuilles sont alternes, sessiles, spatulées, entières, poilues, épaisses, charnues ; les calathides, composées de fleurs jaunes, sont grandes, solitaires, et toutes terminales, comme pédonculées. Cette plante habite les côtes de la Méditerranée. Ayant observé sa calathide sur un individu vivant, cultivé au Jardin du Roi, nous avons remarqué ce qui suit : cette calathide, très-radiée, est large d'un pouce et demi, sans y comprendre le péricline qui la déborde beaucoup ; celui-ci, très-supérieur même aux fleurs de la couronne, est très-irrégulier, involucriforme, composé de squames uni-bi-trisériées, extrêmement inégales, foliacées ; les unes, un peu plus extérieures que les autres, sont plus grandes, foliiformes ; leur base est appliquée, coriace ; leur partie inférieure, plus étroite, est oblongue, pétioliforme ; leur partie supérieure est large, elliptique ou orbiculaire, limbiforme, tout-à-fait foliacée ; les autres squames, qui sont un peu plus intérieures (au moins par les bords), sont plus courtes, oblongues, obtuses ; leur partie inférieure est appliquée, coriace ; la supérieure, étalée, foliacée, représente le limbe ou appendice des squames extérieures, qui est ici semi-avorté ; les ovaires, tout couverts de longs poils, sont obovoïdes ; ceux de la couronne courts, épais, triquètres ; l'aigrette est courte, composée de squamellules unisériées, libres, à peu près égales, oblongues-lancéolées, membraneuses, diaphanes, irrégulièrement dentées ; celle des ovaires de la couronne offre des squamellules inégales, irrégulières, dissemblables, variables, les unes libres, les autres plus ou moins entregreffées inférieurement ou à la

base; le clinanthe est plan, garni de squamelles très-inférieures aux fleurs, embrassantes, oblongues, carénées, mucronées au sommet, membraneuses, diaphanes, uninervées; les corolles de la couronne ont le tube court, articulé sur l'ovaire, et la languette longue, linéaire, terminée par trois dents très-aiguës; les corolles du disque ont le tube renflé et épaissi après la fécondation, et le limbe à cinq divisions; les étamines ont l'article anthérifère court, le tube anthéral 34:274
pourvu de cinq appendices apicilaires très-aigus, et de dix appendices basilaires courts, subulés, pollinifères, entregreffés par couples. 34:275

Nauplius soyeux: *Nauplius sericeus*, H. Cass.; *Buphthalmum sericeum*, Linn. fil., *Suppl. pl.*, pag. 379. L'individu que nous décrivons est un arbuste haut de plus de dix-huit pouces, à tige rameuse, tortueuse, épaisse, à écorce grise, raboteuse; ses feuilles, rassemblées en rosette à l'extrémité des rameaux, et immédiatement rapprochées les unes des autres, ne sont point opposées, comme le disent les botanistes, mais disposées en spirale autour du rameau qui les porte; elles sont sessiles, longues de quinze lignes, larges de six à sept lignes, obovales-subspatulées, pétioliformes inférieurement, à peine dentées, munies d'une forte nervure médiaire peu ramifiée, tomenteuses sur les deux faces, ou plutôt couvertes de poils soyeux très-serrés; les calathides, larges de neuf à dix lignes, et composées de fleurs jaunes, sont solitaires au sommet des rameaux, où leur péricline se confond avec les feuilles; ce péricline, supérieur aux fleurs du disque et très-irrégulier, est formé de squames inégales, pauci-sériées, obimbriquées: les extérieures très-longues, inappliquées, entièrement bractéiformes, foliacées, linéaires-subspatulées; les intérieures graduellement plus courtes par leur appendice, ayant la partie inférieure appliquée, oblongue, coriace, et la supérieure inappliquée, linéaire, foliacée, appendiciforme. On peut considérer ce péricline comme imbriqué, ayant les squames extérieures nulles ou avortées, mais surmontées d'un long appendice, qui est plus court sur les squames intérieures non avortées. Le clinanthe est conique, peu élevé, garni de squamelles embrassantes, oblongues, coriaces, membraneuses sur les bords; les ovaires sont obovoïdes, hispides, ceux du dis-

34:275 que un peu comprimés bilatéralement et munis de côtes saillantes; l'aigrette est composée de squamellules subunisériées, inégales, irrégulières, diverses, paléiformes, membraneuses, lancéolées inférieurement, subulées supérieurement: les corolles de la couronne ont la languette oblongue; le tube anthéral a les appendices apicilaires demi-lancéolés, un peu aigus, et des appendices basilaires. Cette troisième espèce, exactement congénère des deux autres, quoique bien
34:276 différente par son port, habite l'île de Ténériffe; nous l'avons décrite sur un individu vivant, cultivé au Jardin du Roi, où il fleurissoit en Juin: elle nous a offert l'odeur propre à la plupart des inulées.

Le nom de *nauplius*, composé de deux mots grecs, qui signifient *naviguer*, fait allusion à l'habitation aquatique ou maritime des deux espèces primitives du genre ainsi nommé.

Ce genre diffère suffisamment du *Pallenis*, qui a la couronne bisériée, multiflore, l'aigrette stéphanoïde, d'une seule pièce, les ovaires de la couronne obcomprimés, orbiculaires, munis d'une bordure aliforme, les corolles du disque à tube muni d'un appendice longitudinal aliforme. Le genre *Nauplius* diffère encore bien davantage du *Cernuna*, comme on peut aisément s'en convaincre en lisant (tom. VIII, pag. 12) notre description des caractères de ce dernier genre. Enfin, on auroit tort de continuer à confondre, comme on le fait généralement aujourd'hui, les *Nauplius* avec les vrais *Buphthalmum*, qui s'en distinguent très-bien par le péricline et par l'aigrette.

L'article Buphthalme de ce Dictionnaire (tom. V, pag. 455) n'ayant point été rédigé par nous, c'est ici le lieu d'y suppléer, en donnant la description des vrais caractères de ce genre réduit dans de justes limites.

Buphthalmum, H. Cass. (*Buphthalmi species*, Linn., etc.) Calathide radiée: disque multiflore, régulariflore, androgyniflore; couronne unisériée, liguliflore, féminiflore. Péricline régulier, subhémisphérique, à peu près égal aux fleurs du disque; formé de squames irrégulièrement bi-trisériées, à peu près égales en longueur, interdilatées, appliquées, ovales-lancéolées, acuminées ou subulées au sommet, coriaces, membraneuses sur les bords. Clinanthe conique, peu élevé, garni de squamelles inférieures aux fleurs, plus ou moins embrassantes, oblongues ou sublinéaires, acuminées ou subulées au sommet, coriaces-membraneuses, uninervées, quelquefois carénées et même ailées sur le dos. Ovaires oblongs, subcylindracés, glabres, lisses, un peu irréguliers; ceux du disque offrant quelquefois un angle aliforme; ceux de la couronne triquètres ou anguleux, quelquefois presque ailés; aigrette stéphanoïde, courte, irrégulière, ayant sa partie inférieure épaisse, coriace-charnue, et la supérieure membraneuse, laciniée ou frangée. Corolles de la couronne a languette longue, largement linéaire, tri-quadridentée au sommet. Tube anthéral pourvu d'appendices apicilaires demi-lancéolés, aigus, et d'appendices basilaires courts, entre-greffés par couples. Styles d'inulée.

34:276

34:277

Ces caractères génériques nous ont été fournis par les *Buphthalmum salicifolium* et *grandiflorum*, que nous considérons comme les véritables types de ce genre, et qui, selon M. De Candolle (Fl. fr., tom. IV, pag. 218), seroient deux variétés d'une seule espèce. Nous attribuons au même genre une autre espèce, dont voici la description.

Buphthalmum longipes, H. Cass. (Bulletin des sciences de Septembre 1822, pag. 144.) Plante herbacée, pourvue sur presque toutes ses parties, de longs poils épars ou rapprochés, composés chacun d'une série d'articles courts. Tige rampante, cylindrique, produisant des racines sous les nœuds. Feuilles alternes, à pétiole long de dix lignes; à limbe long de neuf lignes, large de sept lignes, cordiforme, obtus au sommet, trinervé à la base, bordé de grandes crénelures inégales, plus ou moins profondes, ordinairement arrondies. Calathides larges d'environ huit lignes, solitaires au sommet de pédoncules scapiformes, opposés aux feuilles, dressés, longs d'environ quatre pouces, grêles, cylindriques, très-simples, portant loin du sommet une seule petite bractée linéaire; disque jaune, couronne jaune-pâle. Calathide radiée : disque multiflore, régulariflore, androgyniflore; couronne unisériée, liguliflore, féminiflore. Péricline hémisphérique, inférieur aux fleurs du disque; formé de squames trisériées, inégales, irrégulièrement imbriquées : les extérieures oblongues-spatulées, à partie inférieure coriace, à partie supé-

34:277 ricure un peu élargie, foliacée, probablement inappliquée; les intermédiaires plus larges; les intérieures un peu squamelliformes. Clinanthe un peu convexe, garni de squamelles égales aux fleurs, oblongues, subulées et spinescentes au sommet. Ovaires du disque et de la couronne oblongs, glabres, surmontés d'une très-petite aigrette stéphanoïde. Corolles de la couronne à languette très-longue, large, plurinervée, parsemée de glandes en-dessous. Corolles du disque à tube court,
34:278 à limbe long. Anthères pourvues d'appendices apicilaires aigus, et d'appendices basilaires courts, pollinifères. Stigmatophores arrondis au sommet.

Nous avons fait cette description sur un échantillon sec, recueilli à Madagascar par Commerson, et qui étoit innommé dans l'herbier de M. de Jussieu. Quoique cette plante ait un port très-différent de celui des *Buphthalmum salicifolium* et *grandiflorum*, elle offre les mêmes caractères génériques, si ce n'est que son péricline, inférieur aux fleurs du disque, a les squames extérieures oblongues-spatulées, dont la partie supérieure est un peu élargie, foliacée, probablement inappliquée : mais cette différence est insuffisante pour séparer notre plante du vrai genre *Buphthalmum*, auquel elle appartient indubitablement.

Ce genre étoit composé d'espèces plus ou moins hétérogenes, et devoit subir des réformes, dont quelques-unes surtout sont absolument indispensables. Ainsi, le type du genre se trouvant appartenir à la tribu des inulées, il falloit d'abord et sans aucun doute en exclure quelques espèces appartenant aux Hélianthées, telles que le *Buphthalmum helianthoides*, Linn., dont M. Persoon a fait son genre *Heliopsis* [1], et les *Buphthalmum frutescens*, Linn., *arborescens*, Linn., *peruvianum*, Lam., dont nous avons fait notre genre *Diomedea*. Le *Buphthalmum cordifolium*, Waldst., n'appartenant point à la section des inulées-buphthalmées, mais à celle des inulées-prototypes, il nous a paru nécessaire d'en faire un genre

1 Voyez, dans notre article KALLIADE, tom, XXIV, pag, 326, une dissertation sur le genre *Heliopsis*, que nous avons divisé en deux sous-genres, nommés *Heliopsis* et *Kallias*, et dont nous avons décrit une nouvelle espèce, sous le nom d'*Heliopsis platyglossa*.

distinct, que nous avons nommé *Molpadia*. Le *Buphthalmum* 34:278
pratense, Vahl, diffère tellement des vrais *Buphthalmum* par ses caractères génériques, qu'après les avoir soigneusement observés, nous avons dû rétablir, en le rectifiant, le genre *Ceruana* de Forskal, adopté par M. de Jussieu (*Gen. pl.*, *p.* 190), et mal à propos abandonné depuis par tous les botanistes. Enfin, nous avons jugé convenable de proposer les deux genres, ou sous-genres, *Nauplius* et *Pallenis*, parce que les *Buphthal-*
mum aquaticum, *maritimum* et *sericeum*, qui composent le pre- 34:279
mier, et le *Buphthalmum spinosum*, qui constitue le second, ne nous semblent point exactement congénères entre eux, ni avec les vrais *Buphthalmum*. Plusieurs autres espèces, admises par les botanistes dans le genre *Buphthalmum*, restent douteuses pour nous, parce que nous n'avons pas encore pu vérifier leurs caractères génériques, superficiellement observés et négligemment décrits par les auteurs.

Le genre *Asteriscus*, établi par Tournefort, en 1694, dans ses Élémens de botanique, correspond, par sa composition, à nos deux genres *Pallenis* et *Nauplius;* mais ses caractères ne conviennent exactement qu'au *Pallenis*. En effet, ce genre *Asteriscus* a, selon Tournefort, le péricline étoilé, supérieur aux fleurs, et les fruits aplatis, et pour la plupart bordés, ce qui n'a lieu que dans le *Buphthalmum spinosum*, Linn.[1], que l'auteur avoit placé comme type au commencement du genre, et sur lequel il avoit observé avec plus de soin et fait figurer les caractères génériques.

Le genre *Asteroides*, proposé, en 1703, par le même botaniste, dans son *Corollarium*, et vaguement caractérisé par le péricline écailleux et les fruits ordinairement oblongs, ne diffère, selon lui, du genre *Aster*, dans lequel il comprenoit les *inula*, que par l'aigrette nulle. Ce genre *Asteroides* est composé seulement de deux espèces, dont la première, considérée comme type, est le *Buphthalmum cordifolium*, Waldst., qui a fourni les caractères décrits et figurés, et la seconde est le *Buphthalmum grandiflorum*, Linn. Ainsi l'*Asteroides* de

---

1 M. Loiseleur (*Flor. gall.*, tom. 2, p. 589 et 590) remarque avec justesse que les fruits de la couronne sont entourés d'une bordure membraneuse dans le *Buphthalmum spinosum*, et qu'ils ne le sont point dans les *Buphthalmum aquaticum* et *maritimum*.

34:279 Tournefort correspond en premier lieu à notre genre *Molpadia*, et en second lieu au vrai *Buphthalmum*.

Dans la première édition de son grand ouvrage, écrite en français, et publiée en 1694, sous le titre d'Élémens de botanique, Tournefort admettoit un genre *Helenium* distinct de l'*Aster*, et fondé sur l'*inula helenium*, Linn., mais en déclarant que ce genre lui paroissoit tellement semblable à l'*Aster*, qu'il
34:280 ne l'en séparoit que pour se conformer à l'usage. Dans la seconde édition, écrite en latin, et publiée en 1700, sous le titre d'*Institutiones rei herbariæ*, il se décida à supprimer le genre *Helenium* pour le réunir à l'*Aster*. Cela justifie son opinion sur l'affinité qui existe, selon lui, entre l'*Asteroides* et l'*Aster*: car, ainsi que nous l'avons remarqué dans l'article Molpadie (tom. XXXII, pag. 400), notre *Molpadia suaveolens*, qui est l'*Asteroides orientalis* de Tournefort, est fortement attirée vers l'*inula helenium* par ses rapports naturels; ce qui a sans doute induit MM. Persoon et Marschall dans la grave erreur où ils sont tombés, en attribuant au genre *Inula* cette plante, dont le clinanthe est squamellifère et l'aigrette stéphanoïde. Il est bon de noter ici que M. Persoon a fait double emploi de la même plante, sous les noms d'*Inula caucasica* (*Syn. pl.*, tom. II, pag. 450), et de *Buphthalmum cordifolium* (pag. 474). On pourroit encore s'étonner que Tournefort ait dit que l'*Asteroides* ne diffère de l'*Aster* que par l'absence de l'aigrette, si on ne remarquoit pas que, par une inconcevable négligence, ce botaniste semble n'avoir jamais, ou presque jamais, fait la moindre attention aux caractères fournis par le clinanthe, selon qu'il est nu ou garni d'appendices. Le très-habile fondateur de la Synanthérographie, Vaillant, dont tout le mérite se réduit à presque rien, suivant Adanson (Fam. des pl., tom. 1, pag. lxxxij), est le premier qui ait exactement observé ces caractères, et qui ait su en tirer le parti le plus avantageux.

Vaillant adopta les deux genres *Asteroides* et *Asteriscus* de Tournefort, mais en modifiant leurs caractères et leur composition. Ainsi, l'*Asteroides* de Vaillant, composé de deux espèces, dont la première est la *Verbesina mutica*, Linn., que Tournefort attribuoit, d'après Plumier, au *Chrysanthemum*, et la seconde est le *Buphthalmum cordifolium*, Waldst., se trouve correspondre au *Chrysanthellum*[1] de Richard et à notre *Molpadia.* L'*Asteriscus* de Vaillant, caractérisé, suivant lui, par les ovaires en cheville ronde ou anguleuse, à tête à couronne antique, ou à cercle de poils fort courts, et par 34:280

[1] Voyez notre dissertation sur ce genre *Chrysanthellum*, tome **XXV**, page 390.

34:281 le calice écailleux, à base entourée, ou non, de quelques feuilles, correspond, par ces caractères, au *Nauplius*, au *Pallenis*, et au vrai *Buphthalmum* : mais, quoique le *Nauplius* semble avoir été pris pour le type principal du genre, dans la description des caractères que Vaillant lui attribue, c'est le *Pallenis* (*Buphthalmum spinosum*, Linn.), qui est placé par Vaillant, comme par Tournefort, au commencement de ce genre *Asteriscus*.

Dillen a décrit et figuré, dans l'*Hortus elthamensis*, sous le nom générique d'*Asteriscus*, les *Buphthalmum frutescens* et *arborescens*, Linn., que Plumier et Tournefort avoient bien mieux attribués au genre *Corona solis*, conformément aux affinités naturelles, et qui constituent notre genre *Diomedea.*

Linné crut devoir réunir les deux genres *Asteriscus* et *Asteroides* de Tournefort en un seul, qui nous semble correspondre à l'*Asteriscus* de Vaillant, et auquel il donna le nom de *Buphthalmum*, précédemment appliqué par Tournefort à l'*Anthemis tinctoria*, Linn. Mais il divisa son genre *Buphthalmum* en deux sections, intitulées *Asterisci*, T. et *Asteroidea*, T. Cependant ces deux sections, qu'il s'est dispensé de caractériser, ne correspondent pas très-exactement aux deux genres de Tournefort, fondés non-seulement sur la structure du péricline, mais encore sur la forme des fruits. Linné paroît avoir voulu comprendre dans la première section les espèces dont le péricline a les squames extérieures notablement grandes, étalées, foliacées, et dans la seconde section les espèces dont le péricline n'offre pas cette structure.

Les caractères essentiellement distinctifs du genre *Buphthalmum* de Linné, tels qu'ils sont tracés dans le *Systema vegetabilium*, consistent en ce que le clinanthe est squamellé, que l'aigrette est stéphanoïde et peu manifeste, que les fruits,

34:281 surtout ceux de la couronne, sont bordés sur les côtés, et que le stigmate des fleurs hermaphrodites est indivis. Ce dernier caractère, qui ne conviendroit qu'à des fleurs mâles, est inexact : le style des fleurs du disque a deux stigmatophores bien distincts, comme cela doit être, puisque ces fleurs sont vraiment hermaphrodites.

Dans la troisième et dernière édition du *Species plantarum* de Linné, le genre *Buphthalmum* se trouve composé de dix
34:282 especes : les deux premières (*frutescens* et *arborescens*) sont des *Diomedea;* la troisième (*capense*) est une *Œdera;* la quatrième (*spinosum*) est un *Pallenis;* les cinquième et sixième (*aquaticum* et *maritimum*) sont des *Nauplius;* les septième et huitième (*salicifolium* et *grandiflorum*) sont de vrais *Buphthalmum;* la neuvième (*durum*) nous est inconnue; la dixième (*helianthoides*) est un *Heliopsis*. Il faut ajouter à ces dix espèces linnéennes le *B. speciosissimum* du *Mantissa*, que nous ne connoissons point, et le *B. sericeum* du *Supplementum*, qui est un *Nauplius*.

Nous trouvons, dans l'ouvrage d'Adanson, un genre *Bustia*, correspondant, par sa composition, à l'*Asteroides* de Tournefort, ou à nos *Molpadia* et *Buphthalmum*, quoique, par ses caractères, il ne s'accorde qu'avec notre *Buphthalmum*, puisque l'auteur lui attribue le périclìne presque simple, formé de squames droites, les squamelles du clinanthe concaves, et l'aigrette stéphanoïde, courte, membraneuse, dentée. Un autre genre d'Adanson, placé à la suite du précédent, nommé *Obeliscotheca*, et distingué du *Bustia* par les squames du péricline, qui sont divergentes, au lieu d'être dressées, correspond, suivant l'auteur, au *Rudbeckia* de Linné et à l'*Asteriscus* de Tournefort.

M. de Jussieu, quoique adoptant le *Buphthalmum* de Linné, semble avoir pressenti la convenance de notre genre *Diomedea*, en exprimant (*Gen. pl.*, p. 186) le doute que les espèces ayant les feuilles opposées et la tige ligneuse soient vraiment congénères des espèces qui ont les feuilles alternes et la tige herbacée.

Gærtner a observé, décrit et figuré les caractères génériques du *Buphthalmum salicifolium*, Linn., et ceux du *Buphthalmum aquaticum*, Linn.; et, frappé des différences qui les distinguent,

il a dit que, si tous les *Asteriscus* de Tournefort ont, comme 34:282
celui qu'il a observé, l'aigrette composée de plusieurs petites feuilles membraneuses, au lieu d'un simple rebord denté, ils devront former un genre séparé du vrai *Buphthalmum*. Ce botaniste ignoroit que le *Buphthalmum spinosum*, qui est le type de l'*Asteriscus*, a l'aigrette stéphanoïde, ce qui nous a obligé à diviser cet ancien genre en deux, sous les noms de *Nauplius* et *Pallenis*.

Necker divise les *Buphthalmum* de Linné en trois espèces, 34:283
c'est-à-dire en trois genres, nommés *Buphthalmum*, *Athalmum*, *Odontospermum*. Il attribue à son *Buphthalmum* le péricline de plusieurs squames imbriquées, les fruits de la couronne pourvus d'une aigrette stéphanoïde, membraneuse, ceux du disque munis d'une bordure sur les deux côtés. Il est probable que l'auteur a voulu indiquer, par cette mauvaise description, les caractères qu'il avoit sans doute mal observés sur les *Buphthalmum salicifolium* et *grandiflorum*, et qu'ainsi son genre *Buphthalmum* correspond à celui que nous avons désigné par le même nom. Il attribue à son genre *Athalmum* le péricline composé de deux rangs, chacun d'eux formé d'une seule pièce divisée en plusieurs parties, les fruits de la couronne pourvus d'un rebord au sommet, ceux du disque munis d'une bordure sur les deux côtés. Cette description, encore plus mauvaise que la précédente, paroît néanmoins se rapporter tant bien que mal au *Buphthalmum spinosum*, Linn., en sorte que l'*Athalmum* pourroit correspondre à notre *Pallenis*. Enfin, Necker attribue à son *Odontospermum* le péricline de plusieurs squames imbriquées, et tous les fruits nus sur les bords et couronnés par de petites dents. Ces caractères sont mal décrits, peu exacts et insuffisans; néanmoins, comme ils peuvent s'appliquer aux *Buphthalmum frutescens* et *arborescens*, nous devons croire que l'*Odontospermum* correspond à notre *Diomedea*.

Mœnch admet un genre *Buphthalmum* et un genre *Asteriscus*. Son *Buphthalmum* est caractérisé par le péricline subhémisphérique, inférieur aux fleurs de la couronne, et formé de plusieurs squames bisériées, les fruits de la couronne plus grands, triquètres, droits, ceux du disque plus petits, incourbes, tri-tétragones, couronnés par une membrane den-

34:283 tée. Son *Asteriscus* est caractérisé par le péricline subhémisphérique, à divisions bisériées, appliquées, obtuses, entouré de feuilles rayonnantes, supérieures aux fleurs de la couronne, les fruits oblongs, couronnés par une languette blanchâtre, déchirée, aristée. Il rapporte au premier genre les *Buphthalmum frutescens* et *grandiflorum* de Linné, et au second le *Buphthalmum aquaticum* du même botaniste, qu'il cite, par erreur, sous le nom de *B. maritimum*, comme synonyme de
34:284 son *Asteriscus sessilis*. Ainsi, le *Buphthalmum* de Mœnch correspond à nos deux genres *Diomedea* et *Buphthalmum*, tandis que son *Asteriscus* correspond à notre *Nauplius*.

Cette analyse historique et critique des vicissitudes éprouvées par le genre *Buphthalmum*, fournit à nos lecteurs les moyens de juger si les réformes proposées par nous doivent être admises ou rejetées. (H. Cass.)

34:304 NAVENBURGIE, *Brotera*. (*Bot.*) Ce genre de plantes appartient à l'ordre des Synanthérées, à la tribu naturelle des Hélianthées, et à notre section des Hélianthées-Millériées, dans laquelle il est voisin des *Flaveria*, *Milleria*, *Meratia*, *Elvira*, *Riencurtia*, *Cæsulia*, *Enydra*. Voici les caractères génériques du *Brotera*, tels qu'ils résultent de nos observations sur plusieurs individus vivans de l'unique espèce qui constitue ce genre.

Calathide très-variable, composée tantôt d'une fleur hermaphrodite régulière et d'une fleur femelle subligulée, réunies dans le même péricline, tantôt de deux fleurs hermaphrodites réunies, tantôt de deux fleurs femelles réunies, tantôt d'une seule fleur hermaphrodite, tantôt enfin d'une seule fleur femelle [1]. Péricline très-variable, formé tantôt d'une

---

1 J'ai trouvé dans un capitule un groupe de six fleurs hermaphrodites, qui paroissoient être réunies dans un péricline de six squames, et former ainsi une seule et même calathide; mais chacune des six fleurs étoit enveloppée presque complétement par la squame correspondante: je pense donc que c'étoit un groupe de six calathides uniflores, très-rapprochées, ayant chacune son péricline formé d'une seule squame.

seule squame enveloppante, tantôt de deux squames opposées, dont une beaucoup plus large ; tantôt de trois (très-rarement quatre) squames unisériées, égales en longueur, mais dont l'une est bien plus large que les deux autres: toutes ces squames plus courtes que les fleurs hermaphrodites, ovales-oblongues, membraneuses-foliacées, colorées au sommet, qui est arrondi ou tronqué. Clinanthe très-petit, ponctiforme, nu.[1] *Fleur hermaphrodite* : Ovaire ou fruit obcomprimé, obovale-oblong, strié, glabre, noir, privé d'aigrette[2]. Corolle à tube hérissé de poils épais, cylindriques, obtus, charnus, composés d'articles très-courts, annuliformes; à limbe régulier, divisé supérieurement en cinq lobes. Étamines analogues à celles des Anthémidées. Style analogue à celui des Anthémidées. *Fleur femelle* : Ovaire ou fruit semblable à celui de la fleur hermaphrodite, mais ordinairement plus grand. Corolle non radiante, plus courte que le style, anomale, à tube très-épais, conique, charnu, hérissé de poils, comme tronqué obliquement au sommet; à limbe avorté, ou presque avorté, ou formant une sorte de languette très-courte, très-arquée. Style à peu près semblable à celui de la fleur hermaphrodite. = Calathides rassemblées en capitules inégaux, irréguliers; chaque capitule composé d'une multitude de calathides immédiatement rapprochées, sessiles sur le calathiphore, et très-diverses par le nombre et le sexe des fleurs appartenant à chacune d'elles, ainsi que par le nombre des squames de leurs périclines; calathiphore très-irrégulier, portant des appendices subfiliformes, longs, étroits, laminés, linéaires, ob-

---

1 Une seule fois j'ai trouvé trois fleurs hermaphrodites, qui m'ont paru réunies dans un seul péricline de trois squames, au milieu duquel une quatrième squame, plus petite, se trouvoit interposée entre les fleurs, comme une squamelle née sur le clinanthe : mais il est bien probable que cette prétendue calathide triflore, à clinanthe squamellifère, étoit un groupe de deux calathides très-rapprochées et presque confondues ensemble, l'une biflore, l'autre uniflore, ayant chacune un péricline de deux squames, ou bien ayant l'une un péricline de trois squames, et l'autre un péricline d'une seule squame.

2 L'ovaire de la fleur hermaphrodite est ordinairement beaucoup plus petit que celui de la fleur femelle : cependant il contient un ovule propre à devenir une graine bien constituée.

34:306 tus, membraneux, épars et interposés entre les calathides, plus courts que les squames de leurs périclines, et paroissant être des squames demi-avortées; une sorte d'involucre très-irrégulier, formé de quelques bractées foliiformes, inégales, entourant le capitule.

Brotère de Sprengel : *Brotera Sprengelii*, H. Cass.; *Brotera trinervata*, Pers.; *Nauenburgia trinervata*, Willd.; *Brotera contrayerva*, Spreng. Plante herbacée, haute d'environ un pied et demi, toute glabre; tige dressée, épaisse, blanchâtre, très-rameuse, trichotome, à ramifications étalées, très-divergentes, blanchâtres; feuilles opposées, demi-embrassantes, presque sessiles, ou à pétiole court et large, à limbe long d'environ deux pouces, large d'environ neuf lignes, obovale, trinervé, vert en dessus, glauque en dessous, crénelé ou denticulé sur les bords; capitules inégaux, irréguliers, les uns sessiles dans les dichotomies de la tige, des branches et des rameaux, les autres terminaux, situés au sommet des dernières ramifications; chaque capitule entouré d'une sorte d'involucre très-irrégulier, formé de feuilles inégales; fleurs jaunes.

Nous avons fait cette description générique et spécifique sur des individus vivans, cultivés au Jardin du Roi, où ils fleurissoient au mois d'Août. C'est une plante annuelle, de l'Amérique méridionale, très-peu différente de la *Flaveria contrayerba*. (Voyez tom. XVII, pag. 127.)

Ce genre, très-remarquable par la diversité de structure ou de composition des nombreuses calathides formant un même capitule, a été d'abord institué par Sprengel, qui l'a publié, en 1800, sous le nom de *Brotera*, dans le Journal de botanique de Schrader. Willdenow a substitué au nom générique de *Brotera*, celui de *Nauenburgia*, dans la troisième partie du tom. III de son *Species plantarum*, publiée en 1803; parce que, dans le même ouvrage, il applique le nom de *Brotera* au genre *Cardopatium* de M. de Jussieu. Le genre proposé, en 1799, par Cavanilles, dans ses *Icones et descriptiones*, sous le nom de *Brotera*, paroît devoir être réuni à l'ancien genre *Pentapetes* de Linné. C'est pourquoi nous conservons, comme M. Persoon, le nom de *Brotera* au genre de Sprengel; et nous appliquons aussi, comme lui, le nom de *Cardopatium* au genre *Brotera* de Willdenow, qui ne peut légitimement, et dans aucun cas, continuer à porter ce nom de *Brotera*, précédemment employé par Cavanilles et Sprengel pour désigner deux autres genres, dont le second doit infailliblement conserver ce nom, si le premier est supprimé. Ajoutons que, malgré l'antériorité de date, Willdenow ne mérite guère, selon nous, d'être considéré comme le véritable auteur de son genre *Brotera;* parce que sa description générique est tellement absurde, qu'on pourroit défier le plus médiocre observateur d'en faire une aussi mauvaise. M. de Jussieu, au contraire, a caractérisé ce genre avec assez d'exactitude; ce qui est un motif de plus pour lui appliquer le nom de *Cardopatium*, préférablement à celui de *Brotera*. Le nom spécifique, *contrayerva*, donné par Sprengel à sa plante, étant tout-à-fait impropre et fondé sur une erreur de synonymie, suivant la remarque de Willdenow et Persoon, nous avons cru devoir lui substituer celui de *Sprengelii*, qui a le double avantage de consacrer le droit de l'inventeur, et de prévenir la confusion résultant du triple emploi du nom générique. Le nom spécifique, *trinervata*, employé par Willdenow et Persoon, avoit l'inconvénient d'être également applicable à la plupart des plantes voisines de celle dont il s'agit; et il n'est guère douteux que, si l'on découvre quelque nouvelle espèce de *Brotera*, elle aura aussi les feuilles trinervées. 34:307

La Brotère de Sprengel est invinciblement entraînée, par ses affinités naturelles, dans la section des Hélianthées-Millériées, quoique les caractères du style, des étamines, de la corolle, semblent l'attirer dans la tribu des Anthémidées: mais, outre que ces deux groupes naturels se touchent presque immédiatement dans la coordination de notre série générale, il ne faut jamais oublier que nos tribus et nos sections sont principalement fondées sur l'ensemble des affinités, qui doit toujours prévaloir, dans cette classification, sur les caractères seulement ordinaires et sujets à exceptions, que nous avons attribués à chaque groupe. La Brotère a aussi quelques rapports avec les Ambrosiées, qui s'interposent si convenablement entre les Hélianthées-Millériées et les Anthémidées, en formant une sorte de nœud intermédiaire propre à les rattacher ensemble. Enfin, le port du *Brotera* semble

34:308 le rapprocher du *Gymnarrhena*, que nous avons rapporté avec doute à nos Inulées-Buphthalmées.

L'analyse des capitules du *Brotera* est assez difficile pour qu'il n'y ait pas lieu de s'étonner de l'imperfection de la description générique admise par les botanistes. Nous avons fait tous nos efforts pour rendre la nôtre plus exacte et plus complète aux yeux des vrais observateurs, qui ne se contentent pas d'un coup d'œil superficiel. La difficulté vient de ce que les nombreuses calathides composant le capitule sont fort peu distinctes les unes des autres. Il faut bien se garder pourtant de les confondre, et de considérer tout cet amas informe de fleurs entassées comme ne constituant qu'une seule calathide proprement dite, dont les fleurs hermaphrodites et femelles seroient mélangées sans ordre, entremêlées de squamelles, ou d'appendices divers, irrégulièrement interposés entre elles, et accompagnées extérieurement de quelques bractées foliiformes, inégales, tenant lieu de péricline. Cette manière simple, facile et grossière de concevoir la structure du *Brotera*, seroit entièrement contraire aux lois de l'analogie, que tout naturaliste digne de ce nom doit constamment respecter.

Quelques motifs nous engagent à tracer ici les caractères d'un nouveau genre, qui appartient à la même section que le *Brotera*.

Biotia, H. Cass. Calathide radiée : disque pluriflore, régulariflore, androgyniflore ; couronne unisériée, ampliatiflore, féminiflore. Péricline supérieur aux fleurs du disque, formé de squames subunisériées, alternativement plus longues et plus courtes, appliquées, embrassantes, presque ovales, foliacées, surmontées d'un appendice inappliqué, linéaire ; les squames plus longues correspondant aux fleurs femelles de la couronne ; les squames plus courtes correspondant aux fleurs hermaphrodites du disque. Clinanthe petit, plan, inappendiculé. Ovaires du disque et de la couronne comprimés bilatéralement, obovoïdes, gibbeux extérieurement, glabres, lisses, sans arêtes, portant un col excessivement court, inaigretté. Corolles de la couronne anomales, toujours amplifiées, le plus souvent ambiguës, quelquefois palmatiformes, ne différant de celles du disque que parce qu'elles sont plus grandes et moins régulières.

Nous avons fait cette description sur un individu vivant, 34:309
cultivé au Jardin du Roi sous le nom de *Madia viscosa*. La *Madia sativa*, que nous n'avons point vue, et qui, étant le type du genre *Madia*, doit conserver ce nom générique, ne nous semble pas exactement congénère de notre plante[1], principalement à cause des corolles de la couronne, qui, dans la *Madia sativa*, sont, dit-on, ligulées, très-longues, tridentées. Les squames plus courtes, qui, dans le *Biotia*, embrassent les fleurs du disque, sont-elles convenablement attribuées au péricline? ou bien faut-il les considérer comme des squamelles appartenant au clinanthe, qui, dans ce second cas, ne seroit pas nu? Au premier cas, le péricline doit-il être dit simple, ou double? Quoi qu'il en soit, notre genre *Biotia*, remarquable par la disposition ambiguë de son péricline, et par la forme insolite des fleurs femelles de sa couronne, appartient, sans aucun doute, à notre section des Hélianthées-Millériées, dans laquelle il est voisin des *Madia*, *Siegesbeckia*, *Sclerocarpus*, *Polymnia*, etc. Le nom que nous proposons de donner au nouveau genre, est un témoignage de notre reconnoissance pour l'amitié dont veut bien nous honorer M. Biot, savant aussi recommandable par la noblesse de son caractère, que célèbre par ses nombreux et importans travaux en mathématiques, en physique, en astronomie, et qui, ne voulant rester étranger à aucune partie des connoissances humaines, n'a pas dédaigné de consacrer autrefois quelques-uns de ses loisirs à l'humble botanique. (H. Cass.)

---

1 Ventenat (Tabl. du règne vég., tom. II, pag. 546) avoit déjà exprimé le doute que la *Madia viscosa*, à laquelle il attribue le péricline double, fût congénère de la *Madia sativa*.

NÉEDHAMIE, *Needhamia*. (*Bot.*) Ce nouveau genre de 34:335
plantes que nous proposons, appartient à l'ordre des synanthérées, à la tribu naturelle des hélianthées, et à la section des hélianthées-coréopsidées, dans laquelle nous le plaçons auprès du genre *Bidens*. Voici ses caractères :

Calathide semi-radiée : disque pluriflore, régulariflore, androgyniflore ; couronne uniflore, liguliflore, féminiflore. Pé-

34:335 ricline double : l'extérieur plus court, formé d'environ trois
squames égales, inappliquées, foliacées, oblongues, étroites,
aiguës au sommet ; l'intérieur plus long, mais très-inférieur
aux fleurs du disque, cylindracé, formé d'environ cinq squa-
mes subunisériées, à peu près égales, appliquées, oblongues,
larges, obtuses, colorées surtout au sommet, multinervées,
membraneuses sur les bords. Clinanthe plan, garni de squa-
melles semblables aux squames du péricline, et très-colorées
au sommet. Ovaires grands, très-obcomprimés, oblongs, ob-
ovales ou elliptiques, ayant de chaque côté une large bordure
membraneuse, ciliée sur son bord ; aigrette caduque, com-
posée de deux squamellules latérales, articulées sur l'ovaire,
très-longues, à peu près égales, plus ou moins divergentes,
droites, colorées, épaisses, fragiles, triquètres-subulées, hé-
rissées sur les trois angles de barbellules rapprochées, nom-
34:336 breuses, courtes, spinuliformes, dirigées de haut en bas. Co-
rolles du disque très-longues, à cinq divisions. Corolle de la
couronne à tube long, à languette très-grande, elliptique-
oblongue, bidentée au sommet.

Nous ne connoissons qu'une espèce de ce genre.

Néedhamie de Saint-Domingue ; *Needhamia Domingensis*, H. Cass. Plante ligneuse, entièrement glabre ; feuilles opposées, courtement pétiolées, obovales, dentées en scie, coriaces, luisantes ; calathides disposées en corymbes terminaux ; chaque calathide haute de trois à quatre lignes, composée d'environ huit fleurs régulières, hermaphrodites, et d'une seule fleur ligulée, femelle ; corolles jaunes, à nervures brunes ; péricline intérieur, squamelles du clinanthe et aigrettes, plus ou moins colorés en jaune.

Nous avons décrit cette plante sur un échantillon sec, recueilli dans l'île de Saint-Domingue par M. Nectoux, et qui se trouve dans l'herbier du Muséum, où M. Desfontaines nous a permis de l'observer.

Le genre *Needhamia* est immédiatement voisin du *Bidens*. Il ne diffère essentiellement de cet ancien genre que par les squamellules de l'aigrette, qui sont articulées sur le fruit, caduques, fragiles, garnies sur les trois angles de petites barbellules très-nombreuses et très-rapprochées ; au lieu d'être, comme dans les *Bidens*, continues avec le fruit, persistantes, d'une substance dure et cornée, munies de barbelles peu nombreuses, distantes, longues et fortes. Ajoutons que la couronne est féminiflore, au lieu d'être neutriflore. 34:336

Le nom du nouveau genre rappelle celui de Needham, dont les observations microscopiques ont eu de la célébrité. (H. Cass.)

NÉMAUCHÈNE, *Nemauchenes*. (*Bot.*) Ce genre de plantes, que nous avons proposé dans le Bulletin des sciences de Mai 1818 (pag. 77), appartient à l'ordre des Synanthérées, à la tribu naturelle des Lactucées, et à notre section des Lactucées-crépidées, dans laquelle nous l'avons placé (tom. XXV, pag. 62) entre les deux genres *Zacintha* et *Catyona*. Voici les caractères génériques du *Nemauchenes*, observés par nous sur deux espèces de ce genre. 34:362

Calathide incouronnée, radiatiforme, multiflore, fissiflore, androgyniflore. Péricline inférieur aux fleurs extérieures, ovoïde ou subcampanulé, accompagné autour de sa base d'environ cinq squamules surnuméraires unisériées, larges, ovales, presque entièrement membraneuses, un peu marcescentes; les vraies squames du péricline unisériées, égales, appliquées, sublancéolées, ou oblongues-obtuses, membraneuses sur les bords latéraux, à partie supérieure foliacée, à partie inférieure embrassante, concave, gibbeuse, très-épaisse, d'abord coriace-charnue, puis endurcie, osseuse, hérissée de verrues, de gros tubercules, ou d'excroissances coniques, subspinescentes. Clinanthe plan, fovéolé, à réseau garni de fimbrilles piliformes, courtes, peu nombreuses. Fruits intérieurs oblongs, subcylindracés ou un peu comprimés, à côtes armées d'aspérités spinuliformes, surmontés d'un col long, grêle, filiforme, et portant une aigrette blanche, composée de squamellules nombreuses, inégales, caduques, filiformes, grêles, peu barbellulées. Fruits extérieurs ou marginaux étroitement embrassés par les squames du péricline, très-comprimés bilatéralement, ovales-oblongs, pubescens, munis sur l'arête intérieure d'une bordure aliforme, largement linéaire, membraneuse, qui se prolonge ordinairement au-dessus de l'aréole apicilaire en une corne subulée, plus ou moins saillante et quelquefois spinescente; point de col; une aigrette semblable à celle des fruits intérieurs, mais plus barbellulée.

34:362 Némauchène aiguillonnée: *Nemauchenes aculeata*, H. Cass.; *Crepis aspera*, Linn., *Sp. pl.*, edit. 3, pag. 1132. C'est une plante herbacée, presque glabre, dont la tige, haute d'environ un pied et demi ou deux pieds, est irrégulièrement dressée, rameuse, souvent flexueuse et contournée; cette tige
34:363 cylindrique est très-garnie d'aiguillons piliformes, ou de poils piquans, longs, grêles, secs, roides, cassans, grisâtres, droits, étalés horizontalement ou perpendiculaires sur la tige; les feuilles sont alternes, sessiles, demi-amplexicaules, inégales, oblongues, échancrées à la base en cœur ou en flèche, inégalement et irrégulièrement découpées sur les bords en grandes dents ou lobes aigus; les feuilles inférieures, plus grandes que les autres, longues d'environ trois pouces et demi, larges d'environ un pouce, sont oblongues-obovales, bordées de quelques petites dents écartées, spinuliformes; les feuilles intermédiaires diffèrent des inférieures en ce que leur base est un peu échancrée en cœur, élargie et auriculée sur les deux côtés; les feuilles supérieures, graduellement plus petites, sont cordiformes-sagittées, à base profondément échancrée, à bords profondément et irrégulièrement sinués-dentés, à surface glabriuscule, quoique munie en dessous de quelques poils aculéiformes situés sur la côte moyenne; les calathides, composées de fleurs jaunes, sont petites, nombreuses, les unes sessiles, les autres pédonculées, et elles sont disposées en une sorte de panicule corymbiforme, irrégulière, au sommet de la tige, qui est en cette partie dépourvue de vraies feuilles et dichotome: ces calathides sont ordinairement comme accouplées, chaque couple offrant une calathide pédonculée ou située au sommet d'un rameau pédonculiforme, et l'autre calathide sessile dans une dichotomie ou à la base du pédoncule de la première; il y a une petite feuille ou bractée à la base de chaque pédoncule ou rameau pédonculiforme; les pédoncules et les périclines sont pubescens et un peu blanchâtres.

Nous avons fait cette description sur des individus vivans, cultivés au Jardin du Roi, où ils fleurissoient en Juin et Juillet. La Némauchène aiguillonnée est une plante annuelle, qui habite l'Orient, la Sicile, la Palestine.

Némauchène inerme: *Nemauchenes inermis*, H. Cass., Dict.

(*hic*); *Nemauchenes ambigua*, H. Cass., Bull. des sc., Mai 1818, 34:363
pag. 77. Plante annuelle; à tige droite, divisée en quelques longues branches, et munie de gros poils rares; à feuilles alternes, sessiles, amplexicaules, ovales, dentées; à calathides terminales et latérales, composées de fleurs jaunes. Nous
avons soigneusement observé les caractères génériques de 34:364
cette seconde espèce, sur un échantillon sec de l'herbier de M. Desfontaines, dont l'origine n'était point indiquée, et qui était nommé avec doute *Crepis pungens? aspera? rhagadioloides?* Quoique le mauvais état de cet échantillon ne nous ait pas permis d'étudier suffisamment les caractères spécifiques, il nous semble bien appartenir à une espèce très-distincte de la première, par sa tige non hérissée d'aiguillons et peu ramifiée, ses feuilles non échancrées à la base en cœur ou en flèche, ses calathides peu nombreuses, les fruits marginaux pourvus d'une aile qui se prolonge constamment au-dessus de l'aréole apicilaire en une corne très-saillante, spinescente, tandis que ce prolongement est ordinairement presque nul dans l'autre espèce.

Notre genre *Nemauchenes* diffère évidemment du *Zacintha*, dont tous les fruits sont absolument privés de col; il diffère aussi du *Garyona*, dont le péricline n'est point hérissé de verrues, dont le clinanthe n'est point garni de fimbrilles, et dont les fruits intérieurs ont le col court (voyez tom. XVIII, pag. 184). Il faut bien se garder surtout de confondre notre *Nemauchenes* avec le *Medicusia* de Mœnch: car, quelle que soit la plante sur laquelle Mœnch a fondé son genre *Medicusia*, il est certain qu'elle a les aigrettes fort différentes de celles des *Nemauchenes*, puisque ce botaniste a rangé le *Medicusia* avec le *Picris*, dans une division caractérisée par l'aigrette plumeuse (voyez notre article Médicusie). Enfin, le genre *Nemauchenes* ne se confond pas non plus avec le genre *Hostia* de Mœnch, dont le péricline n'est point verruqueux, et dont les fruits extérieurs, comprimés, mais non ailés, ne diffèrent notablement des intérieurs que par leur col beaucoup plus court. Tous les fruits du *Nemauchenes* sont longuement collifères, excepté les marginaux, qui sont absolument privés de col; tandis que, dans l'*Hostia*, le col est très-long sur les fruits du centre, très-court sur les fruits mar-

34:364 ginaux, d'une longueur moyenne sur les fruits intermédiaires. (Voyez notre article Hostie, tom. XXI, pag. 442.)

Le nom de *Nemauchenes*, composé de deux mots grecs, fait allusion au col des fruits, qui est filiforme. (H. Cass.)

34:386 NÉOCÉIDE, *Neoceis.* (*Bot.*) Ce genre de plantes, que nous avons proposé dans le Bulletin des sciences de Juin 1820 (pag. 90), appartient à l'ordre des Synanthérées, et à notre tribu naturelle des Sénécionées, dans laquelle il est voisin des *Crassocephalum*, *Gynura*, *Senecio*. Voici ses caractères :

Calathide oblongue, discoïde : disque multiflore, réguliflore, androgyniflore; couronne multisériée, multiflore, tubuliflore, féminiflore. Péricline presque égal aux fleurs, cylindrique; formé de squames égales, unisériées, contiguës, quelquefois entregreffées, appliquées, linéaires-oblongues, canaliculées, aiguës au sommet, subfoliacées, ordinairement trinervées; la base du péricline pourvue de squamules surnuméraires bractéiformes, longues, étroites, linéaires-subulées. Clinanthe un peu concave, papillifère. Ovaires oblongs, cylindracés, striés, hispidules, munis d'un bourrelet apicilaire; aigrette longue, composée de squamellules nombreuses, inégales, droites, filiformes, capillaires, à peine barbellulées. Fleurs de la couronne à corolle très-longue, très-grêle, tubuleuse, à limbe étroit, demi-avorté, denté au sommet, contenant quelquefois des rudimens d'étamines filiformes, privés d'anthère. Fleurs du disque à tube de la corolle très-long, très-grêle; à stigmatophores surmontés d'un appendice collectifère court, demi-conique.

Nous connoissons quatre espèces de ce genre.

Néocéide a feuilles de chardon : *Neoceis carduifolia*, H. Cass., Bull. des sciences, Juin 1820, pag. 91. Plante herbacée; tige haute de deux pieds et demi, dressée, droite, peu ramifiée, garnie de feuilles, épaisse, cylindrique, striée,
34:387 hérissée de longs poils; feuilles alternes, étalées, sessiles, longues de quatre pouces, larges d'un pouce, velues sur les deux faces, imitant des feuilles de chardon, oblongues-lancéolées, sinuées-dentées, irrégulièrement divisées sur les côtés en lobes inégaux, triangulaires, denticulés, à dents un peu épineuses au sommet; calathides disposées en corymbes irréguliers au sommet de la tige et des rameaux, et portées sur

des pédoncules accompagnés de bractées longues, étroites, 34:387
linéaires-subulées ; chaque calathide longue de six à sept lignes, et composée de fleurs jaunâtres. Nous avons observé cette espèce au Jardin du Roi, où elle étoit innommée, et où elle fleurissoit en Août 1819 ; nous ignorons son origine, et nous ne croyons pas qu'elle ait été décrite avant nous : elle est bien distincte des deux suivantes.

Néocéide a feuilles d'épervière : *Neoceis hieracifolia*, H. Cass., Bull., *loco suprà citato; Senecio hieracifolius*, Linn., *Sp. pl.*, édit. 3, pag. 1215. Plante herbacée ; tige haute de trois pieds et demi, dressée, droite, simple, ramifiée seulement au sommet, garnie de feuilles, épaisse, cylindrique, cannelée, velue ; feuilles alternes, éparses, sessiles, longues de cinq à six pouces, larges d'un pouce et demi, presque glabres, membraneuses, molles, oblongues-lancéolées, irrégulièrement et inégalement dentées ou lobées, à dents ou lobes denticulés; côte moyenne très-saillante et velue en dessous; calathides nombreuses, disposées en une panicule terminale, et portées sur des ramifications latérales qui ont pour axe commun le haut de la tige, et qui forment des pédoncules garnis de bractées longues, étroites, linéaires; chaque calathide longue de six lignes et composée de fleurs jaunâtres. Nous avons fait cette description sur des individus vivans, cultivés au Jardin du Roi. La Néocéide à feuilles d'épervière est une plante annuelle de l'Amérique septentrionale. Il est probable que l'espèce précédente et la suivante habitent la même contrée.

Néocéide roide : *Neoceis rigidula*, H. Cass., Bull., *loco supra citato*. Plante herbacée; tige haute d'un pied trois pouces, dressée, simple inférieurement, rameuse supérieurement, garnie de feuilles, épaisse, ferme, cylindrique, striée, un peu velue; feuilles éparses, sessiles, longues d'en-
viron trois pouces, glabriuscules, un peu coriaces; les infé- 34:388
rieures oblongues-obovales, très-étrécies à la base, les supérieures ovales-lancéolées, très-élargies à la base ; toutes irrégulièrement découpées sur les bords, qui sont garnis de dents aiguës et rapprochées; calathides disposées en panicules corymbiformes, irrégulières, terminales, et portées chacune sur un long pédoncule grêle, garni de bractées filiformes;

34:388 chaque calathide longue de cinq à six lignes, et composée de fleurs jaunâtres. Cette plante, qui n'est peut-être qu'une variété de la précédente, se trouvoit mêlée avec elle au Jardin du Roi, où nous l'avons observée vivante.

Néocéide à petites calathides : *Neoceis microcephala*, H. Cass., Dict. (*hic*); *Senecio glomeratus*, Desf., Tabl. de l'éc. de bot. du Jardin du Roi, 2.e édit., pag. 124. La tige, haute de deux pieds et demi, très-rameuse, à branches étalées, est cylindrique, striée, hispidule inférieurement, pubescente supérieurement, tomenteuse et blanche au sommet; les feuilles inférieures, longues d'environ six pouces et larges de deux pouces, sont sessiles, semi-amplexicaules, étalées, lyrées ou pinnatifides, à divisions oblongues, irrégulièrement et inégalement dentées; la base de ces feuilles est élargie, incisée; elles sont glabriuscules en dessus, pubescentes en dessous; les feuilles supérieures sont analogues aux inférieures, mais plus petites; les calathides, longues de trois lignes, minces, nombreuses, les unes sessiles et agglomérées, les autres pédonculées, sont disposées en panicules corymbiformes, qui terminent la tige et les branches, et dont les ramifications principales sont longues et divariquées; les corolles sont d'un jaune-doré très-vif; chaque calathide est discoïde, composée d'un disque pluriflore, régulariflore, androgyniflore, et d'une couronne plurisériée, multiflore, ambiguïflore ou tubuliflore, féminiflore; le péricline est cylindracé, étréci de bas en haut, très-étroit au sommet, presque conique, d'abord presque égal aux fleurs, qui deviennent ensuite beaucoup plus longues que lui : il est formé de squames unisériées, égales, contiguës, appliquées, linéaires, à bordure membraneuse, et à sommet aigu, noirâtre; sa base est entourée de squamules surnuméraires, rougeâtres au sommet; le clinanthe est plan, fovéolé, à réseau denté; les ovaires sont cy-
34:389 lindriques, velus; leur aigrette est longue, blanche, composée de squamellules nombreuses, inégales, filiformes, capillaires, à peine barbellulées; les corolles de la couronne ont le limbe étroit, irrégulier, à trois ou quatre divisions. Nous avons fait cette description sur un individu vivant, cultivé au Jardin du Roi, où il fleurissoit au mois d'Août : son étiquette, qui porte le nom de *Senecio glomeratus*, indique que la plante est annuelle, et qu'elle vient de la Nou-

velle-Hollande. Cette quatrième espèce est congénère des trois autres, puisqu'elle offre, comme elles, une couronne de fleurs femelles tubuleuses, non radiantes, disposées sur plusieurs rangs concentriques : mais elle en diffère beaucoup par son port, par la disposition et la petitesse de ses calathides, par la forme et la brièveté de leur péricline, par la couleur de ses corolles, par la forme ambiguë des corolles de la couronne, etc. 34:389

Le *Senecio cernuus* de Linné fils constitue le genre *Crassocephalum* de Mœnch, que ce botaniste distingue des *Senecio* à cause du péricline, qui, selon lui, est plécolépide dans le *Crassocephalum*, au lieu d'être chorisolépide, comme dans les *Senecio*. Nous avons voulu vérifier ce caractère distinctif unique attribué par Mœnch à son genre, et nous avons reconnu qu'il étoit inexact. Les squames du péricline sont, dans cette plante, parfaitement libres, et non entregreffées. Le *Crassocephalum* est intermédiaire entre les *Senecio* et les *Neoceis*, et il a beaucoup d'analogie avec ces derniers : il diffère des *Senecio* par les corolles très-longues, très-grêles, presque filiformes, et par les stigmatophores surmontés chacun d'un appendice ; il diffère des *Neoceis* par l'uniformité des fleurs de la calathide, qui sont toutes hermaphrodites et régulières. Le *Crassocephalum* ne diffère peut-être pas assez des *Senecio*, pour en être distingué génériquement. Mais les *Neoceis* nous paroissent devoir constituer un genre, ou tout au moins un sous-genre, suffisamment distinct des *Senecio* et du *Crassocephalum*, par la calathide pourvue d'une couronne de fleurs femelles tubuleuses, non radiantes, disposées sur plusieurs rangs concentriques.

Le genre *Crassocephalum*, dont nous venons de parler, n'ayant point été décrit dans le tome XI de ce Dictionnaire, où il devoit se trouver, il faut réparer cet oubli, en traçant 34:390
ici ses caractères, que nous avons observés sur des individus vivans, cultivés au Jardin du Roi.

Crassocephalum ou Cremocephalum. Calathide cylindrique, incouronnée, équaliflore, multiflore, régulariflore, androgyniflore. Péricline cylindrique, égal aux fleurs, formé de squames unisériées, contiguës, parfaitement libres, non entregreffées, appliquées, égales, étroites, linéaires, canalicu-

34:390 lées, sphacélées au sommet; la base du péricline entourée de plusieurs squamules surnuméraires, irrégulièrement disposées, inégales, courtes, linéaires-subulées, ciliées. Clinanthe plan ou concave, alvéolé, à cloisons basses, charnues, irrégulièrement denticulées. Ovaires pédicellulés, cylindriques, glabriuscules ou papillés, munis de dix côtes cylindriques et d'un bourrelet apicilaire; aigrette longue, blanche, caduque, composée de squamellules nombreuses, très-inégales, droites, filiformes, très-grêles, munies de barbellules irrégulièrement disposées, très-distancées, très-courtes, à peine saillantes, obtuses. Corolles (purpurines) toutes uniformes, très-longues, très-grêles, presque filiformes, à limbe beaucoup plus court que le tube, et muni de nervures surnuméraires. Étamines paroissant souvent imparfaites, surtout dans les fleurs extérieures; filet inséré vers le milieu de la hauteur du tube; article anthérifère excessivement long; anthère extrêmement grêle; appendice apicilaire long, subulé. Styles à deux stigmatophores, surmontés chacun d'un appendice collectifère, en forme de languette subulée, longue comme la moitié des vrais stigmatophores, qui portent aussi des collecteurs épars sur leur face extérieure convexe, principalement sur les bords.

En lisant cette description, on reconnoît: 1.° que le *Crassocephalum* a la plus intime affinité avec les *Neoceis*, quoiqu'il s'en distingue nettement par sa calathide incouronnée; 2.° qu'il semble se confondre, par ses caractères techniques les plus apparens, avec le vrai genre *Senecio* (*Senecio vulgaris*, Linn.), quoiqu'il s'en éloigne certainement par d'autres caractères moins manifestes, mais dignes d'être considérés par les botanistes exacts; 3.° que ses vrais caractères distinctifs, à l'égard du *Senecio*, résident dans la structure de
34:391 la corolle, des étamines, du style; 4.° que le caractère unique sur lequel Mœnch a fondé ce genre, est absolument faux. Ce faux caractère paroît cependant avoir déterminé ce botaniste à rapprocher le *Crassocephalum* du *Tarchonanthus* et du *Tagetes;* mais nous ne devinons pas pourquoi il a placé ces trois genres dans une division éloignée de celle où il admet les autres Synanthérées. Ce seul exemple peut suffire pour faire juger la méthode générale de Mœnch, qui est peut-être

la plus bizarre, la plus inextricable, la plus mauvaise à tous égards, qui ait jamais été imaginée. Ajoutons qu'en général ses descriptions génériques, fondées sur des observations assez subtiles, mais très-souvent inexactes, ne valent guères mieux que sa classification. Si le genre *Crassocephalum* doit être maintenu, il faut non-seulement lui assigner d'autres caractères que ceux de Mœnch, mais peut-être aussi changer son nom, comme étant hybride ou composé d'un mot latin et d'un mot grec. Nous proposons celui de *Cremocephalum*, exprimant que les calathides, penchées ou pendantes, sont comme *suspendues* au sommet de leurs pédoncules. 34:391

Un échantillon sec, nommé avec doute *Senecio pseudochina?*, dans l'herbier de M. de Jussieu, nous a offert des caractères génériques analogues, sous beaucoup de rapports, à ceux du *Crassocephalum*. Cependant il y a plusieurs différences assez notables pour nous autoriser à considérer cette plante comme type d'un genre distinct, que nous caractérisons ainsi :

Gynura, H. Cass. Calathide incouronnée, équaliflore, multiflore, régulariflore, androgyniflore. Péricline cylindracé, beaucoup plus court que les fleurs; formé de squames subunisériées, à peu près égales, appliquées, oblongues, foliacées, accompagnées à la base de quelques bractéoles ou squamules surnuméraires. Clinanthe plan, fimbrillé. Ovaires cylindracés, cannelés; aigrette composée de squamellules nombreuses, filiformes, à peine barbellulées. Corolles purpurines, munies de nervures surnuméraires. Étamines de Sénécionée. Styles à deux stigmatophores, surmontés chacun d'un appendice extrêmement long, non stigmatifère, cylindrique, obtus, hérissé de collecteurs piliformes.

Ce nouveau genre, immédiatement voisin du *Crassocephalum*, s'en distingue par son péricline beaucoup plus court 34:392
que les fleurs, par son clinanthe fimbrillé, et par ses appendices collectifères extrêmement longs, cylindriques, obtus, hispides. La grandeur et la forme de ces appendices sont si extraordinaires, dans la tribu des Sénécionées, que le style qui les porte semble, au premier coup d'œil, appartenir à une Vernoniée. Le nom de *Gynura*, composé de deux mots grecs, fait allusion à cette particularité remarquable, qui

34:392 consiste en ce que l'organe *femelle* est surmonté de deux longues *queues*.

Nous avons négligé de prendre note des caractères spécifiques de la plante qui nous a fourni les caractères génériques du *Gynura*, et qui doit être considérée comme le type de ce genre. Mais nous pouvons décrire ici une autre plante qui, malgré quelques différences, paroît devoir être rapportée au même genre, et constituer une seconde espèce.

Gynura dubia, H. Cass. Tige herbacée, rameuse; feuilles alternes, un peu pétiolées, ovales, entières; calathides cylindracées, solitaires au sommet de longs pédoncules terminaux et latéraux; chaque calathide composée de fleurs hermaphrodites et régulières; péricline cylindrique, long, quoique beaucoup plus court que les fleurs, formé d'environ huit squames unisériées, égales, contiguës, largement linéaires, aiguës au sommet, foliacées, à bords membraneux; la base du péricline entourée de cinq petites bractées subulées; clinanthe plan et nu; ovaires pédicellulés, droits, cylindriques, glabres, munis de côtes parallèles et d'un bourrelet basilaire; aigrette blanche, très-longue, composée de squamellules très-nombreuses, multisériées, presque capillaires, très-légèrement barbellulées; corolles très-longues, purpurines; étamines de Sénécionée; style à deux branches rouges, très-longues, dont la partie supérieure est formée par un appendice long et fort.

Nous avons fait cette description sur un échantillon sec, innommé, qui se trouve dans l'herbier de M. de Jussieu, et qui a été recueilli dans l'Inde. Nous le nommons *Gynura dubia*, parce qu'il s'écarte un peu du vrai *Gynura* par son clinanthe nu, et qu'il a des rapports avec le *Cremocephalum* et l'*Emilia*.

34:393 L'herbier de M. de Jussieu nous a aussi présenté deux nouvelles espèces d'*Emilia* : l'une, qu'il faut nommer *Emilia purpurea*, ne paroît différer de notre *Emilia flammea* (tom. XIV, pag. 406) que par les corolles purpurines, au lieu d'être couleur de feu; l'autre, qu'on pourroit nommer *Emilia adenogyna*, offre, comme les *Emilia flammea* et *purpurea*, le péricline absolument privé de squamules surnuméraires, et l'ovaire à cinq angles aliformes[1], hispides; la corolle est aussi analogue à celle des vraies *Emilia*; mais les stigmatophores ne sont point surmontés d'un appendice, et semblent analogues à ceux des Adénostylées : ils sont très-longs, obtus au sommet, parsemés de glandes en dessous, bordés en dessus de deux bourrelets stigmatiques qui se prolongent jusqu'au bout. Cette troisième espèce d'*Emilia* étoit nommée, dans l'herbier de M. de Jussieu, *Cacalia sonchifolia*. 34:393

Nous croyons devoir terminer cet article par la liste alphabétique des genres que nous rapportons à notre tribu naturelle des Sénécionées : *Brachyglottis?* Forst.; *Cacalia; Cineraria; Cremocephalum; Culcitium*, Bonpl.; *Doria?* Thunb.; *Doronicum; Emilia*, H. Cass.; *Erechtites*, Rafin.; *Eriotrix*, H. Cass.; *Eudorus*, H. Cass.; *Euryops*, H. Cass.; *Faujasia*, H. Cass.; *Grammarthron*, H. Cass.; *Gynura*, H. Cass.; *Hubertia*, Bory; *Jacobæa; Neoceis*, H. Cass.; *Obæjaca*, H. Cass.; *Othonna; Sclerobasis*, H. Cass.; *Senecio*. Nous nous réservons de présenter plus tard, dans l'article Sénécionées, un tableau méthodique de ces vingt-deux genres. (H. Cass.)

---

1 On lit subuliformes (tom. XIV, p. 406, lig. 2), ce qui est inintelligible; il faut corriger cette faute d'impression, et lire subaliformes, c'est-à-dire, presque en forme d'ailes.

NEURACTIDE, *Neuractis*. (*Bot.*) Ce nouveau genre de plantes, que nous proposons, appartient à l'ordre des Synanthérées, à la tribu naturelle des Hélianthées, et à la section des Hélianthées-Coréopsidées, dans laquelle il est voisin du *Chrysanthellum* de M. Richard et de notre *Glossocardia*. Voici ses caractères : 34:496

Calathide radiée : disque submultiflore, réguliflore, androgyniflore; couronne unisériée, interrompue, subtriflore, liguliflore, féminiflore. Péricline subcylindracé, très-inférieur aux fleurs du disque; formé d'environ dix squames subbisériées, appliquées, oblongues, foliacées, membraneuses sur les bords, inégales, les extérieures plus courtes. Clinanthe plan, nu dans le milieu, muni près de ses bords de squamelles inférieures aux fleurs, oblongues-linéaires, planes, analogues aux squames du péricline. Ovaires probablement

34:496 obcomprimés, oblongs, glabres, un peu amincis au-dessous du sommet en forme de col court et gros; aigrette nulle, où presque nulle, réduite à un très-petit rebord membraneux, à peine manifeste, irrégulier, incomplet, inégal, interrompu, denté. Corolles de la couronne glabres, à tube long et grêle, à limbe très-grand, radiant, divisé jusqu'à plus de moitié de sa longueur en trois lanières divergentes, elliptiques-oblongues, la médiaire plus étroite, uninervée, les deux latérales plus larges, bi-trinervées. Corolles du disque glabres, à tube cylindrique, à limbe obconique, plus long que le tube, divisé jusqu'à moitié de sa longueur en cinq lanières oblongues-lancéolées, munies de nervures intrà-marginales. Étamines à filet glabre, ayant l'article anthérifère court; tube anthéral exsert; appendices apicilaires très-courts, ovales; appendices basilaires nuls, ou presque nuls, arrondis, pollinifères. Style portant deux stigmatophores courts, divergens, arqués en dehors, surmontés chacun d'un appendice collectifère extrêmement long, très-grêle, subfiliforme, hérissé de collecteurs submembraneux. Nectaire large, épais.

34:497 Nous ne connoissons qu'une seule espèce de ce genre.

Neuractide de Leschenault; *Neuractis Leschenaultii*, H. Cass. C'est une petite plante herbacée, toute glabre, dont le port est très-diversifié; sa tige est ordinairement étalée, rameuse, grêle, cylindrique, striée; les feuilles sont pour la plupart alternes, plus ou moins distantes, inégales; leur pétiole est très-long, linéaire, à base très-élargie, amplexicaule; le limbe est linéaire, bipinné, à divisions primaires et secondaires opposées, distantes, très-divergentes, oblongues, très-entières, terminées par une petite pointe, munies d'une nervure médiaire, et paroissant bordées de deux nervures marginales; les calathides sont solitaires au sommet de pédoncules longs d'environ dix lignes, très-grêles, cylindriques, striés, absolument nus, et qui paroissent être axillaires; chaque pédoncule naît ordinairement entre deux feuilles opposées, et est accompagné d'un rameau qui semble continuer la tige; chacune des calathides est haute de trois lignes; son disque est composé de dix à douze fleurs, et sa couronne offre ordinairement trois fleurs; les corolles paroissent être jaunâtres, et sont munies de nervures brun-rouges; le tube anthéral est aussi brun-rouge. Quelques individus, moins développés sans doute, ont la tige très-courte, garnie de feuilles très-rapprochées, et un seul pédoncule monocalathide, scapiforme, qui paroît terminer la tige. 34:497

Cette plante habite l'île de Java, où M. Leschenault en a recueilli plusieurs échantillons, déposés dans l'herbier du Muséum, et que M. Desfontaines nous a permis d'étudier.

Le genre *Neuractis* diffère du *Chrysanthellum*, par le petit nombre, les grandes dimensions et la forme remarquable des corolles de sa couronne, par la brièveté relative de son péricline, par son clinanthe nu dans le milieu, par la forme de ses fruits, enfin, par la longueur démesurée de l'appendice qui surmonte chaque stigmatophore des fleurs du disque. Il se distingue encore mieux du *Glossocardia*, qui en diffère surtout par la structure des fruits.

Le nom de *Neuractis*, composé de deux mots grecs, fait allusion aux nervures qui se font remarquer par leur couleur foncée sur la couleur pâle des corolles radiantes. (H. Cass.)

NEUROLENE, *Neurolæna*. (*Bot.*) Ce genre de plantes, établi en 1817 par M. R. Brown, dans ses Observations sur les Composées (Journ. de Phys., tom. 87, pag. 14), appartient à l'ordre des Synanthérées, et probablement à notre tribu naturelle des Inulées, section des Inulées-Prototypes, dans laquelle nous l'avons placé avec doute auprès du *Molpadia*. (Voyez notre tableau des Inulées, t. XXIII. p. 565.) 34:501

Le genre *Neurolæna* nous a offert les caractères suivans, observés sur des échantillons secs de *Neurolæna lobata* et de *Neurolæna integrifolia*.

Calathide incouronnée, équaliflore, multiflore, réguliflore, androgyniflore. Péricline égal aux fleurs, cylindracé; formé de squames plurisériées, inégales, imbriquées, ovales-oblongues, obtuses, trinervées, membraneuses sur les bords. Clinanthe garni de squamelles égales aux fleurs, analogues aux squames du péricline, uninervées, parsemées de glandes. Fruits un peu arqués, épaissis de bas en haut, tétragones ou subpentagones, garnis de poils ou de glandes, quelquefois pourvus d'un pied articulé, cartilagineux; aigrette longue comme la corolle, composée de squamellules plurisériées,

34:501 inégales, filiformes, amincies de bas en haut, flexueuses, très-foiblement barbellulées. Corolles à tube grêle, à limbe bien distinct, plus court que le tube, alongé, étroit, subpyriforme, à divisions alongées, étroites, aiguës, portant quelques glandes; point de nervures surnuméraires. Étamines à filet flexueux, libéré au sommet du tube de la corolle; article anthérifère long; appendice apicilaire libre, étroit, linéaire, obtus, arqué; appendices basilaires nuls ou presque nuls. Styles à deux stigmatophores, pourvus chacun de deux bourrelets stigmatiques prolongés jusqu'au sommet, où ils deviennent confluens.

M. Brown n'attribuoit qu'une seule espèce au genre *Neurolæna :* nous en admettons une seconde, qui nous paroît suffisamment distincte, et que nous décrirons en premier lieu, parce que nous l'avons observée plus en détail.

Neurolène a feuilles entières : *Neurolæna integrifolia*, H. Cass., Dict. (*hic*); *Neurolæna Suriani*, H. Cass., Journ. de Phys., Juillet 1818, pag. 29; *Calea Suriani*, H. Cass., Dict., tom. VI, Suppl., pag. 33. C'est une plante herbacée,
34:502 qui doit avoir au moins deux à trois pieds de haut, et qui en a probablement bien davantage, autant qu'on en peut juger par l'échantillon sec que nous décrivons; la tige, épaisse, droite, cylindrique, striée, se ramifie seulement à son extrémité; elle porte des feuilles alternes, qui atteignent quelquefois un pied de long et trois à quatre pouces de large; elles sont presque sessiles, ovales-oblongues, étrécies à la base en court pétiole, acuminées au sommet, entières, vertes, glabriuscules, scabres, munies sur les bords de très-petites dents très-écartées, presque spinuliformes; les calathides, composées de fleurs jaunâtres, sont rassemblées en grand nombre à l'extrémité de la tige et des rameaux, de manière à former un très-grand corymbe irrégulier, résultant de l'ensemble des ramifications et de la réunion de plusieurs corymbes partiels; les pédoncules sont nus; les fruits, très-analogues à ceux des Eupatoires, sont noirâtres, hérissés de poils, nullement glanduleux, subpentagones, munis à la base d'un pied articulé, cartilagineux, roussâtre. Nous avons fait cette description sur un échantillon rapporté des Antilles par Surian, et que nous avons trouvé dans l'herbier de M. de Jussieu.

Neurolène a feuilles lobées : *Neurolæna lobata*, H. Cass., Dict. (*hic*) ; *Calea lobata*, Swartz ; Gærtn. ; H. Cass., Dict., tom. VI, Suppl., pag. 33 ; *Conyza lobata*, Linn., *Sp. pl.*, édit. 3, pag. 1207. Cette espèce, qui habite l'Amérique équinoxiale, diffère de la précédente, par sa tige, qui est ligneuse ; par ses feuilles, dont la partie inférieure offre deux lobes opposés, un peu divergens, plus ou moins prononcés ; enfin, par ses fruits entièrement dépourvus de poils, mais couverts de glandes, et dont la base n'offre pas, comme dans l'autre espèce, un pied cartilagineux, articulé. Le péricline est jaunâtre, pubescent ; les corolles, jaunâtres, ont les nervures noires, et sont parsemées de glandes. 34:502

La *Neurolæna lobata* étoit attribuée par Linné au genre *Conyza*, qui a trop long-temps servi d'asile à la plupart des Synanthérées qu'on ne savoit où placer. Swartz, dans son *Prodromus* publié en 1788, est le premier qui, reconnoissant la très-grave erreur commise par Linné à l'égard de cette plante, l'ait plus convenablement rapportée au genre *Calea*. Gærtner, qui n'avoit point vu les vraies *Calea*, fut induit, en observant celle-ci, à la considérer comme le type du genre, et il remarqua que le caractère générique assigné par Linné aux *Calea*, n'étoit applicable qu'à elle et à l'espèce nommée *jamaicensis*. 34:503

De toutes les espèces admises par les botanistes dans le genre *Calea*, quelques-unes, qui se rapportent au *Melanthera*, au *Sergilus* ou *Baccharis*, au *Neurolæna* et au *Cassinia*, sont les seules que nous ayons pu observer. C'est pourquoi, dans notre article Calea de ce Dictionnaire (tom. VI, Suppl., pag. 32), publié en Avril ou Mai 1817, nous disions qu'après avoir éliminé le *Melanthera* et le *Sergilus*, le genre *Calea* nous sembloit encore être composé d'espèces hétérogènes, et qu'il faudroit les examiner toutes avec soin pour le renfermer dans ses véritables limites, et le diviser peut-être en deux genres, ou en deux sous-genres, bien différens, au moins par le port, dont l'un auroit pour type la *Calea lobata* de Swartz, et l'autre la *Calea aculeata* de Labillardière ; mais nous ajoutions que, pour opérer avec succès une pareille réforme, il faudroit avoir toutes les espèces en nature sous les yeux. En indiquant ainsi la formation de deux genres

34:503 ou sous-genres, ayant pour types la *Calea lobata* et la *Calea aculeata*, nous ne pouvions pas savoir que M. Brown proposoit, presque au même instant, ces deux genres, sous les noms de *Neurolæna* et de *Cassinia*, puisqu'ils n'ont été publiés que vers le milieu de 1817, à Londres, dans le tom. XII des Transactions de la société Linnéenne. Nous devons donc nous féliciter d'avoir eu, en même temps que ce grand botaniste, des idées analogues aux siennes sur l'ancien genre *Calea*.

Plus heureux que nous, M. Brown a vu toutes les espèces bien ou mal rapportées avant lui au *Calea*, et il les a toutes analysées avec la sagacité qui lui est propre. Ce n'est point ici le lieu de faire connoître tous les résultats de son travail; remarquons seulement, 1.° que les *Calea jamaicensis* de Linné et *cordifolia* de Swartz, qui nous sont inconnues l'une et l'autre, forment le vrai genre *Calea*, convenablement rectifié, dans ses caractères et dans sa composition, par le célèbre botaniste anglois ; 2.° que la *Calea lobata* de Swartz constitue son genre *Neurolæna*; 3.° que la *Calea aculeata* de
34:504 Labillardière et plusieurs autres plantes analogues, composent le genre auquel M. Brown applique le nom de *Cassinia*, depuis qu'il a reconnu que le genre auquel il avoit d'abord donné ce nom, étoit précédemment publié par Wendland, sous le nom d'*Angianthus*, qui doit être préféré comme plus ancien.

Nous regrettons beaucoup qu'en instituant le genre *Neurolæna*, M. Brown se soit dispensé d'indiquer ses affinités naturelles. Il nous auroit infailliblement éclairé sur ce point difficile, et qui, malgré nos recherches, est encore fort obscur à nos yeux. Ce n'est qu'avec beaucoup d'hésitation que nous nous sommes décidé à comprendre ce genre dans notre tribu naturelle des Inulées, dont il s'éloigne sous plusieurs rapports, et surtout parce que le point de libération des filets des étamines se trouve précisément au sommet du tube de la corolle, tandis qu'il est beaucoup plus bas chez les autres Inulées. Ajoutons que les appendices basilaires des anthères sont nuls ou presque nuls; que le fruit et son aigrette sont très-analogues à ceux des Eupatoriées; que les stigmatophores, quoique privés de glandes, ressemblent à ceux des Adénostylées. Le *Neurolæna* semble avoir aussi quelques points de

contact avec les Tagétinées et avec les Astérées. Le principal 34:504
motif qui nous a déterminé à ranger le *Neurolæna* parmi les Inulées, c'est que les deux espèces de *Cassinia* que nous avons observées, nous ont offert quelques-unes des anomalies du *Neurolæna*, qu'il y a des rapports notables entre ces deux genres, et que l'un d'eux, le *Cassinia*, étant évidemment attiré par ses affinités naturelles dans la tribu des Inulées, semble devoir y entraîner l'autre. Pour établir ce point important, il convient de décrire les caractères génériques observés par nous sur deux *Cassinia*, ce qui suppléera d'ailleurs à l'omission faite dans ce Dictionnaire; car le genre *Cassinia*, décrit tom. VII, pag. 229, n'est point celui dont il s'agit ici.

Cassinia. Calathide incouronnée, équaliflore, pauciflore, régulariflore, androgyniflore. Péricline oblong, cylindracé, égal ou à peu près égal aux fleurs; formé de squames imbriquées, appliquées, très-petites, coriaces, pourvues d'une bordure membraneuse, et d'un très-grand appendice dressé, oblong, obtus, scarieux, coloré, sans nervures. Clinanthe
petit, plan, garni de squamelles caduques, analogues aux 34:505
squames du péricline et parsemées de glandes à la base. Fruits pédicellulés, oblongs, un peu arqués, cylindriques, ou un peu pentagones, glabres, ou hérissés de papilles piliformes couchées; un petit bourrelet basilaire; aigrette longue, caduque, composée de squamellules égales, unisériées, entregreffées à la base, filiformes, régulièrement barbellulées; les barbellules inférieures libres, les supérieures entregreffées. Corolles d'Inulée, à divisions munies de glandes. Étamines à filet libéré au sommet du tube de la corolle; article anthérifère très-long; appendices basilaires courts, entregreffés, membraneux, larges ou subulés. Styles d'Inulée-Gnaphaliée, à stigmatophores très-longs.

Nous avons décrit ces caractères sur des échantillons secs, appartenant au *Cassinia aculeata* et à une autre espèce voisine de l'*aculeata*. En comparant cette description avec celle du *Neurolæna*, on reconnoîtra facilement les analogies et les différences des deux genres. On remarquera surtout que le *Cassinia* doit nécessairement être placé parmi les Inulées-Gnaphaliées, et que pourtant les filets de ses étamines sont greffés à la corolle jusqu'au sommet du tube, comme

34:505 dans le *Neurolæna*. La forme du fruit, celle de la corolle, celle des étamines, offrent aussi quelques analogies avec le *Neurolæna*.

Quoique M. Brown n'ait point indiqué l'étymologie du nom de *Neurolæna*, nous pouvons supposer avec vraisemblance que ce nom, composé de deux mots grecs, qui signifient enveloppe nerveuse, fait allusion aux nervures du péricline. (H. Cass.)

34:506 NÉVRAMPHIPÉTALES, *Nevramphipetalæ*. (*Bot.*) Dans notre troisième Mémoire sur les Synanthérées, lu à l'Institut le 19 Décembre 1814, et publié d'abord par extrait dans le Bulletin des sciences d'Octobre 1815, puis en totalité dans le Journal de Physique de Février 1816, nous avons proposé de donner aux Synanthérées le nom de Névramphipétales, composé de trois mots grecs (*νεῦρων*, *nervure; ἀμφι*, *autour*, *des deux côtés; πέταλον*, *pétale*), qui nous semblent exprimer assez bien le caractère le plus remarquable de cet ordre de plantes. Ce caractère consiste en ce que chacun des cinq pétales entregreffés inférieurement, dont se compose la corolle, est muni de deux nervures très-simples, qui le bordent d'un bout à l'autre des deux côtés, et confluent par conséquent au sommet. La découverte de ce caractère nous a été vivement contestée par M. R. Brown, qui a paru vouloir la revendiquer pour lui seul. La difficulté vient de ce que les *General Remarks*, où M. Brown a exposé le caractère dont il s'agit, sont un peu postérieurs à notre second Mémoire, où nous avions seulement indiqué ce caractère en termes indirects, mais non équivoques; et qu'ils sont
34:507 un peu antérieurs à notre troisième Mémoire, où nous avons reproduit la même observation avec tous les développemens qu'elle peut comporter. En effet, M. Brown déclare lui-même (Journ. de Phys., tom. 86, pag. 325) que ses *General Remarks* ont paru à Londres six mois avant l'époque où nous avons lu à l'Institut de Paris notre troisième Mémoire, ce qui fixe à Juillet 1814 la date de la publication de son ouvrage : or, notre second Mémoire avoit été lu à l'Institut le 12 Juillet 1813, et imprimé dans le Journal de Physique d'Avril 1814, qui, à la vérité, ne fut livré au public qu'en Juin ou Juillet. Ceux qui pourroient être curieux de juger

cette controverse en parfaite connoissance de cause, trou- 34:507
veront dans le Journal de Physique de Mai 1818 (pag. 319 et 332) le long plaidoyer de M. Brown et la réponse que nous y avons faite. Après les avoir lus, on reconnoîtra probablement, 1.° que la découverte en question appartient également, en réalité, aux deux botanistes qui se la disputent; chacun d'eux ayant fait lui-même l'observation dont il s'agit, sans savoir que l'autre faisait dans le même temps, mais à cent lieues de distance, la même observation; 2.° que le hasard seul est cause que cette découverte s'est trouvée consignée d'une manière indirecte dans notre second Mémoire, lu et publié avant les *General Remarks* de M. Brown; 3.° qu'un autre hasard est aussi la cause que notre troisième Mémoire, où la même découverte étoit fort amplement développée, n'a été lu à l'Institut que quelques mois après la publication des *General Remarks*, et n'a été publié qu'un an plus tard. Il est assurément très-juste et très-convenable, en thèse générale, de prendre pour règle la date de la publication, dans le jugement de ces sortes de controverses: mais il faut avouer qu'en certains cas l'application rigoureuse de cette règle devient tout à la fois injuste et puérile. Le cas particulier dont il s'agit en offre un exemple évident; car il est bien certain que, lorsque M. Brown a décrit, dans ses *General Remarks*, la singulière disposition des nervures de la corolle des Synanthérées, il ignoroit que nous l'avions déjà indiquée dans notre second Mémoire; et il n'est pas moins constant que, lorsque nous l'avons plus amplement développée dans notre troisième Mémoire, nous ignorions
aussi que M. Brown avoit précédemment exposé cette struc- 34:508
ture. Le droit de M. Brown et le nôtre sont donc parfaitement égaux sur ce point. (H. Cass.)

NITÉLION, *Nitelium*. (*Bot.*) Ce nouveau genre de plantes, 35:11
que nous proposons, appartient à l'ordre des Synanthérées, et à notre tribu naturelle des Carlinées, dans laquelle nous le plaçons entre les deux genres *Stobæa* et *Dicoma*. Voici ses caractères:

Calathide incouronnée, équaliflore, submultiflore, régulariflore, androgyniflore. Péricline supérieur aux fleurs, formé de squames régulièrement imbriquées, ovales-lancéolées,

35:11 très-entières, ayant leur partie inférieure appliquée, coriace, et la supérieure appendiciforme, étalée, subulée, roide, spiniforme; les squames intérieures subunisériées, plus longues, probablement radiantes, oblongues-lancéolées, très-aiguës, presque spinescentes au sommet, coriaces inférieurement, scarieuses et colorées supérieurement. Clinanthe probablement alvéolé. Ovaires courts, obconiques, tout hérissés de poils très-nombreux, dressés, longs, roides, biapiculés ou terminés par deux petites pointes; aigrette composée de squamellules subtrisériées, libres, inégales, paléiformes, roides, scarieuses, blanches : les intermédiaires presque aussi longues que la corolle, oblongues-lancéolées, un peu étrécies à la base, subulées au sommet, lisses sur la face interne, hérissées sur la face externe et sur les bords de barbellules spinuliformes; les extérieures semblables aux intermédiaires, mais moins grandes; les intérieures courtes, larges, ovales, denticulées sur les bords, lisses sur les deux faces. Corolles droites, glabriuscules, à tube court, cylin-
35:12 drique, à limbe très-long, divisé presque jusqu'à sa base en cinq lanières linéaires. Étamines insérées au sommet du tube de la corolle; filets glabres, ayant l'article anthérifère court; anthères très-longues, entregreffées; loges longues; appendices apicilaires longs, linéaires-lancéolés, entregreffés inférieurement, libres supérieurement; appendices basilaires très-longs, subulés, barbus à rebours, c'est-à-dire à barbes redressées. Style ayant sa partie supérieure épaissie, fendue au sommet en deux languettes libres, à peine divergentes, hérissées extérieurement de collecteurs piliformes. Nectaire élevé, subcylindracé, excavé au sommet.

Nous ne connoissons qu'une seule espèce de ce genre.

Nitélion rougeatre; *Nitelium rubescens*, H. Cass. Tige ligneuse; rameaux cylindriques, tomenteux, garnis de feuilles alternes, oblongues-lancéolées, étrécies à la base en forme de pétiole, aiguës au sommet, très-entières sur les bords, tomenteuses sur les deux faces; calathides solitaires, à l'extrémité des rameaux, dont le sommet est garni de quelques bractées squamiformes, rapprochées, étalées, lancéolées, glabres, coriaces, subulées et spinescentes au sommet, analogues aux squames extérieures du péricline; chaque

calathide haute d'environ six lignes, et composée d'environ 35:12
douze fleurs; péricline très-glabre, ayant les squames intérieures colorées en rose sur leur partie supérieure; corolles probablement jaunes.

Nous avons décrit cette plante sur un très-petit échantillon sec, fort incomplet et en mauvais état, recueilli au cap de Bonne-Espérance, et conservé dans le grand herbier général de la galerie de botanique du Muséum d'histoire naturelle. La calathide que M. Desfontaines a bien voulu nous permettre d'analyser, avoit le clinanthe et les squames intérieures du péricline rongés et détruits presque entièrement par les insectes. Cet échantillon n'étoit point nommé, et nous crumes d'abord qu'il appartenoit au *Xeranthemum spinosum* de Linné, décrit et figuré par Burmann; mais un examen plus attentif nous a persuadé que les deux plantes dont il s'agit ne sont pas de la même espèce, ni probablement du même genre.

Quoi qu'il en soit, le *Nitelium* est certainement un genre
nouveau, appartenant à notre tribu naturelle des Carlinées, 35:13
dans laquelle il faut le placer entre le *Stobæa* de Thunberg et notre *Dicoma* : il diffère du *Stobæa* par son péricline, dont les squames sont très-entières, et non découpées sur les bords en dents épineuses; il diffère du *Dicoma* par l'aigrette, dont toutes les squamellules sont paléiformes.

Notre tribu naturelle des Carlinées se compose maintenant de vingt-deux genres, dont voici la liste alphabétique : *Acarna*, Willd.; *Atractylis*, Willd.; *Bacazia*, Ruiz et Pav.; *Barnadesia*, Lin. fil.; *Cardopatium*, Juss.; *Carlina; Carlowizia*, Mœnch; *Chardinia*, Desf.; *Chuquiraga*, Juss.; *Dasyphyllum*, Kunth; *Diacantha*, Lag.; *Dicoma*, H. Cass.; *Gochnatia*, Kunth; *Lachnospermum*, Willd.; *Mitina*, Adans.; *Nitelium*, H. Cass.; *Saussurea*, Decand.; *Stæhelina*, Decand.; *Stobæa*, Thunb.; *Theodorea*, H. Cass.; *Turpinia*, Bonpl.; *Xeranthemum*, Gærtn.

Le nom de *Nitelium* est dérivé de *niteo*, parce que le péricline, l'aigrette et les poils qui couvrent l'ovaire, offrent à l'œil une surface luisante. (H. Cass.)

NOCCA ou NOCCÆA. (*Bot.*) Voyez notre article Lagascée, tom. XXV, pag. 102. (H. Cass.) 35:117

35:163 NOTHITE, *Nothites*. (*Bot.*) Ce nouveau genre de plantes, que nous proposons, appartient à l'ordre des Synanthérées, à notre tribu naturelle des Eupatoriées, et a la section des Eupatoriées-Agératées, dans laquelle il est immédiatement voisin du genre *Stevia*. Voici ses caractères.

Calathide oblongue, incouronnée, équaliflore, quinquéflore, régulariflore, androgyniflore. Péricline inférieur aux fleurs, cylindracé, formé de cinq squames libres, égales, unisériées, appliquées, se recouvrant par les bords, oblongues-lancéolées, aiguës au sommet, foliacées, plurinervées. Clinanthe petit, planiuscule, nu. Fruits oblongs, souvent longs et grêles, plus ou moins hispidules, tantôt pentagones ou subpentagones, tantôt subcylindracés, munis de cinq à dix nervures, et d'un petit bourrelet basilaire cartilagineux, annulaire; aigrette longue, composée de dix à vingt squamellules subunisériées, libres, un peu inégales, filiformes, roides, ayant leur partie supérieure plus longue, hérissée de barbellules nombreuses, longues et fortes, et leur partie inférieure plus courte, bordée sur chacun des deux côtés par une petite membrane linéaire, plus ou moins étroite. Corolles à tube court; à limbe long, garni de poils en dedans de sa partie indivise, et à cinq divisions ovales-oblongues, munies de nervures intrà-marginales. Anthères ordinairement incluses, pourvues d'appendices apicilaires scarieux, très-obtus. Style d'eupatoriée.

Nous connoissons quatre espèces de ce genre.

NOTHITE A FEUILLES LARGES : *Nothites latifolia*, H. Cass.; *Eupatorium melissæfolium*, Lam.; *Mikania melissæfolia*, Willd. Tige herbacée, haute de plus d'un pied (dans l'échantillon incomplet que je décris), épaisse, dressée, rameuse, cylindrique, striée, pubescente surtout en sa partie supérieure;
35:164 feuilles opposées, sessiles ou presque sessiles : les inférieures longues d'environ trois pouces, larges d environ deux pouces, elliptiques, comme triplinervées, à nervures ramifiées, réticulées; les bords irrégulièrement dentés en scie, à dents inégales, dissemblables, grandes, obtuses; les deux faces presque entièrement glabres, parsemées d'une multitude de petits points glanduliformes, jaunes, brillans, transparens, manifestes surtout en dessous; les feuilles supérieures graduel-

lement plus petites; calathides très-nombreuses, très-rappro- 35:164
chées, disposées en corymbes terminaux, à ramifications alternes, hérissées de poils courts, capités, probablement glutineux, accompagnées chacune à sa base d'une petite feuille ou bractée; chaque calathide très-courtement pédonculée par les derniers rameaux du corymbe, à pédoncule grêle, accompagné à sa base d'une bractée longue, étroite, lancéolée, et portant lui-même une bractée longue, étroite, linéaire; calathide longue de près de six lignes et très-étroite; péricline très-inférieur aux fleurs, un peu pubescent, formé de squames oblongues-lancéolées, aiguës, trinervées, qui paroissent entregreffées à la base, et comme articulées sur le pédoncule; fruits longs, grêles, noirs, hispidules, munis d'environ dix nervures; aigrette longue, roussâtre, rougeâtre au sommet, composée de dix à douze squamellules, dont la partie inférieure est un peu laminée, linéaire, et qui semblent entregreffées à la base; corolles probablement purpurines, à tube grêle, à limbe très-peu velu en dedans, à divisions pubescentes sur la face externe, veloutées sur la face interne; anthères incluses.

Nous avons fait cette description sur un échantillon sec, recueilli au Pérou, et conservé dans l'herbier du Muséum.

Nothite a feuilles étroites : *Nothites angustifolia*, H. Cass.; *An? Eupatorium saturejæfolium*, Lam. Racine fasciculée, produisant plusieurs tiges herbacées, hautes d'environ six pouces, simples inférieurement, ramifiées supérieurement, pubescentes; feuilles sessiles, étrécies à la base en forme de pétiole, inégales, longues d'environ un pouce, larges d'environ trois lignes, oblongues-lancéolées, entières ou à peine dentées, parsemées de quelques longs poils articulés; les feuilles inférieures opposées, les supérieures alternes; calathides disposées en petits corymbes terminaux, composés chacun de cala-
thides peu nombreuses, longues de six lignes, supportées par 35:165
des pédoncules plus longs que dans l'espèce précédente, hérissés de poils courts, capités, probablement glutineux; péricline pubescent, très-inférieur aux fleurs, formé de squames oblongues-lancéolées, acuminées, plurinervées; fruits longs, grêles, subcylindracés, parsemés de poils et de glandes, et munis d'environ dix nervures; aigrette longue, gris-roussâtre, composée d'environ vingt squamellules; corolles probable-

35:165 ment purpurines, à tube point distinct du limbe; anthères incluses, ayant l'appendice apicilaire oblong, arrondi au sommet, et le pollen jaune.

Nous avons décrit cette espèce sur des échantillons de l'herbier du Muséum, recueillis par Commerson près de Montevideo.

Nothite a fleurs courtes; *Nothites breviflora*, H. Cass. Tige haute de plus d'un pied (dans l'échantillon incomplet que je décris), dressée, droite, presque simple, cylindrique, pubescente; feuilles opposées, très-distantes, longues d'environ un pouce et demi, larges d'environ six lignes, oblongues-lancéolées ou elliptiques-lancéolées, à base étrécie en forme de pétiole large et très-court, triplinervées, parsemées sur les deux faces de poils rares, articulés, à partie supérieure dentée en scie, à partie inférieure entière; calathides longues de trois à quatre lignes, peu nombreuses, disposées en un petit corymbe terminal, à pédoncules grêles, assez longs, hérissés de poils capités; péricline un peu inférieur aux fleurs, pubescent, formé de squames oblongues-lancéolées, acuminées, plurinervées; ovaires longs, étroits, à peine hispidules, pentagones, mais offrant quelquefois six ou sept nervures; aigrette composée d'environ dix-sept squamellules, dont la partie inférieure est bordée sur les deux côtés par une membrane très-manifeste; corolles à tube grêle et court; anthères un peu exsertes, ayant l'appendice apicilaire elliptique-oblong, comme tronqué au sommet.

Nous avons observé, dans l'herbier du Muséum, deux échantillons de cette espèce, recueillis l'un et l'autre au Brésil, et assez différens pour être distingués comme variétés : l'un est celui qui vient d'être décrit; l'autre a la tige plus forte et plus rameuse, les feuilles elliptiques, hérissées
35:166 sur les deux faces de poils nombreux, longs, articulés, et criblées en outre d'une multitude de petits points brillans jaunâtres, les calathides plus nombreuses et longues de quatre à cinq lignes.

Nothite pétiolée; *Nothites petiolata*, H. Cass. Plante très-rameuse, presque glabre; tige cylindrique, glabriuscule; feuilles les unes opposées, les autres alternes, inégales; les plus grandes à pétiole bien distinct, long de quatre lignes,

linéaire, un peu pubescent, à limbe long de treize lignes, 35:166
large de sept lignes, ovale, denté en scie, à dents obtuses, excepté près de la base, où les bords sont entiers; trois nervures principales nées de la base même du limbe; les deux faces presque glabres ou à peine pubescentes, mais parsemées d'une multitude de points jaunes, brillans, très-manifestes en dessous; calathides nombreuses, longues d'environ cinq lignes, disposées en corymbes, à ramifications très-peu pubescentes, à pédoncules grêles; péricline un peu pubescent, très-inférieur aux fleurs, formé de squames oblongues-lancéolées, plurinervées; ovaires oblongs, hispidules, pentagones, ayant souvent sept ou huit nervures; aigrette composée d'environ douze à quinze squamellules, dont la partie inférieure est bordée sur les deux côtés d'une petite membrane fort étroite; l'un des cinq ovaires de la calathide pourvu seulement d'une aigrette stéphanoïde, membraneuse, dentée; corolles probablement blanches, velues en dedans; anthères surmontées d'un appendice apicilaire subcunéiforme, denticulé au sommet.

Cette dernière espèce, trouvée par Dombey dans le Pérou, près de Lima, et que nous avons observée, comme les autres, dans l'herbier du Muséum, se distingue facilement par ses feuilles très-manifestement pétiolées, par l'aigrette stéphanoïde de l'une des cinq fleurs de la calathide, par son port très-rameux, et par la glabréité apparente de toutes ses parties.

L'affinité des deux genres *Nothites* et *Stevia* est surtout évidemment démontrée par le *Nothites petiolata*, dont l'une des cinq aigrettes est presque constamment stéphanoïde. Cependant, le nouveau genre que nous proposons, étant composé de plusieurs espèces, mérite, ce nous semble, d'être distingué
du *Stevia*, dont il diffère suffisamment par la structure de son 35:167
aigrette, composée de dix à vingt squamellules libres, peu inégales, absolument semblables entre elles, longues, filiformes, et bordées seulement en bas par une petite membrane linéaire, étroite, très-peu manifeste. Les apparences de cette aigrette sont telles, que les botanistes qui n'observeroient pas très-attentivement sa base à l'aide d'une loupe, et qui consulteroient plutôt les caractères techniques que les

35:167 rapports naturels, n'hésiteroient pas à rapporter les *Nothites* au genre *Mikania*. Le genre *Nothites* est un peu anomal dans le groupe des Agératées, parce que son fruit imite souvent plus ou moins celui des Liatridées ou des Tagétinées, et que son aigrette diffère très-peu de celle des Eupatoriées-Prototypes : c'est pourquoi nous le plaçons dans notre tableau méthodique (tom. XXVI, pag. 227) avant le *Stevia*. Il se trouve ainsi relégué à l'une des extrémités de la série des Eupatoriées-Agératées, et rapproché du *Paleolaria*, qui termine la tribu des Adénostylées.

Le nom de *Nothites*, dérivé d'un mot qui signifie *bâtard*, convient assez bien à ce genre, qui semble, en apparence, être un produit hybride du *Stevia* et du *Mikania*, et qui d'ailleurs participe par quelques caractères aux trois différens groupes dont se compose la tribu des Eupatoriées. (H. Cass.)

35:170 NOTOBASE, *Notobasis*. (*Bot.*) Ce genre de plantes, que nous avons indiqué dans notre article Lamyre (tom. XXV, pag. 225), appartient à l'ordre des Synanthérées et à notre tribu naturelle des Carduinées. Voici les caractères génériques que nous avons observés sur des individus vivans.

Calathide incouronnée, équaliflore, pluriflore, obringentiflore, androgyniflore intérieurement, masculiflore extérieurement. Péricline ovoïde-subglobuleux, inférieur aux fleurs; formé de squames régulièrement imbriquées, appliquées, coriaces; les intermédiaires ovales-oblongues, pourvues d'une glande nerviforme derrière la partie supérieure, et surmontées d'un appendice étalé, arqué en dehors, long, épais, subtriquètre, linéaire, terminé par une épine. Clinanthe épais, charnu, planiuscule, garni de fimbrilles nombreuses, libres, inégales, longues, laminées. *Fleurs intérieures, hermaphrodites :* Ovaire ou fruit très-grand, très-comprimé bilatéralement, obovoïde, à contours arrondis, glabre, lisse, très-gibbeux extérieurement, comme renversé ou couché en arrière sur le clinanthe, auquel il adhère par le dos; aréole basilaire très-longue, très-étroite, vulviforme, elliptique, linéaire, ou en sillon, située sur le côté extérieur de la base rationnelle du fruit; péricarpe épais, devenant, après sa maturité, dur, corné, presque osseux; plateau nul ou presque nul ; aigrette longue, blanche, composée de

squamellules nombreuses, plurisériées, un peu inégales, imbriquées, laminées inférieurement, filiformes supérieurement, longuement et finement barbées, fixées sur la surface supérieure d'un anneau plat, ou calotte percée, cornée, qui couvre la bordure de l'aréole apicilaire du fruit et s'en détache par désarticulation après sa maturité ; une forte touffe de longues soies, analogues aux barbes des squamellules, forme le rang intérieur de l'aigrette. Corolle très-obringente. Étamines à filets velus. Style de carduinée. *Fleurs extérieures, mâles :* Faux-ovaire grêle, privé d'ovule, 35:170
et portant une aigrette de squamellules peu nombreuses, filiformes, non barbées, mais seulement barbellulées. Corolle, étamines, style, comme dans les fleurs intérieures hermaphrodites. 35:171

Notobase de Syrie : *Notobasis syriaca*, H. Cass.; *Cirsium syriacum*, Gærtn. ; *Carduus syriacus*, Linn. ; *Polyacantha major, lanceolato folio, flore purpureo*, Vaill. C'est une plante herbacée, annuelle, qui habite l'Espagne, la Barbarie, l'Égypte, l'île de Crète, la Syrie ; sa tige, haute de deux à trois pieds, est droite, ordinairement simple, presque glabre ; ses feuilles sont ovales-oblongues, à bords sinués, anguleux, épineux, à surface presque glabre, verte, avec des taches blanches; les inférieures, plus larges, sont rétrécies vers la base en une sorte de pétiole ; les supérieures sont un peu amplexicaules; les calathides, composées de fleurs purpurines ou blanches, sont terminales et latérales, solitaires, sessiles ; la base de leur péricline est accompagnée de plusieurs bractées remarquables par de grosses nervures blanches qui se prolongent en épines.

Le *Polyacantha minor, lanceolato folio, flore purpureo*, de Vaillant, doit-il être considéré comme une simple variété du *Notobasis syriaca*, ou comme une seconde espèce du même genre ?

Ce genre *Notobasis*, voisin du *Lamyra*, s'en distingue surtout parce que l'aréole basilaire du fruit est très-longue, très-étroite, linéaire, en forme de sillon, et située sur le côté extérieur de la base de ce fruit, qui se trouve ainsi presque renversé ou couché en arrière sur le clinanthe, auquel il adhère par le dos, en sorte que l'axe du fruit forme

35:171 un angle avec l'axe de l'aigrette. Le nom de *Notobasis*, composé de deux mots grecs (*νῶτος*, *dos ; βάσις*, *base*), fait allusion à ce singulier caractère, que nous n'avons retrouvé chez aucune autre synanthérée.

Notre tribu naturelle des Carduinées se compose maintenant de trente-quatre genres ou sous-genres, dont voici la liste alphabétique : *Alfredia*, H. Cass.; *Arctium*, Lam.; *Carduncellus*, Adans.; *Carduus; Carthamus*, Gærtn.; *Cestrinus*, H. Cass.; *Cirsium*, H. Cass.; *Cynara; Echenais*, H. Cass.; *Eriolepis*, H. Cass.; *Fornicium*, H. Cass. *Galactites*, Mœnch; *Ho-*
35:172 *henwartha ?* Vest; *Jurinea*, H. Cass.; *Klasea*, H. Cass.; *Lamyra*, H. Cass.; *Lappa*, Tourn.; *Leuzea*, Decand.; *Lophiolepis*, H. Cass.; *Mastrucium*, H. Cass.; *Notobasis*, H. Cass.; *Onopix ?* Rafin.; *Onopordon*, Vaill.; *Onotrophe*, H. Cass.; *Orthocentron*, H. Cass.; *Picnomon*, Adans.; *Platyraphium*, H. Cass.; *Pternix ?* Rafin.; *Ptilostemon*, H. Cass.; *Rhaponticum*, Decand.; *Serratula*, H. Cass.; *Silybum*, Vaill.; *Stemmacantha*, H. Cass.; *Tyrimnus*, H. Cass.

Les trois genres *Hohenwartha*, *Onopix*, *Pternix*, compris dans cette liste, n'y sont admis qu'avec doute, parce que, ne les ayant point vus, nous ignorons si ce sont de véritables Carduinées. Tous les autres ont été observés par nous, et appartiennent bien légitimement à cette tribu : mais la plupart peuvent, si l'on veut, n'être considérés que comme des sous-genres. Nous allons indiquer très-sommairement le caractère essentiel et la composition de quelques-uns.

Notre genre *Cirsium*, caractérisé par les calathides unisexuelles et dioïques, se compose de deux espèces, qui sont le *Cirsium arvense* de Tournefort, Lamarck, De Candolle, et notre *Cirsium prœaltum*, décrit dans ce Dictionnaire (tom. XXVII, pag. 190), sous le nom de *Cirsium dioicum*. Notre genre *Eriolepis*, composé des *Cirsium eriophorum* et *lanceolatum* de Scopoli et De Candolle, a les calathides androgyniflores; et il est caractérisé par l'appendice des squames intermédiaires du péricline, lequel est très-étalé, long, étroit, épais, roide, linéaire, subcylindracé, terminé par une épine longue et forte, et plus ou moins pourvu de poils très-longs, très-fins, aranéeux. Notre genre *Onotrophe*, caractérisé par les calathides androgyniflores, et par le péri-

cline inerme ou non piquant (*periclinium innocuum*), com- 35:172
prend la plupart des espèces attribuées par les botanistes au *Cirsium*, et il se divise en deux sections : l'une, intitulée *Apalocentron*, se compose des espèces ayant, comme le *Cirsium oleraceum*, Decand., l'appendice des squames intermédiaires du péricline long, foliacé, plan, non roide, et terminé par une épine longue, molle, flexible, non piquante; l'autre, intitulée *Microcentron*, se compose des espèces ayant, comme les *Cirsium palustre, acaule*, etc., l'appendice extrêmement petit ou presque nul, ordinairement réduit à une petite épine molle.

Notre genre *Serratula*, caractérisé par les calathides uni- 35:173
sexuelles et dioïques, et par les squames du péricline pourvues d'un petit appendice inappliqué, subulé, coloré, formant une épine molle, ne comprend que la *Serratula tinctoria*, Linn. Notre genre *Mastrucium*, caractérisé par les calathides couronnées, radiées, à disque androgyniflore et à couronne féminiflore, et par les squames du péricline entièrement appliquées, absolument privées d'appendice, ne comprend que la *Serratula coronata*, Linn. Enfin, notre genre *Klasea*, caractérisé par les calathides androgyniflores et incouronnées, et par les squames du péricline pourvues d'un petit appendice étalé, subulé, scarieux, roide, subspinescent, comprend les espèces cultivées au Jardin du Roi sous les noms de *Serratula centauroides, quinquefolia, heterophylla, pinnatifida*.

Notre genre *Platyraphium*, fondé sur le *Carduus diacantha* de M. Labillardière, que nous avions mal à propos rapporté au *Lamyra* (tom. XXV, pag. 221), diffère suffisamment de ce genre par l'appendice des squames du péricline, qui est peu distinct de la squame, foliacé, très-large à sa base, laquelle n'offre aucune protubérance sur la face interne; tandis que, chez les vraies *Lamyra*, l'appendice est étroit, plus étroit dès sa base que le sommet de la squame, épais, non foliacé, subulé, muni d'une protubérance sur la face interne de sa base. Ajoutons que les corolles du *Platyraphium* sont très-obringentes, et non subrégulières comme celles des *Lamyra*. Le *Carduus afer* de Jacquin est peut-être une seconde espèce de *Platyraphium*.

35:173 Notre genre *Orthocentron*, déjà indiqué dans ce Dictionnaire (tom. XXVII, pag. 184), est fondé sur le *Cnicus pungens*, Willd. L'appendice des squames du péricline est étalé, long, droit, subulé, roide, corné, spinescent; l'ovaire est obovoïde, comprimé bilatéralement, surmonté d'un plateau qui porte la corolle et le nectaire; l'aigrette barbée ou plumeuse est gris-roussâtre ; la corolle est subrégulière ; les étamines ont le filet glabre.

Notre genre *Ptilostemon*, qui a pour type la *Serratula chamæpeuce*, Linn., si éloignée des autres Carduinées par son port bien remarquable, se rapproche pourtant des *Lamyra*
35:174 par ses fruits épais, non comprimés, ovoïdes-subglobuleux, glabres, lisses, luisans, colorés, sans côtes ni angles, dépourvus de plateau, ayant l'aréole basilaire large, orbiculaire, non oblique, et portant une aigrette blanche; mais les appendices du péricline sont très-courts, épais, subcylindracés, coniques et spinescens au sommet; les filets des étamines sont élégamment plumeux ; la corolle est obringente. Le *Cnicus fruticosus*, décrit par M. Desfontaines, dans son Histoire des arbres et arbrisseaux (tom. 1.er, pag. 280), est une seconde espèce de *Ptilostemon*. (H. Cass.)

35:211 NUCAMENTACÉES. (*Bot.*) Linné, dans ses Ordres naturels, a formé, sous le titre de *Nucamentaceæ*, un groupe composé des genres *Xanthium*, *Ambrosia*, *Parthenium*, *Iva*, *Micropus*, *Artemisia*, et il a d'abord placé ce groupe auprès des Amentacées, assez loin de celui qui comprend les autres Synanthérées ; mais ensuite il a considéré comme une section des Synanthérées, ses Nucamentacées, auxquelles il a ajouté plusieurs genres, en sorte que ce groupe se trouve définitivement composé des genres *Stœbe*, *Tarchonanthus*, *Artemisia*, *Seriphium*, *Eriocephalus*, *Filago*, *Micropus*, *Iva*, *Parthenium*, *Ambrosia*, *Xanthium*, *Strumpfia*. Il est presque inutile de dire que, loin d'être naturel, ce bizarre assemblage est fort incohérent, et qu'il seroit absolument impossible de le caractériser. (H. Cass.)

O

OBÉJACE, *Obæjaca.* (*Bot.*) Ce genre ou sous-genre, que 35:270
nous avons déjà indiqué (tom. XXIV, pag. 113), appartient à l'ordre des Synanthérées, et à notre tribu naturelle des Sénécionées, dans laquelle il est intermédiaire entre le vrai *Senecio* et le *Jacobæa.* Voici ses caractères.

Calathide courtement radiée : disque multiflore, régulariflore, androgyniflore; couronne irrégulière, unisériée, liguliflore, féminiflore. Péricline oblong, cylindrique, d'abord égal aux fleurs du disque, qui s'élèvent ensuite beaucoup au-dessus de lui; squames unisériées, égales, contiguës, libres, appliquées, linéaires, uninervées, aiguës et souvent noirâtres au sommet, ordinairement munies d'une bordure membraneuse; la base du péricline entourée de squamules surnuméraires. Clinanthe plan, fovéolé, à réseau plus ou moins saillant. Ovaires oblongs, cylindriques, striés, glabres ou papillés, s'alongeant beaucoup après la fécondation; aigrette blanche, composée de squamellules nombreuses, inégales, filiformes, capillaires, peu barbellulées. Corolles de la couronne souvent inégales et dissemblables, s'épanouissant quelquefois plus tard que celles du disque; languette plus ou moins courte, variable, ordinairement étroite, oblongue-lancéolée, très-entière, d'abord dressée verticalement, puis courbée en dehors au sommet, enfin roulée en spirale, durant le cours de la fleuraison, jamais étalée horizontalement. Corolles du disque à limbe ordinairement étroit et plus court que le tube.

Obéjace visqueuse : *Obæjaca viscosa*, H. Cass.; *Senecio viscosus*, Linn. C'est une plante herbacée, annuelle, garnie de poils visqueux, qui exhalent une odeur désagréable; sa tige, haute d'environ un pied, est rameuse, étalée, sillonnée, garnie de feuilles; les feuilles sont alternes, sessiles, à peine amplexicaules, pinnatifides, comme rongées sur les bords ou un peu dentées; les calathides, plus grandes que
celles du *Senecio vulgaris*, et composées de fleurs d'un jaune 35:271
doré, sont portées par des pédoncules simples, terminaux, presque solitaires; leur péricline est visqueux, hérissé de

35:271 poils, entouré à sa base de quelques squamules surnuméraires, longues, lâches, linéaires, poilues. Cette plante, qui fleurit en Juillet et Août, se trouve aux environs de Paris, dans les bois, sur les terrains pierreux.

Obéjace des bois : *Obæjaca sylvatica*, H. Cass. ; *Senecio sylvaticus*, Linn. La tige est dressée, haute d'environ trois pieds, droite. sillonnée, un peu poilue, corymbée au sommet; les feuilles sont nombreuses, éparses, lyrées-pinnatifides, lobées, denticulées, un peu poilues, d'une odeur désagréable, mais peu ou point visqueuses; les calathides, composées de fleurs jaunâtres, sont nombreuses, grêles, de moitié plus petites que dans l'espèce précédente; leur péricline, un peu pubescent, est entouré à sa base de squamules surnuméraires petites, courtes, appliquées. Cette seconde espèce, annuelle comme la première, se trouve aussi dans les bois sablonneux des environs de Paris, où elle fleurit en été.

Notre genre ou sous-genre *Obæjaca* correspond à la seconde section du genre *Senecio* de Linné, laquelle est caractérisée par la calathide radiée, à couronne roulée en dessous. Ce genre est bien distinct du vrai *Senecio*, dont la calathide est incouronnée, c'est-à-dire entièrement composée de fleurs égales, uniformes, hermaphrodites, à corolle régulière. Il se distingue aussi du vrai *Jacobæa*, décrit dans ce Dictionnaire (tom. XXIV, pag. 110). par des caractères qui nous semblent suffisans : 1.° les corolles de la couronne sont souvent inégales et dissemblables, et il nous a paru qu'elles s'épanouissoient quelquefois plus tard que les corolles du disque, ce qui a pu faire croire que la couronne manquoit quelquefois; 2.° la longueur de la languette n'excède pas celle du tube qui la porte; 3.° la languette est ordinairement étroite, oblongue-lancéolée, très-entière; 4.° elle est d'abord dressée verticalement, puis courbée en dehors au sommet, enfin roulée en spirale, durant le cours de la fleuraison, jamais étalée horizontalement; 5.° les corolles du disque ont le limbe ordinairement étroit et plus court que le tube; 6.° les ovaires s'alongent beaucoup après la fécon-
35:272 dation; 7.° le péricline est égal aux fleurs du disque au commencement de la fleuraison, et beaucoup plus court que ces mêmes fleurs à la fin de la fleuraison.

Le *Senecio reclinatus*, très-mal associé par Mœnch au *Chrysocoma*, qui appartient à la tribu des Astérées, nous semble devoir constituer un nouveau sous-genre, immédiatement voisin du vrai *Senecio*, dont il seroit suffisamment distinct par la structure de son péricline, et qu'on pourroit caractériser de la manière suivante : 35:272

Carderina, H. Cass. Calathide incouronnée, équaliflore, multiflore, réguliflore, androgyniflore. Péricline double : l'extérieur involucriforme, composé de squames nombreuses, bi-trisériées, inégales, subimbriquées, inappliquées, longues, linéaires, aiguës ; l'intérieur égal aux fleurs, cylindrique, formé de squames unisériées, égales, contiguës, appliquées, linéaires, sphacélées au sommet. Clinanthe plan, alvéolé, à cloisons basses, charnues, dentées. Ovaires cylindriques, cannelés, munis de poils papilliformes, disposés par bandes; aigrette composée de squamellules filiformes, capillaires, à peine barbellulées. (H. Cass.)

OBÉLISCAIRE, *Obeliscaria*. (*Bot.*) Ce genre ou sous-genre appartient à l'ordre des Synanthérées, à la tribu des Hélianthées, et à la section des Hélianthées-Rudbéckiées, dans laquelle il est immédiatement voisin du vrai *Rudbeckia*, dont il diffère par l'aigrette absolument nulle (tom. XXVI, p. 3). Voici les caractères génériques de l'*Obeliscaria*, observés par nous sur un individu vivant de *Rudbeckia pinnata*, cultivé au Jardin du Roi. 35:272

Calathide radiée : disque multiflore, régulariflore, androgyniflore ; couronne unisériée, liguliflore, neutriflore. Péricline supérieur aux fleurs du disque ; formé de squames paucisériées, à peu près égales, diffuses, inappliquées, linéaires-subulées, foliacées. Clinanthe cylindrique, très-élevé ; garni de squamelles inférieures aux fleurs, demi-embrassantes, élargies de bas en haut, arrondies et voûtées supérieurement, bordées sur chaque côté par un gros vaisseau plein de suc propre. *Fleurs du disque* : Ovaire obovale, comprimé, glabre, lisse, absolument privé d'aigrette ; corolle à tube nul ou presque nul. *Fleurs de la couronne* : Faux-ovaire stérile ; style nul ; des rudimens d'étamines avortées ; corolle à tube très-court, à languette très-longue, bi-tridentée au sommet. 35:273

35:273 Obéliscaire a feuilles pennées : *Obeliscaria pinnata*, H. Cass. ; *Rudbeckia pinnata*, Venten., Jardin de Cels, pag. 71, tab. 71. C'est une plante herbacée, à racine vivace, produisant plusieurs tiges hautes d'environ six pieds, dressées, rameuses, striées, un peu pubescentes ; les feuilles inférieures sont ailées, à folioles ovales-lancéolées, dentées en scie, pubescentes, scabres, trinervées ; les feuilles intermédiaires sont divisées en trois ou cinq lobes oblongs, un peu dentés ; les feuilles supérieures sont simples, les unes dentées, les autres entières ; les calathides sont solitaires et terminales, composées d'un disque pourpre et d'une couronne jaune ; le clinanthe exhale, quand on le coupe, une odeur aromatique analogue à celle de l'anis. Cette plante habite le pays des Illinois, dans l'Amérique septentrionale.

L'espèce cultivée au Jardin du Roi, sous le nom de *Rudbeckia amplexicaulis*, nous avoit d'abord paru (tom. XXVI, pag. 3) devoir être rapportée à l'*Obeliscaria ;* mais un nouvel examen, plus attentif, nous dispose à croire qu'elle pourroit former un sous-genre distinct, qui seroit caractérisé comme il suit.

Dracopis. Calathide radiée : disque multiflore, régulariflore, androgyniflore ; couronne unisériée, liguliflore, neutriflore. Péricline orbiculaire, supérieur aux fleurs du disque, formé de squames bisériées : les extérieures étalées, à peu près égales, longues, lancéolées ou linéaires-aiguës, foliacées ; les intérieures appliquées, petites, absolument sem-
35:274 blables aux squamelles du clinanthe. Clinanthe cylindracé, très-élevé ; garni de squamelles inférieures aux fleurs, demi-embrassantes, oblongues, naviculaires, élargies de bas en haut, voûtées et arrondies supérieurement, submembraneuses, uninervées, bordées sur chaque côté par un vaisseau plein de suc propre, et surmontées au sommet par une pointe foliacée, ciliée. Ovaires du disque obovoïdes-oblongs, un peu comprimés, subtétragones-arrondis, glabres, lisses ; les intérieurs privés d'aigrette ; les extérieurs munis d'un foible rebord, qui est un rudiment d'aigrette stéphanoïde. Faux-ovaires de la couronne velus, privés d'ovule, de style et de stigmate, mais pourvus d'un rudiment d'aigrette stéphanoïde. Corolles du disque ayant un tube assez long et bien

distinct du limbe. Corolles de la couronne à tube très-court, 35:274
à languette grande, large, elliptique, bi-tridentée au sommet.

Le sous-genre *Dracopis* nous paroît se distinguer suffisamment de l'*Obeliscaria*, 1.° par le péricline formé de squames régulièrement disposées sur deux rangs bien distincts, les squames intérieures étant très-différentes des extérieures, beaucoup plus petites et tout-à-fait semblables aux squamelles du clinanthe; 2.° par les squamelles du clinanthe apiculées au sommet; 3.° par les ovaires extérieurs munis d'un rudiment d'aigrette stéphanoïde, qui n'existe point sur les ovaires intérieurs; 4.° par les corolles du disque pourvues d'un tube assez long et bien distinct du limbe, dont la partie inférieure est un peu renflée et arrondie; 5.° par les fleurs de la couronne, qui n'offrent point de rudimens d'étamines avortées.

Le genre *Echinacea* de Mœnch, qui a beaucoup de rapports avec les *Obeliscaria* et *Dracopis*, n'ayant point été décrit dans ce Dictionnaire, nous allons réparer cette omission, en traçant ici les caractères génériques observés par nous sur un individu vivant de *Rudbeckia purpurea*, cultivé au Jardin du Roi.

Echinacea. Calathide radiée: disque multiflore, régulariflore, androgyniflore; couronne unisériée, liguliflore, neutriflore. Péricline supérieur aux fleurs du disque; formé de squames paucisériées, obimbriquées, lancéolaires-étroites,
à partie inférieure appliquée, coriace, à partie supérieure 35:275
inappliquée, foliacée, appendiciforme. Clinanthe conique, très-élevé; garni de squamelles supérieures aux fleurs, demi-embrassantes, spinescentes au sommet. *Fleurs du disque:* Ovaire peu comprimé, tétragone, glabre, portant une petite aigrette stéphanoïde, irrégulièrement dentée; corolle à tube nul; base du limbe globuleuse, épaisse, charnue. *Fleurs de la couronne :* Faux-ovaire stérile, triquètre, portant une petite aigrette stéphanoïde, prolongée en trois cornes ou lobes aigus; style nul; corolle à tube presque nul, à languette très-longue, bilobée au sommet.

Les corolles du disque de l'*Echinacea* sont très-singulières : leur tube étant nul, les filets des étamines sont libres, c'est-

35:275 à-dire non adhérens à la corolle; le limbe, qui subsiste seul, est urcéolé, ayant sa partie inférieure très-élargie, arrondie, prodigieusement épaissie sur la paroi interne par une grosse masse charnue, qu'on reconnoît aisément en faisant une coupe longitudinale.

La *Rudbeckia napifolia* de M. Kunth sembleroit avoir des rapports avec l'*Echinacea;* mais, d'après la description de l'auteur, nous présumons que cette plante doit former un genre distinct, et même qu'elle n'appartient pas réellement à la section des Rudbéckiées, mais plus probablement à celle des Héléniées.

Vaillant est le fondateur du genre *Rudbeckia*, qu'il nommoit *Obeliscotheca*, à cause de la forme des fruits. Ce genre, ayant pour type la *Rudbeckia laciniata*, Linn., étoit ainsi caractérisé: Radié; fleurons androgyns; demi-fleurons neutres; placenta conique, à bâles en gouttière, ovaires en obélisque renversé, à base concave, bordée de dents ou picots; calice évasé, découpé jusqu'au placenta; feuilles alternes, très-découpées.

Linné, en adoptant le genre de Vaillant, et en prenant aussi pour type la *Rudbeckia laciniata*, substitua fort inutilement le nom de *Rudbeckia* à celui d'*Obeliscotheca*, et lui assigna pour caractères essentiels, le clinanthe conique, garni de squamelles, l'aigrette stéphanoïde, à quatre dents, le péricline formé de squames disposées sur deux rangs.

Adanson a réuni, sous le nom générique d'*Obeliscotheca*,
35:276 le *Rudbeckia* de Linné et l'*Asteriscus* de Tournefort, ce qui n'est pas tolérable, puisque ces plantes, loin d'être congénères, n'appartiennent pas à la même tribu naturelle.

Necker divise les *Rudbeckia* de Linné en deux genres: l'un, nommé *Brauneria*, comprenant les espèces à fruit aigretté; l'autre, nommé *Rudbeckia*, comprenant les espèces à fruit privé d'aigrette. Cette nomenclature n'est point admissible; car, Linné ayant attribué à son genre des fruits aigrettés, et ayant pris pour type la *Rudbeckia laciniata*, qui offre ce caractère, les espèces à fruit aigretté doivent incontestablement conserver le nom de *Rudbeckia*.

Mœnch a séparé des *Rudbeckia* de Linné, la *Rudbeckia purpurea*, qu'il nomme *Echinacea*, et que Petiver avoit anciennement nommée *Bobartia*. 35:276

M. Rafinesque a proposé, sous les noms de *Obelisteca*, *Ratibida*, *Lepachys*, *Heliophthalmum*, *Peramibus*, des genres qu'il présente comme voisins du vrai *Rudbeckia*, mais que ses descriptions imparfaites et peu intelligibles ne nous permettent pas de bien démêler. Son *Obelisteca* paroît correspondre à notre *Obeliscaria;* mais le nom qu'il lui donne semble trop barbare pour être adopté sans modification. Le *Ratibida*, caractérisé par le péricline simple, et ayant pour type la *Rudbeckia columnaris* de Pursh, correspond peut-être à notre *Dracopis*. Le *Lepachys*, dont nous avons parlé, tome XXVI, pag. 1, est tout-à-fait inaccessible à notre intelligence. L'*Heliophthalmum*, décrit dans ce Dictionnaire (tom. XX, pag. 471), est un genre très-distinct du *Rudbeckia*, si nous avons bien compris les expressions employées par l'auteur pour le caractériser, et même nous soupçonnons que ses rapports naturels l'éloignent du type des Rudbéckiées. Enfin, le *Peramibus* sembleroit se rapprocher de notre *Dracopis;* mais, selon M. Rafinesque, les fruits du disque sont triangulaires, ce qui nous fait présumer que ce genre appartient à la section des Coréopsidées.

Au reste, la plupart des botanistes, moins partisans que nous des divisions et subdivisions génériques ou sous-génériques, rejetteront sans doute, et peut-être avec raison, toutes celles admises par Necker, Mœnch, M. Rafinesque et nous, dans le genre *Rudbeckia*. Toutefois, ils auroient tort de considérer comme nuisible ou même comme inutile, 35:277
le travail des auteurs de ces nombreuses distinctions de genres; car ils peuvent aisément effacer ces distinctions, s'ils les trouvent insuffisantes; et dans tous les cas ils doivent profiter des observations sur lesquelles elles sont fondées, pour rectifier, compléter et perfectionner les descriptions des caractères génériques. Quant à nous, en multipliant les genres et les sous-genres, nous déclarons itérativement n'avoir pas d'autre but que de présenter des observations exactes, pour servir de matériaux à ceux qui sauront les employer mieux que nous.

Le sujet du présent article nous fournit l'occasion de rectifier une erreur que nous avons commise (tom. XX, p. 348),

35:277 en attribuant le genre *Tithonia* à notre section des Hélianthées-Héléniées, tandis qu'il appartient réellement à celle des Hélianthées-Rudbéckiées. Nous avions été induit dans cette erreur par la description de l'auteur du genre, suivant laquelle l'aigrette seroit composée de cinq squamellules paléiformes. Mais, ayant analysé nous-même, en Août 1823, une calathide sèche provenant d'un individu cultivé à Neuilly, dans le jardin de M.gr le duc d'Orléans, et qui nous a été donnée par M. Desfontaines, nous avons fait les observations suivantes.

Le péricline est formé de squames libres, irrégulièrement bi-trisériées: les extérieures oblongues-lancéolées, ayant leur partie inférieure appliquée, coriace, et la supérieure appendiciforme, étalée, foliacée; les squames intérieures oblongues, arrondies au sommet. Le clinanthe est conique, garni de squamelles supérieures aux fleurs, embrassantes, presque enveloppantes, lancéolées, submembraneuses, roides et spinescentes au sommet. Les faux-ovaires de la couronne sont longs, grêles, triquètres, glabres, pourvus d'une petite aigrette stéphanoïde prolongée en corne aux trois angles. Les fruits du disque, qui nous ont paru être accidentellement stériles dans la calathide analysée, sont oblongs, tétragones, lisses, glabriuscules, pourvus d'une aigrette stéphanoïde élevée, coriace, roide, rougeâtre, incisée, découpée et denticulée très-irrégulièrement, inégalement et variablement; l'aigrette des fruits intérieurs nous a offert en outre une ou
35:278 deux squamellules plus ou moins longues, filiformes, triquètres ou laminées, subulées, roides, un peu barbellulées sur les angles, nées sur le même rang que l'aigrette stéphanoïde, entre ses divisions, et souvent confluentes par la base avec elle. Les corolles du disque ont le tube extrêmement court; leur limbe est très-long, ayant sa partie basilaire enflée, velue; le reste du limbe est cylindracé, glabriuscule, jaune, à cinq divisions oblongues-lancéolées, dont les nervures sont intra-marginales, et les bords réfléchis en dedans, ce qui indique que le mode de préfleuraison doit être celui qu'on nomme *æstivatio induplicativa*: il y a, dans cette corolle, deux nervures surnuméraires et fines, entre deux vraies nervures. Les étamines ont le filet jaunâtre, l'article anthérifère blanc,

les loges de l'anthère noirâtres, les appendices basilaires très-courts, pollinifères, l'appendice apicilaire ovale-lancéolé, blanc, subdiaphane, le pollen orangé. Le style a deux stigmatophores très-longs, linéaires, subulés au sommet. 35:278

Il résulte de ces observations que le genre *Tithonia* se rapporte à la section des Hélianthées-Rudbéckiées, mais qu'il est très-voisin des Hélianthées-Prototypes, et notamment du genre *Helianthus*. Nous avons été frappé de l'analogie qui existe, selon nous, au moins à l'extérieur, entre le *Tithonia tagetiflora* de M. Desfontaines, et l'*Helianthus tubæformis* de Jacquin. Malheureusement nous n'avons pas pu observer les caractères génériques de cette dernière plante, dont nous n'avons point vu la calathide; et Jacquin, dans l'*Hortus Schœnbrunnensis*, se contente de dire : *totus floris character ad Linnæum est;* mais, sur la planche qui représente la plante, on voit une mauvaise figure de fruit, qui nous semble indiquer que l'aigrette est courte, stéphanoïde, dentée, prolongée sur deux côtés opposés en deux longues squamellules triquètres. D'après cela, nous n'hésitons pas à croire que ce prétendu *Helianthus* est une seconde espèce du genre *Tithonia*, et qu'il faut le nommer *Tithonia tubæformis*. Les deux espèces de ce genre nous semblent se distinguer principalement par les feuilles, trilobées dans l'une, indivises dans l'autre. (H. Cass.)

ODONTOPTERA. (*Bot.*) Gærtner a décrit et figuré (tom. 2, pag. 439, tab. 172) le fruit et l'aigrette d'une plante qu'il nomme *Arctotis sulphurea*, et qui doit certainement former un genre distinct. Ce nouveau genre, que nous proposons de nommer *Odontoptera*, doit être placé, dans notre tableau des Arctotidées-Prototypes, entre l'*Arctotheca* et l'*Arctotis*. Son caractère est d'avoir : 1.° le fruit obpyramidal, subtétragone, garni de poils laineux, bordé extérieurement de deux ailes longitudinales, coriaces-cartilagineuses, denticulées, recourbées sur la face extérieure, qu'elles couvrent incomplétement; 2.° l'aigrette composée de huit squamellules paléiformes, dont quatre plus grandes, ovales-acuminées, dressées, alternant avec les quatre autres, qui sont caduques. Il est évident que les deux ailes dentées du fruit de l'*Odontoptera* représentent les deux loges stériles des vrais *Arctotis*, qui 35:396

35:396 sont ici réduites à deux lames, et qui, dans l'*Arctotheca*, sont encore plus altérées, étant réduites à l'état de simples filets cylindriques ou de nervures saillantes.

Si, comme on doit le croire, Gærtner a bien exactement décrit et figuré son *Arctotis undulata*, il faudroit peut-être encore faire de cette plante un genre particulier, qu'on pourroit nommer *Stegonotus*, qui s'interposeroit entre l'*Odontoptera* et l'*Arctotis*, et qui nous paroitroit se distinguer suffisamment des vrais *Arctotis* par les caractères suivans: squames extérieures du péricline entièrement appendiciformes, étalées, linéaires-subulées, foliacées, formant une sorte d'involucre; clinanthe alvéolé, à cloisons tronquées portant des fimbrilles piliformes; la face extérieure du fruit pourvue de trois saillies longitudinales, laminées, entières, l'une médiaire septiforme, les deux autres latérales valviformes, toutes les trois immédiatement rapprochées par leurs bords exté-
35:397 rieurs convergens, de manière à former par leur réunion deux loges vides; aigrette de huit squamellules égales, paléiformes, ovales, denticulées sur les bords. Remarquez qu'il n'y a point d'analogie réelle entre les deux loges vides du *Stegonotus*, formées par la convergence complète des trois saillies, et les deux loges stériles de l'*Arctotis*, qui sont représentées par les deux saillies latérales du *Stegonotus*.

M. Gaudichaud a rapporté de la Nouvelle-Hollande une Synanthérée qu'il a bien voulu nous permettre d'observer, et qui nous a paru appartenir à la tribu des Arctotidées, quoique toutes les autres plantes connues jusqu'à présent dans ce groupe naturel habitent la région du cap de Bonne-Espérance. Cette Arctotidée doit constituer indubitablement un nouveau genre, qu'on pourroit nommer *Cymbonotus*, et qu'il faut placer dans notre tableau entre l'*Arctotheca*, auquel il ressemble par ses fruits glabres, privés d'aigrette, et l'*Odontoptera*, auquel il ressemble par la structure de ces fruits.

La plante de M. Gaudichaud a les feuilles radicales, pétiolées, ovales-lancéolées, tomenteuses et blanches en dessous, les hampes monocalathides, les corolles jaunes; la calathide est radiée, composée d'un disque multiflore, régulariflore, androgyniflore, et d'une couronne unisériée, liguliflore, féminiflore; le péricline et le clinanthe sont à peu

près comme dans l'*Arctotheca;* les fruits sont glabres, subglo- 35:397
buleux, irréguliers, absolument privés d'aigrette, analogues du reste à ceux de l'*Odontoptera*, c'est-à-dire, pourvus de deux ailes latérales, épaisses, dures, coriaces-cornées, denticulées sur les bords, recourbées sur la face extérieure du fruit.

L'affinité des Arctotidées-Prototypes et des Calendulées se trouve bien confirmée par la structure des fruits des *Odontoptera* et *Cymbonotus*, très-analogues, sous beaucoup de rapports, aux fruits cymbiformes du *Calendula officinalis*, s'ils étoient retournés sens devant derrière.

La section des Arctotidées-Prototypes se trouve maintenant composée de huit genres disposés ainsi : *Heterolepis, Cryptostemma, Arctotheca, Cymbonotus, Odontoptera, Stegonotus, Arctotis, Damatris.*

Le genre *Apuleja* de Gærtner nous semble pouvoir être
rétabli, en prenant pour type la première espèce, *Apuleja* 35:398
rigida, qui a les fruits glabres, et en excluant les deux autres espèces, à fruits velus. Ce genre, ainsi restreint, se distingueroit du vrai *Berkheya* : 1.° par son péricline régulier, formé de squames nombreuses, plurisériées, imbriquées, longues, entregreffées, surmontées de très-grands appendices libres, étalés, ovales-lancéolés; 2.° par les cloisons des alvéoles du clinanthe, prolongées supérieurement en fimbrilles libres, sétiformes; 3.° par les fruits obpyramidaux, tétragones, glabres, portant une aigrette de squamellules bisériées, égales, linéaires, obtuses, très-entières; 4.° par les fleurs de la couronne pourvues d'un faux-ovaire et privées de fausses-étamines. Ce genre *Apuleja* seroit placé, dans notre tableau des Arctotidées-Gortériées, entre le *Cullumia*, dont il se rapproche par ses fruits glabres, et le vrai *Berkheya*, auquel il ressemble par presque tous ses autres caractères. (H. Cass.)

ŒDÈRE, *Œdera*. (*Bot.*) Ce genre de plantes appartient 35:400
à l'ordre des Synanthérées, à notre tribu naturelle des Inu- 35:401
lées, et à la section des Inulées-Gnaphaliées, dans laquelle nous l'avons placé entre les deux genres *Disparago* et *Elytropappus* (voyez notre tableau des Inulées, tom. XXIII, p. 563). Nous attribuons à l'*Œdera*, d'après nos propres observations, les caractères génériques suivans.

35:401 Calathide cylindracée, complétement couronnée, semi-radiée: disque décem-duodécimflore, régulariflore, androgyniflore; couronne entière, unisériée, octo-décemflore, liguliflore, féminiflore, radiante sur le côté extérieur, non radiante sur le côté intérieur. Péricline subcylindracé, inférieur aux fleurs du disque; formé de squames pausisériées, irrégulièrement imbriquées, appliquées, oblongues-lancéolées ou largement linéaires, coriaces-scarieuses. Clinanthe petit, plan ou conique, garni de squamelles un peu inférieures aux fleurs, linéaires-lancéolées, membraneuses ou scarieuses. Ovaires oblongs, cylindracés ou anguleux, glabres; aigrette tantôt stéphanoïde, courte, membraneuse, denticulée, tantôt composée de squamellules unisériées, courtes, paléiformes, laminées, membraneuses. Corolles du disque à tube hispidule, à limbe quinquélobé, à lobes épaissis, papillulés. Corolles de la couronne à languette très-longue, largement linéaire, entière, sur le côté extérieur de la calathide; très-courte, irrégulière, comme tronquée, semi-avortée, sur le côté intérieur. Étamines à filet greffé à la partie inférieure seulement du tube de la corolle; article anthérifère long et grêle; anthère pourvue d'un appendice apicilaire tronqué au sommet, mais privée d'appendices basilaires. Styles d'Inulée-Gnaphaliée. = Calathides rassemblées en capitules terminaux, solitaires, involucrés; chaque capitule, imitant une calathide radiée, est composé de sept à dix calathides bien distinctes, mais immédiatement rapprochées, presque sessiles ou très-courtement pédicellées; les calathides intérieures ordinairement subdiscoïdes, les extérieures radiées sur le côté extérieur, discoïdes sur le côté intérieur; involucre périclíniforme, composé de bractées foliiformes, imbriquées; calathiphore clinanthiforme, déprimé, plan, tantôt nu, tantôt hérissé de longs poils fimbrilliformes.

Ces caractères génériques ont été obsrvées par nous sur un
35:402 individu vivant, cultivé au Jardin du Roi, et sur un échantillon sec de l'herbier de M. Desfontaines, rapportés l'un et l'autre à l'*Œdera prolifera*, Linn. Mais les différences que nous avons remarquées entre ces deux plantes, nous persuadent qu'elles appartiennent à deux espèces confondues par les botanistes, et que nous essayerons de distinguer comme

il suit. 35:402

1.° *Œdera obtusifolia.* L'échantillon de l'herbier de M. Desfontaines nous a offert des rameaux ligneux, couverts de feuilles rapprochées, comme imbriquées, sessiles, demi-embrassantes, courtes, ovales-oblongues, obtuses, subcoriaces, uninervées; les capitules sont grands, solitaires, terminaux, composés chacun d'environ dix calathides semi-radiées, excepté celle du centre, qui est entièrement subdiscoïde, toutes les fleurs femelles de sa couronne ayant leur languette écourtée; chaque capitule est entouré d'un involucre supérieur aux fleurs du disque, presque égal aux fleurs radiantes, formé de bractées squamiformes, imbriquées, lancéolées, subfoliacées, uninervées, ciliées, spinescentes au sommet; le calathiphore est hérissé de longs poils fimbrilliformes; chaque calathide offre un disque de dix à douze fleurs, et une couronne d'environ huit fleurs, dont quatre extérieures radiantes, et quatre intérieures non radiantes; le péricline est formé de squames largement linéaires, coriaces inférieurement, scarieuses supérieurement; le clinanthe est plan, et garni de squamelles linéaires, scarieuses; les ovaires sont longs, grêles, anguleux, surmontés d'une petite aigrette de squamellules unisériées, paléiformes, laminées, membraneuses; les corolles du disque et de la couronne sont jaunes.

2.° *Œdera lanceolata.* L'individu vivant du Jardin du Roi nous a offert des capitules composés chacun d'environ sept calathides semi-radiées, placées sur un calathiphore absolument nu; chaque calathide a le disque composé de dix à douze fleurs, et la couronne composée d'environ dix fleurs, dont les extérieures sont radiantes, et les intérieures non radiantes; le péricline est formé de squames oblongues-lancéolées, coriaces, scarieuses sur les bords et au sommet; le clinanthe est conique, et garni de squamelles un peu inférieures
aux fleurs, linéaires-lancéolées, presque membraneuses; les 35:403
ovaires sont oblongs, cylindracés, glabres, portant une aigrette courte, stéphanoïde, membraneuse, denticulée.

Linné avoit d'abord attribué l'*Œdera prolifera* au genre *Buphthalmum*. Il reconnut ensuite que ce prétendu *Buphthalmum* devoit constituer un genre, qu'il nomma *Œdera*. Nous

35:403 lisons, dans sa description générique, que le réceptacle commun est paléacé, c'est-à-dire que le calathiphore est garni de bractées squamelliformes. Ce caractère est sans doute inexact, puisque nous avons trouvé le calathiphore nu dans l'*Œdera lanceolata*, et que dans l'autre espèce il étoit seulement hérissé de longs poils fimbrilliformes. Linné dit aussi que l'aigrette est composée de paillettes nombreuses, courtes, aiguës; ce qui prouveroit que la plante observée par lui se rapporte à notre *Œdera obtusifolia*.

La description et la figure faites par Gærtner paroissent aussi se rapporter à l'*Œdera obtusifolia;* car ce botaniste dit que les fruits sont comprimés, striés, et qu'ils portent une aigrette courte, composée de plusieurs paillettes ou folioles linéaires-acuminées. Cependant, sur quelques autres points, ses observations ne s'accordent pas exactement avec les nôtres. En effet, selon Gærtner, le réceptacle commun, c'est-à-dire le calathiphore, seroit pourvu de paillettes linéaires, éparses; le péricline de chaque calathide seroit formé de squames disposées sur un seul rang, élargies de bas en haut, acuminées au sommet; la couronne des calathides extérieures seroit dimidiée, unilatérale, composée de deux ou trois fleurs ligulées, radiantes; les calathides intérieures seroient incouronnées et composées seulement de fleurs toutes hermaphrodites.

L'*Œdera aliena* de Linné fils et de Jacquin est l'*Arnica inuloides* de Vahl: cette plante, qui ne peut appartenir ni au genre *Œdera*, ni au genre *Arnica*, puisqu'elle se rapporte à la tribu naturelle des Arctotidées, est devenue le type de notre genre *Heterolepis*, décrit dans ce Dictionnaire (tom. XXI, pag. 120). L'*Œdera alienata* de Thunberg, confondue avec celle dont nous venons de parler, est une plante fort différente, mais appartenant aussi à la tribu des Arctotidées, et dont nous avons fait notre genre *Hirpicium*, décrit dans le
35:404 même volume (pag. 238). Nous ne connaissons point l'*Œdera hirta* de Thunberg; et comme les observations de ce botaniste méritent peu de confiance, nous pouvons dire que, jusqu'à présent, le vrai genre *Œdera* n'admet avec certitude que les deux plantes signalées dans cet article, comme espèces distinctes, sous les noms d'*obtusifolia* et de *lanceolata*,

mais qui ne sont peut-être que deux variétés de l'*Œdera prolifera.* 35:404

Les anthères de l'*Œdera* sont privées d'appendices basilaires, ce qui fait anomalie dans la section des Inulées-Gnaphaliées. Ce genre est voisin des *Seriphium*, *Stæbe*, etc.; mais il a aussi quelque affinité avec le *Buphthalmum*, et même avec les Anthémidées. (H. Cass.)

OGIÈRE, *Ogiera.* (*Bot.*) Ce genre de plantes, que nous avons proposé dans le Bulletin des sciences de Février 1818 (pag. 32), appartient à l'ordre des Synanthérées, à notre tribu naturelle des Hélianthées, et à la section des Hélianthées-Millériées, dans laquelle il est voisin des genres *Milleria*, *Dysodium*, *Siegesbeckia*, etc., dont il diffère surtout par la calathide incouronnée. Voici les caractères génériques de l'*Ogiera.* 35:445

Calathide incouronnée, équaliflore, pauciflore, régulariflore, androgyniflore. Péricline égal ou supérieur aux fleurs, composé de cinq squames foliiformes, unisériées, larges, ovales. Clinanthe petit, plan, garni de squamelles inférieures aux fleurs, ovales, acuminées, membraneuses, subscarieuses, uninervées. Ovaire grêle, oblong, hispide surtout au sommet, devenant un fruit oblong, subcylindracé, obové, obscurément tétragone, hérissé de tubercules subglobuleux, étréci au sommet en un col gros et court, cylindrique; aigrette absolument nulle. Corolle à cinq lobes frangés. Anthères libres et noires. Style d'Hélianthée.

Ogière triplinervée; *Ogiera triplinervis*, H. Cass., Bulletin des sc., Févr. 1818, pag. 32. Tige herbacée, rameuse; feuilles opposées, un peu pétiolées, ovales, à peine dentées, triplinervées, hispides, parsemées de glandes en dessous; calathides portées sur des pédoncules simples, courts, grêles, solitaires, situés dans les dichotomies de la tige et des branches; corolles jaunes.

Nous avons observé les caractères génériques et spécifiques de cette plante sur un échantillon sec, innommé, dont nous ignorons l'origine.

Dans un recueil de Mémoires, imprimé à Bonn en 1820, et intitulé *Horæ physicæ Berolinenses*, nous trouvons la description d'un genre présenté comme nouveau par M. Cha-

35:445 misso, sous le nom d'*Euxenia*, quoique l'auteur déclare positivement (p. 75) que son *Euxenia grata* est la même plante
35:446 que notre *Ogiera triplinervis* décrite dans le Bulletin des sciences de février 1818, pag. 32. Il ne décrit qu'une seule espèce d'*Euxenia*; nous n'avions décrit qu'une seule espèce d'*Ogiera*: donc, si les deux plantes appartiennent à la même espèce, l'*Euxenia* ne peut pas être un genre nouveau. M. Chamisso n'allègue aucun prétexte pour s'attribuer l'établissement d'un genre publié, de son aveu, deux ans auparavant, par un autre botaniste, et pour changer le nom qui lui avoit été donné par le premier auteur. Nous supposons qu'ayant remarqué les différences qui existent entre sa description et la nôtre, M. Chamisso en a conclu que nous avions commis de graves erreurs, que notre travail sur le genre dont il s'agit devoit être considéré comme nul, et qu'en conséquence il pouvoit se permettre de reproduire le même genre comme nouveau, sous un autre nom. Cependant nous pouvons affirmer avec une entière confiance, que notre description de l'*Ogiera* est parfaitement exacte; nous sommes persuadé que la description de l'*Euxenia*, faite par M. Chamisso, est également bonne, quoiqu'elle diffère beaucoup de celle de l'*Ogiera*. Que faut-il en conclure? C'est que l'*Ogiera* et l'*Euxenia* sont deux plantes très-différentes, qui n'appartiennent ni à la même espèce, ni au même genre. Cela est évident, et nous ne concevons pas comment M. Chamisso a pu le méconnoître.

La calathide de l'*Euxenia* est hémisphérique, et composée d'un grand nombre de fleurs entassées. La calathide de l'*Ogiera* est subcylindracée ou ovoïde, et pauciflore.

Le péricline de l'*Euxenia* est comprimé, réfléchi, formé de dix squames entregreffées inférieurement, libres supérieurement, dont huit sont plus courtes et dentées, et les deux autres doubles en longueur et très-entières. Le péricline de l'*Ogiera*, non comprimé, ni réfléchi, est formé de cinq squames entièrement libres.

Le clinanthe de l'*Euxenia* est hémisphérique, et pourvu de squamelles spathulées, vertes au sommet, aussi longues que les fleurs. Le clinanthe de l'*Ogiera* est plan, et pourvu de squamelles ovales, acuminées, membraneuses, subscarieuses, plus courtes que les fleurs. 35:446

Les anthères de l'*Euxenia* sont brunes; celles de l'*Ogiera* sont noires.

Le fruit de l'*Euxenia* ne paroît pas être hérissé de tubercules subglobuleux, ni terminé au sommet par un gros col très-court, comme le fruit de l'*Ogiera*. 35:447

L'*Euxenia* est un arbrisseau de six et huit pieds de hauteur. L'*Ogiera* est une plante herbacée, très-peu élevée.

Il est donc indubitable que l'*Euxenia* et l'*Ogiera* ne sont ni de la même espèce, ni du même genre; mais nous croyons que ce sont deux genres voisins, et qu'en conséquence l'*Euxenia* doit être classé, comme l'*Ogiera*, dans la tribu des Hélianthées, et dans la section des Hélianthées-Millériées.

En parcourant le Nouveau Dictionnaire d'Histoire naturelle, appliqué aux arts, par une société de naturalistes, nous trouvons à la page 498 du septième volume, publié en 1803, l'article suivant:

« *Eleutheranthera*. Nouveau genre de plantes, établi par « Poiteau, dans la Syngénésie et dans la famille des Corymbifères. Il offre pour caractère: un calice commun de cinq « folioles égales, un réceptacle couvert de paillettes ciliées « au sommet, et portant quatre à neuf fleurons hermaphrodites, ciliés, à étamines distinctes; des graines hérissées de « glandes et couronnées. Ce genre ne renferme qu'une espèce, l'Éleuthéranthère à feuilles ovales, qui est une herbe « étalée, à feuilles ovales, opposées, et à fleurs pédonculées « et géminées, qu'on trouve à Saint-Domingue. (B.) »

Il nous paroît infiniment probable que notre *Ogiera* est le même genre que l'*Eleutheranthera* de M. Poiteau, publié longtemps auparavant. Mais, à l'époque où nous avons publié l'*Ogiera*, et lorsque nous avons rédigé nos articles pour la lettre E du Dictionnaire des sciences naturelles, nous ne connaissions point l'*Eleutheranthera*. Nous ignorons même encore aujourd'hui si l'*Eleutheranthera* est décrit ailleurs que dans le Dictionnaire où nous avons copié l'article qu'on vient de lire. La description qu'il contient nous semble imparfaite, et même inexacte sur quelques points, ce qui ne nous empêche pas de reconnoître que M. Poiteau doit être considéré comme le véritable auteur du genre, surtout si l'on persiste à suivre

35:447 la règle injuste et déraisonnable admise par la plupart des botanistes, qui ne consultent que les dates, sans avoir aucun égard à l'exactitude des descriptions. (H. Cass.)

35:448 OGLIFE, *Oglifa*. (*Bot.*) Ce genre ou sous-genre, que nous avons proposé dans le Bulletin des sciences de Septembre 1819 (pag. 143), appartient à l'ordre des Synanthérées, à notre tribu naturelle des Inulées, et à la section des Inulées-Prototypes, dans laquelle nous l'avons placé auprès du genre *Micropus* (tom. XXIII, pag. 564). Voici les caractères génériques de l'*Oglifa*.

Calathide ovoïde, discoïde: disque pauciflore, régulariflore, androgyniflore couronne plurisériée, multiflore, tubuliflore, féminiflore. Péricline égal aux fleurs, formé de squames unisériées, égales, appliquées, linéaires-lancéolées, planiuscules, foliacées, laineuses extérieurement, coriaces à la base, munies d'une bordure membraneuse; quelques squames surnuméraires, irrégulièrement disposées, inégales, analogues aux vraies squames, mais plus courtes, accompagnent extérieurement le péricline. Clinanthe plan et nu. Ovaires du disque et de la couronne oblongs, papillulés; à aigrette composée de squamellules unisériées, égales, longues, filiformes, capillaires, barbellulées, caduques. Corolles de la couronne tubuleuses, longues, grêles, filiformes. Quelques fleurs femelles, à ovaire privé d'aigrette, sont situées entre les squames surnuméraires et les vraies squames du péricline.

Oglife des champs: *Oglifa arvensis*, H. Cass.; *Filago arvensis*, Linn., *Sp. pl.*, édit. 3, pag. 1312. C'est une plante herbacée, annuelle, velue, cotonneuse et blanche sur toutes ses parties extérieures; la tige, haute d'environ un pied, est dressée, paniculée, à rameaux nombreux, courts, dressés; les feuilles sont nombreuses, rapprochées, embrassantes, courtes, étroites, oblongues-lancéolées, très-molles; les calathides sont agglomérées aux aisselles des feuilles de la tige et aux extrémités des rameaux, qui, étant appliqués contre la tige, forment ensemble une sorte d'épi lâche; les péricliness ne sont point scarieux, mais entièrement cotonneux. Cette plante, qui fleurit en Juillet et Août, se trouve en France, dans les champs stériles et sablonneux, et notamment aux environs de Paris. Smith dit qu'elle n'existe point en Angleterre.

L'*Oglifa* se rapproche beaucoup des vrais *Gnaphalium*, tels 35:448
que les *G. luteo-album, sylvaticum et uliginosum;* mais il en
diffère par le péricline, dont les squames sont unisériées,
égales, nullement scarieuses; et par des fleurs femelles, à 35:449
ovaire sans aigrette, situées en dehors du périclme, et protégées par des squames surnuméraires. Ces différences suffisent, selon nous, pour autoriser l'établissement du genre ou sous-genre que nous avons proposé.

Les calathides de l'*Oglifa* ne sont point rassemblées en capitule proprement dit. Il faudroit peut-être considérer les squames extérieures plus courtes comme constituant seules le vrai périeline, et les squames intérieures plus longues comme des squamelles appartenant au clinanthe, et interposées entre les fleurs femelles inaigrettées et les fleurs femelles aigrettées. (H. Cass.)

OLIGACTE, *Oligactis*. (*Bot.*) Ce genre de plantes, qui 36:16
appartient à l'ordre des Synanthérées et à notre tribu naturelle des Vernoniées, présente les caractères suivans.

Calathide radiée: disque pauciflore, régulariflore, androgyniflore; couronne unisériée, pauciflore, liguliflore, féminiflore. Périeline subcylindracé, inférieur aux fleurs du disque; formé de squames régulièrement imbriquées, appliquées, ovales, oblongues ou lancéolées, coriaces-scarieuses. Clinanthe plan, plus ou moins profondément fovéolé ou alvéolé, à cloisons quelquefois laciniées. Ovaires oblongs, subcylindracés, pubescens ou glabriuscules; aigrette double: l'extérieure courte, composée de squamellules égales, unisériées, filiformes-laminées, linéaires-subulées; l'intérieure longue, composée de squamellules égales, unisériées, filiformes-capillaires, épaissies vers le sommet et barbellulées. Corolles de la couronne à
tube grêle, à languette oblongue, tridentée, quadrinervée. 36:17
Corolles du disque à cinq lanières linéaires. Styles de vernoniée.

Oligacte nubigène : *Oligactis nubigena*, H. Cass.; *Andromachia nubigena*, Kunth, *Nov. gen. et sp. pl.*, tom. 4, p. 102 (édit. in-4.°). C'est un arbrisseau à rameaux glabres, striés, anguleux, à feuilles opposées, pétiolées, lancéolées-oblongues, obtuses à la base, aiguës au sommet, bordées de quelques petites dents, membraneuses, vertes et glabres en dessus,

36:17 tomenteuses et blanches en dessous, à l'exception de la nervure médiaire; les calathides sont pédicellées, et disposées en corymbes terminaux, trifides, rameux, à ramifications tomenteuses; il y a six ou sept fleurs dans le disque et autant à la couronne; les squames du péricline sont un peu laineuses sur les bords; les cloisons du clinanthe sont laciniées. Cette espèce a été trouvée par MM. de Humboldt et Bonpland, sur le mont Chimborazo, à la hauteur de 1,800 toises.

Oligacte a calathides sessiles : *Oligactis apodocephala*, H. Cass.; *Andromachia sessiliflora*, Kunth, *loco suprà citato*, tab. 338. Cette seconde espèce diffère de la première, principalement par ses calathides disposées en panicules simples, axillaires et terminales, dont chaque rameau se termine par un groupe de cinq à quinze calathides sessiles et agglomérées; ajoutons que ses feuilles sont presque doubles en grandeur; qu'il y a ordinairement cinq fleurs dans le disque et trois à la couronne; que les squames du péricline sont sphacélées au sommet.

Oligacte volubile : *Oligactis volubilis*, H. Cass.; *Andromachia volubilis*, Kunth, *loc. cit.*, pag. 103. La tige est volubile; les feuilles sont opposées, courtement pétiolées, lancéolées-linéaires, aiguës, subcoriaces, vertes et glabres en dessus, tomenteuses et blanches en dessous; les calathides sont solitaires, pédicellées, disposées en panicules simples et terminales; il y a environ trois fleurs dans le disque et autant à la couronne; le péricline est tomenteux ou pubescent.

M. Kunth a distribué les dix espèces d'*Andromachia* qu'il a décrites en trois sections, dont la dernière, intitulée *Oligactis* et composée de trois espèces, est ainsi caractérisée par lui : *Frutices ramis foliisque oppositis, subtus albo-tomentosis;*
36:18 *corymbi aut paniculæ terminalia aut axillaria; involucra pauciflora; radius 3-7-florus, albidus?* En lisant les descriptions de ces trois plantes et en examinant les figures de l'une d'elles, il nous a paru évident que le sous-genre *Oligactis* pouvoit et devoit être élevé au rang d'un genre proprement dit, qui seroit immédiatement voisin du *Liabum*, mais qui s'en distingueroit bien suffisamment, non-seulement par le port, que M. Kunth a uniquement considéré, mais encore par des caractères vraiment génériques, qu'il a négligés. En effet, si l'on com-

parc notre description générique du *Liabum* (tom. XXVI, 36:18
pag. 203) avec celle que nous venons de proposer pour l'*Oligactis*, on trouvera plusieurs différences notables; et l'on remarquera surtout, entre les deux genres *Liabum* et *Oligactis*, une distinction essentielle fournie par la structure de l'aigrette; celle du *Liabum* étant simple et uniforme dans toutes ses parties, tandis que celle de l'*Oligactis* est double, composée de pièces dissemblables et dont les intérieures sont comme pénicillées. Il suffit de jeter les yeux sur les figures 2 et 3 de la planche 338 des *Nova genera*, pour reconnoître que la distinction générique par nous proposée doit être admise par tout botaniste exact. (H. Cass.)

OLIGANTHE, *Oliganthes*. (*Bot.*) Ce genre de plantes, 36:18
que nous avons d'abord proposé dans le Bulletin des Sciences de Janvier 1817 (pag. 10), et que nous avons ensuite plus amplement décrit dans le Bulletin d'Avril 1818 (p. 58), appartient à l'ordre des Synanthérées et à notre tribu naturelle des Vernoniées, dans laquelle il est voisin du *Piptocoma*. Voici les caractères génériques de l'*Oliganthes* tels qu'ils résultent de nos propres observations.

Calathide longue, étroite, cylindracée, incouronnée, équaliflore, triflore, régulariflore, androgyniflore. Péricline très-inférieur aux fleurs, long, étroit, oblong ou ovoïde-cylindracé, formé de squames régulièrement imbriquées, appliquées, ovales-obtuses, arrondies, coriaces, calleuses au sommet. Clinanthe petit, nu. Ovaire court, épaissi de bas en haut, subtétragone; aigrette caduque, composée de squamellules bisériées, laminées, toutes linéaires, barbellulées sur les deux bords, parsemées de glandes; les squamellules extérieures courtes; les intérieures longues, surpassant le péricline, arquées au sommet. Corolle beaucoup plus longue 36:19
que l'aigrette, parsemée de glandes, à limbe pas distinct du tube et divisé, par des incisions à peu près égales, en cinq lanières longues, linéaires. Style de vernoniée.

Nous ne connoissons qu'une seule espèce de ce genre.

Oliganthe a calathides triflores : *Oliganthes triflora*, H. Cass., Bull. des Sc., Avril 1818, pag. 58; *An? Pollalesta vernonioides*, Kunth, *Nov. gen. et sp. pl.*, tom. 4, pag. 47, tab. 321. Tige probablement ligneuse, striée, tomenteuse; feuilles

36:19 alternes, pétiolées, ovales-lancéolées, entières, tomenteuses en dessous; calathides composées de trois fleurs purpurines, et disposées en grands corymbes terminaux. Nous avons observé les caractères génériques et spécifiques de cette plante, sur un échantillon recueilli à Madagascar par Commerson, et qui se trouve dans l'herbier de M. de Jussieu.

Le genre que M. Kunth a présenté comme nouveau, sous le nom de *Pollalesta*, dans le tome IV de ses *Nova genera et species plantarum* (p. 46), est très-évidemment le même que notre genre *Oliganthes*, publié trois ans auparavant; et l'arbre d'Amérique, sur lequel M. Kunth a fondé son *Pollalesta*, paroît être spécifiquement identique, ou presque identique, avec la plante ligneuse de Madagascar, qui avoit servi de type à notre *Oliganthes*. Évitons de pénétrer le motif pour lequel M. Kunth a reproduit, sous de nouveaux noms, des genres précédemment établis par nous, et s'est dispensé de citer, comme synonymes, les noms que nous leur avions donnés. Nous pouvons au moins nous permettre de dire que notre *Oliganthes* ayant été publié au commencement de 1817, trois ans avant le *Pollalesta* de M. Kunth, qui n'a été publié que vers le milieu de 1820, ce botaniste ne peut pas être légitimement considéré comme le véritable auteur de ce genre, et qu'ainsi le nom d'*Oliganthes* doit régulièrement prévaloir sur celui de *Pollalesta*.

Ce nom d'*Oliganthes*, composé de deux mots grecs qui signifient *fleurs peu nombreuses*, fait allusion au petit nombre de fleurs composant chaque calathide.

Notre tribu naturelle des Vernoniées comprend aujourd'hui quarante-deux genres, dont voici la liste alphabétique : *Achyrocoma*, H. Cass.; *Ascaricida*, H. Cass.; *Cacosmia*, Kunth;
36:20 *Centrapalus*, H. Cass.; *Centratherum*, H. Cass.; *Corymbium*, Lin.; *Dialesta*, Kunth; *Distephanus*, H. Cass.; *Distreptus*, H. Cass.; *Elephantopus*, Vaill.; *Epaltes?*, H. Cass.; *Ethulia*, Lin.; *Gundelia*, Tourn.; *Gymnanthemum*, H. Cass.; *Heterocoma*, Decand.; *Hololepis*, Decand.; *Isonema*, H. Cass.; *Lepidaploa*, H. Cass.; *Liabum*, Adans.; *Lychnophora*, Martius; *Monarrhenus*, H. Cass.; *Munnozia?*, Ruiz et Pav.; *Noccæa*, Jacq.; *Odontoloma*, Kunth; *Oligactis*; *Oliganthes*, H. Cass.; *Oligocarpha*, H. Cass.; *Pacourina*, Aubl.; *Pacourinopsis*, H. Cass.; *Piptocoma*,

H. Cass.; *Pluchea*, H. Cass.; *Rolandra*, Rottb.; *Shawia?*, 36:20
Forst.; *Sparganophorus*, Vaill.; *Spiracantha*, Kunth; *Stokesia*, Lhér.; *Struchium*, P. Br.; *Tarchonanthus*, Lin.; *Tessaria*, Ruiz et Pav.; *Trichospira*, Kunth; *Vernonia*, Schreb.; *Xanthocephalum?*, Willd. (H. Cass.)

OLIGOCARPHE, *Oligocarpha*. (*Bot.*) Ce genre de plantes, 36:21
que nous avons d'abord proposé dans le Bulletin des sciences de Septembre 1817 (pag. 151), et que nous avons ensuite plus amplement décrit dans le Journal de physique de Juillet 1818 (pag. 26), appartient à l'ordre des Synanthérées et à notre tribu naturelle des Vernoniées, dans laquelle il devra être placé, soit auprès du *Gymnanthemum*, soit auprès du *Tarchonanthus*. Voici les caractères que nous attribuons au genre *Oligocarpha*, d'après nos propres observations faites sur deux échantillons secs.

Dioïque. *Calathide femelle* équaliflore, pluriflore (neuf à douze), ambiguïflore. Péricline inférieur aux fleurs, cylindracé; formé de squames imbriquées, un peu lâches, subfoliacées, striées, obtusiuscules; les extérieures subcordiformes, les intérieures ovales. Clinanthe petit, muni d'une, deux, trois ou quatre squamelles, tantôt rudimentaires, tantôt égales aux fleurs, foliacées ou submembraneuses, oblongues-lancéolées, linéaires-lancéolées ou subulées. Ovaire épaissi de bas en haut, couvert de glandes et de poils entremêlés, et muni d'un bourrelet basilaire; aigrette roussâtre, composée de squamellules plurisériées, très-inégales, filiformes, épaisses, irrégulièrement barbellulées. Corolle imitant parfaitement une corolle masculine, régulière, à lanières longues, linéaires, à incisions égales; et contenant des rudimens d'étamines libres, subulés, aigus, sans appendices basilaires, à loges semi-avortées. Style à deux stigmatophores courts, larges, à collecteurs nuls ou presque nuls. *Calathide mâle* équaliflore, subduodécimflore, subrégulariflore ou palmatiflore. Péricline très-inférieur aux fleurs, subhémisphérique; formé de squames imbriquées, paucisériées, peu appliquées, subcordiformes, coriaces, striées. Clinanthe petit, plan, presque toujours muni de quelques squamelles ou rudimens de squamelles. Faux-ovaire subcylindracé, hispide; aigrette irrégulière, composée de squamellules inégales, filiformes, épaisses, barbellulées.

36:21 Corolle (jaune) arquée en dehors, à limbe non distinct du tube, ordinairement palmé, toujours inégalement et pro-
36:22 fondément divisé en cinq lanières oblongues ou linéaires. Anthères munies d'appendices basilaires subulés. Style filiforme, presque simple, seulement divisé au sommet en deux branches courtes, et muni sur sa partie supérieure de collecteurs papilliformes, à peine apparens, presque nuls.

Nous ne connoissons qu'une seule espèce de ce genre.

Oligocarphe a feuilles de nérion : *Oligocarpha neriifolia*, H. Cass.; *Baccharis neriifolia*, Linn., *Sp. pl.*, édit. 3, p. 1204. C'est un arbrisseau du cap de Bonne-Espérance, à tige droite, rameuse, haute de six à neuf pieds; ses feuilles sont nombreuses, rapprochées, persistantes, étroites, lancéolées, pointues, glabres, dures, vertes en dessus, blanchâtres en dessous, un peu ferrugineuses dans leur jeunesse; leurs bords sont repliés en dessous, et ordinairement munis d'une ou deux petites dents vers le sommet de la feuille; les calathides sont disposées en petites panicules ou grappes, qui terminent les branches.

Le genre *Brachylæna*, proposé par M. R. Brown, dans le douzième volume des Transactions de la Société Linnéenne, imprimé à Londres en 1817, est absolument le même que notre *Oligocarpha*, publié aussi en 1817. Il ne nous appartient pas de décider lequel des deux noms génériques, publiés presque en même temps, doit prévaloir sur l'autre. Mais il convient de transcrire ici la description de M. Brown, afin qu'on puisse la comparer à la nôtre, avec laquelle elle ne s'accorde pas entièrement.

Brachylæna, R. Brown (*Trans. Linn. Soc.*, vol. 12, pag. 115; Journ. de Phys., Juillet 1818, pag. 21). Involucre imbriqué, à écailles coriaces. Réceptacle nu. Fleurons dioïques. Mâles à anthères exsertes, munies de deux soies à la base. Femelles plus étroits, à limbe quinquéfide, à filamens stériles, à stigmates linguiformes, imberbes. Aigrette pileuse et scabre dans les deux sexes. = Arbrisseaux de l'Afrique australe, subtomenteux. Feuilles alternes, très-entières ou dentées. Inflorescence terminale, presque en grappe. Involucres ovoïdes, courts, à écailles ovales, d'une contexture uniforme.

L'auteur, que nous venons de citer textuellement, ajoute 36:22
que son genre *Brachylæna* ne comprend qu'une seule espèce
publiée, qui est le *Baccharis neriifolia* de Linné. Il n'indique 36:23
point les affinités naturelles de ce genre, et se borne à dire
que son port est à peu près semblable à celui du *Baccharis*.

L'*Oligocarpha* ou *Brachylæna*, étant une Vernoniée, n'a point de rapport naturel avec le *Baccharis*, qui est de la tribu des Astérées: mais il a de l'affinité avec le *Gymnanthemum*, dont il s'éloigne cependant par ses calathides unisexuelles, et avec le *Tarchonanthus*, dont il se rapproche par ce même caractère.

Le nom d'*Oligocarpha* fait allusion aux squamelles qui se trouvent ordinairement sur le clinanthe, mais en très-petit nombre. Nous supposons que M. Brown a voulu exprimer, par le nom de *Brachylæna*, la brièveté du péricline. Ce dernier caractère existe aussi dans notre *Gymnanthemum*, comme l'indique son nom, qui signifie *fleurs nues*: car le péricline étant très-court, les fleurs de la calathide ne sont couvertes par lui qu'à leur base. (Voyez l'article GYMNANTHÈME, tom. XX, pag. 108.)

On pourroit croire que la présence de quelques squamelles sur le clinanthe de l'*Oligocarpha*, ne résulte que d'une sorte de monstruosité ou de variation accidentelle. Cependant, nous avons observé ce caractère dans presque toutes les calathides des deux échantillons que nous avons successivement analysés, et qui sans doute n'ont pas la même origine: car l'un, provenant d'un individu femelle, se trouve dans l'herbier de M. Desfontaines; et l'autre, provenant d'un individu mâle, se trouve dans l'herbier de M. de Jussieu. (H. CASS.)

OLIGOSPORE, *Oligosporus*. (*Bot.*) Ce genre de plantes, 36:24
que nous avons proposé dans le Bulletin des sciences de Février 1817 (pag. 33), appartient à l'ordre des Synanthérées, à notre tribu naturelle des Anthémidées, à la section des Anthémidées-Chrysanthémées, et au groupe des Artémisiées, dans lequel nous l'avons placé auprès du genre *Artemisia*, dont il diffère en ce que les fleurs du disque sont mâles, au

36:25 lieu d'être hermaphrodites. (Voyez notre tableau des Anthémidées, tom. XXIX, pag. 177.)

Le genre *Oligosporus* présente les caractères suivans.

Calathide ovoïde ou subglobuleuse, discoïde : disque pluriflore, régulariflore, masculiflore; couronne unisériée, tubuliflore, féminiflore. Péricline ovoïde, presque égal aux fleurs du disque; formé de squames peu nombreuses, inégales, paucisériées, irrégulièrement imbriquées, appliquées, orbiculaires, ovales ou oblongues, larges, arrondies, concaves, coriaces, pourvues d'une bordure membraneuse-scarieuse, diaphane. Clinanthe nu, convexe, hémisphérique ou ovoïde. *Fleurs du disque :* Faux-ovaire nul ou presque nul. Corolle à cinq divisions. Étamines ayant les anthères libres ou foiblement cohérentes. Style ordinairement simple, tronqué au sommet, qui est élargi et bordé de collecteurs piliformes; quelquefois divisé au sommet en deux stigmatophores très-courts, à bourrelets stigmatiques plus ou moins oblitérés. *Fleurs de la couronne :* Ovaire obovoïde-oblong, glabre, lisse, privé d'aigrette. Corolle courte, tubuleuse, à base articulée sur l'ovaire, à partie inférieure enflée, à sommet tronqué très-obliquement ou irrégulièrement tridenté. Style à deux stigmatophores.

Notre genre *Oligosporus* revendique probablement un assez bon nombre des espèces attribuées par les botanistes au grand genre *Artemisia*. Nous en avons observé nous-même sept ou huit. Cependant nous n'en décrirons ici que deux, qui nous semblent plus intéressantes que les autres, en ce que la première habite les environs de Paris, et que la seconde est généralement cultivée pour l'usage auquel elle est propre.

Oligospore champêtre : *Oligosporus campestris*, H. Cass.; *Artemisia campestris*, Linn., *Sp. pl.*, édit. 3, pag. 1185. C'est une plante herbacée, presque entièrement inodore, à racine vivace, fusiforme; ses tiges d'abord couchées, puis redressées, sont longues d'environ deux pieds, droites, paniculées, anguleuses, glabres, rougeâtres, garnies de feuilles; celles-ci sont alternes, irrégulièrement bipinnatifides, linéaires, un peu charnues, un peu poilues en dessous; les radicales plus longuement pétiolées, les caulinaires moins divisées; les calathides sont petites, nombreuses, penchées, disposées en grappes, et d'un vert brun extérieurement; les corolles du disque sont jaunâtres, mais rouges au sommet. Cette plante, qui fleurit en Août, se trouve dans les lieux arides, et n'est pas rare aux environs de Paris.

Oligospore estragon : *Oligosporus condimentarius*, H. Cass.; *Artemisia dracunculus*, Linn., *loc. cit.*, p. 1189. Une racine vivace produit des tiges herbacées, dressées, un peu tortueuses, grêles, rameuses, hautes d'environ deux pieds, glabres et vertes comme toutes les autres parties extérieures de la plante; les feuilles sont alternes, sessiles, étroites, lancéolées, très-simples, très-entières, ponctuées; les calathides sont très-nombreuses, petites, paniculées, globuleuses. Cette espèce, originaire de la Sibérie ou de la Tartarie, est cultivée, sous le nom d'estragon, dans les jardins potagers, à cause de son odeur aromatique et de sa saveur piquante, qui la rendent propre à servir d'assaisonnement.

Le nom d'*Oligosporus*, composé de deux mots grecs, qui signifient *graines peu nombreuses*, nous a paru convenir très-bien à ce genre, auquel nous aurions pu consacrer le nom de *Dracunculus* ou celui d'*Abrotanum*.

Le genre *Artemisia* de Linné doit être, selon nous, divisé en trois genres, ou sous-genres, bien distincts : le premier, nommé *Oligosporus*, a pour type l'*Artemisia campestris*, Lin., et pour caractère essentiel ou différentiel, le disque masculiflore et le clinanthe nu; le second, nommé *Artemisia*, a pour type l'*Artemisia vulgaris*, Lin., et pour caractère essentiel, le disque androgyniflore et le clinanthe nu; le troisième, nommé *Absinthium*, a pour type l'*Artemisia absinthium*, Lin., et pour caractère essentiel, le disque androgyniflore et le clinanthe fimbrillé.

Nous avons observé une espèce à disque androgyniflore et à clinanthe nu, cultivée au Jardin du Roi, sous le nom d'*Artemisia violacea*, et qui nous a offert quelques fleurs femelles interposées entre les deux rangs de squames formant son péricline. Si ce caractère n'est point accidentel, et s'il existe dans plusieurs espèces, il devra servir de fondement à un quatrième genre ou sous-genre.

M. Gaudichaud nous a permis de mentionner ici une synanthérée très-remarquable, trouvée par lui dans les îles

36:27 Malouines, et qui nous a paru appartenir à la tribu des Anthémidées. Nous avions cru d'abord pouvoir rapporter cette plante à notre genre *Oligosporus*, malgré quelques différences dans les caractères génériques : mais elle s'en éloigne tellement par le port, qu'il nous semble convenable de profiter de ces différences, pour en faire un genre distinct, qu'on pourroit nommer *Abrotanella*, et qu'il faudroit placer au commencement du groupe des Artémisiées, immédiatement avant l'*Oligosporus*, dont ce nouveau genre ne diffère essentiellement que par le péricline non imbriqué, mais formé de cinq squames égales, unisériées.

Abrotanella emarginata, H. Cass. Petite plante herbacée, touffue, rameuse, très-glabre sur toutes ses parties; tiges et rameaux tout couverts de petites feuilles très-rapprochées, comme imbriquées, alternes, sessiles, amplexicaules, simples, entières; leur base forme un anneau complet autour de la tige; leur partie inférieure est embrassante, mince, submembraneuse; leur partie supérieure, plus courte et plus étroite, est ovale, arrondie au sommet, épaisse, coriace-charnue, luisante, pourvue d'une bordure membraneuse, diaphane, qui est échancrée au sommet; calathides terminales, solitaires, petites, composées chacune d'environ cinq fleurs, dont deux intérieures mâles, et trois extérieures femelles; péricline formé de cinq squames égales, subunisériées, membraneuses sur les bords; clinanthe nu; chaque fleur mâle offrant un faux-ovaire petit, inaigretté, une corolle régulière à quatre ou cinq divisions, un style masculin indivis, des anthères privées d'appendices basilaires; chaque fleur femelle ayant l'ovaire inaigretté, la corolle articulée sur l'ovaire, tubuleuse, à trois divisions inégales, le style pourvu de deux stigmatophores courts, divergens. (H. Cass.)

36:145 ONOTROPHE, *Onotrophe*. (*Bot.*) Nous avons démontré (tome XXVII, pag. 186) que le *Cirsium arvense* de Tournefort est dioïque, ainsi qu'une autre espèce décrite par nous (même tome, pag. 190) sous le nom de *Cirsium dioicum*, mais qui sera mieux nommée *Cirsium prœaltum*, comme nous l'avons proposé dans l'article Notobase. La dioïcité de ces deux espèces nous paroît être un caractère suffisant pour les distinguer génériquement des autres *Cirsium* qui ont les calathides androgyniflores. Cependant, le nom de *Cirsium*, dérivé d'un mot grec qui signifie *varices*, doit rester appliqué au *Cirsium arvense* vulgairement nommé *herbe aux varices*, et pour lequel vraisemblablement ce nom de *Cirsium* a été fabriqué. Nous pensons donc qu'il convient de n'admettre que les deux espèces *arvense* et *præaltum*, dans le vrai genre *Cirsium*, désormais caractérisé par les calathides unisexuelles et dioïques. Cela nous oblige à créer un nouveau nom générique pour les autres espèces; et celui d'*Onotrophe*, qui signifie *nourriture d'âne*, semble pouvoir être accueilli. 36:146

Notre genre *Onotrophe*, caractérisé par les calathides androgyniflores, et par le péricline inerme ou non piquant (*periclinium innocuum*), comprend la plupart des espèces attribuées par les botanistes au *Cirsium;* et il se divise en deux sections: l'une, intitulée *Apalocentron*, se compose des espèces ayant, comme le *Cirsium oleraceum*, Decand., l'appendice des squames intermédiaires du péricline long, foliacé, plan, non roide, et terminé par une épine longue, molle, flexible, non piquante; l'autre, intitulée *Microcentron*, se compose des espèces ayant, comme les *Cirsium palustre*, *acaule*, etc., l'appendice extrêmement petit, ou presque nul, ordinairement réduit à une petite épine molle.

Ce genre *Onotrophe*, déjà indiqué, avec plusieurs autres, dans notre article Notobase, appartient à l'ordre des Synanthérées, et à notre tribu naturelle des Carduinées, dans laquelle il s'interpose entre le vrai *Cirsium*, dont il diffère par ses calathides androgyniflores, et l'*Eriolepis*, dont il diffère par son péricline inerme.

Le genre *Eriolepis*, indiqué aussi dans l'article Notobase, est composé des *Cirsium eriophorum* et *lanceolatum*: ses calathides sont androgyniflores, comme celles de l'*Onotrophe;* mais l'appendice des squames intermédiaires du péricline est très-étalé, long, étroit, épais, roide, linéaire, subcylindracé, terminé par une épine longue et forte, et plus ou moins pourvu de poils très-longs, très-fins, aranéeux.

La distinction que nous admettons entre l'*Eriolepis* et l'*Onotrophe*, est principalement fondée sur le péricline piquant ou

36:147 inerme, comme celle que Tournefort avoit admise entre le *Carduus* et le *Cirsium*, et celle que les botanistes modernes admettent entre le *Carduus* et le *Serratula*.

La description complète des caractères du genre *Onotrophe* peut être présentée ainsi :

Calathide incouronnée, subéqualiflore, multiflore, obringentiflore, androgyniflore. Péricline ovoïde, inférieur aux fleurs; formé de squames régulièrement imbriquées, appliquées, coriaces: les intermédiaires oblongues-lancéolées, portant sur la partie supérieure du dos une glande nerviforme plus ou moins apparente, et terminées au sommet par un appendice inappliqué ou étalé, plus ou moins distinct de la squame, tantôt extrêmement petit, presque nul, comme scarieux, ou réduit à une petite épine molle, tantôt long, subulé ou demi-lancéolé, foliacé, plan, non roide, terminé par une épine longue, molle, flexible, non piquante. Clinanthe épais, charnu, plus ou moins convexe, garni de fimbrilles nombreuses, inégales, filiformes-laminées, libres ou entregreffées à la base. Fruits oblongs, comprimés bilatéralement, glabres, lisses, pourvus d'un bourrelet apicilaire; péricape coriace, flexible; aréole apicilaire couverte d'un plateau charnu, entouré d'un anneau corné, qui porte l'aigrette et se détache spontanément; aigrette longue, brune, roussâtre ou grisâtre, en sa partie moyenne, composée de squamellules nombreuses, plurisériées, inégales, filiformes-laminées, barbées. Corolles obringentes.

Dans quelques espèces, les fleurs extérieures nous ont paru avoir l'ovaire stérile et les étamines imparfaites, en sorte qu'elles seroient neutres. Dans quelques autres, les fleurs extérieures sont femelles, ayant l'ovaire ovulé, les étamines demi-avortées; et l'aigrette de ces fleurs extérieures femelles n'est point barbée, mais seulement barbellulée.

La glande qui existe sur les squames du péricline, varie selon les espèces: ainsi, dans l'*Onotrophe palustris* (*Carduus palustris*, Lin.), cette glande est fort remarquable, oblongue, épaisse, exsudant une matière visqueuse, qui s'attache aux doigts quand on touche le péricline; dans l'*Onotrophe oleracea* (*Cnicus oleraceus*, Lin.), et dans la plupart des autres Onotrophes, la même glande, beaucoup moins saillante, ressemble à

une nervure; enfin, elle est à peine sensible dans l'*Onotrophe* 36:148
acaulis (*Carduus acaulis*, Lin.).

Nous ne décrirons ici aucune des nombreuses espèces d'Onotrophes, parce que les trois que nous venons de citer, et qui peuvent être considérées comme les principaux types de ce genre, ont déjà été décrites dans ce Dictionnaire (tom. IX, pag. 270), sous les noms de *Cirsium palustre*, *oleraceum*, *acaule*. (H. Cass.)

ORMÉNIDE, *Ormenis*. (*Bot.*) Ce genre de plantes, que 36:355
nous avons proposé dans le Bulletin des sciences de Novembre 1818 (pag. 167), appartient à l'ordre des Synanthérées, à notre tribu naturelle des Anthémidées, à la section des Anthémidées-Prototypes, et au groupe des Anthémidées-Prototypes vraies, dans lequel nous l'avons placé entre nos deux genres *Maruta* et *Cladanthus*. (Voyez notre tableau des Anthémidées, tom. XXIX, pag. 180.)

Le genre ou sous-genre *Ormenis* présente les caractères 36:356
suivans.

Calathide radiée: disque multiflore, régulariflore, androgyniflore; couronne unisériée, liguliflore, féminiflore. Péricline hémisphérique-turbiné, égal aux fleurs du disque; formé de squames uni-bisériées, presque égales, appliquées, oblongues, coriaces, pourvues d'une bordure large, membraneuse-scarieuse, diaphane, frangée sur ses bords. Clinanthe cylindracé, très-élevé; garni de squamelles inférieures aux fleurs, enveloppant complétement l'ovaire et la base de la corolle, naviculaires, carénées, aiguës au sommet, coriaces-membraneuses, uninervées. *Fleurs du disque:* Ovaire ou fruit petit, obovoïde-arrondi, glabre, lisse, privé d'aigrette, ayant l'aréole apicilaire petite, un peu oblique-intérieure, articulée avec la base de la corolle. Corolle à tube enflé, prolongé inférieurement par sa base en un appendice membraneux-charnu, en forme de cuillère ou de capuchon, qui emboîte et couvre jusqu'à sa base le côté intérieur de l'ovaire, sans y adhérer en aucun point; limbe à cinq divisions, dont chacune porte une énorme bosse derrière son sommet. *Fleurs de la couronne:* Ovaire ou fruit oblong, glabre, fertile, privé d'aigrette, continu par son sommet avec la base de la corolle. Corolle à tube obcomprimé, contenant le style et des rudimens d'é-

36:356 tamines; languette obovale, terminée par trois dents courtes, larges, arrondies, dont la médiaire est à peine sensible.

Orménide a couronne bicolore; *Ormenis bicolor*, H. Cass.; *Anthemis mixta*, Linn., *Sp. pl.*, édit. 3, pag. 1260. C'est une plante herbacée, annuelle, dont la tige, haute d'environ deux pieds, est très-rameuse, cylindrique, striée, pubescente; les feuilles sont alternes, sessiles, inodores, longues de près de deux pouces, larges d'environ huit lignes, oblongues, pinnatifides-laciniées, glauques, glabriuscules ou un peu pubescentes, à divisions découpées en lanières linéaires-aiguës; les calathides, larges d'environ dix lignes, sont nombreuses, solitaires, terminales, douées d'une odeur analogue à celle de la *Maruta fœtida;* leur disque est jaune; la couronne est de deux couleurs, étant jaune à sa base et blanche du reste. Nous avons fait cette description spécifique, et celle des caractères génériques, sur des individus vivans, cultivés
36:357 au Jardin du Roi, où ils fleurissoient en Août. L'espèce est indigène en France et en Italie.

L'*Anthemis coronopifolia* de Willdenow, que nous n'avons point vue, paroît, d'après la description, tellement analogue à l'*Anthemis mixta* de Linné, qu'il est bien probable que c'est une seconde espèce d'*Ormenis*.

Ce genre *Ormenis* se distingue, 1.° par le clinanthe cylindracé, très-élevé, garni de squamelles inférieures aux fleurs, coriaces, enveloppant complétement l'ovaire et la base de la corolle; 2.° par la base des corolles du disque, prolongée en un appendice ovale sur le côté intérieur de l'ovaire; 3.° par la base des corolles de la couronne, continue à l'ovaire.

Chaque ovaire du disque se trouve complétement enfermé dans un étui clos de toute part, et formé de deux pièces, dont l'une est la squamelle, et l'autre est l'appendice ou prolongement de la base de la corolle. (H. Cass.)

36:480 ORTHOCENTRE, *Orthocentron*. (*Bot.*) Ce genre ou sous-genre, que nous avons déjà indiqué dans les articles Lophiolèpe et Notobase, appartient à l'ordre des Synanthérées et à notre tribu naturelle des Carduinées. Il présente les caractères suivans.

Calathide incouronnée, équaliflore, multiflore, subrégulariflore, androgyniflore. Péricline inférieur aux fleurs, ovoïde;

formé de squames régulièrement imbriquées, appliquées, co- 36:480
riaces: les extérieures et les intermédiaires ovales-oblongues,
ciliées sur les bords, colorées au sommet, surmontées d'un
appendice étalé, long, très-droit, subulé, roide, piquant,
spiniforme, quelquefois un peu denticulé en scie sur ses bords,
et formé d'une substance très-différente de celle de la squame,
privée de parenchyme, presque sèche, blanchâtre, cornée,
comme parcheminée, ou un peu scarieuse; les squames inté-
rieures longues, étroites, surmontées d'un petit appendice
demi lancéolé, scarieux, coloré. Clinanthe épais, charnu,
garni de fimbrilles, planiuscule pendant la fleuraison, deve-
nant ensuite convexe, presque conique. Ovaires obovoïdes-
oblongs, comprimés bilatéralement, glabres, lisses, ayant
l'aréole apicilaire surmontée d'un plateau qui porte la co- 36:481
rolle et le nectaire; aigrette longue, grise-roussâtre, com-
posée de squamellules filiformes, barbées, attachées à un
anneau caduc. Corolles subrégulières, c'est-à-dire ayant les
cinq incisions presque égales. Étamines à filet glabre, sans
poils ni papilles.

Orthocentre a calathides agglomérées: *Orthocentron glomeratum*, H. Cass.; *Cnicus pungens*, Willd. La tige est haute d'environ quatre pieds, dressée, droite, peu rameuse, pubescente, ailée par la décurrence des feuilles, à ailes ou décurrences dentées, épineuses; les feuilles sont alternes, étalées, sessiles, décurrentes, inégales, oblongues-lancéolées, vertes et un peu pubescentes en dessus, blanchâtres et un peu tomenteuses en dessous, inégalement et irrégulièrement dentées ou lobées sur les deux côtés; chaque dent ou lobe terminé par une longue épine grêle, le reste bordé de très-petites épines; les calathides sont sessiles ou presque sessiles, et rassemblées en groupes inégaux, irréguliers, au sommet de la tige et des rameaux; chaque calathide a environ dix lignes de hauteur et autant de largeur; les corolles sont purpurines; le péricline est glabre, et ses squames ont le sommet rouge ou rougeâtre. Nous avons fait cette description spécifique, et celle des caractères génériques, sur des individus vivans, cultivés au Jardin du Roi, où ils fleurissoient en Juillet. L'espèce est indigène en Arménie.

L'*Orthocentron* se distingue suffisamment des genres ou sous-

36:481 genres voisins, par les caractères propres à l'appendice qui surmonte les squames intermédiaires du péricline. On peut ajouter que les corolles sont presque régulières, au lieu d'être obringentes, et que les filets des étamines sont glabres, au lieu d'être garnis de poils ou de papilles. Cette glabréité parfaite du filet de l'étamine est une anomalie extrêmement rare chez les carduinées, qui se distinguent principalement des carlinées par le filet de l'étamine muni de poils ou de papilles, plus ou moins nombreux, plus ou moins manifestes.

Le nom d'*Orthocentron*, composé de deux mots grecs, qui signifient *épine droite*, fait allusion à l'appendice des squames du péricline.

Le *Cnicus arenarius*, Willd., que nous n'avons point vu,
36:482 semble, d'après la description, devoir appartenir au genre *Orthocentron*. (H. Cass.)

37:5 OSMITOPSE, *Osmitopsis*. (*Bot.*) Ce genre de plantes, que nous avons proposé dans le Bulletin des sciences d'Octobre 1817 (pag. 154), appartient à l'ordre des Synanthérées, à notre tribu naturelle des Anthémidées, à la section des Anthémidées-Prototypes, et au groupe des Anthémidées-Prototypes vraies, dans lequel nous l'avons placé entre les deux genres *Achillea* et *Osmites*. (Voyez notre tableau des Anthémidées, tom. XXIX, pag. 180.)

Le genre *Osmitopsis* présente les caractères suivans, que nous avons observés sur deux échantillons secs, dans les herbiers de MM. Desfontaines et de Jussieu.

Calathide radiée: disque multiflore, régulariflore, androgyniflore; couronne unisériée, liguliflore, neutriflore. Péricline égal aux fleurs du disque, formé de squames subtrisériées, peu inégales, foliacées, ovales, les extérieures plus grandes. Clinanthe convexe, garni de squamelles membraneuses, égales aux fleurs. *Fleurs du disque*: Ovaire ou fruit épais, subcylindracé, privé d'aigrette, mais pourvu d'un bourrelet basilaire et d'un bourrelet apicilaire, et portant un grand nectaire sur son aréole apicilaire. Après la fécondation, la base de la corolle s'amplifie, comme dans plusieurs autres Anthémidées. *Fleurs de la couronne*: Faux-ovaire long, grêle, stérile. Style nul. Corolle à languette ovale, parsemée de glandes.

Ce genre, qui a pour type l'*Osmites asteriscoides*, Lin., diffère des vrais *Osmites*, principalement par l'absence de l'aigrette. 37:5

Dans la troisième et dernière édition du *Species plantarum*
de Linné, nous trouvons le genre *Osmites* composé de trois 37:6
espèces. La première (*O. bellidiastrum*), que nous n'avons point vue, correspond au genre *Bellidiastrum* de Vaillant, et a été rapportée par l'Héritier à son genre *Relhania*. Si cette attribution, que nous n'avons pas pu vérifier, est exacte, la première *Osmites* de Linné seroit une inulée, et par conséquent elle ne pourroit pas être congénère des deux autres, qui sont des Anthémidées. Celles-ci, nommées *camphorina* et *asteriscoides*, sont, il est vrai, de la même tribu, mais non du même genre. Gærtner, qui a décrit et figuré les caractères génériques de l'une et de l'autre, avoit remarqué leurs différences, et il avoit pensé que la dernière pourroit constituer un genre particulier. Nous croyons aussi que l'*Osmites camphorina* doit être considérée comme le type du vrai genre *Osmites*; et que l'*asteriscoides* doit devenir le type d'un autre genre, que nous avons proposé sous le nom d'*Osmitopsis*, qui indique sa ressemblance avec le précédent. Quant à l'*Osmites calycina* de Linné fils, que l'Héritier avoit ensuite attribuée au genre *Relhania*, elle est définitivement devenue le type du genre *Lapeirousia* de Thunberg, qui appartient probablement à la tribu des inulées. Enfin, il y a encore une *Osmites dentata* de Thunberg, dont nous ne pouvons déterminer ni le genre ni la tribu. (H. Cass.)

P

PACOURINE, *Pacourina*. (*Bot.*) Ce genre de plantes, éta- 37:211
bli en 1775, par Aublet, dans son Histoire des plantes de la Guiane françoise, appartient à l'ordre des Synanthérées, et à notre tribu naturelle des Vernoniées, dans laquelle il est immédiatement voisin de notre genre *Pacourinopsis*, dont il

37:211 ne diffère que par le clinanthe garni de squamelles. Voici les caractères génériques du *Pacourina*, que nous empruntons à l'auteur de ce genre, la plante sur laquelle il est fondé n'ayant point encore passé sous nos yeux.

Calathide incouronnée, équaliflore, multiflore, régulariflore, androgyniflore. Péricline ovoïde, formé de squames nombreuses, imbriquées, presque rondes, aiguës au sommet. Clinanthe charnu, garni de squamelles presque rondes, concaves, plus longues que les fruits entre lesquels elles sont interposées. Fruits obovoïdes-oblongs, portant une aigrette composée de squamellules filiformes, barbellulées. Corolles à tube court, étroit, à limbe long et large, divisé en cinq lanières égales, aiguës. Style à deux stigmatophores longs, divergens, arqués.

On ne connoit qu'une seule espèce de ce genre.

Pacourine comestible; *Pacourina edulis*, Aubl., Hist. des pl. de la Guiane fr., tom. 2, p. 800, tab. 316. C'est une plante herbacée, à racine vivace, très-rameuse, fibreuse, produisant plusieurs tiges hautes de trois à quatre pieds, un peu rameuses, cylindriques, striées, garnies de feuilles; celles-ci sont alternes, distantes, grandes, glabres, molles, d'un vert cendré; leur pétiole est ailé, ou bordé d'une membrane foliacée, qui s'élargit à la base et embrasse la tige; le limbe est ovale-oblong, aigu au sommet, dentelé sur les bords, muni d'une nervure médiaire saillante, qui émet plusieurs nervures
37:212 latérales; les calathides sont opposées aux feuilles, et sessiles dans la gaine formée par la base élargie du pétiole; les corolles sont bleuâtres.

Cette plante a été trouvée par Aublet, dans la Guiane françoise, près Courou, aux bords d'un ruisseau d'eau saumâtre, où elle fleurissoit en Juin. On mange le clinanthe et même les autres parties de la Pacourine.

Scopoli, dans son *Introductio ad historiam naturalem*, publiée en 1777, a substitué, sans aucun motif valable, le nom de *Meisteria* à celui de *Pacourina*. Willdenow, en 1803, dans son *Species plantarum*, a changé de nouveau le nom générique primitif: mais le nom d'*Haynea*, qu'il a proposé, n'est pas plus admissible que celui de *Meisteria*.

Le caractère qui distingue les deux genres *Pacourina* et *Pacourinopsis*, est l'objet d'un doute que nous discuterons dans l'article Pacourinopse. (H. Cass.) -37:212

PACOURINOPSE, *Pacourinopsis*. (*Bot.*) Ce genre de plantes, 37:212
que nous avons proposé dans le Bulletin des sciences de Sep-
tembre 1817 (pag. 151), appartient à l'ordre des Synanthé-
rées, et à notre tribu naturelle des Vernoniées, dans laquelle
il est immédiatement voisin du genre *Pacourina*, dont il ne
diffère que par le clinanthe nu. Voici les caractères généri-
ques du *Pacourinopsis*, tels que nous les avons observés sur la
première des deux espèces de ce genre.

Calathide subglobuleuse, incouronnée, équaliflore, multi-
flore, régulariflore, androgyniflore. Péricline subglobuleux, à
peu près égal aux fleurs, formé de squames nombreuses, régu-
lièrement imbriquées, appliquées, larges, ovales-oblongues,
subcoriaces, membraneuses sur les bords, munies de plu-
sieurs nervures longitudinales, parallèles, simples et droites : les
squames extérieures et intermédiaires plus ou moins courtes,
surmontées chacune d'un grand appendice inappliqué, plus
large que la squame, orbiculaire, foliacé, pourvu de nervures
fines, très-ramifiées, réticulées, d'une bordure membraneuse-
scarieuse, entière, et d'une épine terminale, courte, formée
par le prolongement de la nervure médiaire, qui est très-
épaissie vers son extrémité; les squames intérieures longues et
privées d'appendice. Clinanthe plan et nu. Ovaires très-longs,
subcylindracés, striés, ayant l'aréole apicilaire très-large;
aigrette courte, à peine longue comme la moitié de l'ovaire, 37:213
composée de squamellules très-nombreuses, plurisériées,
très-inégales, presque caduques, filiformes, roides, épaisses,
amincies aux deux bouts, pointues au sommet, barbellulées;
les squamellules intérieures extrêmement petites, presque
membraneuses, souvent entregreffées, et formant une sorte
de couronne courte, inégale, incomplète, irrégulière, va-
riable. Stigmatophores paroissant dépourvus de collecteurs.

Pacourinopse a feuilles entières ; *Pacourinopsis integrifolia*,
H. Cass. C'est une plante herbacée, glabre, à tige cylindrique,
striée, portant des feuilles alternes; celles de l'échantillon
incomplet que nous décrivons, appartenant à la partie supé-
rieure de la plante, sont longues (avec le pétiole) d'environ
six pouces, et larges de plus de deux pouces; leur partie in-
férieure est étrécie en une sorte de pétiole ailé ou bordé,

37:213 dont la base, élargie et arrondie, embrasse la moitié de la tige; la partie supérieure, formant le limbe, est ovale-lancéolée, entière; ses bords sont munis de quelques pointes saillantes, éloignées les unes des autres, subulées, roides, piquantes, spinuliformes, produites par le prolongement des nervures latérales, qui s'épaississent et s'endurcissent en approchant des bords; une pointe de la même nature surmonte le sommet des feuilles, qui sont entièrement parsemées d'une multitude de petits points glanduleux, visibles sur les deux faces; les calathides, larges d'environ un pouce, sont solitaires, sessiles, exactement opposées aux feuilles, chacune d'elles étant immédiatement attachée sur le côté qui n'est point embrassé par la base du pétiole.

Nous avons fait cette description spécifique, et celle des caractères génériques, sur un échantillon sec, incomplet et en mauvais état, recueilli à Cayenne par M. Martin, et qui se trouve dans l'herbier de M. Desfontaines, où il porte le nom de *Pacourina.*

Pacourinopse a feuilles dentées : *Pacourinopsis dentata*, H. Cass.; *Pacourina cirsiifolia*, Kunth, *Nov. gen. et sp. pl.*, tom. 4, pag. 30. La racine est probablement vivace; la tige est herbacée, haute d'un à deux pieds, dressée, rameuse, cylindrique, charnue, glabre; les feuilles, longues de six à sept pouces, sont alternes, oblongues, acuminées, très-étrécies à
37:214 la base en une sorte de petiole bordé, et découpées sur les bords en grandes dents épineuses; elles sont un peu pubescentes dans leur jeunesse, et deviennent ensuite glabriuscules; les calathides, grandes comme celles de la bardane, et composées de fleurs nombreuses, purpurines, sont solitaires, sessiles, et paroissent être latérales; leur péricline est subglobuleux, presque égal aux fleurs, formé d'environ trente squames, dont les extérieures sont surmontées d'un appendice large, ondulé-crépu, vert, membraneux, un peu scabre, terminé par une épine; le clinanthe est planiuscule et nu; les ovaires sont hispidules, et portent une aigrette de squamellules très-nombreuses, très-courtes, caduques, filiformes, barbellulées; les corolles sont glabres et parsemées de points glanduleux; le style est glabre, et ses deux stigmatophores sont glabriuscules.

Cette seconde espèce, que nous n'avons point vue, et que nous décrivons d'après M. Kunth, a été trouvée par MM. de Humboldt et Bonpland près Guayaquil, au Pérou, dans des lieux humides, où elle fleurissoit en Février. Elle nous paroît différer de la première espèce, principalement par ses feuilles découpées sur les bords en grandes dents. 37:214

Aublet attribue au *Pacourina* un clinanthe pourvu de squamelles arrondies, concaves, plus longues que les fruits, et interposées entre eux (*receptaculum carnosum, paleaceum, paleis subrotundis, concavis, longioribus quàm semina, seminaque distinguentibus*). Ce caractère est adopté, sans aucune hésitation, par MM. de Jussieu, de Lamarck, Willdenow, Persoon. M. De Candolle, dans ses Observations sur les plantes composées ou syngénèses, présentées à l'Institut le 18 Janvier 1808, déclare (premier mémoire, pag. 21) avoir vérifié les caractères du *Pacourina* sur un échantillon sec de l'herbier de M. Desfontaines; et, comme tous les botanistes qui ont écrit avant lui sur ce genre, il lui attribue un clinanthe pourvu de squamelles plus longues que les fruits. Au mois d'Avril 1817 nous avons soigneusement analysé deux calathides du seul échantillon existant à cette époque dans l'herbier de M. Desfontaines, sous le nom de *Pacourina*, et nous avons reconnu avec certitude que le clinanthe étoit parfaitement nu. A l'exception de ce point essentiel, la plante dont il s'agit nous
a semblé ne différer presque point de celle d'Aublet. Cependant la présence ou l'absence des squamelles sur le clinanthe est un caractère si facile à déterminer exactement, dans presque tous les cas, que le plus médiocre observateur ne peut presque jamais s'y tromper; et dans le cas particulier dont il s'agit, l'erreur est d'autant moins présumable qu'Aublet décrit des squamelles arrondies, concaves, plus longues que les fruits et interposées entre eux, et qu'il répète plusieurs fois, en divers termes, l'expression de ce caractère, sur lequel il semble insister particulièrement. Ces réflexions nous ont persuadé que la plante de l'herbier de M. Desfontaines n'étoit point le *Pacourina* d'Aublet; que M. De Candolle avoit peut-être négligé d'observer le clinanthe sur cet échantillon, ou que peut-être il avoit examiné un autre échantillon appartenant au vrai *Pacourina*, et qui auroit depuis disparu de l'her- 37:215

37:215 bier de M. Desfontaines. C'est pourquoi nous avons proposé, dans le Bulletin des sciences de Septembre 1817, le nouveau genre *Pacourinopsis* comme voisin du *Pacourina*, dont il diffère par le clinanthe nu. Dans le quatrième volume des *Nova genera et species plantarum*, publié en 1820, M. Kunth a décrit, sous le nom de *Pacourina cirsiifolia*, une plante qu'il regarde comme une espèce différente, mais congénère, du *Pacourina* d'Aublet; et comme cette plante a le clinanthe inappendiculé, l'auteur croit pouvoir réformer les caractères du genre *Pacourina*, en lui attribuant un clinanthe nu, malgré l'assertion contraire, non équivoque et réitérée, d'Aublet. La plante de M. Kunth est, selon nous, une espèce de notre genre *Pacourinopsis*, que ce botaniste se seroit bien gardé d'adopter, alors même qu'aucun doute ne pourroit s'élever à son égard. Le possesseur de l'herbier d'Aublet devra résoudre ces difficultés, en vérifiant la structure du clinanthe sur l'échantillon authentique du vrai *Pacourina*. Mais, en attendant, il nous paroît téméraire de prononcer, comme M. Kunth, que ce genre a le clinanthe nu. Ce botaniste n'a pas pu fonder sa décision sur ses propres observations, puisqu'il avoue n'avoir jamais vu le vrai *Pacourina*, et qu'il considère lui-même sa plante comme une espèce différente. Il ne s'est donc appuyé que sur notre observation, dont pourtant il n'a point parlé. Mais, quoique la plante observée et
37:216 décrite par nous ressemble beaucoup extérieurement au *Pacourina* d'Aublet, il n'en résulte point nécessairement qu'elle soit spécifiquement identique, et même elle peut très-bien n'être pas congénère. Notre *Carphephorus pseudo-liatris*, qui diffère génériquement de nos *Trilisa*, ou des *Liatris* à aigrette dentée, par son clinanthe squamellifère, ressemble extérieurement à certains *Liatris*, presque autant que notre *Pacourinopsis integrifolia* ressemble au *Pacourina edulis* d'Aublet. Prétendra-t-on que le clinanthe des *Pacourina* et *Liatris* peut varier accidentellement, et offrir quelquefois des squamelles qui n'existent point dans l'état habituel de ces plantes? Cela n'est pas absolument impossible; mais, avant d'admettre cette proposition, qui détruiroit les genres *Pacourinopsis* et *Carphephorus*, il faut acquérir la preuve certaine d'une conjecture aussi hasardée. (H. Cass.)

PALAFOXIA. (*Bot.*) Voyez Paléolaire. (H. Cass.) 37:248

PALÉOLAIRE, *Paleolaria*. (*Bot.*) Ce genre de plantes, 37:256
que nous avons d'abord proposé dans le Bulletin des sciences de Décembre 1816 (pag. 198), et que nous avons ensuite plus amplement décrit dans le Bulletin de Mars 1818 (pag. 47), appartient à l'ordre des synanthérées, et à notre tribu naturelle des Adénostylées, à la fin de laquelle nous l'avons placé (tom. XXVI, pag. 226). Voici les caractères de ce genre, tels que nous les avons observés sur l'unique espèce qui le constitue.

Calathide oblongue, étroite, cylindracée, incouronnée, équaliflore, pluri-multiflore, régulariflore, androgyniflore. Péricline inférieur aux fleurs, oblong, cylindracé, irrégulier; formé de squames peu nombreuses, subunisériées, un peu inégales, appliquées, linéaires, foliacées. Clinanthe petit, plan, inappendiculé. Ovaire long, grêle, subcylindracé ou subtétragone, tout hérissé de longues soies; aigrette presque aussi longue que l'ovaire, composée d'environ huit à dix squamellules unisériées, contiguës à la base, inégales, paléiformes, ordinairement lancéolées, aiguës, membraneuses, diaphanes, munies d'une énorme côte médiaire. Corolle à tube court, bien distinct du limbe; à limbe long, cylindracé, divisé supérieurement en cinq lanières oblongues, très-divergentes, arquées en-dehors, papillulées sur la face interne ou supérieure. Étamines à filets glabres, greffés à la corolle jusqu'au sommet de son tube; articles anthérifères courts, subglobuleux; anthères entregreffées, pourvues d'appendices apicilaires obtus, et privées d'appendices basilaires. Style d'Adénostylée.

Paléolaire a fleurs roses : *Paleolaria carnea*, H. Cass.,
Bull. des sc., Mars 1818, pag. 47; *Palafoxia linearis*, Lag., 37:257
Gen. et sp. pl., pag. 26; *Stevia linearis*, Cav., *Descr.*, n.° 464; Willd.; Pers.; *Ageratum lineare*, Cav., *Icon. et descr.*, vol. 3, pag. 3, tab. 205. La tige, haute d'environ trois pieds, est ligneuse, comme sarmenteuse, rameuse, grêle, cylindrique, pubescente; les feuilles sont la plupart alternes, quelques-unes opposées sur la partie inférieure de la plante; elles sont presque sessiles, longues d'environ deux pouces, linéaires ou linéaires-lancéolées, très-entières, un peu charnues, uni-

37:257 nervées, pubescentes; les calathides, longues de six à huit lignes, sont disposées en panicule corymbiforme à l'extrémité des tiges ou des rameaux, et composées chacune d'environ douze à vingt-une fleurs à corolle de couleur de chair, et à anthères rougeâtres contenant du pollen blanc.

Nous avons fait cette description spécifique, et celle des caractères génériques, sur plusieurs individus vivans, cultivés au Jardin du Roi, où ils fleurissoient en Août, et où ils ont porté le faux nom de *Kuhnia fruticosa* ou *rosmarinifolia*, jusqu'à l'époque où nous les avons nommés *Paleolaria carnea*. Cette plante est indigène au Mexique.

L'aigrette du *Paleolaria* est composée ordinairement de huit squamellules, dont quatre plus courtes alternent avec les quatre autres, et paroissent être intérieures, quoique nées sur la même ligne circulaire qui donne naissance aux plus grandes; celles-ci sont longuement lancéolées, courtement aristées, formées d'une très-grosse nervure charnue, verdâtre, amincie de bas en haut, munie supérieurement de quelques barbellules spinuliformes, et bordée sur les deux côtés, presque jusqu'au sommet, par une membrane irrégulièrement denticulée ou comme laciniée vers le haut; les squamellules plus courtes sont inégales, irrégulières, variables, formées d'une membrane arrondie, presque ovale, lacérée, charnue au milieu de sa partie inférieure. La corolle est analogue à celle des *stevia*, dont elle diffère cependant en ce que sa surface intérieure n'est point garnie de poils; le tube est vert; le limbe blanc, à lanières rosées vers le bout; il y a sur le tube et sur l'extrémité des lanières, quelques poils longs, subulés, articulés. Le style porte deux stigmatophores longs, grêles, demi-cylindriques, arrondis
37:258 au sommet, roulés en dehors pendant la fleuraison; leur face extérieure convexe est hérissée de papilles longues, grosses, cylindriques, obtuses, dont quelques-unes occupent le haut du style; leur face intérieure plane offre deux gros bourrelets stigmatiques prolongés jusqu'au sommet, presque contigus, confluens seulement au sommet, demi-cylindriques, peu sensiblement papillés, colorés en rose.

Le *Paleolaria* appartient indubitablement, par la structure de son style, à la tribu des Adénostylées: mais, comme il

s'éloigne des autres plantes de ce groupe, par son port et 37:258
par la structure de son aigrette, et qu'il se rapproche par là des Eupatoriées-Agératées, il se trouve très-bien placé sur la limite des deux groupes, c'est-à-dire à la fin des Adénostylées, et immédiatement avant les *Nothites* et *Stevia*, qui commencent la série des Eupatoriées. (Voyez notre tableau des Adénostylées et des Eupatoriées, tom. XXVI, pag. 226, et notre article Nothite, tom. XXXV, pag. 163.)

La plante dont il s'agit avoit été successivement rapportée par Cavanilles, d'abord au genre *Ageratum*, puis au genre *Stevia*. La structure de son style, que nous avions déjà signalée en 1812 et en 1814, dans nos premier et troisième Mémoires sur les Synanthérées (Journ. de Phys., tom. 76, pag. 199, et tom. 82, pag. 145), nous détermina bientôt à faire de cette plante un genre particulier, sous le nom de *Paleolaria*, qui fait allusion à la structure de l'aigrette composée de squamellules paléiformes très-remarquables. Ce genre *Paleolaria* fut d'abord indiqué par nous dans le supplément du premier volume de ce Dictionnaire (pag. 59 et 60), qui a été publié dans les premiers jours du mois d'Octobre 1816; la description générique parut deux mois après, dans le Bulletin des sciences de Décembre 1816; et la description spécifique a été insérée dans le Bulletin de Mars 1818. Le petit ouvrage de M. Lagasca, publié à Madrid, en 1816, sous le titre de *Genera et species plantarum*, etc., nous fut communiqué au commencement de 1819, par son ami, M. Dufour, qui venoit d'en recevoir plusieurs exemplaires, et qui désiroit les faire annoncer dans le Bulletin des sciences, dont nous étions alors rédacteur pour la Botanique. (Voyez le Bulletin de Février 1819, pag. 32.) Nous recon-
nûmes que le genre *Palafoxia*, décrit dans cet opuscule, 37:259
étoit le même que notre *Paleolaria*, en lisant, dans l'ouvrage de Cavanilles (*Icon. et descr.*), une excellente description de l'*Ageratum lineare*, cité comme synonyme du *Palafoxia*. Mais, puisque le *Palafoxia* et le *Paleolaria* ont été publiés dans la même année, nous ne trouvons aucun motif pour abandonner le nom de *Paleolaria*, qui vaut bien celui de *Palafoxia*. Voici la description générique de M. Lagasca, qu'on pourra comparer avec la nôtre.

37:259 *Anthodium* oblong, presque imbriqué, octo-polyphylle, multiflore, étalé en étoile après la floraison; corolle flosculeuse, plus longue que le calice, à fleurons quinquéfides; aigrette polyphylle, paléacée; réceptacle nu; graines marginales enveloppées par les folioles calicinales étalées.

L'auteur ne trace point les caractères spécifiques de la plante sur lesquels ce genre est fondé, et qu'il indique seulement par la citation des deux synonymes de Cavanilles. Suivant lui, le genre *Palafoxia* est voisin du *Stevia* et de l'*Ageratum* : mais il diffère du *Stevia* par le calice oblong, presque imbriqué, multiflore, étalé en étoile après la fleuraison, à folioles embrassant les semences, et par les paillettes de l'aigrette lancéolées, aiguës ; il se distingue de l'*Ageratum* par le calice oblong, deux fois plus court que la corolle, étalé en étoile après la fleuraison, et par les fleurons à limbe quinquéfide. Il est inutile de dire que M. Lagasca n'a point remarqué la différence de la structure du style, qui est à nos yeux la plus importante, et qui nous avoit décidé à créer le genre *Paleolaria*.

Nous croyons pouvoir insérer ici un supplément pour notre article Celmisia (tom. VII, pag. 356), parce que le genre ainsi nommé est de la même tribu que le *Paleolaria*.

M. Gaudichaud a trouvé dans l'intérieur de la Nouvelle-Hollande, sur les montagnes bleues, une fort belle Synanthérée, qui ressemble extérieurement aux *Doronicum* par sa calathide, et aux *Liatris* par ses feuilles, mais qui nous a paru appartenir par ses caractères à la tribu des Adénostylées et au genre *Celmisia*. Nous usons de la permission, que ce botaniste nous a donnée, de la décrire ici.

Celmisia longifolia, H. Cass. Plante herbacée; tige dressée,
37:260 haute, simple ou presque simple, tomenteuse; feuilles alternes, sessiles, entières; celles de la base (radicales ou caulinaires inférieures) très-longues, largement linéaires ou rubanaires, très-entières, uninervées, à face inférieure tomenteuse et blanche, sauf la nervure qui est glabre; feuilles supérieures graduellement plus courtes et plus étroites, linéaires-subulées; calathide grande, solitaire, terminale, à disque jaune et à couronne rose. La structure du style et de ses stigmatophores est analogue à celle qui est propre à

la tribu des Adénostylées. Tous les caractères génériques sont 37:260
conformes à ceux du *Celmisia*, si ce n'est que le péricline est supérieur aux fleurs du disque, que le clinanthe est alvéolé, que les ovaires sont glabres, et que les fleurs femelles n'offrent point de rudimens d'étamines.

Les genres *Brachyglottis* de Forster et *Doria* de Thunberg, que nous avons rapportés avec doute à la tribu des Sénécionées (tom. XXXIV, page 393), appartiennent peut-être à celle des Adénostylées; mais pour résoudre cette question, il faudroit voir ces plantes, afin d'observer leurs stigmatophores. (H. Cass.)

PALLÉNIDE, *Pallenis*. (*Bot.*) Ce genre de plantes, que 37:275
nous avons proposé dans le Bulletin des sciences de Novembre 1818 (pag. 166), appartient à l'ordre des Synanthérées, à notre tribu naturelle des Inulées, et à la section des Inulées-Buphthalmées, dans laquelle nous l'avons placé entre le *Buphthalmum* et le *Nauplius* (tom. XXIII, pag 566). Voici les caractères génériques du *Pallenis*, observés par nous sur la seule espèce connue.

Calathide radiée: disque multiflore, régulariflore, androgyniflore; couronne bisériée, multiflore, liguliflore, féminiflore. Péricline très-supérieur aux fleurs du disque; formé de squames paucisériées, obimbriquées, très-courtes, appliquées, coriaces, surmontées d'un très-grand appendice foliiforme, étalé, ovale, spinescent au sommet. Clinanthe plan, garni de squamelles égales aux fleurs, demi-embrassantes, coriaces, acuminées-spinescentes. Ovaires du disque comprimés bilatéralement, obovales, hispidules, portant une aigrette stéphanoïde, membraneuse, laciniée; ovaires de la couronne obcomprimés, orbiculaires, munis d'une bordure aliforme, et portant une aigrette stéphanoïde, dimidiée-postérieure, membraneuse, denticulée. Corolles de la couronne à tube large, épais, coriace; à languette étroite, linéaire, tridentée au sommet; quelquefois un long appendice filiforme, laminé, naît de l'intérieur du tube, en
avant du style, et simule une languette intérieure exacte- 37:276
ment opposée à la vraie languette. Corolles du disque à tube très-épais, coriace-charnu, muni d'un appendice longitudinal aliforme. Anthères presque dépourvues d'appen-

37:276 dices basilaires distincts.

Palléníde épineuse : *Pallenis spinosa*, H. Cass.; *Buphthalmum spinosum*, Linn., *Sp. pl.*, éd. 3, pag. 1274. C'est une plante herbacée, annuelle ou bisannuelle, dont la tige, haute d'environ un pied, est dressée, dure, velue, un peu rameuse, presque dichotome; les feuilles radicales sont étalées, longues, étrécies vers la base, obtuses au sommet, denticulées sur les bords, velues; celles de la tige sont alternes, sessiles, embrassantes, lancéolées et velues; les calathides sont solitaires, terminales ou axillaires, et composées de fleurs jaunes. On trouve cette plante sur le bord des champs, dans les provinces méridionales de la France, où elle fleurit en Juin et Juillet.

Le genre ou sous-genre *Pallenis* diffère du vrai *Buphthalmum*, par sa couronne bisériée, multiflore, par son péricline très-supérieur aux fleurs du disque et formé de squames longuement appendiculées, par son clinanthe plan, par ses ovaires hispidules, comprimés ou obcomprimés, par les corolles de la couronne à languette étroite, par les corolles du disque à tube très-épais, coriace-charnu, muni d'un appendice longitudinal aliforme. Il se distingue du *Nauplius* par la couronne bisériée, multiflore, l'aigrette stéphanoïde, d'une seule pièce, les ovaires de la couronne obcomprimés, orbiculaires, munis d'une bordure aliforme, les corolles du disque à tube muni d'un appendice longitudinal aliforme.

Pour éviter les répétitions, nous renvoyons nos lecteurs à l'article Nauplius (tom. XXXIV, pag. 272), dans lequel nous avons inséré une analyse historique et critique des vicissitudes éprouvées par le genre *Buphthalmum*, et des réformes proposées par nous. (H. Cass.)

37:308 PAMPHALEA. (*Bot.*) Voyez Panphalée. (H. Cass.)

37:345 PANPHALÉE, *Panphalea.* (*Bot.*) Ce genre de plantes, publié en 1811, par M. Lagasca, appartient à l'ordre des synanthérées, à notre tribu naturelle des Nassauviées, et à la section des Nassauviées-Trixidées, à la fin de laquelle nous l'avons placé (tom. XXXIV, pag. 207). Voici les caractères de ce genre, tels que nous les avons observés sur l'unique espèce qui le constitue.

Calathide incouronnée, radiatiforme, bisériée, pauciflore 37:345
(dix ou douze fleurs), labiatiflore, androgyniflore. Péricline inférieur aux fleurs, subcylindracé, formé de huit ou neuf squames subbisériées, égales, oblongues, un peu élargies de bas en haut, à partie moyenne coriace et prolongée au sommet en une dent spinescente, à parties latérales membraneuses-scarieuses et prolongées chacune en une dent aiguë, molle; trois petites squames surnuméraires, inégales, ovales-acuminées, accompagnent extérieurement la base du péricline. Clinanthe petit, inappendiculé. Fruits obovoïdes, noirs, hérissés de poils épars, gros et courts, membraneux; aigrette nulle. Corolles à tube large, confondu avec le limbe, à limbe profondément divisé en deux lèvres: l'extérieure large et terminée par trois petites dents; l'intérieure plus étroite, plus courte, roulée, tantôt profondément bifide, tantôt paroissant indivise. Étamines à filet greffé seulement à la partie basilaire de la corolle; article anthérifère long et un peu élargi; tube anthéral courbe; loges et connectif excessivement courts; appendices apicilaires très-longs; appendices basilaires très-longs et presque entièrement pollinifères. Style de Nassauviée, à base renflée en tubercule sphéroïde, à stigmatophores souvent irréguliers.

Panphalée de Commerson: *Panphalea Commersonii*, H. Cass., Bull. des sc., Juillet 1819, pag. 111 et 112; *Panphalea*, Lag., *Amenid. natur.*, tom. 1, pag. 34; *Lapsana crassifolia*, Vahl, *manuscr.*, Herb. de Juss. Plante herbacée, glabre, luisante et comme vernissée sur toutes ses parties vertes. Racine tu-
béreuse, sphérique, noirâtre, produisant plusieurs tiges et 37:346
plusieurs feuilles radicales. Tiges longues d'un demi-pied, grêles, anguleuses, ramifiées supérieurement. Feuilles alternes, coriaces, longuement pétiolées sur la racine et sur les tiges, sessiles sur les rameaux: les radicales cordiformes à la base, obtuses au sommet, divisées peu profondément en sept lobes inégaux; les caulinaires inférieures larges, obtuses, trilobées; les intermédiaires ovales, très-entières; les supérieures, garnissant les rameaux, linéaires-lancéolées, très-entières. Calathides petites, solitaires à l'extrémité des derniers rameaux, qui sont longs, grêles, simples, pédonculiformes, et disposés presque en corymbe, ou en panicule corymbi-

37:346 forme. Fleurs jaunes (sur la plante sèche).

Nous avons fait cette description spécifique, et celle des caractères génériques, sur des échantillons de l'herbier de M. de Jussieu, recueillis en 1767, près de Montevideo, par le célèbre voyageur naturaliste à qui nous avons dédié cette espèce.

En examinant les synanthérées de l'herbier de M. de Jussieu, nous trouvâmes, parmi ses Chicoracées, une plante fort remarquable, étiquetée par Vahl *Lapsana crassifolia*. Nous n'eûmes pas de peine à nous convaincre que cette plante ne pouvoit appartenir ni au genre *Lapsana*, ni même à la tribu des Chicoracées ou Lactucées, mais bien à la tribu naturelle des Nassauviées, et nous crûmes pouvoir en faire un genre nouveau sous le nom de *Ceratolepis*, exprimant que les squames du péricline sont terminées par de petites cornes. Heureusement, avant de le publier, nous reconnûmes que nous avions été devancé depuis long-temps par M. Lagasca, qui, dès l'année 1811, avoit publié le même genre, sous le nom de *Panphalea*, dans sa Dissertation sur les Chénanthophores, insérée dans les *Amenidades naturales de las Espanas*.

Voici la description donnée par ce botaniste :

Calyx simplici serie heptaphyllus, æqualis, calyculatus calyculo brevi, undecimflorus. Corolla æqualis; labium interius bidentatum. Receptaculum foveolatum. Pappus nullus. Polygamia æqualis. = Planta herbacea, undique lucida (hinc generis nomen). Folia radicalia cordata, sublobata, petiolata; reliqua sessilia, alterna, linearia, indivisa. Rami alterni, apice uniflori.

37:347 M. Lagasca s'est trompé en disant que la lèvre intérieure des corolles n'est que bidentée : elle est profondément bifide, quoiqu'elle paroisse souvent indivise. Il place le *Panphalea* entre le *Panargyrus* et le *Caloptilium*, deux genres que nous n'avons pas pu observer, mais qui, d'après les descriptions de ce botaniste, nous semblent en effet presque indubitablement appartenir à la tribu naturelle des Nassauviées, dont le *Panphalea* fait très-certainement partie.

M. De Candolle, dans son Mémoire sur les Labiatiflores, publié en 1812, a placé le *Panphalea* auprès du *Jungia*, qui est aussi de la tribu des Nassauviées. Il a copié les caractères du genre dont il s'agit sur le manuscrit de M. Lagasca, qui

lui avoit été communiqué au commencement de 1808; mais 37:347
il a mal à propos écrit *Pamphalea* le nom générique, qui, d'après son étymologie, doit être écrit *Panphalea*, comme a fait M. Lagasca.

Le *Panphalea* étant une plante rare et peu connue, nous pensâmes que les botanistes nous sauroient gré de leur en donner une nouvelle description, plus exacte, plus complète et plus détaillée que celle de M. Lagasca, que M. De Candolle s'étoit contenté d'abréger en la copiant, parce qu'il ne connoissoit point notre plante, qu'il n'avoit probablement pas remarquée dans les herbiers de MM. de Jussieu et Desfontaines, où elle se trouvoit depuis bien long-temps. C'est pourquoi, dans le Bulletin des Sciences de Juillet 1819 (p. 111 et 112), nous insérâmes la description générique et spécifique reproduite dans le présent article.

Le genre *Panphalea* se trouve placé à la suite du *Drozia*, et avant le *Triptilion*, qui commence la série des Nassauviées-Prototypes, dans notre tableau des Nassauviées inséré dans ce Dictionnaire (tom. XXXIV, pag. 205). En effet, ce genre, qui se distingue facilement, par ses fruits privés d'aigrette, de toutes les autres Nassauviées connues jusqu'ici, n'est pas mal placé à la suite du *Drozia*, son clinanthe étant nu, et les squames de son péricline étant oblongues, un peu élargies de bas en haut, coriaces au milieu, membraneuses sur les bords, terminées au sommet par trois dents, dont la moyenne est spinescente. Ce genre confine d'une autre part aux Nassauviées-Prototypes, par sa calathide pauciflore, et par son
péricline de huit ou neuf squames égales, subbisériées, entourées de trois petites squames surnuméraires; il a surtout une affinité manifeste avec le *Triptilion*, par le port et par le péricline. Les anthères du *Panphalea* sont remarquables en ce que les loges proprement dites sont excessivement courtes, l'article anthérifère s'insérant très-près de l'origine de l'appendice apicilaire; mais, par compensation, les appendices basilaires sont polliniféres dans presque toute leur longueur. (H. Cass.) 37:348

PAQUERINA. (*Bot.*) Voyez la description de ce nouveau genre dans l'analyse de notre tableau des Astérées, inséré à la suite de l'article Paquerolle. (H. Cass.) 37:454

37:454 PAQUEROLLE, *Bellium*. (*Bot.*) Ce genre de plantes, établi par Linné, en 1767, dans son *Mantissa plantarum*, appartient à l'ordre des Synanthérées, et à notre tribu naturelle des Astérées, dans laquelle nous le plaçons entre le *Bellis*, qui en diffère par l'aigrette nulle, et le *Bellidiastrum*, qui en diffère
37:455 par l'aigrette composée de squamellules nombreuses, toutes filiformes, longues et barbellulées. Voici les caractères génériques du *Bellium*, tels que nous les avons observés sur le *Bellium bellidioides*, qui est le type de ce genre.

Calathide radiée: disque multiflore, régulariflore, androgyniflore; couronne unisériée, liguliflore, féminiflore. Péricline subhémisphérique, un peu supérieur aux fleurs du disque; formé de squames uni-bisériées, à peu près égales, appliquées, demi-embrassantes, oblongues-lancéolées, concaves, carénées, subfoliacées. Clinanthe ovoïde, charnu, plein, absolument nu. *Fleurs du disque:* Ovaire court, large, comprimé bilatéralement, obovale, garni de longues soies, pourvu d'un bourrelet apicilaire épais, charnu, glabre; aigrette composée de dix ou douze squamellules immédiatement contiguës, dont cinq ou six courtes, larges, paléiformes, membraneuses, diaphanes, arrondies ou tronquées et un peu denticulées au sommet, alternant avec cinq ou six squamellules longues, filiformes, barbellulées, disposées sur le même rang que les autres. Corolle à quatre divisions arquées en dedans et conniventes. Anthères incluses. Style d'Astérée, à stigmatophores exerts, figurant une pince. *Fleurs de la couronne:* Ovaire et aigrette, à peu près comme dans les fleurs du disque. Corolle à tube court, à languette elliptique, entière ou à peine échancrée au sommet.

Les squamellules paléiformes de l'aigrette sont quelquefois entregreffées par les bords, et dans ce cas les squamellules filiformes restent libres et se trouvent situées en dedans des autres; ce qui prouve que l'aigrette du *Bellium* peut et doit réellement être considérée comme double, quoique le plus souvent toutes les squamellules, paléiformes et filiformes, paroissent disposées sur le même rang.

PAQUEROLLE FAUSSE-PAQUERETTE: *Bellium bellidioides*, Linn., *Mant. pl.* Une touffe enracinée de feuilles entremêlées de hampes produit quelques vraies tiges courtes, horizontales,

rampantes, simples, nues, cylindriques, grêles, vertes, 37:455
presque glabres, terminées chacune par une touffe de feuilles, de hampes et de tiges nées du même point, sous lequel naissent aussi quelques racines; les feuilles ont un pétiole long d'environ un pouce, demi-cylindrique, élargi vers le sommet;
leur limbe, long d'environ sept lignes, large d'environ quatre 37:456
lignes, est à peu près elliptique ou obovale, arrondi au sommet, très-entier sur les bords, muni d'une grosse nervure médiaire, et parsemé çà et là de quelques petits poils; les hampes sont longues d'environ quatre pouces, très-grêles, très-simples, cylindriques, presque glabres, ordinairement nues, très-rarement munies d'une petite feuille; les calathides, solitaires au sommet de ces hampes, ont environ six lignes de largeur; leur péricline est parsemé de petits poils; le disque est jaune; la couronne est blanche en dessus, rougeâtre en dessous, la face inférieure de chaque languette étant blanche sur ses bords et rougeâtre en son milieu; les aigrettes de la couronne n'ont que huit squamellules alternativement paléiformes et filiformes; celles du disque en ont dix ou douze.

Nous avons fait cette description spécifique, et celle des caractères génériques, sur des individus vivans cultivés au Jardin du Roi. Cette jolie petite plante, qui ressemble beaucoup extérieurement à la Paquerette annuelle (*Bellis annua*), et qui fleurit en Mai et Juin, se trouve en Italie, en Corse, et dans les îles Baléares; elle est annuelle, suivant la plupart des botanistes, vivace, suivant M. Loiseleur Deslongchamps.

La plante décrite par M. Desfontaines, dans sa Flore atlantique (tom. 2, pag. 279), sous le nom de *Bellium bellidioides*, est sans doute une espèce distincte de celle que nous venons de décrire: car M. Desfontaines attribue à sa plante des feuilles dentées, des pédoncules garnis de feuilles en leur partie inférieure, et des aigrettes de seize squamellules alternativement paléiformes et filiformes. Il paroît même que cette distinction spécifique a déjà été faite, puisque nous lisons dans la Flore françoise de M. De Candolle (t. V, p. 475), que Linné et la plupart des auteurs modernes ont confondu, sous le nom de *Bellium bellidioides*, deux espèces que M. Vi-

37:456 viani (Fragm., p. 8 et 9) a très-bien distinguées; mais nous avons inutilement cherché l'ouvrage de M. Viviani, cité par M. De Candolle.

PAQUEROLLE GIGANTESQUE : *Bellium giganteum*, H. Cass., Dict., tom. IV, Suppl., pag. 72 ; *Arnica rotundifolia*, Willd. ; Pers.;
37:457 *Doronicum rotundifolium*, Desf., *Flor. atl.*, tom. 2, pag. 279, tab. 235, fig. 1. C'est une plante herbacée, à racine vivace, qui habite les montagnes de l'Atlas, où elle fleurit au commencement de l'été, et qui se distingue facilement de ses congénères par sa stature gigantesque relativement à elles. Elle ressemble extérieurement au *Doronicum bellidiastrum* de Linné. Ses feuilles radicales, longuement pétiolées, pubescentes, ont environ deux à quatre pouces de long, et quatre à huit lignes de large; elles sont presque rondes ou elliptiques, inégalement dentées ou crénelées, décurrentes sur leur pétiole; la hampe, très-simple, droite, cylindrique, pubescente, s'élève souvent jusqu'à un pied, et se termine par une calathide, qui nous a offert les caractères génériques suivans : Disque réguliflore, androgyniflore; couronne liguliflore, féminiflore; péricline formé de squames bisériées, presque égales, linéaires; clinanthe conique, nu ; ovaires très-comprimés bilatéralement, hérissés de poils, et bordés d'un bourrelet sur la tranche; aigrette très-courte, composée de dix squamellules, dont cinq paléiformes, laciniées au sommet, alternant avec cinq autres squamellules filiformes, barbellulées; style et stigmatophores d'Astérée.

Cette plante, décrite par M. Desfontaines, dans sa Flore atlantique, sous le nom de *Doronicum rotundifolium*, a été attribuée par Willdenow au genre *Arnica*. MM. De Candolle (Fl. fr., tom. 4, pag. 176) et Persoon (*Syn. pl.*, tom. 2, pag. 454) ont pensé que la plante dont il s'agit devoit peut-être former un genre particulier avec le *Doronicum bellidiastrum* de Linné: mais cette opinion, suggérée seulement par les apparences extérieures, est inadmissible à cause des différences que présente la structure de l'aigrette dans les deux plantes prétendues congénères. Le *Doronicum bellidiastrum* constitue seul notre genre *Bellidiastrum*, décrit dans ce Dictionnaire (tom. IV, Suppl., pag. 70), et bien distinct par son aigrette composée de squamellules nombreuses, toutes filiformes, longues et barbellulées. Quant au *Doronicum rotundifolium*, M. Desfontaines lui avoit attribué une aigrette courte et paléacée : mais ce botaniste nous ayant permis de l'examiner dans son herbier, nous y avons reconnu les caractères essentiels du genre *Bellium*, et nous l'avons nommé *Bellium giganteum* dans le Supplément du quatrième volume de ce Dictionnaire (pag. 72). Selon M. Desfontaines, les corolles du disque ont cinq divisions et cinq étamines, ce que nous avons oublié de vérifier : mais cette légère différence ne suffit pas pour exclure la plante en question du genre *Bellium*, auquel elle appartient indubitablement. 37:457 37:458

Ainsi, le genre *Bellium* se trouve maintenant composé de quatre espèces, en y comprenant le *Bellium minutum* de Linné (*Mant. pl.*), autrefois rapporté au genre *Pectis*, et que nous nous abstenons de décrire, parce que ne l'ayant point vu, il n'est pas certain pour nous qu'il soit réellement de la même tribu et du même genre que les trois autres *Bellium*, ce qui pourtant est bien vraisemblable.

Le tableau méthodique des genres et sous-genres composant la tribu des Astérées, auroit dû se trouver dans notre article sur cette tribu (tom. III, Suppl., pag. 64) ; mais à l'époque où nous rédigeâmes cet article, publié en 1816, nos études étoient encore incomplètes sur plusieurs points, et c'est pourquoi nous nous bornâmes alors à présenter une simple liste alphabétique de vingt-quatre genres. Maintenant nous sommes en état d'offrir à nos lecteurs un tableau méthodique, plus complet, plus exact, mieux élaboré. C'est un supplément nécessaire à notre article Astérées, et nous croyons pouvoir le placer assez convenablement ici.

XIIIe *Tribu*. Les Astérées (*Astereæ*).

An? Asteres. Jussieu (1789 et 1806) — *Solidagines*. H. Cassini (1812) — *Astereæ*. H. Cass. (1814) — *Vernoniacearum et Asterearum genera*. Kunth (1820).

(Voyez les caractères de la Tribu des Astérées, tome XX, page 375.)

37:458 *Première Section.*

ASTÉRÉES-SOLIDAGINÉES (*Astereæ-Solidagineæ*).

Caractères ordinaires : Calathide radiée ou quasi-radiée (très-rarement discoïde par demi-avortement des languettes); couronne jaune, à fleurs ligulées (très-rarement subtubuleuses par demi-avortement).

I. Grindéliées. Disque androgyniflore; couronne unisériée;
37:459 aigrette nulle, ou composée de squamellules peu nombreuses, distancées, caduques, subfiliformes, roides, nues ou barbellulées.

1. † XANTHOCOMA. = *Xanthocoma.* Kunth (1820).

2. * GRINDELIA. = *Asteris sp.* Lag. (1805) — Brouss. — *Inulæ sp.* Pers. (1807) — *Grindelia.* Willd. (1807 et 1809) — H. Cass. (1821) Dict. v. 19. p. 461 — *Demetriæ sp.* Lag. (1816) — *Grindeliæ sp.* R. Brown (1817) — Dunal (1819) — Kunth (1820).

3. * AURELIA. = *Asteris sp.* Cav. (1793 et 1802) — Willd. (1809) — *Doronici sp.* Willd. (1803) — Poir. — *Inulæ sp.* Pers. (1807) — Desf. — *Donia.* R. Brown (1813) — Aiton — Pursh (1814) — Sims — *Aurelia.* H. Cass. (1814) Bull. oct. 1815. p. 175. Journ. de Phys. févr. 1816. p. 145. Dict. v. 3 suppl. (1816) p. 129. Bull. févr. 1817. p. 32 — *Demetriæ sp.* Lag. (1816) — *Grindeliæ sp.* R. Brown (1817) — Dunal (1819) — Kunth (1820).

II. Psiadiées. Disque masculiflore; couronne plurisériée.

4. * ELPHEGEA. = *Epilatoria et? Glutinaria.* Commers. (ined.) — *Baccharidis et Conyzæ sp.* Lam. — Pers. — *Elphegea.* H. Cass. Bull. févr. 1818. p. 31. Dict. v. 14. p. 361.

5. * SARCANTHEMUM. = *Conyza coronopus.* Lam. — Pers. — *Sarcanthemum.* H. Cass. Bull. mai 1818. p. 74.

6. * PSIADIA. = *Psiadia.* Jacq. (1797) — Pers. — *Erigeron viscosum.* Desf. (non Lin.).

7. * NIDORELLA. = *Erigeron fœtidum.* Lin. — *Nidorella.* H. Cass. Dict. (hic).

III. Solidaginées vraies. Disque androgyniflore; couronne unisériée; aigrette de squamellules nombreuses, contiguës, persistantes, filiformes, barbellulées, quelquefois entourées de petites squamellules laminées formant une aigrette extérieure. 37:459

8. * Euthamia. = *Chrysocomæ sp.* Lin. (1763) — *Solidaginis sp.* Aiton (1789) — Pers. — *Euthamia.* Nutt. (1818) — H. Cass. Dict. (hìc).

9. * Solidago. = *Virgæ aureæ sp.* Tourn. (1694) — *Virga aurea.* Vaill. (1720) — *Solidaginis sp.* Lin. (1737) — *Solidago.* Lin. (1763) — Gærtn. (1791. benè.) — H. Cass. Dict. (hìc) — *An? Doria.* Adans. (1763. malè).

10. * Diplopappus. = *Inulæ sp.* Michaux (1803) — *An? Diplogon.* Rafin. (non R. Brown) — *Diplopappi sp.* H. Cass. Bull. sept. 1817. p. 137. Bull. mai 1818. p. 77. Dict. v. 13. p. 308. v. 25. p. 96 — *Chrysopsidis sp.* Nutt. (1818) — *Diplopappus.* H. Cass. Dict. (hìc). 37:460

11. * Heterotheca. = *Inulæ sp.* Lam. — *Heterotheca.* H. Cass. Bull. sept. 1817. p. 137. Dict. v. 21. p. 130.

IV. Lépidophyllées. Disque androgyniflore; couronne unisériée; aigrette de squamellules paléiformes.

12. † Brachyris. = *Brachyris.* Nutt. (1818).

13. † Gutierrezia. = *Gutierrezia.* Lag. (1816) — H. Cass. Dict. v. 20. p. 100.

14. * Lepidophyllum. = *Athanasiæ? sp.* Commers. (ined.) — *Conyzæ sp.* Lam. — *Baccharidis sp.* Pers. — *Lepidophyllum.* H. Cass. Bull. déc. 1816. p. 199. Dict. v. 26. p. 36.

Seconde Section.

Astérées-Baccharidées (*Astereæ-Baccharideæ*).

Caractères ordinaires : Calathides tantôt incouronnées, androgyniflores, tantôt unisexuelles, tantôt discoïdes, jamais radiées (dans leur état naturel); les fleurs femelles tubuleuses et non ligulées.

I. Chrysocomées. Calathides incouronnées, androgyniflores, offrant très-rarement quelques fleurs femelles, marginales, tubuleuses.

15. * Pterophorus. = *Pterophorus.* Vaill. (1719) — Adans. — H. Cass. Dict. (hìc) — *Pteronia.* Printz (1760) Amœn. acad. — Lin. (1763) — *Pteroniæ prior sp.* Gærtn. (1791) — *Pterophora.* Neck. (1791).

37:460 16. * Scepinia. = *Pteroniæ posterior sp.* Gærtn. (1791) — *Scepinia.* Neck. (1791) — H. Cass. Dict. (hìc).

17. * Crinitaria. = *Conyzæ sp.* Amman — *Asteris sp.* Gmel. — *Chrysocomæ sp.* Lin. — *Chrysocomæ posterior sp.* Gærtn. — *Crinita.* Mœnch (1794). (*Non Crinita.* Houttuyn) — *Crinitaria.* H. Cass. Dict. (hìc).

18. * Linosyris. = *Conyzæ sp.* Tourn. — *Chrysocomæ sp.* Lin. — *Chrysocomæ prior sp.* Gærtn. — Mœnch — *Linosyris.* H. Cass. Dict. (hìc).

37:461 19. * Chrysocoma. = *Chrysocomæ sp.* Lin. (1737)— *Chrysocoma.* H. Cass. Dict. (hìc).

20. * Nolletia. = *Conyza chrysocomoides.* Desf. (1798)— *Nolletia.* H. Cass. Dict. (hìc).

II. Baccharidées vraies. Calathides unisexuelles ou discoïdes; les fleurs régulières presque toujours mâles et non hermaphrodites.

21. * Sergilus. = *Chrysocomæ sp.* P. Browne (1756) — Elmgren (1759) Amœn. acad. — Lin. (1759) Syst. nat. — *Calcæ sp.* Lin. (1768) Syst. nat. — *Sergilus.* Gærtn. (1791. malè.) — H. Cass. Journ. de phys. juill. 1818. p. 25. Dict. (hìc) — *Baccharidis sp.* Swartz (1806) Fl. ind. occ. — R. Brown (1817).

22. * Baccharis. = *Non Baccharis.* Vaill. (1719) — *Baccharidis sp.* Lin. (1737) — *Molina.* Ruiz. et Pav. (1794) — *Baccharis.* Rich. in Mich. (1803) — Juss. (1806) Ann. du mus. v. 7 — R. Brown (1817) Trans. lin. soc. v. 12. p. 115 — Kunth (1820) — H. Cass. Dict. (hìc).

23. † Tursenia. = *Baccharidis sp.* Kunth (1820) — *Tursenia.* H. Cass. Dict. (hìc).

24. * Fimbrillaria. = *Baccharidis sp.* Lin. (1737) — *An? Marsea aut Marseæ sp.* Adans. (1763) — *Baccharis.* Gærtn. (1791) — *Fimbrillaria.* H. Cass. Bull. févr. 1818. p. 31. Bull. oct. 1819. p. 158. Dict. v. 17. p. 54.

Troisième Section.

Astérées - Prototypes (*Astereæ - Archetypæ*).

Caractères ordinaires : Calathide radiée (rarement discoïde par avortement des languettes) ; couronne point jaune, à fleurs ligulées (rarement tubuleuses par avortement); disque

plus haut que large; clinanthe plan; péricline ordinairement 37:461
subcylindracé, très-souvent imbriqué, presque jamais supérieur aux fleurs du disque.

I. Érigérées. Calathide discoïde, discoïde-radiée, ou radiée; couronne à petites languettes, très-nombreuses, quelquefois avortées ou semi-avortées, ordinairement disposées sur plus d'un rang.

25. * Dimorphanthes. = *Erigerontis sp.* Lin (1737) — *An? Placus.* Lour. (1790) — *Eschenbachia.* Mœnch (1794. malè.) — *Conyzæ sp.* Willd. (1803) — Decand. — Kunth — *Erige-* 37:462
rontis et Conyzæ sp. Pers. (1807) — *Dimorphanthes.* H. Cass. Bull. fév. 1818. p. 30. Dict. v. 13. p. 254. Bull. 1821. p. 175. Dict. v. 25. p. 93.

26. † Laennecia. = *Conyzæ sp.* Kunth (1820) — *Laennecia.* H. Cass. (1822) Dict. v. 25. p. 91.

27. * Trimorphæa. = *Asteris sp.* Tourn. — *Conyzoides.* Dill. — *Erigerontis sp.* Lin. (1737) — Mœnch — *Paniois sp.* Adans. (1763) — *Erigeron.* Gærtn. (1791) — *Trimorpha.* H. Cass. Bull. sept. 1817. p. 137 — *Trimorphæa.* H. Cass. Dict. (hìc).

28. * Erigeron. = *Virgæ aureæ sp.* Tourn. — *Conyzella.* Dill. — *Erigerontis sp.* Lin. (1737) — Mœnch — *Paniois sp.* Adans. (1763) — *Cænotus.* Nutt. (1818) — *Erigeron.* H. Cass. (1819) Dict. v. 15. p. 181.

29. * Munychia. = *Asteris sp.* Willd. — *Cinerariæ sp.* Venten. — *Felicia brachyglossa.* H. Cass. (1822) Dict. v. 25. p. 97. — *Munychia.* H. Cass. Dict. (hìc).

30. * Podocoma. = *Erigerontis sp.* Poir. — *Podocoma.* H. Cass. Bull. sept. 1817. p. 137.

31. * Stenactis. = *Asteris sp.* Tourn. — *Asteris et Erigerontis sp.* Lin. (1737) — *Pulicariæ sp.* Gærtn. (1791) — *Cinerariæ sp.* Mœnch (1794) — *Erigerontis sp.* Pers. — Desf. — Willd. — Kunth — *Diplopappi sp.* H. Cass. Bull. sept. 1817. p. 137. Bull. mai 1818. p. 77. Dict. v. 13. p. 308. v. 25. p. 96 — *Erigeron.* Nutt. (1818) — *Stenactis.* H. Cass. Dict. (hìc).

II. Astérées-Prototypes vraies. Calathide radiée; couronne à grandes languettes, toujours disposées sur un seul rang.

32. * Diplostephium. = *Asteris sp.* Lam. — *Chrysopsidis sp.* Nutt. (1818) — *Diplostephium.* Kunth (1820) — H. Cass.

37:462 Dict. (hic) — *Diplopappi sp.* H. Cass. (1822) Dict. v. 25. p. 96.

33. * Aster. = *Asteris sp.* Tourn. (1694) — Vaill. (1720) — Lin. (1737) — *Asteripholis.* Ponted. (1719) — *Amellus.* Adans. (1763) — *Pinardiæ sp.* Neck. (1791) — *Aster.* H. Cass. Bull. nov. 1818. p. 166. Dict. v. 16. p. 46. Dict. (hic).

34. * Eurybia. = *An? Aster.* Adans. (1763) — *Asteris sp.* Labill. (1806) — *Eurybia.* H. Cass. Bull. nov. 1818. p. 166. Dict. v. 16. p. 46.

37:463 35. * Galatella. = *Asteris sp.* Lam. — Willd. — *Galatea.* H. Cass. Bull. nov. 1818. p. 165. Dict. v. 18. p. 56 — *Galatella.* H. Cass. Dict. (hic).

36. † Olearia. = *Aster tomentosus.* Wendland — *Olearia,* Mœnch (1802).

37. † ? Printzia. = *Asteris sp.* Ray (1704) — Lin. (1763) — *Asteropteri sp.* Vaill. (1720) — *Inulæ sp.* Berg. (1767) — Lin. (1771) — *An ? ? Lioydia.* Neck. (1791. pessimè.) — *Printzia.* H. Cass. Dict. (hic).

38. * Chiliotrichum. = *Amellus diffusus.* Willd. — *Chiliotrichum.* H. Cass. Bull. mai 1817. p. 69. Dict. v. 8. p. 576.

39. * Agathæa. = *Asteris sp.* Ray (1704) — Mill. — *Solidaginis sp.* Vaill. (1720) — *Cinerariæ sp.* Lin. (1763) — Berg. — Gærtn. — Mœnch. — *Detris.* Adans. (1763. non sufficienter ex Cass. Dict. v. 13. p. 116.) — *Agathœa.* H. Cass. (1814) Bull. oct. 1815. p. 175. Journ. de phys. févr. 1816. p. 144. 145. Dict. v. 1. suppl. (1816) p. 77. v. 3. suppl. p. 63. atl. cah. 3. pl. 6. Bull. déc. 1816. p. 198. Bull. nov. 1817. p. 183.

40. * Charieis. = *Charieis.* H. Cass. Bull. avril et mai 1817. p. 68 et 69. Dict. (août 1817) v. 8. p. 191. Bull. Janv. 1821. p. 12. Dict. v. 24. p. 369 — *Kaulfussia.* Nées (1820) Hor. phys. ber. p. 53.

Quatrième Section.

Astérées-Bellidées (*Astereæ-Bellideæ*).

Caractères ordinaires : Calathide radiée ; couronne point jaune, à fleurs ligulées; disque plus large que haut; clinanthe plus ou moins élevé; péricline convexe ou hémisphérique.

évasé, presque jamais inférieur aux fleurs du disque, formé de squames ordinairement égales et uni-bisériées. 37:463

I. Fausses Bellidées. Vraie tige dressée, garnie de feuilles, et plus grande que les pédoncules; couronne ordinairement bleue ou violette, rarement blanche.

41. * Amellus. = *Buphthalmi sp.* Lin. — (1737) — *Verbesinæ sp.* Lin. (1753) — *Amelli sp.* Lin. (1763) — Willd. — *An? Liabi sp.* Adans. (1763). — *Amellus.* Gærtn. (1791) — H. Cass. Dict. v. 8. p. 577. v. 26. p. 210. Dict. (hìc).

42. * Felicia. = *Aster tenellus.* Lin. — *Felicia.* H. Cass. 37:464
Bull. nov. 1818. p. 165. Dict. v. 16. p. 314. v. 25. p. 97.

43. * Henricia. = *Henricia.* H. Cass. Bull. janv. 1817. p. 11. déc. 1818. p. 183. Dict. v. 20. p. 567.

44. * Kalimeris. = *Aster incisus.* Fischer — *Kalimeris.* H. Cass. (1822) Dict. v. 24. p. 324.

45. * Callistephus. = *Aster chinensis.* Lin. — *Callistemma.* H. Cass. Bull. fév. 1817. p. 32. Dict. v. 6. suppl. (mai 1817) p. 45. atl. cah. 3. pl. 7 — *Chrysopsidis species dubia.* Nutt. (1818) — *Callistephus.* H. Cass. Dict. (hìc).

46. * Boltonia. = *Matricariæ sp.* Lin. (1767) — *Boltonia.* L'Hérit. (1788) — H. Cass. Dict. (hìc).

47. * Brachycome. = *Bellis aculeata.* Labill. (1806) — *Brachyscome.* H. Cass. Bull. déc. 1816. p. 199. Dict. v. 5. suppl. (mars 1817) p. 63. — *Brachycome.* H. Cass. Dict. (hìc).

48. * Paquerina. = *Bellis graminea.* Labill. (1806) — *Paquerina.* H. Cass. Dict. (hìc).

II. Bellidées vraies. Hampes ou pédoncules plus élevés que la vraie tige, qui est souterraine ou couchée sur la terre; couronne ordinairement blanche en dessus et plus ou moins rougeâtre en dessous.

49. * Lagenophora. = *Asteris sp.* Commers. (ined.) — Lam. — *Calendulæ sp.* Forst. — Willd. — Pers. — Pet. Th. — *Bellidis sp.* Labill. — Pers. — *Lagenifera.* H. Cass. Bull. dec. 1816. p. 199 — *Lagenophora.* H. Cass. Bull. mars 1818. p. 34. Dict. v. 25. p. 109.

50. * Bellis. = *Bellidis sp.* Tourn. — Vaill. — *Bellis.* Lin. — Gærtn. — H. Cass. Dict. (hìc) — *Bellis et Kyberia.* Neck.

37:464 51. * Bellium. = *Bellidis sp.* Tourn. — Vaill. — Gouan — *Pectidis sp.* Schreb. — Lin. (1764) — *Bellium.* Lin (1767) — Viviani (1808) — H. Cass. (1816) Dict. v. 4. suppl. p. 71 et 72. Dict. (hic) — *Bellium et Doronici sp.* Desf. (1798) — *Bellium et Arnicæ sp.* Willd. (1803).

52. * Bellidiastrum. = *Bellidis sp.* Camer. (1586) — Clus. — Bauh. — Mentz. — Tourn. — Vaill. — Hall. (1749) — *Bellidiastrum.* Micheli (1729). (*Non Bellidiastrum.* Vaill. 1720) — H. Cass. Bull. déc. 1816. p. 199. Dict. v. 4. suppl. (1816)
37:465 p. 70. Dict. (hic) — *Doronici sp.* Lin. (1737) — Royen — Adans. — Jacq. — Lam. — Juss. — Desf. — *Arnicæ sp.* Hall. (1768) — Alli. — Vill. — Gærtn. — Neck. — Willd. — Loiseleur — *Asteris sp.* Scop. (1772) — *Arnicæ sp. dubia, cum Doron. rotund. Desf. forte distincti generis.* Decand. (1805) — Pers.

M. de Jussieu avoit dit, dans son *Genera plantarum* (pag. 192), et dans les Annales du Muséum (tom. VII), que ses Corymbifères lui sembloient pouvoir se distribuer en quatre groupes naturels, ayant pour types, 1.° l'Eupatoire, 2.° l'Aster, 3.° la Matricaire ou l'Achillée, 4.° l'Hélianthe; que le premier et le quatrième seroient peut-être susceptibles d'être établis avec précision, mais que la démarcation des deux autres seroit plus incertaine. Ce botaniste n'ayant jamais indiqué ni les caractères qui distinguent ces groupes, ni les genres dont ils se composent, nous n'avons aucun moyen de connoître s'ils correspondent plus ou moins exactement à nos Eupatoriées, Astérées, Anthémidées, Hélianthées. C'est pourquoi nous avons dû ne citer qu'avec doute, au commencement de notre tableau, les Asters de M. de Jussieu comme synonymes de nos Astérées.

La tribu naturelle des Astérées a été d'abord instituée par nous, sous le titre de section des Solidages, dans notre premier Mémoire sur les Synanthérées, lu à l'Institut le 6 Avril 1812, et où l'on trouve déjà le principal caractère de ce groupe, fourni par la structure des stigmatophores, ainsi que l'indication des principaux genres qui s'y rapportent. Le complément de nos études sur cette tribu a été présenté dans les Mémoires suivans, où nous avons bientôt substitué le titre d'Astérées à celui de Solidages.

Long-temps après nous, M. Kunth a proposé, sous le même titre d'Astérées, un groupe de sept genres, faisant partie de sa section des Carduacées; mais ces Astérées de M. Kunth ne sont point caractérisées et ne correspondent pas exactement aux nôtres, car il y admet les *Liabum* et *Oligactis*, qui sont pour nous des Vernoniées, et il rapporte à ses Vernoniacées les *Baccharis*, *Tursenia*, *Dimorphanthes*, *Laenneccia*, que nous attribuons à nos Astérées. 37:465

Cette tribu, telle que nous la concevons, se trouvant composée d'une cinquantaine de genres, il étoit indispensable de la diviser et subdiviser en plusieurs groupes secondaires; ces groupes devoient être tout à la fois naturels et susceptibles d'être caractérisés; il falloit, enfin, ordonner la série générale de manière à présenter au commencement les genres qui se rapprochent le plus de la tribu des Inulées, et à la fin ceux qui sympathisent le mieux avec la tribu des Sénécionées, sans toutefois sacrifier à cet avantage la convenance des dispositions intermédiaires. Nous n'avons négligé aucun soin pour faire converger, autant que possible, les divers buts que nous désirions atteindre ensemble: mais ici comme ailleurs nous avons reconnu qu'ils sont presque toujours inconciliables sous plusieurs rapports, et qu'après bien des efforts infructueux, après avoir épuisé toutes les combinaisons imaginables, il faut se résoudre à faire beaucoup de sacrifices. L'art de la classification consiste à opérer une sorte de transaction entre les divers avantages qui ne peuvent se concilier; sa difficulté est de les bien apprécier, pour conserver les plus importans et sacrifier les autres : mais quoi qu'on fasse, on ne peut éviter que l'arbitraire ne dicte plusieurs articles de cette transaction. Ainsi, nous sommes parvenu à diviser et subdiviser la tribu en groupes assez nombreux pour soumettre la distribution des genres à un ordre méthodique; ces groupes sont assez naturels, mais peu distincts et foiblement caractérisés, leurs caractères étant pour la plupart vagues, indécis, et dans tous les cas peu importans et sujets à exceptions. La série est très-bien disposée à ses deux extrémités: mais, vers le milieu, elle est souvent moins satisfaisante, parce que les rapports qui se croisent ne peuvent être exprimés par une ligne simple et droite. Enfin, les caractères 37:466

37:466 très-légers qu'il a fallu attribuer aux divers groupes pour les distinguer ; nous ont quelquefois forcé de multiplier les genres, et d'en disperser quelques-uns qui sembleroient devoir rester unis. Nous sommes donc peu content du résultat définitif de nos pénibles et nombreux essais ; et cependant nous demeurons convaincu que toute autre distribution, fondée sur des caractères plus exacts, plus distincts, plus importans en apparence, seroit beaucoup moins naturelle que la nôtre, en même temps qu'elle seroit beaucoup plus facile.

37:467 Pour juger équitablement notre classification des Astérées, il faut l'envisager dans son ensemble, et indépendamment de quelques dispositions particulières, que nous avons été forcé d'admettre bien malgré nous. Les censeurs les plus sévères y trouveront au moins, nous l'espérons, le germe de quelques idées dont un classificateur plus habile que nous pourra tirer un meilleur parti, en évitant les écueils contre lesquels nous avons échoué.

Nos deux premières sections, intitulées Solidaginées et Baccharidées, sont remarquables en ce qu'elles comprennent beaucoup de plantes plus ou moins enduites d'un vernis gluant, résineux, odorant, promptement desséché, qui n'est point distillé par des poils ou des glandes saillantes, mais qui exsude des pores épars à la surface, et qui la rend luisante. Cette particularité, fort rare dans la troisième section, ne paroît pas exister dans la quatrième.

La section des Solidaginées et surtout le petit groupe des Grindéliées ont une affinité manifeste avec les Inulées-Buphthalmées, qui les précèdent immédiatement.

1. Le genre *Xanthocoma* de M. Kunth, que nous avons u placer au commencement de la série, se rapproche tellement de notre *Egletes*, genre de Buphthalmées, qu'on seroit presque tenté de les réunir, si on ne consultoit que les caractères techniques. Suivant M. Kunth, il ne se distingueroit des autres Grindéliées que par son aigrette absolument nulle ; mais comme l'aigrette manque aussi quelquefois dans le *Grin-*

delia [1], nous croyons que le vrai caractère distinctif du *Xanthocoma* réside dans le péricline, dont les squames paroissent être entièrement appliquées. On remarquera peut-être qu'il ressemble par son port aux Bellidées placées à l'autre extrémité de notre série : mais cette série pouvant être considérée comme un cercle, il n'est pas surprenant que ses deux extrémités se rapprochent. 37:467

1 Pendant deux années consécutives, nous avons remarqué que l'aigrette étoit absolument nulle dans la plupart des calathides de la *Grindelia inuloides*, cultivée au Jardin du Roi; le même individu nous a offert à la même époque une calathide contenant quelques fleurs à aigrette d'une seule squamellule, avec beaucoup d'autres fleurs entièrement privées d'aigrette.

2. Le genre *Grindelia* [1] de Willdenow, dont l'aigrette, rarement nulle, n'offre ordinairement qu'une seule squamellule, quelquefois deux ou trois au plus, se trouve ainsi fort bien placé entre le *Xanthocoma* et l'*Aurelia*. Ses anthères, pourvues d'appendices basilaires pollinifères, témoignent son affinité avec les Inulées-Buphthalmées. Les squamellules de son aigrette sont filiformes et absolument nues; l'ovaire est à peine comprimé. 37:468

3. Notre genre *Aurelia*, confondu avec le précédent par MM. Lagasca, Brown, Dunal, Kunth, en diffère suffisamment, selon nous, par son aigrette composée de squamellules plus nombreuses, laminées inférieurement, triquètres supérieurement, bordées de longues barbellules, ainsi que par ses anthères privées d'appendices basilaires, et par l'ovaire très-manifestement comprimé. Bien que le *Donia* ait été publié avant l'*Aurelia*, nous croyons pouvoir conserver ce dernier nom, parce que M. Brown a lui-même abandonné son *Donia*, et qu'il n'a point connu les vrais caractères distinctifs de ce genre. (Voyez le Journal de Physique de Juin 1818, pag. 405 et 414, et celui de Juillet 1819, pag. 52.)

1 Dans notre article Grindélie (tome XIX, page 462), les feuilles sont dites *pulvérulentes* (ligne 14) : c'est une faute d'impression, que nos lecteurs sont invités à corriger, en lisant *pubérulentes*, c'est-à-dire un peu pubescentes.

37:468 Nous avons observé au Jardin du Roi deux espèces d'*Aurelia*, l'une et l'autre également glutineuses : la première, étiquetée alors *Inula glutinosa*, et qu'on pourroit nommer *Aurelia decurrens*, a l'aigrette composée de squamellules plus nombreuses, triquètres, hérissées, d'un bout à l'autre, sur les trois angles, de barbellules très-fortes et longues; la seconde, qui étoit innommée, et qu'on pourroit appeler *Aurelia amplexicaulis*, a l'aigrette composée ordinairement de deux ou trois, rarement de quatre, cinq ou six squamellules, larges, laminées, linéaires, subtriquètres, foiblement barbellulées sur les deux bords latéraux seulement.

Les Psiadiées, qui suivent naturellement les Grindéliées,
s'en distinguent fort bien, ainsi que des autres Solidaginées,
par leur disque composé de fleurs mâles, et par leur couronne
37:469 disposée sur plus d'un rang, ce qui est une conséquence assez
ordinaire de la masculinité du disque.

4. Notre genre *Elphegea* paroît avoir été entrevu par Commerson; car l'*Elphegea crenata* porte, dans son herbier, le nom d'*Epilatoria* : mais M. Persoon (*Syn. pl.*, t. 2, p. 423) prétend qu'il nommoit *Glutinaria* l'*Elphegea minor*. Cependant, selon M. de Jussieu, le *Glutinaria* de Commerson est le *Terminalia angustifolia*.

5. Notre genre *Sarcanthemum*, fondé sur la *Conyza coronopus* de M. de Lamarck, se distingue des deux autres genres de ce groupe par des caractères très-remarquables : la calathide n'est point radiée, mais discoïde, les fleurs de la couronne, disposées sur plusieurs rangs, ayant leur languette demi-avortée ; le clinanthe est garni d'appendices laminés, dont les extérieurs ressemblent à de vraies squamelles; les ovaires de la couronne n'ont qu'un rudiment presque imperceptible d'aigrette stéphanoïde ; les faux-ovaires du disque, réduits au bourrelet basilaire, ont une longue aigrette de squamellules entregreffées à la base, filiformes-laminées et nues ; les corolles du disque et de la couronne offrent une partie très-épaisse et coriace-charnue. (Voyez le Bulletin des Sciences de Mai 1818, pag. 74.)

6. Le genre *Psiadia* de Jacquin, rapporté par d'autres botanistes au *Conyza*, au *Solidago*, à l'*Erigeron*, se trouve bien auprès du *Sarcanthemum*, à cause de sa couronne bisériée,

multiflore, à languettes courtes, et de ses ovaires glabres; en 37:469
même temps qu'il confine au genre suivant, à cause de la
structure de son aigrette.

7. Notre genre *Nidorella* offre les caractères suivans:

Calathide petite, subglobuleuse, subdiscoïde, quasi-radiée, ou courtement radiée: disque multiflore, régulariflore, androgyni-masculiflore; couronne plurisériée, multiflore, plus ou moins radiante, liguliflore, féminiflore. Péricline probablement hémisphérique, à peu près égal aux fleurs du disque; formé de squames paucisériées, un peu inégales, irrégulièrement imbriquées, appliquées, oblongues-lancéolées, aiguës, les extérieures plus courtes, foliacées, les intérieures membraneuses. Clinanthe planiuscule, un peu convexe, nu,
fovéolé ou un peu alvéolé. *Fleurs du disque:* Ovaire (proba-
blement stérile) court, chargé de glandes; aigrette sembla- 37:470
ble à celle des ovaires de la couronne. Corolle à cinq divisions oblongues-aiguës. Anthères privées d'appendices basilaires. Style androgynique (d'Astérée), à deux stigmatophores libres. *Fleurs de la couronne:* Ovaire oblong, hispide, privé de bourrelet apicilaire; aigrette longue, composée de squamellules unisériées, contiguës, filiformes, très-barbellulées. Corolle à languette jaune, courte, large, très-variable, souvent anomale, ovale ou linéaire, ordinairement bilobée, quelquefois profondément bifide.

Nidorella foliosa, H. Cass. (*Erigeron fœtidum* et *Inula fœtida*, Lin.) Tige herbacée, dressée, simple, épaisse, cylindrique, striée, hispide, très-garnie de feuilles nombreuses, rapprochées; feuilles sessiles, longues, étroites, oblongues-lancéolées ou linéaires, très-entières, glabriuscules ou hispidules, parsemées de glandes, étrécies inférieurement, obtuses au sommet, qui est un peu apiculé ou surmonté d'une petite pointe; calathides nombreuses, disposées en un corymbe terminal, dont les ramifications sont hérissées de poils et parsemées de glandes; chaque calathide ayant environ deux lignes de diamètre: fleurs jaunes.

Nous avons fait cette description générique et spécifique sur deux échantillons secs, étiquetés *Erigeron fœtidum*, Lin., dans les herbiers de MM. de Jussieu et Desfontaines. Les languettes de la couronne étant plus ou moins courtes, la radia-

37:470 tion de la calathide est tantôt presque nulle, tantôt très-manifeste : c'est pourquoi nous pensons que la même plante a été nommée tantôt *Erigeron fœtidum* et tantôt *Inula fœtida*, suivant cette variation accidentelle.

Ce nouveau genre, exactement intermédiaire entre le *Psiadia* et l'*Euthamia*, se distingue suffisamment de l'un et de l'autre. En effet, dans le *Psiadia*, le disque n'a qu'environ douze fleurs, évidemment mâles, à faux-ovaire presque nul; les ovaires de la couronne sont parfaitement glabres, et surmontés d'un gros bourrelet apicilaire charnu, très-remarquable, comme articulé sur l'ovaire, dont il est séparé par un étranglement. Quant à l'*Euthamia*, qui va être décrit ci-après, il se distingue du *Nidorella*, par la forme de sa calathide, par la forme et la structure de son péricline, par sa
37:471 couronne unisériée, par son disque androgyniflore, et par plusieurs autres caractères. La masculinité du disque est douteuse dans le *Nidorella*, parce que ses stigmatophores paraissant bien conformés, elle ne peut résulter que de la stérilité des ovaires, qui nous semble probable, mais dont nous n'avons pas pu nous assurer pleinement sur les calathides sèches que nous avons analysées. Les anthères et les stigmatophores sont tantôt exserts, tantôt inclus.

8. Le genre *Euthamia* de M. Nuttal est placé au commencement des Solidaginées vraies, à cause de ses rapports avec les *Nidorella* et *Psiadia*, auxquels il ressemble par sa couronne multiflore, à languettes courtement radiantes. Ce genre n'ayant point été décrit dans le tome XVI de ce Dictionnaire, où il auroit dû se trouver, il faut réparer cette omission, en traçant ici les caractères génériques observés par nous sur la *Chrysocoma graminifolia* de Linné.

Euthamia. Calathide oblongue, quasi-radiée : disque pluri-multiflore, régulariflore, androgyniflore; couronne unisériée, continue, multiflore, liguliflore, féminiflore. Péricline oblong, subcylindracé, inférieur aux fleurs; formé de squames inégales, paucisériées, irrégulièrement imbriquées, appliquées, ovales ou oblongues, obtusiuscules, un peu concaves, subfoliacées, uninervées, un peu glutineuses; les intérieures oblongues, submembraneuses, à partie inférieure plus étroite et linéaire. Clinanthe planiuscule, fovéolé, à réseau saillant, charnu,

denté. *Fleurs du disque:* Ovaire non comprimé, oblong, velu ; 37:471
aigrette longue, composée de squamellules inégales, filiformes, peu barbellulées. Corolle à limbe plus large dès sa base que le sommet du tube. Étamines à filets libérés au sommet du tube de la corolle ; anthères exsertes. *Fleurs de la couronne:* Ovaire et aigrette comme dans les fleurs du disque. Corolle à tube long et grêle ; languette jaune, à partie inférieure plus étroite, dressée, semi-tubuleuse, embrassant le style, à partie supérieure plus large, étalée, arquée en dehors, ordinairement tridentée au sommet.

Les fleurs de la couronne sont longues à peu près comme celles du disque, et au nombre d'environ vingt-deux ; celles du disque sont au nombre de dix à vingt. Le clinanthe n'est point du tout garni de soies, comme le prétend M. Nuttal.
C'est sans doute aussi par erreur que, dans le *Systema vegetabilium*, il est dit que la calathide est tantôt incouronnée, 37:472
tantôt pourvue d'une couronne bleue : cette couronne existe constamment, et sa couleur est toujours d'un jaune très-prononcé.

9. Le genre *Solidago* suit immédiatement l'*Euthamia*, auquel il ressemble beaucoup, mais dont il se distingue suffisamment. Ses caractères n'ayant jamais été bien précisés, il convient d'exposer ici ceux que nous lui attribuons.

SOLIDAGO. Calathide oblongue, radiée : disque pluriflore, régulariflore, androgyniflore ; couronne unisériée, plus ou moins interrompue, pauci-pluriflore, liguliflore, féminiflore. Péricline oblong, subcylindracé, inférieur aux fleurs du disque ; formé de squames inégales, paucisériées, irrégulièrement imbriquées, appliquées, ovales-oblongues, obtuses, coriaces-foliacées, uninervées, membraneuses sur les bords. Clinanthe petit, plan, alvéolé, à cloisons épaisses, charnues, ordinairement dentées. Ovaires pédicellulés, un peu comprimés, oblongs, striés, ordinairement plus ou moins velus, quelquefois glabres, pourvus d'un bourrelet apicilaire ; aigrette longue, irrégulière, composée de squamellules nombreuses, inégales, filiformes, barbellulées, amincies au sommet. Corolles de la couronne à tube long, à languette jaune, ordinairement courte, large, elliptique, plurinervée, étalée ; quelquefois longue, étroite, arquée en dehors. Corolles du

37:472 disque à limbe quinquéfide, ayant une portion de sa partie indivise confondue extérieurement avec le tube, dont elle ne se distingue que par la libération des filets des étamines; lanières longues; incisions inégales. Étamines à filet jaune; article anthérifère blanchâtre. Stigmatophores exserts.

Les corolles du disque sont remarquables en ce que la partie inférieure du limbe est confondue avec le tube. Ce caractère, indiqué dans notre Mémoire sur la corolle des Synanthérées (Journ. de phys., tom. 82, pag. 130), et négligé par tous les autres botanistes, est l'un des plus essentiels du genre *Solidago*, quoiqu'il se rencontre aussi dans quelques autres Astérées. La partie inférieure du limbe de la corolle étant absolument conforme au tube, les filets des étamines semblent n'être greffés qu'à la partie inférieure de ce tube,
37:473 comme dans les Inulées: mais ce n'est, suivant nous, qu'une fausse apparence, parce que, dans un même groupe naturel, la forme du limbe de la corolle est bien plus variable que le lieu de l'insertion ou de la libération des étamines. Quoi qu'il en soit, le caractère dont il s'agit suffiroit seul pour distinguer des *Solidago*, où il existe constamment, l'*Euthamia* qui ne l'offre point. La couleur jaune de la couronne est un caractère non moins essentiel, et qui doit probablement faire attribuer le *Solidago bicolor* à notre genre *Eurybia*. L'appendice apicilaire de l'anthère est quelquefois aigu dans les *Solidago*, comme dans les Buphthalmées. L'article anthérifère est blanc, tandis que le vrai filet est jaune: c'est l'inverse de ce qui a lieu chez beaucoup d'autres Astérées. Nous divisons le genre *Solidago* en deux sections: la première, plus rapprochée de l'*Euthamia*, et caractérisée par la couronne presque continue, composée d'environ dix à quinze fleurs, a les languettes plus longues, plus étroites, quelquefois arquées en dehors; la seconde, caractérisée par la couronne très-interrompue, et composée d'environ cinq fleurs, a les languettes plus courtes, plus larges, point arquées.

10. Notre genre *Diplopappus* ne doit plus admettre que les espèces à couronne jaune, sur lesquelles nous l'avions d'abord principalement fondé: les espèces dont la couronne n'est point jaune seront désormais attribuées aux genres *Stenactis* ou *Diplostephium*. Cinq ans après la publication du *Diplo-*

pappus, M. de Jussieu nous a fait voir une note manuscrite 37:473
de M. Rafinesque, où il est dit que ce botaniste a nommé *Diplogon* un genre comprenant l'*Inula mariana* et autres à double aigrette. Mais M. R. Brown avoit précédemment appliqué ce nom à un genre de Graminées. Le genre *Chrysopsis* de M. Nuttal, qui n'a été publié qu'en 1818, à Philadelphie, correspond aussi à notre *Diplopappus*, publié à Paris un an auparavant. M. Nuttal considère son *Chrysopsis* comme un sous-genre de l'*Inula*, qui pourtant n'est pas de la même tribu naturelle; et il admet dans le *Chrysopsis* plusieurs espèces dont la couronne n'est point jaune, et que nous rapportons au *Galatella*, au *Diplostephium*, au *Callistephus*.

11. Notre genre *Heterotheca*, qui a la couronne jaune, comme le *Diplopappus*, se rapproche, ainsi que lui, des Lé-
pidophyllées, en ce que l'aigrette de ces deux genres offre 37:474
des squamellules laminées, membraneuses.

12. Le genre *Brachyris* de M. Nuttal, qui ressemble beaucoup extérieurement à l'*Euthamia*, se rapproche par là des Solidaginées vraies.

13. Le genre *Gutierrezia* de M. Lagasca, très-analogue au *Brachyris* par le port, s'en distingue par les squames du péricline réfléchies au sommet, comme celles de l'*Heterotheca*, et par le clinanthe garni d'appendices probablement à peu près semblables à ceux du *Sarcanthemum*.

14. Notre genre *Lepidophyllum* diffère beaucoup des deux précédens par son port, qui le rapproche de certaines Baccharidées. Il se distingue d'ailleurs du *Brachyris* par son aigrette, et du *Gutierrezia* par son péricline et son clinanthe.

15. Le genre *Pterophorus* de Vaillant doit conserver ce nom, dont les deux dernières syllabes ont été changées, je ne sais pourquoi. La seule espèce admise par Vaillant doit aussi être considérée comme le vrai type de ce genre, beaucoup mieux conçu par cet ancien botaniste que par la plupart de ses successeurs. Voici les caractères génériques que nous avons observés sur un échantillon sec de *Pteronia camphorata*, Lin.

Pterophorus. Calathide incouronnée, équaliflore, multiflore, régulariflore, androgyniflore. Péricline subhémisphérique, formé de squames paucisériées, imbriquées, appli-

37:474 quées, lancéolées, coriaces, finement denticulées sur les bords, à partie supérieure inappliquée, appendiciforme, munie d'une grosse glande oblongue, nerviforme. Clinanthe large, plan, hérissé de fimbrilles nombreuses, longues, inégales, filiformes-laminées, entregreffées inférieurement. Ovaires comprimés bilatéralement, oblongs, glabres; aigrette caduque, composée de squamellules nombreuses, inégales, plurisériées, entregreffées à la base, filiformes, barbellulées. Corolles subrégulières, à tube court, cannelé, à limbe peu distinct du tube, et divisé par des incisions presque égales en cinq ou six lanières oblongues, aiguës, surmontées d'une corne conique, calleuse. Étamines à filet glabre, blanchâtre; article anthérifère long, conforme au filet, jaune-orangé (analogue à celui du *Grammarthron*); appendice apicilaire demi-lancéolé, aigu; appendices basilaires nuls ou presque nuls. Style (d'As-
37:475 térée) à deux stigmatophores libres, longs, un peu arqués l'un vers l'autre, ayant leur partie inférieure plus courte, laminée, bordée de deux petits bourrelets stigmatiques, et la partie supérieure plus longue, demi-cylindrique, hispide extérieurement.

16. Le genre *Scepinia* de Necker, négligé jusqu'ici par tous les botanistes, qui le confondent avec le précédent, est pourtant bien distinct, et doit nécessairement être adopté. Voici les caractères que nous lui attribuons.

Scepinia. Calathide incouronnée, équaliflore, pluriflore, régulariflore, androgyniflore. Péricline ovoïde-oblong, un peu inférieur aux fleurs; formé de squames régulièrement imbriquées, appliquées, coriaces, arrondies au sommet, qui, sur les squames intérieures, est muni d'une bordure scarieuse. Clinanthe plan, alvéolé, à cloisons dentées; quelques dents prolongées en fimbrilles inégales, courtes, épaisses, subulées. Ovaires comprimés bilatéralement, obovoïdes, tout couverts de poils très-longs, très-fins, biapiculés; aigrette composée de squamellules très-nombreuses, très-inégales, plurisériées, flexueuses, filiformes, barbellulées. Corolles à limbe également et profondément divisé en cinq lanières longues, linéaires. Étamines (d'Astérée) à anthère très-longue, privée d'appendices basilaires. Style (d'Astérée) à stigmatophores très-longs.

Nous avons fait cette description sur un échantillon sec, 37:475
étiqueté *Pteronia glomerata* dans l'herbier de M. de Jussieu. Sa tige est ligneuse; ses rameaux sont opposés, ainsi que les feuilles, qui sont rapprochées, comme imbriquées, petites, épaisses, charnues; chaque calathide contient environ onze fleurs. L'affinité de cette plante avec le *Lepidophyllum* est manifeste.

17. Le genre *Crinita* de Mœnch sera mieux nommé *Crinitaria*, parce qu'un adjectif ne peut pas être employé comme nom générique. Ce genre, confondu avec le *Chrysocoma*, seroit plus convenablement réuni au *Scepinia*, dont il diffère beaucoup, il est vrai, par le port, mais dont il se distingue à peine par ses caractères génériques.

Crinitaria. Calathide oblongue, incouronnée, équaliflore, pauci-pluriflore, régulariflore, androgyniflore. Péricline
subcylindracé, très-inférieur aux fleurs: formé de squames 37:476
inégales, paucisériées, irrégulièrement imbriquées, entièrement appliquées, ovales-oblongues, obtuses. Clinanthe petit, planiuscule, plus ou moins profondément alvéolé, à cloisons charnues, dentées. Ovaires oblongs, velus; aigrette longue, irrégulière, persistante, comme chiffonnée, grisâtre ou roussâtre, composée de squamellules très-nombreuses, très-inégales, plurisériées, flexueuses, filiformes, amincies au sommet, très-barbellulées. Corolles droites, à tube long, à limbe très-profondément divisé, par des incisions un peu inégales, en cinq lanières très-longues. Étamines ayant les filets jaunâtres, les articles anthérifères courts, jaunes-orangés, les anthères exsertes.

Ces caractères nous ont été fournis par la *Chrysocoma biflora* de Linné, sur laquelle Mœnch a fondé son genre, et par la *Conyza oleæfolia* de Lamarck, qui, d'après nos observations, appartient aussi au *Crinitaria*. Ajoutons, pour distinguer ce genre du *Scepinia*, que les espèces qui s'y rapportent ont la tige herbacée, les feuilles alternes et longues, les calathides corymbées ou paniculées, et qu'elles n'habitent pas la région du cap de Bonne-Espérance. La *Chrysocoma villosa* de Linné, dont les caractères génériques ont été décrits et figurés par Gærtner, est indubitablement une espèce de *Crinitaria*, intermédiaire entre la *punctata* et l'*oleæfolia*.

37:476 18. Notre genre *Linosyris*, analogue par le port au *Crinitaria*, s'en distingue fort bien, ainsi que du vrai *Chrysocoma*, par son péricline, dont les squames sont surmontées d'un long appendice foliacé, subulé, étalé. Ce caractère le rapproche du *Pterophorus*, qui seroit probablement mieux placé entre le *Linosyris* et le *Chrysocoma* : cette nouvelle disposition auroit de plus l'avantage de rapprocher immédiatement les deux genres *Lepidophyllum* et *Scepinia*.

Linosyris, H. Cass. (*Chrysocoma linosyris*, Lin.) Calathide incouronnée, équaliflore, multiflore, régulariflore, androgyniflore. Péricline campanulé, inférieur aux fleurs; formé de squames imbriquées, appliquées, ovales-oblongues, coriaces, surmontées d'un long appendice étalé, linéaire-subulé, foliacé. Clinanthe large, planiuscule, fovéolé, à cloisons basses, charnues, dentées. Ovaires pédicellulés, oblongs, un
37:477 peu comprimés bilatéralement, tout couverts de longs poils; aigrette point blanche, plus courte que la corolle, composée de squamellules très-nombreuses, très-inégales, plurisériées, filiformes, amincies au sommet, très-barbellulées. Corolles à limbe bien distinct du tube, et profondément divisé en cinq lanières très-longues, linéaires, très-étalées, arquées en dehors. Anthères élevées au-dessus de la corolle. Stigmatophores élevés au-dessus des anthères.

19. Le vrai genre *Chrysocoma*, tel que nous le concevons, ayant pour type la *Chrysocoma coma-aurea*, Lin., n'admettra probablement que des espèces de l'Afrique australe, à tige ligneuse, à feuilles alternes, et à calathides solitaires, terminales, offrant les caractères suivans.

Chrysocoma. Calathide plus large que haute, subglobuleuse, incouronnée, subradiatiforme, multiflore, régulariflore, androgyniflore. Péricline large, hémisphérique-campanulé, très-inférieur aux fleurs; formé de squames inégales, paucisériées, irrégulièrement imbriquées, appliquées, oblongues-lancéolées, aiguës, coriaces, membraneuses sur les bords. Clinanthe large, plan, fovéolé ou alvéolé, à cloisons peu élevées, charnues, dentées. Ovaires pédicellulés, comprimés bilatéralement, obovales-oblongs, hispidules; aigrette blanche, un peu caduque, plus courte que la corolle, composée de squamellules unisériées, contiguës, à peu près égales,

filiformes, barbellulées, épaissies vers le sommet. Corolles 37:477
extérieures très-arquées en dehors, à limbe très-long, tubuleux, étalé horizontalement, courtement quinquélobé; les corolles centrales sont droites. Étamines ayant l'article anthérifère long et jaune; anthères incluses, privées d'appendices basilaires. Style (d'Astérée) à stigmatophores exserts.

Dans la troisième et dernière édition du *Species plantarum* de Linné, le genre *Chrysocoma* est composé de neuf espèces: la première (*oppositifolia*) est bien probablement une *Scepinia;* les quatre suivantes (*coma-aurea*, *cernua*, *ciliata*, *scabra*) composeront le vrai genre *Chrysocoma;* la sixième (*linosyris*) constitue notre genre *Linosyris ;* les septième et neuvième (*biflora et villosa*) sont des *Crinitaria;* la huitième (*graminifolia*) est une *Euthamia.*

La *Chrysocoma coma-aurea* nous a offert une fois des calathides radiées, à couronne unisériée, liguliflore, féminiflore, 37:478
ayant les languettes blanches, courtes, tridentées. Ce n'est qu'une monstruosité produite par une variation accidentelle, plus ou moins fréquente chez beaucoup d'autres synanthérées, et qui ne doit avoir aucune influence sur l'appréciation des caractères.

20. M. Desfontaines a décrit et figuré dans sa Flore atlantique (tom. 2, pag. 269, tab. 232), sous le nom de *Conyza chrysocomoides*, un arbuste qui ne diffère génériquement des vraies *Chrysocoma* que par la présence d'une couronne de fleurs femelles tubuleuses, non radiantes. Mais ce botaniste, dans son Histoire des arbres et arbrisseaux (tom. 1, p. 292), prétend avoir vu, sur plusieurs individus cultivés au Jardin des plantes, ces fleurs marginales s'alonger en tubes, puis s'aplatir et se transformer, au bout de quelques années, en languettes d'une belle couleur violette. C'est pourquoi, dans son Tableau de l'école de botanique (2.e édit., pag. 121), il les nomme *Aster chrysocomoides.* Cette métamorphose, dont nous connoissons plusieurs exemples bien constatés, ne seroit pas plus extraordinaire que tant d'autres produites par des circonstances accidentelles dans une multitude de plantes. Cependant nous doutons beaucoup qu'elle existe réellement dans le cas particulier dont il s'agit, parce que nous avons tout lieu de croire que l'*Aster chrysocomoides* du Jardin du

37:478 Roi diffère spécifiquement de la *Conyza chrysocomoides* de la Flore atlantique, même en faisant abstraction de la couronne radiante et ligulée. Quoi qu'il en soit, nous soutenons que les monstruosités, ou variations accidentelles, ne doivent jamais être prises en considération pour la détermination des genres, bien qu'elles soient fort utiles pour indiquer les affinités naturelles. Si donc il est certain que la plante en question ait constamment la couronne tubuleuse et non radiante, dans le pays dont elle est originaire, cela suffit, selon nous, pour autoriser l'établissement d'un nouveau genre, voisin du *Chrysocoma;* et si la métamorphose dont on parle est réelle, il en résultera seulement une nouvelle preuve de l'affinité qui existe indubitablement entre le groupe des Chrysocomées et celui des Astérées-Prototypes vraies, quoique des considérations plus graves nous aient empêché de rapprocher immédiatement ces deux groupes.

37:479 Nolletia, H. Cass. (*Conyza chrysocomoides*, Desf.) Calathide discoïde: disque multiflore, régulariflore, androgyniflore, couronne unisériée, tubuliflore, féminiflore. Péricline un peu inférieur aux fleurs du disque, formé de squames imbriquées, appliquées, oblongues-lancéolées. Clinanthe un peu alvéolé. Ovaires obovales-oblongs, très-comprimés, garnis de très-petits poils: aigrette longue, blanche, caduque, composée de squamellules unisériées, contiguës, égales, filiformes, barbellulées. Corolles de la couronne courtes, étroites, tubuleuses, cylindriques, comme tronquées au sommet. Corolles du disque à tube court, à limbe long, infundibuliforme, divisé en cinq lobes courts. Anthères privées d'appendices basilaires. (Ces caractères génériques ont été observés par nous sur un échantillon sec, recueilli en Barbarie par M. Desfontaines.)

Le genre *Nolletia* ne peut être confondu, ni avec le vrai *Conyza*, qui est de la tribu des Inulées, ni avec le *Dimorphanthes*, dont la couronne est plurisériée. Il se rapproche des Baccharidées vraies, par sa couronne de fleurs femelles, tubuleuses.

21. Le genre *Sergilus* de Gærtner, mal décrit par cet auteur, et réuni au *Baccharis* par Swartz et M. Brown, est provisoirement conservé par nous, parce qu'il semble résulter de

nos observations que cette plante ne seroit point parfaitement 37:479
dioïque, comme les vrais *Baccharis*, mais subdioïque comme les *Petasites*. La calathide sèche, que nous avons analysée, étoit composée d'un petit nombre de fleurs : les intérieures mâles, à corolle régulière ; les extérieures à peu près semblables en apparence aux intérieures, mais réellement femelles, à corolle ambiguë, contenant de fausses étamines. Le péricline, inférieur aux fleurs, est formé de squames imbriquées, appliquées, ovales, obtuses. Le clinanthe est petit, convexe, nu. Les ovaires extérieurs et les faux-ovaires intérieurs sont courts, cylindracés, cannelés; leur aigrette, plus longue que la corolle, est composée de squamellules subunisériées, à peu près égales, chiffonnées, filiformes, épaissies et barbellées en leur partie supérieure. Les étamines n'ont point d'appendices basilaires.

22. Le vrai genre *Baccharis* de Richard nous a offert les caractères suivans.

Dioïque. *Calathide mâle* pluri-multiflore, régulariflore. Péricline égal ou inférieur aux fleurs, subcylindracé ou subhémisphérique ; formé de squames imbriquées, appliquées, ovales, obtuses, coriaces, membraneuses sur les bords; les squames intérieures linéaires. Clinanthe planiuscule, rarement conique, ordinairement fovéolé ou alvéolé. Faux-ovaires semi-avortés; aigrette irrégulière, courbée, composée de squamellules inégales, chiffonnées, filiformes, épaisses, barbellulées, souvent barbellées au sommet, Styles simples. *Calathide femelle* multiflore, tubuliflore. Péricline et clinanthe à peu près comme dans la calathide mâle. Ovaires obovoïdes, un peu comprimés bilatéralement; glabres, munis d'environ dix côtes longitudinales et d'un bourrelet apicilaire ; aigrette longue, irrégulière, courbée, composée de squamellules nombreuses, inégales, entregreffées à la base, chiffonnées, filiformes, irrégulièrement barbellulées. Corolles tubuleuses, grêles. 37:480

La plante nommée, dans l'herbier de M. de Jussieu, *Eupatorium spicatum*, Lam., nous a présenté des caractères à peu près semblables à ceux qu'on vient de lire, et doit être attribuée au genre *Baccharis* : les calathides de l'individu mâle semblent réunies en un capitule terminal, qui est réellement

37:480 une sorte d'épi serré; le clinanthe est petit, conique, peu élevé, alvéolé; l'aigrette est composée de squamellules subunisériées, presque égales, longues, filiformes, nues inférieurement, dilatées et irrégulièrement barbées au sommet; la corolle est divisée en lanières très-longues, linéaires. Nous n'avons point observé l'individu femelle. Dans quelques espèces de *Baccharis*, l'aigrette des fleurs mâles a ses squamellules garnies sur deux côtés de longues barbellules, ou plutôt des barbelles, très-rapprochées, et qui semblent entregreffées, de sorte que cette aigrette ressemble un peu à celle du *Lepidophyllum*.

23. Les *Baccharis humifusa* et *sinuata* de M. Kunth, ayant le clinanthe garni d'appendices squamelliformes, analogues a ceux du *Sarcanthemum* et du *Gutierrezia*, doivent, selon nous, constituer un genre particulier, que nous proposons de nommer *Tursenia*, et qui seroit fondé sur ce caractère, suffisant pour le distinguer des vrais *Baccharis*.

37:481 Le même botaniste a rapporté, avec plus ou moins de doute, au genre *Baccharis* trois espèces, dont les deux premières (*assuensis* et *fuliginea*) nous semblent pouvoir appartenir au genre *Oligocarpha*, qui n'est point de la tribu des Astérées, mais de celle des Vernoniées; la troisième (*veneta*), que M. Kunth paroît être tenté d'attribuer au genre *Serratula*, seroit bien plutôt, à nos yeux, une espèce peu douteuse du genre *Scepinia*. Mais, comme nous n'avons point vu les trois plantes en question, les idées que nous en avons conçues se bornent à de simples conjectures, qui méritent toutefois d'être vérifiées.

24. Notre genre *Fimbrillaria* diffère des autres Baccharidées vraies, en ce que les espèces qui s'y rapportent ne sont ni dioïques, comme les *Baccharis* et *Tursenia*, ni subdioïques, comme le *Sergilus*. Ajoutons que les ovaires ne sont point glabres, mais hispides. Le clinanthe garni de très-longues fimbrilles charnues, irrégulières, inégales et dissemblables, entregreffées inférieurement, rapproche le *Fimbrillaria* du *Tursenia*, tandis que d'une autre part il confine évidemment au *Dimorphanthes*, placé au commencement du groupe des Érigérées.

25. Quoique notre genre *Dimorphanthes* n'ait pas la cala-

thide radiée, il s'accorde bien mieux avec les Astérées-Prototypes qu'avec les Baccharidées; et ses corolles femelles, quelquefois prolongées au sommet en un rudiment de languette demi-avortée, témoignent son affinité avec les Érigérées. Mœnch, qui avoit proposé ce genre sous le nom d'*Eschenbachia*, l'avoit fondé sur un caractère absolument faux, en le distinguant de l'*Erigeron* par la couronne apétale, c'est-à-dire privée de corolles. Le genre *Placus* de Loureiro paroît correspondre aussi à notre *Dimorphanthes*, ou peut-être à notre *Pluchea*, qui est de la tribu des Vernoniées. Notre *Dimorphanthes bidentata* est l'*Erigeron rutilum*, Poir., Encycl., et probablement l'*Erigeron ? scabrum* de M. Persoon. Suivant M. De Candolle (Fl. fr., tom. 4, pag. 140), les fleurs extérieures de la *Dimorphanthes sicula* s'épanouissent quelquefois en une courte languette jaune, d'où il conclut qu'elle appartiendroit plutôt au *Solidago* qu'à l'*Erigeron* : mais, ces languettes étant demi-avortées, comme étiolées, nous pensons que leur couleur ne doit point être prise en considération. ·37:481 37:482

26. Notre genre *Laennecia* ne diffère du *Dimorphanthes* que par l'aigrette double, l'extérieure courte et laminée, l'intérieure longue et filiforme.

27. Notre genre *Trimorphæa*, dont la calathide a deux couronnes féminiflores, l'une extérieure liguliflore et radiante, l'autre intérieure tubuliflore et non radiante, se trouve ainsi exactement intermédiaire entre les genres précédens, qui n'ont que la couronne tubuliflore, et les genres suivans, qui n'ont que la couronne liguliflore. Le nom de *Trimorpha*, que nous avions d'abord imposé à ce genre, étant un adjectif, doit être modifié comme nous le proposons ici.

28. Le vrai genre *Erigeron*, ayant pour type l'*Erigeron canadense*, se distingue des *Trimorphæa*, *Laennecia*, *Dimorphanthes*, en ce que les fleurs femelles composant sa couronne sont toutes ligulées; du *Podocoma*, en ce que ses fruits ne sont point collifères; du *Stenactis*, en ce que leur aigrette n'est point double. Est-il bien certain, comme nous l'avons dit (tom. XV, pag. 182; tom. XXIV, pag. 202), qu'il y ait de vrais *Erigeron* à couronne jaune? Nos observations ayant été faites sur des échantillons secs, dans lesquels la couleur des languettes pouvoit être altérée, méritent peu de confiance

37:482 sur le point en question.

L'*Erigeron longifolium* de MM. Desfontaines et Persoon, auquel M. Nuttal paroît attribuer l'aigrette double, et qui devroit en conséquence être rapporté au genre *Stenactis*, a bien certainement l'aigrette simple, et est un véritable *Erigeron*. Voici la description de la calathide de cette espèce remarquable, observée par nous dans l'herbier de M. Desfontaines.

Calathide radiée : disque multiflore, réguliflore, androgyniflore ; couronne unisériée, multiflore, inéqualiflore, liguliflore, féminiflore. Péricline oblong, cylindracé, égal ou un peu supérieur aux fleurs du disque ; formé de squames un peu inégales, paucisériées, irrégulièrement imbriquées, appliquées, très-longues, oblongues-lancéolées, foliacées, à bords membraneux, à sommet acuminé, subulé, coloré. Clinanthe planiuscule, profondément alvéolé, à cloisons élevées, charnues, dentées. Ovaires longs, comprimés bilatéralement, his-
37:483 pides ; aigrette (point double) très-longue, un peu supérieure aux corolles du disque, grisâtre, composée de squamellules uniformes, nombreuses, inégales, plurisériées, filiformes, flexueuses, barbellulées. Corolles de la couronne à languette blanchâtre, longue, étroite, linéaire, très-irrégulière, variable, ordinairement divisée profondément en deux, ou quelquefois en trois lanières. Corolles du disque longues, jaunâtres, à cinq divisions. Anthères libres, arquées en dedans, pourvues de longs appendices apicilaires subulés, et privées d'appendices basilaires. Style et stigmatophores d'Astérée.

Malgré quelques anomalies signalées dans cette description, l'espèce dont il s'agit ne peut pas être exclue du vrai genre *Erigeron*.

29. La plante que nous avons décrite dans ce Dictionnaire (tom. XXV, pag. 97), sous le nom de *Felicia brachyglossa*, est probablement l'*Aster cymbalariæ* de Willdenow et la *Cineraria hirsuta* de Ventenat. Quoi qu'il en soit, cette plante fort remarquable et très-difficile à bien classer, ne peut point appartenir au genre *Cineraria*, qui est de la tribu des Sénécionées ; elle nous semble aussi ne pas s'associer convenablement, soit au genre *Aster*, soit au *Felicia* ; et nous croyons

qu'elle doit constituer un genre voisin de l'*Erigeron*, et caractérisé comme il suit. 37:483

MUNYCHIA. Calathide courtement radiée: disque multiflore, régulariflore, androgyniflore; couronne courte, unisériée, continue, multiflore, liguliflore, féminiflore. Péricline hémisphérico-cylindracé, inférieur aux fleurs du disque; formé de squames paucisériées, irrégulièrement imbriquées, appliquées, étroites, oblongues-lancéolées ou presque linéaires, subcoriaces; les squames intérieures ayant une base épaisse, charnue, gibbeuse, subglobuleuse, et les bords latéraux membraneux. Clinanthe planiuscule, absolument nu, à peine fovéolé. Fruits pédicellulés, comprimés bilatéralement, obovales-oblongs, noirâtres, hispides, bordés d'un bourrelet sur chacune des deux arêtes intérieure et extérieure, et surmontés d'un petit bourrelet apicilaire; aigrette blanche, arquée en dedans, presque aussi longue que le fruit, composée de squamellules unisériées, égales, filiformes, très-barbellulées. Corolles du disque à cinq divisions. Corolles de 37:484
la couronne à languette un peu arquée en dehors, courte, large, elliptique, ordinairement bidentée au sommet. Style et stigmatophores d'Astérée.

Ce nouveau genre diffère de l'*Erigeron*, 1.° par les squames intérieures du péricline, qui ont une base épaisse, charnue, gibbeuse, subglobuleuse, à peu près comme dans certaines sénécionées; 2.° par le clinanthe absolument nu, au lieu d'être pourvu de cloisons saillantes et dentées formant des alvéoles, comme celui de l'*Erigeron;* 3.° par l'aigrette très-barbellulée; 4.° par les languettes de la couronne moins nombreuses, plus larges, elliptiques, et arquées en dehors. Il diffère plus ou moins de toutes les Érigérées par son port, et surtout par ses feuilles constamment opposées.

30. Notre genre *Podocoma* se distingue fort bien par ses fruits collifères, c'est-à-dire atténués supérieurement en un col, qui rend l'aigrette stipitée, suivant l'expression usitée par les botanistes. La couronne nous a paru être jaune, sur les échantillons secs des deux espèces que nous avons observées: mais il est probable que sa vraie couleur, altérée par la dessiccation, ne seroit point jaune sur les individus vivans.

31. En proposant le genre *Diplopappus,* nous n'avions point

37:484 eu égard à la couleur, ni à la largeur des languettes de la couronne ; c'est pourquoi nous y avions successivement admis des espèces à languettes jaunes, des espèces à languettes blanches et étroites, des espèces à languettes blanches et larges. Cependant nous sentions que cette réunion n'étoit pas très-convenable ; car nous avions nommé *Diplopappus dubius* (t. XIII, pag. 309) l'*Aster annuus* de Linné, en faisant observer que cette espèce et l'*Erigeron delphinifolium*, qui devoit lui être associé, s'éloignent des vrais *Diplopappus*. Quelque temps après, nous avons dit (tom. XXV, pag. 96) que le genre *Diplopappus* devoit être divisé en deux sections : la première, intitulée *Asteroides*, ou vrais *Diplopappus*, caractérisée par le péricline réellement imbriqué, et la couronne unisériée, à languettes moins étroites et ordinairement jaunes, comprenant les *Diplopappus lanatus*, *intermedius*, *villosus*, *lavandulifolius*; la seconde, intitulée *Erigeroides*, ou faux *Diplopappus*, caractérisée par le péricline de squames ordinairement à peu
37:485 près égales, et la couronne souvent plurisériée, multiflore, à languettes très-étroites et blanches, comprenant les *Diplopappus dubius*, *delphinifolius*, *pubescens*, *gnaphalioides*. Aujourd'hui, la distinction établie par nous entre les Solidaginées, les Érigérées et les Astérées-Prototypes vraies, nous oblige à distribuer tous nos *Diplopappus* en trois genres, dont le premier, nommé *Diplopappus*, conservera seulement les espèces à couronne jaune; le second, nommé *Stenactis*, n'aura que les espèces à languettes étroites et point jaunes; le troisième, qui est le *Diplostephium* de M. Kunth, seroit uniquement composé d'espèces à languettes larges et point jaunes.

Stenactis. Calathide radiée : disque multiflore, réguliflore, androgyniflore ; couronne uni-bisériée, multiflore, liguliflore, féminiflore. Péricline orbiculaire, convexe, subhémisphérique, égal aux fleurs du disque ; formé de squames bi-trisériées, à peu près égales, appliquées, linéaires, aiguës, coriaces-foliacées. Clinanthe large, plan ou convexe, plus ou moins fovéolé. Ovaires oblongs, comprimés bilatéralement, hispidules; aigrette double : l'extérieure très-courte, presque stéphanoïde, composée de rudimens de squamellules paléiformes, unisériées; l'intérieure longue, caduque, quelquefois avortée sur les ovaires de la couronne, composée de squamellules peu nombreuses, à peu près égales, unisériées, distancées, filiformes, barbellulées. Corolles de la couronne à languette longue, étroite, linéaire, point jaune. 37:485

Nous avons décrit ces caractères génériques sur l'*Aster annuus* de Linné et sur l'*Erigeron delphinifolium* de Willdenow. Ce genre a beaucoup d'affinité avec les fausses Bellidées, auxquelles il seroit peut-être assez convenablement associé. M. Nuttal veut que le nom d'*Erigeron* lui soit exclusivement consacré, parce qu'il nomme *Cœnotus* le genre ayant pour type l'*Erigeron canadense*, et qui, selon nous, doit conserver l'ancien nom. L'*Erigeron alpinum*, Lin., que nous avons observé, appartient certainement au genre *Stenactis*, quoique ses caractères génériques diffèrent un peu, sur quelques points, de ceux qu'on vient de lire : mais ces différences, très-légères, n'ont aucune importance.

32. Le genre *Diplostephium*, dont M. Kunth n'a connu qu'une seule espèce, doit probablement en admettre plusieurs autres confondues dans le genre *Aster*, et notamment l'*Aster amygdalinus*, Lam., qui nous a offert les caractères génériques suivans. 37:486

Diplostephium. Calathide radiée : disque multiflore, réguliflore, androgyniflore ; couronne unisériée, liguliflore, féminiflore. Péricline subcylindracé, très-inférieur aux fleurs du disque ; formé de squames très-inégales, paucisériées, irrégulièrement imbriquées, appliquées, ovales ou oblongues, obtusiuscules, coriaces, membraneuses sur les bords. Clinanthe plan, alvéolé, à cloisons charnues, dentées. Ovaires pédicellulés, oblongs, hispidules, striés, à cinq côtes; aigrette double : l'intérieure longue, composée de squamellules très-nombreuses, très-inégales, filiformes, barbellulées ; l'extérieure beaucoup plus courte, peu distincte de l'intérieure, composée de squamellules unisériées, contiguës, très-inégales, filiformes-laminées, membraneuses, subulées, denticulées. Corolles de la couronne à languette longue et large, elliptique-oblongue, plurinervée, tridentée au sommet, point jaune.

M. Nuttal associe avec l'*Aster amygdalinus* les *Aster linifolius* et *humilis*, auxquels il attribue aussi l'aigrette double : mais l'*Aster linifolius*, ayant la couronne neutriflore, a été rapporté

37:486 par nous au genre *Galatella*; et l'*Aster humilis* ayant, selon Willdenow, les squames du péricline inappliquées, ne paroît pas exactement congénère des vrais *Diplostephium*.

33. Le vrai genre *Aster*, réduit dans les limites que nous lui avons assignées, se distingue du *Diplostephium*, en ce que son aigrette n'est point double; de l'*Eurybia*, en ce que toutes les squames de son péricline ne sont pas entièrement appliquées d'un bout à l'autre, quelques-unes au moins ayant leur partie supérieure plus ou moins étalée : il se distingue du *Galatella* par sa couronne vraiment féminiflore ; de l'*Olearia* et du *Printzia*, par ses aigrettes non plumeuses ; du *Chiliotrichum*, par son clinanthe nu ; de l'*Agathœa* et du *Charieis*, par son péricline imbriqué.

34. Notre genre *Eurybia* se distingue de l'*Aster* par son péricline, dont toutes les squames sont parfaitement appliquées, depuis la base jusqu'au sommet, au lieu d'être plus ou moins étalées. Cette distinction générique paroît avoir été conçue
37:487 par Adanson : car il nommoit *Aster* un genre ayant probablement pour type l'*Aster tripolium*, Lin., et caractérisé, suivant lui, par le péricline presque simple[1]; tandis qu'il nommoit *Amellus* un autre genre ayant pour type l'*Aster amellus*, Lin., et caractérisé par le péricline imbriqué, à squames divergentes. Nous avons trouvé, parmi les plantes innommées de l'herbier de M. de Jussieu, une nouvelle espèce d'*Eurybia*, que nous pouvons signaler ainsi :

Eurybia Jussiei, H. Cass. Feuilles longuement pétiolées, ovales-oblongues, presque lancéolées, échancrées en cœur à la base, aiguës au sommet, grossièrement dentées en scie, glabriuscules ; calathides disposées en panicule ; péricline égal aux fleurs du disque, formé de squames régulièrement imbriquées, appliquées, obtusiuscules, uninervées, subcoriaces, épaissies au sommet; les extérieures ovales, les intérieures linéaires ; clinanthe alvéolé ; couronne à languettes très-longues, rubanaires, étrécies supérieurement, non dentées au sommet; disque jaune, à corolles divisées par des incisions inégales et très-profondes en cinq lanières très-longues,

---

1 La plante nommée au Jardin du Roi *Aster lithospermifolius* nous a paru avoir le péricline presque simple.

linéaires. 37:487

Cette espèce, assez remarquable par la longueur des divisions des corolles du disque, est très-analogue aux *Aster macrophyllus* et *corymbosus*, qui sont aussi des *Eurybia*. Il faut encore rapporter au même genre l'*Aster liratus* (Bot. mag.) et l'*Aster argophyllus*, Labill. : ce dernier a, comme l'*Eurybia Jussiei*, les corolles du disque divisées, presque jusqu'à la base du limbe, en cinq lanières; les filets de l'aigrette ont le sommet épaissi et comme barbellé, c'est-à-dire très-courtement plumeux; le disque est composé d'environ sept fleurs jaunâtres, la couronne d'environ cinq fleurs blanches, tridentées; le clinanthe est petit, nu; le péricline est étroit et très-inférieur aux fleurs du disque.

Le genre *Eurybia* se trouve ainsi, quant à présent, composé de neuf espèces, nommées *quercifolia*, *fulvida*, *viscosa*, *microphylla*, *Jussiei*, *macrophylla*, *corymbosa*, *lirata*, *argophylla*, et il doit sans doute en admettre plusieurs autres,
telles que le *Solidago bicolor*, par exemple. Ce genre, qui ne 37:488
diffère du *Diplostephium* que par la structure de l'aigrette, a, comme lui, beaucoup de rapports avec le *Solidago*, notamment par la forme et la structure du péricline. Ajoutons que, dans l'*Eurybia*, les corolles du disque ont la partie inférieure du limbe confondue avec le tube, comme dans le *Solidago*; que le disque et la couronne sont souvent pauciflores, et que la couronne est souvent blanche.

35. Notre genre *Galatella* ne diffère de l'*Eurybia* que par les fleurs de sa couronne, qui sont neutres, au lieu d'être femelles. Nous l'avions d'abord nommé *Galatea*; mais, comme ce nom appartient à un genre d'animaux de la classe des Crustacés, il convient de le modifier en changeant un peu sa désinence. La *Galatella albiflora*, décrite dans ce Dictionnaire (tom. XVIII, pag. 58), ressemble tellement au *Linosyris*, que nous serions presque tenté de croire que c'est une espèce de ce genre, devenue radiée accidentellement. Selon M. Nuttal, elle auroit l'aigrette double, comme les *Diplostephium*.

36. Le genre *Olearia* de Mœnch, que nous n'avons point vu, se rapproche du *Galatella* par sa couronne neutriflore : mais il s'en éloigne par son aigrette de squamellules plumeu-

37:488 ses, entregreffées à la base, et par son péricline, dont les squames extérieures sont un peu étalées. Son port est aussi très-différent. Est-il bien vrai que l'aigrette soit plumeuse ?

37. Quoique la plante décrite par Bergius sous le nom d'*Inula cernua*, ne nous soit connue que par sa description, nous n'hésitons pas à dire qu'elle n'appartient ni au genre *Inula*, ni à la tribu des Inulées, mais bien à la tribu des Astérées, dans laquelle elle doit constituer un nouveau genre, très-voisin de l'*Olearia*, et que nous dédions à la mémoire de Printz, auteur d'un écrit sur les plantes rares d'Afrique, inséré dans le sixième volume des *Amœnitates academicæ*.

Notre genre *Printzia* se distingue de l'*Olearia*, principalement par son péricline formé de squames presque égales, disposées sur deux rangs. Ajoutons que l'aigrette n'est que barbellée, c'est-à-dire courtement plumeuse, que les anthères sont pourvues d'appendices basilaires probablement analogues à ceux du *Grindelia*, et que la couronne est féminiflore.

37:489 Il nous paroît assez vraisemblable que le genre *Lioydia* de Necker, interposé par lui entre l'*Inula* et le *Solidago*, correspond à notre *Printzia*. Cependant Necker attribue à son *Lioydia* le péricline simple, formé d'une seule pièce divisée en dix segmens contigus; et dans un autre article il remarque que les *Tussilago* et *Petasites* ont de l'affinité avec le *Lioydia*. Ce genre de Necker est donc beaucoup trop problématique pour qu'on puisse se permettre d'appliquer le nom générique de *Lioydia* à la plante de Bergius.

38. Notre genre *Chiliotrichum*, analogue par le port aux deux précédens, se distingue facilement de toutes les Astérées-Prototypes, par son clinanthe garni de squamelles.

39. Notre genre *Agathæa*, dont le péricline est formé de squames égales, disposées sur un seul rang, se rapproche ainsi du *Printzia*. Les deux espèces d'*Agathæa* ont la tige ligneuse : mais les feuilles sont opposées dans l'*Agathæa cœlestis*, et alternes dans l'*Agathæa microphylla*.

40. Notre genre *Charieis* ressemble à l'*Agathæa* par son péricline; mais l'aigrette est plumeuse sur les fruits du disque et nulle sur ceux de la couronne.

La section suivante offre d'abord le groupe des Fausses Bellidées, composé de huit genres ayant tous plus ou moins d'affinité avec les Astérées-Prototypes. 37:489

41. Le genre *Amellus*, placé au commencement de ce groupe, se rapproche surtout du groupe précédent, et en particulier du genre *Chiliotrichum*, auquel il ressemble par son clinanthe squamellé, mais dont il diffère beaucoup sous plusieurs autres rapports. Nous profitons de l'occasion qui se présente, pour décrire une nouvelle espèce d'*Amellus*.

Amellus anisatus, H. Cass. Tige probablement herbacée, ayant le cylindre médullaire très-large et le tube ligneux peu épais; longue de plus de dix pouces (dans l'échantillon sec et incomplet que nous décrivons), probablement dressée, simple, un peu flexueuse, grêle, cylindrique, un peu striée; très-garnie de poils blancs, appliqués, très-petits, entremêlés de quelques poils rares, très-longs, articulés; deux rameaux latéraux, alternes, simples, divergens, nés à quelque distance du sommet de la tige; feuilles alternes, distantes, presque dressées, absolument sessiles, longues d'environ un
pouce et demi, larges d'environ une ligne, linéaires, ordinai- 37:490
rement terminées en pointe obtuse, toujours très-entières sur les bords, sans aucune dent, uninervées, hérissées sur les deux faces de petits poils blancs très-nombreux, courts et roides; la face inférieure offrant en outre quelques longs poils articulés; trois calathides grandes, solitaires au sommet de la tige et des deux rameaux; péricline hérissé de poils courts et longs; les squames intérieures un peu violettes au sommet; disque jaune; couronne probablement violette; clinanthe très-manifestement conique; aigrette intérieure composée ordinairement de deux, souvent de trois ou quatre, rarement de cinq squamellules. On trouve, dans le disque, des fleurs mâles, ou à ovaire stérile, mêlées parmi les vrais hermaphrodites à ovaire fertile; les ovaires stériles portent deux grosses glandes immédiatement au-dessous de l'aigrette extérieure.

Les vrais caractères du genre *Amellus*, que nous avons décrits dans ce Dictionnaire (tom. XXVI, pag. 210), ont été observés par nous sur l'*Amellus lychnitis*, et sur l'*Amellus anisatus*, que nous confondions alors avec l'*Amellus annuus*, Willd., auquel il ressemble beaucoup : cependant l'*anisatus* nous paroît aujourd'hui se distinguer suffisamment de l'*annuus*

37:490 par ses feuilles qui n'offrent aucune dent. Cette plante, recueillie par Sonnerat, probablement au cap de Bonne-Espérance, étoit innominée dans l'herbier de M. de Jussieu, où nous l'avons observée. Les calathides, quoique desséchées depuis bien long-temps, exhalent encore, lorsqu'on les froisse, une forte odeur d'anis, émanée sans doute des glandes que portent les squamelles du clinanthe et les corolles du disque.

42. Notre genre *Felicia*, réduit à la seule espèce sur laquelle nous l'avions d'abord fondé, appartient sans aucun doute aux fausses Bellidées. Il faut en exclure la *Felicia brachyglossa*, qui constitue le genre *Munychia*, dans le groupe des Érigérées, et la *Felicia Fontanesii*, qui constitue le genre *Nolletia*, dans le groupe des Chrysocomées, si toutefois il est vrai que l'*Aster chrysocomoides* ne soit qu'une variété produite par l'expatriation et la culture de la *Conyza chrysocomoides*. Les *Oritrophium* de M. Kunth semblent avoir quelques rapports avec notre *Felicia*.

37:491 43. Notre genre *Henricia*, très-différent du vrai *Felicia* par son port, lui ressemble par ses caractères génériques; il s'en distingue néanmoins par la structure des squames intérieures du péricline et par la forme des ovaires.

44. Notre genre *Kalimeris* est bien distinct de l'*Aster*, dans lequel on l'a confondu, par son clinanthe élevé, presque conique, par ses ovaires aplatis et bordés, par ses aigrettes extrêmement courtes, par la forme et la structure de son péricline.

45. Notre genre *Callistephus*, que M. Nuttal rapporte avec doute à son *Chrysopsis*, avoit d'abord été nommé par nous *Callistemma*: mais comme ce nom ressemble trop à celui de *Calostemma*, genre plus ancien de M. Brown, nous croyons devoir changer sa terminaison. Le clinanthe du *Callistephus* n'est pas réellement alvéolé, mais seulement imprimé; et le péricline extérieur doit plutôt être considéré comme un involucre formé de bractées entourant le vrai péricline.

46. Le genre *Boltonia* de l'Héritier n'ayant point été décrit par nous dans ce Dictionnaire, il convient d'exposer ici ses caractères génériques, tels qu'ils résultent de nos propres observations.

BOLTONIA. Calathide radiée: disque multiflore, régulariflore, androgyniflore; couronne unisériée, liguliflore, féminiflore. Péricline orbiculaire, égal aux fleurs du disque; formé de squames à peu près égales, bisériées, appliquées, linéaires-aiguës, subfoliacées, uninervées. Clinanthe hémisphérique, alvéolé, à cloisons dentées. Ovaires pédicellulés, très-comprimés bilatéralement, planiuscules, obovales, presque glabres ou hispidules, bordés d'un bourrelet sur chacune des deux arêtes extérieure et intérieure; aigrette très-courte, irrégulière, interrompue, comme semi-avortée, composée de squamellules unisériées, inégales, persistantes, filiformes, barbellulées, dont deux beaucoup plus longues et plus épaisses, et les autres rudimentaires, presque avortées. Corolles de la couronne à languette linéaire. 37:491

On peut remarquer beaucoup de rapports entre le *Boltonia* et le *Stenactis*.

47. Notre genre *Brachycome* [1] a une grande analogie avec

[1] C'est ainsi qu'il faut écrire ce nom générique, au lieu de *Brachyscome*, qu'on lit dans le Bulletin des sciences et dans ce Dictionnaire. 37:492

le *Boltonia*, dont il se distingue pourtant très-bien par son disque probablement masculiflore, son péricline de squames égales, subunisériées, obtuses, son clinanthe conique, ses ovaires pourvus d'un rebord membraneux, denticulé, et portant une aigrette nullement barbellulée. Remarquons que les *Brachycome* habitent la Nouvelle-Hollande, tandis que les *Boltonia* habitent l'Amérique septentrionale.

48. La *Bellis graminea* de M. Labillardière, que nous avons observée dans l'herbier de M. de Jussieu, nous paroît devoir constituer un nouveau genre, auquel nous assignons les caractères suivans:

Paquerina, H. Cass. Calathide radiée: disque multiflore, régulariflore, androgyniflore; couronne unisériée, liguliflore, féminiflore. Péricline paroissant subhémisphérique, probablement égal aux fleurs du disque; formé de squames sub-bisériées, un peu inégales, oblongues, foliacées, la plupart arrondies au sommet. Clinanthe un peu conique, profondément alvéolé, à cloisons élevées, irrégulières, souvent prolongées en quelques fimbrilles plus ou moins longues,

37:492 laminées, charnues. Ovaires obovales-oblongs, comprimés bilatéralement, absolument privés d'aigrette. Style et stigmatophores d'Astérée.

La calathide est solitaire au sommet d'un long pédoncule filiforme; le disque est jaune; la couronne paroît être violette; les corolles du disque sont analogues à celles des *Bellis;* celles de la couronne sont très-longues, à languette large; les fruits mûrs sont comprimés, obovales, épais, glabres, bordés d'un très-gros bourrelet arrondi, à peine distinct. Ce genre est intermédiaire entre le *Boltonia*, auquel il ressemble par son clinanthe alvéolé, mais dont il diffère par ses fruits inaigrettés, et le *Bellis*, auquel il ressemble par ses fruits inaigrettés, mais dont il diffère par son clinanthe alvéolé. Remarquez que, dans les vraies *Bellis*, le clinanthe, un peu saillant sous chacun des ovaires, ne l'est point du tout entre eux; tandis que, dans le *Paquerina*, c'est précisément tout le contraire, le clinanthe étant très-enfoncé sous les ovaires, et très-élevé sur le réseau qui les sépare.

37:493 Les quatre genres suivans composent le groupe très-naturel des Bellidées vraies.

49. Notre genre *Lagenophora*, placé au commencement de ce groupe, se distingue facilement par ses ovaires très-grands, prolongés supérieurement en un col, par son disque pauciflore, masculiflore, privé de faux-ovaires, par son péricline irrégulier, par son clinanthe plan, et par les corolles de sa couronne à tube presque nul. Ce genre, qui se trouve fixé, par l'ensemble de ses rapports naturels, dans la section des Bellidées, ne doit pas en être distrait à cause du disque pauciflore et du clinanthe plan : ces deux caractères, exceptionnels dans la présente section, sont une conséquence ordinaire de l'absence du sexe femelle dans les fleurs du disque.

La *Calendula pumila*, Willd., est-elle une troisième espèce de *Lagenophora*, suffisamment distincte des deux autres?

50. Le vrai genre *Bellis* ne doit plus admettre désormais que les espèces offrant les caractères génériques suivans :

Calathide radiée : disque multiflore, régulariflore, androgyniflore; couronne unisériée, liguliflore, féminiflore. Péricline supérieur aux fleurs du disque, orbiculaire, convexe, subcampanulé; formé de squames uni-bisériées, à peu

près égales, appliquées, elliptiques-oblongues, obtuses, fo- 37:493
liacées. Clinanthe conique, élevé, lacuneux intérieurement,
absolument nu, un peu saillant sous chacun des ovaires,
mais n'offrant aucune saillie sur leurs intervalles. *Fleurs du
disque* : Ovaire comprimé bilatéralement, obovoïde, hispi-
dule, bordé d'un bourrelet sur chacune des deux arêtes ex-
térieure et intérieure; aigrette absolument nulle. Corolle à
cinq divisions arquées en dedans, presque conniventes. Éta-
mines à anthères incluses. Style (d'Astérée) à stigmatophores
exserts, figurant une pince. Nectaire nul ou presque nul.
Fleurs de la couronne : Ovaire semblable à ceux du disque.
Corolle à languette oblongue, ayant le sommet arrondi et
entier.

Ce genre, ainsi caractérisé, comprend les *Bellis annua*, *pe-
rennis*, *sylvestris*. Il faut en exclure la *Bellis stipitata*, Labill.,
qui est une *Lagenophora;* la *Bellis aculeata*, Labill., qui est
une *Brachycome;* la *Bellis graminea*, Labill., qui est une
Paquerina. Nous n'avons point vu la *Bellis ciliaris*, Labill.,
qui est peut-être une *Brachycome*, à aigrette presque avortée; 37:494
ni la *Bellis integrifolia*, Mich., qui paroît s'éloigner des vraies
Bellis par son port, et par les squames aiguës de son péricline,
et qui pourroit bien être une *Boltonia* à aigrette presque
nulle.

La plante cultivée, sous le nom de *Bellis sylvestris*, dans le
Jardin du Roi, où elle fleurit en Mai, est très-remarquable
par les dimensions de toutes ses parties, vraiment gigan-
tesques relativement aux autres espèces : les hampes sont
hautes de près d'un pied et demi, dressées, pubescentes; les
feuilles sont radicales, longues d'environ six pouces, y com-
pris le pétiole, larges d'environ un pouce, pubescentes sur
les deux faces, à pétiole long, à limbe lancéolé, un peu
sinué et bordé de dents écartées, très-petites, perpendicu-
laires à la ligne marginale; la calathide est large d'environ
un pouce; les squames du péricline sont linéaires, uninervées,
poilues, d'un vert noirâtre; le disque est jaune; les corolles
de la couronne sont longues de cinq lignes, à languette lon-
gue de quatre lignes, trinervée, arrondie au sommet, blan-
châtre en dessus, rouge en dessous; les fruits sont fauves,
hérissés de poils.

37:494 51. Le genre *Bellium* est bien distinct de toutes les autres Bellidées par la structure de son aigrette, qui a pourtant quelques rapports avec celle de l'*Amellus* et avec celle du *Callistephus*.

52. Notre genre *Bellidiastrum*, incomplétement décrit dans ce Dictionnaire, présente les caractères suivans :

Calathide radiée : disque multiflore, régulariflore, androgyniflore ; couronne subunisériée, liguliflore, féminiflore. Péricline cylindrico-campanulé, supérieur aux fleurs du disque; formé de squames à peu près égales, uni-bisériées, linéaires-aiguës, subfoliacées. Clinanthe conique, nu, ponctué. Ovaires du disque et de la couronne oblongs, subcylindracés, comprimés, hispidules, pourvus d'un bourrelet basilaire, et portant une aigrette de squamellules nombreuses, inégales, flexueuses, filiformes, très-barbellulées. Style et stigmatophores d'Astérée. Fleurs de la couronne dépourvues de fausses étamines.

Bellidiastrum Michelii, H. Cass. (*Doronicum bellidiastrum*,
37:495 Lin.) Feuilles toutes radicales, longues d'environ trois pouces, larges d'environ dix lignes, obovales-lancéolées, étrécies en pétiole vers la base, un peu pubescentes en dessous, glabriuscules en dessus, d'un vert luisant, inégalement et irrégulièrement dentées ou crénelées sur les bords ; hampe longue d'environ huit pouces et demi, cylindrique, pubescente, portant près du sommet une petite bractée linéaire, et terminée par une calathide large d'environ un pouce, à disque jaune et à couronne blanche.

Nous avons fait cette description générique et spécifique sur un individu vivant, cultivé au Jardin du Roi, où il fleurissoit au commencement de Juillet.

Le genre *Bellidiastrum* termine très-convenablement la série des Astérées, parce qu'il a beaucoup d'affinité avec les Doronicées, que nous rangerons au commencement de la tribu des Sénécionées, placée à la suite de celle des Astérées.

En réfléchissant sur les différences qui distinguent les Astérées-Bellidées des Astérées-Prototypes, on reconnoît qu'elles dérivent toutes fort naturellement de ce que les fleurs du disque sont plus courtes et plus nombreuses dans les Bellidées que dans les Prototypes. Nous sommes persuadé que beaucoup de caractères, justement réputés graves et importans, résultent de circonstances presque aussi légères que celle dont nous venons de parler. Cette proposition n'étonnera point ceux qui savent qu'au physique, comme au moral, une petite cause peut produire de grands effets. (H. Cass.) 37:495

PARDISIUM. (*Bot.*) Ce genre de plantes, proposé, en 1768, par Nicolas-Laurent Burmann, dans son *Floræ capensis prodromus*, appartient à l'ordre des synanthérées, et probablement à notre tribu naturelle des Mutisiées, dans laquelle nous l'avons admis avec doute, en le plaçant dans la section des Mutisiées-Gerbériées, entre les deux genres *Isotypus* et *Trichocline*. (Voyez notre tableau des Mutisiées, tom. XXXIII, pag. 464 et 475.) 37:534

N'ayant point vu le *Pardisium*, nous empruntons à Burmann les caractères génériques et spécifiques de la plante qui constitue ce genre.

Calathide radiée : disque réguliflore, androgyniflore; couronne liguliflore, féminiflore. Péricline égal aux fleurs, formé de squames imbriquées, lancéolées. Clinanthe paléacé. Fruits ovoïdes, portant une aigrette plumeuse aussi élevée que le péricline. Corolles du disque à cinq divisions. Corolles de la couronne à languette linéaire, tridentée. Styles à moitié fendus en deux stigmatophores obtus.

Pardisium du Cap : *Pardisium capense*, Burm. C'est une plante herbacée, privée de tige proprement dite; ses feuilles sont toutes radicales, nombreuses, runcinées, longues de trois pouces; les hampes, longues comme les feuilles, sont simples, nues, et terminées chacune par une calathide.

Cette plante du cap de Bonne-Espérance ne paroît pas avoir été observée depuis Burmann; et, à l'exception de M. de Jussieu, presque tous les autres botanistes ont négligé de mentionner le *Pardisium*, sans doute parce que la description donnée par l'auteur de ce genre a paru peu satisfaisante. Elle est en effet trop incomplète et trop imparfaite pour qu'on puisse déterminer avec assurance les affinités du *Pardisium* avec d'autres genres mieux connus. C'est presque uniquement d'après le port de cette plante que nous avons hasardé de l'associer à nos Mutisiées-Gerbériées, quoique Bur- 37:535
mann l'ait placée entre l'*Erigeron* et le *Senecio*. Les corolles

37:535 du disque sont-elles exactement régulières, c'est-à-dire, à incisions également profondes? celles de la couronne n'auroient-elles pas une petite languette intérieure peu apparente? Les appendices du clinanthe sont-ils de vraies squamelles? L'aigrette est-elle longuement ou courtement plumeuse? Les anthères sont-elles ou non pourvues d'appendices basilaires? (H. Cass.)

38:14 PARTHENIUM. (*Bot.*) Ce genre de plantes appartient à l'ordre des Synanthérées, à la tribu naturelle des Hélianthées, et à notre section des Hélianthées-Coréopsidées. Voici ses caractères, tels qu'ils résultent de nos propres observations faites sur plusieurs individus vivans de *Parthenium hysterophorus* et *integrifolium*, cultivés au Jardin du Roi.

Calathide courtement radiée : disque multiflore, réguliflore, masculiflore; couronne unisériée, quinquéflore, liguliflore, féminiflore. Péricline hémisphérique, égal aux fleurs du disque, formé de dix squames bisériées, appliquées, à peu près égales en longueur : les cinq extérieures ovales, aiguës, coriaces-foliacées; les cinq intérieures plus larges, suborbiculaires, presque membraneuses. Clinanthe cylindracé ou conoïdal, garni de squamelles presque aussi longues que les fleurs, embrassantes ou demi-enveloppantes, membraneuses, élargies de bas en haut, à sommet tronqué et frangé ou hérissé de poils en chapelet; les squamelles extérieures plus larges que les intérieures. *Fleurs du disque :* Faux-ovaire presque nul. Corolle à tube cylindracé, verdâtre; limbe plus court et plus large que le tube, cylindracé, blanc, divisé au sommet en quatre ou cinq lobes courts, dressés. Étamines à filet greffé à la partie inférieure seulement du tube de la corolle; article anthérifère court, un peu enflé; anthères noirâtres, à peine cohérentes avant la fleuraison, mais entregreffées pendant la fleuraison; pollen blanc. Style masculin simple, indivis, ayant sa partie supérieure garnie de quelques collecteurs filiformes, et son sommet conique, obtus, à peine bifide ou bilobé. *Fleurs de la couronne :* Ovaire obcomprimé, obovale ou obcordiforme, glabre, lisse, bordé d'un bourrelet sur chacune de ses deux arêtes latérales, et portant un nectaire sur son aréole apicilaire; aigrette composée de deux squamellules [1] opposées, latérales, paléiformes ou triquètres, 38:14

1 Dans le *Parthenium hysterophorus*, les deux squamellules de l'aigrette sont des lames épaisses, charnues, suborbiculaires, irrégulière- 38:15
ment denticulées, munies d'une côte médiaire.

larges, en forme d'ailes, submembraneuses ou subpétaloïdes, nues, continues à l'ovaire. Corolle anomale, à tube court et gros, vert, presque continu à l'ovaire; languette blanche, courte, large, presque obcordiforme, à sommet échancré ou bilobé. Style féminin portant deux stigmatophores divergens, arqués en dehors, demi-cylindriques, obtus au sommet, glabres, dont la face intérieure plane est couverte de deux bourrelets stigmatiques, contigus inférieurement, confluens supérieurement, très-épais, finement poncticulés.

Cette longue description générique seroit pourtant incomplète, si nous omettions une particularité très-remarquable, qui a été entièrement négligée par la plupart des botanistes, mal observée par quelques autres, et que nous avons exposée dans le Journal de physique de Juillet 1819, pag. 29. Voici en quoi elle consiste. Chaque ovaire de la couronne, aplati en avant et en arrière, est bordé à droite et à gauche d'un bourrelet cylindrique, coriace, dont la base est greffée avec la base de la squamelle contiguë enveloppant la fleur mâle voisine. A une certaine époque, les deux bourrelets latéraux de l'ovaire se détachent de la partie inférieure de cet ovaire, et ne restent plus adhérens qu'à sa partie supérieure; mais ils continuent d'adhérer par la base aux deux squamelles contiguës. Il résulte de cette singulière disposition, que l'ovaire semble pourvu de deux appendices filiformes, qui partent du sommet, descendent le long des deux côtés, et dont chacun porte à son extrémité la base d'une fleur mâle enveloppée de sa squamelle.

On connoît aujourd'hui trois espèces de *Parthenium*: ce sont des plantes américaines, herbacées, à feuilles alternes, simples, pinnatifides ou bipinnatifides, et à calathides terminales, corymbées, composées de fleurs blanches. La première espèce, nommée *Parthenium hysterophorus*, Lin., habite les contrées les plus chaudes de l'Amérique, et se distingue par ses feuilles

38:15 bipinnatifides, à divisions subdivisées, garnies de quelques
poils appliqués ; la seconde, cultivée dans un jardin bota-
nique du Mexique, et nommée *Parthenium incanum*, Kunth,
38:16 est cotonneuse et blanchâtre, à feuilles pinnatifides, dont les
divisions inférieures sont incisées ou dentées, et la terminale
trilobée; la troisième espèce, *Parthenium integrifolium*, Lin.,
se distingue facilement des deux autres par ses feuilles indi-
vises, oblongues, dentées : elle habite les montagnes de la
Virginie et de la Caroline.

Le genre *Parthenium*, précédemment confondu par Tournefort avec son *Matricaria*, fut d'abord institué par Nissole, en 1711, sous le nom de *Partheniastrum*, auquel Vaillant substitua le nom d'*Hysterophorus*, et Linné celui de *Parthenium*. Depuis Linné, ce même genre a encore été nommé *Argyrochæta* par Cavanilles, *Villanova* par Ortega, *Trichospermum* par Palisot de Beauvois. Selon nous, il seroit convenable de lui restituer son premier nom de *Partheniastrum*, qui vaut bien celui de *Parthenium*.

Le tableau méthodique des genres qui composent la grande tribu des Héliantheés, doit nécessairement se trouver dans ce Dictionnaire, puisque c'est l'un des objets les plus importans du travail général dont nous avons été chargé : mais c'est aussi l'un des plus étendus et des plus difficiles. N'ayant pas pu insérer ce tableau dans notre article Héliantheés (tom. XX, pag. 354), où il devoit naturellement être placé, nous nous décidons à le diviser en plusieurs parties, qui seront successivement présentées sous divers titres d'articles concernant les Héliantheés. La première partie, que nous allons annexer ici, à la suite de l'article Parthenium, est la liste complète des genres, distribués dans les cinq sections naturelles auxquelles ils appartiennent, mais rangés par ordre alphabétique dans chacune de ces cinq sections, dons nous avons déjà exposé les caractères dans notre article Héléniées (tom. XX, pag. 346).

IX.[e] *Tribu*. Les Héliantheés (*Helianthcæ*).

1.re *Section*. Héliantheés-Héléniées. *Achyropappus*, Kunth; *Actinea*, Juss.; *Allocarpus*, Kunth; *Bahia*, Lag.; *Balbisia*, Willd.; *Balduina*, Nutt.; *Calea*, R. Br.; *Caleacte*, R. Br.; *Calydermos ?*, Lag.; *Cephalophora*, Cav.; *Dimerostemma*, H.

Cass.; *Eriophyllum*, Lag.; *Florestina*, H. Cass.; *Gaillardia*, 38:16
Fouger; *Galinsoga*, Cav.; *Helenium*, Lin.; *Hymenopappus*, l'Hér.; *Leontophthalmum*, Willd.; *Leptopoda*, Nutt.; *Marshallia*, Schreb.; *Mocinna*, Lag.; *Polypteris*, Nutt.; *Ptilos-* 38:17
tephium, Kunth; *Schkuhria*, Roth; *Sogalgina*, H. Cass.; *Trichophyllum*, Nutt.

2.e *Section.* Hélianthées-Coréopsidées. *Aspilia?*, Pet. Th.; *Baillieria?*, Aubl.; *Bidens*, Tourn.; *Chrysanthellina*, H. Cass.; *Coreopsis*, Lin.; *Cosmos*, Cav.; *Espeletia?*, Bonpl.; *Georgina*, Willd.; *Glossocardia*, H. Cass.; *Guardiola?*, Bonpl.; *Heterospermum*, Cav.; *Kerneria*, Mœnch; *Leachia*, H. Cass.; *Mnesiteon?*, Rafin.; *Narvalina*[1], H. Cass.; *Neuractis*, H. Cass.; *Parthenium*, Lin.; *Peramibus?*, Rafin.; *Silphium*, Lin.; *Synedrella*, Gærtn.; *Tetragonotheca?*, Dill.

3.e *Section.* Hélianthées-Prototypes. *Acmella*, Rich.; *Blainvillea*, H. Cass.; *Ditrichum*, H. Cass.; *Encelia*, Adans.; *Hamulium*, H. Cass.; *Harpalium*, H. Cass.; *Helianthus*, Lin.; *Isocarpha?*, R. Br.; *Leighia*, H. Cass.; *Lipotriche*, R. Br.; *Melanthera*, Rohr; *Petrobium*, R. Br.; *Platypteris*, Kunth; *Pterophyton*, H. Cass.; *Salmea*, Decand.; *Sanvitalia?*, Lam.; *Simsia?*, Pers.; *Spilanthes*, Jacq.; *Tragoceros*, Kunth; *Verbesina*, Lin.; *Viguiera*, Kunth; *Ximenesia*, Cav.; *Zinnia*, Lin.

4.e *Section.* Hélianthées-Rudbeckiées. *Baltimora*, Lin.; *Chatiakella*, H. Cass.; *Diomedea*, H. Cass.; *Dracopis*, H. Cass.; *Echinacea*, Mœnch; *Eclipta*, Lin.; *Ferdinanda?*, Lag.; *Fougeria*, Mœnch; *Gymnolomia?*, Kunth; *Helicta*, H. Cass.; *Heliophthalmum?*, Rafin.; *Heliopsis*, Pers.; *Kallias*, H. Cass.; *Obeliscaria*, H. Cass.; *Pascalia*, Orteg.; *Podanthus*, Lag.; *Rudbeckia*, Lin.; *Stemmodontia?*, H. Cass.; *Tilesia?*, Meyer; *Tithonia*, Desf.; *Wedelia*, Jacq.; *Wulffia?*, Neck.

5.e *Section.* Hélianthées-Millériées. *Alcina*, Cav.; *Biotia*, H. Cass.; *Brotera*, Spreng.; *Cæsulia?*, Roxb.; *Centrospermum*, Kunth; *Chrysogonum?*, Lin.; *Dysodium*, Rich.; *Elvira*,

---

1 Ce genre *Narvalina* est celui que nous avons décrit dans ce Dictionnaire (tom. XXXIV, p. 335), sous le nom de *Needhamia*, qui doit être changé, comme ayant été précédemment appliqué par M. R. Brown à un autre genre.

38:17 H. Cass.; *Enydra*, Lour.; *Eriocoma*, Kunth; *Euxenia*, Chamiss.; *Flaveria*, Juss.; *Hybridella*, H. Cass.; *Jægeria*, Kunth; *Madia*, Molin.; *Melampodium*, Lin.; *Meratia*, H. Cass.; *Milleria*,
38:18 Mart.; *Monactis*, Kunth; *Ogiera*, H. Cass.; *Phaethusa*, Gærtn.; *Polymnia*, Lin.; *Polymniastrum*, Lam.; *Riencurtia*, H. Cass.; *Sclerocarpus*, Jacq.; *Sigesbeckia*, Lin.; *Unxia*, Lin. fil.; *Villanova*, Lag.; *Zaluzania?*, Pers.

Les tableaux méthodiques des cinq sections, avec tous les développemens qu'ils comportent, seront insérés dans cinq articles différens. (H. Cass.)

38:202 PECTIS. (*Bot.*) Ce genre de plantes appartient à l'ordre des Synanthérées, et à notre tribu naturelle des Tagétinées, dans laquelle il est voisin des genres *Chthonia* et *Cryptopetalon*. Voici les caractères que nous attribuons au genre *Pectis*, en le réduisant dans ses justes limites.

Calathide radiée : disque tri-quadriflore, réguliflore, androgyni-masculiflore; couronne unisériée, quinquéflore, liguliflore, féminiflore. Péricline cylindrique, inférieur aux fleurs du disque; formé de cinq squames égales, unisériées, libres, demi-enveloppantes, oblongues, arrondies au sommet, munies de grosses glandes oblongues. Clinanthe très-petit, plan, nu ou presque nu. Ovaires longs, grêles, striés; aigrette composée d'une, deux ou trois squamellules égales ou presque égales, étalées, divergentes, subulées, subtriquètres, pointues, épaisses, fortes, roides, cornées, absolument nues et parfaitement lisses. Corolles de la couronne à languette petite, ovale, pourvue de deux grosses glandes situées près du sommet. Styles du disque simples, sauf le sommet, qui est bifide.

Nous avons observé ces caractères génériques sur des échantillons secs de *Pectis linifolia* et *punctata*, qui sont jusqu'à présent les deux seules espèces appartenant bien légitimement au vrai genre *Pectis*.

Les fruits du disque nous ont semblé être stériles, ce qui, joint à la structure du style, nous fait soupçonner que le disque est plutôt masculiflore qu'androgyniflore. Les aigrettes du disque n'ont souvent qu'une ou deux squamellules, tandis que celles de la couronne en ont ordinairement trois.

Les botanistes réunissent dans le genre *Pectis* des espèces 38:202
qui ne sont point exactement congénères. C'est pourquoi
nous les avons distribuées en trois genres suffisamment dis- 38:203
tincts, sous les noms de *Pectis*, *Chthonia* et *Cryptopetalon*. Les
vrais *Pectis* diffèrent essentiellement des *Chthonia* et des *Cryp-
topetalon*, par l'aigrette, dont les squamellules sont subtri-
quètres, subulées, cornées, parfaitement lisses; car les squa-
mellules de l'aigrette des *Chthonia* sont paléiformes et dentées
inférieurement, filiformes et barbellulées supérieurement;
et celles des *Cryptopetalon* sont filiformes et barbellulées d'un
bout à l'autre. Voyez nos articles Chthonia, tome IX, pag.
173; Cryptopétale, tome XII, pag. 123; Lorentea, tome
XXVII, pag. 202.

Nous croyons devoir terminer cet article par la liste alpha-
bétique des genres que nous rapportons à notre tribu natu-
relle des Tagétinées : *Adenophyllum*, Pers.; *Arnica?*; *Chthonia*,
H. Cass.; *Clomenocoma*, H. Cass.; *Cryptopetalon*, H. Cass.;
Diglossus, H. Cass.; *Dyssodia*, Cav.; *Enalcida*, H. Cass.; *Gly-
phia?*, H. Cass.; *Hymenatherum*, H. Cass.; *Kleinia*, ? Juss.;
Lebetina, H. Cass.; *Microspermum?*, Lag.; *Pectis*; *Porophyllum*,
Vaill.; *Selloa?*, Kunth; *Tagetes*, Tourn.; *Tetranthus?*, Swartz;
Thymophylla, Lag. Nous nous réservons de présenter plus
tard, dans l'article Tagétinées, un tableau méthodique de
ces dix-neuf genres. (H. Cass.)

PEGOLETTIE, *Pegolettia*. (*Bot.*) Ce nouveau genre de 38:230
plantes que nous proposons, appartient à l'ordre des Synan-
thérées, à notre tribu naturelle des Inulées, et à la section
des Inulées-Prototypes, dans laquelle nous le plaçons immé-
diatement après le genre *Iphiona*. (Voyez notre tableau mé-
thodique de la tribu des Inulées, tom. XXIII, pag. 565.)

Le nouveau genre *Pegolettia* nous a offert les caractères
suivans :

Calathide incouronnée, équaliflore, multiflore, ringenti- 38:231
flore, androgyniflore. Péricline très-inférieur aux fleurs,
probablement subcylindracé; formé de squames bi-trisériées,
appliquées : les extérieures plus courtes, plus étroites, iné-
gales, irrégulièrement disposées sur un ou deux rangs, li-
néaires-subulées, foliacées; les intérieures plus longues, plus
larges, égales, régulièrement disposées sur un seul rang,

38:231 oblongues-lancéolées, acuminées, subcarénées extérieurement, subcanaliculées intérieurement, coriaces-foliacées, uninervées, membraneuses sur les bords. Clinanthe plan, alvéolé, à cloisons irrégulièrement hérissées de fimbrilles filiformes, très-inégales. Ovaires oblongs, subcylindracés, un peu comprimés, un peu anguleux, profondément striés, à côtes nombreuses, parsemées de poils échancrés au sommet; chaque côte un peu prolongée en une saillie sous la base de l'aigrette; aigrette double; l'une et l'autre persistantes; l'extérieure plus courte, composée de squamellules unisériées, contiguës, libres, paléiformes, membraneuses, diaphanes, oblongues, entières inférieurement, découpées supérieurement en une multitude de lanières longues, très-inégales, très-fines, filiformes, barbellulées; l'aigrette intérieure trois fois longue comme l'extérieure, composée de squamellules nombreuses, unisériées, contiguës, libres, égales, filiformes, barbées ou plumeuses. Corolles ringentes, parsemées de glandes; tube confondu extérieurement avec le limbe; limbe divisé par des incisions très-inégales en cinq parties formant en apparence deux lèvres, l'extérieure à quatre dents, l'intérieure indivise. Étamines à filets glabres, libérés au sommet du tube de la corolle; articles anthérifères longs et grêles, peu distincts des filets; connectifs larges; loges courtes et étroites; appendices apicilaires longs, oblongs, très-obtus, inégaux, entregreffés inférieurement, formant un tube arqué en dedans; appendices basilaires très-longs, libres, subulés, membraneux. Styles (d'Inulée-Prototype) portant deux stigmatophores libres, presque appliqués ou très-peu divergens, longs, droits, un peu laminés, linéaires, un peu élargis de bas en haut, obtus ou arrondis au sommet; face extérieure convexe, ayant sa partie supérieure garnie de très-petits collecteurs; face intérieure plane; bourrelets stigmatiques pres-
38:232 que invisibles, probablement très-petits et occupant le bord formé par la rencontre des deux faces.

Nous ne connoissons qu'une seule espèce de ce genre.

Pégolettie du Sénégal; *Pegolettia senegalensis*, H. Cass. C'est une plante herbacée, dont toutes les parties vertes sont parsemées d'une multitude de glandes glutineuses, et sont plus ou moins hérissées de poils blancs; la tige est dressée, très-rameuse, cylindrique, striée; les feuilles sont alternes, sessiles, longues d'environ un pouce, larges d'environ deux lignes, linéaires-lancéolées, étrécies vers la base, pointues au sommet, munies vers le haut de quelques dents irrégulièrement disposées; les calathides sont nombreuses, comme paniculées, solitaires au sommet de longs rameaux pédonculiformes, simples, droits, garnis de petites feuilles bractéiformes alternes, longues, étroites, linéaires-subulées; chaque calathide, haute d'environ cinq lignes, contient environ vingt-une fleurs; les corolles, jaunes avant leur épanouissement, deviennent ensuite purpurines; les stigmatophores sont rouges et les anthères jaunâtres. 38:232

Cette plante a été trouvée dans un terrain sablonneux, près Richardtol, à vingt-cinq lieues de l'embouchure du Sénégal, sur la rive gauche de ce fleuve. Elle nous a été communiquée par M. Gay, qui a bien voulu nous permettre de l'étudier et de publier ici notre description faite sur un échantillon sec qu'il nous a donné.

Ce nouveau genre, que nous dédions à la mémoire de Pegoletti, voyageur du quatorzième siècle, est assurément l'un des plus remarquables de notre tribu des Inulées; et il prouve, de la manière la plus évidente, l'extrême affinité, déjà signalée par nous, entre les Inulées et les Carlinées. Attiré en deux sens contraires vers l'une et l'autre tribus, notre *Pegolettia* doit néanmoins être préférablement rapporté à celle des Inulées, dans laquelle il sera bien placé auprès de l'*Iphiona*, dont pourtant il diffère beaucoup. (Voyez notre article Iphione, tome XXIII, pag. 609.)

Les deux stigmatophores restent ordinairement presque appliqués l'un contre l'autre, et l'on n'aperçoit pas distinctement leurs bourrelets stigmatiques : nous pensons que ces bourrelets, analogues à ceux des Eupatoriées, sont très-étroits
et très-minces, et qu'étant situés sur le bord commun des 38:233
deux faces de chaque stigmatophore, ils se trouvent à l'extérieur, en sorte que les deux stigmatophores n'ont pas besoin de s'écarter pour faciliter la fécondation. Les filets des étamines sont greffés à la corolle jusqu'au sommet de son tube, ce qui est une anomalie très-grave dans la tribu des Inulées; mais cette anomalie existe dans les *Neurolæna* et *Cassinia*,

38:233 comme dans le *Pegolettia* (voyez notre article NEUROLÈNE, tom. XXXIV, pag. 501 et 504). Les anthères sont très-analogues à celles des Nassauviées. La corolle n'est pas vraiment labiée; mais elle est ringente, à peu près comme celle des *Barnadesia*, *Diacantha*, *Bacazia*, qui sont des Carlinées. L'ovaire est muni de côtes, qui sont saillantes au sommet, comme dans les *Andryala;* son aigrette extérieure ressemble beaucoup à l'aigrette des *Dyssodia* ou *Bœbera.* (H. CASS.)

38:373 PENTANÈME, *Pentanema.* (*Bot.*) Ce genre de plantes, que nous avons proposé dans le Bulletin des sciences de Mai 1818 (pag. 74), appartient à l'ordre des Synanthérées, à notre tribu naturelle des Inulées, et à la section des Inulées-Prototypes, dans laquelle nous l'avons placé entre le *Columellea* et l'*Iphiona* (tom. XXIII, pag. 565). Voici les caractères génériques du *Pentanema*, observés par nous sur la seule espèce connue.

Calathide radiée : disque multiflore, réguliflore, androgyniflore; couronne unisériée, liguliflore, féminiflore. Péricline égal aux fleurs du disque, subhémisphérique, formé de squames nombreuses, plurisériées, imbriquées : les extérieures appendiciformes, étalées, foliacées, linéaires, hérissées de poils; les intermédiaires appliquées, linéaires, coriacesmembraneuses, uninervées, ciliées-frangées, surmontées d'un appendice inappliqué, subulé, analogue aux squames extérieures; les intérieures appliquées, linéaires-subulées, membraneuses, analogues aux intermédiaires, mais privées d'appendice. Clinanthe convexe et nu. Ovaires oblongs, hispidules, pourvus d'un gros bourrelet basilaire cartilagineux; aigrette longue, composée de cinq squamellules unisériées, distancées, à peu près égales, filiformes, nues. Corolles de
38:374 la couronne à languette linéaire, tridentée au sommet, hérissée de longs poils capillaires sur la face extérieure ou inférieure.

PENTANÈME DIVARIQUÉE; *Pentanema divaricata*, H. Cass., Bull. des sc., Mai 1818, pag. 75. Plante herbacée, hérissée, sur presque toutes ses parties, de poils extrêmement longs, capillaires, articulés; tige grêle, cylindrique, divisée en branches divariquées; feuilles alternes, sessiles, longues d'un pouce, ovales, obtuses, très-entières, membraneuses, munies de poils épars sur les deux faces, plus nombreux sur les bords; pédoncules opposés aux feuilles, solitaires, divergens, longs d'un pouce, filiformes, terminés chacun par une petite calathide de fleurs jaunes. 38:374

Nous avons fait cette description spécifique, et celle des caractères génériques, sur un échantillon innommé, qui se trouvoit parmi les Lactucées ou Chicoracées de l'herbier de M. de Jussieu, et dont l'origine n'étoit point indiquée : mais, depuis la publication de notre description, en visitant l'herbier général du Muséum d'histoire naturelle, nous y avons rencontré un autre échantillon de la même plante, recueilli par Olivier et Bruguière entre Bagdad et Alep, et extrait de l'herbier de ces deux voyageurs.

Le nom de *Pentanema*, composé de deux mots grecs, fait allusion à l'aigrette composée de cinq filets.

Le genre d'Inulée-Prototype, décrit par nous dans ce Dictionnaire (tom. XIII, pag. 545) sous le nom de *Duchesnia*, auquel nous avons depuis substitué le nom de *Francœuria* (tom. XXXIV, pag. 44), n'étant pas très-éloigné du *Pentanema*, nous profitons de l'occasion qui se présente pour rectifier une erreur grave qui se trouve dans notre description générique, faite sur un échantillon sec, dont les ovaires surtout étoient en très-mauvais état. Ayant observé récemment un très-bon échantillon de *Francœuria crispa* (*Aster crispus*, Forsk.), recueilli en Sénégal, et qui nous a été donné par M. Gay, nous avons fait les remarques suivantes:

Les fruits sont petits, oblongs, glabres, privés de bourrelet apicilaire. L'aigrette est caduque, longue, composée de squamellules unisériées, égales, entregreffées à la base, filiformes, ayant leur partie inférieure barbellulée, c'est-à-dire dentée, et leur partie supérieure barbellée, c'est-à-dire courtement 38:375
plumeuse. L'anneau formé par les bases entregreffées des squamellules de l'aigrette, est très-remarquable; et il avoit été pris par nous, pour un bourrelet apicilaire, sur les ovaires en mauvais état que nous avions précédemment observés. Cet anneau, épais et élevé, est probablement formé de la réunion des bases de deux aigrettes entregreffées, l'extérieure courte et l'intérieure longue; car on voit saillir, autour du sommet de l'anneau, de petites squamellules membraneuses,

38:375 subulées, situées entre les bases des grandes ou en dehors de celles-ci. Cette remarque confirme l'affinité des deux genres *Francœuria* et *Pulicaria*, immédiatement rapprochés dans notre tableau des Inulées (tom. XXIII, pag. 565). Les squames du péricline sont membraneuses sur les bords. La couronne est courtement radiante et n'est point pauciflore; ses languettes sont tridentées au sommet. La description générique, rectifiée d'après ces nouvelles observations, peut être présentée de la manière suivante:

Francœuria. Calathide courtement radiée : disque multiflore, réguliflore, androgyniflore; couronne unisériée, liguliflore, féminiflore. Péricline à peu près égal aux fleurs du disque; formé de squames irrégulièrement imbriquées, linéaires-subulées, foliacées, membraneuses sur les bords. Clinanthe plan et nu. Fruits petits, oblongs, glabres, privés de bourrelet apicilaire; aigrette longue, caduque, composée de squamellules unisériées, égales, filiformes, barbellulées inférieurement, barbellées supérieurement, entregreffées à la base en un anneau épais, élevé, surmonté de petites squamellules subulées, membraneuses. Anthères pourvues de longs appendices basilaires sétiformes. Languettes de la couronne tridentées au sommet. (H. Cass.)

38:386 PENTZIE, *Pentzia*. (*Bot.*) Ce genre de plantes, proposé en 1800, par Thunberg, dans la seconde partie de son *Prodomus plantarum capensium*, appartient à l'ordre des Synanthérées, à notre tribu naturelle des Anthémidées, à la section des Anthémidées-Chrysanthémées, et au groupe des Tanacétées, dans lequel nous l'avons placé entre les deux genres *Balsamita* et *Tanacetum*. (Voyez notre tableau méthodique de la tribu des Anthémidées, tom. XXIX, pag. 178 et 184.)

Le *Pentzia* nous a présenté les caractères génériques suivans:

Calathide incouronnée, équaliflore, multiflore, réguliflore, androgyniflore. Péricline égal aux fleurs, subturbiné, formé de squames irrégulièrement imbriquées, appliquées, oblongues, subcoriaces, scarieuses sur les bords, pourvues au sommet d'un appendice inappliqué, arrondi, scarieux. Clinanthe plan, portant quelques fimbrilles éparses, filiformes. Ovaires oblongs, glabres, munis d'un bourrelet basilaire;

aigrette stéphanoïde, presque aussi haute que l'ovaire, en 38:386
forme d'étui cylindrique, membraneuse-coriace, irrégulièrement découpée au sommet.

Pentzie flabelliforme; *Pentzia flabelliformis*, Willd. Tige ligneuse, rameuse; rameaux simples, longs, subtomenteux, blanchâtres, bien garnis de feuilles; feuilles alternes, longues de six lignes; pétiolées; pétiole grêle et aussi long que le limbe; limbe triangulaire, cunéiforme, subtomenteux, blanchâtre, muni de sept nervures simples, disposées en éventail, et comme tronqué au sommet, qui est découpé en sept dents arrondies; calathides nombreuses, portées sur de longs pédoncules simples, grêles, tomenteux, presque nus, et formant à l'extrémité de chaque rameau un petit corymbe régulier, ombelliforme; corolles jaunes.

Nous avons fait cette description spécifique, et celle des caractères génériques, sur un échantillon sec, innommé, qui nous a été donné par M. Godefroy, et qui conserve encore l'odeur propre à la plupart des Anthémidées.

La Pentzie flabelliforme habite le cap de Bonne-Espérance. Cet arbuste élégant, remarquable par ses feuilles en éventail, et par la disposition régulière de ses calathides, a été rapporté par Linné au genre *Gnaphalium*, par l'Héritier au
genre *Tanacetum*, par M. Persoon au genre *Balsamita*. Thun- 38:387
berg a fondé sur cette espèce son genre *Pentzia*, adopté par Willdenow et par Aiton. Nous l'admettons aussi, quoiqu'il ne se distingue du *Balsamita* que par son aigrette fort haute et en forme d'étui. Mais nous rejetons, comme très-inexacte, la description générique conçue par Thunberg en ces termes: *Receptaculum nudum; pappus foliaceus; calyx imbricatus; corolla discoida; syngenesia polygamia superflua.* L'aigrette assurément n'est pas foliacée; et la calathide n'offre point une couronne de fleurs femelles non radiantes, comme Thunberg le suppose. Nous croirions que notre plante est très-différente de la sienne, si nous n'avions pas eu souvent occasion de reconnoître que presque toutes les descriptions génériques de ce botaniste sont plus ou moins fautives, en sorte qu'on ne peut y avoir aucune confiance. (H. Cass.)

38:416 PÉRAMIBE, *Peramibus*. (*Bot.*) Ce genre de plantes, proposé en 1820, par M. Rafinesque, dans le premier numéro de ses *Annals of nature*, appartient à l'ordre des Synanthérées, à la tribu naturelle des Hélianthées, et probablement à notre section des Hélianthées-Coréopsidées.

38:417 N'ayant point vu la plante sur laquelle ce genre est fondé, nous empruntons à la description de M. Rafinesque les caractères génériques suivans.

Calathide radiée: disque multiflore, réguliriflore, androgyniflore; couronne unisériée, octoflore, liguliflore, neutriflore. Péricline formé de douze à seize squames unisériées, alternativement plus longues et plus courtes, linéaires-lancéolées, à peine aiguës, foliacées. Clinanthe convexe, garni de squamelles égales aux fleurs, ovales-lancéolées, acuminées, colorées. Fruits triangulaires, lisses, absolument privés d'aigrette. Fleurs de la couronne à faux-ovaire nul, à languette longue, elliptique, dentée.

Péramibe hérissé: *Peramibus hirtus*, Rafin. C'est une plante vivace, hérissée de poils roides et blancs; la tige, haute de deux à trois pieds, est anguleuse, flexueuse, et presque dichotome; les feuilles sont semi-amplexicaules, lancéolées, acuminées, dentées en scie sur les bords de leur partie moyenne; les feuilles inférieures sont ovales-lancéolées; les calathides sont un peu corymbées et presque sessiles; les languettes de la couronne sont jaunes, et longues trois fois comme le péricline; les squamelles du clinanthe sont rougeâtres.

Cette plante, que M. Rafinesque nommoit autrefois *Coreopsis hirta*, habite les montagnes, près la rivière Licking, dans le Kentuckey, où elle fleurit en Août.

Selon M. Rafinesque, le *Coreopsis acuta* de Pursh, le *Coreopsis scabra* de la *Florula ludoviciana*, et les *Coreopsis palmata*, *rosea* et *nudata* de M. Nuttal, doivent être rapportés, soit à son genre *Peramibus*, soit à son genre *Obelisteca*. Il prétend aussi que le *Peramibus* est voisin des *Rudbeckia*, *Ratibida*, *Lepachys*, *Coreopsis*, dont il diffère principalement par ses fruits inaigrettés; et de l'*Obelisteca*, dont il diffère par le péricline simple, le clinanthe convexe, et les fruits triangulaires. (Voyez, dans notre article Obéliscaire, tom. XXXV, pag. 276, nos remarques sur les genres nommés par M. Rafinesque *Obelisteca*, *Ratibida*, *Lepachys*, *Heliophthalmum*, *Peramibus*.) Le genre *Peramibus* sembleroit se rapprocher de notre *Dracopis*, qui est de la section des Rudbéckiées; mais, selon M. Rafinesque, les fruits du disque sont triangulaires, ce qui nous fait présumer que ce genre appartient à la section des Coréopsidées. Quoique ce botaniste affirme que les squames du péricline sont unisériées, il est bien probable que les plus courtes ne se trouvent pas exactement sur le même rang que les plus longues; et si, comme nous le supposons, les plus courtes sont extérieures, cela confirmeroit notre conjecture que le *Peramibus* appartient aux Coréopsidées plutôt qu'aux Rudbéckiées. Nous regrettons que l'auteur ait négligé de nous apprendre si les feuilles du *Peramibus* sont opposées ou alternes. (H. Cass.) 38:417 38:418

PERDICIUM. (*Bot.*) Ce genre de plantes appartient à l'ordre des Synanthérées, à notre tribu naturelle des Mutisiées, et à la section des Mutisiées-Gerbériées, dans laquelle nous l'avons placé entre les deux genres *Leria* et *Leibnitzia*. (Voyez notre tableau méthodique de la tribu des Mutisiées, t. XXXIII, pag. 465 et 476.) 38:426

Nous n'avons jamais vu le *Perdicium semifloscularc*, qui est le vrai type de ce genre: c'est pourquoi nous empruntons à la description générique de Linné, faite sur cette espèce, les caractères suivans.

Calathide radiée: disque labiatiflore, androgyniflore; couronne biliguliflore, féminiflore. Péricline oblong, à peu près égal aux fleurs; formé de squames imbriquées, lancéolées. Clinanthe nu. Fruits obovés; aigrette sessile, composée de squamellules très-nombreuses, filiformes, simples. Corolles du disque à deux lèvres: l'extérieure semi-trifide, l'intérieure bipartie. Corolles de la couronne à deux languettes: l'extérieure linéaire, tridentée; l'intérieure très-courte et divisée en deux dents. Styles à deux stigmatophores de Mutisiée.

On ne peut attribuer avec certitude à ce genre que la seule espèce suivante.

Perdicium de Printz: *Perdicium Printzii*, H. Cass.; *Perdicium semifloscularc*, Linn. C'est une plante herbacée, de la grandeur du pissenlit, à racine vivace, fibreuse; à feuilles

38:426 radicales, runcinées, glabres; à hampes nues, terminées chacune par une seule calathide, dont le péricline ressemble à celui de la scorzonère. Cette plante habite le cap de Bonne-Espérance; elle ne peut pas régulièrement conserver le nom spécifique primitif de *semifloscularc*, qui lui avoit été appliqué tout-à-fait à contre-sens, comme nous l'avons déjà remarqué (tom. XXXIII, pag. 476); et il nous paroît conve-
38:427 nable de la dédier à Printz, qui l'a décrite le premier, en 1760, dans son Mémoire sur les plantes rares d'Afrique, inséré dans le sixième volume des *Amœnitates academicæ*.

Le *Perdicium tomentosum* de Thunberg et de Vahl, qui habite le Japon, est peut-être congénère du précédent. Presque toutes les autres espèces rapportées par les botanistes au genre *Perdicium*, sont hétérogènes, et doivent certainement en être exclues, comme M. Lagasca l'a fort bien démontré. La plupart de ces plantes n'appartiennent même pas à la tribu des Mutisiées, mais à celle des Nassauviées.

Pour éviter les répétitions, nous renvoyons à nos articles Mutisiées et Nassauviées, où l'on trouvera (tom. XXXIII, pag. 476, et tom. XXXIV, pag. 210) des remarques importantes sur le vrai *Perdicium*, notamment sur les différences extrêmement graves qui l'éloignent considérablement du genre *Trixis*, et sur la nécessité absolue de conserver ces deux genres, comme distincts, sous leurs anciennes dénominations, très-justement admises par MM. Lagasca et De Candolle. (H. Cass.)

38:454 PÉRÉZIE, *Perezia*. (*Bot.*) Ce genre de plantes, publié en 1811, par M. Lagasca, dans ses *Amenidades naturales de las Espanas* (pag. 31), appartient à l'ordre des Synanthérées, à notre tribu naturelle des Nassauviées, et à la section des Nassauviées-Trixidées, dans laquelle nous l'avons placé entre les deux genres *Platycheilus* et *Clarionea*. (Voyez notre tableau des Nassauviées, tom. XXXIV, pag. 206 et 213.) M. Lagasca le place auprès du *Leucheria*, et M. De Candolle entre l'*Onoseris* et le *Leucheria*.

38:455 Le genre *Perezia* est dédié par son auteur à la mémoire de Laurent Perez, pharmacien de Tolède, qui parcourut la Grèce, le Levant, l'Europe, et qui, par ses ouvrages publiés dans le seizième siècle, mérite, selon M. Lagasca, d'être placé

au premier rang des botanistes contemporains. Ce genre offre 38:455
les caractères suivans, que nous empruntons à la description de M. Lagasca.

Calathide incouronnée, radiatiforme, multiflore, labiatiflore, androgyniflore. Péricline oblong, formé de squames imbriquées, scarieuses sur les bords. Clinanthe plan, parfaitement nu, ponctué. Fruits pourvus d'une aigrette sessile, composée de squamellules filiformes, très-barbellulées. Corolles à lèvre intérieure partagée en deux lanières capillaires, roulées ensemble en spirale.

Pérézie de Lagasca : *Perezia Lagascæ*, H. Cass. ; *Clarionea magellanica*, Decand., Ann. du Mus. d'hist. nat., tom. 19, t. 12, fig. 2 ; *Perdicium magellanicum*, Linn. fil., *Suppl. pl.*, p. 376. C'est une plante herbacée, à tige simple, velue, presque nue ou ne portant que deux feuilles, et terminée par une seule calathide ; les feuilles radicales sont runcinées et ciliées. Cette plante a été trouvée près le détroit de Magellan.

M. Lagasca avoit d'abord nommé ce genre *Clarionea*, en lui attribuant le *Perdicium magellanicum* et plusieurs autres espèces inédites, herbacées ou suffrutescentes, à feuilles entières ou pinnatifides, et à clinanthe ponctué, ordinairement nu, quelquefois cilié sur les bords des aréoles ovarifères. C'est sous ce premier nom, et avec ces caractères, que le genre a été publié, en 1812, par M. De Candolle, qui avoit eu communication du manuscrit de M. Lagasca, et qui le reconnoissoit comme auteur de ce genre. Mais, dès l'année précédente, M. Lagasca avoit publié le même genre, en changeant son nom, et en modifiant ses caractères et sa composition. Le *Clarionea* est ainsi devenu le *Perezia* : il n'admet plus que des plantes herbacées, à feuilles simples, sessiles, jamais opposées, et à calathides solitaires, terminant la tige, les rameaux ou la hampe ; et, ce qui est surtout à remarquer, le clinanthe de toutes ces plantes est plan, ponctué, parfaitement nu. Nous disons parfaitement nu, c'est-à-dire sans fimbrilles piliformes, parce que M. Lagasca, qui distribue
les genres de sa première section en deux subdivisions, selon 38:456
que leur clinanthe est nu ou appendiculé, range dans la première le *Perezia*, et dans la seconde les *Triptilion* et *Trixis*, dont le clinanthe ne porte que des fimbrilles piliformes,

38:456 comme celles de notre *Clarionea*. M. Lagasca déclare positivement que le *Perdicium magellanicum*, observé par lui, est le type de son genre *Perezia*; et il n'exprime que des doutes à l'égard des *Perdicium lactucoides*, *squarrosum* et *recurvatum*, qu'il n'a point vus. Cependant il paroît avoir observé quelques espèces de *Perezia* autres que le *Perdicium magellanicum*; mais il ne les signale point.

Le nom générique de *Perezia* doit certainement prévaloir sur celui de *Clarionea*, puisqu'il a été publié le premier, et par l'auteur même du genre, dont les intentions sur le choix du nom doivent être respectées. Ainsi, le nom de *Clarionea* étant resté sans emploi, nous avons pu l'appliquer très-convenablement à un autre genre ayant pour type le *Perdicium lactucoides*, et immédiatement voisin du *Perezia*, dont il ne diffère essentiellement que par le clinanthe hérissé de fimbrilles très-nombreuses, courtes, sétiformes, au lieu d'être parfaitement nu.

Le genre *Perezia* de M. Lagasca est fondé sur le *Perdicium magellanicum*, auquel MM. Lagasca et De Candolle, qui l'ont observé, attribuent un clinanthe absolument nu. Ajoutons que, d'après la figure donnée par M. De Candolle dans son Mémoire, cette plante auroit les fruits glabres, et les squames de son péricline seroient obtuses; tandis que les vraies *Clarionea* ont les fruits couverts de longs poils, et les squames du péricline acuminées ou cuspidées.

Depuis l'impression de notre article Nassauviées, dans lequel nous avons décrit (tom. XXXIV, pag. 221) les caractères du genre *Nassauvia*, observés par nous sur la seule espèce alors connue, nous avons trouvé dans l'herbier de M. Desfontaines une espèce nouvelle, que nous pouvons signaler ici de la manière suivante:

Nassauvia Durvillei, H. Cass. Plante probablement herbacée; tige simple, haute d'environ un pied, entièrement couverte, depuis la base jusqu'au sommet, de feuilles rapprochées, imbriquées, et terminée par un capitule globuleux; feuilles sessiles,
38:457 embrassantes, longues d'environ sept lignes, larges d'environ trois lignes, ovales, aiguës au sommet, très-entières sur les bords de leur moitié inférieure, très-légèrement dentées en scie sur les bords de leur moitié supérieure, munies d'environ sept

nervures longitudinales simples, très-fortes; la face extérieure entièrement couverte d'une couche épaisse de poils très-nombreux, longs, appliqués, soyeux, blanchâtres; la face intérieure glabre inférieurement, un peu velue supérieurement: calathides rassemblées en capitule; chaque calathide composée de cinq fleurs, qui, dans l'échantillon sec que nous décrivons, ne sont pas encore épanouies; péricline formé de cinq squames oblongues-lancéolées, très-aiguës, presque spinescentes au sommet, laineuses extérieurement; trois squames surnuméraires plus étroites, linéaires, laineuses extérieurement, formant une sorte de péricline extérieur un peu plus court; aigrette composée ordinairement de trois squamellules longues, étroites, laminées, linéaires, obtuses, membraneuses, blanches, à peine ou point denticulées sur les bords. 38:457

Cette nouvelle espèce, découverte par M. Durville dans les îles Malouines, se distingue très-bien de la *Nassauvia Commersonii*, par la couche épaisse de longs poils soyeux et blanchâtres qui couvre toute sa surface extérieure, par ses feuilles non découpées en crête, mais bordées seulement de quelques petites dents très-peu saillantes, et par ses calathides formant ensemble un vrai capitule globuleux, terminal.

Il nous semble assez probable que la *Nassauvia Durvillei* étoit depuis long-temps connue de M. Lagasca; car nous lisons, dans les *Amenidades naturales* (pag. 35), à la suite de la description technique du genre *Nassauvia*, cette indication remarquable: *Plantæ herbaceæ? foliis alternis, subimbricatis, coriaceis, lineatis tectæ, glabræ vel sericeæ; flores congesti, in spicam foliosam, terminalem, figuræ variæ digesti.*

Les caractères génériques offerts par les *Nassauvia Commersonii* et *Durvillei*, étant exactement identiques dans ces deux espèces, il s'ensuit que la *Nassauvia Gaudichaudii*, dont les caractères génériques présentent quelques différences notables, a été convenablement distraite par nous de ce genre, pour en former un nouveau, suffisamment distinct, sous le nom de *Mastigophorus*.

Les Annales des sciences naturelles de Mai 1825 contiennent 38:458
un rapport de M. Mirbel sur la Flore des îles Malouines par M. Gaudichaud, dans lequel nous voyons que ce voyageur botaniste a mentionné, sous le nom de *Perdicium recurvatum*,

38:458 une plante dont il a bien voulu nous donner un échantillon, et qui se rapporte au genre *Homoianthus*.

Homoianthus echinulatus, H. Cass. Tige herbacée, longue, épaisse, comme spongieuse, cylindrique, glabre, brune, simple, divisée supérieurement en quelques rameaux; entièrement couverte, ainsi que les rameaux, de feuilles alternes, rapprochées ou très-peu distantes, presque imbriquées ou se recouvrant par leurs bases, persistantes, desséchées et décolorées sur la partie inférieure de la tige, longues d'environ un pouce; la partie inférieure de la feuille, formant une sorte de pétiole, est semi-amplexicaule, demi-engainante, appliquée, dressée, très-large à la base, étroite au sommet, presque ovale, concave, membraneuse, bordée de cils mous; la partie supérieure, formant le limbe, est étroite, large de moins d'une ligne, linéaire-lancéolée, épaisse, roide, coriace, très-étalée, arquée en dehors, spinescente au sommet; la face supérieure de ce limbe est glabre, luisante, verte, échinulée ou hérissée de spinules, et elle est creusée dans son milieu d'un large et profond sillon longitudinal; les bords sont courbés ou roulés en dessous et très-entiers; la face inférieure offre une côte médiaire très-saillante, très-large, aplatie, glabre; et le reste de cette face, caché par la courbure ou l'enroulement des bords, est hérissé d'une multitude de petits poils glanduleux, jaunâtres; le sommet de la tige (et probablement plus tard celui de chaque branche) se prolonge brusquement, au-dessus de la touffe des feuilles terminales, en une sorte de pédoncule très-simple, long d'environ deux pouces, grêle, flexueux, roide, cylindrique, strié, garni de petits poils glanduleux, muni de quatre à cinq petites feuilles alternes, très-distantes, et terminé par une seule calathide; cette calathide, demi-pourrie et vermoulue dans l'échantillon sec que nous décrivons, est grande, multiflore, labiatiflore; le péricline, parsemé de petits poils obtus, comme glanduleux, est formé de squames plurisériées, imbriquées, oblongues-lancéolées, spinescentes au sommet, munies d'une nervure médiaire, sail-
38:459 lante, simple, et de plusieurs nervures latérales, non saillantes, ramifiées et anastomosées supérieurement; les squames extérieures ont leur partie supérieure probablement inappliquée, appendiciforme, bordée de longs cils roides, aculéi-

formes; les squames intérieures sont simples, à bords nus 38:459
et entiers; clinanthe bien garni de fimbrilles très-nombreuses, courtes, piliformes; ovaires velus; aigrette de squamellules très-nombreuses, inégales, filiformes, roides, très-barbellulées.

Nous avons tout lieu de croire que cette plante herbacée est vivace; que sa tige principale est couchée sur la terre, et redressée au sommet; que les rameaux naissent après la fleuraison autour de la base du pédoncule, qui, d'abord terminal, se trouve ensuite rejeté sur le côté, et devient en apparence latéral.

Cette plante est-elle le vrai *Perdicium recurvatum?* Elle diffère spécifiquement et même génériquement d'une autre plante précédemment observée par nous, sous le même nom, et qui appartient au genre *Clarionea.* Nous croyons aussi que l'on confond, sous le nom de *Perdicium magellanicum*, une espèce de *Perezia* ayant le clinanthe nu, et une espèce de *Clarionea* ayant le clinanthe fimbrillé. Pour éviter ces confusions, il convient de distinguer génériquement, comme nous l'avons proposé, les espèces à clinanthe nu, les espèces à clinanthe fimbrillé, les espèces à péricline formé de squames simples et uniformes, les espèces à péricline formé de squames dont les extérieures sont dentées-épineuses. (H. Cass.)

PÉROTRICHE, *Perotriche.* (*Bot.*) Ce genre de plantes, que 38:525
nous avons proposé dans le Bulletin des sciences de Mai 1818 (pag. 75), appartient à l'ordre des Synanthérées, à notre tribu naturelle des Inulées, et à la section des Inulées-Gnaphaliées, dans laquelle nous l'avons placé (tom. XXIII, pag. 563) auprès des *Seriphium* et *Stœbe*, dont il diffère par l'aigrette nulle. Voici les caractères génériques du *Perotriche*, observés par nous sur la seule espèce connue:

Calathide uniflore, régulariflore, androgyniflore. Péricline presque égal à la fleur, cylindracé; formé d'environ huit
squames paucisériées, inégales, appliquées, oblongues, sca- 38:526
rieuses, spinescentes au sommet. Clinanthe ponctiforme, inappendiculé. Ovaire grêle, cylindracé, glabre, absolument privé d'aigrette. Corolle à cinq divisions. Anthères pourvues de longs appendices basilaires subulés, membraneux. Style d'Inulée-Gnaphaliée. = Calathides très-nombreuses, immé-

38:526 diatement réunies en capitule, sur un calathiphore conoïdal et nu.

Pérotriche a feuilles tordues; *Perotriche tortilis*, H. Cass., Bull. soc. philom., Mai 1818, p. 75. Tige ligneuse, rameuse, grêle, cylindrique, cotonneuse; toute couverte, jusqu'au sommet, de feuilles rapprochées, alternes, sessiles, linéaires-subulées, très-entières, coriaces, uninervées, spinescentes au sommet, d'un vert grisâtre, cotonneuses sur la face supérieure, glabriuscules sur la face inférieure, tordues en spirale dans les échantillons secs observés par nous. Capitules terminaux, solitaires, globuleux, entourés chacun d'une sorte d'involucre formé par l'assemblage des feuilles du sommet. Corolles jaunes.

Nous avons fait cette description spécifique, et celle des caractères génériques, sur deux échantillons de l'herbier de M. de Jussieu, dont l'un étoit étiqueté *Seriphium fuscum*, et l'autre *Stæbe ericoides*.

Dans notre tableau méthodique des genres de la tribu des Inulées, inséré dans ce Dictionnaire (tom. XXIII, pag. 563), nous avions placé le *Perotriche* entre le *Shawia* et le *Seriphium*, parce que, n'ayant point encore vu le *Shawia*, il nous sembloit assez probable que ce genre avoit de l'affinité avec ceux auprès desquels nous le rangions. Cependant nous avions exprimé nos doutes à cet égard par un point d'interrogation; depuis cette époque nous avons observé l'échantillon authentique qui existe dans l'herbier général du Muséum d'histoire naturelle; et quoique cet échantillon soit dépourvu de styles, d'étamines et de corolles, l'inspection des feuilles, des périclines et des fruits a suffi pour nous convaincre que le *Shawia* n'appartenoit point à la tribu des Inulées, et pour nous faire conjecturer qu'il appartient probablement à celle des Vernoniées, dans laquelle il seroit voisin du genre *Gymnanthemum*. (Voyez, tom. XXXIV, pag. 41, nos observations sur le *Shawia*.)

38:527 Linné a fort mal caractérisé les deux genres *Seriphium* et *Stæbe*: c'est pourquoi quelques botanistes, croyant qu'on ne peut pas les distinguer, les ont réunis en un seul. Nous pensons que presque toutes les espèces, arbitrairement et confusément rapportées au *Seriphium* ou au *Stæbe*, peuvent être distribuées en deux genres suffisamment distincts, exacte-

ment caractérisés, et auxquels il convient de conserver les 38:527
noms imposés par Linné, sans avoir pourtant aucun égard
ni aux caractères qu'il a si mal tracés, ni à sa distribution des
espèces. En conséquence nous attribuerons au genre *Seri-
phium* les espèces qui ont l'aigrette longue, caduque, composée
de squamellules égales, unisériées, entregreffées à la base,
arquées en dehors, laminées inférieurement, filiformes et
barbées supérieurement, à barbes longues et très-fines. Nous
attribuerons au genre *Stæbe* les espèces qui ont l'aigrette
longue, composée de squamellules égales, unisériées, libres,
entièrement filiformes et fines d'un bout à l'autre, hérissées
de longues barbes très-fines. (H. Cass.)

PERSONARIA. (*Bot.*) Voyez nos articles Gazanie (tome 39:159
XVIII, page 248), Gortérie (tom. XIX, pag. 232), Mélan-
chryse (tom. XXIX, pag. 444, 448, 449, 453), Mussinia
(tom. XXXIII, pag. 453). Nous y avons clairement démon-
tré que la *Gorteria personata* de Linné étant l'espèce pri-
mitive et le vrai type du genre *Gorteria*, comme Gærtner
l'a judicieusement remarqué, elle doit incontestablement
conserver l'ancien nom générique de *Gorteria;* et qu'il seroit
contraire à toutes les règles de lui donner le nouveau nom 39:160
de *Personaria*, proposé par M. de Lamarck, qui applique fort
mal à propos le nom de *Gorteria* au genre *Berkheya*. (H. Cass.)

PETALOLÈPE, *Petalolepis*. (*Bot.*) Ce genre de plantes, 39:194
que nous avons proposé dans le Bulletin des sciences de Sep-
tembre 1817 (pag. 138), appartient à l'ordre des Synanthé-
rées, à notre tribu naturelle des Inulées, et à la section
des Inulées-Gnaphaliées, dans laquelle nous l'avons placé 39:195
(tom. XXIII, pag. 562) entre l'*Ozothamnus* et le *Metalasia*.
Voici les caractères du genre *Petalolepis*, observés par nous,
dans l'herbier de M. Desfontaines, sur les deux espèces que
nous lui attribuons.

Calathide incouronnée, équaliflore, pauciflore, régulari-
flore, androgyniflore. Péricline radié, un peu supérieur aux
fleurs, subcampanulé, formé de squames imbriquées : les
extérieures appliquées, ovales, scarieuses, à base coriace;
les intérieures radiantes, longues, largement linéaires, *sur-
montées d'un appendice pétaloïde, blanc, arrondi, étalé.* Cli-
nanthe petit, plan, inappendiculé. Ovaires courts, munis

39:195 d'un bourrelet basilaire; aigrette longue, blanche, composée de squamellules égales, unisériées, entregreffées à la base, filiformes, barbellulées. Anthères pourvues de longs appendices basilaires. Style et stigmatophores d'Inulée-Gnaphaliée.

Il nous a paru que le point de libération des filets des étamines étoit élevé, comme dans le Cassinia. (Voyez tom. XXXIV, pag. 504.)

Pétalolèpe a feuilles de romarin : *Petalolepis rosmarinifolia*, H. Cass.; *Eupatorium rosmarinifolium*, Labill. C'est un arbrisseau découvert, ainsi que le suivant, par M. Labillardière, dans l'île de Van-Diémen; ses feuilles sont alternes, linéaires, très-entières; elles ont la face supérieure ridée, les bords roulés en dessous, la face inférieure tomenteuse; les calathides sont disposées en corymbes terminaux; les squames intérieures du péricline sont surmontées d'un appendice pétaloïde, blanc, arrondi, ondulé; l'aigrette est blanche, composée de squamellules obtuses au sommet, peu barbellulées.

Pétalolèpe ferrugineuse : *Petalolepis ferruginea*, H. Cass.; *Eupatorium ferrugineum*, Labill. Cette seconde espèce se distingue de la première, principalement par ses feuilles, qui sont linéaires-lancéolées, ferrugineuses en dessous dans l'âge adulte, et qui n'ont point de veines manifestes; les appendices pétaliformes du péricline sont réfléchis horizontalement, suborbiculaires, point ondulés; l'aigrette est blanchâtre, composée de squamellules barbellulées, un peu épaissies au sommet, mais aiguës.

39:196 Le genre *Petalolepis* diffère de l'*Ozothamnus*, principalement par son péricline radié, pétaloïdé, c'est-à-dire dont les squames intérieures portent un appendice étalé, coloré. Il diffère du *Metalasia*, principalement par ses aigrettes, dont les squamellules sont entregreffées à la base, persistantes, pas sensiblement épaissies en leur partie supérieure. (Voyez notre article Métalasie, tom XXX, pag. 222.)

Le nom de *Petalolepis*, composé de deux mots grecs, fait allusion aux squames intérieures du péricline, qui ressemblent à des pétales.

M. R. Brown a proposé, en 1817, dans ses Observations sur les Composées, un genre *Ozothamnus*, qui correspond en partie à notre *Petalolepis*, et qu'il caractérise de la manière suivante : 39:196

Involucre imbriqué, scarieux, coloré. Réceptacle sans paillettes, glabre. Fleurons au-dessous de vingt, tubuleux, tous hermaphrodites, ou accompagnés à la circonférence d'un très-petit nombre de fleurons femelles plus étroits. Anthères incluses, munies de deux soies à la base. Stigmates à sommet obtus, presque tronqué, hispidule. Aigrette sessile, pileuse, quelquefois pénicillée, persistante. = Arbrisseaux de la Nouvelle-Hollande, de la Nouvelle-Zélande et de l'Afrique australe, tomenteux, ayant une odeur forte et désagréable. Feuilles éparses, très-entières, à bords le plus souvent recourbés. Inflorescence terminale, corymbée ou ramassée. Involucres blancs ou cendrés; à écailles intérieures tantôt conformes aux extérieures et conniventes, tantôt en lames étalées, blanches, formant un rayon court, obtus. Corolles jaunes. Aigrette blanche.

M. Brown rassemble, dans son genre *Ozothamnus*, la *Calea pinifolia* de Forster, les *Eupatorium ferrugineum* et *rosmarinifolium* de M. Labillardière, et la *Chrysocoma cinerea* du même botaniste. Il remarque que, dans la *Calea pinifolia*, considérée par lui comme le type du genre *Ozothamnus*, les écailles intérieures de l'involucre sont simples, tandis qu'elles forment un court rayon dans les deux Eupatoires de M. Labillardière; cependant il est porté à croire que toutes ces espèces ne forment que deux sections d'un seul et même genre.

L'opuscule de M. Brown, imprimé à Londres vers le milieu
de 1817, ne nous est parvenu que le 5 Septembre; et comme 39:197
nous ne savions pas un mot d'anglois, et que nous n'avions d'autre secours qu'un dictionnaire, nous avons mis un temps prodigieux à le traduire. Le Bulletin de Septembre 1817, où se trouvent nos *Petalolepis* et *Oligocarpha*, a été distribué aux abonnés de Paris le 25 Septembre; et l'on croira sans peine que le manuscrit de ce Bulletin étoit rédigé et livré à l'imprimeur, dès le mois d'Août. Nous rapportons ces faits, pour prouver qu'à l'époque où nous avons proposé nos genres *Petalolepis* et *Oligocarpha*, nous ne pouvions pas connoître les *Ozothamnus* et *Brachylæna* de M. Brown. Quoi qu'il en soit, nous ferons remarquer que l'*Ozothamnus* et le *Petalolepis*

39:197 peuvent très-bien être considérés comme deux genres suffisamment distincts, et que rien n'empêche de les conserver l'un et l'autre, ou tout au moins d'admettre le *Petalolepis* comme sous-genre de l'*Ozothamnus*. C'est pourquoi, dans notre tableau des Inulées (tom. XXIII, page 562), nous avons admis l'*Ozothamnus* de M. Brown et notre *Petalolepis* comme deux genres immédiatement voisins, mais distingués principalement par le péricline, non radié dans le premier, radié dans le second, en restreignant ainsi le genre *Ozothamnus* dans des limites plus étroites et plus exactes.

Nous avions dit, dans le Bulletin des sciences, que notre genre *Petalolepis* étoit voisin du *Calea*, parce que nous ne connaissions point alors le beau travail de M. Brown sur le genre *Calea*, et que nous voulions désigner les espèces de *Calea* dont ce botaniste a fait le genre *Cassinia*.

C'est peut-être ici le lieu d'avertir nos lecteurs que, depuis la publication de notre tableau des Inulées, inséré dans le tome XXIII de ce Dictionnaire, M. Brown a établi, sous le nom d'*Ammobium*, un nouveau genre d'Inulées-Gnaphaliées, à clinanthe squamellifère, qu'il faut placer dans notre tableau entre le *Cassinia* et l'*Ixodia* (pag. 561 et 562). Nous décrirons ce nouveau genre sous le titre de Sabulicole, qui est la traduction latine francisée du nom grec *Ammobium*. Le genre *Piptocarpha*, que nous avons rapporté au même groupe, mais que nous ne connoissons que par la description de M. Brown, est-il convenablement classé dans la section des Inulées-Gnaphaliées? On peut en douter, puisque
39:198 l'auteur lui attribue des stigmates (ou plutôt des stigmatophores) filiformes, aigus, hispidules. Cependant, jusqu'à ce que nous ayons pu observer nous-même ce genre, nous le laisserons à la place où nous l'avons mis, en regrettant que son auteur ait négligé d'indiquer ses affinités naturelles. Cette indication est, selon nous, le premier devoir du botaniste qui propose un nouveau genre; et il est surprenant que M. Brown, dans son opuscule sur les Synanthérées, se soit presque toujours dispensé de cette obligation, dont personne assurément ne pourroit s'acquitter mieux que lui. (H. Cass.)

PÉTASITE, *Petasites*. (*Bot.*) Ce genre de plantes appartient à l'ordre des Synanthérées, et à notre tribu naturelle des Tussilaginées, dans laquelle nous l'avons placé à la suite du genre *Nardosmia*. (Voyez notre tableau méthodique de la tribu des Tussilaginées, tom. XXXIV, pag. 195.) 39:199

Nous attribuons au genre *Petasites* les caractères suivans, observés par nous principalement sur le *Petasites vulgaris*, qui est le type du genre.

Subdioïque. *Calathide mâle* multiflore, régulariflore, offrant ordinairement une à cinq fleurs femelles marginales, beaucoup plus courtes, à corolle tubuleuse, grêle, à ovaire ovulé, à aigrette de squamellules nombreuses. Péricline un peu inférieur aux fleurs, formé de squames à peu près égales, subunisériées, appliquées, oblongues, foliacées, membraneuses sur les bords. Clinanthe plan et nu. Faux-ovaires privés d'ovule, et portant une aigrette de squamellules peu nombreuses. Corolles masculines régulières, à limbe large, campaniforme, divisé jusqu'à moitié en cinq lanières demi-lancéolées. Style masculin terminé par un renflement qui s'élève au-dessus du tube anthéral. *Calathide femelle* multiflore, tubuliflore, offrant une à cinq fleurs mâles centrales, à corolle régulière, à faux-ovaire demi-avorté. Péricline cylindracé, inférieur aux fleurs, formé de squames à peu près égales, subunisériées, ovales, foliacées. Clinanthe plan, inappendiculé. Ovaires pédicellulés, oblongs, cylindriques, glabres, cannelés, munis d'un bourrelet basilaire, et contenant un ovule; aigrette composée de squamellules filiformes, à peine barbellulées. Corolles féminines tubuleuses, grêles, dentées au sommet. = Hampes polycalathides.

Pétasite commun: *Petasites vulgaris*, Desf., *Flor. atl.*; *Tussilago petasites*, Willd.; Decand., Fl. fr., tom. 4, pag. 158; *Tussilago petasites* et *Tussilago hybrida*, Linn. C'est une plante herbacée, vivace, dont la tige souterraine, rampante, munie de racines fibreuses, produit au printemps une fausse hampe haute d'environ un pied, simple, épaisse, garnie de larges membranes foliacées, analogues à la base du pétiole des vraies feuilles, et dont la plupart sont terminées par un appendice représentant le limbe avorté; les calathides sont nombreuses, et disposées en un thirse oblong sur la partie

39:200 supérieure de la hampe: chacune d'elles, composée de fleurs purpurines, est portée sur un pédoncule ordinairement simple, court dans l'individu mâle, long dans l'individu femelle; après la fleuraison, la tige souterraine pousse plusieurs feuilles assez grandes, pétiolées, à limbe ovale, denté inégalement sur les bords, obtus au sommet, très-échancré en cœur à la base, qui forme deux oreillettes arrondies et rapprochées; la face supérieure est glabre et d'un vert foncé; l'inférieure est pubescente.

Cette plante, vulgairement nommée *chapelière*, se trouve en France, dans les lieux humides, aux bords des fossés et des torrens. M. Watd, qui dit avoir soigneusement observé, pendant plusieurs années, les *Tussilago petasites* et *hybrida* de Linné, affirme qu'ils croissent toujours dans le voisinage l'un de l'autre; que le premier ne s'élève jamais à plus de huit pouces, et ne donne jamais aucune graine mûre, son thirse se desséchant toujours sans fructifier; que le second, au contraire, s'élève toujours de douze à trente pouces, que toutes ses graines mûrissent, que jamais son thirse ne se dessèche, mais qu'il s'élance constamment et devient fructifère. L'auteur de ces observations en conclut que le *Tussilago petasites*, Linn., est l'individu mâle, et le *Tussilago hybrida*, Linn., l'individu femelle, d'une seule et même espèce dioïque. Nos propres observations nous persuadent qu'il est plus exact de dire que c'est une espèce subdioïque, composée d'individus subfemelles et d'individus submâles. Au reste, nous croyons devoir réclamer en faveur de Smith la priorité sur M. Watd, dont les observations sont consignées dans le Journal de botanique d'Avril 1813. En effet, dans le second volume, publié en 1800, de la *Flora britannica*, nous trouvons les premières observations exactes qui aient été faites sur ce sujet intéressant, et qui paroissent n'avoir pas été remarquées. Le célèbre auteur y déclare positivement que le *Tussilago petasites*, Linn., lui semble être l'individu mâle du *Tussilago hybrida*, Linn., parce que ses ovaires avortent constamment. Quant au *Tussilago hybrida*, qui, selon lui, seroit probablement l'individu femelle de la même espèce, il remarque que les deux ou trois fleurs centrales, pourvues d'étamines, ont l'ovaire toujours stérile; tandis que toutes les autres fleurs de la calathide sont femelles, à ovaire naturellement fertile, mais qui souvent avorte comme celui des fleurs centrales, ce que l'auteur attribue à la propagation extraordinaire des racines. Cette observation de Smith sur la fréquente stérilité des fleurs femelles dans la plante dont il s'agit, est très-importante, et elle confirme bien ce que nous avons dit (tom. XXXIV, pag. 193) sur la stérilité des ovaires de la couronne dans le *Nardosmia denticulata*. M. Watd, qui trouve une seule fleur femelle dans la calathide du *Tussilago petasites*, dit qu'elle est stérile; ce qui n'a rien d'étonnant, d'après l'observation de Smith : mais il affirme que toutes les nombreuses fleurs femelles du *Tussilago hybrida* sont constamment fertiles; ce qui sembleroit contredire l'observation précitée, si l'on ne remarquoit pas que la stérilité des fleurs femelles doit être considérée comme accidentelle dans les deux plantes, et qu'ainsi ces fleurs peuvent être fertiles ou stériles, en tout ou en partie, selon que les circonstances sont plus ou moins favorables ou défavorables à leur fructification. Smith observe que les anthères, qui sont entregreffées dans le *Tussilago petasites*, sont tantôt absolument libres, tantôt à peine cohérentes dans le *Tussilago hybrida*. Cette observation s'accorde avec celle de Retzius, suivant laquelle les anthères sont libres dans les trois fleurs mâles occupant le centre de la calathide de l'individu subfemelle du *Petasites niveus*; et l'on peut présumer que ce caractère, que nous avons négligé d'observer, est commun à toutes les espèces du genre *Petasites*, dont les individus submâles et les individus subfemelles différeroient ainsi par la connexion ou la liberté des anthères. N'est-il pas aussi présumable que les anthères des individus subfemelles sont ordinairement stériles, c'est-à-dire privées de pollen? C'est ce que nous avons observé sur un individu subfemelle de *Petasites albus*. Le même individu nous a offert une calathide contenant au centre quatre fleurs mâles, dont deux avoient l'ovaire pourvu d'un ovule, quoique sur tout le reste, et particulièrement à l'égard du style, ces deux fleurs mâles ovulées fussent absolument conformes aux deux fleurs mâles privées d'ovule. Les autres calathides contenoient environ quatre à huit fleurs mâles, dont les ovaires étoient privés d'ovules, et les anthères privées de pollen. 39:201

39:202 Smith paroît douter de l'exactitude des observations de Linné fils et de Haller, qui ont quelquefois trouvé deux ou trois fleurs femelles dans la calathide du *Tussilago petasites* : nous pouvons affirmer, d'après nos propres observations, que cette plante offre souvent, sur le même individu, des calathides absolument privées de fleurs femelles, et d'autres calathides contenant ordinairement trois, quelquefois cinq fleurs femelles, à ovaire pourvu d'un ovule; quelquefois aussi nous avons trouvé quelques fleurs monstrueuses, intermédiaires, quant à la structure, entre les mâles et les femelles. Le *Tussilago hybrida* nous a offert, au centre de ses calathides, une, deux, trois, quatre ou cinq fleurs mâles, dont le faux-ovaire, excessivement court et privé d'ovule, est remarquable en ce que sa base est entourée d'environ huit à dix filets inégaux, longs, cylindriques, transparens, articulés, naissant de l'ovaire même, autour de son aréole basilaire.

Pétasite blanchatre : *Petasites albus*, Gærtn., *De fruct. et sem. pl.*, vol. 2, p. 406, tab. 166, fig. 2; *Tussilago alba*, Linn.; Willd.; Decand., Fl. fr., tom. 4, pag. 159. Cette seconde espèce diffère de la première, 1.° par ses feuilles cotonneuses et blanchâtres, plus petites, plus arrondies, bordées de lobes courts, aigus et dentelés, échancrées en cœur à la base, qui forme ainsi deux lobes peu saillans et un peu divergens; 2.° par ses calathides composées de fleurs blanches, et disposées en un thirse élargi, corymbiforme, dont chaque pédoncule porte deux à quatre calathides. L'individu mâle, ou plutôt submâle, a les pédoncules peu alongés, et chacune de ses calathides contient un très-petit nombre de fleurs femelles; tandis que l'individu femelle, ou plutôt subfemelle, a les pédoncules longs et rameux, et que chacune de ses calathides a presque toutes les fleurs femelles. On trouve cette plante en France, dans les lieux humides des montagnes des Alpes, du Jura, de la Bourgogne, du Mont-d'Or.

Pétasite blanc de neige : *Petasites niveus*, H. Cass.; *Tussilago nivea*, Willd.; Decand., Fl. fr., tom. 4, pag. 159. Cette troisième espèce ressemble beaucoup à la première par ses calathides, et à la seconde par ses feuilles; celles-ci sont pétiolées, en forme de cœur alongé, couvertes en dessous d'un duvet blanc, serré, cotonneux, pubescentes en dessus dans leur jeunesse, ensuite glabres et d'un vert pâle: les bords de ces feuilles sont garnis de dentelures très-peu prononcées; l'échancrure de leur base est beaucoup plus large que dans les deux espèces précédentes, et les lobes qu'elle forme sont divergens; le fond de cette échancrure est formé par une nervure dénuée de parenchyme dans une partie de sa longueur; les calathides, composées de fleurs blanches ou d'un rouge très-pâle, forment un thirse oblong, et sont toutes solitaires sur leurs pédoncules; l'individu submâle a les pédoncules assez courts, et les calathides composées de fleurs presque toutes mâles; l'individu subfemelle a les pédoncules très-alongés, et les calathides composées de fleurs presque toutes femelles. Cette espèce, plus rare que les deux précédentes, se trouve en France aux bords des ruisseaux, dans les hautes montagnes des Alpes du Dauphiné, du Jura, de la Provence, des Vosges. 39:203

Les trois genres *Tussilago*, *Nardosmia*, *Petasites*, dont se compose notre tribu des Tussilaginées, sont distingués par nous de la manière suivante.

1. *Tussilago*. Calathide longuement radiée; disque pauciflore; couronne multiflore, plurisériée; péricline inférieur aux fleurs de la couronne; languettes de la couronne étalées, longues, très-étroites, linéaires; hampe monocalathide.

2. *Nardosmia*. Calathide courtement radiée; disque multiflore, couronne pauciflore, unisériée; péricline égal aux fleurs de la couronne; languettes de la couronne dressées, courtes, larges, elliptiques; hampe polycalathide.

3. *Petasites*. Plantes subdioïques; calathides subunisexuelles, point radiées; péricline inférieur aux fleurs; corolles féminines courtes, tubuleuses, non ligulées; hampes polycalathides.

Nos lecteurs trouveront, dans l'article Nardosmie (tom. XXXIV, pag. 186), une dissertation sur les Tussilaginées, et notamment une discussion sur le genre *Petasites*. (H. Cass.)

PÉTROBION, *Petrobium*. (*Bot.*) Ce genre de plantes, proposé, en 1817, par M. R. Brown, dans ses Observations sur les composées, appartient à l'ordre des Synanthérées, à la tribu naturelle des Héliantheés, et probablement à notre section 39:307

39:307 des Hélianthées-Prototypes, ou peut-être à celle des Hélian-
thées-Coréopsidées. Voici les caractères de ce genre, que nous
empruntons à la description de M. Brown, parce que nous
n'avons point vu la plante sur laquelle il est fondé.

Dioïque. *Calathide mâle* subradiatiforme, régulariflore. Péricline oblong, formé de squames subbisériées; les extérieures moins nombreuses et plus courtes. Clinanthe planiuscule, garni de squamelles presque semblables aux squames du péricline. Faux-ovaires demi-avortés, portant un nectaire, et munis d'une aigrette analogue à celle des ovaires de la calathide femelle. Corolles à tube arqué en dehors, à limbe quadrifide. Quatre étamines dans chaque fleur, à anthère exerte, échancrée à la base, pourvue d'un appendice apicilaire très-court, aigu. Styles à deux stigmatophores aigus, hispidules. *Calathide femelle:* Ovaires comprimés parallèlement, ou anguleux; aigrette composée de deux ou trois squamellules aristiformes, persistantes, denticulées par devant, correspondant aux deux ou trois angles de l'ovaire. Fausses-étamines distinctes, à anthère stérile, sagittée. Styles à deux stigmatophores aigus, recourbés. (Tout le reste à peu près comme dans la calathide mâle.)

PÉTROBION DE FORSTER : ***Petrobium Forsteri***, H. Cass.; ***Petro-
bium***, R. Brown, ***Trans. linn. soc.***, vol. 12, pag. 113; ***Bidens
arborea*** et? ***Spilanthus tetrandrus***, Roxb., ***List S. Hel.***; ***Spilan-***
39:308 *thus arboreus*, G. Forst., *Comment. Gotting.*, tom. 9, pag. 66;
Larmannia, G. Forst. C'est un arbre de l'île Sainte-Hélène,
à feuilles opposées, indivises, et à panicules terminales,
fourchues et divergentes; les calathides semblent en apparence être radiées, parce que leurs corolles sont arquées en dehors; ces corolles sont jaunâtres; les anthères des mâles sont noirâtres, et leurs loges ont offert à M. Brown le vestige d'une cloison longitudinale.

Cette plante, selon M. Brown, ressemble à son *Salmea? curviflora*, par la courbure très-remarquable des corolles, et par quelques autres caractères. C'est ce qui nous porte à croire que le genre *Petrobium* se rapporte à notre section des Hélianthées-Prototypes, à laquelle le genre *Salmea* appartient indubitablement. L'auteur auroit levé tous nos doutes, s'il avoit clairement exprimé, dans ses descriptions génériques

du *Salmea* et du *Petrobium*, le sens suivant lequel les fruits sont 39:308
aplatis. Dans la description du *Salmea*, nous lisons *achenium verticaliter compressum;* dans celle du *Petrobium*, nous lisons *achenium parallelo-compressum*. Ces deux expressions différentes signifient-elles que l'aplatissement des fruits est en sens contraires dans les deux genres? En ce cas, le *Petrobium* auroit les fruits obcomprimés, c'est-à-dire aplatis en avant et en arrière; et il appartiendroit à notre section des Hélianthées-Coréopsidées, dans laquelle il seroit voisin de notre genre *Narvalina*, décrit dans ce Dictionnaire (tom. XXXIV, pag. 335) sous le nom de *Needhamia*, que nous avons dû changer, comme ayant été précédemment appliqué par M. Brown à un autre genre. M. Brown dit que les fruits du *Petrobium* ont souvent trois angles et trois arêtes, au lieu de deux : c'est ce qui nous fait conjecturer que ce genre pourroit bien appartenir aux Coréopsidées. Cependant, si le *Petrobium* a, comme le *Salmea*, les fruits comprimés bilatéralement, c'est-à-dire aplatis à droite et à gauche, il appartient sans aucun doute à notre section des Hélianthées-Prototypes, dans laquelle il est voisin du genre *Salmea* de M. De Candolle, et de notre genre *Ditrichum* décrit dans ce Dictionnaire (tom. XIII, pag. 371). Cette distinction des fruits *comprimés bilatéralement* et des fruits *obcomprimés* [1], est très-importante dans l'ordre des Synanthérées, et surtout dans la tribu des Hélianthées. Espérons que les botanistes reconnoîtront enfin quelque jour l'importance de cette distinction, qu'ils observeront avec soin le sens de l'aplatissement, et qu'ils exprimeront ses différences par les termes

1 Obcomprimé, *obcompressus*, est l'abréviation d'*obversè* ou *ob-
viàm compressus*, c'est-à-dire, aplati à l'opposite, en face, au devant de 39:309
l'observateur. Comprimé bilatéralement, *bilateraliter compressus*, est une expression trop claire pour avoir besoin d'être commentée : mais on pourroit convenir, pour abréger, de dire simplement, en ce cas, *compressus*, en sous-entendant *bilateraliter;* et l'on emploîroit le mot *complanatus*, aplati, quand le sens de l'aplatissement est indéterminé. Quant au mot *depressus*, qui signifie nécessairement aplati de haut en bas, c'est-à-dire étalé horizontalement, il ne peut pas être régulièrement employé dans le sens adopté par M. De Candolle à l'égard du fruit des Crucifères (*Regn. veg. syst. nat.*, vol. 2, pag. 140).

39:309 que nous avons proposés, ou par d'autres équivalens, également clairs et sans équivoque. Il est superflu de démontrer que les deux expressions employées par M. Brown sont tellement insignifiantes, qu'il y a lieu de douter s'il y attache deux sens différens, et qu'on ne peut deviner celui qui seroit propre à chacune. On ne comprend pas mieux ce qu'il a voulu exprimer, en disant que les arêtes qui forment l'aigrette du *Petrobium* sont denticulées par devant (*antrorsùm*).

L'observation de M. Brown sur les anthères du *Petrobium*, confirme ce que nous avions avancé long-temps auparavant dans notre second Mémoire sur les Synanthérées. Nous n'avions pas pu nous assurer par des observations directes, que chaque loge de l'étamine des Synanthérées fût divisée en deux logettes par une cloison; mais, ayant observé cette cloison chez les Campanulacées, Lobéliacées, Dipsacées, Valérianées, Rubiacées, nous avions conclu par analogie qu'elle devoit exister chez les Synanthérées. (Voyez le Journal de physique, tom. 78, pag. 275 et 283.)

Le *Petrobium* fut d'abord observé par George Forster, qui, n'ayant sous les yeux que l'individu mâle, prit le nectaire pour un ovaire supère, et le faux-ovaire muni de ses deux arêtes, pour un périanthe bidenté : il nomma *Laxmannia* ce genre ainsi faussement caractérisé, et le rapporta à la polygamie séparée. Il a, depuis, corrigé ces erreurs, en attri-
39:310 buant son *Laxmannia* au genre *Spilanthus*, mais sans remarquer que cette plante étoit dioïque.

M. de Jussieu (*Gen. plant.*, pag. 188) pensoit que le *Laxmannia* de Forster pouvoit appartenir au genre *Bidens*.

M. Brown s'est assuré que le *Spilanthus arboreus* de Forster est vraiment dioïque, en examinant de nombreux échantillons recueillis par Joseph Banks dans l'île de Sainte-Hélène, où cette espèce forme un petit arbre appelé dans le pays *White-wood*, c'est-à-dire bois blanc. C'est, dit-il, le *Bidens arborea*, et peut-être aussi le *Spilanthus tetrandrus* de la liste des plantes de Sainte-Hélène, rédigée par Roxburgh, et jointe au traité du général Beatson sur cette île; le premier nom se rapportant probablement à l'individu femelle, et le second à une variété de l'individu mâle.

En rétablissant le *Spilanthus arboreus* comme un genre suf-

fisamment distinct du *Bidens*, du *Spilanthus* et du *Salmea*, M. 39:310
Brown ne pense pas qu'il soit à propos de lui rendre le nom de *Laxmannia*, que Forster ne lui avoit donné que par suite d'une erreur, qu'il a ensuite abandonné, et qu'on a depuis appliqué à un autre genre généralement adopté aujourd'hui. C'est pourquoi M. Brown lui donne le nom de *Petrobium*, dont il n'indique pas l'étymologie, mais qui paroît composé de deux mots grecs, exprimant sans doute que cet arbre croît dans les terrains pierreux.

L'erreur de Forster, qui a pris pour un ovaire supère le nectaire de la fleur mâle du *Petrobium*, a été commise par Bergius, par Linné, par M. De Candolle, par M. Desfontaines, et par beaucoup d'autres botanistes, à l'égard du *Tarchonanthus camphoratus*. C'est ce que nous avons démontré dans un Mémoire sur cet arbrisseau, lu à la Société philomatique le 13 Juillet 1816, et publié dans le Bulletin de cette Société, le mois suivant, ainsi que dans le Journal de physique de Mars 1817.

Nous avons parcouru chez M. de Jussieu un manuscrit de Jean Reinold Forster, intitulé *Descriptiones plantarum quas in itinere ad maris australis terras suscepto, collegit, descripsit et delineavit J. R. Forster; opus incœptum mense Augusto anni 1772*; et nous y avons trouvé, sous le nom de *Laxmannia spectabilis*, la description d'une plante qui appartient
réellement au genre *Trichilia*. Le genre *Laxmannia* de Schre- 39:311
ber est, selon M. de Jussieu (tom. XXV, pag. 384), le *Gymnosma* de Gærtner. Le nom générique de *Laxmannia* pourroit donc être restitué au *Petrobium*: mais cela seroit, suivant nous, fort injuste, parce que nous pensons que le véritable auteur d'un genre n'est pas toujours celui qui le premier lui a donné un nom, mais bien plutôt celui qui le premier l'a caractérisé avec exactitude. (H. Cass.)

PHÆCASIUM. (*Bot.*) Ce nouveau genre de plantes, que 39:387
nous proposons, appartient à l'ordre des Synanthérées, à la tribu naturelle des Lactucées, et à notre section des Lactucées-Crépidées, dans laquelle nous le plaçons entre les deux genres *Crepis* et *Intybellia*. (Voyez notre tableau des Lactucées, tom. XXV, pag. 62.)

Le genre *Phæcasium* offre les caractères suivans :

39:387 Calathide incouronnée, radiatiforme, plurisériée, multiflore, fissiflore, androgyniflore. Péricline subcylindracé, inférieur aux fleurs; formé de dix à douze squames subunisériées, se recouvrant par les bords, égales, appliquées, oblongues, obtuses au sommet, carénées, membraneuses sur les bords; la base du péricline entourée d'environ cinq squamules surnuméraires, subunisériées, à peu près égales, entièrement et parfaitement appliquées, courtes, larges, ovales, subcordiformes, obtuses au sommet, carénées, épaisses et charnues à la base, membraneuses sur les bords. Clinanthe plan, absolument nu. Fruits longs, cylindracés, un peu amincis vers le sommet, finement striés; aigrette longue, blanche, molle, composée de squamellules nombreuses, inégales, filiformes, très-fines, à peine barbellulées. Corolles munies de poils nombreux, longs, fins, flexueux, occupant le haut du tube et le bas du limbe.

Phæcasium fausse-lampsane : *Phæcasium lampsanoides*, H. Cass.; *Crepis pulchra*, Linn., *Sp. pl.*, édit. 3, pag. 1134. C'est une plante herbacée, annuelle, dont la tige, haute d'environ trois pieds, est glabre, cannelée, feuillée, et paniculée au sommet; ses feuilles inférieures sont longues de sept à huit pouces, larges d'environ deux pouces, un peu lyrées, et rétrécies en pétiole vers la base, un peu rudes
39:388 au toucher; les feuilles supérieures sont embrassantes, lancéolées, pointues au sommet, dentées à la base; les calathides, composées de fleurs jaunes, sont petites, terminales, paniculées, à péricline cylindrique, lisse; et elles sont tout-à-fait analogues aux calathides de la lampsane, si ce n'est que les ovaires sont aigrettés. Cette plante se trouve en France, et notamment aux environs de Paris, sur les bords des champs et des chemins, à Crosne, Saint-Cloud, etc., où elle fleurit en Juin.

Notre *phæcasium* a été attribué par les anciens botanistes au genre *Hieracium;* par Tournefort et M. de Lamarck, au genre *Chondrilla;* par Vaillant, à son genre *Hieracioides*, qui correspond au *Crepis;* par Linné, d'abord au genre *Lampsana*, puis, avec Gouan, Guettard et d'autres, au genre *Crepis;* par Villars, au genre *Lampsana;* par Mœnch, Willdenow, MM. Persoon, De Candolle, Loiseleur, Mérat, au genre *Prenan-*

thes. Aucune de ces attributions n'est exacte. Le *Phæcasium* 39:388
ne peut point appartenir au genre *Hieracium*, dont le péricline est imbriqué, le fruit aminci vers la base, et non vers le sommet, qui est au contraire tronqué, l'aigrette roussâtre, roide, très-barbellulée. Il ne peut pas non plus se rapporter au genre *Chondrilla*, dont l'aigrette est stipitée, c'est-à-dire portée sur un col grêle. Il a beaucoup d'affinité avec le *Lampsana*, surtout par son péricline; mais il en diffère essentiellement par la présence de l'aigrette. Le genre *Crepis* est assurément celui auquel il s'associeroit le plus convenablement: cependant il s'en éloigne par la forme et la structure de son péricline, et surtout par celles des squamules surnuméraires, qui, étant appliquées, doivent être considérées comme des rudimens de pétioles, tandis que celles des vrais *Crepis*, étant inappliquées, doivent être considérées comme des rudimens de limbes. Nous avons déja fait remarquer, dans notre article Eurybie (tom. XVI, pag. 46), que cette différence des squames appliquées ou inappliquées, qui semble si légère, est en général, et sauf exceptions, beaucoup plus importante qu'on ne croit, parce qu'elle indique presque toujours des origines contraires. Quant au genre *Prenanthes*, dans lequel on place aujourd'hui la plante en question, nous regardons cette attribution comme l'une des plus fautives;
et l'on pourra s'en convaincre, en lisant dans ce Dictionnaire 39:389
(tom. XXXIV, pag. 94 et 96) les caractères du vrai genre *Prenanthes*, et ceux du genre *Nabalus*, que nous en avons détaché. Contentons-nous de remarquer ici que le *Phæcasium* et le *Prenanthes* n'appartiennent pas au même groupe naturel; en sorte que, si l'on n'adopte pas le nouveau genre que nous proposons, il faudra nécessairement laisser la plante dont il s'agit dans le genre *Crepis*, où l'on convient qu'elle est disparate.

Phæcasium est un mot grec, qui signifie *chaussure élégante*: c'est la traduction exacte de *Crepis pulchra*.

Le genre *Phæcasium* étant presque voisin de l'*ixeris*, nous offre l'occasion de rectifier et de compléter notre article sur ce dernier genre (tome XXIV, page 49), en décrivant ici une nouvelle espèce, et en modifiant les caractères génériques.

39:389 *Ixeris monocephala*, H. Cass. (*Taraxacum pumilum*, Gaudich., Ann. des sc. nat., Mai 1825). Petite plante herbacée, probablement annuelle ; racine pivotante ; tige extrêmement courte, couverte d'une touffe de feuilles immédiatement rapprochées, et divisée en quelques branches très-courtes, pourvues de quelques feuilles alternes, très-rapprochées ; feuilles très-longues, très-étroites, très-simples, très-entières, linéaires, ayant la base semi-amplexicaule, la partie inférieure élargie, membraneuse, le sommet en pointe plus ou moins obtuse, la face supérieure glabre, la face inférieure garnie, principalement sur ses bords, de poils nombreux, très-longs, très-fins, flexueux, articulés; plusieurs pédoncules scapiformes, nés solitairement de l'aisselle des feuilles de la tige et des branches, très-simples, très-longs, très-grêles, dressés, droits, absolument privés de feuilles et de bractées, mais garnis de longs poils analogues à ceux des feuilles, et terminés chacun par une calathide solitaire : ces pédoncules scapiformes, longs d'environ un pouce pendant la fleuraison, acquièrent environ deux pouces après la fleuraison ; chaque calathide composée d'environ douze fleurs, à corolle jaune; péricline inférieur aux fleurs, presque imbriqué en apparence, mais réellement double; l'extérieur, long à peu près comme les deux tiers de l'intérieur, formé d'environ
39:390 cinq squames subunisériées, à peu près égales, oblongues, foliacées, hérissées de longs poils fins, articulés, roussâtres, comme glanduleux, probablement glutineux ; péricline intérieur plus long, formé d'environ huit squames subunisériées, à peu près égales, oblongues, foliacées, membraneuses sur les bords, glabres ; clinanthe plan et nu ; fruits pédicellulés, oblongs, glabres, lisses, munis d'environ dix côtes longitudinales, très-saillantes, presque en forme d'ailes, laminées, linéaires, et surmontés d'un col bien distinct (déjà manifeste pendant la fleuraison), long à peu près comme le tiers du vrai fruit, un peu épais, cylindrique, lisse ; un bourrelet basilaire dimidié, cartilagineux, engaîne le pédicellule ; aigrette longue, blanche, composée de squamellules très-nombreuses, inégales, filiformes, très-fines, à peine barbellulées; corolles à limbe large, muni à sa base de quelques longs poils membraneux.

Nous avons fait cette description sur un échantillon sec, 39:390
recueilli aux îles Malouines, et qui nous a été donné par M. Gaudichaud.

En comparant les caractères génériques de cette plante avec ceux de notre *ixeris polycephala*, décrits dans le tome XXIV, pag. 50, on ne trouve qu'une seule différence bien notable : c'est que le péricline extérieur est très-grand dans l'*ixeris monocephala*, puisqu'il atteint aux deux tiers de la hauteur du péricline intérieur; tandis qu'il est très-petit dans l'*ixeris polycephala*, où il se réduit à l'état de squamules surnuméraires, membraneuses, très-petites, atteignant à peine la base des squames du péricline intérieur. Cette différence unique pourroit suffire peut-être à distinguer deux genres, ou au moins deux sous-genres, s'il y avoit un nombre d'espèces assez grand pour rendre cette distinction utile : mais, quant à présent, il convient de réunir les deux seules espèces connues dans un même genre, dont le caractère essentiel doit en conséquence être modifié, et pourra être réduit à la plus simple expression, de la manière suivante :

Ixeris. Péricline double : l'intérieur plus long, unisérié; l'extérieur formé de cinq squames unisériées, tantôt très-grandes, tantôt très-petites. Clinanthe nu. Fruit oblong, abre, lisse, muni de dix côtes saillantes presque en forme
d'ailes, et surmonté d'un col beaucoup plus court que la 39:391
partie séminifère; aigrette de squamellules filiformes et simples. = Petites plantes caulescentes.

Les deux espèces qui composent le genre *Ixeris*, habitent l'une le Népaul, et l'autre les îles Malouines : il nous semble que c'est un fait assez remarquable pour la géographie botanique.

L'ixeris monocephala se rapproche, plus que l'autre espèce, du genre *Taraxacum*, par son grand péricline extérieur, et par ses calathides solitaires sur de longs pédoncules scapiformes. (H. Cass.)

PHÆNIXOPUS. (*Bot.*) Ce nouveau genre de plantes, que 39:391
nous proposons, appartient à l'ordre des Synanthérées, à la tribu naturelle des Lactucées, et à notre section des Lactucées-Prototypes, dans laquelle nous le plaçons entre les deux genres *Lactuca* et *Mycelis*. Voici ses caractères :

39:391 Calathide incouronnée, radiatiforme, unisériée, subquinquéflore, fissiflore, androgyniflore. Péricline inférieur aux fleurs, long, étroit, oblong, formé d'environ dix squames appliquées, presque imbriquées : les cinq intérieures beaucoup plus longues, à peu près égales, subunisériées, se recouvrant par les bords, oblongues-lancéolées, membraneuses-foliacées; les cinq extérieures très-inégales, bi-trisériées, ovales ou ovales-lancéolées, foliacées. Clinanthe petit, plan, nu. Ovaires obovales, s'alongeant beaucoup après la fleuraison, en s'amincissant insensiblement vers le sommet; aigrette longue, blanche, molle, composée de squamellules très-nombreuses, filiformes, très-fines, à peine barbellulées.

Phænixopus a feuilles décurrentes : *Phænixopus decurrens*, H. Cass.; *Prenanthes vimine.* Linn., *Spec. pl.*, édit. 3, pag. 1120. C'est une plante herbacée, très-glabre, à rameaux simples, très-droits, grêles, cylindriques, lisses, jaunâtres, garnis de feuilles; les feuilles inférieures sont pinnées-runcinées, étroites; celles qui garnissent les rameaux sont alternes,
39:392 distantes, petites, ovales, aiguës au sommet, très-entières, munies d'une forte nervure médiaire; chacune de ces feuilles se prolonge inférieurement en deux appendices décurrens, beaucoup plus longs que la feuille proprement dite, souvent inégaux, larges, très-entiers, adhérens au rameau supérieurement, libres inférieurement, arrondis à l'extrémité; dans l'aisselle de chaque petite feuille des rameaux naissent une, deux ou trois calathides, portées chacune sur un pédoncule court, grêle, garni de deux, trois ou quatre bractées alternes, rapprochées, presque imbriquées, ovales; chaque calathide est composée de quatre à six fleurs, et le péricline est formé de dix à douze squames.

Nous avons fait cette description spécifique, et celle des caractères génériques, sur un échantillon sec, en très-mauvais état, de l'herbier de M. Desfontaines. Les fruits, malheureusement, n'étoient point mûrs, à beaucoup près, en sorte que nous n'avons pas pu savoir s'ils sont naturellement aplatis, ce qui est bien vraisemblable; mais nous avons reconnu qu'ils ne sont pas vraiment collifères. Quant au péricline, il est certainement imbriqué plutôt que double.

Le *Phænixopus* est une plante annuelle, bisannuelle, ou

vivace, à fleurs jaunes, que l'on trouve dans les terrains pierreux et montueux de la France méridionale, où elle fleurit en Juillet et Août. On en connoît deux variétés, ou peut-être deux espèces, distinctes : l'une (*Prenanthes viminea*, Linn.), à tige moins rameuse, et à feuilles inférieures ayant les divisions dentées; l'autre (*Prenanthes ramosissima*, Alli.), à tige plus rameuse, et à feuilles inférieures ayant les divisions très-entières. Les tiges et rameaux de ces plantes sont, dit-on, enduits d'une gomme visqueuse et collante, que nous n'avons pas pu reconnoître sur l'échantillon sec. Le nom de *Phænixopus*, composé de trois mots grecs (φαίνω, ἰξὸς, ποῦς), fait allusion à cette particularité, qui n'est pas moins remarquable que les décurrences des feuilles supérieures. 39:392

Il est évident que le *Phænixopus* ne peut pas être admis dans le genre *Prenanthes*, tel que nous l'avons défini (tom. XXXIV, pag. 96); et qu'il ne se rapporte guère mieux au genre *Prenanthes* des botanistes, bien moins restreint que le nôtre, mais qui doit avoir le péricline double, l'extérieur très-court. C'est pourquoi nous proposons le nouveau genre, intermédiaire entre le *Lactuca* et le *Mycelis*. Il ressemble au *Lactuca* par son péricline imbriqué ou presque imbriqué; mais il en diffère par sa calathide unisériée, subquinquéflore, et par ses fruits non collifères. Il ressemble au *Mycelis* par sa calathide unisériée, subquinquéflore; mais il en diffère par son péricline et par ses fruits. Le *Phænixopus* a aussi des rapports d'affinité avec le *Mulgedium* et avec le *Launæa*. 39:393

Dans notre article Lactucées (tome XXV, page 60), le groupe des Lactucées-Prototypes vraies, à aigrette barbellulée, se trouve composé des six genres *Picridium*, *Launæa*, *Sonchus*, *Lactuca*, *Chondrilla*, *Prenanthes*. Mais, depuis la publication de cet article, nous avons transféré le vrai genre *Chondrilla* dans la section des Crépidées, et le vrai genre *Prenanthes* dans celle des Hiéraciées; et nous avons institué les nouveaux genres *Mulgedium*, *Mycelis*, *Phænixopus*. Il en résulte que le groupe des Lactucées-Prototypes vraies est aujourd'hui composé de sept genres disposés ainsi : *Picridium*, *Launæa*, *Sonchus*, *Mulgedium*, *Lactuca*, *Phænixopus*, *Mycelis*. Nous avons aussi établi un genre *Millina* dans la section des Scorzonérées, un genre *Nabalus* dans celle des Hiéraciées,

39:393 un genre *Phæcasium* dans celle des Crépidées. Il nous reste à faire connoître un nouveau genre, qui appartient au même groupe que le *Phæcasium*, et dont le péricline offre, comme celui du *Phænixopus*, une structure ambiguë, ou intermédiaire entre le péricline imbriqué et le péricline double.

Paleya, H. Cass. (*Crepis albida*, Vill.). Calathide incouronnée, radiatiforme, multiflore, fissiflore, androgyniflore. Péricline campanulé, inférieur aux fleurs extérieures, double : l'extérieur formé de squames longues, inégales, plurisériées, comme imbriquées, presque entièrement appliquées, ovales-lancéolées; l'intérieur plus long, formé de squames égales, unisériées, appliquées, oblongues-lancéolées. Clinanthe plan, alvéolé, à cloisons épaisses, charnues, dentées, bordées de poils courts. Ovaires oblongs, alongés, subcylindracés, striés; fruits mûrs cylindracés, striés, surmontés d'un col presque aussi épais que la partie inférieure séminifère, et d'autant plus long qu'il appartient à un fruit plus voisin du centre de la calathide; aigrette longue, blanche, composée de squa-
39:394 mellules nombreuses, inégales, plurisériées, filiformes, menues, barbellulées. Corolles glabres.

M. De Candolle a rapporté cette plante au genre *Picridium*; mais cette attribution est tout-à-fait inadmissible. L'ovaire des vrais *Picridium*, que nous avons soigneusement observé, est absolument sessile, c'est-à-dire privé de pédicellule, et adhérent au clinanthe par toute la surface de sa large aréole basilaire; il est cylindracé, glabre, et n'offre d'abord que des côtes et nervures à peine prononcées, mal déterminées, peu ou point saillantes; en avançant en âge, cet ovaire ne s'alonge point, mais il s'épaissit beaucoup, et offre quatre sillons longitudinaux, étroits et profonds, séparant quatre énormes côtes très-larges, épaisses, arrondies, charnues, saillantes en dehors du péricarpe, ridées transversalement par des boursouflures et des étranglemens alternatifs; ces quatre côtes paroissent contenir chacune une nervure ; elles s'élèvent d'abord, et leurs grosses boursouflures tuberculiformes ne se produisent que plus tard; il y a un très-petit bourrelet apicilaire cartilagineux, qui porte l'aigrette; le fruit mûr n'est pas sensiblement plus long que l'ovaire, et la graine remplit toute sa capacité; l'aigrette,

longue au moins deux fois comme le fruit, blanche, soyeuse, 39:394
est composée de squamellules très-nombreuses, inégales, plurisériées, flexueuses, filiformes, très-fines, amincies de bas en haut; leur partie inférieure est garnie de barbellules spinuliformes, coniques, fortes, souvent recourbées; la partie supérieure, qui est capillaire, n'a que des barbellules très-foibles, très-rares, très-distancées, presque nulles: cette aigrette, dont les squamellules sont un peu entregreffées à la base, se désarticule et se détache du fruit, en une seule pièce, comme l'aigrette de beaucoup de Carduinées. La corolle des *Picridium* porte, sur le haut du tube et le bas du limbe, de longs poils fins, flexueux, irrégulièrement articulés, et qui paroissent composés chacun de deux ou trois poils inégaux et entregreffés. Ajoutons que la structure du péricline des *Picridium* est fort différente de celle du *Paleya.*

La plante en question est réellement voisine, non pas du *Picridium*, mais bien des *Barkhausia*, *Hostia*, *Catonia*, *Crepis*, et elle offre un mélange des caractères propres à chacun de
ces quatre genres. Elle a surtout la plus grande affinité avec 39:395
le genre *Barkhausia*, auquel nous avions cru d'abord pouvoir l'attribuer (tom. XXVI, pag. 12). Cependant elle en diffère beaucoup, 1.° par le péricline, qui, au premier aperçu, paroît imbriqué, parce que les squames formant la rangée intérieure sont entourées d'autres squames longues, inégales, disposées sur plusieurs rangs, presque entièrement appliquées, et d'autant plus longues qu'elles sont moins extérieures; 2.° par les fruits, qui, en apparence, semblent privés de col, parce que ce col, formé par le prolongement de la partie supérieure, est presque aussi épais que la partie inférieure séminifère, d'où il résulte qu'il est peu distinct et peu reconnoissable extérieurement, quoique son existence soit bien certaine. Ces motifs nous engagent à proposer le genre *Paleya,* dédié à William Paley, estimable auteur d'un très-utile ouvrage, intitulé Théologie naturelle, dans lequel les preuves de l'existence et des attributs de la divinité sont tirées de l'histoire naturelle. Ce nouveau genre sera placé dans notre section des Lactucées-Crépidées (tom. XXV, pag. 62) entre le *Barkhausia* et le *Catonia.*

Selon M. Persoon, notre *Paleya* auroit une ressemblance,

39:395 au moins extérieure, avec l'*Urospermum Dalechampii*. Cette dernière plante, cultivée au Jardin du Roi, nous a offert, en Juin 1824, une monstruosité fort remarquable, et qui mérite bien d'être ici proposée à l'attention des phytonomistes.

Le péricline étoit dans son état naturel, c'est-à-dire, plécolépide et divisé en huit segmens : mais il y avoit un péricline intérieur formé d'une multitude de squames unisériées, contiguës, libres, étroites, linéaires, aiguës, foliacées. Les fleurs contenues dans ce double péricline présentoient, avec plus ou moins de variations, la structure suivante : l'ovaire infère est réduit à un rudiment informe, presque nul; l'aigrette est composée de cinq squamellules subunisériées, dont deux sont linéaires, canaliculées, foliacées, velues, analogues aux squames du péricline intérieur; les trois autres sont beaucoup plus étroites, peu foliacées, et garnies sur les deux côtés de longs poils fins, ce qui les rapproche de la structure naturelle; il n'y a point de corolle, ni d'étamines, ou bien ces deux parties se confondent avec les squamellules altérées de
39:396 l'aigrette, car je trouve souvent à leur place deux lames longues, étroites, linéaires, membraneuses-foliacées, velues supérieurement, pointues au sommet, entregreffées presque jusqu'en haut, analogues aux squamellules altérées de l'aigrette; le style est divisé jusqu'à sa base en deux branches, dont chacune se termine par un stigmatophore assez bien conformé, très-peu altéré; entre ces deux branches du style et à leur base, je trouve un ou deux et jusqu'à sept ovules, grands, elliptiques, épais, succulens, charnus, blancs, dressés, attachés par la pointe à la base du style, entre ses deux branches; quelquefois l'ovule est porté par un petit funicule, qui s'insère à côté de sa pointe basilaire; et il contient toujours intérieurement, près de sa base, un petit corps qui représente l'embryon altéré.

Ce qu'il y a de plus remarquable dans cette monstruosité d'*Urospermum Dalechampii*, c'est que les ovules sont absolument découverts et nus dès l'origine, étant nés hors de l'ovaire et au-dessus de lui, à la base du style et entre ses deux branches. (H. Cass.)

1245

PHAGNALE, *Phagnalon*. (*Bot.*) Ce genre de plantes, que nous avons proposé dans le Bulletin des sciences de Novembre 1819 (pag. 173), appartient à l'ordre des Synanthérées, à notre tribu naturelle des Inulées, et à la section des Inulées-Gnaphaliées, dans laquelle nous l'avons placé (tom. XXIII, pag. 561) auprès du genre *Gnaphalium*. Voici ses caractères, tels que nous les avons observés, principalement sur le *Phagnalon subdentatum*, considéré par nous comme le type de ce genre. 39:400

Calathide oblongue, discoïde: disque multiflore, régulariflore, androgyni-masculiflore; couronne large, multisériée, multiflore, tubuliflore, féminiflore. Péricline égal aux fleurs, ovoïde-cylindracé; formé de squames nombreuses, régulièrement imbriquées, appliquées, oblongues, coriaces, uninervées, surmontées d'un appendice décurrent, oblong ou lancéolé, scarieux, roussâtre. Clinanthe large, planiuscule, fovéolé, réticulé, à réseau papillulé. Ovaires pédicellulés, oblongs, grêles, cylindriques, poilus, munis d'un bourrelet basilaire; aigrette des ovaires du disque très-longue, composée au plus de dix squamellules unisériées, distancées, égales, ayant la partie inférieure longue, droite, filiforme-laminée, membraneuse, linéaire, à bords crénelés ou denticulés, et la partie supérieure hérissée de barbellules nombreuses, longues et fortes; aigrette des ovaires de la couronne à peu près semblable, mais moins régulière. Corolles de la couronne longues, très-grêles, tubuleuses, dentées au sommet. Corolles du disque à tube très-long, grêle, muni de quelques poils. Anthères privées d'appendices basilaires. Style androgynique à stigmatophores arrondis au sommet. = Petits arbustes tomenteux, blanchâtres, à feuilles alternes, entières, et à pédoncules terminaux, solitaires, longs, grêles, ordinairement monocalathides, habitant principalement la région méditerranéenne.

Phagnale a feuilles dentées: *Phagnalon subdentatum*, H. Cass., Dict., *hic*; *Phagnalon saxatile*, H. Cass., Bull. soc. philom., Novembre 1819, pag. 174; *Conyza saxatilis*, Linn., *Sp. pl.*, édit. 3, pag. 1206. Arbuste haut d'environ un pied et demi; tige grêle, cylindrique, tortueuse; rameaux simples, étalés, droits, grêles, tomenteux, blancs; feuilles al-

39:401 ternes, sessiles, demi-amplexicaules, étalées, longues d'environ quinze lignes, étroites, oblongues-lancéolées, étrécies inférieurement, bordées de quelques dents, uninervées, glabriuscules et vertes en dessus, tomenteuses et blanchâtres en dessous; calathides longues d'environ six lignes, solitaires au sommet des rameaux, dont la partie supérieure est nue, très-grêle, roide, pédonculiforme; corolles blanc-jaunâtres.

Nous avons fait cette description sur un individu vivant, cultivé au Jardin du Roi.

Le *Phagnalon subdentatum* habite l'Europe méridionale, la Palestine et la Barbarie. On le trouve en Provence, sur les rochers et sur les murs; il y fleurit en Mai.

Phagnale a calathides ternées : *Phagnalon tricephalum*, H. Cass.; *Gnaphalium sordidum*, Linn., *Sp. pl.*, édit. 3, pag. 1193 ; *Conyza sordida*, Linn., *Mant.*, 466. Cette seconde espèce habite les mêmes lieux que la première, dont elle diffère par ses feuilles très-entières, par ses calathides ordinairement rassemblées au nombre de trois sur chaque pédoncule, et par les squames du péricline moins étroites, moins aiguës, et plus serrées.

Phagnale de Lagasca : *Phagnalon Lagascæ*, H. Cass.; *Conyza intermedia*, Lag., *Gen. et spec. pl.*, pag. 28, n.° 358. C'est un très-petit arbuste, de quatre à cinq pouces, à feuilles linéaires, roulées en dessous par les bords, et tomenteuses surtout à la face inférieure ; les pédoncules sont alongés et terminés par une seule calathide ; les squames du péricline sont aiguës, étalées, ondulées. Cette plante habite l'Espagne méridionale, où on la trouve dans les lieux arides et stériles, et dans les fentes des roches calcaires. M. Lagasca, qui a signalé cette espèce, dit qu'elle semble être intermédiaire entre les *Conyza saxatilis* et *rupestris* de Linné.

Phagnale a feuilles spatulées : *Phagnalon spathulatum*, H. Cass. ; *Conyza rupestris*, Linn., *Mant.*, 113. Celui-ci est, comme les trois autres, un petit arbuste, dont la tige est tomenteuse, ainsi que les feuilles; celles-ci sont spatulées, un peu convexes, presque dentées, ou plutôt ondulées sur les bords, velues surtout en dessous, mais finissant par devenir presque nues sur les deux faces; les pédoncules sont alongés, monocalathides; les squames du péricline sont serrées et un peu obtuses. Cette plante, qui exhale une odeur forte et désagréable, habite l'Arabie et la Barbarie. 39:402

Notre *Phagnalon* paroît être, sous quelques rapports, exactement intermédiaire entre le genre *Conyza*, tel que nous l'avons défini dans ce Dictionnaire (tom. X, pag. 305), et le genre *Gnaphalium*, tel qu'il a été limité par M. R. Brown, dans ses Observations sur les Composées. On peut le considérer, si l'on veut, ou comme un genre distinct, ou seulement comme un sous-genre du *Gnaphalium*. Quoi qu'il en soit, le *Phagnalon* diffère du *Gnaphalium*, 1.° par le clinanthe fovéolé, réticulé, à réseau papillulé; 2.° par l'aigrette composée au plus de dix squamellules unisériées, distancées; à partie inférieure longue, droite, filiforme-laminée, membraneuse, linéaire, crénelée ou denticulée sur les bords; à partie supérieure hérissée, surtout dans les aigrettes du disque, de barbellules nombreuses, longues et fortes; 3.° par les corolles du disque, qui sont parsemées de poils; 4.° par les anthères dépourvues d'appendices basilaires; 5.° par le style androgynique, à stigmatophores arrondis au sommet. Le *Phagnalon* diffère du *Conyza*, principalement en ce que l'appendice des squames du péricline est scarieux dans le *Phagnalon*, tandis qu'il est foliacé dans le *Conyza*, en ce que les anthères sont dépourvues dans le *Phagnalon* des appendices basilaires, qui existent très-manifestement dans le *Conyza*, et en ce que la couronne de la calathide est large, multisériée, multiflore dans le *Phagnalon*, au lieu d'être subunisériée, comme dans le *Conyza*. Nous avons dû certainement placer le *Phagnalon* auprès du *Gnaphalium*, dans la section des Inulées-Gnaphaliées, plutôt qu'auprès du *Conyza*, dans la section des Inulées-Prototypes. Cependant le *Phagnalon* est un peu anomal parmi les Inulées-Gnaphaliées, parce qu'il a les stigmatophores arrondis au sommet, comme les Inulées-Prototypes, et les anthères privées d'appendices basilaires, à peu près comme les Inulées-Buphthalmées.

Les anciens botanistes rapprochoient avec raison les *Phagnalon* des *Gnaphalium*. Linné, qui les avoit d'abord imités sur ce point, en rapportant les *Phagnalon* au genre *Gnapha-*

39:403 *lium*, a mal à propos changé d'avis, pour attribuer les *Phagnalon* au genre *Conyza*; et cette dernière attribution, évidemment moins conforme que la première aux affinités naturelles, est pourtant généralement adoptée aujourd'hui, parce que les botanistes semblent être convenus entre eux tacitement d'entasser pêle-mêle dans leur genre *Conyza*, la plupart des espèces hétérogènes qui ne peuvent pas s'incorporer aussi facilement dans les autres genres, caractérisés et limités avec un peu plus de précision. Nous avons démontré, dans notre article Conyze (tom. X, pag. 305), que, pour faire cesser cet intolérable abus, et pour débrouiller ce monstrueux chaos, qui est la honte de la Synanthérographie, il faut absolument reconnoître pour le vrai type du genre *Conyza*, la *Conyza squarrosa* de Linné, et adopter les caractères génériques que nous avons proposés dans l'article cité, après les avoir soigneusement observés sur cette plante. Nous lisons avec étonnement, dans l'Histoire des arbres et arbrisseaux, par M. Desfontaines (tom. 1.er, pag. 291), que le clinanthe de la *Conyza squarrosa* est garni de squamelles. L'auteur ne peut avoir observé ce caractère que sur des calathides monstrueuses. M. De Candolle a commis une autre erreur non moins grave, en disant dans la Flore françoise (tom. 4, pag. 139), et dans le *Synopsis* (pag. 279), que les fleurs de la couronne sont femelles-stériles, c'est-à-dire neutres. (H. Cass.)

39:404 PHALACROLOME, *Phalacroloma*. (*Bot.*) Ce nouveau genre de plantes que nous proposons, appartient à l'ordre des Synanthérées, à notre tribu naturelle des Astérées, à la section des Astérées-Prototypes, et au groupe des Erigérées, à la fin duquel nous le plaçons, en le mettant à la suite du genre *Stenactis*, dont il diffère par l'aigrette des ovaires de la couronne, qui est simple et représente seulement la petite aigrette extérieure des ovaires du disque. Voici les caractères du nouveau genre, tels que nous les avons observés sur la *Phalacroloma obtusifolia*.

Calathide radiée: disque multiflore, régulariflore, androgyniflore; couronne unisériée, multiflore, liguliflore, féminiflore. Péricline subcampanulé, à peu près égal aux fleurs du disque; formé de squames bi-trisériées, à peu près

égales pour la plupart, appliquées, oblongues-lancéolées, 39:404
aiguës, foliacées, membraneuses sur les bords. Clinanthe large, un peu convexe, absolument nu. *Fleurs du disque:* 39:405
Ovaire oblong, hispidule, muni d'un petit bourrelet basilaire; aigrette double; l'extérieure très-courte, stéphanoïde, continue, cupuliforme, membraneuse, découpée supérieurement en une multitude de dents subulées; l'intérieure très-longue, composée de squamellules filiformes, barbellulées. Corolle glabre, à tube très-court et notablement plus étroit que le limbe, dont il est bien distinct; à limbe très-long, cylindrique, divisé au sommet en cinq lobes courts, aigus. Étamines à filets libérés au sommet du tube de la corolle, à anthères privées d'appendices basilaires. Style à deux stigmatophores très-obtus au sommet. *Fleurs de la couronne :* Ovaire et aigrette extérieure comme dans les fleurs du disque; mais aigrette intérieure absolument nulle. Corolle à languette très-longue, un peu étroite, linéaire, échancrée ou bidentée au sommet (probablement), point jaune.

Phalacrolome a feuilles obtuses : *Phalacroloma obtusifolia*, H. Cass. Tige herbacée, cylindrique, un peu anguleuse, striée, à peine hispidule, dressée, simple, ramifiée supérieurement en une panicule très-lâche; feuilles alternes, distantes, sessiles, oblongues, étrécies vers la base, obtuses et un peu apiculées au sommet, très-entières sur les bords, hispidules sur les deux faces; calathides disposées en une panicule terminale très-lâche ; péricline hispide ; corolles du disque blanchâtres, jaunes au sommet; corolles de la couronne à languette probablement blanche, mais paraissant jaune sur l'échantillon sec.

Nous avons fait cette description spécifique, et celle des caractères génériques , sur un échantillon sec , incomplet et en très-mauvais état, qui se trouve dans l'herbier de M. Desfontaines, où il est étiqueté avec doute *Erigeron carolinianum* ou *hyssopifolium*.

Phalacrolome a feuilles pointues : *Phalacroloma acutifolia*, H. Cass., Dict., *hic; Diplopappus dubius* , H. Cass., Dict., tom. XIII, pag. 309; *Erigeron annuum*, Pers.; *Aster annuus*, Linn. Cette seconde espèce se trouve déjà décrite dans notre ar-

39:405 ticle Diplopappus, auquel nous renvoyons nos lecteurs.

Nous avions remarqué dans cet article (pag. 310) que l'ai-
39:406 grette intérieure étoit absolument nulle sur les fruits de la couronne de l'*Aster annuus*, Linn. C'est pourquoi, dans l'analyse de notre tableau des Astérées, inséré à la suite de l'article Paquerolle, nous avons dit, en caractérisant le genre *Stenactis*, que l'aigrette intérieure étoit quelquefois avortée sur les ovaires de la couronne. Nous pensions alors qu'il étoit inutile de fonder sur cette seule différence un nouveau genre, qui n'auroit eu qu'une espèce. Mais depuis, ayant observé une autre espèce qui présente le même caractère, il nous semble convenable aujourd'hui de proposer le genre ou sous-genre *Phalacroloma* comme suffisamment distinct du *Stenactis*, dont il diffère en ce que les fruits de la couronne n'ont que la petite aigrette extérieure. Ce caractère distinctif est exprimé par le nom générique, composé de deux mots grecs, qui signifient *bordure chauve*.

Les caractères génériques proprement dits sont tous en parfaite concordance dans les deux espèces de *Phalacroloma*; car on doit faire abstraction de quelques différences très-légères qu'on peut y trouver, et qui ne portent que sur de menus détails tout-à-fait étrangers aux caractères vraiment essentiels du genre, quoique, selon notre usage, nous les ayons mentionnés dans la description générique.

Ce genre n'est pas de la même tribu naturelle que les *Pulicaria* et *Jasonia*; mais il leur ressemble beaucoup par les caractères techniques, auxquels Gærtner s'étoit arrêté en rapportant l'*Aster annuus*, Linn., à son genre *Pulicaria*. Nous devons même avouer que la conformation ambiguë des stigmatophores de la *Phalacroloma obtusifolia*, et quelques autres apparences trompeuses, nous avoient d'abord induit à croire que cette plante étoit une inulée-prototype voisine des *Pulicaria*, *Jasonia*, etc. Mais nous avons été bientôt détrompé, en observant la forme de la corolle staminée, et surtout la structure des étamines, dont les filets sont libérés au sommet du tube de cette corolle, et dont les anthères sont privées d'appendices basilaires. D'ailleurs, s'il pouvoit rester quelque doute, il seroit complétement détruit par l'affinité manifeste de notre plante avec l'*Aster annuus* de

Linné, qui est bien certainement une Astérée. Enfin, nous 39:406
avions déjà remarqué, dans notre premier Mémoire sur les Synanthérées (Journ. de phys., tom. 76, pag. 125 et 181), 39:407
que les *Erigeron* sembloient être intermédiaires, quant à la structure du style, entre la tribu des Astérées, à laquelle nous avons dû les rapporter, et celle des Inulées, qui est immédiatement voisine.

La plante en question est-elle l'*Erigeron carolinianum* de Linné, ou l'*Erigeron hyssopifolium* de Michaux? M. Nuttal rapporte ces deux plantes à son genre *Erigeron*, auquel il attribue l'aigrette double, et qui correspond ainsi à notre *Stenactis*. Il divise ce genre en deux sections, caractérisées l'une par la tige simple, l'autre par la tige paniculée ou rameuse. Il place l'*Erigeron carolinianum* parmi les espèces à tige simple, mais en doutant qu'il appartienne réellement à ce genre, parce qu'il n'est pas certain que son aigrette soit double. Quant à l'*Erigeron hyssopifolium*, il l'admet sans difficulté, et le place parmi les espèces à tige paniculée ou rameuse.

Les rapports apparens du *Phalacroloma* avec les *Pulicaria* et *Jasonia* peuvent nous autoriser à remplir ici une lacune que nous regrettions de laisser dans notre article sur ce dernier genre, où nous avons indiqué (tom. XXIV, pag. 201) la *Jasonia discoidea*, sans pouvoir la décrire.

Jasonia discoidea, H. Cass. (*Inula chrysocomoides*, Poir.). Plante probablement herbacée; tige dressée, grêle, dure, cylindrique, striée, plus ou moins pubescente, ramifiée supérieurement en panicule; feuilles alternes, sessiles, longues d'environ neuf lignes, larges d'environ une ligne, linéaires-lancéolées, très-entières, pubescentes sur les deux faces, dont l'inférieure est parsemée de glandes; la base de la feuille ordinairement prolongée en deux petites oreillettes décurrentes sur la tige; calathides nombreuses, disposées en panicule terminale; corolles du disque et de la couronne, jaunes. =Calathide discoïde: disque multiflore, régulariflore, androgyniflore; couronne unisériée, liguliflore (non radiante), féminiflore. Péricline égal aux fleurs, formé de squames pauci-sériées, inégales, imbriquées, appliquées, étroites, lancéolées, aiguës, coriaces-foliacées, membraneuses sur les bords.

39:407 Clinanthe large, plan, nu, peut-être un peu alvéolé. Fruits du disque et de la couronne obovales-oblongs, comprimés,
39:408 très-velus, munis d'un bourrelet basilaire, et portant une double aigrette : l'extérieure courte, blanche, composée de squamellules unisériées, inégales, laminées, ordinairement subulées, souvent entregreffées à la base; l'intérieure longue, rougeâtre, composée de squamellules nombreuses, inégales, filiformes, très-barbellulées. Anthères pourvues de longs appendices basilaires subulés. Corolles de la couronne (pas plus longues que celles du disque) à languette plus courte que le tube, large, tridentée, parsemée de glandes.

Nous avons fait cette description sur un échantillon sec de l'herbier de M. Desfontaines, étiqueté *Inula chrysocomoides*, Poir., et avec doute *Erigeron carolinianum.* C'est indubitablement la même plante qui a été cultivée au Jardin du Roi sous le faux nom d'*Erigeron longifolium*, et dont nous avions alors étudié les caractères génériques, mais en négligeant d'observer ses caractères spécifiques. C'est probablement aussi l'*Erigeron longifolium* de M. Nuttal, auquel il attribue l'aigrette double; mais ce n'est certainement point le véritable *Erigeron longifolium* de MM. Desfontaines et Persoon, qui appartient à la tribu des Astérées et au vrai genre *Erigeron*, qui a l'aigrette parfaitement simple, et dont nous avons décrit les caractères génériques dans l'analyse de notre tableau des Astérées, inséré à la suite de l'article PAQUEROLLE.

La *Jasonia discoidea* se rapproche des vraies *Pulicaria*, parce que les squamellules de son aigrette extérieure sont souvent entregreffées à la base. Les fruits de l'échantillon sec nous ont paru comprimés; mais cette compression des fruits n'étoit peut-être qu'une fausse apparence, résultant de la pression subie par les calathides desséchées. Nous sommes d'autant plus disposé à douter de la réalité de cette compression, que l'ovaire est dit *cylindrique*, dans la description des caractères génériques, faite autrefois par nous sur un individu vivant de cette même espèce, et que nous retrouvons dans un des nombreux et volumineux recueils de nos observations manuscrites. Nous lisons, dans cette ancienne description, que le péricline est hémisphérique, que le clinan-

the est alvéolé, à cloisons charnues, dentées, et que l'ovaire 39:408
est pédicellulé, *cylindrique*, hispide, portant une aigrette
double, dont l'extérieure est courte, et composée de squa- 39:409
mellules subunisériées, inégales, irrégulières, filiforme-
laminées. Tout le reste s'accorde parfaitement avec la nou-
velle description. (H. Cass.)

PHILOSTIZE, *Philostizus.* (*Bot.*) Ce nouveau genre de 39:498
plantes, que nous proposons, appartient à l'ordre des Synan-
thérées, et à la tribu naturelle des Centauriées, dans la-
quelle il est immédiatement voisin des genres *Seridia* et *Cal-
citrapa,* dont il diffère par la structure de l'appendice des
squames du péricline. Voici les caractères du nouveau genre.

Calathide longuement radiée : disque multiflore, subrégu-
lariflore, androgyniflore ; couronne unisériée, ampliati-
flore, neutriflore. Péricline ovoïde-subglobuleux, très-
inférieur aux fleurs du disque ; formé de squames régulière-
ment imbriquées, appliquées, coriaces ; les intermédiaires
ovales, surmontées d'un appendice étalé ou réfléchi, très-
grand, formé d'une lame épaisse, horizontale, arrondie,
sèche, roide, scarieuse, prolongée sur ses bords en sept ou
neuf épines rayonnantes, longues et fortes, subulées, dont la
médiaire est beaucoup plus grande, et portant en outre, sur
sa face supérieure, un groupe irrégulier d'épines nombreuses,
inégales, analogues à celles des bords, mais moins grandes.
Clinanthe épais, charnu, plan, garni de fimbrilles nombreuses,
libres, inégales, linéaires-subulées, laminées, membraneuses.
Fleurs du disque : Ovaire comprimé bilatéralement, garni
de poils extrêmement fins; aigrette double, de Centauriée-
prototype ; l'intérieure à peine distincte de l'extérieure,
et se confondant presque avec elle, parce que ses squamel-
lules sont longues et peu différentes de celles de l'aigrette
extérieure. Corolle très-peu obringente, presque régulière.
Étamines à filets velus. Style à deux stigmatophores longs,
entregreffés presque jusqu'au sommet. *Fleurs de la couronne :*
Faux-ovaire grêle, glabre, inovulé, inaigretté. Corolle à
tube long, à limbe amplifié, obconique, profondément di-
visé en cinq ou six lanières à peu près égales, lancéolées. 39:499

L'aigrette est nulle sur les fleurs marginales du disque,
courte sur les fleurs intermédiaires, assez longue sur les fleurs

39:499 centrales. Le nectaire, jaunâtre, pentagone, distille une liqueur jaune, qui s'amasse au fond du limbe de la corolle.

Nous ne connoissons qu'une seule espèce de ce genre.

Philostize de Desfontaines : *Philostizus Fontanesianus*, H. Cass.; *Centaurea ferox*, Desf., *Flor. atl.*, tom. 2, pag. 297. C'est une plante herbacée, dont la tige, haute d'environ deux pieds, est épaisse, rameuse, un peu lanugineuse, ailée par la décurrence des feuilles; ses branches sont étalées, divariquées ; ses ailes sont larges, dentées, épineuses ; les feuilles sont alternes, décurrentes, inégales et dissemblables, oblongues, d'un vert cendré, plus ou moins lanugineuses sur les deux faces, les unes aiguës, les autres obtuses, plus ou moins découpées sur les bords en dents ou lobes épineux, à épines très-foibles; les feuilles caulinaires inférieures, qui ne sont point décurrentes, sont très-grandes, profondément pinnatifides, comme lyrées, presque inermes, à divisions obtuses et entières; les calathides, composées de fleurs purpurines-claires, sont très-grandes, larges d'environ deux pouces et demi, solitaires au sommet des tiges et des rameaux : leur péricline est glabre, épais.

Nous avons fait cette description spécifique, et celle des caractères génériques, sur des individus vivans, cultivés au Jardin du Roi, où ils fleurissoient en Juin, Juillet et Août.

Le *Philostizus Fontanesianus* est vivace; il a été trouvé par M. Desfontaines en Barbarie, dans les terrains sablonneux du pays d'Alger.

Cette belle plante constitue un genre distinct des *Seridia* et *Calcitrapa*, parce que l'appendice des squames intermédiaires du péricline porte, sur la face supérieure de sa base, un groupe d'épines, qui n'existe point dans les vraies *Seridia* et *Calcitrapa*.

Le nom de *Philostizus*, composé de deux mots grecs, fait allusion aux épines nombreuses dont le péricline est hérissé.

La tribu des Centauriées se trouve aujourd'hui composée de dix-huit genres, dont voici la liste alphabétique : *Calcitrapa*, Vaill.; *Centaurium; Chryseis*, H. Cass.; *Cnicus*, Vaill.;
39:500 *Crocodilium*, Vaill.; *Crupina; Cyanopsis*, H. Cass.; *Cyanus; Goniocaulon*, H. Cass.; *Jacea; Kentrophyllum*, Neck.; *Lepteranthus*, Neck.; *Mantisalca*, H. Cass.; *Melanoloma*, H. Cass.; *Phi-*

lostizus, H. Cass.; *Seridia*, Juss.; *Volutaria*, H. Cass.; *Zoegea*, Linn. 39:500

Pour compléter cette liste, il faudroit y ajouter plusieurs genres nouvellement institués par nous, mais qui ne sont point encore publiés, et que nous ferons bientôt connoître en présentant le tableau méthodique de la tribu des Centauriées. (H. Cass.)

PICNOME, *Picnomon*. (*Bot.*) Ce genre de plantes, qui appartient à l'ordre des Synanthérées et à notre tribu naturelle des Carduinées, présente les caractères suivans: 40:187

Calathide incouronnée, équaliflore, multiflore, obringentiflore, androgyniflore. Péricline égal ou même un peu supérieur aux fleurs, ovoïde, presque conique; formé de squames régulièrement imbriquées, appliquées, longues, étroites, coriaces, plurinervées, surmontées d'un appendice étalé, arqué en dehors, long, épais, roide, linéaire-subulé, armé de sept épines très-longues, dont une terminale et six latérales. Clinanthe épais, charnu, planiuscule, garni de fimbrilles très-nombreuses, très-longues, inégales, libres, linéaires-subulées, laminées, membraneuses. Ovaires comprimés bilatéralement, obovales-oblongs, glabres, lisses; aréole basilaire large, point oblique; aréole apicilaire surmontée d'un plateau subhémisphérique, qui porte le nectaire et la corolle, et qui est entouré d'un anneau pappifère et caduc; aigrette longue, égale à la corolle, grisâtre en son milieu, composée de squamellules très-nombreuses, plurisériées, inégales, filiformes, barbées, à barbes longues et capillaires. Corolles à limbe étroit, à peine distinct du tube, obringent. Étamines à filets garnis de longs poils; à anthères pourvues d'appendices apicilaires entregreffés, longs, linéaires, aigus au sommet. Style à deux stigmatophores entregreffés, libres et divergens au sommet. 40:188

Les squames extérieures du péricline sont linéaires-subulées, presque inappendiculées, les intérieures linéaires-oblongues et surmontées de l'appendice décrit ci-dessus. C'est précisément tout le contraire de ce que disent les botanistes: *squamis calycinis lanceolatis, inferioribus spina pinnata terminatis.*

Nous ne connoissons qu'une seule espèce de ce genre.

40:188 Picnome Acarne : *Picnomon Acarna*, H. Cass.; *Cnicus Acar-
na*, Linn., *Sp. pl.*, édit. 3, pag. 1158. C'est une plante her-
bacée. haute d'environ un pied, à tige dressée, portant des
rameaux très-longs, étalés; la tige et les rameaux sont garnis
tout autour d'ailes longitudinales, bordées d'épines, et for-
mées par les décurrences des feuilles; celles-ci sont alternes,
étalées, sessiles, décurrentes, longues d'environ quatre pouces,
larges d'environ six lignes, oblongues-lancéolées, blanchâ-
tres ou grisâtres, et plus ou moins pubescentes ou tomen-
teuses sur les deux faces, par la présence de longs poils lai-
40:189 neux, couchés, plus ou moins rapprochés; ces feuilles sont
bordées de petites épines en forme de cils, et pourvues en
outre de lobes distans, courts, bifides, dont les deux divi-
sions sont terminées chacune par une longue épine jaune,
et de manière que l'une est élevée au-dessus de la feuille et
l'autre abaissée au-dessous; les calathides, hautes d'un pouce
et composées d'environ trente-quatre fleurs purpurines, sont
solitaires au sommet de la tige et des rameaux, et chacune
d'elles est entourée d'un assemblage de feuilles courtes, iné-
gales, verticillées, formant une sorte d'involucre; leur pé-
ricline est tomenteux ou laineux.

Nous avons fait cette description spécifique, et celle des caractères génériques, sur un individu vivant, cultivé au Jardin du Roi, où il fleurissoit en Septembre.

Le *Picnomon Acarna* est une plante annuelle, bisannuelle, ou vivace, suivant divers botanistes; elle habite les champs de l'Espagne, et se trouve aussi sur les terrains pierreux et stériles de nos départemens méridionaux, où elle fleurit en Juillet. Tournefort, dans son *Corollarium* (pag. 33), indique une variété à fleurs blanches; Linné, d'après C. Bauhin, en indique une autre à tige basse.

Cette plante, nommée d'abord *Picnomon* par Daléchamps, puis *Chamæleon* par Clusius, ensuite *Acarna* par C. Bauhin, fut attribuée par Tournefort à son genre *Cnicus*, caractérisé par le périclinc entouré de bractées, et composé d'espèces presque toutes hétérogènes. Vaillant, bien meilleur observateur, reconnut, le premier, que l'espèce dont il s'agit devoit seule constituer un genre particulier, qu'il nomma *Acarna*, et qu'il caractérisa ainsi : Fleur ordinairement en

houppe; ovaires lisses, couronnés de plumes, nichés entre 40:189
les poils du placenta; calice à pureau des écailles becqué d'un piquant endenté. Ce caractère générique, exprimé en style barbare, n'en est pas moins fort exact, et il auroit dû préserver le genre *Acarna* de l'injuste oubli dans lequel il est tombé. Linné, négligeant les excellentes observations de Vaillant, confondit l'*Acarna*, d'abord avec les *Carduus*, puis avec ses *Cnicus*. Le genre *Cnicus* de Linné, très-différent, surtout par sa composition, du genre *Cnicus* de Tournefort, est caractérisé par le péricline entouré de bractées, formé
de squames munies d'épines rameuses, et par l'aigrette plu- 40:190
meuse. Ce caractère générique, dans lequel l'auteur paroît avoir combiné celui du *Cnicus* de Tournefort, et celui de l'*Acarna* de Vaillant, convient très-bien à l'*Acarna*, mais fort mal à tous les autres *Cnicus* de Linné, notamment à son *Cnicus oleraceus*, qui est le type du genre, et dont le péricline est muni d'épines simples (voyez notre article Onotrophe, tom. XXXVI, pag. 145). Adanson nous paroît avoir voulu rétablir le genre *Acarna* de Vaillant, sous le nom de *Picnomon*; car il indique le *Chamælcon* de L'Écluse comme type de ce genre; mais il le caractérise assez mal par les feuilles épineuses, entières et ailées, les calathides corymbées, le péricline formé de squames imbriquées, bordées d'épines, le clinanthe garni d'écailles entières, l'aigrette longue, plumeuse, les corolles hermaphrodites et à cinq dents. MM. de Lamarck et de Jussieu ont rapporté l'*Acarna* au genre *Carthamus*. Aujourd'hui les botanistes l'attribuent à leur genre *Cirsium* ou *Cnicus*, qui, selon eux, doit comprendre tous les chardons à aigrette plumeuse.

Nous pensons, comme Vaillant, que l'*Acarna* constitue un genre particulier, que nous plaçons auprès des *Lophiolepis* et *Eriolepis*, dont il diffère principalement par la structure de l'appendice des squames du péricline. En effet, dans l'*Acarna*, cet appendice est armé, sur chaque côté, de trois épines très-longues et roides; tandis que, dans les *Lophiolepis*, il est bordé sur les deux côtés d'un grand nombre de petites épines molles, et que dans les *Eriolepis* il n'est point du tout bordé d'épines. (Voyez notre article Lophiolèpe, tom. XXVII, pag. 180, et les articles Notobase et Onotrophe,

40:190 où nous avons indiqué le caractère essentiellement distinctif du genre *Eriolepis.*) L'*Acarna* s'éloigne aussi des *Eriolepis* et *Lophiolepis* par son port, que Linné comparoît à celui de la Carline ou du Carthame, mais qu'il est plus exact de comparer à celui de nos *Lamyra.*

Le nom d'*Acarna*, primitivement imposé par Vaillant au genre dont il s'agit, aurait dû être conservé par nous, si Willdenow ne l'avoit pas appliqué à un genre de Carlinées, aujourd'hui généralement adopté sous ce nom. Quant au nom de *Cnicus*, il doit certainement être consacré à un genre de
40:191 Centauriées, ainsi nommé par Vaillant, Gærtner, M. De Candolle. (Voyez notre article Cnicus, tom. IX, pag. 457, dans lequel il faut lire, ligne 21, égales au lieu de également.) Il nous a donc paru convenable, en proposant (tom. XXV, pag. 225) le rétablissement du genre *Acarna* de Vaillant, de le présenter sous l'ancien nom crétois de *Picnomon*, adopté par Adanson, d'après Daléchamps et Lobel, et qui a, sur les noms d'*Acarna* et de *Chamæleon*, le précieux avantage de n'avoir pas été, comme ceux-ci, appliqué par divers botanistes à plusieurs plantes hétérogènes. (H. Cass.)

41:38 PINARDIE, *Pinardia.* (*Bot.*) Ce nouveau genre de plantes, que nous proposons, appartient à l'ordre des Synanthérées, à notre tribu naturelle des Anthémidées, à la section des Anthémidées-Chrysanthémées, et au groupe des Chrysanthémées vraies. Voici ses caractères.

Calathide radiée : disque multiflore, régulariflore, andregyniflore; couronne unisériée, continue, liguliflore, féminiflore. Péricline subhémisphérique, inférieur aux fleurs du disque; formé de squames paucisériées, inégales, irrégulièrement imbriquées, appliquées : les extérieures ovales, coriaces, scarieuses sur les bords; les intérieures oblongues, à partie inférieure plus étroite, coriace, à partie supérieure plus large, membraneuse et diaphane. Clinanthe large, conique, nu. *Fleurs du disque :* Ovaire très-comprimé bilatéralement, obovale, glabre, comme tronqué au sommet, privé
41:39 d'aigrette, mais ayant l'arête intérieure dilatée en une large aile membraneuse, subcartilagineuse, qui forme au sommet une longue et forte corne étalée. Corolle à tube cylindracé, articulé sur l'ovaire; limbe à cinq divisions, papillées sur la

face interne, épaissies sur la face externe par une énorme bosse conique, calleuse. *Fleurs de la couronne* : Ovaire épais, obpyramidal, trigone, glabre, sans aigrette, comme tronqué au sommet, qui est armé de trois cornes épaisses, pointues, charnues, étalées horizontalement, et correspondant aux trois angles; la corne intérieure continue à une large membrane cartilagineuse, qui s'étend sur l'arête intérieure de l'ovaire. Corolle à tube cylindracé, articulé sur l'ovaire, à languette longue, large, elliptique-oblongue, entière ou bi-tri-quadridentée au sommet. 41:39

Dans les fleurs intérieures du disque, l'aile et la corne de l'ovaire sont beaucoup plus petites.

Pinardie a calathides inégales : *Pinardia anisocephala*, H. Cass.; *Chrysanthemum viscosum*, *Hort. Par.* Tige herbacée, haute de deux à trois pieds, dressée, rameuse, cylindrique, un peu anguleuse, pubescente, à poils visqueux et entremêlés de glandes sur les parties jeunes; feuilles alternes, glabriuscules, un peu glauques, un peu charnues; les inférieures longues de sept à huit pouces, larges de deux pouces, sessiles, demi-amplexicaules, oblongues, presque pinnatifides, à divisions inégalement et irrégulièrement dentées et denticulées; chaque dent terminée par une petite pointe roide, sèche et presque piquante; les feuilles supérieures beaucoup plus courtes, à partie inférieure élargie, arrondie, échancrée en cœur, dentée en scie, à partie supérieure étrécie, pointue, plus ou moins découpée en lanières aiguës; calathides terminales, très-inégales, solitaires au sommet des rameaux pédonculiformes; les plus grandes larges d'un pouce neuf lignes, les plus petites larges d'un pouce; disque et couronne jaunes; péricline glabre.

Nous avons fait cette description spécifique, et celle des caractères génériques, sur des individus vivans, cultivés au Jardin du Roi, où ils fleurissoient en Juillet, et où ils sont étiquetés *Chrysanthemum viscosum*, avec le signe indiquant que cette espèce est annuelle. Nous ignorons son origine.

Notre *Pinardia* diffère génériquement des vrais *Chrysanthemum*, par la forme de ses fruits pourvus d'ailes et de cornes très-remarquables; ceux de la couronne ont quelque analogie avec les fruits de la couronne du *Sanvitalia*, pareil- 41:40

41:40 lement armés de trois cornes. Ces cornes et ces ailes doivent être considérées comme des instrumens de dissémination, propres à suppléer l'aigrette qui n'existe point.

Necker avoit appliqué le nom de *Pinardia* au genre *Aster* de Linné. Cette substitution du nom de *Pinardia* à celui d'*Aster*, étant tout-à-fait arbitraire et sans aucun motif, ne peut assurément pas être adoptée; en sorte que le nom de *Pinardia* restant sans emploi, rien ne nous empêche de le consacrer au nouveau genre ici proposé. Ce nom de *Pinardia* fut vraisemblablement fabriqué par Necker en mémoire de Pinard, l'un des auteurs d'une liste des principales plantes des environs de Rouen, insérée dans le Dictionnaire de Buchoz.

Le *Chrysanthemum carinatum* de Schousboe constitue notre genre Ismelia, voisin du *Pinardia*, dont il se distingue principalement en ce que ses fruits sont pourvus d'une aigrette.

Ismelia, H. Cass. Calathide radiée : disque multiflore, régulariflore, androgyniflore; couronne unisériée, liguliflore, féminiflore. Péricline hémisphérique, un peu supérieur aux fleurs du disque; formé de squames pauciseriées, imbriquées, appliquées, très-épaisses, charnues, carénées sur le dos, à carène extrêmement saillante et formant une bosse au sommet; les squames extérieures ovales-lancéolées; les intérieures ovales-oblongues, pourvues d'une bordure scarieuse, et d'un grand appendice arrondi, scarieux, confluent avec la bordure. Clinanthe conique-ovoïde, nu. *Fleurs du disque :* Ovaire obovale, comprimé bilatéralement, pourvu sur chacune de ses deux arêtes, extérieure et intérieure, d'une large aile membraneuse-charnue, et portant au sommet une aigrette stéphanoïde, membraneuse, irrégulièrement dentée. Corolle articulée sur l'ovaire, à cinq divisions très-courtement papillées sur la face interne, munies d'une très-grosse bosse sur le sommet de la face externe. *Fleurs de la couronne :* Ovaire court, épais, pourvu de trois larges ailes longitudinales, membraneuses-charnues, et d'une courte aigrette stépha-
41:41 noïde, membraneuse, irrégulièrement découpée. Corolle à tube articulé sur l'ovaire, à languette obovale-oblongue, irrégulièrement crénelée au sommet.

Les ailes et l'aigrette sont graduellement plus petites sur

les fruits intérieurs du disque. Chez quelques individus, l'aigrette est presque nulle. 41:41

Ismelia versicolor, H. Cass. (*Chrysanthemum carinatum*, Schousb.) Plante herbacée, toute glabre; tige haute de plus d'un pied, dressée, rameuse, cylindrique, striée; feuilles alternes, sessiles, charnues, glauques, très-profondément pinnatifides ou bipinnatifides, à divisions linéaires, aiguës; calathides larges de près de deux pouces, solitaires au sommet de la tige et des rameaux. Ces charmantes calathides ont les languettes blanches en leur partie supérieure, jaunes en leur partie inférieure; les corolles du disque sont vertes dans le premier âge de la préfleuraison, roses avant leur épanouissement, noires-pourpres quand elles sont épanouies; en sorte qu'une calathide à demi-fleurie offre environ six zones de diverses couleurs, le centre du disque étant vert, et successivement entouré d'une première zone rougeâtre, d'une seconde rose-pâle ou couleur de chair, d'une troisième pourpre-brune, d'une quatrième jaune, et d'une cinquième blanche; ces deux dernières appartenant à la couronne. Les corolles du disque ont leurs cinq divisions brunes-pourpres sur la face interne, roses sur la face externe; le pollen est orangé; les stigmatophores sont bruns-pourpres.

Nous avons fait cette description, générique et spécifique, sur des individus vivans, cultivés au Jardin du Roi, où ils fleurissoient en Août.

Notre *ismelia* diffère génériquement des vrais *Pyrethrum*, par la forme de ses fruits, ceux du disque étant comprimés bilatéralement et pourvus de deux grandes ailes, ceux de la couronne étant triangulaires et pourvus de trois grandes ailes.

La plante cultivée au Jardin du Roi, sous le nom de *Chrysanthemum Roxburghii*, nous paroît encore devoir constituer un genre particulier, que nous nommons et caractérisons comme il suit.

Glebionis. Calathide tantôt radiée, tantôt subdiscoïde, tantôt incouronnée : disque multiflore, régulariflore, androgyniflore; couronne unisériée, liguliflore, féminiflore, tantôt 41:42
radiante, tantôt presque inradiante, quelquefois nulle. Péricline hémisphérique, à peu près égal aux fleurs du disque;

41:42 formé de squames imbriquées, appliquées, ovales, un peu épaisses-charnues, pourvues d'une bordure scarieuse-membraneuse. Clinanthe convexe, nu. *Fleurs du disque :* Ovaire muni de plusieurs côtes longitudinales, parsemé de glandes, privé d'aigrette, mais offrant au-dessous de son sommet et tout autour, un petit rebord transversal, circulaire, cartilagineux, plus ou moins saillant. Corolle paroissant continue par sa base avec le sommet de l'ovaire; limbe à cinq divisions pourvues chacune d'une callosité conique, située derrière le sommet. *Fleurs de la couronne :* Ovaire subtriquètre, glabre, parsemé de glandes, à trois angles plus ou moins saillans; aigrette nulle, mais un rebord transversal, cartilagineux, saillant, un peu rabattu de haut en bas, situé au-dessous du sommet, sur les deux faces intérieures. Corolle à tube long, cylindracé, continu par sa base avec le sommet de l'ovaire; languette elliptique-oblongue, échancrée au sommet, souvent plus courte, plus large, tridentée, quelquefois irrégulière et ne dépassant presque pas les fleurs du disque.

Les ovaires du disque et de la couronne sont souvent armés d'une corne, ou pointe conique, plus ou moins longue, située au sommet du côté intérieur.

Notre *Glebionis* se distingue des genres voisins, par ses corolles continues avec les ovaires, et par le rebord transversal qui entoure chaque ovaire au-dessous du sommet. Ce rebord, quoique peu apparent, est selon nous, très-remarquable : car nous sommes tenté de croire que c'est le vestige d'une véritable aigrette stéphanoïde, qui, dans l'origine, entouroit immédiatement, comme à l'ordinaire, la base de la corolle, mais qui s'est ensuite éloignée de sa situation primitive, par l'effet d'un accroissement insolite et anomal de l'aréole apicilaire. Quoi qu'il en soit, le rebord en question diffère beaucoup trop, par sa forme et sa position, d'une aigrette stéphanoïde proprement dite, pour qu'on puisse légitimement attribuer la plante dont il s'agit au genre *Pyrethrum*. Cependant, le Tableau de l'école de botanique du Jardin du Roi nous
41:43 apprend (2.e édit., pag. 119) que cette plante est le *Pyrethrum indicum* de l'*Hortus kewensis*. Nous démontrerons bientôt, dans l'article Pyrèthre, que le nom de *Pyrethrum indi-*

cum doit être appliqué au *Chrysanthemum indicum* de Linné. 41:43
Quant au *Glebionis*, c'est un genre intermédiaire entre les *Chrysanthemum* et *Pyrethrum*.

La plante cultivée au Jardin du Roi sous le nom de *Chrysanthemum myconis*, est aussi pour nous un genre ou sous-genre voisin du *Pyrethrum*, et présentant les caractères suivans.

Coleostephus. Calathide radiée : disque multiflore, régulariflore, androgyniflore; couronne unisériée, liguliflore, féminiflore. Péricline orbiculaire, convexe, inférieur aux fleurs du disque; formé de squames à peu près égales, paucisériées, appliquées, oblongues, pourvues d'une bordure scarieuse. Clinanthe large, conique, peu élevé, nu. *Fleurs du disque* : Ovaire oblong, subcylindracé, glabre, muni de plusieurs côtes; aigrette stéphanoïde, très-élevée, subcampaniforme, arquée en dedans, cartilagineuse, munie de quelques côtes sur la face extérieure, prolongée au sommet sur la face intérieure. Corolle à tube enflé à sa base; limbe à cinq divisions, portant derrière leur sommet une large callosité triangulaire, papillée. *Fleurs de la couronne* : Ovaire un peu obcomprimé, oblong, glabre; aigrette stéphanoïde, beaucoup plus longue que l'ovaire, tubuleuse, membraneuse, découpée au sommet. Corolle à tube entièrement engaîné, d'un bout à l'autre, par l'aigrette; languette large, elliptique, terminée par quatre petites dents arrondies.

Notre *Coleostephus* se distingue des vrais *Pyrethrum*, principalement par la grandeur très-remarquable de l'aigrette; et quoique les différences de grandeur aient en général peu d'importance, il est pourtant des cas où la disproportion est telle qu'elle mérite d'être considérée autant et plus peut-être que la présence ou l'absence de l'organe.

La plante observée par nous est-elle le vrai *Chrysanthemum myconis*? Ne confond-on pas, sous ce nom, deux espèces très-différentes, et qui ne seroient même pas exactement congénères? Linné dit que le péricline n'est point imbriqué, mais formé de squames égales. Celles de notre plante sont à
peu près égales, et disposées au moins sur deux rangs. Gærtner 41:44
attribue le *Chrysanthemum myconis* au genre *Pyrethrum*, caractérisé par la présence d'une petite aigrette. M. De Can-

41:44 dolle, dans la Flore françoise (tom. IV, pag. 180), l'attribue au contraire au vrai genre *Chrysanthemum*, caractérisé par l'absence de l'aigrette, et même il affirme positivement que les graines de cette espèce sont nues au sommet. M. Loiseleur-Deslongchamps (*Flor. gall.*, page 578) place aussi la même plante dans une section caractérisée par les graines nues et non couronnées. Cependant, notre *Coleostephus* offre constamment, sur tous ses fruits, des aigrettes très-grandes et très-remarquables.

Necker a distribué les *Chrysanthemum* de Linné en trois genres nommés *Chrysanthemum*, *Leucanthemum*, *Myconia*. Son *Chrysanthemum* est caractérisé par les fruits couronnés d'une petite membrane et les feuilles composées; son *Leucanthemum*, par les fruits ordinairement nus, mais quelquefois munis d'un rebord au sommet, et par les feuilles simples; son *Myconia*, par le péricline simple, formé d'une seule pièce, divisée en plusieurs lanières égales, scarieuses au sommet, les fruits terminés par une petite couronne très-courte, les feuilles simples. Le nom de *Myconia* fait présumer que ce genre de Necker a pour type le *Chrysanthemum myconis*. Mais assurément notre plante n'a point le péricline construit comme Necker l'imagine, et ses fruits n'ont pas, comme il le prétend, une petite couronne très-courte. On voit clairement que l'auteur, admettant une aigrette dans les *Chrysanthemum*, dans les *Myconia*, et même dans quelques *Leucanthemum*, fonde principalement la distinction de ces trois genres, 1.° sur les feuilles, composées dans le *Chrysanthemum*, simples dans les *Leucanthemum* et *Myconia*, 2.° sur le péricline, qui, selon lui, seroit simple et d'une seule pièce divisée en lanières égales, dans le *Myconia*. Ces considérations nous ont empêché d'adopter le nom générique de *Myconia*, qui d'ailleurs a été appliqué par M. Lapeyrouse au *Verbascum myconi*, et qui ne pourroit convenir à notre plante, qu'autant qu'il seroit certain que c'est bien le vrai *Chrysanthemum myconis* de Linné et des autres botanistes, ce qui nous paroît jusqu'ici fort douteux. Le nom de *Coleostephus*,
41:45 que nous proposons, faisant allusion aux aigrettes, qui ressemblent à des étuis, exprime très-bien le caractère essentiel de ce genre ou sous-genre.

Dans notre tableau des Anthémidées (tom. XXIX, pag. 178), le groupe des Chrysanthémées vraies est composé des cinq genres *Gymnocline*, *Pyrethrum*, *Chrysanthemum*, *Matricaria*, *Lidbeckia*. Maintenant il se trouve composé de neuf genres disposés ainsi : *Gymnocline*, *Pyrethrum*, *Coleostephus*, *Ismelia*, *Glebionis*, *Pinardia*, *Chrysanthemum*, *Matricaria*, *Lidbeckia*. On peut très-bien, si l'on veut, ne considérer la plupart de ces genres que comme des sous-genres, ou même seulement comme des espèces offrant, dans leurs caractères génériques, quelques différences notables. Mais, pour nous conformer au système général que nous avons adopté, nous avons dû les présenter comme de véritables genres; et quel que soit le jugement qu'on puisse porter sur ces distinctions génériques, trop multipliées sans doute, et dont nous sentons fort bien tous les défauts, notre travail, étant fondé sur des observations exactes, ne sera pas tout-à-fait inutile. Au reste, si nous voulions défendre nos genres, nous prouverions sans peine qu'ils sont établis sur les mêmes fondemens que beaucoup d'autres généralement admis. Ainsi, notre *Gymnocline* diffère du *Pyrethrum*, tout comme l'*Achillea* diffère de l'*Anthemis*, ou plutôt du *Chamæmelum*, c'est-à-dire par ses languettes courtes et larges; notre *Coleostephus* diffère du *Pyrethrum*, comme le *Pentzia* du *Balsamita*, par son aigrette fort haute et en forme d'étui; notre *Ismelia* diffère du *Pyrethrum*, et notre *Pinardia* du *Chrysanthemum*, autant et plus que l'*Anacyclus* de l'*Anthemis*, par les grandes ailes dont leurs fruits sont pourvus. Quant à notre *Glebionis*, la continuité des corolles avec les ovaires, et le rebord transversal des ovaires, ne sont-ils pas des caractères aussi notables que bien d'autres qu'on n'hésite pas à considérer comme génériques? Remarquons qu'en général chez les Synanthérees, lorsqu'il y a continuité de l'ovaire avec la corolle, celle-ci persiste naturellement sur le fruit mûr, et devient ainsi un instrument de dissémination, comme cela est évident, par exemple, dans les *Zinnia* et *Tragoceros*. (Voyez notre Mémoire sur la dissémination des Synanthérées, Bull. philom., 1821, pag. 92.) La cause finale que nous signalons est d'autant plus vraisemblable, que la continuité de la corolle avec l'ovaire ne s'observe jamais ou presque jamais, quand il y

41:46 a une véritable aigrette. Cette continuité est donc un caractère plus important qu'il ne paroît. Les deux genres *Chrysanthemum* et *Matricaria*, établis depuis long-temps, se confondent presque par leurs caractères techniques, et sont bien moins distincts que les nouveaux genres par nous proposés. Le *Chrysanthemum* et le *Pyrethrum*, maintenant adoptés par la plupart des botanistes, semblent se distinguer très-nettement par l'absence ou la présence d'une aigrette : cependant quelques espèces, telles que notre *Pyrethrum indicum*, ont l'aigrette si peu manifeste et si douteuse, qu'on seroit tenté d'effacer cette distinction générique. Mais nous pensons qu'il faut la maintenir, parce que, selon nous, les genres trop nombreux en espèces sont peu favorables pour l'étude, et ne présentent qu'une multitude confuse, où l'esprit et la mémoire ne saisissent et ne retiennent rien. La plupart des botanistes pensent au contraire qu'il est avantageux pour la science d'avoir peu de genres, et d'accumuler beaucoup d'espèces dans chacun d'eux. En conséquence, ils jugeront probablement que notre groupe des Chrysanthémées vraies ne constitue qu'un seul genre, ou tout au plus deux genres, s'ils veulent bien consentir à distinguer le *Lidbeckia* du *Chrysanthemum*. (H. Cass.)

41:57 PINGRÉE, *Pingræa*. (*Bot.*) Ce nouveau genre de plantes, que nous proposons, appartient à l'ordre des synanthérées, et très-probablement à notre tribu naturelle des vernoniées. Voici ses caractères.

Dioïque. *Calathide mâle* équaliflore, multiflore, réguliflore. Péricline très-inférieur aux fleurs, probablement turbiné; formé de squames paucisériées, inégales, irrégulièrement imbriquées, appliquées, oblongues, uninervées, subfoliacées, membraneuses et diaphanes sur les bords, frangées au sommet. Clinanthe conique-ovoïde, nu, un peu fovéolé. Faux-ovaires très-petits, stériles, demi-avortés, munis d'un petit bourrelet basilaire annulaire; aigrette très-longue, blanche, composée de squamellules nombreuses, unisériées, contiguës, égales, flexueuses, comme chiffonnées, filiformes, presque nues inférieurement, très-barbellulées supérieurement, à barbellules nombreuses, longues, inégales, très-étalées. Corolles glabres, à tube long, grêle, cylindrique; limbe bien distinct du tube, large, campanulé, à cinq lanières oblongues, aiguës, roulées en dehors, séparées par des incisions égales. Étamines à anthères très-exsertes, pourvues d'appendices apicilaires libres, lancéolés, et privées d'appendices basilaires. Style de vernoniée, à deux stigmatophores libres, peu ou point divergens, inclus dans le tube anthéral, aigus au sommet, hérissés de collecteurs piliformes. *Calathide femelle* inconnue. 41:57 41:58

Pingrée a feuilles étroites; *Pingræa angustifolia*, H. Cass. C'est une plante herbacée, entièrement glabre; sa tige, haute d'un pied (dans l'échantillon incomplet que nous décrivons), est rameuse, striée, un peu anguleuse, verte; les feuilles sont alternes, longues d'environ trois pouces et demi, larges d'environ deux lignes, presque linéaires, graduellement étrecies vers la base, qui est subpétioliforme, et vers le sommet, qui est très-aigu, bordées de dents distantes, saillantes, aiguës, munies d'une nervure médiaire simple, très-forte, et de deux nervures latérales très-foibles, rameuses; les calathides, qui paroissent être subglobuleuses, sont larges d'environ deux à trois lignes, et disposées, au sommet de la tige et des branches, en panicules, dont les ramifications sont longues, très-grêles, droites, nues ou presque nues, pédonculiformes, accompagnées chacune à la base d'une petite bractée subulée; les corolles semblent jaunes roussâtres sur l'échantillon sec, mais sont probablement blanches sur la plante vivante; les anthères sont blanches et remplies de pollen blanc.

Nous avons fait cette description spécifique et celle des caractères génériques, sur un échantillon sec, que M. Desfontaines a eu la bonté de nous donner, en nous disant qu'il avoit été recueilli dans l'Isle-de-France, et que la même plante est vivante au Jardin du Roi, où on la cultive.

En observant les fleurs de cet échantillon, nous nous sommes facilement convaincu qu'il appartenoit à une espèce dioïque, et que nous n'avions que l'individu mâle. L'observation de l'individu femelle seroit nécessaire pour mettre hors de doute que cette espèce se rapporte à la tribu des vernoniées; car, dans ce cas, les stigmatophores du style féminin doivent être privés de bourrelets stigmatiques. Si,

41:58 au contraire, ces bourrelets existent, notre plante ne seroit
point une vernoniée, mais probablement une astérée, qui
peut-être ne différeroit pas assez des vrais *baccharis* pour en
être distinguée génériquement. Mais, quant à présent, nous
41:59 avons tout lieu de croire que c'est une vernoniée, constituant
un nouveau genre, probablement voisin des *Pluchea*, *Tessaria*, *Monarrhenus*, et dont les caractères génériques devront être complétés par l'observation et la description de la calathide femelle, qui nous est inconnue. Il faudra surtout soigneusement observer les stigmatophores, l'ovaire et la corolle, pour déterminer définitivement les véritables affinités naturelles.

Nous dédions ce nouveau genre à la mémoire de Pingré. M. Prony, dans sa notice sur la vie et les ouvrages de cet astronome, rapporte qu'il se livra, dans les dernières années de sa vie, avec beaucoup d'ardeur, à l'étude de la botanique, dans laquelle il trouvoit un délassement rempli de charmes, et qui devint l'objet de sa prédilection. « Il semble, dit à « ce sujet le biographe, que le destin de cette agréable « science soit de s'emparer tôt ou tard des ames honnêtes « et tendres, et de leur offrir ou un aliment à leur douce « sensibilité, ou un refuge et des consolations dans le « malheur. » (Mém. de l'Inst., Sc. math. et phys., tom. 1, page xliv.) (H. Cass.)

41:109 PIPTOCARPHE, *Piptocarpha*. (*Bot.*) Ce genre de plantes, proposé, en 1817, par M. R. Brown, dans le douzième volume des Transactions de la Société linnéenne (page 121), appartient à l'ordre des synanthérées; et probablement à notre tribu naturelle des inulées, section des gnaphaliées, dans laquelle nous avons hasardé de le placer (tom. XXIII, pag. 561) entre les deux genres *Ifloga* et *Cassinia*.

N'ayant point vu le *Piptocarpha*, nous empruntons à M. Brown les caractères génériques et spécifiques que nous allons exposer.

Dioïque? *Calathide mâle?* régulariflore. Péricline turbiné, formé de squames imbriquées, sessiles, obtusiuscules, scarieuses, glabres, sans nervures et d'une contexture uniforme, les intérieures caduques. Clinanthe garni de squamelles distinctes, presque semblables aux squames intérieures du pé-

ricline, et tombant en même temps qu'elles. Faux? ovaires 41:109
portant une aigrette blanche, composée de squamellules unisériées, filiformes. Corolles glabres, à limbe roulé en dehors. Anthères très-exertes, munies de deux appendices basilaires sétiformes, très-entiers. Style masculin? à deux stigmatophores filiformes, aigus, hispidules. *Calathide femelle?* inconnue.

Piptocarphe brésilienne : *Piptocarpha brasiliana*, H. Cass. C'est un arbrisseau du Brésil, très-rameux, probablement
décombant; ses feuilles sont alternes, très-entières, blanches 41:110
en dessous; les calathides sont axillaires et terminales, fasciculées.

M. Brown n'a point vu de fruits parfaits; et comme ils tombent sans être mûrs, avec les squames intérieures du péricline, et que les anthères sont très-saillantes en dehors, ce botaniste conjecture que la plante par lui décrite n'est que l'individu mâle d'une espèce dioïque.

Nous regrettons beaucoup que l'illustre auteur n'ait point énoncé son opinion sur les affinités naturelles du *Piptocarpha*, que nous ne pouvons guères deviner d'après sa description, parce qu'elle n'est point assez complète, assez détaillée, assez minutieuse, pour nous mettre sur la voie de cette importante recherche. Le péricline scarieux, glabre, et sans nervures, les anthères munies d'appendices basilaires sétiformes, l'aigrette blanche et unisériée, les corolles glabres, les squamelles du clinanthe tombant avec les squames intérieures du péricline, les feuilles très-entières et blanches en dessous, la tige ligneuse, les péricliues turbinés et fasciculés, etc., nous ont fait présumer que le *piptocarpha* étoit une inulée-gnaphaliée, voisine du *cassinia*, et c'est pourquoi nous avons rapproché ces deux genres dans notre tableau des inulées. Mais les stigmatophores filiformes, aigus, hispidules, nous inspirent des doutes, et nous font penser que le genre en question appartient peut-être à la tribu des vernoniées, dans laquelle il seroit voisin, soit de l'*Oligocarpha*, soit des *Tessaria* et *Monarrhenus*, soit du *Pluchea*. Ainsi, jusqu'à ce que nous ayons pu observer nous-même le *Piptocarpha*, nous considérons comme douteuse la place qu'il doit occuper dans notre classification naturelle des Synanthérées.

41:110 Cependant nous croyons devoir le laisser provisoirement auprès du *Cassinia*, qui se trouve ainsi rangé entre le *Piptocarpha*, qui le précède, et l'*Ammobium*, qui le suit. Ce genre *Ammobium* est évidemment intermédiaire entre le *Cassinia*, auquel il confine par le moyen de la *Cassinia spectabilis*, à tige herbacée, à feuilles décurrentes, lancéolées, et l'*Ixodia*, dont il se rapproche à cause de son aigrette réduite à un simple rebord denté.

Le nom de *Piptocarpha* paroît être composé de deux mots
41:111 grecs, qui signifient *paillettes tombantes*, pour faire allusion sans doute aux squamelles du clinanthe, qui sont caduques. (H. Cass.)

41:111 PIPTOCOME, *Piptocoma*. (*Bot.*) Ce genre de plantes, que nous avons d'abord proposé dans le Bulletin des sciences de Janvier 1817 (page 10), et que nous avons ensuite plus amplement décrit dans le Bulletin d'Avril 1818 (page 58), appartient à l'ordre des synanthérées et à notre tribu naturelle des vernoniées. Voici ses caractères.

Calathide incouronnée, équaliflore, pluriflore, régulariflore, androgyniflore. Péricline inférieur aux fleurs, court, ovoïde-cylindracé, formé de squames imbriquées, appliquées, ovales, coriaces. Clinanthe petit, nu. Ovaires pentagones, striés longitudinalement; aigrette double; l'extérieure stéphanoïde, coriace, irrégulièrement découpée; l'intérieure composée de cinq squamellules très-caduques, laminées, longues, étroites, linéaires, à peine denticulées sur les bords. Corolles arquées en dehors, à cinq divisions longues, demi-lancéolées, parsemées de glandes. Style et stigmatophores de vernoniée.

Nous ne connoissons qu'une seule espèce de ce genre.

Piptocome roussatre; *Piptocoma rufescens*, H. Cass., Bull. soc. philom., Avril 1818, page 58. Arbrisseau couvert d'un coton roussâtre formé par un amas de poils disposés en étoiles; tige ligneuse, rameuse, cylindrique; feuilles alternes, courtement pétiolées, ovales, entières, à face supérieure ridée, scabre, hispidule, à face inférieure nervée, subréticulée, cotonneuse; calathides disposées en corymbe terminal; chaque calathide composée d'environ douze fleurs probablement purpurines.

Nous avons fait cette description spécifique, et celle des 41:111 caractères génériques, sur un échantillon sec, recueilli dans l'île de Saint-Domingue par Desportes, et qui se trouve dans l'herbier de M. de Jussieu.

L'arbuste auquel appartient cet échantillon, constitue un genre immédiatement voisin de notre *Oliganthes*, décrit dans ce Dictionnaire (tome XXXVI, pag. 18). La principale différence générique réside dans l'aigrette extérieure, qui est stéphanoïde, c'est-à-dire en forme de couronne, chez le *Piptocoma*, tandis que chez l'*Oliganthes* cette aigrette exté- 41:112 rieure est composée de squamellules distinctes, qui ne diffèrent de celles de l'aigrette intérieure que parce qu'elles sont beaucoup plus courtes; en sorte que l'aigrette de l'*Oliganthes* est, selon nous, plutôt bisériée que double, toutes les pièces dont elle est composée étant parfaitement uniformes, quoiqu'inégales et disposées sur deux rangs.

Le nom de *Piptocoma*, composé de deux mots grecs, qui signifient *chevelure tombante*, fait allusion à l'aigrette intérieure, qui est très-caduque. (H. Cass.)

PIQUÉRIE, *Piqueria*. (*Bot.*) Ce genre de plantes, établi 41:115 en 1794 par Cavanilles dans le troisième volume de ses *Icones et descriptiones* (pag. 19, tab. 235), appartient à l'ordre des synanthérées, à notre tribu naturelle des eupatoriées, et à la section des eupatoriées-agératées, à la fin de laquelle nous l'avons placé, en le rangeant à la suite du genre *Adenostemma*. (Voyez notre tableau des Eupatoriées, tome XXVI, page 227.)

Voici les caractères du genre *Piqueria*, tels que nous les avons observés sur deux espèces, nommées *trinervia* et *quinqueflora*.

Calathide oblongue, cylindracée, incouronnée, équaliflore, quadri-quinquéflore, régulariflore, androgyniflore. Péricline cylindracé, inférieur ou à peu près égal aux fleurs; formé de quatre ou cinq squames unisériées, égales, appliquées, embrassantes, elliptiques ou oblongues, subfoliacées. Clinanthe petit, plan, nu. Ovaires oblongs, épaissis de bas en haut, obpyramidaux, pentagones, glabres ou glabriuscules, munis de cinq côtes et d'un pied articulé; aigrette nulle. Corolles à cinq divisions. Anthères privées d'appendices basilaires, *et même*

41:115 *d'appendice apicilaire.* Style d'eupatoriée, à base glabre.

On connoît quatre espèces de *Piqueria.*

41:116 PIQUÉRIE A FEUILLES TRINERVÉES; *Piqueria trinervia*, Cavan., *Ic. et descr.*, tome 3, pag. 19, tab. 235. C'est une plante du Mexique, herbacée, à racine vivace, haute de trois à six pieds, glabre, sauf deux rangées de poils qui parcourent la tige et ses branches; les feuilles sont opposées, lancéolées, dentées en scie, trinervées, étrécies à leur base en pétiole canaliculé; les calathides, composées de quatre fleurs blanches, sont petites, nombreuses, et disposées en corymbes terminaux, très-rameux; les quatre squames de leur péricline sont mucronées.

PIQUÉRIE POILUE; *Piqueria pilosa*, Kunth, *Nov. gen. et sp. pl.*, tom. 4, pag. 153. Cette seconde espèce, trouvée dans le Mexique par MM. de Humboldt et Bonpland, est herbacée et vivace, comme la précédente, à laquelle elle ressemble beaucoup, mais dont elle diffère principalement en ce qu'elle est garnie de poils glanduleux, un peu visqueux; ses feuilles sont pétiolées, ovales-oblongues, grossièrement dentées en scie; les calathides sont composées de quatre fleurs blanches, contenues dans un péricline de quatre squames, comme celles de la première espèce; mais elles sont presque doubles en grandeur.

PIQUÉRIE A CALATHIDES QUINQUÉFLORES; *Piqueria quinqueflora*, H. Cass., Bull. soc. philom., Août 1819, pag. 128. Tige ligneuse, longue d'un pied (dans l'échantillon incomplet par nous décrit), droite, rameuse, cylindrique, glabre inférieurement, couverte supérieurement de poils cotonneux, roussâtres, peut-être glutineux sur la plante vivante. Feuilles opposées, pétiolées, glabriuscules, munies de trois nervures principales, et parsemées de glandes transparentes, irrégulières; pétiole long d'un demi-pouce; limbe ayant environ un pouce et demi de longueur et autant de largeur, presque triangulaire, inégalement lobé, à lobes aigus, un peu dentés. Calathides disposées en corymbes au sommet de la tige et des rameaux; corymbes composés d'une innombrable multitude de calathides oblongues, cylindracées, sessiles ou presque sessiles, rapprochées en plusieurs faisceaux, et comme entassées au sommet des ramifications, qui sont accompagnées

de quelques bractées, et qui semblent enduites d'un vernis 41:116
visqueux, ainsi que les péríclines. Chaque calathide composée de cinq fleurs, à corolle jaune (sur l'échantillon sec). 41:117
Péricline à peu près égal aux fleurs, cylindracé, formé de cinq squames oblongues, subfoliacées, striées longitudinalement, terminées par une sorte d'appendice subulé. Ovaires glabriuscules.

Nous avons fait cette description sur un échantillon sec de l'herbier de M. de Jussieu, recueilli au Pérou par Dombey.

Piquérie fausse-armoise : *Piqueria artemisioides*, Kunth, *loc. cit.; An? Flaveria peruviana*, Juss., *Gen. plant.*, pag. 187. C'est un arbrisseau d'environ six pieds, très-rameux, entièrement glabre, ayant le port d'une armoise; ses feuilles sont courtement pétiolées, lancéolées, bordées de dents peu manifestes et distantes; les calathides sont très-petites, paniculées, et disposées en épis sur les derniers rameaux des panicules, qui sont très-ramifiées, étalées, garnies de feuilles; chaque calathide est composée de quatre fleurs blanches, contenues dans un péricline de quatre squames, dont le sommet est arrondi et mutique. Cette dernière espèce a été trouvée dans la province de Quito.

Cavanilles, auteur du genre *Piqueria*, n'a connu qu'une seule espèce, par lui décrite et figurée sous le nom de *piqueria trinervia;* et il a pensé que ce genre étoit caractérisé par la calathide composée de quatre fleurs, et le péricline formé de quatre squames. M. Kunth, qui a décrit deux autres espèces, nommées *pilosa* et *artemisioides*, admet les deux caractères génériques proposés par Cavanilles, et il ajoute que la couleur blanche est propre aux corolles de toutes les espèces du genre. En visitant les synanthérées de l'herbier de M. de Jussieu, nous trouvâmes parmi les eupatoires, une plante innommée, recueillie dans le Pérou par Dombey, et qui nous parut devoir indubitablement appartenir au genre *piqueria*, quoique ses calathides fussent composées de cinq fleurs, que leur péricline fût formé de cinq squames, et que les corolles fussent jaunes, au moins sur l'échantillon sec. Cette nouvelle espèce, qui diffère beaucoup des trois autres, et qui même exige quelque modification dans les caractères

41:117 attribués au genre, étoit par cela même assez remarquable
pour mériter d'être connue des botanistes. C'est pourquoi
41:118 nous leur en présentâmes la description dans le Bulletin
des sciences d'Août 1819, où nous avons nommé cette espèce *piqueria quinqueflora*. Quoique les corolles soient jaunes sur l'échantillon sec, il ne seroit pas impossible qu'elles fussent blanches sur la plante vivante. Notre *piqueria quinqueflora* nous semble intermédiaire entre la *pilosa*, à laquelle elle ressemble par sa pubescence, ainsi que par les squames de son péricline subulées au sommet, et l'*artemisioides*, dont elle se rapproche par sa tige ligneuse. Remarquons aussi que les deux espèces péruviennes sont ligneuses, tandis que les deux espèces mexicaines sont herbacées.

La *piqueria artemisioides* de M. Kunth nous paroît être la *flaveria peruviana* de M. de Jussieu, et seroit ainsi la plus ancienne espèce connue. Nous nous souvenons très-bien d'avoir autrefois observé cette prétendue *flaveria* dans l'herbïer de M. de Jussieu, et d'avoir reconnu que c'étoit une vraie *Piqueria*. M. de Jussieu lui-même, en 1806, dans un de ses Mémoires sur les Composées, insérés dans les Annales du Muséum, avoit dit qu'il faudroit peut-être réunir sa *flaveria peruviana* au genre *Piqueria* de Cavanilles.

Dans notre second Mémoire sur les Synanthérées, publié dans le Journal de physique d'Avril 1814, nous avons annoncé (pag. 279) que la *Piqueria trinervia* offroit une anomalie unique dans toute cette grande famille, en ce que ses étamines étoient absolument privées d'appendices apicilaires. La *piqueria quinqueflora*, que nous avons observée depuis, nous a présenté la même particularité. Nous regrettons beaucoup que M. Kunth, d'ailleurs si exact dans ses descriptions, ait négligé cette observation intéressante sur les deux espèces qu'il a décrites; mais il est infiniment probable que ce singulier caractère est propre à toutes les espèces du genre *Piqueria*.

Dans la *piqueria trinervia*, le filet de l'étamine est hérissé de papilles piliformes; l'anthère est jaune, et le pollen blanc; l'appendice apicilaire est absolument nul, parce que le connectif, qui est large, se termine brusquement en un sommet arrondi, au niveau de la sommité des loges, au lieu

de se prolonger plus haut pour former l'appendice. Le tube 41:118
de la corolle est extrêmement court, et tout hérissé de longs
poils articulés. Le pied de l'ovaire est très-remarquable, et 41:119
ressemble beaucoup à un vrai pédoncule : c'est un corps cylindrique, courbé en crochet, assez long, épais, charnu, vert, dont le sommet s'insère dans une échancrure située au-dessus de la base de l'ovaire sur le côté intérieur, et dont la base est implantée sur le clinanthe; il se détache facilement du clinanthe, mais demeure fermement attaché à l'ovaire. L'appendice collectifère des stigmatophores a le sommet un peu élargi et épaissi. (H. Cass.)

PIRARDE, *Pyrarda.* (*Bot.*) Ce nouveau genre de plantes, 41:120
que nous proposons, appartient à l'ordre des synanthérées, à notre tribu naturelle des inulées, et à la section des inulées-buphthalmées, dans laquelle nous le plaçons entre les deux genres *Egletes* et *Grangea.* (Voyez notre tableau des Inulées, tome XXIII, pag. 566.)

Le genre *Pyrarda* présente les caractères suivans.

Calathide globuleuse, discoïde : disque multiflore, réguliflore, androgyniflore; couronne bisériée, multiflore, tubuliflore, féminiflore. Péricline à peu près égal aux fleurs, probablement subhémisphérique; formé de squames bi-trisériées, un peu inégales, appliquées, ovales, arrondies au sommet, foliacées. Clinanthe hémisphérique, nu. Ovaires sessiles ou presque sessiles, courts, cunéiformes, comprimés bilatéralement, comme tronqués au sommet, glabriuscules; aigrette composée de squamellules unisériées, contiguës ou distancées, libres, à peu près égales, très-étroites, subulées,
capillaires en apparence, mais réellement laminées, mem- 41:121
braneuses, parfaitement nues. Corolles du disque à cinq divisions. Corolles de la couronne à tube long et grêle; à limbe court, étroit, divisé inégalement, irrégulièrement et variablement, en trois ou quatre lobes linéaires.

Pirarde fausse-céruane: *Pyrarda ceruanoides*, H. Cass., Dict., *hic; Grangea ceruanoides*, H. Cass., Dict., tom. XIX, pag. 307. C'est une plante herbacée, dont la tige, haute d'environ un pied, est dressée ou ascendante, épaisse, cylindrique, un peu striée, velue, rameuse, très-garnie de feuilles; les feuilles sont alternes, sessiles, demi-amplexicaules, oblongues,

41:121 pinnatifides, à lanières oblongues, obtuses, entières; la base de la feuille est élargie, arrondie, un peu échancrée et auriculée; les deux faces sont hérissées, comme la tige, de longs poils subulés, articulés; chaque rameau porte un petit corymbe d'environ quatre calathides larges de trois lignes et composées de fleurs jaunes; l'une de ces calathides termine le rameau ; les trois autres sont portées chacune par un long pédoncule grêle, nu ou pourvu d'une ou deux bractées, qui naît dans l'aisselle d'une petite feuille bractéiforme.

Nous avons fait cette description, générique et spécifique, sur un échantillon sec, recueilli dans le Sénégal, et qui nous a été donné par M. Gay. Un autre échantillon de la même plante avoit été autrefois observé par nous dans l'herbier de M. de Jussieu, où il étoit étiqueté *Grangea maderaspatana,* et nous l'avions mentionné, sans le décrire, dans ce Dictionnaire (article Grangée, tom. XIX, pag. 307), sous le nom de *Grangea ceruanoides,* en faisant remarquer que ses caractères génériques différoient de ceux du vrai *Grangea,* en ce que les ovaires n'étoient point prolongés au sommet en un col, et que leur aigrette étoit divisée jusqu'à la base en lanières complétement libres. Il nous semble que cette plante peut former un genre, ou sous-genre, suffisamment distinct par ses ovaires tronqués au sommet, absolument privés de bourrelet apicilaire, et par leur aigrette composée de squamellules distinctes et libres. Dans le vrai *Grangea,* le sommet de l'ovaire offre un bourrelet apicilaire très-élevé, cylindracé, formant une sorte de col; et l'aigrette est stéphanoïde, courte, épaisse, charnue, entière et cupu-
41:122 liforme inférieurement, divisée supérieurement en lanières subulées. La *Grangea galamensis,* mentionnée par nous dans l'article cité ci-dessus, mais que nous n'avons pas suffisamment étudiée, appartient peut-être au genre *Pyrarda,* parce que ses ovaires sont dépourvus de col, et quoique les squamellules de leur aigrette soient entregreffées à la base.

Ce nouveau genre, très-analogue au *Grangea,* se rapproche aussi beaucoup de l'*Egletes,* surtout par la forme de l'ovaire ou du fruit, et doit par conséquent s'interposer entre eux. Son aigrette ressemble à celle du *Ceruana.* Les ovaires du disque sont absolument sessiles; ceux de la couronne semblent un peu stipités. 41:122

Adanson a proposé, sous le nom de *Pirarda*, un genre fondé sur la *Balsamita ægyptia* de Lippi, que Vaillant rapportoit à son genre *Balsamita*, en la nommant *Balsamita ægyptiaca, virgæ aureæ folio, flore purpurascente*. M. de Jussieu, qui rapportoit aussi le *Pirarda* au *Balsamita*, ayant eu la complaisance de nous communiquer l'échantillon authentique étiqueté par Lippi, nous avons acquis la preuve certaine que cette plante est l'*ethulia conyzoides* de Linné, comme nous le soupçonnions précédemment. Le genre *Pirarda* d'Adanson est donc le même que l'*Ethulia;* et par conséquent le nom de *Pirarda* restant sans emploi, nous pouvons l'appliquer au nouveau genre décrit dans le présent article. Adanson n'indique point l'étymologie de ce nom générique, que nous supposerons dédié à la mémoire de Pyrard, voyageur françois, qui fit naufrage sur les îles Maldives, en 1602, et à qui nous devons la seule relation détaillée sur ce pays (Malte-Brun, Préc. de la Géogr. univ., tom. 4, pag. 126). C'est pourquoi nous écrivons *Pyrarda*, au lieu de *Pirarda*, en observant qu'Adanson, pour se conformer exactement à son bizarre système sur l'orthographe, à dû substituer l'i à l'y, dans le nom dont il s'agit (voyez Fam. des pl., tom. 1, pag. clxxxij).

On pourroit considérer le genre *Grangea* comme composé de trois sous-genres, intitulés *Pyrarda*, vrai *Grangea*, *Centipeda*. Nous avons indiqué (tom. XIX, pag. 306) les caractères qui distinguent le *Centipeda* du vrai *Grangea*.

Les rapports très-intimes qui existent entre le *Pyrarda* et le *Ceruana*, nous conduisent à décrire ici une nouvelle 41:123
espèce de ce dernier genre.

Ceruana rotundifolia, H. Cass. Tige herbacée, haute de plus d'un pied (dans l'échantillon incomplet que nous décrivons), épaisse, cylindrique, velue, dressée, très-ramifiée supérieurement en une large panicule; feuilles alternes, plus ou moins velues sur les deux faces; les inférieures longues d'environ deux pouces et demi, larges d'environ un pouce et demi, à base un peu échancrée, presque semi-amplexicaule, comme auriculée, à partie inférieure subpétioliforme, largement linéaire ou rubanaire, très-entière sur ses

41:123 bords, à partie supérieure subitement élargie, suborbiculaire, découpée sur ses bords, par des sinus peu profonds, en sept lobes arrondis, plus ou moins sinués; les feuilles supérieures graduellement plus petites, variables, ordinairement comme spatulées, à partie supérieure dentée, crénelée ou sinuée; calathides nombreuses, paniculées; les unes terminales en apparence, mais latérales ou axillaires en réalité; les autres latérales ou axillaires en apparence, mais terminales en réalité: en effet, une calathide naît d'abord à l'extrémité d'un rameau; presque immédiatement au-dessous d'elle naît, dans l'aisselle d'une petite feuille, un rameau grêle, pédonculiforme, nu, terminé par une calathide, qui s'élève plus haut que la précédente et s'épanouit plus tard, en sorte que la dernière paroît terminale et l'autre latérale; chaque calathide accompagnée à sa base d'une ou deux petites feuilles bractéiformes, analogues aux squames extérieures du péricline, mais plus grandes; c'est de l'aisselle de l'une de ces feuilles que naît le rameau pédonculiforme; corolles jaunes.

Calathide subhémisphérique, non radiée, mais discoïde: disque multiflore, régulariflore, androgyniflore; couronne plurisériée, multiflore, tubuliflore, féminiflore. Péricline un peu supérieur aux fleurs, irrégulier, formé de squames inégales; les extérieures plus grandes, inégales, plus ou moins supérieures aux fleurs, uni-bisériées, dressées, à peu près appliquées, au moins par le bas, foliacées, ovales-aiguës, bractéiformes et formant une sorte d'involucre; les intérieures à peu près égales entre elles, égales aux fleurs,
41:124 uni-bisériées, appliquées, coriaces, ovales-oblongues. Clinanthe plan, garni de squamelles à peu près égales aux fleurs, oblongues, planes, coriaces, uninervées, un peu étrécies vers la base, à sommet aigu et subfoliacé. Ovaires du disque et de la couronne très-comprimés, obovales-oblongs, glabriuscules, munis d'un bourrelet apicilaire qui simule une aigrette stéphanoïde; aigrette née du bourrelet apicilaire, et composée de squamellules nombreuses, unisériées, contiguës ou distancées (rarement entregreffées plus ou moins à la base), inégales, très-courtes, très-fines, presque semblables à des poils, filiformes-laminées, subulées, membraneuses, molles,

parfaitement nues. Corolles de la couronne à tube long et 41:124
grêle, à limbe divisé jusqu'à sa base en trois ou quatre lanières longues, étroites, linéaires, étalées en tous sens. Corolles du disque à tube court, à limbe obconique, divisé supérieurement en quatre ou cinq lobes ovales, aigus. Anthères privées d'appendices basilaires. Style d'Inulée-Buphthalmée.

Nous avons fait cette description sur un échantillon sec, recueilli dans le Sénégal, et qui nous a été donné par M. Gay. Un autre échantillon de la même plante avoit été autrefois observé par nous dans l'herbier de M. de Jussieu. C'est une espèce très-distincte de la *Ceruana pratensis*, Forsk., mais évidemment congénère, et qui offre une nouvelle preuve que le genre *Ceruana* de Forskal, mal à propos réuni par Vahl au *Buphthalmum*, doit nécessairement être rétabli, comme nous l'avons proposé dans notre article Ceruana (tom. VIII, pag. 12). Les caractères génériques décrits dans cet article avoient été observés par nous sur un assez mauvais échantillon de *Ceruana pratensis* appartenant à l'herbier de M. Desfontaines; et ils pourront être rectifiés en quelques points, après une vérification suffisante. Ainsi, par exemple, les ovaires nous avoient paru être obcomprimés, c'est-à-dire aplatis en avant et en arrière; mais cette observation devient douteuse, depuis que les ovaires de notre *Ceruana rotundifolia*, soigneusement examinés sur l'échantillon de M. Gay et sur celui de M. de Jussieu, nous ont paru être comprimés bilatéralement, c'est-à-dire aplatis sur deux faces latérales. Cependant, comme quelques ovaires des deux espèces
de *Ceruana* nous ont offert trois faces distinguées par trois 41:125
arêtes, et que le vrai sens de l'aplatissement des ovaires peut être équivoque dans des calathides aplaties elles-mêmes par l'opération de la dessication, il faut suspendre encore notre jugement. Quoi qu'il en soit, et dans tous les cas, il résulte bien clairement de nos observations que les *Ceruana* ne sont point congénères des *Buphthalmum*. La confusion de ces deux genres vient de ce que Forskal a mal décrit les caractères génériques de sa plante, de ce que Vahl les a mal observés, et de ce que M. de Jussieu a cru la calathide radiée, à couronne liguliflore. Cependant la description de

41:125 Forskal, quoique inexacte sur quelques points, et obscure sur plusieurs autres, suffisoit pour prévenir les erreurs dans lesquelles M. de Jussieu et Vahl sont tombés. (H. Cass.)

41:164 PITHOSILLE, *Pithosillum*. (*Bot.*) Ce nouveau genre de plantes, que nous proposons, appartient à l'ordre des Synanthérées, et à notre tribu naturelle des Sénécionées, dans laquelle il est immédiatement voisin de l'*Emilia*. Voici ses caractères.

Calathide incouronnée, équaliflore, subduodécimflore, réguliflore, androgyniflore. Péricline inférieur aux fleurs, cylindracé-campanulé, absolument simple; formé de cinq à huit squames unisériées, égales, parfaitement libres jusqu'à la base, contiguës, oblongues-lancéolées, foliacées, membraneuses sur les bords, entièrement renversées sur le pédoncule à l'époque de la dissémination, nullement accompagnées de squamules surnuméraires. Clinanthe plan, par-
41:165 faitement nu. Ovaires ou fruits oblongs, cylindracés, striés, à côtes nombreuses, d'abord papillées, puis glabres, munis d'un petit bourrelet basilaire annulaire; aigrette longue, blanche, molle, composée de squamellules très-nombreuses, caduques, filiformes, très-fines, plus ou moins barbellulées, souvent comme fourchues au sommet. Corolles glabres, à tube long, à limbe plus large et un peu plus long que le tube, subcylindracé, ayant son tiers supérieur divisé, par des incisions à peu près égales, en cinq lanières oblongues-linéaires. Anthères exsertes; l'article anthérifère un peu épaissi en forme de balustre. Stigmatophores de sénécionée, tronqués au sommet.

Nous ne connoissons qu'une seule espèce de ce genre.

Pithosille a feuilles lyrées; *Pithosillum lyratum*, H. Cass. C'est une petite plante herbacée, annuelle, à racines fibreuses : ses feuilles sont radicales, comme sessiles, longues d'environ un pouce, larges d'environ trois lignes, lyrées, ayant leur partie inférieure étrécie, linéaire, entière, la partie moyenne découpée, sur les deux côtés, en lobes arrondis ou anguleux, et la partie supérieure plus large, elliptique, irrégulièrement sinuée sur ses bords; la face supérieure est parsemée de poils rares, courts, épais; l'inférieure est presque glabre et d'un vert pâle : ordinairement la racine

produit successivement deux tiges scapiformes, dressées, 41:165
hautes d'environ trois pouces, grêles, cylindriques, glabres, entièrement privées de feuilles proprement dites; chacune de ces deux tiges est ordinairement divisée en deux rameaux très-longs, ordinairement subdivisés chacun en deux pédoncules filiformes; la base de chaque division offre une petite feuille bractéiforme, linéaire-lancéolée; les calathides, solitaires au sommet des pédoncules, sont composées d'environ treize ou quatorze fleurs, à corolle jaune.

Nous avons fait cette description générique et spécifique sur des échantillons secs, innommés, qui se trouvoient parmi les Chicoracées ou Lactucées de l'herbier de M. Desfontaines, et qui avoient été recueillis par Commerson dans l'Isle-de-France, et par M. Bory dans l'île de Bourbon.

Ce genre, qui a quelques rapports avec l'*Euryops* (tom. XVI, pag. 49), est immédiatement voisin de notre *Emilia*,
décrit dans ce Dictionnaire (tom. XIV, pag. 405). Il lui 41:166
ressemble surtout par son péricline absolument privé de squamules surnuméraires; mais il en diffère suffisamment par la forme de ses ovaires, et par ses stigmatophores tronqués au sommet.

Le nom de *Pithosillum* est dérivé du mot grec *πιθος*, qui signifie *tonneau*, parce que le péricline ressemble à un baril ou petit tonneau, ses squames étant immédiatement rapprochées par les bords comme des douves.

Nous croyons pouvoir proposer ici un autre genre, appartenant à la même tribu, et que nous caractérisons de la manière suivante.

Aspelina, H. Cass. Calathide radiée : disque multiflore, régulariflore, androgyniflore; couronne triflore, liguliflore, féminiflore. Péricline cylindracé, un peu supérieur aux fleurs du disque; formé de squames bi-trisériées, imbriquées : les intérieures unisériées, égales, contiguës, appliquées, linéaires-subulées, foliacées, membraneuses sur les bords; les extérieures un peu plus courtes, inégales, subbisériées, laineuses, analogues aux squames intérieures. Clinanthe plan, alvéolé. Ovaires cylindracés, velus; aigrette composée de squamellules nombreuses, filiformes, capillaires, à peine barbellulées. Étamines et style de sénécionée.

41:166 Nous avons fait cette description générique sur un échan-
tillon sec de l'herbier de M. de Jussieu, où il est étiqueté
Gnaphalium niveum, Linn., *Sp. pl.*, éd. 2. Mais nous présu-
mons que cette étiquette est inexacte; car il seroit difficile
de croire que la plante observée par nous pût être celle
nommée successivement par Linné *Gnaphalium niveum* dans
le *Species*, *Seriphium corymbiferum* dans le *Mantissa*, *Stœbe
gnaphaloides* dans le *Systema*. Quoi qu'il en soit, notre plante
est certainement une sénécionée, voisine des *jacobæa*, dont
elle se distingue génériquement par la structure de son péri-
cline; ajoutons que sa couronne n'est composée que de trois
fleurs, et que les ovaires sont tellement velus, que les poils
du sommet semblent former en apparence une sorte d'ai-
grette extérieure. Les corolles sont jaunes. Nous nommons ce
nouveau genre, ou sous-genre, *Aspelina*, en commémoration
d'Aspelin, auteur d'un Mémoire inséré dans le premier vo-
41:167 lume des *Amœnitates academicæ*, sous le titre de *Flora œco-
nomica*. Ne pourroit-on pas rapporter à l'*Aspelina* quelques-
unes des espèces attribuées par M. Kunth au *Senecio*, telles
que les *pimpinellæfolius*, *nubigenus*, *pedicularifolius*, *laciniatus*,
bellidifolius, *pauciflorus*? Cette conjecture, hasardée par nous
d'après les figures et les descriptions que nous trouvons dans
les *Nova genera et species*, ne pourroit être confirmée que
par l'examen des échantillons décrits et figurés. (H. Cass.)
41:305 PLATYRAPHE, *Platyraphium*. (*Bot.*) Ce genre de plantes,
que nous avons indiqué dans notre article Notobase (tome
XXXV, pag. 173), appartient à l'ordre des Synanthérées et
à notre tribu naturelle des Carduinées. Il est immédiatement
voisin du genre *Lamyra*, dont il diffère par l'appendice des
41:306 squames du péricline, qui est peu distinct de la squame
foliacé, très-large à sa base, laquelle n'offre aucune proto-
bérance sur la face interne; tandis que, chez les vraies *La-
myra*, l'appendice est étroit, plus étroit dès sa base que le
sommet de la squame, épais, non foliacé, subulé, muni
d'une protubérance sur la face interne de sa base. Ajoutons
que les corolles du *Platyraphium* sont très-obringentes, et
non subrégulières comme celles du *Lamyra*.

Le *Platyraphium Jacquini*, que nous avons observé, et que
nous considérons comme le type du genre, a la calathide

très-grande; son péricline est aranéeux; les squames de ce 41:306
péricline ont un appendice étalé, très-long, très-droit, très-roide, uninervé, coriace-foliacé, au moins aussi large à sa base que la squame elle-même, étréci insensiblement de bas en haut, spinescent au sommet, bordé de longs poils aranéeux; cet appendice, très-analogue à celui de l'*Onopordum*, ou du *Carduus nutans*, n'offre aucun vestige de la protubérance qui se trouve à la base interne de l'appendice dans les vraies *Lamyra;* les corolles sont très-obringentes; les étamines ont le filet velu; les fruits et leur aigrette ressemblent à ceux du genre *Lamyra;* le plateau est nul ou presque nul.

Nous distinguons deux espèces de *Platyraphium.*

Platyraphe de Jacquin : *Platyraphium Jacquini*, H. Cass.; *Carduus afer*, Jacq., *Hort. Schœnbr.*, vol. 2, pag. 10, tab. 145. C'est une plante de Barbarie, à racine bisannuelle, produisant une tige dressée, haute de trois pieds, cylindrique, striée, laineuse, blanche, épaisse comme le doigt, un peu ramifiée supérieurement; les feuilles sont éparses, nombreuses, sessiles, linéaires-lancéolées, pinnatifides, tomenteuses et blanches en dessous, glabres et vertes en dessus, avec les nervures blanches; les plus grandes ont un demi-pied de long; les divisions sont distantes, doubles ou géminées, l'une plus grande, l'autre plus petite, presque ovales, squarreuses, terminées par une forte épine blanchâtre; chaque rameau se termine en un pédoncule court, portant une calathide dressée; le péricline est ventru, formé de squames nombreuses, lancéolées à la base, subulées supérieurement, acuminées, roides, terminées par une épine, liées entre elles inférieurement par un coton aranéeux, luisantes du
reste; les inférieures sont plus courtes, vertes et réfléchies; 41:307
les autres sont deux fois plus longues, étalées, et plus ou moins violettes; les corolles et les styles sont purpurins; le clinanthe est convexe, presque conique, très-garni de fimbrilles soyeuses; les fruits sont luisans, bruns, obovés, aigus à la base, pourvus d'une aigrette sessile et plumeuse.

Cette description est calquée sur celle de Jacquin. Nous remarquons, sur la figure donnée par l'auteur, què les feuilles sont sinuées, à lobes saillans, bifides, dont chaque division se termine par une épine; et que les appendices des squames

41:307 du péricline sont très-larges, et munis d'une nervure médiaire. Il est évident pour nous que la plante de Jacquin est celle que nous avons observé au Jardin du Roi, où elle est étiquetée *Cnicus diacantha*, Labill.

Platyraphe de Labillardière : *Platyraphium Billardieri*, H. Cass., Dict., *hìc; Lamyra diacantha*, H. Cass., Dict., tom. XXV, pag. 221 ; *Carduus diacantha*, Labill., *Ic. pl. Syr. rar., dec.* 2, pag. 7, tab. 3. Cette plante, trouvée par M. Labillardière en Syrie, sur le mont Liban, et considérée par Willdenow comme une variété de celle de Jacquin, a été décrite dans ce Dictionnaire sous le nom de *Lamyra diacantha*. La description et la figure données par M. Labillardière, nous persuadent que c'est une seconde espèce de *Platyraphium*, bien distincte de la première, notamment par ses feuilles et par les appendices du péricline. En effet, les feuilles, assez analogues à celles du *Lamyra triacantha*, sont entières ou presque entières, c'est-à-dire à peine sinuées sur les bords, qui sont munis d'épines géminées, sessiles ou presque sessiles et rapprochées par leur base; tandis que, dans la plante de Jacquin, les feuilles sont comme pinnatifides, ou profondément sinuées, de manière à former des lobes saillans, bifides, dont chaque division sert de support distinct à une épine solitaire. Quant aux appendices du péricline, ils ne sont point, à beaucoup près, aussi larges que dans la plante de Jacquin; et cependant il nous paroît, d'après la figure, que l'appendice ne se distingue point de la squame qui le porte, par un étrécissement subit, ni par une protubérance, comme dans les vraies *Lamyra*. Il nous paroît aussi que les calathides sont moins grandes dans la plante de M. Labillardière, qu'il
41:308 dit être annuelle, et non bisannuelle, comme l'autre espèce. La description faite par ce botaniste nous apprend que les corolles sont fendues inégalement, c'est-à-dire obringentes, que les filets des étamines sont garnis de poils, que les anthères sont appendiculées à la base, que les stigmatophores sont entregreffés, et que les fruits sont obovés, très-glabres, bruns, à aigrette plumeuse, grisâtre.

Le nom de *Platyraphium*, composé de deux mots grecs, qui signifient *large alène*, fait allusion à l'appendice des squames du péricline, qui est largement subulé, au lieu d'être étroitement subulé, comme dans les vraies *Lamyra*. 41:308

Le tableau méthodique des genres et sous-genres composant la tribu des Carduinées, n'ayant point été présenté dans notre article sur cette tribu (tom. VII, pag. 94), où il auroit dû se trouver, nous l'insérons ici, comme un supplément aussi nécessaire qu'important, qui ne pourroit pas être placé plus convenablement dans tout autre article ultérieur, et qu'il est urgent d'offrir à nos lecteurs, pour réparer le plus tôt possible une très-grave omission.

IV.e *Tribu*. Les Carduinées (*Carduineæ*).

Cinarocephalarum pars. Vaillant (1718) — Bern. Jussieu (1759. inéd.) — A. L. Jussieu (1789) — *Carduorum pars et Xeranthemorum genera*. Adanson (1763) — *Carduacearum pars*. L. C. Richard (1801) in Marthe Catal. p. 85 — De Candolle (1810) Ann. du mus. v. 16 — H. Cassini (1812) — *Carduineæ*. H. Cassini (1816) — *Carduacearum verarum pars*. Kunth (1820).

(Voyez les caractères de la tribu des Carduinées, tom. XX, page 359.)

Première Section.

Carduinées-Serratulées (*Carduineæ-Serratuleæ*).

(Caractères ordinaires.) Feuilles peu ou point épineuses. Appendices du péricline peu ou point piquans au sommet.

I. Carthamées, *Carthameæ*. (Car. ord.) Appendices du péricline plus larges que le sommet des squames qui les portent. Ovaire tétragone, peu ou point comprimé, ayant l'aréole basilaire large, peu oblique, et le plateau nul; aigrette barbellulée, rarement nulle. Corolle à tube très-long. Étamines 41:309 à filet presque glabre, ou à peine papillé, ou muni d'une seule touffe de poils; appendice apicilaire de l'anthère, arrondi au sommet; appendices basilaires courts. Stigmatophores entregreffés.

1. * Carduncellus. = *Carduncellus*. Lob. (1591) — Moris. (1680) — Adans. (1763) — Alli (1785) — Decand. (1805 et 1810. benè.) — H. Cass. Dict. v. 7. p. 91. v. 24. p. 385. — *Cnici sp*. Tourn. (1694) — *Carthamoides*. Vaill. (1718) — *Carthami sp*. Lin. (1737) — Neck. (1791) — *Onobroma*. Gærtn.

41:309 (1791).

2. * Carthamus. = *Carthamus*. Tourn. (1694) — Adans. (1763) — Gærtn. (1791) — Mœnch (1794) — Decand. (1805 et 1810. benè.) — H. Cass. Dict. v. 7. p. 160. v. 24. p. 385. — *Carthami sp.* Vaill. 1718 — Lin. (1737) — Neck. (1791).

3. * Cestrinus. = *Cinaræ sp.* Tourn. (1703) — Tilli (1723) — *Cynara acaulis*. Lin. — *Serratula acaulis*. Decand. (1810) — *Cestrinus*. H. Cass. Bull. févr. 1817. p. 33. Dict. v. 8. p. 24.

II. Serratulées vraies, *Serratuleæ veræ*. (Car. ord.) Appendices du péricline, tantôt plus larges, tantôt plus étroits, que le sommet des squames. Ovaire ordinairement oblong et comprimé, ayant l'aréole basilaire plus ou moins oblique, et le plateau presque toujours nul ou presque nul; aigrette barbellulée ou quelquefois barbée. Corolle régulière ou subrégulière, rarement obringente. Étamines à filet presque toujours papillé, très-rarement poilu; appendice apicilaire de l'anthère, aigu ou obtus, mais point arrondi au sommet. Stigmatophores quelquefois libres jusques près de leur base.

(A) Rhaponticées, *Rhaponticeæ*.

Appendices du péricline plus larges que le sommet des squames, grands, scarieux, plus ou moins roux ou bruns. Calathide très-grande et ordinairement unique.

4. * Rhaponticum. = *Centaurii majoris sp.* Tourn. — *Rhapontici sp.* Vaill. (1718) — *Centaureæ sp.* Lin. — *Rhacomæ sp.* Adans. (malè, de pappo) — *Serratulæ sp.* Gærtn. — Decand. (1805) — *Hookia*. Neck. (1791. benè.) — *Rhaponticum*. Decand. (1810).

41:310 5. * Leuzea. = *Centaurii majoris sp.* Tourn. — *Rhapontici sp.* Vaill. — *Centaureæ sp.* Lin. — *Rhacomæ q. s.* Adans. (1763. benè.) — *Leuzea*. Decand. (1805 et 1810) — H. Cass. Dict. v. 26. p. 179. Dict. (hìc).

6. * Fornicium. = *Fornicium*. H. Cass. Bull. juin 1819. p. 93. Dict. v. 17. p. 249. v. 26. p. 181.

7. * Stemmacantha. = *Cardui sp.* Lin. (1737) — *Cnicus centauroides*. Lin. (1763) — *Serratulæ sp.* Gærtn. (1791) — Decand. (1805 et 1810) — *An? Hookiæ sp.* Neck. — *Stemmacantha*. H. Cass. Bull. janv. 1817. p. 12.

(B) Serratulées proprement dites. 41:310

Appendices du péricline plus étroits que le sommet des squames.

8.* JURINEA. = *Cirsii sp.* Tourn. — *Rhaponticoidis sp.* Vaill. — *Cardui sp.* Lin. — *Serratulæ sp.* Gærtn. — Poir. — Decand. (1810) — *Jurinea.* H. Cass. (1822) Dict. v. 24. p. 287.

9.* KLASEA. = *Serratulæ sp.* Lin. — Decand. (1810) — *Klasea.* H. Cass. (1825) Dict. v. 35. p. 173. Dict. (hìc).

10.* SERRATULA. = *Serratula.* Math. — Dod. — Bauh. — H. Cass. (1825) Dict. v. 35. p. 173. Dict. (hìc) — *Jaceæ sp.* Tourn. — *Rhaponticoidis sp.* Vaill. — *Serratulæ sp.* Lin. (1737) — Adans. — Juss. — Gærtn. — Decand. (1810) — *Cardui sp.* Scop.

11.* MASTRUCIUM. = *Serratulæ sp.* Bocc. (1697) — Lin. — Adans. — Juss. — Decand. (1810) — *Jaceæ sp.* Tourn. — *Cardui sp.* Gmel. (1749) — Alli — *Mastrucium.* H. Cass. (1825) Dict. v. 35. p. 173. Dict. (hìc).

12.* LAPPA. = *Lappa.* Tourn. (1694) — Vaill. (1718) — Adans. — Juss. — Gærtn. — Mœnch — Decand. — H. Cass. Dict. v. 25. p. 257 — *Arctii sp.* Lin. — *Arctium.* Vill.

Seconde Section.

CARDUINÉES-PROTOTYPES (*Carduineæ-Archetypæ*).

(Caractères ordinaires.) Feuilles plus ou moins épineuses. Appendices du péricline plus ou moins piquans au sommet.

I. Silybées, *Silybeæ.* (Car. ord.) Appendices du péricline plus larges que le sommet des squames, et scarieux ou foliacés. Clinanthe convexe ou planiuscule. Ovaire oblong 41:311 ou obové, comprimé, ayant l'aréole basilaire peu ou point oblique, et portant un plateau très-manifeste; aigrette barbellulée ou barbée. Corolle tantôt subrégulière, tantôt très-obringente. Étamines à filet presque glabre, ou papillé, ou courtement poilu; appendice apicilaire de l'anthère, aigu. Stigmatophores entregreffés.

13.* ALFREDIA. = *Cnici sp.* Lin. (1748) — *Cardui sp.* Gmel. (1749) — *Silybi sp.* Gærtn. (1791) — Mœnch — *An? Hookiæ sp.* Neck. (1791) — *Alfredia.* H. Cass. Bull. oct. 1815. p. 175. Journ. de phys. févr. 1816. p. 145. Dict. v. 1. suppl. (1816)

41:311 p. 115. Bull. févr. 1817. p. 33. Dict. v. 21. p. 422. Dict. (hic).

14. * Echenais. = *Carlinæ sp.* Marsch. (1808) — *Echenais.* H. Cass. Bull. mars 1818. p. 33. Dict. v. 14. p. 170. Bull. janv. 1820. p. 4. Dict. v. 25. p. 226 — *Cirsii sp.* Marsch. (1819).

15. * Silybum. = *Cardui sp.* Tourn. — Lin. — *Silybum.* Vaill. (1718) — Adans. — H. Cass. Dict. (hic) — *Carthami sp.* Lam. (1783) — *Silybi sp.* Gærtn. (1791) — Mœnch.

II. Cinarées, *Cinareæ.* (Car. ord.) Appendices du péricline coriaces, rarement plus larges, souvent plus étroits, que le sommet des squames. Clinanthe large et plan. Fruit obové, tétragone, un peu comprimé, ayant l'aréole basilaire large, un peu oblique, et le péricline épais, dur, corné; aigrette barbée ou barbellulée. Corolle obringente, ayant souvent la base du limbe épaisse et charnue. Étamines à filet papillé, ou rarement presque glabre; appendice apicilaire de l'anthère, obtus ou aigu. Stigmatophores entregreffés presque jusqu'au sommet.

16. * Cinara. = *Cinaræ sp.* Tourn. — Lin. — *Cirsii sp.* Adans. — *Cinara.* Juss. (1789) — Decand. (1810) — H. Cass. Dict. (hic).

17. * Onopordon. = *Cardui sp.* Tourn. — *Onopordon.* Vaill. (1718) — Lin. — Juss. — Gærtn. — Decand. — H. Cass. Dict. (hic) — *Acanos.* Adans. — Scop.

18. * Arction. = *Arction.* Daléch. (1586) — H. Cass. — *Lappæ sp.* C. Bauh. — *Centaurii majoris sp.* Tourn. — *Arctium.* Lam. (1778) — Juss. — Decand. — (*Non Arctium.* Lin. 1737 et seq.) — *Villaria.* Guett. (1779) — *Arctio.* Lam. (1783)
41:312 — *Onopordi sp.* Alli. (1785) — Willd. — *Berardia.* Vill. (17[illegible])
— Pers.

III. Lamyrées, *Lamyreæ.* (Car. ord.) Appendices du péricline très-roides, épais, plus étroits que le sommet des squames. Clinanthe devenant plus ou moins convexe. Fruit court, épais ou large, arrondi, obové-subglobuleux, nullement anguleux, très-lisse, rarement comprimé, privé de bourrelet apicilaire; péricarpe plus ou moins épais, d'abord charnu, puis dur; aréole basilaire ordinairement large, orbiculaire, et point oblique, rarement longue, étroite, et oblique-extérieure; plateau nul ou presque nul; aigrette

blanche, barbée, composée de squamellules peu inégales, 41:312
point épaissies au sommet. Corolle tantôt subrégulière, tantôt très-obringente. Étamines à filet poilu ou papillé; appendice apicilaire de l'anthère, aigu. Stigmatophores entregreffés.

19. * Platyraphium. = *Cardui sp.* Labill. (1791) — Jacq. (1797) — *Cnici sp.* Willd. — *Lamyræ sp.* H. Cass. (1822) Dict. v. 25. p. 221. — *Platyraphium.* H. Cass. (1825) Dict. v. 35. p. 173. Dict. (hic).

20. * Lamyra. = *Cardui sp.* Tourn. — Lin. — Lam. — *Polyacanthæ sp.* Vaill. (1718) — *Cirsii sp.* Adans. — Alli. — Mœnch — Decand. — *Xylanthemæ sp.* Neck. — *Cnici sp.* Willd. — *Lamyra.* H. Cass. Bull. nov. 1818. p. 168. Dict. v. 25. p. 218.

21. * Ptilostemon. = *Chamæpence.* P. Alp. (1629) — *Jaceæ sp.* Tourn. (1703) — *Centaureæ sp.* Lin. (1737) — *Serratulæ sp.* Lin. (1763) — Poir. — *Stæhelinæ sp.* Lin. (1774) — Willd. — Pers. — *Cirsii sp.* Decand. (1805 et 1810) — *Cnici sp.* Desf. (1809) Hist. des arbr. v. 1. p. 280 — *Cnici et Stæhelinæ sp.* Desf. (1815) Tabl. du Jard. du Roi. p. 107 et 108 — *Ptilostemon.* H. Cass. Bull. déc. 1816. p. 200. Dict. v. 25. p. 225. v. 35. p. 173.

22. * Notobasis. = *Cardui sp.* Tourn. — Lin. — *Polyacanthæ sp.* Vaill. (1718) — *Cirsii sp.* Gærtn. — *Cnici sp.* Willd. — *Notobasis.* H. Cass. (1822) Dict. v. 25. p. 225. v. 35. p. 170.

IV. Carduinées-Prototypes vraies, *Carduineæ-Archetypæ veræ.* (Car. ord.) Appendices du péricline plus étroits que le sommet des squames. Clinanthe plus ou moins convexe. Fruit oblong, peu épais, comprimé, non arrondi, muni d'un
bourrelet apicilaire plus ou moins manifeste; péricarpe assez 41:313
mince, coriace, flexible; aréole basilaire souvent assez petite, presque elliptique, et un peu oblique-intérieure; plateau très-manifeste; aigrette tantôt et le plus souvent barbée, tantôt barbellulée, plus ou moins grisâtre, brunâtre ou roussâtre, composée de squamellules inégales, dont les plus longues sont souvent épaissies au sommet. Corolle plus ou moins obringente, rarement subrégulière. Étamines à filet poilu, rarement papillé ou glabriuscule; appendice apicilaire de l'anthère, aigu. Stigmatophores entregreffés.

23. * Picnomon. = *Picnomon.* Daléch. (1586) — Adans.

41:313 (1763) — H. Cass. (1822) Dict. v. 25. p. 225. v. 27. p. 184. v. 40. p. 187. *Chamæleonis sp.* Clus. (1601) — *Acarnæ sp.* C. Bauh. (1623) — *Cnici sp.* Tourn. (1700) — Gouan (1762) — Lin. (1763) — Willd. (1803) — *Acarna.* Vaill. (1718. benè) — (*Non Acarna.* Willd.) — *Cardui sp.* Lin. (1753) — Pers. (1807) — *Carthami sp.* Lam. (1783) — Juss. (1789) — *Cirsii sp.* Decand. (1805).

24. * Lophiolepis. = *Cardui sp.* Murr. (1784) — Pers. — *Cnici sp.* Willd. (1803) — Marsch. (1808) — *Cirsii sp.* Marsch. (1819) — *Lophiolepis.* H. Cass. (1822) Dict. v. 25. p. 225. v. 27. p. 180.

25. * Eriolepis. = *Cardui sp.* Tourn. — Lin. — Pers. — *Eriocephali sp.* Vaill. (1718) — (*Non Eriocephalus.* Lin.) — *Cirsii sp.* Adans. (1763) — Scop. — Mœnch. — Decand. — H. Cass. (1817) Dict. v. 9. p. 270 — *Xylanthemæ sp.* Neck. — *Cnici sp.* Willd. — Hoffm. — *Lophiolepidis species dubiæ.* H. Cass. (1823) Dict. v. 27. p. 183 — *Eriolepis.* H. Cass. (1825) Dict. v. 35. p. 172. v. 36. p. 146. Dict. (hìc).

26. * Onotrophe. = *Cirsii sp.* Tourn. (1694) — Vaill. (1718) — Adans. (1763) — Scop. — Alli. — Mœnch. — Decand. — H. Cass. (1817) Dict. v. 9. p. 270 — *Cardui et Cnici sp.* Lin. — *An ? Cnicus.* Neck. (1791) — (*Non Cnicus.* Vaill.) — *Cnici sp.* Willd. — Hoffm. — *Cardui sp.* Pers. — *Onotrophe.* H. Cass. (1825) Dict. v. 35. p. 172. v. 36. p. 145.

27. * Cirsium. = *Cirsii sp.* Tourn. (1694) — Vaill. — Adans. — Lam. (1778) — Mœnch — Decand. — H. Cass. (1817 et 1823) Dict. v. 9. p, 270. v. 27. p. 185. 190 — *Cardui sp.* Lin. (1737) — Curtis — Lam. (1783) — Juss. — Smith — *Serratulæ*
41:314 *sp.* Lin. (1745) — Willd. — *An ? Serratula.* Neck. — *Cnici sp.* Hoffm. (1804) — *Cardui et Serratulæ ? sp.* Pers. — *Cnici et Serratulæ sp.* Desf. — *Cirsium.* H. Cass. (1825) Dict. v. 35. p. 172. v. 36. p. 146. Dict. (hic).

28. * Orthocentron. = *Cnici sp.* Willd. (1803) — *Cardui sp.* Pers. — *Orthocentron.* H. Cass. (1823) Dict. v. 27. p. 184. v. 35. p. 173. v. 36. p. 480.

29. * Galactites. = *Cardui sp.* Tourn. — *Eriocephali sp.* Vaill. — *Centaureæ sp.* Lin. — *Lupsiæ sp.* Neck. — *Galactites.* Mœnch (1794) — Decand. (1805 et 1810) — Pers. — H. Cass. (1820) Dict. v. 18. p. 34.

30. * TYRIMNUS. = *Cirsii sp.* Tourn. — *Cardui sp.* Lin. — Gærtn. — Decand. — *Tyrimnus.* H. Cass. Bull. nov. 1818. p. 168. Dict. (hìc). 41:314

31. * CARDUUS. = *Cardui sp.* Tourn. — Lin. — Gærtn. — Decand. — *Carduus et Clomium.* Adans. — *Carduus.* H. Cass. Dict. (hìc).

CARDUINÉES DOUTEUSES,

non classées, point suffisamment connues.

32. † ? HOHENWARTHA. = *Hohenwartha.* Vest. (1820) — H. Cass. Dict. v. 21. p. 273.

33. † ? ONOPIX. = *Atractylidis sp.* Rob. — *Onopix.* Rafin. (1817).

34. † ? PTERNIX. = *Pternix.* Rafin.

Ve *Tribu.* Les ÉCHINOPODÉES (*Echinopodeæ*).

Cinarocephalarum genus. Vaillant (1718) — Bern. Jussieu (1759 ined.) — A. L. Jussieu (1789) — *Echinoporum genus.* Adanson (1763) — *Echinopsidearum genus.* L. C. Richard (1801) in Marthe Catal. p. 85. — Kunth (1820) — *Echinopearum genus.* De Candolle (1810) Ann. du Mus. v. 16. — *Carduacearum genus.* H. Cassini (1812) — *Echinopsideæ.* H. Cassini (1814) — *Echinopseæ.* H. Cass. (1816) — *Echinopodeæ.* H. Cass. Dict. (hìc).

(Voyez les caractères de la tribu des Échinopodées, tome XX, page 362.)

1. * ECHINOPUS. = *Echinopus.* Plin. — Gesn. — J. Bauh. — Scop. — Alli. — Mœnch — H. Cass. Dict. (hìc) — *Echinopus, excl. sp. amer. frut.* Tourn. (1700) — Vaill. — Adans. — *Echinops, excl. E. frutic.* Lin. (1753) — Lam. — *Echinops.* Lin. (1763) — Gærtn. — Decand. — H. Cass. (1819) Dict. v. 14. p. 199 — *Echinanthus.* Neck. (1791). 41:315

Notre tribu naturelle des Carduinées fait partie des Cinarocéphales de Vaillant, qui formoient aussi un groupe naturel, adopté par les Jussieu. Adanson, qui n'admet point ce groupe, le distribue en trois sections, intitulées Échinopes, Chardons, Immortelles. Nous parlerons de la première à la fin de cet article. Les deux autres, distinguées par le péricline, épineux dans les Chardons, non épineux dans les Im-

41:315 mortelles, sont évidemment fort mal conçues, en ce qu'elles séparent les Centauriées épineuses des Centauriées non épineuses, et surtout en ce que la section des Immortelles se trouve composée de sept genres appartenant aux Cinarocéphales, et de huit genres qui leur sont absolument étrangers. Cette dernière faute étoit trop grossière pour être commise par M. de Jussieu[1], qui, du reste, semble avoir reproduit les trois sections d'Adanson, en divisant les Cinarocéphales en trois groupes secondaires, caractérisés par le péricline épineux, par le péricline inerme, et par les calathides uniflores ou pauciflores, assemblées en capitule. M. Richard a donné le nom de Carduacées aux Cinarocéphales de Vaillant, après en avoir retiré l'*Echinopus*, qui est le type de ses Échinopsidées. M. De Candolle considère les Cinarocéphales comme une section de sa tribu des Tubuleuses, et il partage cette section en quatre divisions, intitulées Échinopées, Gundéliacées, Carduacées, Centaurées. Nous ne répéterons pas ici ce que nous avons dit ailleurs (tom. IX, pag. 226; tom. XX, pag. 389) sur cette méthode de classification, qui mérite des éloges, en ce qu'elle établit pour la première fois, d'une manière distincte, le groupe naturel des Centauriées, mais

1 Il est pourtant vrai que M. de Jussieu a rangé dans les Cinarocéphales sept genres qui ne leur appartiennent point; mais il est juste de remarquer que ces genres étoient peu connus ou difficiles à classer. Proclamons, en l'honneur de Vaillant, que cet habile botaniste n'a mal associé aux Cinarocéphales qu'un seul genre, et que ce genre est le *Gundelia!* Ajoutons qu'il n'a pas hésité à comprendre le vrai *Xeranthemum* dans les Cinarocéphales.

qui, sous tous les autres rapports, nous semble inadmissible.

Dans notre premier Mémoire sur les Synanthérées, lu à l'Institut, le 6 Avril 1812, nous avions adopté purement et simplement les Cinarocéphales de Vaillant et des Jussieu, en les nommant Carduacées : mais, dans le troisième Mémoire, lu en Décembre 1814, nous avons distribué les Cinarocéphales en quatre tribus, nommées Carduacées, Carlinées, Xéranthémées, Échinopsidées; et dans le quatrième Mémoire, lu en Novembre 1816, nous avons séparé les Centauriées des Carduacées, et nous avons réuni les Xéranthémées aux Carlinées. Tel est le dernier état de notre classification des plantes composant autrefois la famille des Cinarocéphales. Nous n'avons point conservé cette famille, parce que, indépendamment des motifs exposés dans notre article Cinarocéphales (tom. IX, pag. 226), la série générale des vingt tribus, formant l'ordre des synantherées, ne peut pas être convenablement partagée en quelques grandes divisions d'un degré supérieur à ces tribus, et suffisamment distinguées ou caractérisées. Notre groupe des Carduacées se trouvant ainsi fort différent de celui de M. Richard, qui comprend toutes les Cinarocéphales, excepté l'*Echinopus*, et de celui de M. De Candolle, qui mêle nos Carlinées avec les vraies Carduacées, nous avons jugé convenable, dans notre cinquième Mémoire, de substituer le nom de Carduinées à celui de Carduacées, afin de prévenir toute confusion. En définitive, la famille des Cinarocéphales de Vaillant se trouve aujourd'hui représentée par nos quatre tribus naturelles nommées Carlinées, Centauriées, Carduinées, Échinopodées.

La classification de M. Kunth, publiée en 1820, présente une section des Carduacées, qui est bien loin de correspondre exactement, soit aux Carduacées de M. Richard, soit à celles de M. De Candolle, soit à nos Carduinées; car M. Kunth admet parmi ses Carduacées, non-seulement toutes les Cinarocéphales, mais encore un grand nombre de Corymbifères. Il est vrai que ce botaniste subdivise sa section des Carduacées en six groupes, nommés Onosérides, Barnadésies, Carduacées vraies, Echinopsidées, Vernoniacées, Astérées : mais ses Carduacées vraies comprennent des Carduinées et des Centauriées; et il est bien probable qu'elles admettroient aussi

41:317 une grande partie de nos Carlinées, si l'auteur eût donné la liste complète des genres, ou s'il eût caractérisé ses groupes.

Il résulte de cette analyse historique que notre tribu naturelle des Carduinées diffère beaucoup de tous les groupes analogues formés jusqu'à présent par les autres botanistes.

Après avoir caractérisé et composé cette tribu (tom. XX, pag. 359; tom. XXXV, pag. 171), il falloit la diviser et subdiviser en sections et sous-sections, de manière à former une série aussi naturelle que possible. Une longue expérience nous a démontré que la multiplication des genres favorise beaucoup ce travail, parce qu'elle met en évidence une foule de ressemblances et de différences, négligées par les botanistes qui accumulent dans les mêmes genres des espèces plus ou moins disparates. C'est ce qui nous a décidé à créer beaucoup de genres, qu'on admettra tout au plus comme des sous-genres, parce qu'ils sont distingués seulement par des caractères qu'on trouvera sans doute insuffisans et trop minutieux. Mais nous ne cessons pas de répéter que la découverte des affinités résulte presque toujours des observations les plus minutieuses.

Vaillant, Adanson et M. de Jussieu ont fondé principalement leur système général de distribution sur la structure du péricline. M. De Candolle a fondé le sien sur la structure de l'aigrette. Nous avons facilement reconnu que ce dernier système, quoique plus solide en apparence, contrarioit perpétuellement les affinités naturelles. Le premier système les contrarioit également, lorsque les Centauriées et les Carlinées se trouvoient mélangées avec les vraies Carduinées. Mais ce dernier groupe étant isolé, il nous a paru qu'il pouvoit se diviser assez naturellement en deux sections, caractérisées, sauf quelques exceptions, par le péricline inerme chez les Serratulées, piquant chez les Prototypes. Les sous-divisions par nous formées dans ces deux sections, constituent des petits groupes fort naturels, dont les caractères, très-complexes et sujets pour la plupart à quelques exceptions, sont empruntés à presque tous les organes. On peut remarquer que la structure de l'aigrette varie dans la plupart de ces petits groupes; ce qui prouve bien qu'elle ne peut fournir, dans cette tribu, que des caractères génériques.

La tribu des Carduinées étant intermédiaire entre celle des Centauriées, qui la précède, et celle des Échinopodées, qui la suit, il a fallu placer en premier ordre la section des Serratulées et le groupe des Carthamées, à cause de leurs rapports avec les Centauriées. 41:318

1. Le genre *Carduncellus* d'Adanson, précédemment fondé par Vaillant, sous le nom de *Carthamoïdes*, et dont M. De Candolle a très-bien fixé le caractère et la composition, est convenablement rangé à la tête de notre série, parce qu'il a beaucoup d'affinités avec le genre *Kentrophyllum*, qui doit terminer la série des Centauriées. L'analogie très-intime de ces deux genres se manifeste surtout par la ressemblance de leurs étamines, dont la structure est remarquable. (voyez tom. XXIV, pag. 384).

2. Le genre *Carthamus* de Tournefort, bien caractérisé par M. De Candolle, se distingue du *Carduncellus* par les filets des étamines glabres, ou presque glabres, offrant parfois quelques petites papilles éparses, qui sont des rudimens de poils avortés; tandis que ceux du *Carduncellus* portent, au milieu de leur longueur, une manchette de longs poils. La seule espèce observée par nous (*Carthamus tinctorius*) est privée d'aigrettes, et ce caractère est celui qui étoit assigné au genre avant M. De Candolle; mais s'il existe, comme il le paroît, quelque autre espèce pourvue d'aigrettes, et offrant du reste les mêmes caractères génériques, cette seule différence est probablement insuffisante pour constituer deux genres distincts; car dans le *Kentrophyllum*, qui a tant d'affinité avec les Carthames, l'aigrette est nulle ou presque nulle sur les ovaires des deux rangs extérieurs, et très-manifeste sur les autres.

3. Notre genre *Cestrinus*, bizarrement confondu autrefois avec les *Cinara*, et mal associé, depuis, par M. De Candolle aux *Serratula*, a, comme le *Carthamus*, les filets des étamines munis de simples papilles éparses. Très-analogue aux deux genres précédens, il s'en distingue par les appendices du péricline, qui sont ovales, scarieux, laciniés. M. de Jussieu (*Gen. pl.*, pag. 173) avoit bien senti que le *Cinara acaulis*, qu'il nomme par erreur *C. humilis*, n'étoit point du tout congénère des vrais *Cinara*, et il avoit comparé son péricline à celui de la Jacée; mais il n'avoit pas remarqué que son aigrette

41:319 étoit simple, au lieu d'être plumeuse comme celle des *Cinara*.

Les Serratulées vraies confinent exactement aux Carthamées, surtout par les rapports qui existent entre le *Cestrinus* et le *Leuzea*. Elles se distribuent très-naturellement en deux groupes bien distincts, que nous intitulons Rhaponticées et Serratulées proprement dites.

4. Le genre *Rhaponticum*, mal composé par Vaillant, mais réduit dans de justes limites par M. De Candolle, est intermédiaire entre le *Cestrinus*, auquel il ressemble par l'aigrette, mais dont il diffère par le péricline, et le *Leuzea*, auquel il ressemble par le péricline, mais dont dont il diffère par l'aigrette. Les caractères assignés par Necker à son genre *Hookia* sont exactement applicables au *Rhaponticum*, et non au *Leuzea*, comme M. De Candolle le suppose, puisque Necker lui attribue l'aigrette simple (*pappus pilosus*). Remarquez en outre que l'*Hookia* correspond, suivant l'auteur, à quelque espèce du genre *Cnicus* de Linné, et que M. De Candolle rapporte au *Rhaponticum* le *Cnicus uniflorus*, Linn. Tout cela nous persuade que le genre *Hookia* de Necker correspond, si non uniquement, au moins principalement, au vrai genre *Rhaponticum*.

5. Le genre *Leuzea* de M. De Candolle avoit été anciennement proposé, sous le nom de *Rhacoma*, par Adanson, qui a fort bien caractérisé ce genre, mais qui a mal à propos admis, comme congénères du vrai *Rhacoma*, le *Rhaponticum* et la *Centaurea glastifolia*, Linn. Est-ce un motif suffisant pour préférer le nom de *Leuzea* à celui de *Rhacoma*? Les caractères génériques du *Leuzea* n'ayant été observés par nous que depuis la publication de notre article sur ce genre (tom. XXVI, pag. 179), nous croyons devoir les exposer ici, d'après nos propres observations.

Leuzea. Calathide incouronnée, équaliflore, multiflore, subrégulariflore, androgyniflore. Péricline ovoïde, inférieur aux fleurs; formé de squames régulièrement imbriquées, appliquées, coriaces : les extérieures presque nulles, surmontées d'un appendice elliptique, scarieux ; les intermédiaires ovales-oblongues, surmontées d'un grand appendice inappliqué, orbiculaire, concave, scarieux, d'abord très-entier, puis se déchirant irrégulièrement ; les intérieures longues, étroites, surmontées d'un petit appendice lancéolé, scarieux. Clinanthe planiuscule, épais, charnu, hérissé de fimbrilles nombreuses, très-longues, inégales, libres, subulées, laminées, membraneuses. Ovaires comprimés bilatéralement, obovoïdes-oblongs, glabres, tout couverts d'une multitude de petites excroissances verruqueuses, très-rapprochées; aréole basilaire oblique-intérieure; plateau nul; aigrette longue, blanche, composée de squammellules très-nombreuses, très-inégales, plurisériées, filiformes (les intérieures filiformes-laminées), garnies de longues barbes capillaires. Corolles à tube grêle, très-long; à limbe subrégulier, ayant les cinq incisions presque également profondes. Étamines à filet garni de très-petites papilles.

Ce genre diffère du *Rhaponticum* par l'aigrette, et du *Fornicium* par le péricline.

6. Notre genre *Fornicium* se distingue du *Leuzea* par les appendices du péricline, qui sont inappliqués, scarieux, roux, uninervés, très-entiers, ciliés, à partie inférieure ovale-lancéolée, concave et infléchie, à partie supérieure subulée, plane et réfléchie.[1]

7. Notre genre *Stemmacantha* a pour type le *Cnicus centauroides*, Linn., qui nous a offert les caractères génériques suivans:

Calathide incouronnée, équaliflore, multiflore, réguliflore, androgyniflore. Péricline ovoïde, inférieur aux fleurs; formé de squames régulièrement imbriquées, appliquées, ovales, coriaces, surmontées d'un grand appendice inappliqué, lancéolé-aigu, coriace-scarieux, noirâtre, à bords blanchâtres, frangés. Ovaires oblongs, comprimés bilatéralement, glabres, lisses, portant un plateau, et munis d'un bourrelet apicilaire saillant, coroniforme, irrégulièrement denticulé, à dents inégales, aiguës, spinescentes; aréole basilaire large, très-oblique-intérieure; aigrette longue, roussâtre, irrégulière, adhérente à un anneau qui se désarticule, composée de squamellules multisériées, très-inégales, barbellulées, les extérieures plus petites et filiformes; les intérieures longues,

---

1 Nous avons indiqué, à la fin de notre article Leuzée (tom. XXVI, pag. 181), deux fautes d'impression, qui se trouvent dans notre article Fornicion, et qu'il importe de corriger.

41:321 larges, laminées et linéaires inférieurement, triquètres supérieurement, aiguës au sommet. Étamines à filet hérissé de poils courts, à anthère pourvue d'un appendice apicilaire obtus.

Ce genre, bien distinct de tout autre, confine, d'une part au *Fornicium*, de l'autre aux Serratulées proprement dites, par la structure des appendices de son péricline.

8. Notre genre *Jurinea*, auquel se rapporte la *Serratula cyanoides*, Gærtn., est remarquable en ce que l'ovaire porte une cupule interposée entre l'aigrette et la corolle, qui s'accroit beaucoup après la floraison, et se détache enfin du fruit avec l'aigrette qui lui est adhérente. Cette cupule pappifère constitue le caractère essentiel de ce genre, qui se distingueroit d'ailleurs suffisamment des autres Serratulées proprement dites, par l'appendice foliacé des squames du péricline, et par la corolle obringente.

9. Notre genre *Klasea* est dédié à la mémoire de Klase, auteur d'une dissertation insérée dans le premier volume des *Amœnitates academicæ*, sous le titre de *Betula nana*. Il se distingue des deux genres suivans, principalement par les calathides androgyniflores et incouronnées, et par les squames du péricline pourvues d'un petit appendice étalé, subulé, scarieux, roide, subspinescent. Les plantes cultivées au Jardin du Roi, sous les noms de *Serratula centauroides*, *quinquefolia*, *heterophylla*, *pinnatifida*, sont des espèces de ce genre, que nous caractérisons ainsi:

Klasea, H. Cass. Calathide incouronnée, équaliflore, multiflore, réguliflore, androgyniflore. Péricline ovoïde, inférieur aux fleurs; formé de squames régulièrement imbriquées, appliquées, interdilatées, ovales, coriaces, membraneuses ou scarieuses sur les bords, et munies au sommet d'un très-petit appendice inappliqué, subulé, scarieux-spinescent, les intérieures linéaires-oblongues, pourvues d'un grand appendice subradiant, linéaire-oblong, scarieux. Clinanthe planiusculé, épais, charnu, garni de fimbrilles nombreuses, longues, inégales, libres, filiformes-laminées. Ovaires oblongs, comprimés, glabres, lisses, ayant un petit bourrelet apicilaire subcrénelé, à peine manifeste; aréole basilaire très-oblique-intérieure; plateau nul; aigrette roussâtre, composée de squamellules nombreuses, très-inégales, plurisériées, irrégulièrement imbriquées, fortes, roides, filiformes-laminées, subtriquètres, pointues, barbellulées. Corolles régulières, ou subrégulières, ou à peine obringentes, à limbe urcéolé, très-enflé à sa base, qui n'est point gibbeuse. Étamines à filet ordinairement papillé; appendice apicilaire de l'anthère très-obtus. Stigmatophores entregreffés.

Il faut probablement rapporter au genre *Klasea* une plante que nous avons observée dans l'herbier de M. de Jussieu, où elle étoit étiquetée *Saussurea multiflora*, Dec., et qui ne peut, sous aucun rapport, appartenir au genre *Saussurea*.

10. Le genre *Serratula*, réduit par nous à la seule espèce primitive (*S. tinctoria*, Linn.), se distingue du précédent et du suivant, principalement par les calathides unisexuelles et dioïques, et par les squames du péricline pourvues d'un petit appendice inappliqué, subulé, coloré, formant une épine molle.

Dioïque. *Calathide femelle* oblongue, pluri-multiflore, régulariflore. Péricline ovoïde-campanulé, un peu inférieur aux fleurs; formé de squames régulièrement imbriquées, appliquées, coriaces: les extérieures et les intermédiaires ovales, surmontées d'un petit appendice inappliqué, subulé, mou, coloré, à peine scarieux; les intérieures oblongues-lancéolées, à partie supérieure scarieuse, colorée. Clinanthe planiuscule, épais, charnu, garni de fimbrilles nombreuses, très-inégales, libres, laminées. Ovaires oblongs, comprimés, glabres, ayant un petit bourrelet apicilaire crénelé; aréole basilaire point oblique; plateau nul; aigrette roussâtre, composée de squamellules nombreuses, très-inégales, plurisériées, irrégulièrement imbriquées, filiformes-laminées, barbellulées. Corolles régulières, point obringentes, à limbe urcéolé, très-enflé à sa base, qui n'est point gibbeuse; incisions égales. Fausses étamines réduites à des rudimens avortés. Styles à deux stigmatophores libres presque jusqu'à la base, très-divergens, très-arqués en dehors, ayant la face intérieure canaliculée et les bords très-ondulés. *Calathide mâle :* Étamines à filet hérissé de papilles cylindriques; appendices apicilaires des anthères courts, entregreffés et linéaires inférieurement, libres et demi-lancéolés supérieurement, formant par leur réunion un tube

41:323 courbe (comme dans les Centauriées); appendices basilaires longs.

11. Notre genre *Mastrucium* se distingue des deux précédens, principalement par les calathides couronnées, radiées, à disque androgyniflore et à couronne féminiflore, et par les squames du péricline entièrement appliquées, absolument privées d'appendice. Il a pour type la *Serratula coronata*, Linn., qui nous a présenté les caractères génériques suivans:

Mastrucium, H. Cass. Calathide radiée ou discoïde : disque multiflore, régulariflore, androgyniflore; couronne unisériée, ambiguïflore, féminiflore. Péricline ovoïde-oblong, inférieur aux fleurs du disque; formé de squames régulièrement imbriquées, entièrement appliquées, absolument inappendiculées, lancéolées, coriaces, subspinescentes au sommet; les intérieures linéaires-oblongues, à sommet subulé et scarieux. Clinanthe plan, épais, charnu, garni de fimbrilles inégales, libres, filiformes-laminées. *Fleurs du disque :* Ovaire oblong, comprimé, glabre; aréole basilaire très-oblique-intérieure; plateau nul; aigrette longue, roussâtre, composée de squamellules très-nombreuses, très-inégales, plurisériées, filiformes, barbellulées. Corolle régulière, point obringente, à limbe urcéolé, très-enflé à sa base, qui est un peu gibbeuse; incisions égales. Étamines à filet papillé; appendice apicilaire de l'anthère ayant le sommet subulé et courbé en dedans comme un crochet; appendices basilaires courts. Style à deux stigmatophores longs, à peine entregreffés à la base, libres du reste, très-divergens, très-arqués en dehors, ayant la face intérieure canaliculée et les bords un peu ondulés. *Fleurs de la couronne :* Ovaire, aigrette, style et stigmatophores, comme dans les fleurs du disque. Étamines réduites à quelques rudimens avortés, filiformes. Corolle peu différente de celles du disque, mais ordinairement plus longue, ayant le tube plus long, plus grêle, bien plus arqué, et le limbe à partie indivise plus longue et beaucoup plus étroite, à quatre ou cinq divisions plus étroites et un peu plus longues.

M. De Candolle (Fl. fr., tom. 4, pag. 86) prétend que les fleurs de la couronne sont hermaphrodites, et que leur style est indivis, au lieu d'être bifurqué, comme dans le disque: nous pouvons affirmer, au contraire, qu'elles sont femelles, n'ayant que quelques rudimens filiformes d'étamines avortées, et que leurs stigmatophores sont libres, comme ceux des fleurs du disque. Le nom de *Mastrucium*, dérivé de *Mastruca* (vêtemens de peaux velues), fait allusion au péricline, qui est tomenteux. Ce genre nous paroît se rapprocher, plus que les autres, du *Lappa;* car la petite pointe spinescente, qui termine les squames de son péricline, tend à se courber en dedans, et l'appendice apicilaire de l'anthère est crochu au sommet. 41:324

12. Le genre *Lappa*, bien distinct de toutes les autres Serratulées par les appendices du péricline terminés en épine crochue, offre des rapports incontestables avec les *Mastrucium*, *Serratula*, *Klasea*, notamment par sa corolle parfaitement régulière, et plus particulièrement avec les *Mastrucium* et *Serratula*, par ses stigmatophores libres, divergens et arqués. L'appendice apicilaire de ses anthères, prolongé au sommet en une languette presque filiforme, nous semble avoir quelque rapport avec celui du *Mastrucium*. D'un autre côté, le genre *Lappa* se rapproche de la section des Carduinées-Prototypes, par la nature des appendices de son péricline.

Avant de passer à cette seconde section, remarquons que les *Mastrucium*, *Klasea*, *Jurinea*, *Stemmacantha* ont, comme les Centauriées, l'aréole basilaire de l'ovaire très-oblique; ce qui prouve, 1.° que ce caractère n'appartient point exclusivement aux Centauriées, comme le pensoit M. De Candolle, 2.° qu'il existe une affinité notable entre les Serratulées vraies et les Centauriées. Cette affinité se manifeste encore, dans plusieurs Serratulées et Centauriées, par l'analogie de l'aigrette, et par les stigmatophores des *Serratula*, *Mastrucium*, *Lappa*, presque entièrement libres comme ceux des *Cyanus*, *Cyanopsis*, *Cnicus*, enfin chez le vrai *Serratula*, par la courbure du sommet du tube anthéral.

13. Notre genre *Alfredia*, fondé sur le *Cnicus cernuus*, Linn., est bien placé au commencement du petit groupe des Silybées, parce qu'il se trouve ainsi voisin du *Lappa*, auquel il ressemble par son port.

Alfredia. Péricline formé de squames imbriquées, appliquées, oblongues, coriaces, surmontées chacune par un appendice inappliqué : les appendices extérieurs lancéolés, coriaces,

41:325 spinescens au sommet, scarieux et comme lacérés sur les bords; les appendices intermédiaires orbiculaires, scarieux, comme lacérés sur les bords, coriaces dans le milieu, se terminant en une épine triquètre; les appendices intérieurs orbiculaires, concaves ou cochléariformes, scarieux, comme lacérés sur les bords. Clinanthe garni de fimbrilles libres. Ovaires comprimés, un peu obovés, glabres, multistriés, portant un plateau; aigrette longue, articulée sur l'ovaire, composée de squamellules nombreuses, bisériées, très-inégales, barbellulées, les extérieures plus petites et filiformes, les intérieures plus grandes et filiformes-laminées. Corolles subrégulières, très-glabres, à limbe bien distinct, plus large et deux fois aussi long que le tube, cylindracé, découpé supérieurement, par des incisions à peu près égales, en cinq divisions demi-lancéolées. Étamines à filet glabre, mais un peu âpre; appendice apicilaire de l'anthère long, aigu; appendices basilaires très-longs, subplumeux. Stigmatophores entregreffés presque jusqu'au sommet.

Quoique le filet de l'étamine puisse être considéré comme glabre, il offre quelques petites aspérités, qui sont des vestiges de papilles ou de poils avortés, et qui suffisent, indépendamment de beaucoup d'autres considérations, pour établir que l'*Alfredia* n'est point une Carlinée, comme nous l'avions cru d'abord.

14. Notre genre *Echenais*, auquel se rapporte la *Carlina echinus* de Marschall, est, sans aucun doute, immédiatement voisin de l'*Alfredia*, quoiqu'il en diffère par son aigrette barbée, c'est-à-dire plumeuse. Remarquez que, dans ces deux genres, les appendices du péricline sont scarieux, les corolles jaunâtres, et que l'*Echenais nutans* a les calathides inclinées vers la terre, comme l'*Alfredia cernua*. Si l'on jugeoit que le nom d'*Echenais* ressemble trop à celui d'*Echeneis*, genre de poissons, on pourroit le nommer *Echinabis* ou *Echinago*; mais comme la difficulté de fabriquer des noms génériques bien

---

1 Ce nom, composé de deux mots grecs, qui signifient *retenir un vaisseau*, peut faire allusion à l'*Echenais nutans*, dont les rameaux florifères sont arqués avec rigidité en demi-cercle, comme les branches d'une ancre de vaisseau.

distincts s'accroît tous les jours de plus en plus, en raison de la multiplication des genres, nous pensons qu'on doit tolérer, sinon l'identité parfaite, au moins la ressemblance des noms, surtout quand ils s'appliquent à des genres qui n'appartiennent pas au même règne de la nature, parce que, dans ce cas, elle ne peut produire aucune confusion sérieuse, et n'offre pas d'inconvénient réel. D'ailleurs, puisqu'on admet le nom d'*Actinea* pour désigner un genre d'Hélianthées, quoique celui d'*Actinia* soit consacré à un genre de zoophytes, on peut bien admettre le nom d'*Echenais* pour désigner un genre de carduinées, quoique celui d'*Echeneis* soit consacré à un genre de poissons. Nous pourrions citer encore d'autres exemples, tels que les noms de *Delphinus* et *Delphinium*, appliqués à un genre de cétacés et à un genre de renonculacées; ceux de *Crocodilus* et de *Crocodilium*, donnés à un genre de reptiles et à un genre de centauriées; le nom de *Coris*, appliqué, sans aucun changement, à un genre de primulacées et à un genre de poissons, celui de *Ricinus* appliqué de même à un genre d'euphorbiacées et à un genre d'insectes, etc. En général, il est temps de modifier raisonnablement les règles trop rigoureuses et vraiment pédantesques imposées aux noms génériques par Linné, qui pourtant ne s'est pas fait scrupule de les violer lui-même fort souvent. Employons tous nos soins à bien observer, à bien décrire, à caractériser exactement les genres et les espèces, à découvrir leurs vraies affinités, à les grouper convenablement, et ne perdons pas notre temps et notre peine à combiner savamment des syllabes, à l'exemple de ceux qui n'ont trouvé rien de mieux à faire que de s'amuser à reconstruire à leur mode tous les noms génériques d'Aublet; travail puéril, rien moins qu'honorable pour ses auteurs, nuisible plutôt que profitable à la science, et dont le seul but, déguisé sous de vains prétextes, est de ravir aux vrais fondateurs des genres les droits qu'ils avoient légitimement acquis.

15. Le genre *Silybum* de Vaillant se distingue facilement des deux précédens par les appendices de son péricline, qui ne sont point du tout scarieux. Quoique son aigrette soit simple, comme celle de l'*Alfredia*, et non plumeuse, comme celle de l'*Echenais*, il nous semble avoir plus d'affinité naturelle avec ce dernier. Gærtner ayant réuni génériquement l'*Alfre-*

41:327 *dia* au *Silybum*, exposons les caractères de celui-ci, pour démontrer leurs différences.

Calathide incouronnée, équaliflore, multiflore, obringentiflore, androgyniflore. Péricline ovoïde, inférieur aux fleurs; formé de squames imbriquées, interdilatées, appliquées; les intermédiaires ovales-oblongues, coriaces, surmontées d'un appendice étalé, subcordiforme, coriace-foliacé, épineux au sommet et sur les bords. Clinanthe plan, épais, charnu, garni de fimbrilles longues, inégales, libres, filiformes-laminées, membraneuses. Ovaires oblongs, comprimés, glabres; aréole basilaire large, nullement oblique; plateau très-grand, subhémisphérique, ayant une écorce cornée, qui porte l'aigrette et se détache avec elle; aigrette longue, roussâtre, composée de squamellules très-nombreuses, inégales, multisériées, filiformes-laminées, subtriquètres, barbellulées. Corolles très-obringentes, à limbe long comme la moitié du tube, urcéolé, très-enflé à sa base, qui n'est point gibbeuse; incisions très-inégales, formant des divisions linéaires. Étamines monadelphes, à filets laminés, très-papillés, entregreffés par les bords; appendices apicilaires des anthères très-courts, demi-lancéolés, libres; appendices basilaires très-courts.

Ainsi le vrai *Silybum* (*Carduus marianus*, Linn.) diffère génériquement de notre *Alfredia*, non-seulement par les appendices de son péricline, qui ne sont point scarieux, ni lacérés sur les bords, mais encore par l'aigrette multisériée, par la corolle très-obringente, c'est-à-dire offrant des incisions très-inégales, à limbe beaucoup plus court que le tube, urcéolé, très-enflé à sa base, à divisions linéaires, enfin par les étamines monadelphes, ayant les filets très-papillés, et les appendices apicilaires et basilaires très-courts.

Remarquons que, dans le *Silybum*, comme dans le *Galactites* et le *Tyrimnus*, les articles anthérifères sont libres, quoique les filets et les anthères soient entregreffés, ce qui peut confirmer notre opinion que l'article anthérifère est un organe distinct du filet et de l'anthère. Sa distinction d'avec le filet est encore justifiée par une autre observation : c'est qu'il n'offre jamais le moindre vestige des poils ou des papilles qui garnissent le filet des Carduinées. Il est sans doute moins important de remarquer que les trois Carduinées à étamines monadelphes ont les feuilles tachées de blanc, quoiqu'elles ne soient point congénères. 41:328

Les appendices du péricline étant très-larges dans l'Artichaut, qui a d'ailleurs beaucoup d'affinité avec le *Silybum*, il est nécessaire que le petit groupe des Cinarées suive immédiatement celui des Silybées.

16. Le genre *Cinara* doit avoir pour type le *C. carduncului*, sur lequel nous avons observé les caractères génériques suivans :

Calathide incouronnée, équaliflore, multiflore, obringentiflore, androgyniflore. Péricline ovoïde, inférieur aux fleurs; formé de squames régulièrement imbriquées, appliquées, coriaces-charnues, surmontées d'un grand appendice étalé, large, demi-lancéolé, coriace-foliacé, spinescent au sommet, contenant des nervures réticulées. Clinanthe épais, charnu, garni de fimbrilles. Fruits obovés, comprimés, tétragones, glabres; aréole basilaire large, oblique; péricarpe épais, dur, corné; aigrette composée de squamellules nombreuses, inégales, plurisériées, filiformes, barbées, parfaitement libres entre elles, mais toutes adhérentes à un support commun annulaire, qui se détache du fruit. Corolles très-obringentes, à limbe long comme la moitié du tube, urcéolé, ayant la base épaisse et charnue, les incisions très-inégales et les divisions linéaires. Étamines à filet laminé, papillé; appendice apicilaire de l'anthère très-obtus, presque arrondi au sommet.

Dans le *Cin. scolymus*, qui n'est probablement qu'une variété produite par la culture du *C. carduncului*, les appendices du péricline sont beaucoup plus distincts des squames qui les portent, très-grands, ovales, subcordiformes, concaves, à base plus large que le sommet de la squame, à sommet arrondi, comme tronqué, un peu échancré, courtement mucroné, non piquant : mais ces caractères ne sont point constans, car on rencontre quelquefois des péricliues d'artichaut dont les appendices ne sont pas sensiblement plus larges à la base que le sommet des squames, et ont le sommet aigu terminé par une épine; ce qui est, à nos yeux, un retour accidentel au type primitif, plutôt qu'une véritable dégénérescence. Quoi qu'il en soit, les rapports du *Cinara* avec le *silybum* sont évidens, surtout à l'égard du péricline.

41:329 17. Le genre *Onopordon* de Vaillant, très-analogue au *Cinara*, s'en distingue principalement par son aigrette non plumeuse, et par son clinanthe non fimbrillifère. Le *Cinara humilis*, dont les appendices du péricline sont, dit-on, subulés, doit peut-être former un genre intermédiaire entre le *Cinara* et l'*Onopordon*.

Onopordon. Calathide incouronnée, équaliflore, multiflore, obringentiflore, androgyniflore. Péricline ovoïde-globuleux, inférieur aux fleurs; formé de squames nombreuses, régulièrement imbriquées, interdilatées, appliquées, coriaces, épaisses; les intermédiaires oblongues, surmontées d'un grand appendice très-peu distinct de la squame, mais toujours inappliqué, tantôt étalé, tantôt dressé, demi-lancéolé, presque subulé, coriace, épais, terminé par une forte épine. Clinanthe large, planiuscule, épais, charnu, profondément alvéolé, à cloisons élevées, membraneuses-charnues, inégalement et irrégulièrement sinuées-dentées, non fimbrillées. Ovaires obovés, comprimés, tétragones, glabres, absolument privés de bourrelet apicilaire; aréole basilaire large, oblique; plateau nul; aigrette caduque, roussâtre supérieurement, composée de squamellules nombreuses, inégales, plurisériées, filiformes, barbellulées, réellement entregreffées à la base, de manière à former en cette partie un seul corps tubulé. Corolles très-obringentes, ayant la base du limbe épaisse et charnue. Étamines à filet papillulé ou presque glabre; appendice apicilaire de l'anthère long, étroit, linéaire-subulé; appendices basilaires courts. Stigmatophores entregreffés presque jusqu'au sommet.

Ce genre est, dans la tribu des Carduinées, le seul dont l'aigrette ait les squamellules vraiment entregreffées à la base. Les botanistes attribuent faussement ce même caractère à beaucoup d'autres Carduinées, parce que l'anneau qui sert de support à l'aigrette, est mal à propos considéré par eux comme faisant partie intégrante de l'aigrette elle-même. Dans l'*Onopordon illyricum*, l'aigrette est manifestement attachée par sa base sur un anneau qui se détache du fruit. Cet anneau existe probablement aussi dans les *On. acanthium* et *arabicum*, quoiqu'on ne puisse pas le distinguer, sans doute parce qu'il est entièrement confondu en une seule masse avec la base de l'aigrette. Les appendices du péricline sont étalés dans l'*O. acanthium*, dressés et point distincts des squames dans l'*O. arabicum*; cependant, même dans ce dernier cas, l'analogie permet, ou plutôt elle exige, que l'on considère comme un appendice la partie supérieure et inappliquée de la squame. Gærtner prétend que chaque alvéole du clinanthe contient une petite paillette adhérente à la base du fruit, et se détachant avec lui : nous pouvons affirmer que cette paillette n'existe point dans l'*acanthium*, ni dans l'*arabicum*; mais nous ne l'avons pas cherchée dans l'*illyricum*, observé par Gærtner. 41:330

18. L'*Arction* de Daléchamps, que nous n'avons pas suffisamment observé, constitue un genre probablement voisin de l'*Onopordon*, dont il paroît se distinguer principalement par les appendices presque inermes de son péricline, et par quelques différences dans la structure de l'aigrette.

19. Notre genre *Platyraphium*, qui a pour type le *Carduus afer*, Jacq., est convenablement placé au commencement du groupe des Lamyrées, parce que les larges appendices de son péricline, assez analogues à ceux de l'*Onopordon*, le rapprochent des Cinarées.

20. Notre genre *Lamyra* se distingue du précédent par les corolles subrégulières, et surtout par les appendices du péricline, qui sont étroits, plus étroits dès la base que le sommet de la squame, épais, non foliacés, subulés, munis d'une protubérance sur la face interne de la base. Les *Carduus stellatus* [1] et *casabonæ* de Linné sont les principales espèces de ce genre.

21. Notre genre *Ptilostemon* comprend la *Serratula chamæpeuce* de Linné et le *Cnicus fruticosus* de M. Desfontaines. Il diffère du *Lamyra* par la corolle obringente, par les filets des étamines élégamment plumeux, par les appendices du péricline très-courts, épais, subcylindracés, coniques au sommet, qui ne se prolonge pas en une épine proprement dite. Ajoutons que le port très-remarquable des *Ptilostemon* est tellement étranger à la tribu des Carduinées, qu'on n'hésiteroit pas à les en exclure, pour les associer aux *stæhelina* dans la

[1] Cette plante est notre *Lamyra stipulacea*. Nous avons remarqué, sur plusieurs individus vivans et cultivés, qu'en froissant leurs péricline à l'époque de la fleuraison, il s'en exhaloit une odeur de souris, qui n'existe pas dans les feuilles de la plante.

41:331 tribu des Carlinées, si l'on s'arrêtoit aux apparences extérieures.

22. Notre genre *Notobasis*, fondé sur le *Carduus syriacus*, L., diffère de toutes les autres Carduinées par les dimensions, la figure et la position de l'aréole basilaire du fruit. Il s'éloigne un peu des autres Lamyrées pour se rapprocher des Carduinées-Prototypes vraies, en ce que ses fruits sont très-manifestement comprimés.

23. Le genre *Picnomon* d'Adanson, plus anciennement établi par Vaillant, sous le nom d'*Acarna*, commence la série des Carduinées-Prototypes vraies, parce que son port le rapproche des Lamyrées. Il a pour type le *Cnicus acarna*, Linn., et il se distingue de tous les genres suivans par les appendices de son péricline, qui sont armés de sept épines très-longues et roides.

24. Notre genre *Lophiolepis*, dont l'espèce principale est le *Cnicus ciliatus*, Willd., se distingue du précédent par les appendices du péricline, bordés sur les deux côtés d'un grand nombre de petites épines molles.

25. Dans notre genre *Eriolepis*, l'appendice des squames intermédiaires[1] du péricline n'est point du tout bordé d'épines, mais il est très-étalé, long, étroit, épais, roide, linéaire, subcylindracé, terminé par une épine longue et forte, et plus ou moins pourvu de poils très-longs, très-fins, aranéeux. Voici les caractères que nous avons observés sur les *Carduus eriophorus* et *lanceolatus* de Linné, que nous nommons *Eriolepis lanigera* et *lanceolata*.

Eriolepis, H. Cass. Calathide incouronnée, subéqualiflore, multiflore, obringentiflore, androgyniflore. Péricline ovoïde ou subglobuleux, inférieur aux fleurs, formé de squames très-nombreuses, régulièrement imbriquées; les intermédiaires oblongues-lancéolées, appliquées, coriaces, privées de glande nerviforme, surmontées d'un appendice très-étalé, long, étroit, épais, roide, linéaire, subcylindracé, terminé par une épine longue et forte, et plus ou moins pourvu de poils

[1] Il ne faut point oublier ce que nous avons dit dans l'article Jacée, (tom. XXIV, pag. 92) : c'est que presque toujours ces sortes de caractères doivent être observés sur les squames *intermédiaires* du péricline, et non sur les squames extérieures ou intérieures.

très-longs, épais et charnus à leur base, du reste très-fins et aranéeux, quelquefois avortés ou rudimentaires. Clinanthe convexe, épais, charnu, garni de fimbrilles nombreuses, libres, longues, inégales, filiformes. Fruits oblongs, comprimés, glabres et lisses, portant un plateau entouré d'un anneau pappifère; péricarpe coriace et flexible; aigrette longue, plus ou moins grisâtre ou roussâtre, composée de squamellules nombreuses, inégales, plurisériées, filiformes-laminées, barbées. Corolles obringentes. Étamines à filet poilu; appendice apicilaire de l'anthère long, linéaire-subulé; appendices basilaires très-longs. Stigmatophores entregreffés presque jusqu'au sommet.

Le nom d'*Eriolepis*, composé de deux mots grecs, qui signifient *écailles laineuses*, fait allusion au *carduus eriophorus*, Linn., qui est le type de ce genre, et dont les appendices des squames sont hérissés de très-longs poils. Le nom d'*Eriocephalus*, qui présente la même allusion, ne pouvoit pas être appliqué à notre genre, parce qu'il est consacré, depuis long-temps, à un genre d'Anthémidées. D'ailleurs, le genre *Eriocephalus* de Vaillant, composé d'espèces hétérogènes, est loin de correspondre exactement à notre *Eriolepis*. Le nom d'*Eriophorus* ou *Eriophorum* est consacré à un genre de Cypéracées.

26. Notre genre *Onotrophe* comprend la plupart des espèces attribuées par les botanistes au *Cirsium*, telles que l'*oleraceum*, le *palustre*, l'*acaule*, etc. Distingué du genre précédent par son péricline inerme, il se divise en deux sections sous-génériques, intitulées *Apolocentron* et *Microcentron*, que nous avons indiquées dans l'article Onotrophe (tom. XXXVI, pag. 145), auquel nous renvoyons le lecteur.

27. Le genre *Cirsium*, tel que nous le concevons, se distingue facilement de toutes les autres Carduinées-Prototypes, par ses calathides unisexuelles et dioïques, comme celles du vrai *Serratula*. Il confine au genre *Onotrophe*, et surtout au sous-genre *Microcentron*, par la structure de son péricline.

Cirsium. Dioïque. *Calathide femelle* subrégulariflore. Péricline ovoïde, inférieur aux fleurs; composé de squames très-nombreuses, régulièrement imbriquées, appliquées, coriaces, munies d'une nervure qui forme supérieurement une sorte de glande oblongue, plus ou moins manifeste : les extérieures

41:333 ovales-lancéolées, terminées par un appendice très-court, inappliqué, droit, subulé, un peu spinescent; les intermédiaires et les intérieures oblongues-lancéolées, terminées par un appendice inappliqué, roide, lancéolé ou linéaire-subulé, scarieux, coloré. Clinanthe planiuscule, épais, charnu, garni de fimbrilles nombreuses, longues, inégales, libres, filiformes-laminées. Ovaires oblongs, comprimés, glabres et lisses, munis d'un petit bourrelet apicilaire, et portant un plateau; aréole basilaire, large, suborbiculaire, à peine oblique; aigrette longue, roussâtre supérieurement, composée de squamellules nombreuses, inégales, plurisériées, filiformes, barbées. Corolles à limbe divisé presque jusqu'à sa base par des incisions à peu près égales. Fausses-étamines à filet glabre et lisse; anthère demi-avortée, très-petite, sèche, noirâtre, absolument privée de pollen, même avant la fleuraison. Styles à deux stigmatophores entregreffés incomplétement, formant par leurs parties libres des sillons stigmatiques à lèvres bien écartées; collecteurs à peine sensibles, presque nuls. *Calathide mâle* subrégulariflore. Péricline et clinanthe comme dans la calathide femelle. Faux-ovaires alongés, plus ou moins flasques, ridés, chiffonnés, contenant un faux-ovule qui ne le remplit pas et ne prend point d'accroissement; aigrette plus courte et composée de squamellules moins nombreuses que dans la femelle. Corolles plus grandes et plus étalées. Étamines à filet comme chagriné ou garni de papilles tuberculiformes; anthère grande et pleine de pollen. Faux-stigmatophores très-garnis de collecteurs papilliformes, et entregreffés complétement, de manière que les sillons stigmatiques sont nuls ou presque nuls.

Ces caractères nous ont été offerts par deux espèces bien distinctes, mais parfaitement congénères, dont l'une est la *Serratula arvensis* de Linné, qu'il faut nommer, comme Tournefort, *Cirsium arvense;* l'autre est la *Serratula gigantea* du Jardin du Roi, qui correspond probablement à la *Serratula setosa* de Willdenow, et que nous avons décrite sous le nom de *Cirsium dioicum*, mais qui sera mieux nommée *Cirsium præaltum.* Nos observations très-détaillées sur ces deux plantes intéressantes ont été insérées dans l'article Lophiolèpe (tom. XXVII, pag. 185). Le nom de *Cirsium*, dérivé d'un mot grec qui si-

gnifie *varices*, nous semble devoir être consacré à ce genre, 41:334
car il a pour type la plante vulgairement nommée *herbe aux varices*, ou chardon hémorrhoïdal, et qu'on a cru propre à guérir ces sortes d'infirmités, parce que sa tige, souvent piquée par des insectes, présente alors des parties renflées et colorées, imitant un peu des varices ou des hémorroïdes.

28. Notre genre *Orthocentron*, fondé sur le *Cnicus pungens*, Willd., se rapproche du vrai *Cirsium*, notamment par ses corolles presque régulières, et par les filets des étamines, qui sont glabres, c'est-à-dire sans poils ni papilles. Il s'en distingue, non-seulement par ses calathides androgyniflores, mais encore par les caractères propres à l'appendice qui surmonte les squames intermédiaires de son péricline.

29. Le genre *Galactites* de Mœnch diffère de toutes les autres Carduinées, par sa calathide radiée, à couronne neutriflore, comme celle des Centauriées; car la couronne radiante du *Mastrucium* est féminiflore. Le *Galactites* a des rapports avec l'*Orthocentron*, par l'appendice des squames intermédiaires de son péricline, par les corolles subrégulières de son disque, par les filets de ses étamines, qui n'ont que de très-petites papilles éparses. Les étamines du *Galactites* sont monadelphes, comme celles du *Silybum*; et l'appendice apicilaire de l'anthère est crochu au sommet, comme dans le *Mastrucium*. La paroi interne de la partie indivise du limbe de la corolle est épaisse, charnue, jaunâtre, offrant ainsi l'apparence d'un nectaire épipétale. M. De Candolle prétend que la Galactite s'éloigne de toutes les Cinarocéphales par son suc propre laiteux : mais nous pouvons affirmer que ce caractère existe dans quelques autres, notamment dans notre *Lophiolepis calocephala* (*Cnicus ciliatus*, Willd.). Mœnch dit que les ovaires de la Galactite sont visqueux ; mais il attribue aussi ce caractère aux *Carduus argentatus* et *pycnocephalus*. Le même auteur prétend que les fleurs extérieures du disque de la Galactite sont femelles.

L'aigrette est barbée, c'est-à-dire plumeuse, dans tous les genres de Carduinées-Prototypes vraies, dont nous nous sommes occupé jusqu'à présent, et qui ont ainsi plus de rapports avec les Lamyrées; elle n'est que barbellulée, c'est-à-dire dentée, dans les deux genres dont il nous reste à parler.

41:335 Le *Galactites* ayant l'aigrette barbée inférieurement et barbellulée supérieurement, forme la nuance intermédiaire.

5o. Notre genre *Tyrimnus* a pour type le *Carduus leucographus*, Linn., qui nous a présenté les caractères suivans :

Calathide incouronnée, équaliflore, multiflore, obringentiflore, androgyniflore, sauf une rangée extérieure ordinairement neutriflore. Péricline inférieur aux fleurs, urcéolé ou subglobuleux-campanulé ; formé de squames régulièrement imbriquées, interdilatées, appliquées, ovales-oblongues ou lancéolées, coriaces, garnies de poils aranéeux, surmontées d'un appendice inappliqué, dressé, subulé, spinescent au sommet. Clinanthe planiuscule, épais, charnu, garni de fimbrilles nombreuses, longues, inégales, libres, filiformes-subulées, laminées, membraneuses. Fruits oblongs, comprimés bilatéralement, subtétragones, glabres, lisses, luisans, munis d'un bourrelet apicilaire élevé, très-entier, coroniforme, cartilagineux ou corné ; aréole basilaire un peu oblique, large, tétragone ; plateau élevé, cylindracé, portant le nectaire persistant et endurci ; anneau pappifère tubuleux, corné, servant d'écorce au plateau, et s'en détachant avec l'aigrette ; aigrette longue, blanche ou un peu roussâtre, composée de squamellules très-nombreuses, multisériées, inégales, filiformes, presque nues inférieurement, barbellulées supérieurement. Corolles à tube court et peu distinct du limbe ; limbe obringent, à lanières longues, étroites, linéaires, denticulées en scie sur les bords, surmontées d'un long appendice oblong, triquètre, subcorné, denticulé sur les bords, arrondi au sommet. Étamines monadelphes, à filets complétement entregreffés en tube, presque glabres, n'ayant que quelques longs poils épars ; appendice apicilaire de l'anthère linéaire-subulé, presque aussi long que les loges. Fleurs marginales ordinairement neutres, à ovaire grêle, stérile, à aigrette composée de squamellules peu nombreuses et barbellulées d'un bout à l'autre, à anthères imparfaites.

Le *Tyrimnus* a des rapports avec le *Galactites*, par ses feuilles tachées de blanc, par ses fleurs extérieures neutres, par ses étamines monadelphes, à filets presque glabres, par la forme de la partie indivise du limbe de sa corolle, et par ses ovaires, qui, selon Gærtner, sont glutineux. Il se distingue génériquement des vrais *Carduus*, par le bourrelet apicilaire de ses fruits, qui est très-remarquable, par les singuliers caractères de sa corolle, et par ses étamines monadelphes, à filets entregreffés, presque glabres. Le bourrelet apicilaire s'accroît après la fleuraison ; il est cependant peu distinct en dehors ; mais si on l'observe après la chute de l'aigrette, dont la base le remplissoit en dedans, on remarque qu'il forme un rebord très-élevé, imitant une sorte de cupule. Les filets des étamines semblent n'être greffés à la corolle que jusqu'au-dessous du sommet de son tube ; mais ce tube étant ici peu distinct du limbe, l'anomalie que nous signalons est plus apparente que réelle. Il faut reconnoître que le tube est très-court, et que la partie basilaire du limbe se confond par sa forme avec le sommet du tube. Les cinq lanières de la corolle sont bordées, en dehors des vraies nervures, par un bourrelet calleux, très-indépendant de ces nervures, et qui au lieu d'être arrondi, comme dans les autres Carduinées, est ici tranchant ou presque aliforme, et denticulé ou découpé en dents de scie formant une suite de petites aspérités; l'appendice des lanières est la continuité de leur bordure, prolongée au-dessus de leur sommet et denticulée de la même manière. 41:336

31. Le vrai genre *Carduus*, qui termine notre série des Carduinées, peut être caractérisé ainsi :

Carduus. Calathide incouronnée, équaliflore, pluri-multiflore, obringentiflore, androgyniflore. Péricline ovoïde, un peu inférieur aux fleurs; formé de squames régulièrement imbriquées, appliquées, coriaces, privées de glande nerviforme ; les intermédiaires ovales-oblongues, surmontées d'un appendice plus ou moins étalé, large ou étroit, demi-lancéolé ou linéaire-subulé, foliacé, uninervé, terminé par une épine. Clinanthe planiuscule, épais, charnu, garni de fimbrilles nombreuses, libres, longues, inégales, laminées, membraneuses, diaphanes, larges ou étroites, linéaires-subulées ou presque filiformes, quelquefois bifurquées au sommet. Ovaires oblongs, comprimés, glabres, plurinervés, munis d'un petit bourrelet apicilaire, et portant un plateau charnu ; aréole basilaire un peu oblique, presque orbiculaire; anneau pappifère corné, entourant le plateau ou seulement la base du plateau, et s'en détachant avec l'aigrette; aigrette longue,

41:337 roussâtre en partie, composée de squamellules nombreuses, inégales, plurisériées, filiformes, subtriquètres, un peu laminées vers la base, barbellulées. Corolles ordinairement plus ou moins obringentes, quelquefois subrégulières. Étamines à filets libres et poilus; appendices apicilaires des anthères entregreffés et linéaires inférieurement, libres et demi-lancéolés supérieurement. Stigmatophores entregreffés.

Nous divisons ce genre en deux sections sous-génériques : l'une, intitulée *Platylepis*, comprend les espèces ayant, comme le *Carduus nutans*, Linn., les appendices du péricline larges, lancéolés ou demi-lancéolés; l'autre, intitulée *Stenolepis*, comprend les espèces qui ont, comme le *Carduus personata*, Jacq., les appendices du péricline longs, étroits, linéaires-subulés. Adanson avoit fait un genre *Clomium*, fondé sur le *Carduus argentatus*, Lin., et caractérisé par les écailles fendues qui, suivant l'auteur, garnissent son clinanthe, au lieu des longs poils qu'il attribue au clinanthe des vrais *Carduus*. Nous avons en effet reconnu, sur la plante dont il s'agit, que les fimbrilles du clinanthe sont larges et souvent bifurquées au sommet; mais ce caractère, que nous avons aussi remarqué dans quelques autres *Carduus*, ne peut pas constituer un genre distinct, ni même un sous-genre, parce qu'il est peu important et tout-à-fait isolé, que la largeur des fimbrilles varie par degrés dans les différentes espèces de *Carduus*, ou elles sont toujours laminées et plus ou moins larges, et que leur bifurcation, dans les espèces où elle se rencontre, n'existe pas sur toutes les fimbrilles, mais seulement sur un nombre plus ou moins grand des fimbrilles du même clinanthe. Ajoutons que la largeur des fimbrilles du clinanthe n'a point, avec la largeur des appendices du péricline, le rapport de coexistence qu'on pourroit supposer; car nous avons trouvé des fimbrilles larges et bifurquées dans quelques *Platylepis* et dans quelques *Stenolepis*, et des fimbrilles étroites et entières dans d'autres espèces de chacun de ces deux sous-genres.

Les trois genres suivans, que nous n'avons point vus, sont provisoirement placés à la suite du tableau des Carduinées, parce qu'ils ne pouvoient pas être admis avec assurance dans notre classification méthodique et naturelle.

32. Si l'*Hohenwarta* de M. Vest a été bien observé et dé-

crit exactement par l'auteur, c'est un genre fort singulier, offrant, dans les fleurs extérieures de sa calathide, des caractères tout-à-fait insolites. Quoi qu'il en soit, nous doutons un peu qu'il appartienne aux Carduinées, parce qu'il nous semble avoir des rapports notables avec le *Kentrophyllum*, genre de Centauriées. Mais la description de M. Vest n'est point assez complète et assez détaillée ; pour établir solidement cette affinité, que nous proposons, comme une conjecture, à ceux qui pourront observer la plante en question.

33. Le genre *Onopix*, proposé par M. Rafinesque, dans sa *Florula ludoviciana*, seroit principalement caractérisé, suivant l'auteur, par un petit péricline extérieur écailleux, situé à la base du vrai péricline. Mais ayant le malheur de ne pouvoir presque jamais comprendre assez clairement les descriptions génériques de ce botaniste, nous sommes privé de l'avantage de profiter de ses observations.

34. Nous trouvons, dans le même ouvrage de M. Rafinesque, la mention d'un genre *Plernix*, qui n'y est point décrit.

En terminant cette analyse de la tribu des Carduinées, nous sommes tenté de présenter une disposition méthodique, un peu différente de celle que nous avons adoptée, et qui pourra paroître préférable en certains points.

Première section. Carduinées-Rhaponticées. Appendices du péricline plus larges que le sommet des squames.

I. Carthamées. (Appendices du péricline ordinairement foliacés et presque inermes.) 1. *Carduncellus*; 2. *Carthamus*; 3. *Cestrinus*.

II. Rhaponticées vraies. (Appendices du péricline scarieux, inermes, entiers.) 4. *Rhaponticum*; 5. *Leuzea*; 6. *Fornicium*; 7. *Stemmacantha*.

III. Silybées. (Appendices du péricline dentés, épineux.) 8. *Alfredia*; 9. *Echenais*; 10. *Silybum*.

Seconde section. Carduinées-Prototypes. Appendices du péricline plus étroits que le sommet des squames.

I. Cinarées. (Fruit tétragone.) 11. *Cinara*; 12. *Onopordon*; 13. *Arction*.

II. Lamyrées. (Fruit subglobuleux.) 14. *Platyraphium*; 15. *Lamyra*; 16. *Ptilostemon*; 17. *Notobasis*.

41:339 III. Carduinées-Prototypes vraies. (Fruit oblong, comprimé, à péricarpe flexible.) 18. *Picnomon*; 19. *Lophiolepis*; 20. *Eriolepis*; 21. *Onotrophe*; 22. *Cirsium*; 23. *Orthocentron*; 24. *Galactites*; 25. *Tyrimnus*; 26. *Carduus*.

IV. Serratulées. (Feuilles et péricline inermes.) 27. *Jurinea*; 28. *Klasea*; 29. *Serratula*; 30. *Mastrucium*; 31. *Lappa*.

Cette nouvelle combinaison diffère de la première, en ce que les deux sections, au lieu d'être caractérisées par les appendices du péricline considérés comme inermes ou piquans au sommet, sont caractérisées par ces mêmes appendices, considérés comme plus larges ou plus étroits que le sommet des squames. Il en résulte, 1.° que les serratulées proprement dites sont exclues de la première section, qui a dû par conséquent changer de nom, et qu'entièrement séparées des Rhaponticées, auxquelles elles étoient associées, et qui deviennent un groupe bien distinct, elles sont reléguées loin de là, tout à la fin, immédiatement après les Carduinées-Prototypes vraies; 2.° que les Silybées passent de la seconde section dans la première. Les Serratulées se trouvant ainsi éloignées de la tribu des Centauriées et rapprochées de celle des Échinopodées, cette disposition sembleroit peu naturelle, si on oublioit que la plupart de nos tribus ne forment pas des séries droites, mais des séries courbes, dont les deux extrémités se rejoignent. Au reste, nous pouvons remarquer que les *Lappa*, *Mastrucium*, *Serratula*, ont les stigmatophores libres et la corolle régulière, comme les *Echinopus*.

Notre tribu naturelle des Échinopodées est intermédiaire entre celle des Carduinées, qui la précède, et celle des Arctotidées, qui la suit. Elle ne comprend que le seul genre *Echinopus*.

Ce genre avoit été placé par Vaillant dans sa famille des Cinarocéphales, et il formoit, avec le *Gundelia*, la première section de cette famille. Bernard de Jussieu rangeoit aussi le *Gundelia* et l'*Echinopus* au commencement de la série des Cinarocéphales, de manière à les rapprocher des Chicoracées. Adanson a fait une section des Échinopes, interposée entre celle des laitues et celle des chardons, caractérisée par les calathides uni-pauciflores, rassemblées en capitule, et composée des trois genres *Echinopus*, *Gundelia*, *Sphœranthus*. M. A. L. de Jussieu a formé, dans l'ordre des Cinarocéphales, une section intitulée Cinarocéphales anomales, placée à la fin de cet ordre, près des Corymbifères, caractérisée par les périclines uni-pauciflores, agrégés, et comprenant les *Jungia*, *Nassauvia*, *Gundelia*, *Echinopus*, *Corymbium*, *Sphæranthus*. L. C. Richard établissoit, dans la classe de la Synanthérie et dans l'ordre de la Monostigmatie[1], une section particulière intitulée Échinopsidées, et qui, dans le Catalogue du jardin médical, n'offre que le genre *Echinopus*; mais nous avons démontré (tom. XXVI, pag. 224 et 225) que Richard caractérisoit ses Échinopsidées à peu près comme Adanson avoit caractérisé ses Échinopes, et que par conséquent il devoit nécessairement y admettre d'autres genres que l'*Echinopus*, notamment le *Lagascæa* ou *Noccæa*, et toutes les autres Vernoniées à calathides capitulées (*Distreptus*, *Elephantopus*, *Gundelia*, *Rolandra*, *Spiracantha*, *Trichospira*), parce que, selon sa manière de voir, les Vernoniées sont monostigmatiques. M. De Candolle place au commencement des Cinarocéphales une section des Échinopées, caractérisée par les calathides uniflores, et comprenant les trois genres *Boopis*, *Rolandra*, *Echinopus*, à la suite desquels il range les deux genres *Gundelia* et *Acicarpha*, dont il fait une autre section intitulée Gundéliacées, et caractérisée par les squamelles du clinanthe, entregreffées de manière à former des loges monocarpes.

Dans nos deux premiers Mémoires sur les Synanthérées, nous n'avions point séparé l'*Echinopus* des autres Cinarocéphales, quoique nous eussions remarqué, dans le second mémoire, que ce genre pouvoit constituer une section distincte; mais dans le troisième mémoire nous avons proposé la tribu des Échinopsidées, caractérisée par le style, les étamines et la corolle, réduite au seul genre *Echinopus*, et par conséquent

---

1 Nous ne concevons pas comment M. Richard a pu croire que les *Echinopus* sont monostigmatiques; car les deux stigmatophores sont complétement libres jusqu'à la base; et même, dans l'*E. strigosus*, nous avons vu la bifurcation se prolonger beaucoup au-dessous de la base des stigmatophores. Il est vrai que le même botaniste ne voyoit qu'un seul stigmate dans les *Vernonia* et *Liatris*, et deux stigmates dans les Chicoracées et les Eupatoires, quoique, sous ce rapport, il n'y ait aucune différence entre les *Vernonia* et les Chicoracées, entre les *Liatris* et les Eupatoires.

41:341 fort différente des Échinopes d'Adanson, des Échinopsidées de Richard, des Échinopées de M. De Candolle. C'est pourquoi, dans notre quatrième mémoire, en complétant les caractères de cette tribu par la description de l'ovaire, nous l'avons nommée Échinopsées, pour qu'on ne la confondît point avec les groupes proposés avant nous, à peu près sous le même titre, par d'autres botanistes. Cependant le nom d'Échinopodées, que nous proposons aujourd'hui, nous paroît plus convenable, comme étant seul exactement conforme à l'étymologie et aux règles grammaticales. En effet, le vrai nom primitif du genre, qui doit, selon nous, être conservé, n'est point *Echinops*, comme Linné l'écrit, mais *Echinopus*, comme on le trouve dans tous les anciens livres, depuis Pline jusqu'à Tournefort et Vaillant. Ce nom d'*Echinopus*, composé des deux mots grecs ἐχῖνος et πȣ̃ς, devient au génitif *Echinopodis* (comme *Lagopus*, *Lagopodis*). Donc la tribu qui a pour type le genre *Echinopus*, doit régulièrement se nommer Échinopodées.

M. Kunth, dans ses *Nova genera et species plantarum*, présente comme une des subdivisions de sa section des Carduacées, un groupe intitulé Échinopsidées, et comprenant les genres *Lagascea*, *Elephantopus*, *Rolandra*, *Trichospira*, *Spiracantha*, qui tous appartiennent à notre tribu naturelle des Vernoniées. Le titre donné par l'auteur à ce groupe manifeste bien clairement son intention d'y comprendre aussi l'*Echinopus;* d'où nous pouvons conclure que les Échinopsidées de M. Kunth correspondent exactement à celles de Richard, et qu'il les auroit caractérisées à peu près comme lui, s'il ne s'étoit pas généralement abstenu de caractériser les sections et sous-sections qu'il admet dans l'ordre des Synanthérées.

Il résulte de tout ce qui précède, que notre tribu des Échinopodées est dans le même cas que celle des Carduinées, c'est-à-dire que, ressemblant par son nom à différens groupes proposés par divers botanistes, elle s'en éloigne beaucoup par ses caractères et par sa composition.

Il est inutile de retracer ici les caractères fort extraordinaires que nous avons assignés à cette tribu, puisqu'ils se trouvent déjà décrits et discutés dans ce Dictionnaire (t. XX, p. 362). Bornons-nous à remarquer que, les ayant soigneuse-

ment observés sur quatre espèces du genre unique de la tribu, 41:342
nous n'avons trouvé qu'un seul de ces caractères qui subisse des modifications notables dans les différentes espèces; c'est celui qui concerne les cinq appendices squamiformes situés sur les lanières de la corolle. En effet, ces appendices sont très-saillans dans l'*Echinopus sphærocephalus;* ils le sont beaucoup moins dans l'*E. ritro;* ils se réduisent à un rudiment dans l'*E. paniculatus;* ils ont tout-à-fait disparu dans l'*E. strigosus.*

La partie supérieure et plus longue des lanières, qui est au-dessus de ces appendices et qui se réfléchit brusquement en dehors, ne pourroit-elle pas être comparée, sous quelques rapports, à l'appendice qui surmonte les lanières de la corolle du *Tyrimnus*, et dont presque toutes les Carduinées offrent un rudiment en forme de bosse conique plus ou moins saillante derrière le sommet des lanières et au-dessus de lui?

Ce seroit peut-être ici le lieu de discuter l'opinion de L. C. Richard, qui attribue fort gratuitement aux *Echinopus* cinq aréoles glandulaires et excrétoires, analogues à celles des Boopidées, et occupant le bas du limbe de la corolle (Mém. sur les Calycér., pag. 32) : mais, pour ne pas trop alonger le présent article, nous prions le lecteur de recourir au second volume de nos *Opuscules phytologiques*, contenant (p. 208—281) un grand mémoire sur le nectaire des Synanthérées, dans lequel nous avons réfuté plusieurs idées de M. Richard, et où nous avons prouvé (pag. 238) que les prétendus nectaires épipétales de l'*Echinopus* n'existent point réellement.

C'est aussi pour abréger que nous nous abstenons d'exposer les motifs qui nous ont déterminé à placer la tribu des Échinopodées entre celle des Carduinées et celle des Arctotidées. (H. Cass.)

PLUCHÉE, *Pluchea.* (*Bot.*) Ce genre de plantes, que nous 42:1
avons proposé dans le Bulletin des sciences de Février 1817 (pag. 31), appartient à l'ordre des Synanthérées, et à notre tribu naturelle des Vernoniées, dans laquelle il est voisin des genres *Tessaria*, *Monarrhenus*, *Pingræa*, *Tarchonanthus*, *Oligocarpha*, etc. Voici les caractères génériques du *Pluchea*, tels que nous les avons observés dans l'herbier de Michaux, sur un échantillon sec de sa *Conyza marylandica*, que nous considérons comme le type de ce genre.

42:1 Calathide subglobuleuse, discoïde : disque pauciflore, régulariflore, masculiflore; couronne large, multisériée, multiflore, tubuliflore, féminiflore. Péricline inférieur aux fleurs, subhémisphérique, formé de squames imbriquées, appliquées, oblongues-lancéolées, submembraneuses, uninervées. Clinanthe plan et nu. *Fleurs du disque :* Faux-ovaire très-court, presque entièrement avorté, épais, glabre, aigretté comme les ovaires de la couronne. Corolle régulière, à cinq divisions oblongues, garnies de glandes sur la face externe. Anthères pourvues de longs appendices basilaires subulés. Style (de Vernoniée) ayant sa partie supérieure hérissée de collecteurs, et divisée au sommet en deux branches courtes. *Fleurs de la couronne :* Ovaire oblong, mince, subcylindracé, hispidule, muni d'un petit bourrelet basilaire; aigrette longue, blanche, composée d'environ douze squamellules subunisériées, inégales, filiformes, très-fines, peu barbellulées. Co-
42:2 rolle très-longue, très-grêle, comme filiforme, tubuleuse, terminée par trois dents extrêmement petites. Style à deux stigmatophores longs, grêles, cylindracés, obtus au sommet, poncticulés.

Nous connoissons quatre espèces de *Pluchea :* mais il en existe probablement un plus grand nombre.

Pluchée de Maryland : *Pluchea marylandica*, H. Cass.; *Conyza marylandica*, Michaux. C'est une plante herbacée, annuelle, un peu pubescente, à feuilles sessiles, largement lancéolées, très-aiguës, dentées en scie; les calathides, composées de fleurs purpurines, sont disposées en une panicule formée de petites corymbes qui terminent les derniers rameaux. Cette plante habite l'Amérique septentrionale. L'échantillon que nous avons observé dans l'herbier de Michaux, avoit des feuilles courtement pétiolées, longues de plus de quatre pouces, larges de plus d'un pouce, oblongues-lancéolées, inégalement et irrégulièrement dentées sur les bords, presque glabres, parsemées en dessous d'une multitude de corpuscules saillans, glanduliformes, globuleux, blancs, qui paroissoient formés d'une matière exsudée par des glandes; les petits corymbes partiels étoient composés d'environ quatre calathides, portées chacune sur un pédoncule grêle et glabre; chaque calathide avoit près de trois lignes de hauteur; le péricline étoit glabre, presque membraneux, inférieur aux fleurs, parsemé de points saillans, brillans, glanduliformes; le disque n'offroit que cinq fleurs; celles de la couronne étoient innombrables. D'autres échantillons, observés par nous dans les herbiers de MM. de Jussieu et Desfontaines, avoient le péricline égal ou presque égal aux fleurs, formé de squames ovales, acuminées, foliacées, les intérieures étroites, linéaires, membraneuses; le clinanthe et les ovaires parsemés de glandes; les corolles du disque à incisions inégales, et paroissant jaunes sur l'échantillon sec; l'aigrette des faux-ovaires chiffonnée; le style masculin indivis ou presque indivis. Il est probable que l'on confond, sous le nom de *Conyza marylandica*, quelques espèces distinctes, ou au moins quelques variétés très-notables. 42:2

*Pluchée a feuilles pétiolées ; *Pluchea petiolata*, H. Cass. Cette plante, qui présente quelque analogie, par son port, avec notre *Ascaricida indica* (*Conyza anthelmintica*, Linn.), a les feuilles alternes, pétiolées, ovales, dentées; ses calathides sont petites, subglobuleuses, et disposées en corymbe terminal; leur péricline est au moins égal aux fleurs; ses squames sont ovales, aiguës, presque membraneuses, parsemées de glandes; celles du rang intérieur sont très-étroites. Nous avons observé cette plante dans l'herbier de M. de Jussieu, où elle étoit innommée : ses caractères génériques, que nous avons soigneusement analysés, sont tous exactement conformes à ceux de la *Pluchea marylandica*, à laquelle elle ressemble beaucoup aussi par ses caractères spécifiques, que nous regrettons de n'avoir pas suffisamment étudiés. Cependant nous croyons que c'est une espèce distincte, probablement confondue par les botanistes avec la précédente. 42:3

Pluchée odorante : *Pluchea odorata*, H. Cass.; *Conyza odorata*, Linn. Arbrisseau de l'Amérique méridionale, haut de quatre à six pieds, à tige droite, à rameaux cotonneux; feuilles pétiolées, ovales-oblongues, molles, cotonneuses, blanchâtres, communiquant aux doigts qui les touchent une odeur assez forte, mais point désagréable; calathides disposées en corymbes terminaux, et composées de fleurs purpurines. Les caractères génériques, que nous avons observés sur un individu vivant, cultivé au Jardin du Roi, sont conformes

42:3 à ceux de la *Pluchea marylandica*. La calathide est discoïde, composée au plus de six fleurs mâles, régulières, disposées sur un seul rang, formant le disque, et d'un grand nombre de fleurs femelles, tubuleuses, disposées sur plusieurs rangs, formant la couronne ; le péricline, subglobuleux et plus court que les fleurs, est composé de squames imbriquées, appliquées, extradilatées, arrondies, ciliées, les intérieures linéaires; le clinanthe est plan, nu, ponctué; les fleurs du disque ont un faux-ovaire demi-avorté, aigretté comme les ovaires de la couronne; leur corolle est assez analogue à celle de la plupart des inulées ; les étamines ont le filet greffé à la partie basilaire seulement du tube de la corolle, l'article anthérifère long, l'anthère pourvue de longs appendices basilaires subulés ; le style masculin a sa partie supérieure hérissée de collecteurs piliformes, et divisée au sommet en deux branches courtes, dont la face intérieure est plane et finement ponc-
42:4 ticulée; les fleurs de la couronne ont un ovaire grêle, cylindrique, parsemé de poils, et muni d'un bourrelet basilaire; l'aigrette est composée de squamellules peu nombreuses, inégales, filiformes, barbellulées; la corolle de ces fleurs est tubuleuse et tridentée; le style féminin est glabre, et porte deux stigmatophores divergens, arqués en dehors, dont la face extérieure est glabre, et dont la face intérieure, stigmatique, est convexe et finement papillulée.

Pluchée a feuilles décurrentes : *Pluchea subdecurrens*, H. Cass. L'individu que nous décrivons est un arbrisseau de cinq pieds, à tiges tortueuses, peu ramifiées; ses jeunes rameaux sont cylindriques, verts, plus ou moins velus, très-garnis de feuilles; celles-ci sont alternes, très-rapprochées, plus ou moins décurrentes, étalées, longues de trois pouces et demi, larges de six lignes, oblongues-lancéolées, entières en leur partie inférieure, dentées en scie en leur partie supérieure, glabriuscules en dessus, un peu pubescentes en dessous, munies d'une forte nervure médiaire ramifiée ; les décurrences de ces feuilles sont courtes, larges, arrondies, inégales; les calathides, hautes de deux à trois lignes, et composées de fleurs purpurines, sont disposées, au sommet des rameaux, en petits corymbes ramifiés, composés chacun d'environ une trentaine de calathides, portées sur des ramifications grêles,

pubescentes, pourvues de quelques bractées. La calathide est 42:4
cylindracée, discoïde, composée d'environ six fleurs mâles, régulières, formant le disque, et d'un grand nombre de fleurs femelles, tubuleuses, disposées sur plusieurs rangs, formant la couronne; le péricline, ovoïde-cylindracé, beaucoup plus court que les fleurs, est composé de squames paucisériées, irrégulièrement imbriquées, appliquées, les extérieures oblongues-lancéolées, subcoriaces, les intérieures linéaires-subulées, membraneuses supérieurement; le clinanthe est convexe ou planiuscule, absolument nu; les fleurs du disque ont un faux-ovaire demi-avorté, aigretté comme les ovaires de la couronne; leur corolle, dont le tube n'est point distinct du limbe, a cinq divisions rougeâtres, ovales et peu longues, munies de longs poils couchés, globuleux au sommet; les étamines, rougeâtres, ont le filet très-long, flexueux, adhérent seulement à la base de la corolle, l'article anthérifère
long, blanc, élargi et épaissi à la base, aminci vers le haut, 42:5
le connectif large, et s'élargissant insensiblement vers le haut pour former un appendice apicilaire long, large, linéaire, arrondi au sommet, les loges étroites, pourvues d'appendices basilaires courts, subulés; le style masculin a sa partie supérieure rougeâtre, hérissée de collecteurs piliformes, divisée supérieurement en deux branches très-courtes, un peu épaisses, presque cylindriques, arrondies au sommet, à peine divergentes, hérissées sur la face externe de collecteurs papilliformes, très-peu saillans; les fleurs de la couronne ont un ovaire oblong, cylindracé, hispide, muni d'un petit bourrelet basilaire; l'aigrette est longue, composée de squamellules peu nombreuses, inégales, unisériées, filiformes, barbellulées; la corolle de ces fleurs est longue ou courte, grêle, tubuleuse, tridentée au sommet; le style féminin porte deux stigmatophores longs, grêles, rougeâtres, privés de bourrelets stigmatiques, mais finement papillulés ou poncticulés.

Nous avons fait cette description sur un individu vivant, cultivé depuis long-temps au Jardin du Roi, où il fut d'abord innommé, mais ensuite étiqueté *Conyza asteroides* (quelquefois *Conyza Dioscoridis*), et où il fleurit à la fin de Mai. C'est une espèce parfaitement congénère de la *Pluchea odorata*, dont elle est bien distincte. L'odeur qui s'exhale de ses

42:5 feuilles, quand on les froisse, est plus foible, moins agréable, et sent un peu la marée.

Notre genre *Pluchea* ne peut pas être confondu par les botanistes exacts avec le vrai genre *Conyza*, qui a pour type la *Conyza squarrosa*, Linn., et dont nous avons tracé les caractères (tom. X, pag. 305), ni avec le vrai genre *Baccharis*, qui est dioïque. D'ailleurs, les vrais *Conyza* sont des Inulées, les vrais *Baccharis* sont des Astérées, et les *Pluchea* sont des Vernoniées. Nous devons avouer cependant que, bien que le genre *Pluchea* nous semble devoir être attribué sans aucun doute à notre tribu naturelle des Vernoniées, il offre quelques rapports notables avec celle des Inulées, en sorte qu'il établit un lien ou un point de contact entre ces deux tribus, fort éloignées du reste l'une de l'autre.

Le genre *Placus* de Loureiro, que nous n'avons point vu, appartient probablement, soit à la tribu des Astérées, auquel
42:6 cas il se confondroit avec notre genre *Dimorphanthes*, soit à la tribu des Vernoniées, auquel cas il se confondroit avec notre genre *Pluchea*. L'auteur dit que les fleurs du disque sont hermaphrodites, et que celles de la couronne sont privées de corolle ; mais nous doutons un peu de l'exactitude du premier de ces caractères, et tout nous porte à croire que le second est faux. Le genre *Gynema* de M. Rafinesque, publié à New-York en 1817, et que nous ne connoissons que par les descriptions très-imparfaites et incomplètes de l'auteur, est composé de quatre espèces, dont les trois premières (*balsamica*, *argentea*, *parviflora*) sont indiquées dans la *Florula ludoviciana*, et la quatrième (*viscida*) dans les *Annals of nature*, n.° 1.er de 1820. Nous sommes très-disposé à croire que ces quatre plantes ne sont point congénères, les *Gynema argentea* et *parviflora* étant probablement de véritables *Gnaphalium*; tandis que les *Gynema balsamica* et *viscida* nous semblent pouvoir être attribués à notre genre *Pluchea*, si les fleurs du disque sont mâles, dans ces deux plantes, comme nous le soupçonnons, au lieu d'être hermaphrodites, comme l'auteur l'annonce. (Voyez l'article Gynème, tom. XX, pag. 157.) Cinq ans après la publication du *Pluchea*, M. de Jussieu nous a fait voir une note manuscrite de M. Rafinesque, où il est dit que ce botaniste a nommé *Gymnostylis* un genre fondé sur la *Co-*

nyza marylandica. Nous ignorons l'époque à laquelle il l'a publié, le recueil dans lequel il l'a inséré, les caractères qu'il lui a attribués. Seulement le nom de *Gymnostylis*, qui signifie *style nu*, nous autorise à supposer que l'auteur croit les fleurs de la couronne privées de corolle, ce qui seroit une grave erreur, et ce qui ne permet pas d'admettre ce nom générique. 42:6

D'après les doutes bien légitimes qui viennent d'être exposés, nous ne pensons pas qu'au moins jusqu'à présent, les noms de *Placus*, de *Gynema* ou de *Gymnostylis*, doivent prévaloir sur celui de *Pluchea*, que nous abandonnerions avec peine, parce que nous l'avons consacré à la mémoire du respectable auteur d'un livre bien connu, qui a fait le charme de nos jeunes années, et nous a inspiré le goût de la contemplation de la nature. Si pourtant les botanistes, mus par des sentimens fort peu conformes à la raison et à l'équité, 42:7
jugent qu'en Février 1817 nous n'avions point le droit de nommer le genre dont il s'agit, ils reconnoîtront peut-être que nous avons étudié ses caractères et ses affinités plus soigneusement que Loureiro et M. Rafinesque, et qu'ainsi notre travail n'est pas tout-à-fait inutile.

Au moment où nous terminons cet article, le hasard nous fait jeter les yeux sur le Journal de physique d'Août 1819, dans lequel se trouve un Mémoire daté de Philadelphie, le 1.er Mai 1819, et intitulé : Prodrome des nouveaux genres de plantes observés en 1817 et 1818 dans l'intérieur des États-Unis d'Amérique, par C. S. Rafinesque. Nous lisons dans ce Mémoire la description suivante :

« *Stylimnus*. Monoïque. Périanthe arrondi, imbriqué; lépides (écailles) colorés, inermes. Phoranthe nu, ponctué. « Fleurons nombreux, mâles et femelles entremêlés. Fleurons mâles : ovaire avorté, oblong; aigrette sessile, simple, « articulée; corolle tubuleuse, à limbe campanulé, quinquéfide; cinq étamines; style saillant, filiforme; stigmate « avorté, simple. Fleurs femelles à ovaire et aigrette semblables; corolle nulle; style filiforme; stigmate épais, bilobé. = Ce genre diffère du *Baccharis* par ses fleurons monoïques, les femelles sans corolle et à stigmate bilobé. Le « type en est la *Conyza marylandica* de Linné. Plusieurs autres

42:7 « espèces des genres *Baccharis* et *Conyza* devront peut-être « y être réunies. »

Sans faire aucune réflexion sur les inexactitudes de cette description, bornons-nous à remarquer que le *Stylimnus* de M. Rafinesque n'a été publié qu'en Août 1819, et que notre *Pluchea* l'avoit été en Février 1817. Ajoutons que, si le *Gymnostylis* eût été publié avant 1819, M. Rafinesque n'auroit sans doute pas manqué d'en parler dans son article sur le *Stylimnus*. (H. Cass.)

42:60 PODOCOME, *Podocoma*. (*Bot.*) Ce genre de plantes, que nous avons proposé dans le Bulletin des sciences de Septembre 1817 (pag. 137), appartient à l'ordre des Synanthérées, à notre tribu naturelle des Astérées, à la section des Astérées-Prototypes, et au groupe des Érigérées, dans lequel nous l'avons placé entre les deux genres *Munychia* et *Stenactis*. (Voyez notre tableau des Astérées, tom. XXXVII, pag. 462 et 484.) Le genre *Podocoma* offre les caractères suivans.

Calathide radiée : disque multiflore, régulariflore, androgyniflore; couronne uni-bisériée, multiflore, liguliflore, féminiflore. Péricline inférieur aux fleurs du disque, formé de squames inégales, plurisériées, irrégulièrement imbriquées, linéaires, aiguës, subfoliacées. Clinanthe plan, nu, alvéolé. Ovaires du disque et de la couronne oblongs, comprimés, hispides, *amincis et prolongés supérieurement en un col;* aigrette roussâtre, composée de squamellules très-nombreuses, très-inégales, filiformes, barbellulées. Corolles de la couronne à languette presque linéaire.

Nous connoissons deux espèces de ce genre.

Podocome a feuilles d'épervière : *Podocoma hieracifolia*, H. Cass.; *Erigeron hieracifolium*, Poir., Encycl. C'est une plante herbacée, dont la tige, haute de sept à huit pouces, est dressée un peu rameuse, striée, pubescente, un peu scabre; les feuilles radicales (ou caulinaires inférieures) sont rapprochées, longues de deux pouces, larges d'un pouce, obovales, un peu étrécies inférieurement en une sorte de pétiole large et foliacé; bordées de dents peu saillantes, inégales, irrégulières; elles sont un peu pubescentes sur les deux faces, et munies de nervures convergentes; les feuilles caulinaires (ou supérieures) sont alternes, sessiles, oblongues ou lancéolées, entières, distantes, peu nombreuses, et d'autant plus petites qu'elles sont situées plus haut; la tige est divisée supérieurement en plusieurs rameaux pédonculiformes, terminaux et axillaires, portant chacun une calathide; ces calathides, quoique peu nombreuses, forment ensemble une sorte de corymbe ou de panicule. Nous avons fait cette description sur des échantillons secs, recueillis par Commerson dans les environs de Buénos-Ayres et de Montevideo, et qui se trouvent dans les herbiers de MM. Desfontaines et de Jussieu. 42:60 42:61

Podocome a feuilles de primevère; *Podocoma primulæfolia*, H. Cass. Cette plante, recueillie par Commerson, près de Montevideo, se trouve dans l'herbier de M. de Jussieu, où elle est étiquetée *Erigeron? primulæfolium*, et où nous avons étudié ses caractères génériques, qui sont exactement conformes à ceux de l'espèce précédente. Les calathides sont grandes et solitaires à l'extrémité des rameaux; mais nous avons malheureusement négligé de prendre note des autres caractères spécifiques. Cependant nous croyons que c'est une espèce distincte.

Le genre *Podocoma* se distingue fort bien de tous les autres genres du même groupe, par ses fruits collifères, c'est-à-dire atténués supérieurement en un col, qui rend l'aigrette stipitée, suivant l'expression usitée par les botanistes. La couronne nous a paru être jaune, sur les échantillons secs des deux espèces que nous avons observées; mais il est probable que sa vraie couleur, altérée par la désiccation, ne seroit point jaune sur les individus vivans.

Le nom de *Podocoma*, composé de deux mots grecs, qui signifient *pied, chevelure*, indique le principal caractère du genre, qui consiste en ce que l'aigrette est stipitée. (H. Cass.)

PODOLÈPE, *Podolepis*. (*Bot.*) Ce genre de plantes établi, en 1806, par M. Labillardière, dans le second volume de son *Novæ Hollandiæ plantarum specimen*, appartient à l'ordre des Synanthérées, à notre tribu naturelle des Inulées, et à la section des Inulées-Gnaphaliées, dans laquelle nous l'avons placé entre les deux genres *Helichrysum* et *Antennaria*. (Voyez notre tableau des Inulées, tom. XXIII, pag. 562.) 42:61

Ayant analysé une calathide sèche de *Podolepis rugata*, nous pouvons décrire les caractères de ce genre, d'après nos propres

42:62 observations.

Calathide radiée : disque multiflore, régulariflore, androgyniflore; couronne unisériée, interrompue, liguliflore, féminiflore. Péricline à peu près égal aux fleurs du disque, formé de squames nombreuses, plurisériées, régulièrement imbriquées, appliquées, étroites, oblongues, linéaires, épaisses, coriaces, surmontées d'un grand appendice inappliqué, elliptique, arrondi au sommet, mince, membraneux-scarieux, semi-diaphane, doré, uninervé, ridé. Clinanthe large, plan, nu. *Fleurs du disque* : Ovaire oblong, hérissé de papilles piliformes, et muni d'un très-petit bourrelet basilaire; aigrette longue, blanche, persistante (non caduque), composée de squamellules unisériées, nombreuses, à peu près égales, filiformes, très-barbellulées, entregreffées à la base de manière à former en cette partie un tube court, membraneux. Corolle (d'Inulée) à tube long, à limbe obconique-cylindracé, divisé au sommet en cinq lanières demi-lancéolées, un peu inégales. Étamines à filets glabres, libérés au-dessous du sommet du tube de la corolle; anthères pourvues d'appendices apicilaires ovales-lancéolés, et d'appendices basilaires longs, membraneux, capillaires, extrêmement fins. Style (de Gnaphaliée) à deux stigmatophores longs, glabres, divergens, arqués en dehors, épaissis au sommet, bordés de deux bourrelets stigmatiques. *Fleurs de la couronne* : Ovaire et ai-
42:63 grette, comme dans les fleurs du disque. Corolle à tube long et grêle; languette étalée, radiante, longue, élargie de bas en haut, ayant sa partie supérieure profondément fendue en deux ou trois lanières. Etamines absolument nulles. Style à peu près semblable à celui des fleurs du disque.

Podolèpe ridée : *Podolepis rugata*, Labill., *Nov. Holl. pl. spec.*, tom. 2, pag. 57, tab. 208. C'est une plante glabre, ou légèrement laineuse, dont la tige, haute d'environ un pied, est divisée supérieurement; ses feuilles sont linéaires, un peu acuminées, privées de nervures, les inférieures linéaires-lancéolées; les calathides, composées de fleurs jaunes, sont solitaires au sommet de pédoncules terminaux, garnis de bractées ovales ou ovales-oblongues, scarieuses, dont les supérieures surtout sont un peu ridées vers le sommet; le péricline est de couleur fauve ou ferrugineuse. Cette plante a été trouvée par M. Labillardière sur la terre de Van-Leuwin, qui fait partie de la Nouvelle-Hollande. 42:63

L'auteur du genre a cru que les squames du péricline étoient pédicellées, et c'est pourquoi il lui a donné le nom de *Podolepis*. Mais le prétendu pédicelle est la véritable squame, et la prétendue squame est l'appendice de la squame. Cette disposition, qui a paru extraordinaire dans le *Podolepis*, parce que la squame est fort étroite et très-distincte de son appendice, existe pourtant dans une foule de Synanthérées, que nous avons journellement sous les yeux, comme on pourra facilement s'en convaincre en examinant, par exemple, le péricline des *Centaurea jacea*, *nigra*, etc. Nous avons établi (tom. X, pag. 148) cette distinction importante et négligée par les botanistes, entre la squame proprement dite, qui représente le pétiole d'une feuille, et l'appendice de la squame, qui représente le limbe de cette même feuille. Le clinanthe ne nous a point paru être papillé, ni scrobiculé, comme le dit M. Labillardière; et nous n'avons pas pu vérifier si les fruits sont comprimés, comme il le prétend, ce caractère ne pouvant pas être bien reconnu sur des ovaires desséchés avant leur maturité. Ce botaniste n'a point remarqué un caractère assez notable de l'aigrette, lequel consiste en ce que les squamellules sont entregreffées à la base, de manière à former un tube. M. Labillardière pense que le *Podolepis* est voisin du
Leysera : mais nous croyons qu'il a plus d'affinité avec le véritable *Helichrysum*, tel que nous l'avons défini (tom. XX, pag. 450, et t. XXV, p. 469). Il se rapproche également de l'*Argyrocome*, dont nous avons tracé les caractères (tom. XXXIV, pag. 39). Quoi qu'il en soit, nous ne pouvons pas adopter l'opinion de M. de Jussieu, qui, dans ses Mémoires sur les Composées (Ann. du Mus., tom. 6, 7, 8), place le *Podolepis* auprès du genre *Aster*. Le péricline du *Podolepis* est accompagné à sa base par un assemblage de bractées analogues aux appendices des squames, et qui semblent se confondre avec ce péricline : mais nous avons reconnu que ces bractées, quoique très-rapprochées, ne se touchent pas immédiatement par leurs bases, et qu'elles sont disposées sur plusieurs rangs, par étages, autour de la partie apicilaire du pédoncule, et non autour de la base ou de la face inférieure du clinanthe, ce qui prouve

42:64 qu'elles n'appartiennent pas réellement au péricline.

M. Sims a publié, en 1806, dans le *Botanical magazine* (tom. 24, n.° 956), la description et la figure d'une plante qu'il nommoit *Scalia jaceoides*, et qu'il paroissoit croire voisine des *Centaurea* par ses rapports naturels. La description et la figure nous disposoient à penser que ce pouvoit être une Vernoniée, voisine du *Stokesia*. Mais M. R. Brown, dans la 2.e édition de l'*Hortus kewensis* d'Aiton (vol. 5), rapporte cette plante au genre *Podolepis*, en la nommant *Podolepis acuminata*, et en la distinguant du *Podolepis rugata*, par sa tige presque simple, au lieu d'être tout-à-fait simple, et par les appendices du péricline, qui sont ovales, acuminés, non ridés, au lieu d'être obtus et ridés. Cette indication de M. Brown est précieuse, en ce qu'elle détermine les véritables affinités du *Scalia;* mais nous doutons un peu que ce *Scalia* soit parfaitement congénère du *Podolepis*, parce que Sims dit expressément que les corolles de la couronne sont *infundibuliformes*, c'est-à-dire en entonnoir, ayant le tube filiforme, et le limbe un peu irrégulièrement découpé en trois, quatre ou cinq lanières étroites. Nous nous sommes bien assuré que celles du *Podolepis rugata* sont très-différentes; car elles sont notablement plus longues que les corolles du disque et vraiment radiantes, leur tube étant surmonté d'une longue languette étalée en dehors et bi- trifide au sommet. Nous
42:65 regrettons que M. Brown n'ait donné aucun éclaircissement sur ce point, non plus que sur la question de savoir si les squamellules de l'aigrette sont entregreffées à la base en forme de tube, dans le *Scalia* comme dans le vrai *Podolepis*. La description générique de M. Brown est conçue en ces termes: *Receptaculum nudum; pappus pilosus; calyx imbricatus, scariosus, hemisphæricus, squamis unguiculatis.* En attendant que l'illustre auteur nous donne une description plus complète et plus satisfaisante, ou jusqu'à ce que nous puissions observer nous-même le *Scalia*, nous sommes autorisé, par la description de Sims, à croire que c'est un genre, ou sous-genre, distinct du *Podolepis* de M. Labillardière, au moins par la structure des corolles de la couronne, qui seroient analogues à celles des vrais *Helichrysum* et des *Argyrocome*. (H. Cass.)